汉译世界学术名著丛书

动 物 四 篇

〔古希腊〕亚里士多德 著

吴寿彭 译

商务印书馆
创于1897
The Commercial Press

Ἀριστοτέλης

ΠΕΡΙ ΖΩΩΝ ΜΟΡΙΩΝ

ΠΕΡΙ ΖΩΩΝ ΚΙΝΗΣΕΩΣ

ΠΕΡΙ ΠΟΡΕΙΑΣ ΖΩΩΝ

ΠΕΡΙ ΖΩΩΝ ΓΕΝΕΣΕΩΣ

本书译文依据贝刻尔校订，《亚里士多德全集》(Aristotelis Opera，(Tomus V)，ex recensione I. Bekkeri，1831—1870)，卷五（牛津，1837 年印本）。

亚里士多德生物学著作，《构造》篇（并合《运动》与《行进》两短篇）和《生殖》篇，是依据他和吕克昂学院师生们关于动物的野外观察，标本收集，室内解剖，文献编纂等工作而总结起来的比较解剖学和动物胚胎学理论。这些和《动物志》，在中古时合称"动物三书"。这"三书"的阿拉伯文与拉丁文古译本启发了十五世纪以来的生物学和动物学研究。书中章句的校勘，以及议论或记录的得失，经近数百年各国校订者、编译者、生物学者们的考求，盖已巨细无遗。汉文译者措意于前人的这些功夫，完成了这一译文，并删除了经院烦琐哲学的一些诠疏，归重于近代科学的实证，作了有益于读者的注释。这书于从事学术史研究的人们固然是必读的文献，于现代动物胚胎学和比较解剖学仍还有实际的意义。书中所习用的分析与综合方法，以及所表现的学术研究的基本态度，对于现代学者也具有予以复习的价值。

汉译世界学术名著丛书
出 版 说 明

我馆历来重视移译世界各国学术名著。从 20 世纪 50 年代起,更致力于翻译出版马克思主义诞生以前的古典学术著作,同时适当介绍当代具有定评的各派代表作品。我们确信只有用人类创造的全部知识财富来丰富自己的头脑,才能够建成现代化的社会主义社会。这些书籍所蕴藏的思想财富和学术价值,为学人所熟知,毋需赘述。这些译本过去以单行本印行,难见系统,汇编为丛书,才能相得益彰,蔚为大观,既便于研读查考,又利于文化积累。为此,我们从 1981 年着手分辑刊行,至 2004 年已先后分十辑印行名著 400 余种。现继续编印第十一辑。到 2010 年底出版至 460种。今后在积累单本著作的基础上仍将陆续以名著版印行。希望海内外读书界、著译界给我们批评、建议,帮助我们把这套丛书出得更好。

商务印书馆编辑部

2009 年 10 月

动物之构造与生殖译序

亚里士多德生物著作有两类,大都是他重回雅典期间著录的。那时,他设立吕克昂学院,开始授徒,并从事自然与历史的综合研究。这两类,一类为动物生活野外观察和室内解剖工作的实录,这些汇编在《动物志》(《自然研究》)中。另一类是他依据实录而归纳的生物学理论,在这些论文中仍保存着一些原来的观察记录:(甲)《构造》通述构成动物的各个部分,《行进》专言行动器官,说明它们因何功用(目的)而作这样那样的体制。(乙)《灵魂》(《生命》)这篇研究生物所由立命的事情。用亚里士多德自然哲学术语来讲,甲稿论动物的物因(物质)与极因(目的);乙稿释其本因(通式)。(丙)自然诸短篇,——《运动》也是诸短篇之一,——统概物质与形式(身体与灵魂)而分别考查动物的若干机能,如四肢的活动,五官的感觉等。(丁)以成物的极因为主,兼及物因和动因而阐明性器官与其分泌的功用,诸动物的繁殖方式和遗传情况,就是《生殖》篇的题旨。

忻慕天穹的星辰而热爱地上的生物,无论怎样卑微的一个虫豸,在它身上也可见到自然的机巧(《构造》,i,5,644^{b}21—645^{a}26)。亚里士多德生平既笃好生物的研究,生物学实际上是吕克昂学院

的学术基础。西赛罗(Cicero,公元前 106—前 43)于《目的论》中[①]
总述所知当世漫步派的哲学共三门:自然研究,名学与修辞,和生
活规范(伦理与政治)。他说漫步学者们"于自然的任何部分皆考
察得这么周详,于上天、大海、下地,无乎不作深入的探讨。亚里士
多德自己研究过诸动物的生活、形态与其繁殖,其同门友好色乌茀
拉斯托也研究过诸植物的性状[②]。他们几乎遍及了大地所生一切
事物的原因与其规律。具备了自然界的这些知识后,于宇宙间最
隐秘的问题也就较容易究明了。"

自此以后千年间,希腊、拉丁以至阿拉伯的生物学,实际上以
亚里士多德生物著作的传抄、诠释与译述为本,所增益者甚少。到
了中古,他的《灵魂论》常为经院学者当作心理学与哲学的经典;但
僧侣主义总是偏爱于古籍中陈死的东西[③]。引起十三世纪欧洲人
生物研究兴趣的正是苏格兰天算学家密嘉尔·斯各脱(Michaelis
Scottus,1175? —1232)在西班牙,由阿拉伯文译本转译为拉丁文
的《动物志》、《构造》与《生殖》这三本书[④],以及亚尔培脱(Albertus

[①] 西赛罗《目的论》(或"至善论",de Finibus),v,4.下文所称"自然研究",于生物
外兼及物理、气象等非生物的各门学术。

[②] 色乌茀拉斯托(Theophrastus, 公元前 371—前 287)于公元前 322 年继亚里
士多德主持吕克昂学院,历 35 年。其现存著作中,有《植物研究》或《植物志》(Hist.
Plantarum),九卷,与《植物原理(原因)》(Caus. Plant.),六卷,为古希腊最完整的植
物书籍。

[③] 列宁,《哲学笔记》:"僧侣主义扼杀了亚里士多德学说中活生生的东西,而使其
中僵死的东西万古不朽。"(人民出版社,《列宁全集》第 38 卷,415 页)

[④] 密嘉尔·斯各脱翻译亚里士多德著作,除上述三书外,还有《灵魂》、《说天》,都
附有阿拉伯名家亚维罗埃兹(伊本·罗希特)(Averroes-Ibn-Roshd,1126—1198)的
注释。

Magnus,1206—1280)笺释亚氏生物学的许多篇章①。自兹而有关生物各门的学科,名家辈出,其中特为著称的意大利法白里季(Hieronymous Fabricius,1537—1619)与英吉利威廉·哈维(W. Harvey,1578—1657)之于生理、解剖与胚胎学,瑞典林奈(Carlus Linnaeus,1707—1778)之于分类学,皆由详研他的遗文而致力于实学与实验,各以建树了承先启后的功绩。到十九世纪,生物学业已大盛,其中一代翘楚,如法兰西居维叶(Georges L. C. F. D. Cuvier,1769—1833),德意志约翰·缪勒(Johannes Müller,1801—1858),英吉利里卡特·奥文(R. Owen,1804—1892),皆取径于亚里士多德,日积月累而各完成了足以益世的许多名作。直到达尔文(C. R. Darwin,1809—1882)以"进化论"集当代生物学的大成,他不薄今人而厚于前贤,其得意会心,又总是独尊亚氏②。瑞士布克哈特(Buckhardt,1784—1817)也率先达尔文而称亚里士多德为生物学史上第一个进化论(演化论)者。

亚里士多德关于动物学的著作,除《动物志》已有译者的汉文译本,先于1979年出版外,本书是《构造》、《运动》、《行进》、《生殖》四篇的结集,汉文译本题称《动物四篇》。下文就其中《构造》与《生殖》两中篇的要旨加以简单的评述。

---

　①　今波尔业(Abbe Borgnet)所编《亚尔培脱全集》,三十六卷本中,亚尔培脱笺述亚里士多德著作,见于卷一至六及卷二十一。稍后于亚尔培脱,多马·亚规那(Thomas Aquinas,1225—1274)笺述亚里士多德著作,除《政治》、《伦理》与《形而上学》外,又有《物理》、《气象》、《说天》、《灵魂》与《动物之生殖》诸篇;自然诸短篇中也笺述了《感觉》与《记忆》。

　②　参看《达尔文的生平及其书翰》(Life and Letters of C. Darwin),iii,252页,1882年《与威廉·渥格尔(W. Ogle)书》。

古初的自然哲学家们,或认为宇宙间万物的种种差别只是其所涵存的"物质自身"的必然演变,或则幻想这当别有一个具备理知与善意的"作者"(δημιουργός)(《生殖》,i,23,731ª24 等),为万物作安排,而世上一切现象正表现着这作者的"思心"νοῦς。主于后说的人们说:试看动物的脊椎吧!这措置得多么奇妙。它由一小片一小片的骨拼起,竟然又能灵活地弯曲,又能笔挺地支持着全身以及外加的重量(《构造》,ii,9,654ᵇ15)。主于前说的人们回答说:那被假定的作者实不存在。脊椎的弯曲只是胚胎当初在母体内由于子宫的狭隘而势所必然地这样发育的(《构造》,i,1,640ª18—23,ᵇ5—16,述恩培多克勒,Empedocles,公元前 494—前 434 的议论)。那么试看人类的手吧!只有那么聪明的动物,自然才为他安上那么灵巧的手,倘一牛也凭它自己的物质条件自行发展成一双手,这就全不会有良好作用的(《构造》,iv,10,687ª9—23)。物质主义者说:不然,这不是因为人类既然聪明而遂被赋予了手,诸动物当初偶有其中的一匹发展它的前肢而成了双手,从此它才聪明起来(《构造》,iv,10,687ª5—9,述阿那克萨哥拉,Anaxagoras,公元前 500—前 428,的议论)。譬如水汽上升而遇冷,就必然凝为云雨而下降,雨水下降自身没有去滋润禾苗的意念;反之,若洪水淹没了庄稼,这也只是春泛或秋霖必然的后果,其中不存在神要惩罚这些人民的意旨(《物理》,ii,8)。可是,谛观宇宙间万千生物的构造每一部分都各有其用途而无一虚废的枝节,如果任令一一动物,动物体中一一物质,各自行其演变,世上该有不可胜数的虚妄的动物,而每一动物又将有好多不相符应的器官了。这里,古希腊生物哲学家们也曾为后世的进化论者预备有复辩：虚废的器官在现存诸动物身上是可以找到的，或可以找到其残痕的；而由于其机能不相符应于环境而已被淘汰和正在被淘汰的动物，实际上为数不少；只是适者——最适者——才得保持其长久的世系①，于是，在你看来就像"造物不为虚废"了。但畸形动物毕竟也时常发生的呀！对于这样的物质主义者的必然论（必需论），执持目的论（致善论）的自然主义者还是不服的。他们认为畸形动物只是造物偶尔的疏忽，有如文章的能手未必全免于错字与拗句，最优等的雕刻家也会有一两下失当的斧凿。希腊古哲们这样的论难，实际延展到十九世纪进化论流行的时代②。

　　亚里士多德生物学显然认定两论皆不能独擅；他于叙述动物生活或说明诸动物各个部分（脏腑或器官）的作用时，常并举"必需"ἀναγκαῖον 与"致善"τὸ βέλτιον 的因缘。万物的种，有些是事出必然，亦即主于"物因"，另些却是那为万物求其至善的"作者"的安排。可是，他既素来重视那致善的事业，他所谓必需便有异于物质主义者恩培多克勒、阿那克萨哥拉以至于德谟克里图（Democritus，公元前约 460—前 370?）等的所谓"必需"。当物质主义者们说一切生体的机制皆出于"必需"，所说的是"绝对必需"（ἀναγ. ἁπλῶς），宇宙只要有物质，便可由每一物体自行循其内含性能，发

———————————————

①　狄德洛（D. Diderot，1713—1784），书翰，《为能见的人们之效益，论盲》（*Letter on the Blind，for the use of those who can see*）中，所揭示"适者生存"的论旨，类似亚里士多德《物理》ii,8，所陈希腊古哲的辞辩。随后达尔文完成了"最适者生存"的进化论。

②　参看渥格尔，《构造》，英语译本（1882 年）绪言，i—xix 页。

展成其形形色色①。亚里士多德的物质必需却只是"假设必需"
（ἀναγ. ἐξ ὑποθέσεως）；要造屋须有砖石，砖石固为造屋所必需，但
这里还该有一建筑师为之安排，才能成就一屋宇的功用而达到造
屋的目的。动物体内必需备有土性的骨质才能成齿；既已成齿，则
其尖锐者就必然吃肉，其广平者必然吃草了。然为各动物选择其
物质而分别为之制订各相合宜的形式，这有一不曾目见的建筑师
在（《构造》，i，1，639ᵇ18，640ᵃ12—18 等，造屋喻，参看 i，5，645ᵃ12，
雕塑师喻）。这建筑师就是在亚里士多德全部生物著作中贯串着
的一位所谓"自然"ἡ φύσις：万物虽不一律，多多少少各有其秩序，
草木禽鱼莫不如是而各持守它们在全生物界中的序次，世上各物
并非各自为业而实际上随处相关；一切悉被安排于一个目的（《形
而上学》，iii，2，1075ᵃ16—25）。

　　但这分配物质，把世上万汇作统一措施的"作者"，在亚里士多
德书中，绝异于摩西宇宙中的万能之神"耶和华"（Jehovah）；这独
尊的神、君临诸生物，也君临一切物质，他可以随心所欲地创造任
何物质，创造任何生命，如由石制人，由尘土制牛②。亚里士多德

---

　　① 古希腊物质主义者两派皆认为诸原素组成万物，相别的只是恩培多克勒指称
万物的差异在于诸元素"组合比例"（λόγος τῆς μίξεως）各不相同之故；这可算是"化学
论者"（《构造》，i，1，642ᵃ18—24）。德谟克里图（Democritus）认为万物的差异在于诸元
素所组成的"形状"（μόρφος）或"结构"（σχῆμα，原子排列方式）各不相同之故，这可算是
"物理论者"（《构造》，i，1，640ᵇ30—34）。
　　② 在亚里士多德时，犹太人的创世观念还未流传到外邦。这种教义在公元后第
一世纪传播到希腊诸城市后，加仑（Claudius Galenus，约 130—201）所作《诸器官的
应用》(de usu Partium)，xi，14，批评摩西创世之说不合生物现实，所持论旨略同于亚里
士多德。

的"自然"为某一动物达成某一目的而选取具有某些性能的物质为之原料；但这一物质随附有无关那一目的所需的性能，这些性能也可自行发展为不符于，甚至不利于，那作者所作的安排（《构造》，iii，2，663ª10，所举的鹿角可为一例）。自然不坚执绝对的权威，时时迁就于物质现实；她凡有所作，如果不能成其"至善"（τò ἄριστον），便及其"较善"而止，或及其"环境所许可的至善"（τò βέλτιστον ἐκ τῶν ἐνδεχομένων）而止①。于某一类属的动物，自然取某型以设计其内脏，但这类属的诸品种于那一内脏可许其或有或无（《构造》，iv，2，举兽类的胆囊为例）或作不同的形状（《构造》，iii，7，举兽类的肝脾为例）。人人必有能视的两眼为自然的典型设计，至于眼的色彩便可随人们各自的体质而或为黑，或为棕黄，或为蓝，关于这些属性自然不为之措意（《生殖》，v，1，779ª28—ᵇ13等）。由"必需"与"致善"两义并行于其中的万物，各任其在某一范围内自行演变，而总合起来则显示有普遍的和洽。

这位无所不在的"自然"是否即希腊古传的诸神或大神，在亚里士多德诸篇章间也未经言明；是否动物界的作者即群星的总动天或他所拟的宇宙"原动者"（τò πρῶτον κινοῦν），也不曾肯定。《运动》篇（5，700ᵇ5—17）于星辰的原动者与诸动物的运动本原，联类而言，却没有把动物一切活动最后归综到某一全能的事物②。《运

————————

① 这些思想与其习用语言，先已见于柏拉图对话。《蒂迈欧》（Timaeus，40，91）言，神造作人类与诸动物时，力求为各动物致于美善，但他所应用的物质却本无美善，于是有些不堪造就的物性，常妨碍着他的措施。

② 如《运动》，章六，700ᵇ32，只说到永恒事物（星辰等）与非永恒事物（动物）的运动原理相似，其别在前者为永恒运动，后者为有限运动。他不说诸天体的原动者也管制诸动物的运动。

动》篇反复地分析动静,以力学机制说心理-生理演变,研究肢节的结构,和《构造》篇内论述感觉与运动诸章节一样,只归综一切生命现象的本源于每一动物自身的心脏中之某一点(《构造》,ii,1,647ᵃ25—32 等;《运动》,9,702ᵇ13—28 等)。《生殖》篇(i,2,716ᵃ18;ii,3,737ᵃ3 等)屡提及"生命原热"(θερμότητος τῆς ψυχικῆς)出于日照,也只显示动物物性的一个远因(《形上》,xii,5,1071ᵃ16);他不从动物身外的天体或神物这一途径上追寻生物的究竟。自然既不可迫见,他就不确语其本性而努力在她许多作品上来体认。自然造物时是容许例外的。物质不受操持而发展成为"怪物"(πηρώμα,teratoid)并作畸零的活动,可在每一品种中见到;但这些毕竟是少有的(《生殖》,iv,4;《物理》,ii,8;《说天》,ii,8等)。春花舞蝶,秋柳鸣蜩,家燕筑巢,檐蜘结网,当前的一草一木,一虫一鸟,皆各有其常态,可得大率而言其生平;谷生禾,稗生莠,马生驹,羊生羔,也可得大率而言其后裔。万物各从其规律,而总结于宇宙的"贞常"(ἀεί)。自然所措施者如兹。[①] 播下一粒油榄的种子,迨其苗壮而开花结实,仍必为若干大小微差,形状微别,色泽微异的油榄种子,而不会是任何其他形式(品种)的种子。[②] 亲体的形式即万物的模范,万物的常道即自然的作为。反之,若恩培多克勒等以"偶然"(ἔτυχην)立论,而主于物质自身的演变,推想每一物质皆可作任何的演变,每一动物皆可取任何的形式(《构造》,

---

① 《构造》,iii,2,663ᵇ28;凡普遍地或通常地相宜的事情便是合乎自然的。

② 参看《构造》,i,1,640ᵃ23—27,641ᵃ26—39,论辩恩培多克勒主于物质自成之说各节,以及《生殖》与《动物志》有关遗传问题的各章。

i,1,640^{b}5—17);迨目击世上万物的形式与其活动实际皆不能随己所欲;而且蹑迹一切遭遇,又确见其并非偶然;于是又说那千万的偶然形式与偶然事情皆由于与现世不相适宜而归于灭寂,现世所实存的贞常当为百千万年间无数“偶然”消逝了之后的剩物!(《物理》,ii,8)这样的持论可说甚为巧妙,也可说甚为迂回。

亚里士多德在《构造》卷一中申明了上述的自然要义之后,就在卷二至卷四,列叙诸动物的组织与器官(生殖系统除外),于各门类间作相互的比较,也区别了何者出于物因的必需,何者显见为致于至善的自然安排,而阐释了每一部分的功用(目的)。《生殖》篇中(v,3,782^{a}21)亚里士多德自己引称这篇我们今日简名为《构造》(*de Partibus*)的文章为:ταῖς αἰτίαις ταῖς περὶ τὰ μέρη τῶν ζῴων“动物诸部分构成的原因”;这篇的主题实际就是“各部分的功用”(de usu partium)。于引起迷惑的畸形构造,只在卷四涉及“遗传”(“亲子相肖”ὁμοιοτήτος)问题时,作了些物因的疏解。于我们现代所谓“退化器官”(rudimentum),他指为 σημέιον χάριν“象征形迹”,只作些简略叙述;按照他的目的论,对于这些“虚废事物”(ματία)是很难为之说明的。于诸动物外部构造的叙述和议论,比之内部构造为精审;于大动物而言,比小动物为翔实。例如螺贝与虫豸的内脏常欠详明。在当时还没有种种观察工具而论,这些误失是难免的。在无生命与有生命事物的各门学术尚在萌芽的年代,亚里士多德欲为生物学解答一切复杂的问题是不够的。但就他所知数百种属的动物,从构造上建立了统一有序的整个自然体系,所具的识见毕竟是卓越的,所做的功夫毕竟是巨大的。比照他的生物学于其前辈的记录:譬如柏拉图的生物学见于《蒂迈欧》篇(*Timae-*

us)者为多,其中充满着文学的虚拟与诗人的幻想;若说也有些动物的实况,那只是提供诗文的点缀。亚里士多德的生物著作与此大异:于柏拉图那些作为点缀的鱼鸟,他不厌其烦地胪陈为篇章的实质,而本乎一一事例,才缀以若干通理。他综赅前贤的生物与生命的思想,荟萃自己和诸友生的笔札,旁及渔猎的闻见,樵牧的闲话,远旅的瀛谈,征行的书翰,就以《构造》这篇建立了解剖学与形态学这两门有条理的学术。

在亚里士多德思想体系中,诸生物皆为宇宙间的重要"实是"($οὐσία$)。每一动物各涵存有美善与神明与灵魂(《构造》,645^{a}20以下)。而且自然于归属在生死对成的,即非永恒的,每一个体,各赋予以一种最良好的机能,使各凭其繁殖方式,因各所隶属的品种之递嬗而获致于"永恒"($ἀΐδιον$)(《生殖》,ii,1,732^{a}12)。草木鸟兽虫鱼既无一不是自然的杰作,"繁殖"正该是生物学的一个主题。

就《生殖》篇而言,他依诸动物各异的生殖方式拟订了动物的发生分类,确乎又是胚胎学这门的奠基之作。书中明晰地陈述了先成论(preformation)与后生说(epigenesis)两相敌对的胚胎理论,并表达他自己坚主于后生说。他揭示各动物胚胎发育中,普遍表征的出现先于个别表征的形成,这样的过程(《生殖》,iv,3,767^{b}25—768^{b}15;v,1,778^{a}16—32,778^{b}14),与灵魂(生命)相符应的诸机能,具有自卑而高,自简而繁的一定次序,这些肇启了近代进化论中门类纲目科属表征挨次"重演"(recapitulation)的义理。他看到了诸动物胚胎期中躯体上段的发育较下段为先为速,幼稚期的发育则各类属的上下段迟速不一,这些又肇启了近代胚胎学的"中轴级度"(axial gradient)诸原则(《生殖》,ii,6,741^{b}25—37

等)。于诸动物雄雌的生殖器官与雌动物的妊娠机制,如脐带、胎
盘等,都经认真的检察。于鲸类的肺呼吸与胎生,鼬属鲨(狗鲨)的
卵胎生,蛸鳢的腕交接,鱼类有中性的鲐属,蜂有孤雌生殖等景象,
皆先于世人两千年而拨开胚胎学的好些秘密。于胚胎成形的生理
研究,他预拟了近代显微镜中所见"细胞流"(cell-streams)在胚层
发展中的活动(《生殖》,iv,4,772^{b}13"涡流喻")。他由畸形动物与
正常胚胎的比较,由父母子女与祖孙间相肖与不相肖的若干实例,
推论遗传作用的内在机变,今朝看来还像是新鲜的。

　　第十六世纪后,法白里季笃信亚里士多德生物记录与理论,搜
集了亚氏所素习的诸动物,重复了他的解剖与胚胎实验的许多功
夫。威廉·哈维有所得于亚里士多德书中的许多创意,于鸡卵与
鹿胎等做了多年的实验,获得有胜于前贤的发现,开辟了生理学与
胚胎学方面的新途径。[①] 十七世纪学者们反对经院哲学,并及经
院哲学所依傍的亚氏学术,几欲一并淹没亚里士多德的生物著作。
法兰西居维叶与圣提莱尔父子(St. 'Hilaire, Etienne, G., 1772—
1844;St. Hilaire, Isidore, G., 1805—1861)等再倡亚里士多德
之学。在十八九世纪,生物学诸名家共相推尊亚里士多德的年代,
也正是欧洲生物学大为进步而超越了古希腊生物学的年代。显微
镜应用到生物学研究之后,动物构造的观察,一时间都胜过了前代

---

　　① 更早于法白里季复习亚里士多德胚胎实验的旧题者,有荷兰人柯埃得(Koi-
ter),他在 1572 年印行了《鸡卵孵化的系统解剖》。但柯埃得与法白里季(法白里季的
《鸡雏胚胎研究》于身后 1621 年印行)两人先后的工作止向世人证明了亚氏生物学的
优胜。能有所补益于前人,当俟之于威廉·哈维的《动物生殖诸实验》(*Excertione de
Gen. Anim.*),1651 年。

的作业；亚里士多德的遗文该可归入生物学史的档案了。细胞学
的兴起，生理学顿然改观。雷文虎克（Acton Leeuwenhoek，
1632—1723）发现了人和诸动物的雄性生殖细胞——"精子"
（Spermazoa）；[①]拜尔（M. K. von Baer，1792—1876）找到了人与狗
等哺乳诸动物的雌性生殖细胞——"卵子"（Ovum）[②]。这些既比
亚里士多德从希朴克拉底医学所承袭而加以深研的精液与经血
（σπέρμα καὶ καταμνία）为精确，于胚胎发育的观察也自此而推进到
两性生殖细胞最初的融合、分裂与演化。[③]可是十七八世纪间胚
胎学家们理论的争辩和实验探索的途径，却还始终囿于先成论与
后生说的范围。无论是雷文虎克或莱勃尼兹（Leibnitz，1646—
1716）等精原派（Preformisticanimaliculists）的"小动物们"，或卵
原派（Pref.-ovalists）如荷兰，斯旺美丹（Swammedan，1637—
1685）以至瑞士，哈勒（A. Haller，1708—1777）的蝌蚪变态研究和
鸡雏发育研究，[④]都只是做了些导源于亚里士多德书中的先成论
的补充试验与新鲜诠释。迨二十世纪，魏司曼（Weismann，1834—

---

① 参看陶培尔，《雷文虎克与其小动物》(Clifford Dobell，"Leeuwenhoek and his
little Animals")，1932。精子派先成论者最荒唐的安徒（Andrè）与柯赫（Koch）竟说在
显微镜中见到精子像一小人。

② 哈维已知道亚里士多德认雌（女）性经血为生殖分泌实误，而作成"一切动物皆
由卵生"的推论；但在约百五十年后，拜尔才真找到了胎生（哺乳）动物的卵子（《关于哺
乳类与人卵的生成》de Ovi mammalium et hom. gen.，1827）。

③ 亚里士多德的鸡卵观察只能从孵后第三日起有所辨识，于兽类胚胎，例如猿与
人，人目可认取的分化情况须在妊后两个月。

④ 斯旺美丹从虫与蛙等的变态研究著《自然圣经》(*Bible of the Nature*)，认为自
然界没有发生，只有繁殖，祖先的胚原套装着子孙的胚原。整个人类先已储在夏娃的
卵巢。卵原派甚至算得了夏娃所怀卵子共为三万亿。哈勒，1757—1758 年间所作《鸡
雏发育研究》，也坚主"胚胎发育没有新生的部分"。

1914)兼取两性生殖细胞而着意于染色体,力图探索其中的"定子"(determinants),他既认为染色体独立于动物机体之外,他的"定子",与其后继的遗传学者的"基因"(gene),都维持着先成观念。另一方面,后生论者(Epigenists)也有特朗勃尔(Tramble)的水螅器官再生实验(1744),①沃尔夫(K. F. Wolff,1733—1794)本于鸡卵孵化实验等所作的发生论以及拜尔的胚胎发育进化规律②等更多的名著。自十六到二十世纪;这么多学者获得了这么些新鲜素材,但在胚胎学思想方面,却还像是亚里士多德《生殖》篇(卷二)中,古希腊人两敌对的陈说又作了一番规模广大的复习。而且十九世纪间有如圣提莱尔的畸形论,③或达尔文的胚芽假说,④或孟德尔的种豆经验和遗传统计,许多作家的寿世巨篇又无不从《生殖》篇(卷四)评述"综合种子"($\pi\alpha\nu\sigma\pi\acute{\epsilon}\rho\mu\iota\alpha$, panspermia)(《生殖》,ix,3,769^{a}28)与泛生论($\pi\alpha\nu\gamma\epsilon\nu\acute{\epsilon}\sigma\iota\varsigma$, pangenesis)的章节中领受了各各的先启。所以这书在现代生物学中,不仅是一本历史名作,还该有温故的价值。⑤

近世论者,如吕易斯(G. H. Lewes)尝评亚里士多德生物学

---

① "再生"实验借研究动物已离母体后,恢复其失去部分的能力,可以论证生理机能由简成繁,构造皆出于个体自身渐成的原理。亚里士多德书中屡涉及器官再生例,但所记述不尽精详。

② 沃尔夫《发生论》(*Theoria generatione*),1759,为俄罗斯胚胎学开创了后生论的传统。随后就有拜尔的《动物发展史》(Entwickl. Gesch. der Thier),1828—1837,其上册,注释三与四,推论四,树立了动物胚胎发育挨次显见类属以至个体的表征,这"重演"规律。

③ 伊雪杜尔·圣提莱尔,《畸形论》(*Traité de Teratologie*)。

④ 达尔文《种原》,章十四。

⑤ 别武赖夫,《亚里士多德生物学的结论》(Karl Bitterauf, "Der Schlussteil der Aristotelischen Biologie"),1914,"迄今为止《生殖》这篇还是未尽为人们充分认识的文章。"

从为数太少的事例制作了太多的通理,已立的通理也欠缺再加实证的功夫①。这种议论施之古人可算是求全之责。据说在亚里士多德卒后不久,统治了埃及的希腊将领托勒米·菲拉台尔夫(Ptolemy Philadelphus)建立了世界上第一个动物园,但这样的设置在亚里士多德当时还没有。人类当日远游的本领也还有限。尽管传说亚历山大在征途中,曾供应以四方的珍禽异兽,依古代的交通运输情况,实际不会有多少品种送达雅典。动物实验的事例只能求之于农家与牧人。照现代的标准说,亚里士多德生平所汇集的动物解剖与生活的记录确是不多的。然而据这些有限的实录作成一些通理,十分有益于研究的进行。亚里士多德说:"没有先备的基础,没有可资模仿的典范……我的努力只是走了那第一步,虽经历了苦功与深思,这毕竟只跨过了很小的幅度。必须认明这只是学术进境的第一步,而施以宽容的估量。凡听我讲述或读我这些讲稿的友生,如果你们把这些初创的端绪和其他较成熟了的各门学术相比照,而识得我已尽了对这门新学的诚悃,也便能领会我所有的一些成就而原谅我所留给后人的未竟的工作。"②这些就是亚里士多德为学的恳挚,也是对求全者们预制的答辞。

但,即便在凭现代科学标准可以评为草率的诸通理中,也有许多久经颠扑不破的法则:以《构造》篇论,例如生物会得节约某一部

---

① 参看本书《构造》,iv,6,683ᵃ13,"两翅目昆虫螫刺必不在尾部"这通理的注释。下文涉及的若干兽类牙齿数,雄性多于雌性之说,也是吕易斯所列举亚里士多德诸误失之一。

② 语见《诡辩纠谬》,章三十四;依格洛忒《亚里士多德》(Grotë, "Aristotle"),ii,133译意。

分的余物移补另一部分的不足,这所谓"生体〈物质〉平衡律",近世率以谓是歌德(J. W. Goethe, 1749—1832)与乔弗洛埃·圣提莱尔(Geoffroy St. Hilaire, 1805—1861)的创见,实际上,亚里士多德《构造》(ii,9 等)和别篇中已有频繁的叙述,如反刍类的牙角平衡(《构造》,iii,2,$663^b23—664^a12$)可举为一个明确的示例。米怜·爱德华(Milne-Edwards, 1800—1885)自谓生理学上的各器官或脏腑的分工原理是他在 1827 年间发明的[①]。可是,亚里士多德又老早说过各别的部分以各司一种生理作用为相宜,自然非于不得已时,不为诸动物创制那些两用器官(《构造》,iv,6,$683^a—25$)。其他如:在动物界中不以单独的某一差异厘定每一动物的类属与位次而该须考虑到它全部诸性状(《构造》,i,3,643^b12);动物因构造的日进于复杂,其生活也日进于复杂(《构造》,iv,7,683^b7);诸动物消化系统依不同的食料而为异(《构造》,iii,14);赋予动物的自卫方法与工具皆只限于一种(《构造》,iii,2);——这类有价值的推断,不胜悉数;《动物志》与《生殖》等篇中也各有许多通理。这许多通理,直到如今,还被认为真确,或近代新拟的法则只是他旧说的修补。

在学术方兴之初,所从归纳为诸通理的事例未免太少,更或不免于杂有错误,这在亚里士多德是不讳言的,他常心愿后起的学者得有胜己的新义。重要的是反乎他的诸先辈,亚里士多德不作全没有事实根据的通理而径行演绎[②]。若以归纳为主而论其学术勋

[①] 米怜·爱德华《生理学课程》(Leçons sur la Phys.),i,16。

[②] 居维叶《自然科学史》(Hist. de Sc. Nat.)i,143,"所有他应用的这些普遍论断,全部出于归纳而是许多观察和若干事例相较比所得的综结。他永不在研究之先预立某一个法则。"

业,与各民族古典中所涉动物一切事例相较量,一般都认知亚里士多德的勤奋是无可伦比的。第十六世纪间,方济·培根力申归纳,以为近代科学之发轫,但试看他的名作之中,所由取证的实例,还是多么贫乏。每一新世纪都将发现古人某些弱点和错处,然而人们也必将因温习旧闻,作一番认真的研究而悟知作始的艰难:"或把前人曾已泛涉的事理完成为粹美的结论,或只拟有简率的轮廓而确内涵着新意,这些就都是可贵的'发明'。于后者尤应珍惜。谚云:跨出那第一步是最艰难的。这也真是世间的一桩大事;开始总是微小而不显著的。然而一经开始,后继的步趋就易于行进,事情也可跟着发展了。"①

　　注意到亚里士多德生物著作中若干失实之处,也有人认为他的观察不够精审。详密地研究近数世纪间所被列举的诸谬误,好些实非亚里士多德的误失而是评议者或读者对他原文的疏忽。譬如说亚里士多德言大动脉中有气无血;心脏唯人类有搏动;心脏不会病坏;有些动物的胆囊位近尾部等;——许多这样的迷惑,苟得其前后相关章节一一句读的确解,实际无一是亚里士多德的原意。另有些如狮与狼的颈椎只有一支独骨;雄动物的齿数多于雌动物;海豚的口腔,有如鲨魟,位于身体下面;——这类奇突的刺谬,大概出于两个来由②。像狮颈独骨只是并无科学习惯的猎人之语。这

---

　　① 语见《诡辩纠谬》183ᵇ16—184ᵇ3,从波斯武(Poste)英译本"On Fallacies"95页转译。诺顿斯基奥尔特《生物学史》(Erik Nordenskiold,"Hist. of Biology")1935年英译本,34—44页说,于亚里士多德哲学后世有毁誉,于其生物学则古今学者共相推重无异议。

　　② 参看威廉·渥格尔1882年《构造》,英译本序文 xi—xiii 页。

些根据传闻或它书而得的动物形态与习性记载,留下了若干无可否认的错处。又一些则出于古抄本有所缺漏或缮校的错乱①。于亚里士多德,那个能察识雏胚在孵后第三日的搏动心点,能察识鱼鸟卵有尿囊与非尿囊发育之别的眼睛,当不会看错大动脉的情况;能在水族中析出鲸类的呼吸系统以及生殖系统而查明乳头的所在,并论定其为兽式的胎生动物的同一个人,当不会看错鲸族海豚的口腔部位。《构造》(iii,1)叙述山羊与绵羊的齿牙时,未有雄性齿多的申明;《动物志》中涉及人、山羊、绵羊、猪等多种动物,所说雄性齿多,盖是后人改窜了原文,或谁妄撰的边注,混入了正文。许多孤出,或各篇各章不相符契,甚至相反的语句,大多可以作这样的解释。

然而学术必不免于个人的局限和时代的局限。除了上述应为疏通的诸事例外,亚里士多德书中也杂有些常俗的浅见或保留有传统的积误。埃及与希腊人都相信蟾蜍出于池泥,腐土化生虫豸,亚里士多德也列陈若干昆虫与螺贝为由"自发生成"。埃及人说尼罗河里蹿出鼠辈,中国人说腐草化萤,欧洲人说牛粪中苗生甲虫:没有足够工具以检察虫卵或生殖细胞的年代,这些正是各民族所同有的传说。而且直到十七世纪,像多马·勃朗(Thomas Brown,

---

① 公元前第三世纪初,亚里士多德手稿自雅典转到小亚细亚的瑟伯雪(Scepsis)后,锢藏于地窖中多年,不能无损坏。公元前第一世纪初,这些手稿经蒂屋渥人亚贝里根(Apellicon of Teos)购回了雅典。据斯脱累波(Strabo)《地理》中的记载,亚贝里根酷爱书籍而不是一位学者;凡于虫蛀,鼠啮,烂污的章句,当他和诸文士从事补缀时,未必十分精审。参看格洛式,《亚里士多德》,i,51;里加特·旭武《现今流传的亚氏文集编成史研究》(Richard Shute, "On the Hist. of the Process by which Arist. Writings Arrived at their Present Form."),章三。

1605—1682），还是相信动物确有自发生成的。[①] 否定这一传统的谬误，虽在具备了新工具后，还须经芮第（F. Redi，1626—1697），斯巴拉柴尼（Spallazani，L.，1729—1799），许旺（Th. Schwann，1810—1882），巴斯德（Pasteur，1822—1895）等相接二百年的心力。[②] 柏拉脱（A. Platt）在《生殖》篇英译本（1912）序文中说"任何科学家重读这些卷章，必将惊叹于亚里士多德在至今还歆动我们的诸问题上，具有怎样的深思灼见。"亚里士多德接受当时人们以雄性生殖分泌为种子而雌性性机体为土地的传统譬喻，在"形式与物质"对论中，颇贬低了雌性的功能。"倘我们于这类的章节觉得好笑，让我们记着，对于好些这样的事情，在昔像威廉·哈维那样的人物还是大多数认可的。"

物理知识限于"四元素"与"四性能"的古希腊人，于生理的物因必不能免于迷惑；跟着而论动因、本因与极因，也必出现一些好笑的说法。但谦谨的科学家们遗弃古希腊人理化的陈迹，应用近代理化知识于生物各门的研究，而日日有新得，这真承继了前贤的事业。形式论与目的论开拓了各门科学的研究途径。但中古一些轻信的学者与教士，墨守亚里士多德形式论与目的论的任何章句，这往往妨碍了学术的进境；若说以此为推尊师说，这未必为亚里士

---

① 多马·勃朗，《通俗错误》（*Vulgar Errors*）一书颇见机锋与智慧，流行于时，但他辟除许多俗误时，却还保持了动物有"自发生成"的俗误。

② 芮第，1668 年印行《昆虫繁殖的实验》（*Experienze interno alla gen. degl' Insetti*）证明了蝇不由腐肉生成，斯巴拉柴尼，1775 年发表了《自发生成诸实验》，许旺，1837 年也发表了他的自发生成诸实验，证明蛙等不能由烂泥生成，昆虫等不能由腐物生成；巴斯德，1876 年的《发醛研究》（*Studies on Fermentation*）证明了微生物或细菌也不能自发生成；一切动物都须由其本种亲体繁殖。

多德所乐受。亚里士多德于见到蜗类交配行为而念及蜗类当属于亲体交配产物，然而在没有证实其产卵和卵体发育过程之前，便不急于否定当时自发生成的俗说（《生殖》，iii，2，762ᵃ33）。由于希腊养蜂家迄未认清"分封飞行"实即雌蜂（"王蜂"）与雄蜂（"懒蜂"）的"婚礼飞行"，蜂群的繁殖成为胚胎学中最大的一个迷惑。亚里士多德殚精竭虑，捉摸自然规律以解释当日所知蜂群的景象，作成了似已通达的结论①后，还慎重叮咛当日听讲的学生，以及两千年来的读者："关于蜜蜂的繁殖，凭理论为之推想，更从所征信的事实以为佐证，所昭示的真相就是这样。可是蜂群生活的实况是尚未充分明察的；后之来者将益穷究它们的事情，真理苟托之于推想，毋宁归重于观察，理论只有在它们符合于观察所识得的众例时，才能成立"（《生殖》，iii，10，760ᵇ28—32）。不有理论为之纲领，无以集结宇宙间纷纭的万象，可是许多理论家往往于此寄托其虚拟或臆想。亚里士多德生物学，在举世生物记录业已焕然一新的今朝，尚能为益于人间者，就在于他成年累月从生物各个"个体"，求生物的"普遍"实义，"永不作未经证明的论断"（《运动》，1，698ᵃ13；《生殖》，iv，1，765ᵃ27；v，8，788ᵇ20）。

译 者

1964 年 5 月

---

① 参看《动物志》，ix，40，623ᵇ5—627ᵇ23；《生殖》，iii，10，759ᵃ8—761ᵃ2。

附志:关于本书四篇的编次

亚里士多德殁后,其遗稿经几回转徙,到公元前第一世纪,安得洛尼可(Andronicus)才在罗马把它编整成集,传行于世。在这两百余年的变迁中,他的论文 λόγοι(成篇 συγγράματα)与自己的札记资料(ὑπομνήματα)相混杂,他的文稿与吕克昂学院继任主持人色乌茀拉斯托的文稿以及门弟子的笔记相混杂。动物的《构造》与《生殖》两中篇事理明达,先后贯串,无疑是亚里士多德的手笔。另两短篇,《运动》篇在先多疑其非原著;近代编校者从篇内的议论与文理上研究起来,又多认为是真作。《行进》的末四章叙事有些混乱,内容也无关要旨,当为后人就原稿的阙文为之拾补之作。我们在这里把四篇译文照贝刻尔校印本《亚里士多德全集》中的程序,汇印一册,总称之为《动物四篇》。

现在流传的亚里士多德文集随处有提示应行参考另一某篇的引语,或两文相互引及。又有些在开卷揭示本篇的论题,有些更在篇末言明以后行将讲述的论题(例如《构造》,卷一章一,640^{a}16;《生殖》,卷一章一,715^{a}1—18;《构造》,卷四章十三,697^{b}30;《运动》,章十一,704^{b}30)。后世就由这些推求他生平著作的次序。有些篇章内引称另一某篇,但今不见有该篇而其所涉内容则见于别篇,于这些,后世凭以考订同篇的异名;又有些不见于该篇,也不见于别篇,后世凭以考查其逸书(例如《构造》,642^{a}4),又有些他所引的篇名今虽流传，而所涉内容则不见于该篇，后世凭以考订其阙文。这些参考语句也许好多是后世编校者所加入，借以联系他所厘定的各篇先后及一篇的卷次或章次。有些在篇末的结尾与另篇的开章有互相衔接参考语，这些显然是一位操心周到的编者所加，不是作者的原文。《行进》篇的末节（章十八，714^{b}24）就有这么一例。这类参考引语，当初也许写在边幅，随后被抄入了正文。这类引语在这四篇内是相当多的，它篇中引及这四篇的，也屡见。审择这些参考引语，并校比各篇的内容，可知《构造》是在《动物志》与逸失了的《解剖学》之后的著作。《行进》篇述动物的运动器官，似为《构造》的末卷，也可能 περὶ πορείας ζῴων《行进》和 περὶ ζῴων κινήσεως《运动》，原合为一个专篇，有如《构造》卷四章十三，696^{a}12 所引，题称 τοῖς περὶ πορείας καὶ κινήσεως τῶν ζῴων《关于动物之行进与运动》。照传统编制，这两篇列在《构造》与《生殖》之间。《运动》的本名，按照其首章，698^{a}6 句，可以题作 ἡ κοινὴ αἰτία τῆς τῶν ζῴων κινήσεως《动物运动的一般原因》，而《行进》则是跟着举示的动物运动分类实例。传统编制因此先《运动》而后《行进》。照《生殖》，782^{a}20 提到《构造》篇时，所作这篇的名称也该是《动物各部分的原因》在其他构造讲明之后，末了详述生殖与生殖器官，这是多篇的引语一致道及的。

梵埃斯（Weiss），1843 年，亚里士多德全集合订本绪言（xxix 页）曾言及现行的《生殖》篇之卷五应是《构造》的卷章。巴多罗缪·圣提莱尔（J. B. St. Hilaire）1887 年，《生殖》的法文译本绪言（cclix 页）也提示到这一问题。但现行的编次由来已久，当安得洛尼可时，大概就已是这样厘定了的，历代的编校者都没有作更变。到现代,我们认为这卷五所叙毛发与眼睛的色差,以及五官功能和牙齿皆随动物年龄的增长而为变化,都是次级性征,把它编属于《生殖》篇,实际是合理的。

译 者

1964 年 9 月 15 日

1984 年春校毕

目　　录

动物之构造:章节分析

动物之运动

(698ᵃ1—704ᵃᵇ7)

动物之行进

$(704^{ab}4—714^{b}25)$

动物之构造①
卷（A）一

章一

每一门有系统的学术，最卑下的和最高尚的②学术一例都显见有两样娴习的方式；其一可称之为有关实事实物的知识（实用知识），而另一则为可把那一门学术施之于教授的知识（理论知识）。在学术已有造诣的人对于一位述作者的议论，该能确当地判断其方式之或为优良或为低劣。凡既学有所成，确乎就该具备这种判断，即便是博学综赅的人，我们所以称他为博学，也就在他具有这种能力。③ 可是，这里该注意到，所云博学而能综赅者，应是指他

5

———————

① 这一篇，在后被称为 Ⅱερὶ Ζῴων Μορίων，《动物诸部分》（或《构造》）的论文，在先，例如被引及于《动物之生殖》卷五章三，782ᵃ21 时，名为 ἐν τοῖς αἰτίαις τοῖς περὶ τὰ μέρη τῶν ζῴων（"关于动物各部分的诸原因"），其主旨在说明动物内外诸脏腑与器官的生成和构造或出于事势所然（必需）或出于"自然"的设计，各不同的部分各有其不同的成因。可是亚里士多德在大部分篇幅中发挥了素所执持的目的论，自然为诸动物创制各个器官的不同构造，其目的在使之遂行不同的功用。这样，全篇较适当的名称毋宁可取加仑（Galenus）著作的一个篇名 de usu Partium，《〔动物〕诸部分的功用》。

② 贝刻尔校本（Bekker text）τιμιωτέραν，"最高尚的"；E 抄本，γυμνοτέραν "最坦白的"。

③ 《尼伦》，卷一章一：各门学术的级差，以医学为例，得之于经验的治疗技术为末；得之于研究的理论为上；能兼两者的医师才更优胜。学术于程度的级差而外，又有广狭之差，或只擅一门，或能综多门。参看《政治》卷三章二，1281ᵇ41—1282ᵃ7。

　　一个人的知识足可判明所有各门或几乎所有各门学术,不是指任
10 何仅能辨认某些专门事物的人;然而一个人却总是可能只于某一
门学术有所判断,不能通达一切学术。

　　于是,这是明显的,于研究自然的学术,相同于其他诸学术,这
必须立有某些典范(规准),俾学者(听众)于所闻的叙述,无论其为
15 真为伪,都能凭这些典范予以判断。试举例以明吾意,我们〈于动
物这门学术〉* 该应就近取材,各别地讨论——实是(品种),有如
人、狮、牛与类此的诸物,不问其他的诸品种,抑或毋宁先研究由它
们的本体所从来的若干共通属性,并以此为基础而后进求它们各
20 别的差异? 动物诸类属虽各各相异,而常显见许多共同现象,如睡
眠、呼吸、生长、废坏、死亡① 以及其他相似的禀赋(演变)与境况
(安排),只是由于我们现在还不准备于这些就作详明的阐释,这可
以暂置勿论。于是,显然,我们若不管其他而专研——部分(品
25 种),这就不得不时时重复若干相同的叙述;因为马与狗与人,各别
的并共通的,显见上述诸现象。所以逐一讨论这些品种的诸属性
时,虽它们形态相别而其习性则相同而复现者,就必须烦复着若干
陈语了。还有其他的习性,也很可能不同于种属,却仍可归纳于某
一个范畴。例如飞翔、游泳、步趋、爬行显然有别于种属,却全都是
30 动物行进的方式。这样,我们必须于即今所从事的研究,在方式上
639ᵇ 具备明白的理解;这就是说,我们或先考察共通的类属习性,而后

---

　　*　本书,〈　〉内语系译者所添,以补足原句中文义。(　)内语与上文词义相近,为
可以代用的译语。注释中引及各抄本和译本,见于"附录";引及亚里士多德其他篇名
都用简名,本称也见于"附录"。

　　①　所有这些动物生活现象,以及"行进"诸方式,都另有专篇论文。

论列各别的品种①特质，抑或径以各别的品种为之开始，于这两途
径必须有所抉择。可是，于这些问题一向没有制订确定的规律。　5

　　另一个相似地无确定规律的问题，这里也该予以提示，凡从
事于自然研究的著作家，是否应依循数学家们在他们的天文实证
中所取的方式，于陈明各属动物所显现的诸征象和它们各个部分
（构造）之后，继而推究其原因与事理，抑或该应遵从另些方法？当　10
这些问题既获答案之后，这里又还有另一问题。我们看到，自然产
物有关创生的原因不止一个。这里有极因（目的），这里也有动因
（运动本原）。现在我们必须论定这两因何者为先，何者为次。显
然，第一原因该是那我们称之为目的的极因。因为这就是"理性"
（公式，λόγος）：理性（公式）为事物之始（起点），这于艺术的作品和　15
自然的作品均属相似。试观医师们或建筑师们是怎样从事于他们
的工作的。其一"在理知上"，另一"在感觉上"，首先形成一鲜明的
印象以昭示其目的——于医师而言这是健康，于建筑师而言这是
一房屋——他立此以为理性（法式），以后，相接的每一步骤，以及
他于其一采取这么样的动作，于另一采取那么样的动作，都可凭那
理性为之厘定。这里于自然的作品而言，"极因与善因"（τὸ οὗ　20
ἕνεκα καὶ τὸ καλόν），较之在那些艺术作品之中，实更为主导，而且
"必需"这因素之为用于其中，也意义相别。几乎所有的著作家虽
试求事物的原始于这一因素，但他们于"必需"（τὸ ἀναγκαῖον）（物

---

① εἶδος（品种）与 γένος（属，级，族或类）的定义见于《动物志》，i，1；该节所举品种
定义是明确的，递传至居维叶，《动物世界》（Cuvier，"Règne animal"）i，1，4，所作"une
espece"的定义，并无增益。但"genus"这字，亚里士多德取义甚为广泛。渥格尔（W. Ogle）
及诸家翻译常用许多不同的译名，如 genus，order，tribe，class，group，kind，etc。

质条件)这一名词的诸命义,还未分明,因为显见于永恒事物的确
25 有"绝对(全称)的"($\dot{\alpha}\pi\lambda\hat{\omega}\varsigma$)必需,而显见于自然所创生的诸事物,
则有如一切艺术作品,无论其为一房屋或任何事物,当为"假设"
($\dot{\epsilon}\xi\ \dot{\upsilon}\pi o\theta\dot{\epsilon}\sigma\epsilon\omega\varsigma$)必需。凡欲实现一房屋或其他这类终极目的物,这
就必须先备有这样那样的"材料"(物因);这里必须先制好这个,再
制好那个,于是先把这个,又把那个,搬动起来,如此相继不辍地活
30 动着,直至达到终极目的而止,所有每一先行的事物都是为了这一
目的而制备而存在的。与这些艺术作品相同,自然诸产物也是这
640ᵃ 样。可是,在自然研究〈和在艺术〉中,必需的方式与实证(理知)的
方式,与在理论学术中的方式两异,关于理论学术[1]方面的论题,
我们已在别处讲过了。因为后者的起点为"实是"($\tau\dot{o}\ \ddot{o}\nu$),而前者
的起点则为"将是"($\tau\dot{o}\ \dot{\epsilon}\sigma\dot{o}\mu\epsilon\nu o\nu$)[2]。这是由于那未来之是——譬
5 如,健康或一个人——当具有这样那样的性质,所以必需为之预制
这样那样的先行事物;这不是由于这样那样的先行事物业已制备
或存在,就必然内涵有健康或一个人,或健康与一个人就必然将出
现而成为实是。而且这也不可能追踪这系列的必需先行诸事物直
到一个起点,而于这原始事物,你可指说它本身有永恒存在,并可
由以决定那相应实是是随之来到的必然后果[3]。可是,这些又是

---

① 参看《形上》卷五章一,学术总类为三,理论,实用与制造(技术)。实用学术,例
如修辞;制造,例如雕塑。理论学术三类:物学、数学、哲学。理论学术限于理知(思
想),实用与制造(技艺)学术兼行动作与理知。

② 理论学术以某些永恒事理("实是")为起点(基础),例如数学,始立某些定理,
由以演算,必得某些后果。艺术家则先假想某一虚拟的方案,循以预制——条件,最后
完成为某一实是,例如一雕像,这雕像先不存在,只是艺术家的一个未来实是。

③ P抄本末无一分句。

在另一论文中曾已讨论过了的问题。在那一篇中，业经说明了于 10
什么情况之中存在有〈绝对必需与假设必需〉这两命题，也说明了
于什么情况之中，表现假设必需的命题可以互变，以及凭什么原因
决定这种互变①。

另一件必不可忽略的事情是，我们当前的论题是否即每一动
物的形成过程，或毋宁是每一动物当其成形，构有了什么些本质，
这些就是前代诸作家所关切而探究的问题。两者有不小的区别。
最好的课程显然应该依循我们前曾提及的方式，先行叙述每一类 15
属动物所具见的现象（形态），说明了这些现象之后，进而申论其原
因并研究它们的生殖与发育。于其他事物而言，例如房屋建筑，实
在的程序就该是这样。房屋或房屋设计具有这样那样的形式；唯
其具有这样那样的形式，所以建筑工程就得以这样那样的方式施
行。不是为了创作过程才有所创作物，恰是为要完成那创作目的， 20
才有那创作过程。这里，恩培多克勒是错谬的，诸动物所表现的许
多本质只是胚胎发育过程中相应而起的一些结果；譬如，背脊之所
以分节为若干脊椎骨只是由于胚体在母体子宫中的卷曲状态，因
而造成了断续结构。照这样的论旨，他第一漠视了繁殖当是得之

_____

① 参看《成坏论》卷二章九至十一。亚里士多德认为唯圆运动为能永恒不息，天
体皆作循环，故能不坏。地上事物之求致于永恒者亦必符应于天运之循环。若人类之
由精液（种子），胎婴，儿童而抵于成人，又生精液（种子）也成为一种循环。因此循环，
本为世间可灭坏事物的诸动物，竟各自嬗衍于无穷。但这样的永恒有所异于天体的永
恒；日月星辰可各以其个体致于永恒，而人或马之传世者只其品种为能久，个别的人与
个别的马皆及时而亡失。（参看《灵魂》卷二章四，415ᵇ4；《生殖》卷二章一，731ᵇ32。）在
地上的循环中，精液为成人的先行条件，而成人亦为精液的先行条件，这些就是所谓可以
"互变"（ἀντιστρ ἐφει）的假设必需。"必需"两类别，参看本书"附录"，"若干名词释义"4。

于一颗具有某种成形能力的凝性①种子。第二,他还忽略了另一
25 事实,即动物亲体不仅在意式(形式)上先行存在,更在实际上确先
存在。因为人由人生成;正由于亲体赋有某些本质,这才决定了子
体也发育而成某些本质。于艺术活动以至于那些出于自发的活
动,也与这些叙述相符;因为艺术工作所产生的结果也可能自发地
产生。譬如,恢复健康就可能得之于自发②。可是,艺术作品须先
30 有与之相应的动因即技艺,例如欲得雕像必先有雕塑艺术;雕像
是不可能自发生成的。技艺所预想的成果,在凭物料而得其实
现以前,必先涵蕴在艺术之中。于自发而然者,于机遇亦然;因
为机遇也会产生与艺术相同的成果,而且其间的过程也相同③。

　　于是,最适宜的方式应是说,一个人所以有如此如此的诸部
分,就因为他既生而为人,如此如此的诸部分就包含在人的大义之
35 中了,也就因为对于人的生存,这些正是必需的条件,我们即便不

------

　　① 贝刻尔本 συστάν"组合性",依柏拉脱(Platt),校作 συνιστάν"凝定性"。《生殖》
篇所言结胎过程为雄性生殖要素(精液)于子宫中"凝定"女性生殖材料(经血),而成原
始胚体。
　　② 这以下一节行文不能明达,或有阙漏;依《物理》及《形上》有关章节可推知这里
所说"自发"的大意:
　　自然为生物体内蓄养着某些机制,一经拨动,就会逐步发展而得有某些成果(参
看《生殖》,卷二章五,741ᵇ8)。例如人有某一病患,医师为之诊断,而推测这病患部
分生理失调,若欲恢复平衡,须有热量,摩擦可以生热,于是为之按摩。积功生热,积
热而生理调匀,病患消除(参看《形上》,卷七章七,1032ᵇ5—30)。但这也可能因偶然
的机会,患处遭遇摩擦,竟循同样的过程而病苦也得痊愈。这在原存有"自动机制"
的物体,"机遇"(τύχη)才能偶尔施行艺术(如医疗)的功能。倘为无机的木石则机遇
绝不能施行一雕塑家的功能,自发而成一雕像(参看《物理》,卷二章四至六)。
　　③ 艺术(技术)的产品完全是"有意"的成果;自发生成物则完全出于"无意"。在
有意无意之间得来的事物为"机遇",亦即"幸运"的产品(参看《形上》卷一章一,981ᵃ5)。

说这些部分不是一切构造之中最好的构造,至少该说在那些位置
总是较好的构造,那里如果缺少这些部分他是不可能生存的;而且
这些部分的存在又涵蕴着其他的先行条件。那么,我们就该说因 640^b
为人是具有如此本质的一个动物,所以他必须经历那样的一个发
育(胚胎)过程,于是这一部分首先形成,跟着而又一部分,挨次发
生——部分,终以完成为一个人。于其他一切自然的作品,我们也
该照样论列它们的发生程序[①]。   5

    先哲们于自然的冥想最先着意于物质原理与物质原因。他
们研究物质是什么,其性能是怎样的,宇宙如何从物质产生,其动
因,举例言之,是否为仇恨或友爱,抑或是理知或自发活动。物质
的底层既被论定各具某种不可区分的性能,例如:火有热性,土有
冷性;前者轻,后者重;于是虽宇宙之大,他们也就这么予以解释 10
了。循着相似的途径,他们又考察了植物与动物的发生。他们说,
举例言之,有如水在生体的流动与注泄是胃的成因,也是食料和排
泄物诸容器的成因;又如气(呼吸)为求其通道,因而穿透了鼻孔;
气与水正是那些生体所由制成的物料;凡自然一切生物就是由这
样的物质或相似的物质组合起来的。   15

    然而,若说人类与诸动物和它们各种构造是自然现象,那么自
然哲学家们就不仅该考虑它们所由以制成的终极物质(元素),还
需计及肉、骨、血和其他同质(匀和)诸部分;不仅这些匀和部分,还
需计及异质(不匀和)诸部分,有如脸、手、足;他们必须审察这些部 20

---

    ①   本节表明动物研究应先讲"构造",后言"生殖"(胚胎发育),这样的程序与《生
殖》篇,卷一章一,715^{a}1—15 所叙述研究程序相符。

分如何而一一得以形成,并由什么机能而得以形成。说一动物由
哪些元素组成,并举例指明某者为由火或土所组成,这恰与用相似
的说明来讨论一椅或类此的事物之组成一样,这总是不充分的。
我们不应以椅由铜或木或任何其他材料制成这叙述为满足,我们
25 该当阐明椅的设计或其实体合成[1]的方式,这些较物料为优先的
原因;即或我们正当讲到了物料的时候,也必须阐明物质与形式的
结合。因为椅正是如此如此的一个形式,具体于这样那样的物料
之中,或如此如此的一块物料赋有了这样那样的形式;所以在我们
的叙述中,就不能缺少它的形态和构造,事物的"形式"本性实际较
其"物质"本性为重要。

30　　　那么,形状与颜色就是各种动物和它们的各个部分的本义
(实是)么?若然如此,德谟克里图的持论将是确切无误的了,他
所曾计议的动物,显见为这样的命意。他总是这么说的,既然人
是凭形状与颜色来认识的,那么这是谁都可明白的了,他所以得
成其为一人就由于具有人形之故。可是,一个死体(尸)所具的
35 形状恰恰与一活人全然相同,但,尽让它全然相同,总不是一个
641ᵃ 人。一只不由正当途径生成的手,而只是一只铜手或木手或任
何其他物料制作的手,总是一只假名的手而已,不可能成为一只
〈真〉"手"。有如画上的一位医师,或雕像上的一支笛,虽然各有
其名,却都不会实有它本名所应具备的作用。恰恰与此相似,一
具死尸的任何部分,这就是说有如他的眼睛或他的手,绝不能是

---

① συνόλον"综合实体"就是物质与形式结合而成的实是,参看《形上》,卷七章十,
铜或木凭椅式而制成的一个铜椅或木椅,是一个真实的椅。

一真正的眼或手。所以,说形状与颜色构成动物是一个不确当 5
的叙述,这无异于一个木雕工匠坚持他从一木块雕刻起来的那
手是一只真正的手。可是,那些生理学家(自然学家)当叙述动
物的发生和其形态(构造)的成因时,竟然与这样一位艺师的持
论很相似。可是,我要问这手或这身体所由形成其状态的能力
究属是什么? 木工也许就说这是凭斧凿刻成的;生理学家(自然
学家)也许就说这是气与土做成的。于这两个答案而论,木工之
语固然较佳,但还是不充分的。因为他若仅讲到凭他的工具的 10
削凿而这一部分刻为凹陷,那一部分刻为平面,这是不够的;他
必须说明自己何以要这样那样地运动他的斧凿,俾使之或凹或
平的理由,他又必须说明他的终极目的是什么,这也就是说为什
么他要雕弄那块木料使之竟得有这样那样的形状。于是,这就
显然,古代自然学家的教义是不精当的,而正确的方式该是说明
一动物就其整体而论,具有那些明确的本质所以使之成为那一 15
种动物,既详于物质,也详于形式,并于它各别的器官也像论其
整体那样——兼详其物质与形式;实际上这就该与我们对一椅
作完全叙述那样,以恰恰相同的方式为之说明。

现在,如果构成活物形式的事物实为灵魂(生命),①或灵魂的
一个部分,或是某些内涵灵魂而才得存在的事物,——看来,事实
上恰正如此,当灵魂(生命)一旦离开了一个活动物,这动物的任何 20
一个部分都只是形状如前,而实际已不复是原来的部分,像神话中

①　ψυχή(psyche)通常译作"灵魂"(soul),但这于"柏须歇"的本义不为周全,或译
"生命"(life),或译"机能"(faculty),这又缺漏了另些含义。参看"附录""若干名词释
义"。

的动物那样,它已变为一石动物了——如果事实上恰正如我所说,
那么这就该是自然学家们的职责,来研究有关灵魂的情况,于灵魂
作整体的论述,或至少议及那构成一个动物的主要机能的那一部
分灵魂。阐明这个灵魂或这部分的灵魂究竟是什么,并讨论依从
25 于其本性以及重要机能的诸属性将是自然研究的课题。于本性而
言这有两项命意,每一事物各称其物质本性或实是本性;①实是本
性的含义则包括了动因与极因(目的)。现在,整个灵魂或灵魂
的某些部分,从于后一命意而构成一动物的实是本性(本体),动
物正因有灵魂的存在而物质得赋予以物性,也正因物质的存在
30 而灵魂得赋予以灵性,然灵魂之为用于前者远较物质之作用于
后者为重要,所以研究动物本性的人们,在各方面讲来,与其尚
论物质,毋宁深求灵魂。因为椅与三脚座虽由木材制成,但它所
以能各别的成为一椅或一三脚座,却由于它相应地具有如此如
此的一个形式。

　　如上所曾言及,自然科学(生物学)内涵有这么一个疑问,
35 这一门学术应统研整个灵魂抑或只涉及某些部分。这里,若说
641ᵇ 这门学术应讨论整个灵魂,那么外此将无复其他学术可得独立
了。凡相关的题旨都该统属于同一门学术之中,例如,感觉与所
感觉物是属于同一门学术的,所以理知和与之相关的理知对象
也属于同一门学术,由此相及,自然科学将把一切知识(宇宙万
5 有)都包括在它范围之内了。然而运动原理也许就不依凭于整

---

　　① 承上文椅喻到此节,言物因与式因对论,万物以式因为重;以下又举称本体兼
涵动因与极因;则所云实是(在本篇内即各各动物)该统备四因。依下句动物本体中灵
魂("生命")与物质相对,则式因,动因,极因便统涵于灵魂。

个灵魂,也不依凭于所有灵魂各个部分的合作。相符合于诸植
物而为之生长原理的是灵魂(生命)的一个部分,另一部分,感觉
灵魂,则为之质变原理,又另一部分为之运动(位变)原理的,仍
还不是理知灵魂。我说运动原理无关乎理知灵魂,因为人以外
的诸动物都有运动能力,但除了人有理知,别的动物全都没有理
知。于是,这就显然,我们在这里所需研究的不是整个灵魂①,因
为构成动物本性的只是灵魂的某个部分或其若干部分②,不是所
有灵魂的一切部分。

又,鉴于自然所造的万物无不归趋于各自的目的,自然科学的
论题当不可能取资于任何抽象事物。恰似人类诸创作之为技艺制
品者,世间一切生物显然也凭一相仿的原因或原理——内在的而
非外烁的原因或原理——有如热物与冷物③那样,从宇宙中创生。
天体若说它也各有其原始④,它先时的发生与当今的常在,也由于
类此的一个原因。而且这是可信的,诸天体的依循〈于创造的目
的〉宁更甚于地上可灭坏的诸动物;因为天穹的诸星辰较之我们世

①《形上》,卷六章一:自然学家(生物学家)所涉及的灵魂,以其与物质不相离
者为限,即营养与生长(植物性)灵魂和感觉与运动(动物性)灵魂为限。与物质可得
相离而独立存在的,唯人类所独有的部分,即理知灵魂(参看《生殖》ii,3;《灵魂论》ii,
2),当属第一哲学(形而上学)的研究范围。

② 仅有某一部分灵魂的动物指海绵等所谓类于植物,不能移动的诸动物,这些
仅有低级(营养与生长)灵魂。其他诸动物具有低级与中级(感觉与运动)灵魂,除人
以外,均不备理知灵魂。但《动物志》卷八章一,诸动物也有智慧与品德,则理知灵魂
便不是人类所独有。又依本篇卷二章十656ᵃ9,诸动物也有微弱的神性。

③ 渥格尔注:"热物与冷物"指生体内物质诸元素,引以对衬非物质要素(形式)即
灵魂。

④ 诸天体是否出于创生的讨论见于《说天》,卷一章十,卷二章一,照那些章节,诸
天体应无始而在,不经创造过程。

20　间的万物,更明显地具见秩序与定规,而变异与机遇则表现为地上
　　可灭坏诸事物的征象。可是有些人竟然一方面承认每一动物为自
　　然所创生而得以存在于自然之间,另一方面却主张天体的创制出
　　于偶然,并由自发;实际上,天道贞常,我们找不到它丝毫的凌乱或
　　偶然的朕兆①。又,任何时候若显见有,可作为一个活动的归趋的
25　某个终极而更无任何事情妨碍其进程,我们就说这样的终极正是那
　　活动的目的;这是明白的了,由这些情况看来,这里必须确实地存在
　　有这么的或那么的一个事物,而这事物恰相符合于我们所称谓的
　　"自然"φύσις。任何指定了的一颗种子(或芽孢或精液)不会由之发
　　生任何偶尔的生物,它也不由任何偶尔的生物产生;每一种子必然
30　产自一确定的亲体而由之出生一确定的子体。因为这些正是种子
　　的本性,由它所发生的必然是合乎它的本性的子嗣。还有,子嗣
　　〈在意式上〉为先予②种子;因为种子与长成了的子嗣之间的关系
　　正是创生(胚胎发育)与其成果之间的关系。可是,兼先于种子与
　　其产物的还有那种子所自生的有机体。每一种子均相关于两个有
35　机体,亲体和子体。种子(精液)既为它所由来的那一机体,例如马
　　的种子(精液),又当是它所将繁殖的那一机体,例如骡,则是马的种
　　子(精液)所转变而发生的。虽其所以为属者,如这里所叙,两不相
　　同。这同一的种子,实既属于马又属于骡。又,种子潜在地就是它
　　行将发生的生物,而潜在与现实的关系,我们是素所知悉的。③

---

　　① 《物理》,卷二章四,有相似一节。
　　② 马的精液中预先存有成马的目的及形式。
　　③ "潜在"与"现实",参看《形上》卷八章六至八。这里说亲马的精液(种子)是潜
　　在的马,即子马,子马是马的种子之实现。上句"马生马",本于有机体(生物)的极因,
　　"马生骡"由于某些事物(物因)为之妨碍,而势所必然地变改其目的。

这样，万物当可追溯到两项原因，即或是为了某个"目的"，或 642ᵃ
是事属"必需"；因为许多事物只是事势发展的必然后果。可是，试
问我们在这里所谓必须究属是哪一方式的必须；[①]因为这里的必
需可能都不属于我们在《哲学》论文[②]中的那两个方式。这里，至少
于有生的诸事物（动物）而言，还得有第三个方式。譬如，我们说"营 5
养是必需的"；这因为一切动物不可能活着而不进食。这第三方式
就该是那可得称之为"假设的"必需。这里再举一示例。倘一木块
须用斧劈开，这斧必需坚硬，若须坚硬，这就必需由铜或铁制成。现 10
在躯体，恰恰相同于那斧，而为一个工具，——躯体，整个而论，和它
各个部分分别而论，它们所以如此生成都各具备其特定的功能可做
特定的工作——我说，恰恰相同，这躯体，若须尽它应负的职司，就
必需具备如此如此的功能（性质）而由如此如此的物料制成。

于是，这是明白了，因果的方式有二，于阐明自然诸所造物时， 15
必须尽可能兼述两者，或至少须努力考虑到两者[③]；凡不能这么做
而有失于两者，这实际上不能于自然研究对我们作何补益。因为

---

① 这一节与上节论旨不相承，本章先已于 639ᵇ20—640ᵃ12 详述了假设必需；这
里却像是前未说过那样，在讲论一新问题。很可能这一整节是当初的编者补入了一页
亚氏的残稿。

② ἐν τοῖς κατὰ φιλοσοφίαν "关于哲学的论文"，很像是亚氏著作古书目中的《辞类
释义》，即现行亚里士多德全集中《形上》的卷五，该卷章五所述"必需"三解为"由于本
然"（即"绝对必需"），由于强迫，与由于论证（即"假设必需"）；与这里所说该论文中叙
明两个必需方式不符。《物理》，卷二章九中，所言必需，是两个方式；但那一章中的两
方式为绝对与假设必需，和本书本章前节所举者同，仍不符于这里所说。依本书这一
节，该论文中所言应是"绝对必需"和"强迫必需"两项。这篇哲学论文或指亚里士多德
早年所作的《哲学》对话（περὶ φιλοσοφίας），参看海茨，《亚里士多德佚书》（Heitz, "Die
verlor. Schrif. d. Arist."），179 页。

③ 依渥格尔校订增，τοῦτο "这些"（"两者"）。

首要原因①于动物本性的生成比之其物质材料远更重要。即便在
恩培多克勒的著作中，实际上就有些文句涉及这些，他徇于生物的
20　真相，也不能不说那组成事物的本性而使事物得其实义的，在于
"比例"（公式 ὁ λόγος）。他怎样来阐释骨骼，可以举为一例。他不
仅叙述成骨的物质，指称这一元素或那两元素或那三元素，或说骨
是所有这些元素的组合物，而更陈明它们凭以为组合（混合）的"比
例"。② 相仿于骨，肌肉和其他一切类似部分，显然也是这样。

25　　　前贤所以有失于这一研究方法就由于他们既未建立"怎是"的
观念，也没有任何"实是"③（"本体"）的定义。最初接触到实是（本
体）的是德谟克里图，但他只是因循事实，不自觉而至此，所以他没
有认真应用这个必要方法于自然研究。到苏克拉底的时代，人们
固已较接近于这一方法了，然当年哲学家们专心致志于政治学术
以及那些有益于人类进修的伦理品德的讨论，大家不期而轻忽了
30　自然的研究。④

　　　下述的实例可举以说明我们这个研究方法。于论述呼吸一

---

　　① 上文，639ᵇ14，说明极因（目的）为先于动因的第一原因。

　　② 第尔士，《先苏克拉底诸哲残篇》（H. Diels，"Frag. der Vorsokratiker"）"恩培
多克勒残篇"，78；"肌肉由四元素等量合成；筋络由火与土与两倍的水合成；……骨由
两份水、两份土和四份火合成。"渥格尔注：恩培多克勒只是陈述物量，未必存有脱离物
质以外的意式（公式）命意。亚里士多德在这里取 2：2：4 为骨的公式，并以公式（本因）
合于极因。

　　③ τὸ τί ἦν εἶναι（quidity，essence，"怎是"）与 οὐσία（entity，substance，"实是"
或"本体"），参看《形上》，汉文译本，索引三（342 页，353 页）。

　　④ 自然研究当于自然诸实是研求其普遍定义。德谟克里图所作实是的定义限于
物理方面。苏克拉底与当代青年及同时学者所讨论的主题多为伦理及政治问题，参看
《形上》，卷十三章四，1078ᵇ13 以下。

事,我们必须阐释呼吸的作用是为了怎样一个目的,我们又必须阐
释呼吸过程的前一步骤必然引向下一步骤。关于"必需",有时我
们以指假设必需,凭"假设必需"逐步抵达于终极目的,这必须具备
——先行的〈物质〉条件;有时我们以指"绝对必需",这样的必需相
关于本体诸禀赋与素质。我们倘要生活,引入空气并交互地收放　35
热量,是必需的。这里我们就一事而显示了那两项必需:交互地加
温与冷却符合于动物生活的本性,这具见那绝对的命意,而温凉的　642ᵇ
调节必需有空气的出入则具见那假设的命意。

　　上举的一例既昭示了我们所应取的研究方法,也实际说明了,
动物生活中我们该行研究的一个现象的诸原因。

章二

　　有些哲学家(著作家)们①建议用两分法来析出并标志动物的　5
终极(最低品种)形式。但这方法常遭遇困难,也常是不切实际的。

　　有时,在那区分系列中的末一差别就已自足于其作为标志的
全义,它的前置差异只是些赘词。这里,如说"有脚"ὑπόπουν,"两
脚"δίπουν,"跂脚(多趾)"σχιζόπουν 动物②,这一系列中,末项便统
概有前项所析诸义,前两词项是多余了的。　　　　　　　　　　　10

---

　　① ἔνιοι"有些人们",盖隐指柏拉图及柏拉图学派。διχοτομία(dichotomy,两分
法)为逐级继续对分的分类法 ἡ εἰς δύο διαίρεσις(abscissio infiniti)。"无休止对分"的诸
实例见于柏拉图对话《智者》(Sophistes)与《政治家》(Politicus)两篇;下文所谓 αἱ
γεγραμμέναι διαιρέσεις"已着录而流传的两分法",盖指那两对话的有关章节。以下三章
在分类学上,亚里士多德着意于保全自然组合是一向为生物学家们所珍视的。
　　② 从渥格尔,以下删ἄπουν"无脚动物"一词。

又，〈在分类上〉拆散天然组合总是不合宜的。譬如，在已着录
而流传了的"两分法"中，有些鸟区分在水居动物之内，另些则列于
另一级类，这样，群鸟诸种属既被分散于两分的若干层次，"鸟类"
15 已不成为一合乎自然的分类名词了。〈在那样的分类中，〉鸟与鱼
固然都已列为类名，而其他合乎自然级类的表征还没有通用的类
名，例如我们所作"有血"和"无血"的区分，那里找不到任何相应的
名词。如欲保全自然级类使不致被分散，这就不宜应用两分法，因
为在两分法中，诸动物的天然组合之被拆散以致种属失序是不可
20 避免的。依据这一方法，有如"多脚动物"τῶν πολυπόδων 这一组，
就得分开，有些归入陆地动物，另些归入水居动物。

章三

又，我们可以看到在那样的两分法中，两区分的一支不可避免
地是一个阙失性名词。但既为"阙失"στέρησις，[①]这就无复再可区
分的阙失差异。以"有羽的"或"有脚的"为例，固然可有"无羽的"
或"无脚的"对分，可是"无羽的"或"无脚的"既为一"非是"μὴ
25 ὄντος，这就不会更作形式之别。然而，凡类属区分就必须可得再
行区分；如其不然，这就毋宁成为专指（品种）名称，而不成其为一
共通（类属）名词了。举例言之，有羽动物和有脚动物都是类属区
分，这样的区分是可以再区分的；因为羽可得区分为有翈与无翈之
别，而脚，于那些偶蹄动物可得区分之为多蹄与双蹄，于那些实蹄
30 动物，区分之为单蹄。现在，我们如果用两分法为分类，开始就把

---

① "阙失"释义见于《形上》，卷五章廿二。

物类区别于两相对反的项目①,于是每一动物即被纳入两相反的
一个项目之内,虽是原可更为区分的类属,由兹而也将难为分类
了,而且有时还将遭遇更大的困难,致使分类不可能施行。譬如,
我们试以有羽(翅)与无羽(翅)②为初级分类;我们将发现蚁与萤
以及其他某些动物,以同一种属而分隶于两个类属。因为既然分   35
成为一类属,这一属下也得隶有若干品种,于是在阙失项目内,作
为那一对反的底层,也得列上一些动物。这里,凡品种相异的动物   643ᵃ
必须从某些共通因素上分化出某一显别的特殊因素,可是在那阙
失项上,这种分化是不会有的。[鸟类与人类,举例言之,同属两脚
动物,但它们的两脚性有别而是已分化了的〈这不能作为共通的底
层〉。于两类同属有血动物而为之区分的,若所凭以为之分化的正
在血液这一部分,那么它们的血液当必有某些别异]③因此,这个   5
不能施以分化的阙失名词是不能用作类属区别的;如果你硬要应
用这样的名词,那么,相区别了的两项目之一将只是一个无可分化
的通称而已。

又,倘诸差异为最后不可复为区分的动物群,亦即动物群以最
后不可复为区分的差异(品种)为之作别,倘又不以一个差异为几
个动物群的共通特性,那么差异的数就必须相等于动物的品种数。

---

①　贝刻尔校印本,ἄναιμα "无血动物"从渥格尔校,改为 ἐναντία "对反项目"。

②　亚氏称虫翅为"羽" πτερόν,这有别于鸟"翼" πτέρυξ 所由组成的羽。下文卷四
章六,682ᵇ18 说,虫羽既"无柄",又无轴,只是一张皮样的膜。这里所举昆虫两例,蚁为
膜翅类,萤为鞘翅类;蚁科雌雄蚁于繁殖季节生羽,能飞行空中,交配后雄蚁死亡,雌蚁
失翅。工蚁兵蚁均不生翅(羽)。参看下文 643ᵇ1。

③　从渥格尔,加删除括弧[　]。

10 倘某一差异虽已不可复为区分,却是①几个动物群的共通特性,那
么,显然,由于它们具此共通差异,若干品种有别②的动物当汇列
于同一区分(类属)。这是必需的,所有一切最后不可复为区分的
诸动物群所由作别的特性都不得有何共通因素;如其不然,便将如
上述,品种有别的诸动物被列入差异相共的同一区分(类属)。但
这些于下列的那些分类条件,总是会得于这一条件或那一条件发
15 生抵触的。分类的诸条件:一个不可复为区分的动物群必不可列
入几个(超过一个)区分;不同的动物群必不可列入同一的区分;而
每一个动物群必须得有某个区分。于是,显然,苟凭两分法从事分
类,我们就不能抵达动物分类或其他分类的最后不可复分的个别
形式(品种)。倘说这竟可能,那么,最后差异的级数就当相等于最
20 后不可复分的动物种数。试设想某一体系的物类,其初级差异为
白与黑③。白黑两支将各自继续对分,对分所得各支更行对分,直
至终极差异而止,其数将是四或是二的某次倍乘数,这数也将是这
一物类体系的末级品种的数。

25   [一品种的构成在于形式差异与物质的结合。一动物,无论它
哪一个部分都不会是净物质的或全无物质;一动物体也不能脱离
它的生活条件而构成为一动物或动物的任何部分,这是业经屡次
察及的了。]④

---

① 从铁茨(Titze),删 μή “不”字。

② ἕτερα τῷ εἴδει “品种有别”释义,见于《形上》,卷五章十。

③ 有些抄本,τὰ λευκά “诸白物”,另些抄本与校印本为:τὸ λευκὸν καὶ τὸ μέλαν “白
与黑”。

④ 这里的论旨,见于上文章一,641ᵃ19,于本章为穿插,从渥格尔,加括弧。

又,差异必须在有关实是(本体)的诸因素上寻取,不可仅从相应于本性而来的属性上寻取。这里,须得为之区分的,倘属几何图形,这就不得区分之为诸角总和等于两直角的图形和诸角总和超过两直角的图形。因为诸角总和等于两直角,只是三角图形的一个属性,不是三角本体的实义。

又,两分必须是对反,有如白与黑,直与曲;我们若用任何一词标志两分的一支,就必须用那相反之词标志其另支;举例言之,这就不得以某一颜色标志其一支而别用〈行进的某一式〉譬如游泳来标志其另支。

又,有灵魂物(活物)〈不应〉以共通于躯体与灵魂的机能,〈为之区分〉①,然而如上所述及,在两分法中却是这样区分的,例如飞翔与步趋之别。这样,有些类族,譬如蚁族,就得分割而两隶,因为有些蚁会飞,而另些不会飞。相似地,有如野与驯之别,这里也将肇致拆散同一品种入于两相反区分的情况。因为几乎所有驯养了的动物诸品种(各种家禽家畜)都有相应的〈同种而异习的〉野动物。人、马、牛、印度的犬②、羰、山羊、绵羊都可举作这样的实例,这些动物群,如其各各两分,便应有分别的不同名称;可是它们均别无它称;如为单称,这就可见野与驯不成为品种之别的特性。而且任何其他的单称,我们若取以为这样的分类基础时,都会遭遇相

---

① 贝刻尔本校订:从迦石(Gaza)拉丁译文增"οὐ δεῖ διαιρεῖν"、〈不应为之区分〉。

② 印度狗为狗与某一野生动物的杂交种,见于《动物志》,卷八章十八,及《生殖》,卷二章七,746ᵃ35。《动物志》那一章又述及其他一些野生动物。但未有真正的"野人"的记载。也许《动物志》,卷八章十二,所记南埃及地区与玄鹤作战的"侏儒人"(οἱ πυγμαῖοι)就是这里所拟的"野人"。

同的困难。

10　　　所以,我们该采取的分类方法应依循人们大众的慧识,力图认明动物界的天然族类,世代的前识引导我们不期而共喻于群鸟之为类与群鱼之为类,这样的级类内涵许多的差别因素,不同于两分法于每一级别只举一个差异。两分法是不可能一个级别内涵多个差别因素的——因为这样它就得把一个动物群区分于几个类属,或相对反的类属合入一个〈较高级的〉类属——两分法于本性独成的每一动物品种,或于涵有了所系属的科目诸因素而后离立其特
15　性的每一动物品种,总只能提示一个终极差异。

　　　又,在分类进行的任何阶段若引入一个新的差别因素,当需保持分类体系的联续性,但在两分法中,这样的联续与统一体系仅像若干句读由承接词为之结成了联续与统一而已。譬如,我们既设
20　置了有羽与无羽的对分,于是继而再分之为野与驯或白与黑。实际上,驯与白并非有羽这性质分化起来的因素,这只能是另一独立的对分步骤,虽在这分类系列的随后阶段被引了进来,毕竟是无关于原分类系列的。

　　　所以,如上所曾言明,我们必须在分类的最初步骤涵存许多差
25　别因素。照我们这样进行,阙失性名词将是可利用的,在那两分法中,阙失性作为分类名词是没有实效的。

　　　按照有些哲学家所倡议的,用两分法于较大的动物聚合中分离出任何终极形式(最低品种)而为之定义,从下列情况看来,也是不可能的。凭单独一个差别,或由本性独成的差别,或相继于先行
30　诸差别而来的一个差别,总不能表明一个动物品种的完全命意。——说是由本性独成的单独一个差别,我以指有如"歧脚"兽

τὴν σχιζοποδίαν 这样的一个独立差别，说是相继于先行诸差别而来的单独一个差别，我以指有如"多歧（多趾）"兽而前置着①"歧脚（有趾）"τὸ πολυσχιδὲς πρὸς τῷ σχιζόπουν 这样的类名。在一个分类体系中一系列相继的差异的联续性正所以显明那终极区分的合 ₃₅
成性格。但人们可以由此想见在这系列的表白中，只是末项，即"有脚多歧"πολυσχιζόπουν 就概括了所有诸差异，而那些先行词项如"有脚"ὑπόπουν，"跂脚"σχιζόπουν② ，则是赘余的。这里，显然，不 644ᵃ
能用许多词项组成这样的一个系列。区分一再进行，人们可以随即抵达最后的一个差别，但所有这系列的诸差异总不能抵达那终极性格，即品种的性格。——我再说一遍，没有任何一个单独差别，或由本性自成，或由先行诸差别相继而来，可得表明一个品种的实义。举例言之，试以"人"为须予分类而为之说明的动物：那独一的差异将是"歧脚（有趾）"，这差异或由本性自成，或由先行诸差异如"有脚"与"两脚"③ 相继而来。现在如果"人"仅是一歧脚动物 ₅
而别无他义，那么这独一的差别也就足够代表他的实了。然而大家看到这实不尽然，这就必须有比这独一的差别更多的差异因素来为之说明；这许多差异实不能归属于一个区分之内。两分法的每个单支，总只归结于单独一个差别，它就不可能把同一个动物

---

① 贝刻尔本 πρὸς τὸ "相关于"，从柏拉脱校作 πρὸς τῷ "前置着"（前置于……）。

② 贝刻尔本 ὑπόπουν，δίπουν，… πολύπουν "有脚，两脚，……多脚"，在形态分类上，与上文多歧（多趾）不属同一系列。从渥格尔校，改作 ὑπόπουν，σχιζόπουν "有脚，歧脚"。

③ 这里一系列的分类名词"歧脚……有脚与两脚"，于人而言似若相符而于分类系列实际是凌乱了的。脚数之为两与四，人所以在哺乳动物中别于四脚兽；歧歧（多趾）为奇蹄类以外群兽所共有的形态，不能单取为人的分类差异。依上文渥格尔注，拟改订这类列为 πολυσχιδὴ…ὑπόπουν，σχιζόπουν "多趾……有脚，歧脚"。

10 所具备的若干差异在一次区分中概括起来。

所以应用两分法行分类是不能确定任何一个动物的终极形式（品种）的。

章四

于水居动物和飞行动物两个类名之上何以人们没有创制高一级的一个统括的类名是值得予以研究的；因为这两类毕竟也还有
15 某些禀赋是相共通的①。可是，现行的这些名称确乎是合适的。凡各属动物通备某一因素而只其所通备者有或多或少之别，就归纳在单独的一个级类之中；凡各属动物，其禀赋虽可相似而实不相同者，当分别于相别的类属。例如鸟与鸟间有或过或不及的程
20 度差异；有些鸟具有长羽，另些具有短羽，但鸟皆有羽。鸟与鱼相离较远，所能相符契的只在它们有些器官可相比拟；譬如鸟之有羽犹鱼之有鳞。因为几乎所有的动物都在它们相应的部分显示有可相拟的形态，所以这些"相拟"一般地都不取以为归类的征象。

包含在同一品种的诸个体，有如苏克拉底与哥里斯可，各为一实是（真正存在的事物）；这些个体既共有某一共通的形式，所以举
25 示〈"人"〉这品种的共通禀赋，亦即——个人的共通禀赋，就足够概括一切了，如其不然，这便将如前所言明②，从事于无休止的重

---

①　鱼之于水，鸟之于气，两同生活于相似的流质介体之中。柏拉图在《智者(诡辩家)》篇中称飞禽飞虫与游鱼同为"游泳动物"。（约维特，英译《柏拉图对话》，卷二，479页。）有些虫鸟能以翼划水，有些浮游鱼也能跃出水面，作短距离飞行。

从渥格尔，这分句内，删 καὶ τοτς ἄλλοις "与其他诸动物的禀赋"这短语。

②　本卷章一，639ᵃ26。

复了。

　　但于包括有许多品种的大类〈有如鸟类〉而言，这里可以申明
这样的一个问题。一方面讲来，在这样的大类中既然该当把终极
形式（品种）看作是实在的事物，那么，如其切合实际，就宜于分别
研究，有如我们单独考察"人"这品种那样；这就是说，我们不径作
鸟群全类的笼统叙述而分别地详察"鸵鸟"、"玄鹤"，以及其他不可
复分的区别，即归属在这级类中的诸鸟种。可是，在另一方面讲
来，这样的研究程序就不免于相同禀赋的重复叙述，因为许多品种
各具备大类所共通的相同禀赋；这样的重复叙述总有些厌烦而是
不合理的。于是，最良好的方法（程序）将是，于内涵通性并隶有密
切相关而从属的诸形式（科目）的广大类别——无论这些是人们大
众的积慧所认明的，有如鱼鸟之各为一大类（门，纲），或是尚未为
大众所认知，还没有通俗的名称，而确有若干密切相关的而从属的
诸形式（科目）①，可以由此而归综的诸大类——先行陈述它们的
普遍禀赋（类属因素）；然后于各别的品种只需列叙其个别特性（品
种因素）；至于有如"人"②这样的动物，离立于其他诸动物，不和它
动物共合为某一自然的大类，那么就单独的叙述其品种因素，倘另
还有任何其他离立的动物，那么也就各作单独的叙述。

────────────

　　①　例如鱼这大类内又有软骨鱼（鲨类）与其他诸鱼之分，鸟类又有钩爪、蹼足、高
蹻、弱足等区别。参看本书第一二三篇分类索引。

　　②　关于亚里士多德在整个动物界的分类体系，可参看本书附录，"生殖与动物分
类"。亚里士多德所有生物著作中，时时有分类的叙述，但各章节都不完全。这一附录
依《动物志》、《构造》与《生殖》三篇编成，以生殖方式为分类基础，挨次而作解剖及形态
分类。照他的分类，"人"离立于哺乳纲（兽）以外而列为十二个"大类"（τὰ γένη）之一，
但这大类中只有一个品种（参看下文 645ᵇ25）。

10　　　一般地，决定大类的区分在于某些专门器官（部分）或整个生体的形态类似。鸟，鱼，软体动物（头足类）①与介壳类的所以各形成为一类别，就由于这样的类似。在这些大类之内的各个动物诸部分有如人骨与鱼刺之间，未尝无相近似之处，其相为异，正也可以相拟，它们之间的区别仅是大小软硬，光滑粗糙和其他相似的形

15　态上的区别，亦即在可相拟的构造间，仅显示有或强或弱、或多或少的程度差异。

　　　我们现在已讲过了自然研究方法的某些规准，并讨论了怎样才是最好的最顺当的研究程序；我们也考察了分类方法并指明了怎样从事分类才能最合宜地引向学术研究所企求的目的，我们还

20　于此解释了何以两分法在分类工作上既不切实际也没有实效。阐明了这些基本事项之后，让我们来讨论下一个论题。

章五

　　　自然所制定的万物有些是非生成而不灭坏的，是永恒的，另些则经历生成与灭坏过程。前者超胜而有神性，但较难识知。凭我

25　们的感觉所能认明的，昭示那些永恒事物的征兆既极微弱，而可以启发我们对那些永恒事物由来已久的疑想的曙光，也是很黯渺的；至于那些可灭坏的植物与动物，我们与之共生于世间，若不惮耳目之劳而甘于营心积念，就可得汇集它们各个类属的知识，这样我们

30　业经累有丰富的记录了。可是，两者实各有其美妙。我们于天体

----

　　① μαλάκια"软体动物"这类名之内，所述都是现代的头足纲（Cephalopoda），与今"软体动物"（Uollusca）这分类名同实异。

的神奇所能领悟的固然稀罕,就这一些稀罕的体会,其为欢愉已胜
过我们生活于其中的世间诸事物的浩瀚的杂识了;这恰正相似于
人们长年缭绕于形形色色,又多又大的万汇,未必有感,一时瞥见 35
了素所亲爱的身形而顿觉欣慰。另一方面说来,我们于地上诸事 645^a
物却可有从事精确与详尽观察的利便。而且自然诸生物于我们既
较相近又较相亲,这也足以抵偿我们对于日月星辰诸天体——那
些原是神哲之学的对象——的崇高兴趣。业经尽我们观察与设想 5
之所能及,研究了宇宙的天象[①],我们行即讨论动物界的事情,这
里我们也当竭其才力,不遗任何虽是卑微的品种。若说有些生物
在我们的感觉上并不见到有何妙处,然而对于一切具有哲学倾向
而其慧识又足能追寻因果关系的人们,即便是这些形声无可惊人
的虫豸,毕竟也向他们泄露着那创造它们的自然之匠心,这就够令 10
人不胜喜悦了。倘一幅模拟草虫的图像竟能引人入胜,相共叹赏
于那画家或雕塑家的模拟技巧,今这些草虫苟直接呈现于当世,甚
或示向可以识破造物的天机的人们之前,谁谓人们面对这些真实
的原本,未必更加有动于衷,那才确乎可诧异了。所以,我们必不 15
可在捡到一些较卑微的动物时,遽似易于厌弃的童心,随即敛手而
却退。自然界的每一角落都必有某些可惊奇的内蕴。据说造访赫
拉克里托的客人,见到赫拉克里托正在厨房的炉火边取暖时,踌躇
地不敢前进,赫拉克里托起身速客,叮嘱他无须顾虑,虽在厨房之
中,神明也是存在的,我们于自然研究正该如此,力图遍察诸动物 20
的一一品类,而无所厌弃。整个生物世界向我们表达着自然的美

---

①   见于《说天》与《气象学》(《天象》)。

妙,每一生物也各向我们表达着某些自然的美妙。在自然的最高
级的诸创作中绝没有丝毫的胡乱,殊途而同归,一切都引向一个目
25 的,而自然的创生与组合的目的就是形式的美。

　　如果有人藐视动物界的其他品类为卑不足道而不加研究,他
也必不会认真考察人类的事情。于构成人身的原物体如血、肉、
骨、血管以及类此的部分,直与注视,谁都不能免于鄙嫌。又,当讨
30 论到任何一个部分(构造),不管那是一个器官或是一个内脏,这总
不可专意于其物质成分,也不可径以这一部分直当作讨论的独立
对象,每一个这样的部分必须从它与全形式的关系予以推求。相
似地,建筑的真正对象不是砖、灰泥或木材,而是房屋;自然哲学的
35 主要对象也如此,这不是物质因素,而是〈物质与形式的〉综合,亦
即实是的整体,脱离了这综合实是,自然诸事物无由得其真正的存
在。

645ᵇ　　讲授自然的课程必须先陈明动物诸类属的共通属性,跟着就
试图解释它们的因果。如上所曾述及[1],许多类属显见有共通属
性,有些具备全然相同的禀赋和全然相同的部分——脚、羽、鳞与
5 类此诸部分;另些类属的相应禀赋和相应部分只是可相比拟。例
如,有些类属有肺,另些无肺,但在相应的位置具备一个与肺可相
比拟的构造;有些有血,另些无血,但具备一种功用相同,可比于血
的液体[2]。叙述各属间相通的共有禀赋,如前已言明,将不免于无
10 益的繁赘。具有共通禀赋的科属实际是为数很多的。于这一题旨

────────────

① 　见于本卷章一,639ᵃ18,27。
② 　亚里士多德无血有血之动物分类,略相当于今脊椎与无脊椎分类,参看本书附录"动物分类"。

已讲得这么多了。

有如每一工具,也像身体的每一部分(器官)各适应着某些局部的目的,也就是说各具有某些专门的活动(功用),于全身而言,这必然是命定着操持某些有关全体(整个生命)的活动(功用)。这样,锯 15 是为了要锯截而制作的,因为锯截是一个功用,这不是为了有锯在这里而才行锯截的。相似地,身体,无论怎么讲法,总是为了灵魂(生命)而制成的,而身体的每一个部分则是为了适应全生命而各担任某些从属的局部功用(活动)。

于是,我们该当首先叙述各种共通功用,共通于全动物界的诸 20 功用,共通于诸类属的功用,以及共通于诸品种的功用。说明白些,我们就得叙述一切动物的通性,叙述各大类,如鸟类,所有各属(科目)的通性,以及动物群,如人群,那样不再分化有诸差异的群体(品种)的通性。第一级的通性可称为"相拟(门、纲)通性"κατὰ ἀναλογίαν,第二级为"类属(科目)通性"κατὰ γένος,第三级为"种属通性"("形式本性"κατ' εἶδος)。   25

倘一功用(机能)的所由存在只是为了(从属于)另一功用(机能),任使这些功用的器官显然也作相似的关系;又,倘一功用先于 30 另一功用并为那另一功用的目的,相应的器官也作相似的关系。第三,这些部分的存在可涵有必然由以发生的其他事物①。

―――――――――――――

① 动物各个部分或为另一部分的前因,或为另一部分的后果;参看本书卷四章二,677ᵃ17;《灵魂》卷四章二,434ᵃ31。这里所说动物体构造的三个层次,可举实例为之说明:(一)消化系统整个管道处理食物而吸收营养,为动物营养与生长功能的基本构造;(二)齿、喉,胃,肠等为消化系统中的从属部分;(三)一动物具有了上述功用的构造,油脂网膜便必然相应而发生于肠间了。

35   我所谓禀赋与功用是指繁殖、生长、交配、醒、睡、行进,以及其
他相似的生命活动。我所谓部分(器官)是指鼻、眼、脸面,与其他
646^a 所称为肢的,以及这些部分(器官)所由构成的部分(组织)①。关
于动物研究所应采取的方法已说得够多了。现在,让我们来说明
一切生命现象的原因,包括普遍原因与特殊原因,而在从事这种讲
授的时候,如前曾言明,我们当使论证的程序符合于自然的程序。

---

①   τῶν ἄλλων"其他诸部分"从渥格尔解作组成"器官"(异质部分)organs 的同质
部分,即肉、血、骨等"组织"(tissue)。

卷(B)二

章一

诸动物的性状以及它们各由多少部分构成是《动物研究(动物志)》的主题,已在其中作了详细的叙述[①]。现在我们该当考察每一动物何以具有那样的组成(构造)的原因,这一主题与《动物研究》中所讨论的颇不相同。

这里,组成累有三级;三级的第一级之组成出于所谓"元素"στοιχείων,即土、气、水、火。也许,较佳的说法当是出于"基本性能"τῶν δυνάμεων[②];这里不是说一切〈物理〉性能,只指在先诸论文中曾已言明的,有限几种性能。因为所有组合物体的原材料都是液体与固体[③],热物与冷物;至于其他的性能,如重与轻,稠与稀,粗糙与光滑,以及物质的其他所能有的类此诸禀赋的差异皆从属于这些基本性能。组成的第二级是动物们的"同质(匀和)诸部分"τῶν ὁμοιομερῶν,同质诸部分有如骨骼、肌肉,以及相似的其他事物

10

15

20

[①]　ταῖς ἱστορίαις τῶν ζῴων《动物研究》(汉文译本,《动物志》)卷一至卷四章七详叙希腊人当时所可知的诸动物的构造而未及其构成的原因。

[②]　关于化学四元素与物理四性能的实义,参看本书附录"若干名词释义"。

[③]　ὑγρόν旧译常作"湿"物,ξηρόν常作"干"物。依《成坏论》,卷二章二,329[b]30,于这两字的明确定义实为"液体"与"固体"。本书兼用这两项译语。

是由基本物体制作的。组成的末级，即第三级，是由同质诸部分所制作的异质（不匀和）诸部分 τῶν ἀνομοιομερῶν[①]，有如脸面、手和其他。

25　　这里，生成（发育）的程序常与实是所存的程序相反。因为后于生成的总是先于本性，凡最后发育完成的，在本性上最先存在。〈这可以凭归纳为之说明，〉[②]房屋不是为了砖与石而存在，但砖与石却是作为房屋的物料而得其存在的；其他事物的材料情况相同。实际上，不仅归纳显见这样的事理，在我们生成的定义（公式）中就

30　已经涵蕴着这样的观念。生成这一过程必自所由来的某物，抵达于成就了的某物；一切生成物当须有一个为之始创的原因，又有一个为之终极的原因[③]。始因是原先的效因（动因），那必须是某些早有了的现实存在，而极因就是它预定的某一形状或有类于此的

35　某一目的；因为人生人，植物生植物，人与草木各就其底层物质而繁殖〈其各自的形式〉。于是，在时序上，物质（物因）与生成过程固然必须先于所生成的实是（动物），但在论理上每一实是（动物）的公式（定义）与形式（品种）必须先于物质（物因）。人们若试寻绎事

646ᵇ　物的成形过程可以显见这样的相反程序。房屋建筑的公式（工程

---

①　同质与异质部分，参看《动物志》，卷一章一，486ᵃ5—24。"同质部分"略相当于今日所称"组织"（tissues）。"异质部分"略相当于今所称"器官"（organs）。这里须注意到：（一）今日于骨组织所积成的一个骨节，有时也称之为一器官，在亚里士多德则鉴于诸骨同质，只大小长短之别，而通称为同质部分。（二）心脏只是肌肉一种组织所形成，但由于它具有独特的一个形状，他列之于"异质（异型）部分"，作为一个脏腑（器官）。参看 647ᵃ25—35。

②　从贝刻尔校订加〈ἐκ τῆς ἐπαγωγῆς〉。

③　"生成"的定义，见于《形上》，卷四章六，1010ᵃ20；卷七章六 1032ᵃ13 等章节。

设计)包括着并预拟了房屋公式，自必先于实现的房屋；但房屋公式不包括亦不预拟房屋建筑的公式；这于其他一切制品都是确乎相同的。所以，基本物质必须为了那同质部分而先行存在，因为这 5
些在生成过程中是后于基本物质的，恰似异质部分在生成过程中又后于同质部分。迨这些异质诸部分完成了第三级的组成，也常是动物生成的末一阶段，这也就达到了终极，完成了目的①。 10

于是，诸动物由同质部分组成，又由异质部分组成。可是，前者是为了后者而存在的。身体的各种功用和一切活动是由这些部分实行的；异质诸部分有如眼、鼻孔、整个脸面、手指、手，与整个臂膊都各有所司。有鉴于不仅全身而且每一单独的器官都具有好多 15
功用而须做种种动作，组成这些器官的原物料必需备足多方面的性能。为了某些功用，有些宜得软性物质，另些却要硬性；有些部分必须能够延伸，另些却要能够曲折。这些性能既分别赋之不同 20
的各个同质部分，其一性软，另一性硬，其一液状，另一固态，其一黏厚，另一酥脆；因此而由以组成的异质诸部分就各各具有多样的性能。举例言之，譬如手，这需要有加压于它物的功能，而又需有把握它物的另一功能。为此故，生体的活动部分(器官)便由骨节、 25
筋腱、肌肉，与类此诸部分合成[而不是由异质诸部分合成这些同质部分(组织)]。

---

① 动物机体具有三级组成，已见于上文 646^a13—24，这里以第三级为动物构造的末一阶段。渥格尔注：大多数动物的最后组成应是由许多器官聚合起来的，第四级即动物自身。于较简单的动物，如海绵、水母等，在亚里士多德看来只有消化、生成系统与触觉，这些动物无其他感觉器官，也无行动器官，可说是从诸组织(同质部分)形成了一个简陋的生长器官就算是一个动物机体了。这样就没有那第四级组成。

这里,如上已言明,这两级组成诸部分间的关系是由"极因
30 (功用,目的)"为之定规的。可是,我们还该考察是否"必需"也
有涉于其间的关系;而这是应予承认的,这些关系从初起就不得
不如此的。异质诸部分可由同质诸部分制成,或由若干的同质
部分或由单独一个同质部分,例如有些内脏,具有复杂的形状
(结构)而广义地说来,却是由单独一种同质部分构成的,但若说
35 同质部分要并合若干异质部分而为之组成,那显然是不可能的。
647^a 于是,由于这些原因,诸动物的某些部分是简单而同质的,另些
是复合而异质的;把各个部分区分为行动部分(工具器官)和感觉
部分(感觉器官),这就可见到,每一行动器官,如上所述,都是异质
构造,而每一感觉器官则都是同质构造。考虑到下述的情况,感觉
5 显然只能得之于同质诸部分。

每一种感觉各限于一个级类的可感觉物,其所相应的器官也
必须是容受那一级类的活动的。但,它只有那赋得相应性能的事
物才会容受那具备这类性能事物的施为,而作相当的反应,所以两
10 者必于类相同,凡后者为单一的,前者亦必是单一的[①]。为此故,
任何生理学家都不会梦想,手或脸或其他类此的部分,说这一构造
是全由土成,另一全由水,另一全由火,而他们于感觉器官则各委

---

① 五官各司一种感觉,而反应于一级类的可感觉物,若不由单独的一种同质物构
成,将是一器官而能感应于不止一级类的可感觉物。这样动物将乱于视听,惑于嗅味,
这是不合的。渥格尔译文,1882 年印本注:希腊古哲多主于一感官一元素之说,但于某
官应属某元素则所言不同,例如德谟克里图认为是属水的感官,柏拉图便称为属火。
亚里士多德《感觉》篇,章二,谓眼的视觉构造属水,耳的听觉构造属气,嗅觉属烟火,触
觉必然属土,而味觉本为触觉的变种,当然也必属土。但这节所列举的官感元素与它
章节不相符契,校勘者或指为后人撰入。

以单独的一个元素,指明这一感官为气成,另一感官为火成①。

那么,感觉自应限于单净的〈诸同质〉部分了。但触觉器官虽 15
也匀和,却是所有感官中最不简单的;这是可以理解的,因为触觉
异于任何其他诸感觉,较之它们相关涉的对象有为数更多的种类,
它须感应于不止一个范畴的性状差异,例如热与冷,干固与液湿,
以及其他相似的诸对成②。所以,感应于这些不同的触觉对象的
这一器官,于所有诸器官中为最富于实体(物质)③,这种感觉实体 20
或为肌肉,或为在某些动物身体上相当于肌肉的事物。

现在既然不可能有无感觉的动物,那么每一动物就必须具有
某些同质部分;因为只有同质构造才能感觉,而异质构造则用于活
动机能。又,在先前的一篇论文中④曾说到感觉机能,行动机能与 25
营养机能统都位置(汇通)于身体的同一部分;这个部分,既是这些
原理所寄托的构造,一方面于作为一般感觉的容受而言⑤,其性状
必须取资于诸同质部分中的某一种同质部分,另一方面,于它应具
备的行动与工作性质而言,这个部分自己却又必须是诸异质部分 30
之一。为此故,构成这中央部分的,于有血动物,当是心脏,而于无

---

① 可感觉物与感觉器官的一致性,以及主动者与被动者的相似性,尝有争论。德
谟克里图认为作者与反应者的物质性能应两相似;另些人认为两不相似。亚里士多德
认为两说各有是处,各有误失(《成坏》,卷一章七)。

② 渥格尔英译,1882 印本注:亚里士多德尝由此致疑于专司触觉的肌肉内部,另
有分别感应冷热、干湿等不同种类诸触觉对象的不同构造,其位置当在心脏附近,而肌
肉只是各种触觉的传信介体。参看《灵魂》,卷二章十一。

③ 从贝刻尔校本译:P 抄本 ὀψματώδεστερὸν ἐστι των ἄλλων ἀισθητηρίων“较其他感
觉诸器官为更富于实体。”称肌肉为“实体”(“物身”);另见于下文章八、653ᵇ29。

④ 参看《睡与醒》,章二,455ᵇ34,456ᵇ5。

⑤ 参看《生殖》,743ᵇ26。

血动物,当是可相拟于心脏的部分。心脏,相似于其他内脏,是诸
同质部分之一,因为若把心脏切成小块,各小块可显见为——同样
匀和的物质。但,从它结构的式样看来,同时这又当是一个异质
(异型)部分。其他称为内脏的诸部分也相同,实际上它们都是由
相同于构成心脏的物质构成的。所有这些内脏都有血性,因为它
们都着生于血管与血管分支之上。恰似一泓流水的沉淀着淤泥,
诸内脏除了心脏以外①,实际上是血管中血流淀积而成的。至于
心脏,本是血脉当初的起点,而是最初的造血机能之所在,人们可
以自然地推想到它容受着营养物质并转化之为构成自身的物质。
这些就是内脏何以均作血样的理由;这里也说明了内脏为何一方
面是同质另一方面为异型的缘故。

章二

诸动物的同质诸部分有些是软而湿的(液体),另些是硬(而干
的)固体;前者有些永为液体(湿的),另些只有在生体内时②才是
液体(湿的)。有如血、血清(依丘尔)、脂肪③、硬脂、髓、精液(生殖
分泌)、胆汁、在某一时期发生的乳、肌肉④以及各种与这些可相比

---

① 在动物胚胎发育中,先见心脏形成而由此流出血液,次第生成其他内脏,见于
《动物志》,卷六章三;《生殖》,卷三章二,753ᵇ15—754ª20;又 735ª25,740ª20 等。

② ἡ ἐν τῇ φύσει“在自然状态中”,这里解作在动物活体之内,参看本卷章三,649ᵇ
28—32。

③ 十九世纪著作中仍有把动物体内脂肪作为液态记载的。实际上只有鱼类与
两栖类为然。鸟兽活体内脂肪皆作硬块存在。参看托德,《解剖学与生理学全书》(R.
B. Todd,1809—1860, “Cyclop. Anat. and Phys.”),卷一58页,卷二232页。

④ “肌肉”列入液体,大约把它当作了潜在的血液(卷三章五,668ª27)。动物死
体肌肉干硬,相对地说生体的肌肉是软湿的。

拟的事物都属于后者。以上列举的各部分并不是所有动物全皆具
备，有些动物就只有与这些可相比拟的事物。硬而干的（固体）同 15
质构造可以骨骼、鱼刺、筋腱、血管为示例。上述的末一些部分于
同质诸部分中可以区别为这级类内一个分类。有些简单的部分
（构造）①无论其整体或一小片，例如血管或血管的一个小片，在一
个命意上，都取同一个名称，而在另一个命意上则名称不同；但异
质（异型）部分的一小片，有如脸面，却在任何命意上均不能〈同其 20
整体那样〉称为脸面。

现在，第一个应该提出的问题是这些同质部分凭何原因而得
以存在？无论这些部分为固体或为液体，它们所由存在的原因是
各不相同的。同质诸部分的一个分类表现为异质诸部分所由形成
的材料，每个器官各都是以骨骼、筋腱、肌肉以及类此的事物为之
构制的，这些材料或是诸器官的成形要素，或各有所贡献于那器官 25
的实行其功用。第二个分类为第一分类诸部分的营养物质，而
全都是液体，因为生体的一切生长皆有赖于液状物质；至于第三
个分类则为第二分类的相应剩余。粪秽以及具有膀胱动物的尿
溺就可举为这些剩余的实例，前者为干食料的残渣，后者则出于
湿食料。

同质部分在生体构造的各处为了各求适应其所在位置的功 30
用，也各表现为种种的变异。这可举血液的变异以为之说明。不
同的血液相异于稀薄或稠厚，澄清或浑浊，凉冷或温热的程度；我

---

①　参看646ᵃ19—23。同质部分的简单构造，例如血管，切取一段，仍可名为血
管，但这一小段已不能储血，只是一管，而已不是一血管了。

们试比较同一动物不同部位的血液或不同动物的血液,就可验明
35 这些变异。在同一个生体之内,上半身与下半身的血液显见有上
648^a 述的差别;若考察及于动物不同的级类,则差别竟可至于这样的程
度,有些类属为有血,而另些只在相当于血液流行的部位具有与血
可相拟的液质而成为无血类属。于这些差别所引致的后果而言,
凡内涵较稠较热血液的动物当较为强健,而动物的感觉与智巧的
5 高下则与其血液的稀薄和凉冷程度为比例。于可与血液相拟的体
液也存在有相似的差别。就为这缘故,蜜蜂以及其他相似的生物
较之许多有血动物为更多智巧;而在有血动物之中,则凡其血液稀
薄而凉冷者最为智巧。一切动物中最高贵的却是其血液既热而同
10 时又是稀薄而澄清的动物。因为这样的血液才能适应既勇敢而又
智巧的性格之发育。说到这些方面,上身^①相应地自属较优于下
身,雄性较优于雌性,右方较优于左方。其他诸部分,无论同质或异
质,在这些方面,也相同于血液。这里,所遭遇的这样的变异当须看
作或是种类不同的动物的主要构造和生活方式的大别,或只是诸动
15 物间某些功能的或稍优或稍劣的微变。譬如两动物可得是皆有眼
睛的。但其一的眼睛内涵液状体,而另一的却是硬眼;其一可得有

① 亚里士多德确信右优于左,上优于下,前优于后。本书卷三章四,665^b20 谓自
然若别无更重要的作用须加考虑,总是把较贵重的部分置于较贵重的部位。他解释诸
器官与内脏的相互位置时常应用这些教条。他说胃所以不接近于口腔而放在现有的
位置是因为倘置于口腔之下,这反而高出于较贵重的心脏之上了(卷四章十,686^a13)。
人类的上身在宇宙中符合于其六向中的上方,为人类高出诸动物的一征(卷二章十,
656^a11)。人类宁在前面生长毛发而不取背部(卷二章十四,658^a23)。心脏本为最高贵
的部分,故位在前面,位在上身(卷三章四,665^b18)。本书类此叙述甚多。《动物志》也
时时有类此叙述。尚右之说,于《行进》论述行动器官时说得最多。

眼睑,而另一则没有这样的附属装置①。于这里所举的例,其液状
体和眼睑所以加强视觉而使之更为精明,都是在程度上的差异。

　　至于何以一切动物必需有血或与血性质相似的某物,以及血 20
液的本性如何,这些问题须待阐明了热物与冷物的本性而后才能
予以解释。许多事物的自然禀赋都有关于热冷这两基本原理;那
些动物或动物的那些部分是热的与那些是冷的,也常是有所争论
的一个问题。有些人②认为水居动物的自然体热经常为其所在介 25
质的冷性所平衡③,在本质上它们当较那些生活在陆地上的动物
们为热;无血动物则较那些有血的动物们为热;还有,雌性动物较
雄性为热。譬如巴门尼德与其他另些哲学家曾宣称妇女较男人为
热,她们流泄经血,就因为血液既热而又多之故,而恩培多克勒则
持有相反的意见④。又,比较血液与胆汁,有些人认为前者性热, 30
后者性冷,而另些人则谓它们的秉性恰应相反。热与冷于我们的
感觉上最为明晰,若说关于热冷的感觉还得如此争论不休,那么涉
及有关其他感觉的事物诚将不胜其纠纷了。 35

　　"较热"这词 τὸ θερμότερον 习用于几个命意,疑难盖发生在不 648ᵇ
同的词意;实际上,诸家之说,虽属词相反,可能两都或多或少地说
着了事情的真相。这里应于自然事物之所称为热的或冷的,固体

---

　　①　参看卷二章十三,657ᵇ32—658ᵃ10,甲壳类有"硬眼"(σκληρόφθαλμα),无眼睑;
鱼类有"水眼"(ὑγρόφθαλμα)。硬眼视觉不良。

　　②　参看《呼吸》,章十四,恩培多克勒之说。

　　③　斯巴拉查尼(L. Spallazani, 1729—1799)曾观察到许多鱼类出水而置于空气
中后,体温确乎升高了。随后互伦西恩(Valenciennes)于软体腹足类的海兔属(Aplysi-
ae)也曾获得同样的记录。

　　④　参看《生殖》,卷四章一,论性别及妇女经血。

（硬的）或液体（湿的）的实义先行诠订明白的解释。因为这是明显
5 的，虽重大事情如生与死也大有赖于热冷固液（干湿）这些性能，而
这些性能又是醒与睡，盛壮与衰老，健康与疾病的原因；事物的其
他性能，如粗糙与光滑，重与轻，或任何类此的别的诸性能都不会
10 引致相似的影响。事情恰该如此，这原是合理的，因为热冷干湿，
有如一篇较早的论文中[①]所曾言明，正是物质原素的基本。

于是，"热的"这词 τὸ θερμὸν 习用于一个命意或多个命意？求
取这问题的答案，我们应须确知一个较热的事物所能肇致的是什
么些效应，如果它有多种效应，那么，请问，究有几种。（一）（1）"热
的"一个命意是，凡一物能将较多的热量传递给与之相接触的另一
15 物，这一物就被说为较热。（2）第二个命意是，凡称为较热的事物，
倘与相接触，必肇致较锐敏的感觉，如竟使人有痛感者尤甚。可是
这一标准有时是可以弄假的；这样的痛感有时偶尔也可由于个人
的精神状态失常而发生。又，（3）两物，若其中之一能较快地熔化
一可熔性物者，或（4）较快地使一可燃物着火者，那一物就可说是
较热于那另一物。又，（5）同一事物的两堆（两块），较大的一堆
20 （块）当比较小的具有较多的热。（6）又，两物体，其中需经较长时
间冷却的那一个当是较热的一个，（7）我们于那两物体加热时，凡
热起较快的一个也称之为较热；这里的速度就表征其间有相接近
的关系，也隐示了本性的相似，反之而加热需要较长时间的，其间
25 关系当也相远而隐示着本性的不相似。较热这词是这样习用于所

---

① 《成坏论》，卷二章二至三，或《气象》（天象），卷四。（《气象》卷四所讲述古代化
学。）

有这些列举的命意的,而且也许还有更多的命意[1]。这样,一个物体就不可能在所有这些命意上为"较热"于另一物体。譬如,沸水虽较火焰为剧于烫伤,却没有燃烧或熔化可熔物质的性能,而火焰就具有这些性能。又,这种沸水比之一小火为较热,却冷得较快而且较透。事实上,火永不变冷,而水却总是要冷却的。又,沸水于触及时,比油为较热[2],然而它却比那另一液体冷却与凝固得较快。又,血液,在触觉上,较热于水或油,可是它先两者而凝结。又,铁与石以及其他相似物质,比之于水,须有更长的时间使之炽热,但它们一经炽热就能点燃它物,比水剧烈得多。(二)这里还有另一个辨别。(8)有些被称为"热的"物体,它的热得之于外来,(9) 而另些热物则是由自身发热的;热原的或为外来或属内蕴是一个最重要的辨别。倘发现某个正在染病发热的人是一位音乐家,人们就说音乐家们的体质较通常的健康人为热,这就无以异于在属性上谈论,不在本质上谈论,而评定两物中有热的一物比那另一物为热。于由己而热的事物和由于属性[3]而热的事物论,前者当缓于冷却,而后者却又未尝不可在触觉上较热于前者。由己热物比

右侧行号: 30   35   649ᵃ   5

---

① 以上列举的热之七义,若用近代物理言语为之辨析,则(1)所涉者为温差与热量;(2)为温度;(3)温差与热量及冻点潜热;(4)着火点;(5)比热,温度与热量;(6)温度与散热;(7)温差与比热。

② 弗朗济斯,《构造》(Frantzius, A., *Ueber die Theile der Thiere*)德语译文(1853 年印本)及注,假想这里的 ἐλαίου 为桂榄油(油树籽油,中国俗称"橄榄油")。渥格尔英译文认为这里实指普通食用"油",而于亚里士多德书中所常举的油料中,唯鱼油(参看《动物志》,卷三章十七)符合这一章节的文义;鱼油的凝固(冷冻)温度较水的冰点低得多。桂榄油凝固点约在零上七度,先于水而冻结。

③ "由己"(per se "由于本性")与"由于属性"(per accidens)释义,见于《形上》,卷五章十八与三十。

之属性热物是较易燃烧的,譬如火焰,比之沸水,它能点燃,但由于
10 属性而热的如沸水却在触觉上较剧于热感。从所有这些方面考
虑,显然,要评定两物体谁为较热,实不简单,因为一物可在某一命
意上为较热,另物也可能在另一命意上为较热。于某些事例,实际
15 上竟是不可能简单地指称一物为热或不热。事物自己的底层可以
不热,但当其符合着属性之热也可成为热物,譬如人们就往往以相
连贯的名词系之于"热水"或"热铁"。血液之为热就是按照着这样
的情况的①。于这样的情况,凡其底层受热于外来的影响的,显
然,冷也自然地存在的,在这里"冷"就不只是一个阙失性名词。

20   (三)也许,虽是火之为物也属于这样的情况。火的底层可以
是烟或炭,(10)当燃烧时,烟表现为上升气,固然常是热的,(11)炭
却在火焰熄后就变为凉冷,有如油与松柴在相似情况中也作同样
的表现。但燃烧物质即便几乎已全烧尽,例如焦屑,灰烬,还有动
25 物残渣,以及诸分泌中的胆汁,都留有些余热,因此它们仍然微温。
松柴以及油脂物质由于能够迅速地实现其为火而成热,这又是热
的另一命意②。

凝固与熔化盖皆由于热。这里,凡事物之只由水成者皆遇冷
30 而冻凝,而事物之全由土成者则遇火而烧结。以土性物质为主而

---

① 血液的热原来自心脏,这在《生殖》篇中反复言之。

② 自 648ᵇ35 至 649ᵃ19,所言热原相异,有"由己"与"由于属性"之别,承上文为
"热的"第(8)与第(9)命意。但这实际已超出对"热"的解释了。古希腊人以火为物质
元素之一,故视燃烧生热为炭与火的结合而列之于属性之热,"炽炭"便被类同于"热
铁"。在我们已解除火为诸元素之一的观念后,自然地把炭看作为内蕴有热,即由己之
热。同时,在 649ᵃ20—28 举列了第(10),火烟与烬余为"现实"之热,第(11),炭与松柴、
油料等为"潜在"之热。参看附录,"若干名词释义"之6。

组成的热物又遇冷而凝固,凝固过程迅速,凝固物不复溶解;但其
组成若以水为主要物质的,则其冷凝物还可溶解。至于那些事物
可得凝为固体,什么些原因引致凝固,这些问题已在另一篇论文 35
中①较详明地讲过了。

　　总结起来,于是,有些于"热的"与"较热"这些名词习用于多种 649ᵇ
不同的命意,而并没有哪一事物可得在所有这些命意上尽都较热
于另一事物,当我们把这性状举称某一事物时,我们就必须附加这
么些叙述,有如:这一事物由己而较热,而另一事物却常因属性而
较热;或这一事物潜在地为热,而另一事物则现实地为热;又或这 5
一事物因为它触及时引起较大的热感而为较热,而另一事物则因
为它能产生火焰并行燃烧而为较热。跟着"热的"这词 τὸ θερμόν
所习用的这些命意,显然,"冷的"这词 τὸ ψυχρόν 也当具有相应的
那么多的一切命意。

　　这里,关于"热的"与"较热","冷的"与"较冷"的含义已说明得
这么多了。

章三

　　顺序讲来,我们自然地该挨次而言固体(干的)与液体(湿的) 10
ξηφσῦ καὶ ὑγροῦ。这些名词也习用于种种的命意。譬如,有时它们
用以称述潜在地,而另有时则用以称述现实地为固体或液体的事
物。例如冰或任何其他凝固了的液体就说现实地,并在属性上为
固体,而潜在地与本质上则为液体。相似地土与灰与类此诸物,当

---

①　参看《气象》卷四,章六至八,章十。

混合于水中时,说是现实地并在属性上为液体①,但潜在地与本质
15　上却原是固体。于这种混合物,现在,你若把它的组成各物分离开
来,这就可一方面获得水质部分,即其液性所由来的事物,这些物
质当是现实地与潜在地并为液体,另一方面则为土质事物,而这些
物质便在任何情况下都是固体。凡事物具有这样完全的方式而为
固体者,"固体"这名词才可算是绝对地,无可争议地与相合适。相
20　反的"液体"这名词也只对于潜在地与现实地两皆为液体的事物才
是绝对地无可争议地合适的。同样的诠记于诸热物与诸冷物也是
适用的。

　　明析了这些分别以后,这就显然,血液苟内涵热性于它的名称
之中,便当于本质上为热的;恰似"沸水"倘外延而取一单词作为它
的名称,那么"沸"也将内涵在这单词之中了。但,若以血为本式,
25　则为之底层的物质便是不热的了。于是,血在某一命意上是凭本
质而为热的,于另一命意上却不然。有如"白人"的公式内涵着"白
性",血的公式今内涵有热性,由是而言,血液当在本质上是热的。
但说到血液,受到了外来的影响而变热这样的情况时,这就不是凭
本质而为热的了。

　　热与冷的这样的情况,也可例之于固体(干)与液体(湿)。
所以我们可以了解,怎么有些事物当它们留在活动物体内时一
30　直是热的液体,但一经脱离生体,便显见它们冷却而凝固了;怎
么另些事物当它们留在生体内时是热而厚实的,但在被抽出生

---

　　① 《成坏论》,卷二章二,329ᵇ34,以"可灌注"ἀναπληστικόν 释"液性"ὑγρότης 凡具
有液性事物,自身绝无形状,灌注之入于一容器,则随容器的模型而充塞之以为形状。
凡混合于水中而能为灌注者,于是就说它也具备了"液性"。

体时,它们会变入于相反的状态转为冷而稀释的了。血液可为
前者的一例,胆汁为后者的一例;血液流到体外则凝结,黄胆汁
若被分离却渐渐稀释。① 于这样的诸事物,我们必须认明它们总
是或多或少地具有相对反的禀赋的。　　　　　　　　　　　　　35

于是,从何命意而血为热,以及从何命意而为液体,又由怎　650ᵃ
样的演变而入于相对反的性状业经解释清楚了。现在,因为一
切遂行生长的事物必须资取营养(食料)而一切食料总是由液体
与固体物质组成的,又因为食料的烹调(消化)②与转变有赖于热　5
能,所以一切生物,动物与植物,倘别无与之相妨碍的缘由,就得
为了调煮食料之故而皆须备有一个自然热原。又,有鉴于生体
内为处理食料的种种设施,布置着为数好多的器官(内脏),这一
自然热原必须系属到许多部分。③ 这里,首先是口与口腔内部的
诸构造,这些,至少于那些需要碎分(咀嚼)的事物为食料的动物是　10
必不可缺的,由这些构造,它们对食料作最初阶段的处理。口腔虽
不能实际调煮食物,却有助于调炼过程,因食料在被切成小块以

----

① 胆汁在胆囊中,由于囊壁上分泌的蛋白黏液与相混合,故甚为黏稠。取出胆
囊放置一些时候,黏液分解,胆汁便需稀释。

② πέψις 这词在希腊医学中既为"烹调"或"调煮"亦为"消化";胃肠的消化过程
凭体热进行,相同于食物在锅中用火烧煮这样的观念,盖出于希朴克拉底(Hippocra-
tes)。这种观念一直流传于亚里士多德与加仑等著作之中。

③ 亚里士多德以心脏为生体的热原,亦为"第一原理",详见《生殖》。《说青年
与老年》,章四,469ᵇ2,"动物全身和它所有各个部分当须有某种内蕴的自然热(生命
热)。于血动物而言,这种自然热的主要位置必在心脏。其他各部分虽也各凭其热
度可有佐于食物的调煮,但担负这功能的首要器官必须是心脏。身体的其他各部分可
能变冷而生命尚得维持;但心脏苟一时而失其热性,生命便尔终止;因为这里的热原消
失之后,身体的其余部分也无从获得各各的热度了。"

后,便大有利于热能所施的效应。[①] 接续于口腔的是上部胃囊,[②]
15 调炼(消化)正在这里借助于自然热而进行。又,恰相似于未调煮
的食物须有一管道引之入于胃中,所以动物们须得有口腔,并于有
些动物,在相连于口与胃之间,还添置了所谓"食道";于调炼好了
的营养,这又必须具备另些而且为数更多的管道,俾胃与肠中的营
20 养可得引向身体的各个部分,这样,胃肠就仿佛是各部分向之就食
的饲槽。植物凭它们的根从地土取食,进入植物体内的食料(肥
料)实际是已处理好了的营养,所以植物不排泄〈无用〉剩余(废
物)[③],土地与地热于此正好充当了植物的胃。但诸动物很少例外,
而一切能移动的动物则特为显著,皆具有一个胃囊,胃囊就是诸动
25 物内含的土地。于是,它们还该有相当于草木根部的一些工具(构
造),凭以从这胃囊吸取它们的食料,俾遂行其逐级调煮营养的各个
目的而最后得以一一完成。这样,口腔做好了它的工作之后,食料
30 就转入胃内,跟着这又必须有某些器官来接受胃内转出的营养。
这就是通过肠间膜整个区域自下部直入胃部的诸血管。关于这些

---

① 照现代生理学,涎腺分泌、于进入口腔的淀粉就有化学作用,这样,消化于口腔
内已实际开始了。

② τῆς ἄνω καὶ τῆς κάτω κοιλίας"上部胃囊与下部胃囊"。渥格尔注:上部胃囊指
一般动物的胃,下部胃囊当指大肠或盲肠扩大部。大肠已是营养残渣的容受器。盲肠
在有些动物,例如马,确可称为第二胃,那里仍在进行消化作用。其他动物,例如人,盲
肠已无消化作用,其中也只有些残余物。亚里士多德这里虽在叙述诸动物一般的消化
系统,但心中所拟的典型也许是马属。

③ περίττωμα"剩余""剩物"或"剩液",指食料所转化的营养"分泌"或"残渣"。依
《生殖》,卷一章十八,725ᵃ4,营养分泌两类,其一"有用"χρήσιμον,另一"无用"
ἄχρησιμον;这里当指"无用分泌",即排泄物,相当于《生殖》,724ᵇ26 节,所云σύντηγμα
"废物"。有用剩余分泌当以生殖液为最重要。植物的营养系统,参看下文章十,
655ᵇ35,卷四章四,678ᵃ12。

构造的叙述，可在《解剖》与《自然研究》中①阅知。现在，有如取作
食料的全部事物须为之具备一个容器，还有它的残剩也得有一个
容器，于是，关于血液②又有第三个容器为之受纳，那就是血管，显
然，凡有血动物，血液必须是最后的营养物质；而于无血动物，那可   35
相拟于血液的体液，情况相同。凭这些情况，这就可懂得当动物不
进食的时候血液便减少，而消化好多养料的时候血液便增加的缘   650ᵇ
故，这也可由此而了解何以诸动物因所进的食物性质不同，吃了这
一样就健康，吃了那一样就失健的缘故。这些实况和其他类此的
情形显见有血动物的血液的作用在输供全身的营养③。我们在触
及血液时，和触及其他的营养分泌或排泄一样，全无感觉，而于触   5
及肌肉时则有感觉，这里，于这些事实也可得予以解释。这因为血
液是不延续的，也不与肌肉联带着生长，它只是自在地装纳在它的
容器，即心脏与血管之内而已。各部分取资于血液而生长的实况
以及营养的整个问题另在有关生殖和其他题旨的论文中④予以   10

---

① ἐκ τῶν ἀνατομῶν καὶ τῆς φυδικῆς ἱδτορίας"在《解剖》与《自然研究》中"；今《动
物志》，卷一章十六；卷三章四，514ᵇ12 也可阅知这些叙述。《动物志》中常提及《解剖》
这书名，这书或全逸失，或有一部分实际编录于现行的《动物志》之内。

② 《生殖》，卷四，765ᵇ34，称血液为食料经消化而转成的营养的终极阶段；卷二，
744ᵇ23 说，从心脏引出的血液为最纯净的营养。

③ 血液输供动物全身各部分营养与生长，可参看《动物志》及《生殖》篇有关血液
诸章节；例如《生殖》ii,6,744ᵇ23；诸感觉器官与肌肉于血液中取得它们所需要的物料；
744ᵇ25：血液中较珍贵的物质被较珍贵部分取用之后，其剩余可供为筋骨爪发的物料；
本篇卷二章五，651ᵃ21，血液剩余转化为油脂储备；卷四章十，689ᵃ8—13，血液转化为
有用的诸分泌，其中最重要的即生殖分泌。

④ ἐν ἑτέροις"其他题旨的论文"，似为屡经提及的行将着录的《关于营养（食料）》
一篇论文（参看《生殖》卷五章四，784ᵇ3）。这一专篇不见于第奥季尼，拉尔修（Diogenes
Laertius)的"亚氏书目"，今亦不传。今《生殖》篇中 ii,1,740ᵃ21—ᵇ12；ii,1,743ᵃ8—7，
746ᵃ28，叙述营养较详。海茨《亚里士多德逸书》61，揣测亚里士多德先曾有（接下页）

叙述,将是较为适合的。于我们当前的课题,所该领会的,只是血液为动物全身各部分的营养而存在,营养就是它的目的,现在我们得知这些就够了。

章四

所称为"依纳斯"ἶνας(纤维)① 的这个部分(组织)可在有些动物的血液中找到,但这不是一切动物所统有。例如鹿血与麋血② 就没有纤维;为此故,这类动物的血永不凝结。血液的一部分以水③ 为主要的组成,这部分是不凝的,凝结过程只发生于另一部分,即其纤维组成,当液湿部分,蒸发时,纤维行即凝结。

比之于那些具有土性较重的血液的动物们,某些血液为水性的动物总是较为灵巧的。动物的智慧不在于它们血液的冷性而毋宁有赖于其纯度和稀释;凡土性物质便既不稀薄也不净纯。因为血的液体愈纯与愈稀,这就能使一动物的感觉较为灵活。所以,某

───────────────────────

(接上页)此短篇,类似现存《自然诸短篇》(Parva Naturalia)之一;后世亡失其全文,其残章则被汇并在《生殖》篇内了。《睡与醒》,章三,456ᵇ6,曾提示《关于营养》这篇文是已著录了的。《成坏论》,i,5,321ᵃ32—322ᵃ33;ii,8,335ᵃ10;《气象》iv,2,379ᵇ23 诸章节,均属有关"营养"。

① 参看《动物志》,卷三章六,章十九。马尔比基(Malpighi,1628—1694)把"血凝块"(coagulum)洗脱了血红素后,发现血内的纤维为白色。参看米怜-爱德华《生理学教程》(H. Milne Edwards, 1800—1885,"Leçons sur la physiology")i,115。这里亚里士多德认为血液的"凝结"缘于"依纳斯"实为马尔比基的先导。

② 《动物志》,卷三章六,515ᵇ34,有相似叙述,该节另有 βυύβαλος(Bubalis buselaphus)大羚羊与 δασύπους(Lepus)"毛脚"兔,同列于 ἐλάφος,鹿与 προκῶν(Cervus capreolus),麋。这些都是被狩猎的普通野牲,它们在追逐中被咬杀后,血液凝结迟缓而且不完全硬化。约翰亨得《全集》(John Hunter, 1728—1793,"Works"),i,234,也误谓这些动物的血全不凝固。

③ 删 ψυχρόν"冷的"。

些无血动物,虽然它们不备血液,却较之有血类中某些动物还更机
灵。譬如前曾述及的[①]蜜蜂就可举为一个实例;蚁族以及其他任何 25
性质相类的动物也是这样。同时水分如果超逾太多,这又使动物趋
于怯懦。由于恐惧凉却躯体,凡动物的心脏涵蕴着这么的水性混合
液体的,便易于滋发这一情绪,因为水质遭逢寒冷就冷冻。常例,无
血动物都较那些有血动物为怯懦,其故也就在此;无血动物,在有所 30
怖畏时,伏着不动,泄出秽物,更有些特例,还会变色[②]。反之,血内
涵厚实而丰富的纤维(依纳斯)因而赋得土质较重的性状的诸动物 35
便情绪暴躁,易于因发热而动怒。愤怒是会发热的;固体一经着热 651ᵃ
以后,比之液体可放散更多的热量。纤维既然属于土性而为固体,
于是在血液中便成为相似于蒸汽浴中的许多热烬[③],当动物发怒时,
这些热烬就使血液沸腾起来。

　　公牛和野彘何以这么暴躁而易于触怒,这里可得为之解释了。
这就因为它们的血液特饶于纤维[④],而公牛血无论如何总是较其他

---

　　① 见于本卷章二,648ᵃ6。

　　② 亚里士多德所谓"无血动物"中,甲虫、蛾等受惊则蜷伏(本书,卷四章六,
682ᵇ25);许多昆虫与头足类(鳝、鲗)遇敌则排泄(本书卷四章五,679ᵇ6);至于变色则
仅见于头足类(679ᵃ13)。实际这些恐惧表征在有血动物中也可见到,雅勒特《鸟类》
(Yarrell, 1784—1856, "Birds"),iii,95,记草原秧鸡受惊则蜷伏不动。怀埃特,《色尔
本自然史及掌故》(G. White, 1720—1793, "Natural Hist. and Antiquities of Sel-
bourne")记蛇类受惊时泄射秽物。

　　③ "蒸汽浴",大约就是希罗多德,《历史》,卷四章七十五中,所言及的希腊蒸汽
浴与西徐亚人(Scythians,斯居泰人)的蒸汽浴。人裹在毛毡中,内置点着而熏烟的芳
香物品,其熏烟与蒸汽着于肌肤。

　　④ 《动物志》,卷三章十九,驴亦列举为血多纤维的动物。安特拉尔《化学年鉴》
(Andral, "Ann. de Chemie", 1842)(306 页),牛属血液中蛋白纤维素(fibrine)较人血
为多,豕与马尤甚。又(307 页),公牛血比之母牛与阉公牛的血为较富于蛋白纤维素。
柴克腊《论血液》(Thackrah, On the Blood, 1834)154 页,"动物血液内的厚实(接下页)

5 任何动物的血凝结较速①。若把这些纤维,即我们所说明的土质成
分,从血液中清除,剩余的液体就不复凝结;这恰相似于泥浆中的泥
土苟经除去,剩水就不复凝结。但纤维如果留在液内则遇冷便凝,
泥浆亦然。因为,如曾陈明②,当寒冷驱除温热的时刻,水分(液体)
10 跟从热度一起蒸发出去,于是,剩物的干结而成固体,便可说不由于
热,而是遭遇一阵寒冷之故。可是,血液如果还在动物体内,那总是
凭其体热而保持着液态的。

血液的性质对于诸动物的情操与感觉机能著有多方面的影响。
15 有鉴于血液为制作全身的物料,这是确乎可以合理地想到的。物料
来自营养,而血液原是终极营养。于是,血液之为热或冷,为稀或
稠,为浊或清,于诸动物的性情肇致重大的差异。

血液的水质,部分为"血清"ἰχώρ(依丘尔);血清之为水态或由于
尚未调炼或由于业已腐化之故;这样,血清〈当合有两个部分,〉一部
20 分为必需有的剩物③,另一部分却正是〈行将调成为〉血液的物料。

―――――――――――――

(接上页)物质与动物的体力及性情的强烈为比例,依我的观察所得,血清含量之多谁
都比不上畏怯的绵羊,而厚实物质的丰富则谁都比不上猛犬。"柴克腊的结论与亚里士
多德这一章所述殊不相异。

① 哈勒(Haller, A., 1708—1777)曾检验过鼠类的血凝速度。柴克腊检验过
牛、绵羊、獾猪、兔的血凝速度。《论血液》(154 页):"依我的观察记录,这可归纳为这
样的通例,弱小的动物血液离体后,凝结开始较早较速,强大的动物较迟较慢。"这一结
论与亚里士多德这一章所述相反。

② 关于凝固与液化等题,《气象》卷四章六至八,讨论甚详。

③ 这里,"必需"有的产物当谓腐化过程的"废物"。《睡与醒》(章三,456ᵇ34),说
劳作加重腐化这"必需过程"而增多废物的排泄。这些废物在血液中与"有用的营养分
泌"一同流行于诸血管(循环体系)中;废物经诸排泄器官泄出为汗、尿等,而有用营养
则供应全身各部分的消耗与生长。若用近代生理学言语,则σύντηγμα"废物"为"新陈
代谢"(metabolism)过程中,"分解代谢"的(catabolic)产物,χρήσιμον περίτωμα"有用营
养分泌"为"合成代谢"的(anabolic)原料。

章五

脂肪与硬脂①的差异相符于血液的差异。两者都是由于营养丰富而从血液调炼成形的,剩血不应用于身体的肌肉增长时,是易于调炼为这些油性物质的②,[液体中的油性表征原于气与火的组合,这些物质具有这些表征③。]依上所述,诸无血动物既无血液,便都不会有脂肪或硬脂④。在有血动物中,凡其血液稠厚的宁有硬脂而不作软脂。硬脂属于土性,它的主要组成为土,仅含小量的水;恰相似于血液之内含纤维或肉汤之内含肉质纤维而凝结那样,这里的土质组成就是所由硬凝的因素。所以,凡上颌无门牙的那些有角动物,其体内的油质均作硬脂。它们都具有角和无名骨(距骨)⑤这一事实就足见它们躯体的组成是富于这种土质元素的;因为所有这些突出构造皆属土性而为固体。

---

①　亚里士多德把动物油的较软者(熔点较低的)称为 πιμελή,较硬的(熔点较高的)称为 στέαρ;拉丁名称 pinguelo 与 sebum;英文译名作 lard("猪油")与 suet(牛羊等肾脏附近之"硬脂")。但软脂不限于猪油,硬脂不限于牛羊油,兹译"脂肪"与"硬脂"。亨得(J. Hunter)于动物油也凭其稠度为区分,而别作 oil(油脂),lard(脂肪),tallow(腊脂),spermaceti(鲸脂)。

②　亚氏认为饲料太丰或过精美,则动物血液的调炼易成为油脂而难成为生殖分泌,恰似肥料浇培太过的葡萄藤就不会结实。参看《生殖》i,18,725ᵇ 26 等;《动物志》v,14,546ᵃ1。

③　这一句,似属后人撰入,从渥格尔注加[ ]。

④　下文,卷四章五,680ᵃ26,于贝类卵巢物体,亚氏却指为相当于油脂的物质。参看《生殖》,卷一章十九;头足类与甲壳类在临当繁殖的季节,体内可相拟于有血动物脂肪的物质,都转化为生殖分泌。

⑤　参看卷四章十,690ᵃ13,并注。

反之，那些两颌全有门牙而无角，脚则分歧为多趾的诸动物①，体
35 内就只有脂肪而无硬脂；这既不属土质，就不硬凝，也不干结成
可煎炒的团块。

　　脂肪与硬脂若在体内为量不过多时，是有益的；当其适量则无
651ᵇ 碍于动物的感觉而增进它们的健康和体质。苟为量超逾，这就有
害而且可以致死②。迨一动物遍身都是脂质，那就不免于死亡。
动物之所以为动物是因为它备有感觉部分（器官），而感觉器官则
5 由肉质或与肌肉可相拟的物质所组成③。但血液，如上曾言明④，
是无感觉的；脂肪与硬脂原本只是调炼了的血液，自然也没有感
觉。如果一动物全身均为这样的物质，这会得全无感觉。又，凡过
度肥胖的动物，迅速衰老；因为这么多的血被应用以形成油脂，血
10 液就所剩太少了，动物当血液濒于枯竭时，这就离死亡不远了⑤。
衰坏原本起于血液绌减，少血的动物有如一切体型微小的动物，遭
遇任何偶然的骤冷或暴热，都可肇致损害。由于相同的原因，肥胖
动物比之其他动物繁殖能力较低。这些动物该应用以形成精液而
15 作为种子的一部分血液已被移用于脂肪与硬脂的制作了；所以，这

---

①　无上门牙而有角，指偶蹄反刍动物，上下门牙俱全，无角而多趾，这里指豕
属。《动物志》，卷三章十七，520ª9，马及獾也有软脂。

②　Z抄本无 φθείρει καί "而且可以致死"字样。

③　参看本卷章八，653ᵇ 30 及注。

④　参看上文，650ᵇ5。

⑤　《希氏医学集成》，"要理"篇（'Αφορισμοί）i，44（库恩编校本，Kuhn's ed.，iii，
434 页）；"那些很肥胖的每可能比那些瘦小的死得较早。"

　　柴克腊《论血液》，131 页；"我相信，凭体重为比例，胖动物较瘦动物的血量要少，胖
人在行手术时所见被切断的静脉管皆较小，虽在同一部位切开两或三支血管，流出的
血液还不如切断瘦人一支静脉管所流出的多。"

些动物或竟全无生殖分泌，或只有少许生殖分泌[1]。

这里，于血与血清和脂肪与硬脂已说得够多了；我们已分别叙述了这些部分，并说明它们各各所由存在的作用（目的）。

章六

髓也属于血液的性质，这不类于有些人[2]所拟想的，为形成种子的生精机能。这在稚小的动物间是很明显的。在胚胎中，骨髓作血样状态，有鉴于胚胎原由血液为之营养而这小动物的各个部分全由血液制成，髓之具有血性正是合乎自然的[3]。但，当稚小动物生长起来以达于成年期，骨髓恰相似于它们的外面各部分和内脏的变色[4]，也改换其色泽。诸动物尽其幼稚期间，各个内脏全都作血样，——充溢着大量的血样液体。

髓质的稠厚程度相符应于各动物脂质的稠厚度。如其油质为脂肪，则其髓质也是软脂状的油性；如其不作软脂状而血液实已调炼成了硬脂，那么髓质也具见硬脂的性状。这样，于那些上颌无门牙而有角的动物们而言，它们的骨髓为硬脂状；于两颌门牙俱全而

---

① 别夏，《解剖学通论》(Bichat, "Anat. Gén")i, 55: "据说，生殖分泌与油脂增生间具有经常而密切的关系；这两液体在生体中的存量互为反比"。

肥畜作为种畜不利于繁殖，为农牧家所周知的事实。又，农家或牧人为欲肥育家禽家畜多行阉割。

② 柏拉图，《蒂迈欧》(73C)篇中持有此说。

③ "胚胎的骨骼内无明显的髓沟(medullary canal)，仅见勾和的红色血浆，似若厚实而软湿。诞生后若干日的稚兽骨内，情况仍还如此。"(托德，《解剖学与生理学全书》i, 60)维尔丘(Rudolph Virchow, 1821—1902)，《细胞病理学》，369 页也有类此记载。

④ 胚胎及婴儿或稚兽，全身一般比成人或成年兽色素较少。幼稚期的皮肤、毛发、眼睛，(《生殖》，卷五章一，779^a26)以及嗅觉部分，其色泽比之生长的后期，皆较浅淡。

脚（蹄）为多趾的动物而言，则其骨髓作软脂状。可是，以上所述，
于脊髓而言便应作别论。背脊既然是一节节的椎骨所组成，脊髓
35 就需要延续着以通贯整个背脊而无间断。如果脊髓①或为油脂或
为硬脂，这就不会像如今的脊髓那样自持作延续的物体，油质太湿
软也太脆弱。

有些动物很难说它们具有任何髓质。这些动物所有的骨都是
内实而强健的，例如狮骨。在这一兽中，髓质少到微不足道，它的
652ª 骨看来竟像全没有髓的②。可是，诸动物该有骨或与骨可相比拟
的，有如水居动物的刺，实属必需，而骨骼中该有一些内含髓质，也
属必需；因为储于骨内的这种物质正是骨骼所由组成的物料。现
5 在，如已陈明③，血液为普遍性营养；骨内的血液被围裹着而蕴积
的热度便自行调煮，④于是，有如硬脂或脂肪之为自行调煮过的血
液那样，骨内的髓也作油质性状，是全然可以理解的了。这也不难
懂得，何以那些骨骼坚强的诸动物，其中有些竟全乏髓浆，而其余的
10 仅有少许；在这些动物中，骨内的这一营养已消耗于骨的制作了。

那些在骨骼构造上代以鱼刺的诸动物只脊椎中有髓，它处就

---

① ὁ ῥαχίτης μυελός "脊髓"，实指"脊椎髓索"（spinal cord）。依下文，652ª20，这
"脊髓"包括脊髓神经。

② 参看《动物志》，卷三章七。

③ 见于本卷章四，651ª14。

④ καθ' αὐτὸ πέψις "自行调煮"：渥格尔注：这名词与这一节殊为重要。有些生理
学家认为亚里士多德所言，凭热度调煮的好多事物，实际上皆不能单凭热度制成。但
亚里士多德所说具有消化与生成作用的体热不同于烹饪所用的薪火之热；《生殖》，卷
二章三 737ª1，762ᵇ27，773ª2 等节所言"体热"与"太阳热"为"生命热"（vital heat）。在试
管中人工加温于血液，固不能获得成油与成髓的反应，但这样的反应在具有"生命热"的
生机体内确乎是时刻在进行，只是我们迄今还没有完全明了其间异常复杂的进程。

没有髓质①。它们原本就只有少量的血；而且它们全身的骼刺只
有其中的脊椎才内空。于是髓便在这里形成；因为只有这里才备　15
着容纳髓质的隙处；而且也只有这一支分段构制的脊椎，才需要有
一条连贯的线索。这也正是脊髓，如上已言明②，与其他处的骨髓
所别异的缘由。因为这里既然须有联结的功用，这就该具备胶性，
而同时需要韧性，俾可听任延伸。　　　　　　　　　　　　　　　20

　　于那些具有一些髓质的诸动物而言，髓所由存在的原因就是
这些，它的性状就是这样。显然，这是血液营养的剩余分配到骨骼
与鱼刺之内，既被围裹，便自行调炼而成的。

章七

　　依自然的顺序，在髓质之后，我们当挨次而述脑部。许多
人③就认为脑由髓组成，他们见到脑与脊髓相连接，便拟想骨髓　25
正是从脑部开始形成的。实际上，两者可说是性质恰恰相对反
的。因为全身所有一切部分之中，凉冷莫过于脑，而髓却凭其油
脂性状，显然是温热的。这里昭示了脑与脊髓所以互相连接的
真实原因。任何一个部分的作用如趋于过度，自然便为之设置　30
另一个作用与之相反而同样过度的部分，俾两相反的过度作用
互为平衡。现在髓的热性是有许多征象可以为之见证的，而脑的

----

　　①　托德，《解剖与生理学全书》，iii，958 页，鱼骨（鱼刺）内皆无髓沟，只某些鱼，例
如鳟鱼，骨组织内或多或少地渗有油液。
　　②　上章，651ᵇ34。
　　③　柏拉图当为这里所指许多人中之一。脑髓同于骨髓之说，见于《蒂迈欧》篇
73C。

35　冷性也是够明白的①。第一,脑的凉冷是虽只凭触觉也可感知
652ᵇ　的;第二,这在全身所有各个液状部分中是最厚实的而且是血液最
少的;实际上脑的本体中全无血液。脑不是剩余分泌中的某一种
分泌,也不是延续性的诸部分②之一;有如实际上可以推想到的,
这脑具有它自己特殊的性质。简便的观察就可显知这与感觉诸器
5　官不相延续,若加抚摸,这就更进而证知它没有触觉;在没有触觉
而论,这相似于动物的血液和它们的分泌物质。诸动物所以各有
一脑的作用直是为了保全它的全身。有些著作家③申称灵魂是火
或是一种具有火性机能的事物。可是,这讲得尚嫌简略而欠精确;
10　较良好的叙述应说灵魂是一个结合于某一火性物体的事物。因
为,适宜于灵魂种种活动机能的事物莫过于具有热量的事物,所以
这当须附体于火性事物。灵魂诸机能,如营养,如行动,所由实施
皆大有赖于热度的效应。于是,若说灵魂是火,这就无异于因为木
15　匠与其工具常相联结而实施作业,于是就混称木匠或其技术为锯

---

①　渥格尔阐释,此节所言脑性冷,无血,而为液态三事云:(一)自希朴克拉底时起
直至十六世纪或延及十七世纪,世人皆习于脑冷之说。配痕博士(Dr. Payne)在他的
"哈维讲演"(Harveian Orations)中曾引及威廉·哈维1616年《绪论》手稿(M. S. Pra-
electiones)犹承脑冷之说;他自己曾置一手于新宰杀的一动物的脑部,另一手置于心
脏,感觉两者热度相等。(二)引向脑部的血液大部分止于表层"灰质物",灰质物与其
下一层软脑膜(pia mater)色状相异,但亚里士多德当时尚未能在解剖上分离这两层,
故被741看作软膜层。他似乎忽视了由脑周围血管引入那些"白质物"的许多微血管。
(三)亚里士多德于"液态"一词,取义广泛,这里所谓最厚实的(αὐχμηρότατον,直译为
"最干的")液体,当是稠厚到几乎是固体了。《生殖》卷二章六,244ᵃ17说,自胚胎以至
成人(或成兽),脑质先为液湿,渐长而渐转干硬。

②　τῶν συνεχῶν μορίων "延续性诸部分"指血管系统(血脉)或骨骼之类;参看本卷
章九,654ᵃ33。

③　例如德谟克里图。参看《灵魂》,卷一章二,403ᵇ31。

或钻①了。一切动物皆必须有某量的热，这是原来没有什么疑义的。但一切效应须得有所平衡，故而自然构制了脑，借为储有热量的心脏部分的一个对体，并把这个由土与水合成的②对体赋予动物，俾使减低体热而臻于中和——真正合理的境界总在中和而不在任何那一个极端。因此，每一有血动物各有一脑；而无血动物则统都没有这样的一个构造，唯有像章鱼〈这类动物〉③才确乎为例外而具备着与脑可相拟的一个部分，凡没有血的动物，它们当然只有小量的热。这里，脑固然主于抑制心脏而调节热度，可是，为了使它不至于本身全无热量，而也涵存微弱的热量，由两个血管④，即大血管（静脉）和所谓挂脉（动脉）引来了分支血管，这些分支终止于围绕在脑部周遭的膜⑤；同时，为了不使脑部受到热的损害，这些外围血管为数甚多而形小，不作粗大的少数几支，其中的血则稀少而澄清，不作多量而稠厚的性状。现在，我们可以懂得，何以黏液流出源于头部而发生在与脑相近的部位，正当脑部着凉超过了适当比例的时候。方营养经由血管向上升腾的时候，其中的剩

① τρύπανον“钻”，S，U 抄本 σκέπαρνον“斧”。

② 土元素性属干冷，水元素性属湿冷，由以组成的脑自当著于冷性，这恰以对称由以组成心脏热的物质底层，即火的干热性。参看卷二章一，646ᵃ16 及本书《附录》中“若干名词释义”(7)“四性能”题。

③ 《动物志》，卷一章十六，494ᵇ27：头足类都有脑。这里仅举头足类中的 ὁ πολύπους（章鱼）。头足类的神经节（核）(cephalic ganglia)确乎特别巨大，其形体与作用几可匹敌脊椎动物的脑。

④ 参看卷三章五，667ᵇ16 注。

⑤ 《动物志》，卷一章十六，记脑有两膜，外膜（硬脑膜 dura mater）较强，贴于颅骨，内膜贴于脑质本体，即这里所说“围于脑部周遭的膜”（软脑膜 pia mater）。有分支血管到这个软膜是亚里士多德屡经陈明的。这膜上有为数甚多的微小血管丛(plex-us)。

废物质到这区域而受冷,便形成流出的黏液(痰涕)和血清。不妨
以大喻小,我们该可把这里所遭遇的情况例之于阵雨的成因。蒸
气自地面上升,乘热而腾至高处,迨抵达高出地球上的冷空气层,
这就由于着凉而复凝为水,于是作为雨滴,重又降落于地面。可
是,这些在自然哲学中所涉及的一些事理,毋宁留作有关疾病原理
这论文①的适当题材。

又,睡眠的原因在于脑,于无脑诸动物而言,则在于与脑可相
比拟的部分。进食后,上升的血液或遇冷或受其他相似的影响,这
就在它所抵达的部位增加了重量,[瞌睡的人们为此故垂下他们的
头,]②并使热度随同血液一起下降。迨较低下的部分积聚了过多
的热与血,动物便入于熟睡,这时那些原是作站立姿势的动物就再
没有直立的能力了,其余诸动物则失却了昂首的能力。可是,这些
问题业已另在《有关感觉》περὶ αἰσθήσεως 与《睡眠》περὶ ὑπνοῦ的论
文③中讨论过了。

脑为土与水的组合物,可因沸煮而为之说明。脑如经这样
处理,这就转成硬固体,这时水分既已为热所蒸发,剩余的就只
是土质部分了。当豆类与其他某些果实沸煮时表现着恰相似的
情况;这些事物也可用这方式处理而使之硬化,把它们原来结合
在内的水分蒸出,遗留下来的就只是它们的主要成分,即土质

---

① τῶν νόσων ἀρχαῖς,《关于疾病原理》这篇论文是否确曾著录,参看海茨,《亚里士
多德逸书》,58页。

② 从贝校加[   ]。

③ 此义见于《睡与醒》,章二,455ᵇ28—章三,458ᵃ32;但今所存《感觉》篇不见有这
里所提示的章节。

物了。

在一切动物之中，以身体大小为比例，人脑最大[1]；男人的脑则大于女人的脑。这是由于人的心脏与肺部比之任何其他动物都较富于血液并较热之故；男人比之于女人亦然[2]。这一情况也可据以解释何以在诸动物中唯人能直立。人类的体热足以克服任何相反的趋向，故能凭自己身体的中线向上生长。这里，人脑的特富于液性与寒性正所以作为一个对体俾得平衡他这么超量的热性；有些人称为 βρέγμα（前囟）[3] 的颅骨所以最后才硬化的原因，也由于这个超量的热性，这热性使蒸发〈自婴儿期〉进行着，好久不止。这种蒸发在有血诸动物中唯人类才进行。又，人类的颅骨比之任何其他动物具有较多的合缝[4]；而雄（男）性则较多于雌（女）[5]性。

---

[1] 居维叶，《比较解剖学教程》（G. L. C. F. D. Cuvier, 1769—1832, "Anatomie comparée"）ii, 419；人脑，以其体重为衡，重于其他诸动物，这论断是确实的，只有少数动物为例外，某几种小鸟、猴、啮齿类，它们体皆微小，因而相形之下显得脑部特大。

[2] 参看《生殖》，卷一章二十，728ᵃ16—30，妇女为弱男，体热不足，故不能调制血液使成精液。又参看《生殖》，卷四章二，论雄雌之别。温血动物各品种相间与雄雌相互间体温的微小差别，在没有像现代所用体温表这样的工具时，是不能凭触觉辨识的。渥格尔 1882 年译本注：这里所述男较女热只能算作一个不巧合的猜测。

又，渥格尔 1882 年译本注："以体重为衡，男女脑熟大这问题迄无定论，各家记录相殊，有的汇积有男脑较大的实例，但相反的记录也是有的。平均而言，妇女脑较男人脑轻约五英两。"

[3] 参看《动物志》，卷一章七，491ᵃ31。βρέγμα 常作"前额"，这里指"前囟"（fonticulus anterior）。

[4] 参看《动物志》，卷一章七，卷三章七。今动物比较解剖已知亚里士多德此说实误。渥格尔拟亚里士多德所由误察的原因，由于许多鸟类以及哺乳类中的鲸与象等的颅骨合缝在很幼稚的日期就先消失了的缘故。

[5] 雄雌（男女）颅骨合缝实际为数相同。罗基坦斯基，《病理解剖学》（Rokitansky, "Pathol. Anat."），iii, 208，谓孕妇的合缝或多或少地发生消失现象的实例，不是稀见的，他为这现象所定病理名词为"产褥小骨瘤"。

653ᵇ　要解释这些情况，这还得求之于他的脑部体积较大这一事实，以体
积为衡，这样的脑就需要通气（通风）①。脑若太湿或太干，这都不
　5　能完成它的功能；太湿将会冷冻血液，而太干就不能凉却热血，这
么，疾病、疯狂以及死亡均将因而引致。心脏作为生命的原理与体
热所由发生的部分，感应是最灵敏的，在脑的外表面的最微小的演
变，它就立即有所感觉②。

　　　现在，所有在动物体内诞前共生（先天）液体都已讲到了。
　10　于在后发生的（后天）诸液体中有食物残余，包括腹内淀积与膀
胱排泄。除了这些，还有精液（籽液）与乳汁，两者在相应的动物
体中〈到了某一时期〉各泌出其中的这一样或另一样。于这些后
天液体中，食物残余排泄，待我们研究并讨论“营养”问题③时，可
作适当的叙述。讲到这一问题，我们将及时解释什么样的动物
　15　该作什么样的排泄，并阐明何故而有这些排泄的理由。相似地
所有关于精液与乳汁的事项将在有关《生殖》的论文中④详陈，因
为精液原是生殖过程的起点，而乳汁正也除了繁殖作用之外别
无存在的缘由。

---

① 颅骨合缝的作用在于让脑部通风这一错误推论，加仑也是承袭着的，见于《健
康》(de Sanita tuenda) i，13。

② 加仑尝讥亚里士多德轻视脑的作用，只使之相当于一勺冷水。从这一节
看来，亚里士多德所言脑的作用实际仅次于，或相等于，心脏那么重要。他把感觉
中心归结于心脏，这在现代生理学看来是很古怪的，但他把心脏的功能联结到脑的
节制而说两者互相感应得无比地密切，有如两个部分合成的一个器官，这又是颇见
精思的。

③ 参看上文 650ᵇ10 注。

④ 见于《生殖》，卷一章十七至卷二章三；又卷四章八。

章八

现在我们该讨论其余的同质部分，这将从肌肉开始，于无肌肉的诸动物则从与肌肉可相比拟的事物开始。因为肌肉原是动物的基质，也就是组成它们躯体的主要成分，所以我们应于此开始。该当采取这样的程序还有理论上的实证。按照我们的定义，所谓"动物"τò ζῷον 必是具有"感觉"αἴσθησιν 的事物，而一切基本感觉之中，"触觉"ἀφή① 实为主要感觉；肌肉与其可相拟的事物则正是这一种感觉的器官。肌肉之为感觉器官或相仿于瞳子之为视觉器官，这就说它是构成为触觉器官的基本组织；或相仿于瞳子和眼内与瞳子相连的整个透明介体，这就说肌肉之构成为触觉器官，还包括了触觉对象所施其作用的介体。这里，于其他诸感觉而言，本质上就不可能合并介体于感觉器官，这样为之并合也不会起任何作用；但于触觉，自然便必须这样安排。因为在所有感觉诸器官之中，触觉器官独具实质，或至少应说它比之任何其他感觉器官为更富于实质〈它的介体也必须像它本身那样而为实质事物〉②。

---

① 亚里士多德认定触觉为基本感觉的理由是因为触觉为动物界所普遍具备；有些动物缺少听觉或视觉，但绝无无触觉而能存活的动物（《灵魂》，卷三章十三，435ᵇ1；卷二章三，415ᵃ3；《动物志》，卷一章三，489ᵃ17）；另一理由是人们唯凭触觉才能感知物质的冷暖干湿四性能（《灵魂》，卷二章十一）。德谟克里图认定触觉为基本感觉的原因在于触觉比较原始，而其余诸感觉则为触觉的衍变。但亚里士多德不承认德谟克里图之说（《感觉》，章四，442ᵃ29）。

② 关于肌肉的触觉功能这里的叙述不尽明确，故弗朗济斯、德语译文颇为迷糊。渥格尔综校本卷有关触觉的文句，为之解释云：亚里士多德有时谓肌肉是触觉器官（章四，651ᵃ20），有时又否认它是触觉器官（章十，656ᵇ35），并把它说成为"触觉的介体"（τò μεταξὺ τοῦ ἀπτικοῦ）。这里他又说是介体与器官的联合构造。照渥格尔看来，（接下页）

在感觉(经验)上①说来,这也是明显的,所有身体的其他各部分的存在原是为了肌肉。我所谓其他各部分是指骨骼、皮肤、筋腱与血管,还有毛发与各样的甲爪,以及任何其他性状相类的事物。这么,骨骼是正所以为柔软诸部分的一个支持结构,为此故,它们
35　赋有硬性;而于无骨动物则须有某些可与相比拟的部分,例如有些鱼的刺与另些鱼的软骨来担任这一功用。

654ᵃ　　　这里,这一支持构造,于有些动物而言是位置在体内的,而于另些无血品种而言,是位置在体外的。一切软甲(甲壳类)动物,例如蟹与有棘龙虾(蝲蛄)属于后者②;函皮(介壳类)动物,例如通称为蚝蛎的几个品种,也属于后者。于所有这些动物,其肉质体均内
5　在,而护持那肉质软体以免于伤害的土质物则外在。介壳不仅使这些动物的软体得以团拢在内,又还因为这些动物无血而自然热量微弱,包裹着那软体,像桌炉③的炉壳内涵着炭烬,保持了徐燃的微温。诸动物中另一分立的类属,龟属,包括玳瑁(或蠵龟)以及
10　淡水龟的几个品种④也显有相似于此的构造。但于虫豸(昆虫)与

(接上页)他实在的意想当是这样,肌肉外层为触觉介体,触觉器官则在肌肉"内部的近心脏处"。于这一器官的位置他仅作如此的假设,迄未勘定其确实所在,其性状也不曾言明。触觉介体接受触觉对象所加的活动立即传达之于器官与心脏,相似于锤击一盾牌时,盾与持盾者的身体立时同受震动那样。感觉对象激使触觉介体传递其活动于感觉器官(《灵魂》,卷二章七),介体与器官,介体与对象均须为同性质事物(《成坏》,卷一章七)。这样,任何动物,其听觉必须凭气为介体,其视觉必须凭水性(液态)物质为介体;那么,触觉器官既为实质的肌肉固体,其介体亦必为实质固体,这就得是肌肉的一部分。

①　这里的"在感觉上"相对于上节的"理论上"而言,其义有当于"在经验上"。
②　参看卷四章八,683ᵇ25注。
③　πνιγεύς 小焖炉,以铜皮为壳,其上开孔,下部置炉格为膛,中置已点着的炭,护以灰烬,徐徐燃烧,可置桌上;类于中国的手炉或脚炉。
④　参看卷三章九,671ᵃ32注。

头足类而言,它们的结构设计便全然与此不同,可是,它们两者之间却又有可相对照的造型。两者都不见有任何足够引人注意的,显然分离于身躯其他各部分之外的骨质或土质构造。这样,头足类身躯的主体是由一种肌肉样的软性物质构成的,这种软性物质说它是"肌肉",还毋宁称之为"肌肉与筋腱的间质",这么的间质就 15
较之肌肉为不易受损伤,因为它既柔软如肌肉,却又像筋腱能耐伸张[1]。可是,它的纹理却不像筋腱那样作纵向分裂,而作环行分节,这样的纹理于强韧而论当是最有利的。这些动物的体内也有一个相当于鱼刺的部分;例如在乌贼(墨鱼)体中就有所谓"鲗骨"σηπίον 而在鱿属的体中,则有所谓"鱿剑"ξίφος[2]。反之,于鲗属[3], 20
这就没有这样的体内构造,考查这一异构的原因,当由人们所称为"头"τὴν κεφαλὴν[4] 的这一部分,于鲗属只是一个短囊而于鲗属和鱿属却是相当长的,既然拉长了,自然为使它们的身段挺直而不致绉缩就得赋予以这样硬固的支架;这与她于有血动物赋之与骨骼,或鱼刺,都是各适其宜的。现在,说到虫豸(节体类):这些动物的 25
构造大异于头足类;比之于有血动物,如前已陈明,这些也是绝不相同的。于一虫豸,全身无软质与硬质部分之别,它通体都是硬的,可是,它的硬性只有这么的程度,比之于肌肉固然土质较多而 30
近似骨骼,但比之于骨,这又较像肌肉了。虫豸由这样性状的物质

---

① 筋腱 νεῦρον 的伸缩活动,参看卷三章四,666ᵇ13 注。
② 参看《动物志》,524ᵇ24,532ᵇ2。
③ 原文 τὰ τῶν πολυπόδων,从柏拉脱校,改作 τὸ τῶν πολυπόδων γένος "鲗属"或"鲗族"。
④ "头"即章鱼体囊,参看卷四章九,685ᵃ5。

为之构制,所以它的身体不至于轻易碎裂。

章九

　　骨骼系统与血管系统有相似之处;两者各有一个从之发始的中心
部分,由以发展其遍及全身的连续构造。动物体中绝没有哪一支骨是
35　自行离立的,每一支骨都该看作或是整个连贯的系统中的一个段落或
至少该说是与他骨互相接触,互相系属的;这样,自然就把两相邻近的
654ᵇ　骨节安排得既像是实际相连续的单独一骨,又为能行弯曲而像是两支
分立的骨。相似地,这也没有哪一支血管是独立存在的;所有的血管
形成为整个血脉的一一部分。假如这里正有这么一支隔离的独立骨,
5　这样的骨基本上就不能行使骨节所由存在的功用,因为它既然与他骨
间有了虚隙而不相连接,这就全不会弯曲与伸直;不仅如此,实际上它
将相类于留在肌肉中的一个棘刺或一个箭镞,而成为有害的事物了。
相似地,倘一血管被离隔而不通连于血脉中心,这将不复能保持其中
10　的血液于正常状态了。因为这须有从血脉中心来的温热才能使血液
不至于冷凝;当血液失去这中心的热效,实际上显然就趋于腐坏。这
里所说血脉的中心,即血行的源泉,就是"心脏",而骨骼的中心或起
点,于一切有骨动物而言,则是所谓"脊骨"。全身其他的骨节都与脊
骨相通连而作连续延展;因为作成动物全身纵体的支架,保持其挺直
15　的体型,结集一一部分的,正是这脊骨。但因为一动物的躯体必须在
运动时弯曲,所以这脊骨既须区分为脊椎,让许多脊椎联合起来为之
组成,又须各椎连接着像只是一支骨那样。于那些具肢的动物们而
言,肢骨就是从脊骨引出的,各个肢骨都与脊骨相连属,凡各肢间需要
20　弯曲的关节处,都由筋腱为之结合,这些关节相合配的两端可以或是

一个圆窝与另一圆突的配合，或是两个圆窝，中间有一支距骨作为连闩而行配合，这样配合着就可得弯曲并直伸①。如果没有这样的安排，曲伸的活动将全不可能，至少将是很困难的。另又有几个关节，一骨的下端与另骨的上端形状相似。于这样的骨节，两骨就由筋腱为之结合而它们相接触处则夹有软骨质的薄片，这些薄片作为衬垫，这就使两骨端在转动时不至于互相轧轹了。

正是骨骼因以存在的肌肉部分，凭纤薄的附着于骨上的纤维束，在骨周生长起来。恰如一塑匠，当他用泥土或其他软湿物塑造一动物像时，先取一些干硬物做成像架而后在其周遭糊上泥土而行施其塑造艺术那样，自然正也如此创制一动物体的肌肉而先为之安置好骨骼。那么，我们就见到，除了一例以外，所有的肌肉部分，凡作为行动器官的都有骨节为之支撑而便于曲伸，凡静止的不动部分则骨节为之作成了一个保护。譬如肋骨就可举为一例，肋骨围住胸膛就所以保证心脏和它邻接诸脏腑的安全。上所述及的例外是腹部。于一切动物，腹壁皆无骨；为使这一部分在食后必须膨胀时不受限阻，又于雌动物当位置在腹内的胚胎生长时也不致有所妨碍，所以这区域独无骨骼。

胎生动物，无论内胎生与外胎生②诸类属，它们的骨，于强度

----

① 这句凭 Z 抄本与 S，U 抄本文句校订后译。这里所举第一式为球窝关节（Ball and socket joints），例如臀关节与肩胛。第二式，内有距骨（astragalus）者，例如踝关节与股骨。下文所举第三式的实例为摩动诸关节（arthrodial joints），有如胸锁骨、腕骨关节等；这里讲到两骨间有衬垫的，盖实指膝关节，膝关节间有半月形软骨片。

② καί ἐν αὐτοῖς καί ἐκτὸς "内胎生又外胎生"诸动物须指真胎生类属；这里加这一短语，意在除外卵胎生类属，如实为软骨动物的群鲨。参看卷四章一，622ᵃ13，章十，676ᵇ3 注。

而论，相互间差异很小，全都具有相当大的力量。胎生动物在体
型比例方面，远较其他动物为大，而且它们之中有好多种属偶尔
长到异乎寻常的巨型，例如在利比亚的动物，以及在热燥地区的
一般动物①。一动物，苟其体型愈大则为之支持的骨骼也必须愈
大愈强而愈硬；这在那些大动物之间比较起来，则凡贪暴的猛鸷
种属尤为显著。这样，雄性动物的骨较雌性的为硬；肉食动物以
狠斗取食，它们的骨〈较草食（蔬食）动物为硬〉。狮可以举为一
例；狮骨竟有这么硬，若予敲击，它们会像石块那样发出火花②。
这里可以提示海豚，它既然属于胎生动物，体内非鱼刺而为骨
骼。

　　反之，在有血动物的非胎生（卵生）诸类属中，骨骼就显见有逐
类而稍相差异的性状。这样，于鸟类而言，体内具有骨骼，但它们
的骨没有胎生动物们的骨那么坚强。于是而及卵生鱼，体内无骨，
只有鱼刺。蛇骨的性状也类乎鱼刺，唯极大的品种为例外，这里由
于与胎生动物方面相同的原因，这些品种既然身躯庞大而强健，体
内的硬固结构也必须较为坚强。最后，说到所谓鲨类（软骨鱼类），
在它们体内代替着鱼刺的是软骨。对于这些在行动时作蜿蜒摆动
的诸动物，软骨是必须有的；支持它们躯体的结构就该是不松脆而
有韧性的物质。又，自然于这些鲨类已把所有土质物用到表皮上

----

① Λιβύη 利比亚，实统指北非洲。参看《动物志》，卷八章二十八，606ᵇ4—20。
② 参看《动物志》，516ᵇ10。兽骨的硬度差异微小，实际是难以鉴别的。奥文
《脊椎动物解剖学》（Owen, 1804—1892, "Anat. of Vertebrates"）分析计量各种动物
骨的硬固物含量，狮骨较高，有 72.3%，牛骨 69%，人骨 68.9%，海豚骨 64.9%。

了①,她不能把同一种剩物分配给许多不同的部分②。虽在胎生动物体内也有好多骨是属于这种软骨性的;软骨所在的部位总是那里的肌肉里有软胶质物为之硬衬的地方。耳与鼻孔可以举为这样 30 的部位的实例:凡相类于此的突出部分,脆性物质将随即破碎。软骨与骨实际上是基本相同的事物,其性状只有强弱之异。那么,无论是软骨或硬骨,倘经切断,它都不能再生③。又,这些陆地动物的软骨是没有髓汁的,实际上它们没有显明分离的髓汁。因为于 35 骨构造中分离存在的髓,于软骨中合成为一整体的团块,而使软骨获有其软胶性状的却正是那髓汁。但鲨类虽是软骨动物,它的脊 655ᵇ 骨实有髓液;因为,在这里,鲨脊恰正是当作骨用的。

　　甲爪、蹄,无论其为实蹄或歧蹄,角与鸟喙抚摸起来所得感觉很相似于骨,所有这些部分是为了防卫而生成的。凡蹄质所成的器官就被称为蹄,角质所成的器官就被称为角,这么一类物质所生 5 成的这么一类构制④都是所以为各别具备这类器官的诸动物保证

---

①　内有土质的鲨鱼皮,实指其上的"板体"(πλακοί)。鲨鱼皮层遍布骨质结核,今鱼学家称"盾鳞"或"板齿"(placoid),这些核粒似棘,其尖端有釉质。

②　参看《生殖》,卷二章六,744ᵇ15 等节,自然为一良好的管家,善于分配物质资料。近代生物学史上,圣提莱尔(Geoffroi St. Hilaire, 1805—1861)曾倡为"生机平衡律"(la loi de balancement organique),哥德(G. W. von Goethe, 1749—1832)也有自然"抑彼注此"之说。这一规律有多少实际价值可以不论,若言创始,则显然应归之于亚里士多德,他在本篇与《生殖》篇中在形态学和胚胎学上多次讲到这样的平衡原则。

③　切断的骨不能再生,也见于《希朴克拉底医书》"要理"篇(Aphorism),ⅶ,28;这篇所用"切断"ἀποκοπῆς 字样,与这里和《动物志》,卷三章八,516ᵇ33 所用字相同,其实义为"横切"。但"要理"另一节(ⅵ,19)用的切断字样 διὰ κοπῆς 的实义为"纵切"。纵切的骨是可以再生的,这里引起了后世的批评。

④　与本质同名的器官即同质诸部分(参看下文 23 行),与下文 18 行异质诸部分相对应。

自身的安全。齿也该列入这一类器官之中,有些动物的齿固然只
担任一个功能,即咀嚼的作用,可是另些兼具另一功能,即武器的
作用;一切具有上下颌错合着的锐齿的诸动物或具有獠牙(眼齿)
的诸动物可举为这方面的实例。因为武器的价值有赖于其硬度
(锋锐),所有这类器官必须是土性的干固状态。唯其为土性,所以
蹄角之类的构造,于四脚胎生诸动物,比之人类较为发展。这些动
物体的组成之中常较人体中含有更多的土质物。可是,不仅所有
这些部分,另还有其他与这些相接近的诸部分,例如皮肤、膀胱、
膜、毛发、羽毳和与羽毛相拟的部分,以及任何相类于这些的诸部
分,我们将在以后与异质诸部分再行论述。① 到那时,我们将研究
它们所由生成的原因,以及它们在诸动物体内各别存在的目的。
对于这些部分,与对于异质诸部分相同,我们唯有从它们的功用上
着想,才能寻取有关的实际知识。这些事物原类列于同质诸部分,
所以现在这论文的这一段落,要提到它们,可是,它们与由它们所
组成的各个器官都属同名,而各个器官的基本组织则实为肌肉与
骨。〈这些次要的同质组成部分可留待讲到诸器官时再说。〉生殖
分泌与乳,在我们论述同质泌液时也曾暂置不论,因为籽液(生殖
分泌)是生成物的真正起点,而乳则是它的营养,故两者留待在《生
殖》论题中考察较为合宜②。

---

①　膀胱见于卷三章八;膜,卷三章十一;毛发,卷二章十四;羽毛,卷四章十二,
692ᵇ10 等;甲爪,卷四章十,687ᵇ23 以下;蹄,卷四章十,690ᵃ4;角,卷三章二;鸟喙,卷三
章一,662ᵃ29 以下;齿,卷三章一,661ᵃ34 以下。

②　参看章七末句。

章十

现在让我们来讨论异质诸部分,在这里,恰像新的一章开始那样,先行叙述其中最重要的部分。于一切动物,至少是动物界中[1],所有构造完备的诸动物,都得具有较其他部分更为重要的两个部 30分,即容受食物的部分和排泄食物残余的部分,因为倘无(食物)营养,动物便不可能生长,甚或不可能生存。又,介乎这两部分之间,毫无例外地还有"生命原理"ἡ αρχή ἡ τῆς ζωῆς 所在的那个第三部分[2]。至于植物,虽也被人们列于有生界之内,可是草木实无任何排泄废物的构造。植物从土地中吸收的是业已调煮好了的养料,它们就凭这样的养料生长而结成与其质量相当的种子与果实。又,植物 35既然不作行动,这就不会有好多不同的异型部分。凡只有少数机能 656ᵃ的生物也只需少数器官来行施这些机能[3]。植物的成形(形态)当需是另一专篇的题材。可是,诸动物不仅生存而且还能感觉,这就得有较多样的若干部分,构造上的这种变异,有些动物较甚于另些动物,于那些所营的不仅为生活而且是高级(优良)生活的动物,其构 5造尤多变化(尤为复杂)。人就是这样的一类动物。在一切生物之中,就我们所知所识的而言,唯独人为赋有神性,或至少可说,人比之其他动物为较富于神性。于是,为此故,也为了他的外表各部分与其形状比之其他诸动物,于我们较为熟悉之故,我们必须先讲人类;鉴 10

---

① καὶ 从渥校,改为 τοῖς γε 译。

② 这一句由以下的 36—37 行移接于此。

③ 参看卷四章七,683ᵇ20。

于人体的型式独符合于自然的方位，首举人类也当是较为合宜的：人的上身引向宇宙的上位；在一切动物之中唯人是直立于世间的①。

15　　说到人，他的头缺少肌肉；依照上已陈明的②有关脑部的情况，这是必然的结果。有些人确乎持有这样的主张，人类的头部如果较富于肌肉，人寿会得较现在人们活着的年岁长些；他们说为了使感觉较为完善故而不让多生肌肉。因为感觉不能透过被太厚的肌肉掩蔽着的部分，而他们认为感觉器官就在脑部③。这一主张

20　的两项都不确实。与他们的认识相反，脑部若被覆以厚层的肌肉，这就违碍着诸动物所由设置脑部的本旨。因为，这样，脑部自己将受到过度的温热，而不复能冷却任何其他部分。至于他们的主张的另一项，若试检察一下脑质自身与其他任何一种分泌物一样，绝无感觉的事实，该可懂得它绝不能成为任何感觉的原因④。这些

---

①　"μόνον γὰρ τῶν ζῴων ὀρθόυ ἐστιν ὁ ἄνθρωπος"（S，U. 抄本）这句，亚里士多德屡屡重复（参看本书 653ᵃ32 等章节，《动物志》，卷一章十五，494ᵃ28—ᵇ2，《行进》，5，706ᵇ9）。他十分重视直立姿态，并以此证明人类独胜于其他一切动物。但今所知鸟类如南北极海滨的企鹅（penguin），兽类如澳洲的更格卢（袋鼠，Kangaroo）均作直立姿态。但照《行进》，章五的议论，这些动物与群鸟之站在两脚之上一样，不能像人那么挺直的。

②　见于卷二章七。

③　德谟克里图认为灵魂的主要部分（感觉）位在头部。亚浦隆尼的第奥季尼（Diogenes）确言感觉在脑，脑周遭有一层干热空气，各感觉器官引出的血管入于这气层，脑领受那里传入的感觉而作相应的情绪与活动表现。柏拉图也主于感觉在脑之说（《蒂迈欧》，75B），加仑谓柏拉图的生理学都取自希朴克拉底（参看格洛式，《柏拉图》，Grotë，Plato，i，65）。

④　渥格尔综合《构造》与《生殖》中，亚里士多德反对感觉在脑而主于在心之论的诸论据云：（一）脑不应为感觉中心的理由是（1）脑质无感觉（触觉）（656ᵃ23，652ᵇ5）。（2）任何无血动物，除头足类之外，皆无脑或与脑可相拟的部分（652ᵃ25）。（3）脑部冷而无血（652ᵃ33）。解剖上不见有诸感觉器官与脑相连属的构造，触觉与味觉尤显见与脑部不通连。（二）心脏应为感觉中心的理由是（1）情绪的激动与心相感应，（接下页）

作家见到了某些感觉位于头部而未能明识其缘由，他们也看到了 25
在所有动物诸器官中，脑最是特别，他们就凭这些事实撰为感觉相
联系于脑部的主张。可是，这在《关于感觉》那篇论文中业经明白
地讲过了①，感觉的中心应在心脏区域。那里也陈明了诸感觉中
的两项，即触觉与味觉，显然与心脏直接相连属，至于其他三种，即 30
听觉、视觉与位在中间的嗅觉，这只是由于它们各相应的器官的性
状之故，大多数的动物在头部安置着这些器官。那么，视觉器官是
所有一切动物全都位在头部的。②但听觉与嗅觉器官便不是绝无
例外地在头上。鱼和与鱼相类的动物能听能嗅，可是头部不见有 35
这些感觉的相应器官③；这一实例可证明我们所持的论旨为精审。
推想起来，这是合理的，任何动物苟有视觉，其视觉该当在脑部附
近。因为脑性冷湿，而视觉属于水性，于一切透明物质而言，水是 656ᵇ
最易涵持的。又，这一较为精确的感觉必须由具备最净纯的血液

(接上页)苦乐皆有动于心脏(669ª19)。(2)一切动物皆有心脏或与心脏相拟的部分
(665ᵇ10;《生殖》,771ª3)。(3)心脏为热原,亦为血液源泉(667ᵇ26)。(4)所有各个感
觉器官均有血管通达到心脏(《生殖》,774ª3)。(5)在胚胎发育中,心脏最先形成,而且
先生者必后死(《生殖》,741ᵇ20)。(6)心脏处于动物体的中心位置,这是最高器官所应
处的位置(670ª27)。所有这些论据,在古代尚未发现神经系统之前,也是言之成理的。

①　见于现存的《感觉》篇,章二,439ª1。

②　渥格尔,《构造》,1882年译本注:实际上诸动物的眼,有些不在头部。《动物
志》,卷四章八,曾说到海扇有视觉,但他当时没有可能发现海扇的眼点(ocelli)是在它
们的外套膜边缘。海胆的眼点在它们辐射构造的末端。环节动物(Annulosa)每节均
有眼点,也有些种属眼点在尾节。

③　这里说鱼类能嗅而不知其嗅器官何在,至少总不是在头部。《动物志》,卷
四章八,533ᵇ1这节说鱼类能嗅,其嗅孔或在相当于它动物如爬行类的鼻孔位置。这一
推测恰符合于现今所知的鱼类嗅孔所在,即鱼嘴前部近处的陷洼。但亚里士多德检查
这些凹陷部分不与脑相通,或全无引向它部分的管道,有些鱼的这一凹陷通向鳃部,这
大概就是本书本卷章十六,659ᵇ16,"鱼的嗅觉在鳃"这臆测的根据。

的构造为之操作,方能精而又精;这是不得不如此的,因为血的热
5 性活动有伤感觉的作用。所以,这个较精确的器官位在头部。

头,不仅前面缺少肌肉,后面也是这样的。因为所有一切有头
的动物,比之于其他各个部分,头是更需要昂起的。如果头上附有
10 好重的肌肉,这就不可能昂扬;凡这么重负着的事物都难于竖立。
头上没有肌肉这事实无关于脑部感觉,这是一个旁证。头后部并
无脑质①,可是这里少有肌肉恰正和前部一样。

于有些动物听觉和视觉一样,位在头部。这也不难为之合理
15 地阐释的。所谓"空腔"是充塞着空气的,照我们看来,听觉器官属
于气性。这里,从眼睛确乎引出有管道②接连到脑周遭的血管;相
似地由每一耳朵也各重引出一支管道,接连到头的后部。但任何
一个无血的部分皆不赋有感觉,恰似血液自身的无感觉那样;感觉

---

① 渥格尔注:亚里士多德这一错误是从希朴克拉底书中(见于库恩编校本,《希
氏医学》,卷一,183 页)承接下来的;但也可能从冷血动物的脑部检查取得他自己的实
证。鱼与爬行类的颅腔中不完全充盈着脑浆,这一性状,赖马克(Lamarque)认为特该
重视,所以他就凭以为鱼类与爬行类和鸟类与兽类的分类标识(《动物哲学》〔Phil.
Zool.〕,马丁 Martin 编辑本,1809 年,卷一,276 页)。以淡水龟为例,依戴摩朗
(Desmoulins)的解剖记录,脑的纵断面见到有三分之一的空隙无脑质(托德,《解剖学
和生理学全书》,卷一,724 页)。鱼类解剖所见情况相同;鱼胚的脑壳中充满脑浆,无
空隙;但成鱼的脑壳中只有小部分储脑浆,鱼颅生长超过脑浆生长。(参看《生殖》,卷
二章六,744ᵃ17;动物脑部发育其先甚速而大,随后缓慢,相形之下,较之其他部分就变
小了。)亚里士多德所熟知而曾行解剖的头足类的神经节腔也较神经节大得多。

② 弗朗济斯,《构造》德文译本,从施那得(Schneider)解释这里的 πόροι "管道"为
眼神经。但依下文,以耳内管道论其相似,则应为内含空气的管道。亚里士多德在其
他章节言及感觉器官的"管道",常指其内含空气而连接于脑外围诸血管(例如《生殖》,
卷二章六,743ᵇ36)。迈伊尔,《亚里士多德动物志》(J. B. Meyer, *Thierekunde de
Arist.*1855)428 页,说这些管道是血管。但《动物志》,卷一章十六,495ᵃ11—18,与《生
殖》,卷二章六,744ᵃ9 叙述从眼睛引出的这些管道,既不言空气也不说血液,确应为眼
神经,但亚里士多德还不确实明了其作用。

该须赋予某一个内有血液的部分（器官）①。　　　　　　　　　20

　　所有一切有脑动物的脑皆位于头的前部，因为前面正是感觉所由引来的方向；又一原因是那感觉所发起的心脏位置于身体的前面；末一原因是感觉的器官为含血构造，而头颅后部的空腔却是缺乏血管的。　　　　　　　　　　　　　　　　　　　　　25

　　关于感觉器官的位置，它们按照本性，作如下的秩序良好的排列：听觉器官是这样分列的，头的全圈恰被它们分成了两半，这因为两耳不仅应听取与本身在同一线上（前面）来的声响，还该听取所有各个方向来的声响。视觉器官位置在前面，因为视觉须取直　30线，我们既然只做前向行进，这就该依循我们活动的方向，朝前看。末一个器官，即嗅觉器官，位在两眼之间也是恰好的。躯体原由右半与左半两个部分合成，所以每一感觉器官也是成对的。于触觉而言，这是不明显的，因为这一感觉的原机能实在内部而不是肌肉　35或与肌肉可相比拟的部分②。味觉原只是触觉的一个演变，而司味觉的位置在于舌部，这里，对列的形态虽还不如其他感觉器官那么分明，比之触觉则已较显著。某些动物的舌就是显然分叉的，于　657ᵃ这些动物而言，味觉的成对排列也就足够明白的了。可是诸感觉的对分性状总是以视听嗅三者为较分明；因为每一动物都有两耳与两眼，而鼻孔虽联结在一起，却也有两孔。后一器官若不作这样　5

————————————

　　①　这里的论点是这样：从眼睛来的管道终止于脑外围的血管，血本身是无感觉的。从耳来的管道终止于"空腔"，其中无血管；凡没有血管的部分皆无感觉。所以，我们不能凭它们与脑内部的联系来解释眼与耳的感觉问题。

　　以下21—22行一短句原文既不通顺，又只是些重复上句的语言，从渥格尔删。E抄本，这短句只有半句。

　　②　参看卷二章八，653ᵇ30注。

的安排而像耳朵那样分离在两侧,那么鼻孔和鼻孔所在的鼻就两都不能行使它们的机能了。这因为凡有鼻孔的动物,这一感觉(嗅觉)是凭吸气而引发的,而呼吸器官便位在躯体的前面的中线之
10 上。就由此故,自然把两鼻孔结合在一起而置之于三个感觉器官的中心,把它们排列在一个平面上互相挨着,俾鼻孔在这位置便于吸气的活动。

章十一

人以外其他诸动物,于这些感觉器官的排列是也各适其需要的。例如〈胎生〉四脚诸动物,它们的耳朵自由地竖在头上,四面看来都高出于眼睛的平面。但实际上它们不比眼睛的位置高,只因为
15 这些动物不是直立的,头向下垂着,所以看来就像眼低耳高了。这些动物的常态总是垂着头行进,它们的耳朵高高竖起,并能转动,①当是有利的;由于可得时时转动,它们能从四面八方听取声响。

章十二

②反之,于鸟类而论,它们无耳,只有听孔。因为它们皮硬,又
20 因为它们无毛发而有羽毛,所以它们无处可得成耳的适当物料。于那些被覆着棱甲的卵生四脚动物们而论,情况恰正相同,这里也可以相同的理由为之解释。胎生四脚动物中也有一种族,即海豹,不具耳朵,只有听孔。海豹无耳朵的原因由于它们虽属四脚兽,却

---

①　《动物志》,卷一章十一,谓哺乳动物,唯人耳不能转动。

②　自章十末节至章十三,句间联系词相承直下为一整节;在内容上从传统编订分立章十一与章十二。

是一畸形的四脚兽。   25

章十三

　　人类与鸟类与四脚动物,胎生与卵生者相似,它们的眼都凭眼睑为之保护。于胎生动物们而言,眼睑有二;这些动物不仅用这两眼睑闭眼并也用以睒眼(瞬目);至于卵生四脚动物与重身鸟类①以及其他另些种属只用下眼睑闭眼②;而鸟类则用那从眼角(眦) 30展开的膜(瞬膜)来睒眼(瞬目)。它们的眼睛所以要采取这样的保护方式是因为自然为了保证它们的视觉敏锐,赋予其眼睛以稀释液质之故。如果它们的眼睛用硬皮为之保护,确乎更不易为外来落入的事物所损伤,但视觉就不会是敏锐的了。于是,为保证视觉 35敏锐,瞳上的皮是纤巧的;外加以眼睑为之遮蔽,以免于被损伤。所有这些动物都会瞬目,而人类尤勤于睒眼,这是另加的又一个保 657ᵇ护方式;这一种动作出于天赋的本能,不由意识为自主的活动,其效用在于使事物不致落入眼中;人类由于皮肤较纤巧所以瞬目较其他这些动物为频。这些眼睑是由一卷薄皮形成的;因为它们只是皮而没有肌肉,所以它们和〈构造与之相似的〉包皮,皆一经被切割,就不能再行愈合③。   5

---

　　① οἱ βαρεῖς“重身鸟类”相当于今鸡目诸科属。参看《动物志》,卷二章八,613ᵇ6。

　　② 鸟类,常例是下眼睑较上眼睑为大而利于活动,所以它们睡时闭眼皆展开下睑为遮蔽;龟、鳄与蛙亦然。可是,这里有少数例外,如鸮,《动物志》卷二章十二,504ª26,就曾经指明。本章下节说到鸽族用上下眼睑闭眼也是确实的。

　　③ 这一叙述,源出于希朴克拉底(库恩编《希氏医学》,卷一,319 页;卷三,752页),是不确实的。有机体组织的割后愈合,不必须内有肌肉。而眼睑内,照现代的解剖技术也能检出肌肉组织。眼睑与包皮如经切割而加以适当护理,两皆能重行愈合。

至于卵生四脚动物以及和它们相似地以下睑闭眼的那些鸟
族，这是，由于它们的头皮的硬性故而如此的。那些身体笨重的鸟
族不是天赋于飞行的，因此原当用于羽毛生长的物料转而供应到
10 这里，于是增厚了皮层。所以这样的鸟们以下睑闭眼；而鸽族以及
与之相类的鸟们则兼用上下睑闭眼。有如鸟类体被羽毛，卵生四
脚动物体被棱片；各式各样的棱甲均较毛发为硬，所以棱片所附着
的皮也较毛发动物为硬。于是，这些动物的头皮就硬了，不能形成
一个上眼睑，而表皮下层则作肌肉性状，这样，只有下眼睑才能纤
15 薄而可得延展。

重身诸鸟[①]用上述的膜以行瞬目（瞚眼），不用这下眼睑。在
瞬目时，这需是快速动作，膜可行快动作，至于下眼睑，活动起来就
迟缓了。这膜是从眼眶（眥）的靠近鼻孔处舒展开来的。瞬目时，
膜皮活动从一个起点开始当较从两处开始为便；于这些鸟而言，这
20 起点就在眼与鼻孔之间，这一前位起点当较侧位起点为便。卵生
四脚动物不像鸟类那样瞬目[②]；因为它们都生活在地面上，并无必
要具有敏锐的视觉与水性的眼睛，至于鸟类须用它们的眼睛作长
距离观察，这些就该是必备的了。这也可引以解释，何以须从空中
25 用眼搜寻可行猎食的活物而飞翔较它鸟为高的钩爪鸟（猛禽）类皆
视觉敏锐，而家禽以及与之相类的，〈生活在地面上，〉不能高飞的

---

①　其他诸鸟也是用瞬膜瞚眼的（参看《动物志》，卷二章十二，504^a26）。瞬膜（nic-
tating membrane）相当于第三睑皮，位在眼角下眼皮内，可舒展之遮蔽整个眼球，用以
挡尘或除尘。

②　亚里士多德认为唯鸟类有瞬膜，实不确。鸟类瞬膜发育得较为完善；可是许多
爬行类、两栖类与鲨鱼也有瞬膜；少数哺乳动物，例如马也有瞬膜。

鸟类就没有那么敏锐的视觉。按照它们的生活方式，这不是急迫
需要的。

　　鱼类与虫类与甲壳（硬皮）类的眼睛显见有某些差异，但于不 30
备眼睑而言，则皆相似①。于硬皮（甲壳）类而言，它们绝不会有任
何一点子眼睑；因为一个可以应用的眼睑须得有能行快速活动的
皮。这样，这些动物就不会有眼睑；它们的眼睛既然不备这种保
护，就自成为硬（干）眼，恰如眼睑就附着在睛表那样而这动物则从 35
睑间透视。可是，自然有鉴于这样硬性的眼必然有损于视觉的敏
锐，便赋予虫眼和虾蟹②眼以活动能力，虾蟹眼尤善于活动，恰像 658ᵃ
她于某些四脚动物赋予了能活动的耳朵那样，让它们可得转向于
明亮处而受取其光线，借能看得较为清楚。可是，鱼类所有的眼
睛却作（软）湿性状（却是水眼）。因为凡活动范围广大的动物须 5
在相当远的距离间运用它们的视觉。现在，如果它们生活在地
上，那么它们于其中活动的空气是足够透明的；但鱼类生活所在
的水是有碍于视觉的敏锐的，虽则水中也有这么一个优点，河海
内不像大气中含有许多尘灰，时时撞击着眼睛。杂物刺眼的危
险既然很小，不做虚废事物的自然便不为鱼类制作眼睑，另一方
面，为补救水的稠厚（弱透明性），她又赋予它们的眼睛以〈软〉湿 10
性状（水性）。

_____

　　①　在鱼类中，例外有些种属具有眼睑，鲨类尤为显著。
　　②　亚里士多德所确切认识的"甲壳动物"（ὀκληρόδερμα"硬皮动物"）大抵限于柄
眼类（Podophthalmata）即虾蟹等，它们的眼睛长在可转动的肉柄（peduncles）之上。昆
虫们几乎一律都只有无柄而不能转动的眼；虽有少数昆虫具备柄眼，这些柄眼不能转
动。

章十四

所有一切身上有毛的动物，睑上都有睫毛；但鸟和无毛的棱甲
动物均无睫毛①。唯利比亚鸵鸟确乎为一例外，它虽属群鸟之一，
却有睫毛。可是，这一异例将留待以后再行解释。于有毛动物中，
15 唯独人类上下眼睑都有睫毛。于四脚动物而论，体上面（背部）比
之于体下面（胸腹部）的毛较为丰盛，而人则与之相反，他的体毛前
面比后背多。体上各部位毛发稀密的缘由在于毛发原是为动物体
作保护而生长起来的这一命意。这么，四脚兽既躯体横陈，它们的
前面即下面就不像背部那样需要保护，所以虽然前面应较后面为
20 贵重，便也任令稍稍的秃着了。但于人类而言，他作直立姿态，身
体的前后面所需要的保护应是相等的，自然于是把那具有保护作
用的被毛重赋之于那两面中较贵重的一面②；自然总是尽可能地
25 作出最良好的安排。于是，任何四脚兽都没有下睑睫毛的原因就
在这里了，虽则有些兽在下睑上也可有零落地苗生着的少数几支
毛③。还有它们从来不像人那样，在腋窝和阴私处两都无毛的原
因也就在此。它们的毛不在这些部分丛生，而盛长于整个背部，例

---

①　鸟类常例无睫毛。鸵鸟为少数例外地具有睫毛的鸟类之一。这里旧钞本上
ὄρνιθες δὲ καὶ τῶν φολιδωτῶν οὐδέν… 句当误，渥格尔从加撒庞（Casaubon）校订为 ὄρνιθες
δὲ οὐκ ὑέουσιν οὐδὲ τῶν φολ. οὐδέν“鸟类与棱甲动物‘两无’睫毛”。

②　参看卷二章二，648ª13 注。

③　渥注：据我所知，人确是在诸哺乳动物中唯一在下睑边缘具有睫毛的。有几种
猴为例外，这于《动物志》（卷二章八，502ª31 中）曾已提示；另有少数几种羚羊也有下睑
毛。许多哺乳动物，尤其是那些较小的种属，是全无睫毛的（上睑也没有睫毛）。较大
的种属则常例上睫毛苗生在上睑边缘，发育完善，而下睑上，只有零零落落几根毛，不
苗生在下睑边缘。

如犬族，或形成为一绺项鬃，例如马与相类诸种属，或有如雄狮，雄 30
狮项脊上的鬃比马项脊上的还更多更盛。又，于任何或长或短的
尾，自然总为之覆被着一些毛，如果它的尾干短，例如马尾，她就赋
予长毛，倘属长尾，赋予短毛，毛的长短，照应到各动物全身的其他
各部分。自然常把她从某一部分减省下来的事物补充到另一部 35
分。这样，当她业经为一动物一般的表面被以超逾的毛之后，就让
它尾部的毛缺少些。熊就可举为这样的一个示例。

没有哪一种动物在头上被有像人那么多的毛。这个，第一是 658ᵇ
人脑属于水性（液态）以及人颅具有那么多的合缝的必然后果。凡
最湿而且最热的部位，那里所苗生的事物也必最为旺盛。第二，可 5
是，这部分毛发的浓厚还有一个极因（目的），其旨在于保护头部，免
于过度的热或过度的凉。人脑既然比任何其他动物的脑为较湿而
且较大，这就须得相应的较多的保护。因一事物愈湿便愈易过度受
热或过度着凉，而性状相反的事物便较不易遭受这样的诸影响。 10

可是，我们在这里的本题是睫毛何由苗生的原因，这些事情由
于与睫毛有密切关系而引使我离开本题而旁涉到了。我们该就此
终止，待以后正当挨到这些事情的时机，重行论列。 15

章十五

眉毛与睫毛两者都是为保护眼睛而存在的；前者像一屋檐①，
可以遮却任何从头上淌下的水滴，俾勿沾上眼睛；后者的作用有如

---

　　① 屋檐喻眉毛，见于色诺芬《苏克拉底回忆录》，i,4,6。参看《生殖》，卷五章二，
781ᵇ15,屋檐喻某些动物的大耳朵。

庄园的外围栅栏,可以挡住任何偶尔的杂物,如果不设这些栅栏,
20 那些杂物就会进入眼睛。眉毛位于两骨的交接处,所以在年老时
常生长得这么茂盛,以至于需要修剪。睫毛苗生在诸微小血管的
末梢。这些血管的末梢也就在皮肤最后的表层;凡在这些终层与
末梢所泌出的体液倘无另些机制把它们引作别用,就必然会由以
25 发生毛发。①

章十六

胎生四脚动物,于嗅觉器官的形式,依常例不作多大的差别。
可是于那些两颌前突,向下端渐渐尖出而形成所谓一个吻锥的动
物,鼻孔既没有其他良好的安置方法,就只能排列在这突出的颌上
30 了;至于其他的动物则鼻孔与颌之间便具有明晰的分界。但,关于
这个部分,既那么巨大又那么有力,竟是那么奇特,总莫过于象
了。象运用它的鼻管如手;这是它把食物,无论其为液湿物或干固

---

① 亚里士多德由解剖而得血脉分布,未明了其循环实况,他想不到血液能回流。
血管输送血液以供全身各部分的营养与生长(参看卷三章五),血液抵达某一血管的末
梢,在体腔以内,他就说它在这血管的终端制成某一脏腑;抵达躯体外围表皮就由以形
成毛发之类,故亚里士多德以毛发为分泌产物(参看卷二,650^a22 注)。[中国医书古称
发为"血余",其义相同。]这种观念一直流传到威廉·哈维(W. Harvey, 1578—1657)
发现了血液循环以前,例如芳济培根(F. Bacon, 1561—1626)在《自然史》(Nat. Hist.
i, 58.)中,还是这么说的;莎士比亚(Shakespeare, 1564—1616)在《哈姆勒脱》(Ham-
let, iii, 4)也有这样的措辞。在循环系统阐明之后,得知动物各部分所需养料由循环
中的血液带来,代谢废物也由血液带去,那么,亚里士多德在诸组织生成方面对血液所
作设想也不是不合理的。
　　哈维于 1626 年印行其《心血运动论》时,未能实见动脉血与静脉血在血脉末梢的微
血管(毛细血管 capillary vessels)中血液交流的情况;毛细血管的认明还得再待半个世纪;
到意大利马尔庇基(Malpighi,1628—1694)才在显微镜中检识了血液循环的这一关键
(1661 年)。这一节以及它章所说微小血管都是目可得见的小血管,不是毛细血管。

物送进口内的器官（工具）。它也会用鼻管卷绕树干，把树木连根   659ᵃ
拔起。实际，象鼻就一般地当作一只手应用。象具有陆地动物和
生活于沼泽地区的动物的双重性格。有鉴于它须从水中取得食
物①而既是一陆地有血动物，又必须呼吸，又有鉴于它躯体的超   5
重，不能像其他某些呼吸空气而有血的胎生动物（兽类）那样，迅速
地从水中爬上陆地，这就该应具备兼宜于水中生活和旱地生活的
构制。恰似潜水者有时装置有呼吸工具，他们可凭以从水面上吸   10
入空气，俾能在海面之下留着好长的时间②那样，自然也为象安装
了长鼻管；任何时候它们如需通过池沼，它们就把鼻管伸出水面，
由之以行呼吸③。象鼻如上所述，实际是鼻管。这么，如果它僵硬   15
而不能弯曲，这鼻管就不能形成那象鼻的形式。象鼻既是那么长
大，若为硬直，这将妨碍这动物的取食，有如人们所言及，某种牛由
于其角妨碍进食，在吃草时不得不退行④。所以这是软而可伸缩   20
的，它既然软而可伸缩，这就可在它自己的原功能（呼吸）之外，附
加前脚的功能；自然于此，依她在创作时所习用的方法，使同一个

---

① 象须饮水，亦喜洗澡，故常至沼泽，这里误以象下水时在取食水生植物。

② 参看《集题》卷三十二章五，960ᵇ32，潜水捞取海绵的人带有铜罐内储空气，以
供呼吸。渥格尔注：从这一节看来，古希腊人已有潜水设备，相似于今日的潜水头盔，
附有上通海面大气的气管。可是当时的潜水装置应是简陋的，也许相似于泰劳尔《人
种学》(Tylor, "Anthrop".)208 页，所记澳洲土著民族的苇管，据述他们凭借这苇管相
助在水下呼吸，可以潜行若干距离以接近水鸭群栖之处而不致惊动水鸭们。

③ 参看《动物志》，卷九章四十六，630ᵇ27。吞纳脱《锡兰》(Tennet, "Ceylon")所
记像在游渡一较深的河溪时，确乎举起象鼻，恰如这一节所述。

④ 希罗多德《历史》，卷四，章一八三：伽拉曼底人(Garamantes)的牛，角向前弯，
妨碍视线，故吃草时向后退行。柏里尼《自然统志》viii,40，也抄袭了这故事。

25 部分(器官)兼备几项作用。于多趾的四脚动物，前脚原本就不仅
    为支持身体之用，而又兼当手用。于象而言，虽它们的前脚非偶蹄
    亦非实蹄(奇蹄)而必须列在多趾兽之中①，但身体巨大而笨重，前
    脚就只能专作支持了；这些脚行动迟缓，不适宜于弯曲②，实际上
    是不能更作其他任何用途的。于是，赋予象以一鼻管，像其他有肺
30 动物那样各有其鼻以为呼吸之用，而又使之伸长并具有圈绕的能
    力，因为这动物须在水中留居相当长的时间，且又不能迅速地爬上
    陆地。由于脚失却了它们一部分功能，如上所言及，这鼻管就造成
    为可以代行这部分功能的工具而担负起那些原应由前脚担负的作
35 业。

659ᵇ   至于其他有血动物、鸟类、蛇类与卵生四脚动物全都有鼻孔，其
    位置则在口前；可是它们这些鼻孔都没有显明地形成为鼻管，实际
    上只能从〈呼吸〉功能这观点称之为鼻管。以鸟类而论，怎么也不
 5 能正式称之为一鼻。所谓鸟喙是相当于颌的一个部分。这是为了
    符合于鸟类的天然结构所以造作这样的代替物。鸟类为有翼两脚
    动物，它们的头与颈必须轻小；这恰与它们的胸廓必须狭些③的原
10 因是相同的。于是它们所具备的喙就由骨样的物质形成，俾可兼
    作武器与进食之用，但它们的形状则必须狭小些，以适合于那小型
    的头部。鸟的嗅孔就安置在这个喙上，鼻管是没有的；因为在这样
    的喙上鼻管是不可能安装的。

---

    ① 象趾分化不明晰，参看《动物志》，卷三章九，517ᵇ32。
    ② 所说"不适宜于弯曲"，异乎俗传的象腿不能弯曲之说。《动物志》，卷二章一，
498ᵃ9，曾于此有所辨析。
    ③ 参看卷四章十二，693ᵇ7 注。

至于那些不行空气呼吸的动物们,这业已解释过了①:何以它 15
们没有鼻管,或由鳃或由喷水孔②,或,如属昆虫,则由躯体中段③
嗅知气味;以及相似于它们的生命活动,嗅觉功能怎样有赖于它们
体内那个不由外来而本乎天赋的"生炁"④,也是解释过了的。

于那些有血亦即有齿动物而言,鼻孔之下为唇。于鸟类而言, 20
如业已言及,营养与防御都由一骨质的喙担任,这就兼代了齿与唇
两者的功用。假如谁能切除一个人的唇,把上齿列并合,相似地又
把下齿并合,于是分别伸长这么的两片而各缩狭其两侧,使之向前 25
突出,我想,假如能做到这些,我们就立刻有一鸟样的喙了。

除了人以外,所有一切动物都用唇来保护并规范齿牙,所以唇
的形成显然与齿列情状的美善程度密切地相符应。于人而论,上 30
下唇是软而肉质似的,能相分离着活动。于其他诸动物,唇的作用
只在护导牙齿,但于人类,唇的作用就更着重在一较高的机能,唇
与其他一些部分共同完成了人的言语构造。自然恰似她造人的舌 35

---

① 以下两题的解释,见于《感觉》,章五,544ᵇ6 以下。

② 亚里士多德明知鲸类有肺而呼吸空气,这里以其喷水孔兼营嗅觉而列入于无
肺动物之中,似属偶尔的失慎。

③ ὑποζώμα"躯体中段"这字在解剖上不是一个明晰的部分,于人类指腰部这一体
段;于虫类则指胸腹间的狭束处。于躯体无狭束部的鱼类,亚里士多德也言及有"躯体
中段"(《生殖》,卷一章四,718ᵇ1)。渥格尔释亚里士多德认取昆虫嗅觉在体中段的缘
由:高级动物的嗅觉相通连于呼吸器官;低级动物与之相似,也该通连于冷却系统。所
以他将鱼的嗅觉属之于鳃,鲸的嗅觉属之于喷水孔,而于昆虫则属之于体中段稍下处。
体表最纤薄的一个部分,他指称这一部分为体热所由散发,亦为发声的构造(《呼吸》章
九,475ᵃ1—19;《动物志》,卷四章九,535ᵇ8)。这一部分实指蝉"鼓"(drums)与螽的"鼓
膜"(tympana)之类。有些昆虫腹部上数节表层纤薄,可见到它们在不息地伸缩,这种
活动实际是呼吸,亚里士多德称之为冷却活动。

④ 参看本书《附录》,"若干名词释义"中,σύμφυτον πνεῦμα 精炁(或生炁)。

660ᵃ　不同于其他诸动物的舌,有如我曾已涉及,这原是她时时应用的办
　　　法①,使人舌这一器官兼任两项分明相异的机能,即味觉与言语,
　　　她于人唇也用上了这办法,使之兼任言语与护齿两项作用。因为
5　　言语由若干字母(声韵)组合而成,倘唇不润湿而舌不像人舌那样,
　　　这就不能发出现行那些字母(声韵)中大多数的音节。这大多数的
　　　音节,有些须合唇,另些须调舌才能发声;但这些字母(声韵)所显
　　　示的差异以及这些差异的性质和程度,应须叩询之于那些娴熟于
10　声韵学②的人们。于是,我们现在所讨论的两个部分必须符合于
　　　上述的条件而实行所任的功能,这必需各具备相应的性状。所以
　　　它们就用肌肉制成,而肌肉,于人而论,比任何其他动物为较软,恰
　　　就是他比一切动物触觉最为灵敏的原因③。

章十七

15　　　舌位置于口腔的上穹之下。于陆地动物而论,各种属的舌差异
　　　甚微。但于其他动物而论,这是多变异的,这于它们作为与陆地动
　　　物相对的一个级别而论,或是在它们各种属相互间而论,都是多变
　　　异的。人舌于活动的自由,于柔性,于幅宽皆达到最高的程度;这些
20　方面的高度发展,其目的就在适应它的两重任务。它的柔软所以应

---

①　见于上文 659ᵃ21。

②　这里所谓 τῶν μετρικῶν"声韵学"限于字母与词类的念唱,包括基本的发音,声
韵与诗律。参看《诗学》章二十。

③　参看卷四章十,687ᵃ7—23。人虽较其他动物为敏于触觉,但其他感觉常逊于
其他动物,这于《感觉》章四;《灵魂》卷二章九;《动物志》,卷一章十五,曾屡言及。参看
别夏《解剖学通论》i,117;居维叶,《比较解剖学教程》(Leçons d' Anatomie Comparèe)
ii,538。

于味的感觉,人于这一项感觉比之任何其他动物为较灵敏,柔性原
是最易感受触觉的,而味觉正是触觉的一个变种。又,这种柔性合
同于其幅宽便使舌可得发为清晰的词语。由于这些性状,加之以能   25
自舌根自由活动,舌就能或伸或缩,在任何方向舒卷自如。这是明
显的,我们只需考虑一下,那些人们仅是稍稍舌僵的情况,就可懂得
了;他们发言就不清晰而嗫嚅,某些声韵他们就念不出来。凡幅宽
的能束之使狭;因为大可包括小在内,但小不能概大。   30

　　上述的情况也可解释:何以在鸟类中,那些最善于发音的都是
具有阔舌的①;又何以胎生的有血四脚动物,其舌既硬而厚,又不
能自由活动,所可叫号的声音就只有限的几个了。有些鸟的鸣声
内含相当多的音节。这些鸣禽都是较小的品种②。但钩爪鸟却具   35
有较阔的舌。所有一切鸟均用它们的舌互相通情达意。但有些鸟
比其他鸟更能传达;竟有些实例似可显见它们会分遣传达鸟,互相   660ᵇ
通报所应做的活动。③ 这些事情,可是,业已在《有关动物的研究》
(《动物志》)中讲过了。④

---

　　① 这里所指阔舌能语的鸟当谓鹦鹉。鹦鹉趾善弯曲,攀握树枝,但前二后二,与
猛禽趾前三后一之为钩爪相异;鹦鹉在林居时多以坚果为食,虽为钩喙,食性及生活也
不同于猛禽。下文似误将阔舌的鹦鹉列入了猛禽类中。居维叶,《动物世界》,i,461;鹦
鹉的舌"厚,多肉而圆;这两项条件给予了它们效学人类语音的最大便利"。
　　② 参看《动物志》,卷四章九,536ª24。
　　③ 《动物志》,卷九章三十一,618ᵇ15;当法撒罗战争遗下许多死尸时,雅典与伯罗
奔尼撒的大鸟一时都不见了,似若大家得到某一通报,全飞向某一处去了。米怜-爱德
华《生理学教程》,iv,118,谓燕在同群中有某种可相通达的会话。近代于鸟鸣声与其含
义较精审的研究,可参看达尔文《原人》(*Descent of Man*)ii,51,55。
　　④ 参看《动物志》,卷二章十二,504ᵇ1;卷四章九,536ª20—ᵇ19;卷九章一,
608ª17。

　　　至于那些卵生的有血动物之生活于地面而不生活于空中的类
5　属,它们的舌大多数是僵硬而呆着的,所以是全无发声作用的;可
是于蛇类和蜥蜴们而言,它们的舌却是长而分叉的,其旨在于适应
味感。蛇类这个部分实际有这么长,它在口中时虽小,当其外伸,
却可吐到好远的距离。这些动物的长舌尖、纤小似毛发状而同时
又是分叉的,所以它们特为贪饕于味美的食物。凭这种分叉构造,
10　它们就具有双倍的味觉,对于食味引起双重的快感。

　　　即便是无血动物,某些类属也有能借以感知食味的一个器官;
至于有血动物则这种器官是无例外地具备的。虽在一个平常的观
察者看来,像是全无这种事物的类属,例如某些鱼,实也有一个部
15　分,很像河鳄口腔内所存在的那个部分一样,可作为舌的一个简陋
的表征①。于大多数显为无舌的实例,都可以这样或那样的情由
为之说明。第一,凡属这种形态(无舌)的动物,它们口腔之内必然
为棘刺状。第二,于水生动物而言,感受食味的时间是短短的,这
样,应用味觉既属急促,专司这一感觉的部分也就短促了。它们不
20　可能消磨任何时间来吮挤食物的浆汁,须尽快地把食物咽入胃内;
因为如果它们真的这么样试一试,水也将在它们辨味的过程中涌
进胃内了。所以,人们若不拉开鱼口而使之大张,专司味觉这个突
出部分是绝不可见的②。照这样张开了口所见到的这一区域是作

_____

　　　①　参看《动物志》,卷二章十三,505ᵃ31。许多鱼无舌。所谓有舌的鱼,其舌也只
是在舌骨(glosso-hyoid)上有些不显著的韧带组织,都没有可以伸展的活动舌。参看奥
文《脊椎动物解剖学》(Owen,"Vert.")i,411;居维叶,《比较解剖学教程》,ii,681;根瑟
《鱼类研究》(Gunther,"Study of Fishes"),119。

　　　②　参看《动物志》,卷二章十,503ᵃ1—4。

棘刺状的；这因为鳃是棘刺性状，而这个部分恰正是与鳃部紧接着
而附生的构制。　　　　　　　　　　　　　　　　　　　　　　　25

　　论及鳄，它们下颌不能活动也在某种程度上妨碍着舌的发育。
鳄舌附着于下颌。鳄的上下颌实际上是颠倒了的，于其他动物所
不能活动的上颌，它是能活动的。可是这动物的舌却不系属于上
颌，以免干扰食物的吞咽，而附着在下颌，而鳄的下颌实际上是一　30
个倒换了位置的上颌①。又，这正是鳄的赋命，虽为一陆地动物，
却像鱼一样生活在水中，那么它这一个煞费研究的部分又正该是
作成简陋不明的形态的了。

　　口腔的上穹，虽在许多种属的鱼都是肉质似的，某些河鱼，例　35
如称为"居柏里诺"（鲤）②的那个品种的口腔上穹就很柔软而这么
的富于似肉质物，直可使粗心的观察者误作为一个舌。可是，鱼舌 661ᵃ
虽然是独立存在的一个部分，如上已说明了的，它总是不那么分明
的。又，味觉原是佐使动物对食物作选择的，在整个似舌器官的全
表面这种感觉功能不是相等地散布着的，主要地这只在其尖端，为
此故，鱼舌仅有一个尖端离立于口腔的其他部分。一切动物皆从　5
食物得到快感，由是而统有求食的欲望。凡引起快感的事物当是
欲念的对象。可是，由食味引发感觉的这个部分（器官）于各种动
物是不尽一致的，有些可得自由地活动，另些不需要兼作发声之用　10

---

　　①　这里的论点是这样：一般动物舌附着于能活动的下颌，因下颌能活动，故舌也
较发展。鳄相反地，上颌能活动，但舌若系属于上颌，进食时须将食物向上挤触于舌
部，这是不顺当的。因此，只能构制在不能活动的下颌，所以它的舌发育不良。
　　鳄颌上下颠倒也见于《动物志》，卷一章十一，492ᵇ24。
　　②　鲤科鱼(Cyprinoids)上腭有脉络物质所成的软垫，颇厚实，这区域感觉特敏。
居维叶，《动物世界》，ii，270：在法国，俗称这鲤腭为"鲤舌"(langue de carpe)。

的，就附着而不活动。又，有些是硬的，另些却软而肉质似的。这
样，虽是甲壳类，例如蝲蛄和与之相似的种属以及头足类，例如鲗
与鳝，也在它们口内有这样的一些部分。至于虫豸，其中有些是在
15　口内设置有可当作舌用的这个部分的，例如蚁族，还有许多介壳
（函皮）类的舌状体也在内，但另些类属的这一器官是外置的。于
后一型式，这个司味部分形似一刺，中空而作海绵状，这样可得在
20　同一时刻辨识食味而又吮吸养料。这可以在蝇族与蜜蜂族以及类
此诸动物明显地见到；还有些介壳类，这一部分也是这样的。例如
紫骨螺①的这一部分就有这么强健，它能借以钻穿贝蛤的硬壳，与
螺蜗的硬壳，譬如渔人用以诱钓它们的这类诱饵就常被钻透了洞
25　孔②。牛虻与马虻③也能〈用它们的针状舌（刺吻）〉钻穿人的皮肤，
有些竟能穿透其他动物的革皮。这些动物的舌的性状就是这样，
这样的舌，实际上可说它相当于象的鼻管。于象而言，鼻管是被应
30　用为武器的，这些动物也这样把舌当作螯刺用。

　　　于所有其他诸动物，舌这部分各相符于上已陈明的诸型式。

---

①　πορφύρα "紫螺" 依《动物志》，卷五章十五，546ᵇ18—547ᵇ10 的详细记载为古代
染坊用以制取紫颜料的螺属，伍德华兄弟《贝介》(Woodward, R. & F., "Shells")，106
页谓布白拉伊(M. boblaye) 曾在摩里亚(Morea)海岸古染坊遗址附近，找到白朗第骨
螺(Murex brandaris)遗壳的许多大堆。怀尔特 Wilde 曾在推罗(Tyre)海岸边找到无角
骨螺(M. trunculus)遗壳的许多大堆。这里所说"紫螺"当泛指骨螺与紫骨螺（中国称
"荔枝螺"）两科诸螺。包括上举地中海沿岸古代捕捞特多的两品种。

②　参看《动物志》，卷四章四，528ᵇ32。宝石紫骨螺(Purpura lapillus)的齿舌能穿
透贝壳，见于福培斯与汉莱《不列颠软体动物》(Forbes and Hanley, "British Mollus-
ca")iii，385 页。

③　ο ἰστρος 通常指"牛虻"，μύωψ 通常指"马虻"，这里似泛指虻属(Tabanus)某些
品种。参看《动物志》，i,5,490ᵃ21；iv,4,528ᵇ31 等。

卷(Γ)三

章一

挨次,我们研究牙齿并与齿一起研究口,即周围于牙齿而形成
的腔部。牙齿通都具有一个功用,即处理(咀嚼)食料的机能;但在
这共通功用而外,它们还有其他的专门功用,这些专门功用,各类
属的动物各不相同。这样,有些动物的牙齿具有武器的功用,但作
为武器,还有所分别。有些是攻击武器,有些是防御武器;某些动
物,如野生食肉动物,其齿可兼两用,其他许多动物,野生的和家养
的,则专作防御之用①。人的牙齿构制得特可欣羡,适宜于他们一
般的功用,门牙尖锐,可将食物切成小块,臼齿平宽,可把小块磨成
浆状;门牙与臼齿之间嵌有犬齿,按照"中性分参两极"的规律,犬
齿就兼作两者的性状,它们一部分宽阔而另部分尖锐②。其他诸
动物的牙齿也显示有相类于此的形状分别,唯那些全部齿列尽为
锐齿的动物为例外。可是,于人而论,虽是这些锐齿,其齿数与性
状主要地是由言语的需要(条件)来决定的。因为人于诸字母(元
音)的发音是多方面有赖于其门牙的。

---

① 诸动物用作攻防武器的诸器官,达尔文《原人》,ii,17,言之甚详。
② 人类犬齿"下部宽阔,上端尖锐",参看《动物志》卷二章三,537ᵇ17。

可是,有些动物,如已言及,其齿仅作咀嚼食物之用。当在咀嚼之外,牙齿又用作攻击与防御武器时,它们可以或形成为獠牙(眼齿),例如猪,或尖端锋锐而上下颌相对的齿列互相错杂,具有这样的牙齿的,就称为"锯齿动物"①。这样的齿列可作如下的解

20 释。这样一匹动物的强力都寄在它的牙齿,而牙齿的效能则在于锋利。于是,凡那些用为武器的牙齿,为防止因互相摩擦而钝挫,它们就错落地互相楔入空隙,这么就常保其锋锐了。没有哪一个动物是既具备错合的锐齿而又配置着獠牙的②。因为自然绝不创

25 制任何虚废或超逾的事物③。所以,她于那些在争斗时以刺触求胜的动物赋之以獠牙,而于那些以咬啮求胜的动物则赋之以锯齿。例如母猪无獠牙,那么她就以咬啮赴斗,不作刺触。

这里必须注意到一个通理,这通理不仅可应用于牙齿这问题,也可适合于其他随后将会论及的许多事物。自然在分配每一武

30 器,不论其为攻击的或防御的武器,总是专赋之于那能用这武器的动物;即使不专予它们,亦必对于它们较优厚地为之配备;而于这一武器能作最擅长的应用的动物她就分配之以最优良的各件;这里不论其为一螯刺,或为一距,或为角,或为獠牙,或任何类此的事物都适合于这通理。

那么,譬如雄性动物较雌性为强壮而且暴躁,这就可见到上列那些部分(器官)或只有雄性才具备;或于某些品种动物,只有雄性

35 具备,或那种武器雌性虽也备有,雄性所备却发育较为完善。雌性

---

① "锯齿动物"即"食肉动物"的齿列;参看《动物志》,501ᵃ18;《生殖》,788ᵇ17。

② 参看《动物志》,卷二章一,501ᵃ1—24。

③ 这名句屡重复于《生殖》,739ᵇ20,741ᵇ5 等。

虽于那些和雄性同样为事属必需的部分（器官），例如应用于营养
工作的部分，其所备具竟也往往较逊于雄性之所备具，至于那些没
有怎么必需的诸部分，她就全不具备。这就说明了，何以雄鹿（麠） 662ᵃ
有角而雌鹿（麀）无角；①何以母牛（牝）的角异于公牛（牡）的角，以
及相似地雌绵羊（羭）的角异于雄绵羊（羝）的角。这也说明了，何
以于那些雄性有距的动物品种，其雌性常没有这一构造，还有其他 5
诸类器官与上述相似的一些情况也可凭这原因为之说明。

所有鱼类均有锯形齿，唯著称为"绿鳟"的鱼为独一的例外②。
鱼类中有许多品种竟有在舌上与口腔上穹（上颚）布置着牙齿的。
构成这些齿式的原因是由于它们生活在水中，它们不能让水和食
物一并进入口内。倘这些液体一经进入，它们必须立即把它重行 10
排出。如果它们不即予以排除而在咀嚼食物的时间，让水留在口
腔，水将会进入它们的消化腔内。所以，它们的牙齿全为锐齿，
只③适于切割之用，其数甚多而分布于许多部分④，齿数繁多正可
以代替咀嚼机能而一下子粉碎食物。因为鱼齿几乎是它们唯一的

---

①　欧洲北方的"驯鹿"reindeer(Rangifer tarandus)雌性也有角；亚里士多德时，希
腊人尚不知这个品种。

②　σκάρος"绿鳟"，欧洲称鹦鹉鱼 parrot-fish(Scarus cretensis 克里得岛鳟)。绿鳟
非锯齿，它吃藻，能反刍；但不是"唯一"非锯齿鱼。参看奥文，《脊椎动物解剖学》，i，
378。

③　贝本 διαίρεσιν, πάλιν καὶ"适于切割之用，而且……"，改从 P 抄本 διαίρεσιν μόνον
καὶ"只适于切割之用，而……"。

④　许多鱼，例如著名贪饕的梭子鱼(Esox Lucius)的口腔内面全密布着不可计数
的锐齿。但齿数繁多的作用盖不重于粉碎捕获物而重在不使捕获物滑失或挣脱。鱼
腹内所吞噬的小鱼虾，多是不切碎的整体。许多肉食性凶残鱼类的齿皆向内弯，其作
用也相似地在使其捕获物只能顺入于食道而不得逆出。

15 武器，所以这又是弯曲的。

于牙齿所有这些功能之中，口腔总是参与着的；但于所有那些
呼吸而由外围空气为之冷却的诸动物，口腔在上述的诸功能之外，
还作呼吸之用。因为自然，如曾已言及①，常使一切动物所共有的
诸部分作多种专门功用而这种兼效是合乎各自的体制的。这样，
20 所有一切动物的口腔皆相同而营一普遍的机能，即消化作用；但，
除此之外，有些动物又别用口腔相佐牙齿而为一武器；另有些动物
则应用之于言语；又，虽不是全数的动物，许多动物的口腔在行使
呼吸机能。所有这些功用被自然配合在单独的一个器官（部分），
而于构造这器官时，她依随诸动物所需的不同的机能而为之创作
25 不同的形态。所以，于有些动物，它们的口腔是紧缩的，于另些，这
是宽阔的。紧缩型属于那些用口腔仅作营养、呼吸与发声之用的
动物；至于那些又用之以为防御的动物，这就得有一阔嘴。凡锯齿
动物无例外地皆为阔嘴。鉴于它们的斗争专以咬啮取胜，口腔能
30 张得大开，便于它们有利；因为口张得愈大，可咬到的面积也愈广，
而更多的齿牙可得发挥其功能。

方才所述适于鱼类的论旨也适于其他诸动物；这样，凡为食肉
动物而特善于咬啮的，其口必为宽型；至于非食肉型，口便位于鼻
管的锥端而为小型。因为这种紧缩的嘴正与它们的机能相符合，
35 而阔口于它们将是没有作用的。

于鸟类，口腔是由所称为"喙"组成的，鸟喙相当于唇与牙

---

① 参看上文卷二章十六，658ᵇ35，所言象鼻，以及下文卷四章十，688ᵃ24 与 690ᵃ2
所言雌性乳房与诸动物的尾等。

齿①。这喙的变异相符应于它所担任的各不同的机能与保护作用。这样，于那些被称为"钩爪类"②的诸鸟，它们的喙无例外地作 662ᵇ 钩状，也相应地无例外地全是食肉鸟，绝不吃任何蔬果。这样的喙特适于宰割它们的攫获物，为施行强暴的活动，这种形状比任何其他形状为更合宜。又，由于它们的攻击武器就在这喙和它们的爪，5 这些爪也较〈一般鸟爪〉为更弯曲。相似地于其他每一种属的鸟，它们的喙也各与其生活方式相适应。那么，于啄木鸟③而言，喙既坚硬，又强而有力，还有乌鸦与习性类于乌鸦的群鸟，也有强健的硬喙，至于那些较小的种属，喙是纤巧的，故而适宜于检集籽粒并啄食微小动物。又，于那些蔬食的鸟类以及那些生活于沼泽的鸟 10 类，——例如那些具有蹼足而游泳的鸟类——它们就或作阔嘴或作适于其生活方式的其他形状。具有一个阔嘴的鸟能够轻易地掘入土中，恰如在四脚兽中的猪所有的阔鼻管那样，猪这动物，和这里所涉及的鸟类一样，是以草根或菜根为食的。又，于这些专吃植 15 物根部的鸟类以及某些其他习性相似的种属，嘴端尖硬，这就使它们更便利于搜取植物食料。

于是，安置在头上的各个部分，现在几乎全都讲到了。可是，于人而言，头与颈还展示有所谓"伯罗所庞"（脸）(πρόσωπον 前面）的部分，这名词似乎导源于这部分的位置与作用。人既然是唯一 20

---

① 参看卷二章六，659ᵇ20—28。

② γαμφώνυγα"钩爪鸟"，指攫食鸟类(the raptores)即"猛禽"或"鸷鸟"。

③ 啄木鸟恰宜举为硬喙的示例。奥文《脊椎动物解剖学》，ii，146：啄木鸟喙甚硬，较大的品种尤甚，其密度可与象牙密度相等。渥格尔注，亚里士多德所说 κάραξ"诸乌鸦"常实指大乌(raven)，大乌喙也是坚强的。

直立的动物,他也就是唯一向"前"(伯罗所 τὸ πρόσω)直视的动物;
而且他又是唯一能对"前向"(πρόσωθεν 伯罗所岑)发声的动物。

章二

　　现在我们该研究角了,因为诸动物如果有角,角也是附置在头
25　上的。除了胎生的以外,它动物无角;虽某些卵生动物的某些部
分,由于某种程度的相似,可以隐喻之为角①,可是那些部分都不
具备角的功能。因为它们从来不曾像胎生动物的角那样,被应用
于使劲觝力,无论其为自卫或攻击的斗争。还有,多趾(歧脚)动
30　物②也是统都不具备角的。因为角是防御武器,而这些多趾动物
获有其他保障自己安全的方法。于有些多趾动物,自然已赋予以
爪,于另些予以齿,各皆适合斗争之用,于其余则赋予以其他某些
相当的防御装备。可是,大多数的偶蹄动物以及某些实蹄(奇蹄)
35　动物③皆有角以为防御武器,于有些实例中,也用角作攻击武器。
663ᵃ　自然于所有未曾为之设置其他某些安全措施的诸动物,也各赋之
以角。所谓其他安全措施为有如马的速度;或有如骆驼的巨大体
型;自然所制成的骆驼的体型固已特大而象却还更大些,这种巨型

──────────

　　①　例如有些雄鱼、蜥蜴,以及许多甲虫的角都只是装饰,不是武器。《动物志》,卷
四章二,526ᵃ6,亚里士多德于甲壳类的"触须"(antennae)也称之为"角"(κεράτα)。《动
物志》,卷二章一,500ᵃ3 言埃及人称忒拜蛇头上的肉瘤为"角",本于希罗多德《历史》,
ii,74(所记的蛇为"埃及角蝰"Cerastes aegypticus)。

　　②　πολυσχιδῆ τῶν ζῴων "多趾动物"包括今所称食肉、啮齿、食虫、翼手诸目的群兽,
并及人、猿、象;实际上,亚里士多德所知兽类除反刍、奇蹄与鲸三目外,均属多趾(歧
脚)。

　　③　实指下文 663ᵃ20 的"印度驴",即犀。

本身就足够保护一个动物,免被它动物所消灭了。又另些动物所 5
以保护自己的装备是獠牙;具獠牙的诸动物中有猪,虽然猪为偶
蹄①。

又,所有诸动物,如其角只是无用的附件,则自然别为之增置
某些安全措施。这样,鹿就赋有速度;因为它们的角巨大而槎枒, 10
对于这些动物与其说是有利,毋宁是一个障碍了②。相似地,大羚
羊③和瞪羚④的角也没多少用处,因为这些动物虽对于某些敌兽会
行抵抗,凭它们的角来自卫,可是一遇凶猛而恶斗的动物,它们就
逃跑了。又,野牛(髦犎)⑤的角内弯,两相对曲〈不任攻防〉,它的 15
自卫方法是将储备的粪秽喷射;一经受惊,它便会泄出这些粪秽。

---

①　以"偶蹄"διχαλόν 而言,猪应有"角",参看下文 663ᵃ19。

②　亚里士多德为目的论者,宜不轻易否定一个器官的实用价值。但近代生物学
家,贝里,《关于角的应用》(自然科学年鉴)(Bailey, "Sur l'usage des Cornes". Ann. d.
Sc. Nat.)ii,377,也曾作相同的结论:"至于鹿,欧洲之麋,北方驯鹿,它们的角可说是害
多利少。"可是,达尔文,《原人》,ii,253,认为鹿角实不尽如人们所想的那样无用,鹿用
这角的上枝为防御,而以其斜枝行攻击。但达尔文也指明分叉巨大的角,在斗时,显见
其难以灵活运用。单一支挺直的尖角可比几个分叉的角刺敌较为深入。至于角大和
分叉,达尔文也认为有装饰作用,而装饰在生存竞争(性择)中可凭以取胜。中国,柳宗
元《文集》,寓言,"临江之麇"也本于鹿角无实用而有碍立论。

③　βούβαλος,居维叶考为北非洲的"麋头大羚羊"(Alco-cephalus),即"波巴羚"
(Antelope bubalis)。另见于《动物志》,515ᵇ34。

④　δορκάς,依渥格尔,考为"瞪羚"(gazelle),另见于《动物志》,卷二章一,499ᵃ9。
希罗多德,《历史》iv,192:瞪羚产于非洲,为有角兽的最小品种。瞪羚颇勇敢,遇狮豹时
固然相率奔避,但有时正当群集而受猛兽袭击,苟无可脱逃,则雄羚皆据外围,各以角
犄向敌兽,共同保护其群雏于内围。

⑤　βονάσος,形态见于《动物志》,卷九章四十三,630ᵃ20,为欧洲野牛(Bison juba-
tus 髦犎);自卫方法也见于该章。看看汉文译本该章注释。欧洲古代各处山林皆有大
群野牛,因盛行狩猎而其数渐减。亚里士多德时,贝雄尼亚与迈第卡(今马其顿,即保
加利亚北部)仍有犎群。至十九世纪仅存于立陶宛与高加索山中。

鬐鬣之外,还有其他几种动物也用相似的方式为自卫①。可是,自然对于任何同一个动物总只给予一种适当的保全方法,永不为之作更多的措施。

大多数有角动物均为偶蹄;但"印度驴",照他们这么题名的一
20 种动物,据说虽是实蹄(奇蹄),却又有角②。

又,动物身体,于行动器官而论,总是由分明的右方与左方两个部分合成的,动物的角,本乎相似的原因,也绝大多数是这样成双的。然而,有些动物竟只有一个触角;例如奥狲克斯(白羚)③以
25 及所谓"印度驴";前者的蹄是偶分的而后者为实蹄。于这些动物,角是安置在头中央的;因为中央相等地属于两端,这样的位置也可算是头两边各有其一部分的角了。又,较合理的安排似乎应是实蹄(奇蹄)兽该得独角,不当是偶蹄而仅一角。蹄,无论其为偶为实(奇),它的性质总与角相同;这样于同一动物,两者(蹄与角)就应

---

① 其他动物采取这一自卫方式的可举蛇、刺猬、臭鼬为例。无脊椎动物中如某些甲虫就常被人称为"放屁虫"(bombardiers)。特里斯特拉姆《撒哈拉大沙漠》(Tristram, "the Great Sahara")64页,叙述猎人放鹰捕取大鸨(非洲人称"呼巴拉"houbara),大鸨所行防卫方法与此相似。鸨从口内喷出的浆液足可沾湿鹰的全身羽毛,因此,鹰就难于飞翔。

② "印度驴"ὁ Ἰνδικὸς ὄνος 既为实蹄而又属独角的记载出于克蒂茜亚《印度志》。前人考证此兽当为犀牛(Rhinoceros unicornis)自属无疑。犀脚实际上各有三趾,但分化得不明晰,若不经仔细观察,常可误为是一实蹄。犀在印度亦为稀有而不易捕获的品种,古人当难得详研这动物的机会。

③ 渥格尔,《构造》,1882年译本注(190页):ὄρυξ"奥狲克斯"当为北非洲的"白羚"(leucoryx)。白羚两角靠拢,向后直伸,各不向左或向右偏斜。这样在远看时一角遮蔽了与之平行的角,常可误为独角。在亚里士多德后两千年,白朗于《通俗错误》(T. Browne, "Vulgar Errors")一书(iii,23)中,说世人辄以独角兽只是神话中动物,非世间所实有。他列举了世间实有的五种独角兽,其中"奥狲克斯"及"印度驴"犹承袭于亚里士多德。

自然地同时作相似的分化。另一方面说来，偶蹄的所以分离就由 ₃₀
于原料不足之故；自然既给予一动物以超逾的蹄材而使之成为实
蹄，她当然要从那动物上段取去一些物料，于是它只有一个独角直
是合理的了。

自然选定了头部来安置角也是确当的；伊索寓言中的麻谟斯[①] ₃₅
评论造物不把两角安置在公牛的两肩为失当，实际是不得要领的吹
毛求疵。他说从肩部出牨，公牛可用最大的势力进行攻击，而头部
直是全身上最不着力的部分。麻谟斯作这个恶意訾议直是逞其一 663ᵇ
己的谬见。两角若真安置在肩上，或安置到任何其他头部以外的位
置，不仅由以增加的重量不足抵偿任何所获得的利益，而且身体的
许多活动也将因而受到牵累。因为欲求可用最大势力出击的支点， ₅
不能只在物质较重（多少）上着想，还当寻取在出击时可得最大动程
的位置。公牛既然没有手，不可能把角生长在脚或膝上，——如果
生长在那些位置，前肢的弯曲将为所妨碍——那么除了头上，更没
有其他部分可使着生了；所以，这里正是两角必需的所在。又，在这 ₁₀
位置，比之在其他位置总是较少妨碍[②]身体的各种活动的。

鹿族，在有角动物中，其角唯一是通体内实的，也唯独它们会
蜕角。因蜕角，而减轻体重对于鹿族不仅有利，鉴于它们的两角直

---

① Αἰσώπον Μῶμος "伊索寓言中的麻谟斯"为主于批评之神，以吹毛求疵为能，卢季
安讽刺诗篇《尼格林诺》(Lucianus, 120? —200?, "Nigrinus")，32，曾援引及此。麻谟斯
关于牛角位置的评论，今见于巴白留，《寓言》(Babrius, "Fabulae")吕易斯校订本(C.
Lewes ed.)，59。巴白留寓言稍异于这里所举的伊索寓言：麻谟斯认为牛角长在头上，于
抵触时，视线受到妨碍，所以批评创制这牛的神造型失当。

② ἀνεμπόδιστα，在《尼伦》，vii，13，第二节，及《政治学》，iv，11，第三节，均作"不被妨
碍"解；这里依里斯字典第二解，及鲍尼兹索引(56ᵃ6)转作主动格"不妨碍"或"少妨碍"解。

是那么沉重,这又是事属必需的。

15　　其他一切动物的角在某一段长度是中空的,到了末端才内实,角端这一段正是用以攻击的。同时,为免得中空部分虚弱,角虽是从皮层生长起来的①,却又由骨骼上伸出一块实体嵌入了角根的空洞。这样的安排不仅两角可在斗争中发挥最大的作用,又还对

20　于生活的其他诸活动引起尽可能少的障碍。

　　这些,于是,就是角所由存在的理由;以及何以有些动物有角而另些无角的理由。

　　现在让我们来研究角的物质问题,在阐明了极因(功用)的理性问题之后,它们所必备的相应的物性就可得陈述了。于是,第

25　一,凡动物的体积愈大,它们身上所有土性实质也相应地愈多。这样,我们所知极少的动物都没有角,现所熟识的最小的有角动物为瞪羚②。但在有关自然界的一切考察,我们该着重于推求其常例;这必然为或属普遍或属通常的规律,才能是合乎自然的。所以当

30　我们说最大的动物具有最重最多的土性物质,我们就是根据于这么一个常例而说的。这里,这种土性物质是用以形成动物体中的骨骼的。于较大的动物,土质有余,这超逾物质就被自然分配于另些有益的用途,转成了防御武器。其中的一部分必然会浮升到身

35　体的上段,自然便于有些动物分配之以制作獠牙和齿,于另些动物则制以为角。那么,世间就没有一个动物可得既有角而又两颔都

---

　　① 依 EPYZ 抄本,πέφυχεν"生长起来"前,删 ού"不"字;又依柏拉脱校,"是",不定式 εἶναι 改现在式 ἐστιν,参看《动物志》,卷二章一,500^a8。

　　② 有角反刍类中如羚羊属今所知小种,如东非洲的奎维羚(quevi)与小羚(kleen-ebock)皆小于瞪羚。

有门牙,有角动物的上颌总是缺了门牙的①。自然从牙齿方面所

节减了的移增到角上了;大多数的动物输充于牙齿的营养物料,于　664^a

这些动物就消耗于角的扩大。麀(雌鹿)确乎是无角的,可是她同

麠(雄鹿)一样,又缺少了一些牙齿。推原其故,她们在本质上正与　5

其雄性相同而为有角动物;但由于角既对她们全无用处而且实际

有碍,所以褫夺了这一构造;至于麠(雄鹿)则较为强健,这样的器

官虽然〈有时〉也同样不切实用,总是为碍较小的。于其他诸动物,

从体内泌出的这种物质不形成为角状器官的,就用以扩增牙齿的

体积;于有些动物则用之于所有的牙齿,于另些动物则仅以扩增獠　10

牙(眼齿),于是獠牙就长得这么长而竟像角那样突出于颌外了。

　　这里,于头上的诸部分已说得这么多了。

章三

　　于那些有颈的动物而言,颈就安置在头部以下。动物之有颈　15

只是与另两个部分相辅而为之次要的构造。这两部分是喉②与所

---

　　①　奥文,《脊椎动物解剖学》,iii,384:"齿与角的发育,其间具有相反的关系,可举
示以下这些例证,反刍类(有角兽)有不锐的下颌门牙而全无犬齿,周期地苗角与锐角
的鹿属有初生的上犬齿与下门牙,完全无角的麝则齿较大,还有〈无角的〉驼科不仅有
犬齿〈上下各二〉,〈成驼〉上颌又有两个犬齿式的门牙。"(麝的雄性上犬齿特大,突出口
外约三寸。)

　　②　这里译作"喉"(larynx)的希腊原文为 φάρυγξ(咽,pharynx)。但在这一章中,
所称为 φάρυγξ 的部分,由软骨构成,在食道之前,作发声及呼吸之用的器官实际当是
"喉"。在亚里士多德书中,有时也用到 λάρυγξ(larynx),这字以指喉部。似乎在亚里士
多德时这两字通作"喉"解(参看《动物志》,iv,9,535^a29,32;亚里斯托芬尼《蛙》Aristo-
phanes,"Frogs" 571—575)。我们现在所谓"咽",在亚里士多德只作为食道的最初段
落,与口腔相接,未别立专门名称。

谓食道。于这两器官,前者(喉)是为了呼吸而构备的,那些行呼吸的动物就凭这工具吸纳并呼出空气。所以动物苟无肺,也就无颈。
20 鱼类就是这样的一个实例①。另一器官(食道)是食物由以通入胃中的沟渠;这样,凡是没有颈的动物也就全没有可得分离存在的一个食道。这个部分于营养过程而论,不是必需的,因为它对食物不起任何作用。实际上,胃若直接连置于口腔,这是毫无妨碍的。可
25 是,这在有肺的动物就绝不可能。因为这里必须有某个共通的管道通向肺的两个分区——肺是双分的——由这管道,吸入气可得分配于各个〈支〉气管,再由〈支〉气管通入诸〈细支气〉②管;这样的
30 安排可以保证最完善的呼吸。这样,有关呼吸的器官就必须有某距离的长度;于是,要把口和胃相连,又需有一个食道了。③ 这个食道作肌肉样的性状而又可得伸展像一筋腱④。食道具有了后一性状,当食物纳入其中时,它可得胀大;至于那肌肉样性状是所以使之柔软,俾于遇到硬粒咽下时,不作抵抗,免得因此而被剉擦以
35 致损伤。另一方面,所谓"喉管"和〈支〉气管是由软骨样物质构成
664ᵇ 的。因为它们不仅须作呼吸,又还要发声;而一个器官如欲发声就必须既光滑而又牢固。气管(喉管)位置于食道之前,这个位置对

---

① 参看《动物志》,卷二章十三,504ᵇ17。

② τὰς ἀρτηρίας "气管",相当于我们今日所称"支气管"(branchi);τὰς σύριγγας "诸管"(如苇管、笛管等)在肺部,相当于今日所称"细支气管"(bronchi capillarii)。

③ 渥格尔注:这里说:为了有一长气管(trachea 喉管),才必须有一长颈。也许较真实的说法应是:为了要使颈长一些,俾头的活动可得自由一些,这才跟着而气管也得长些。可是,气管长虽未必全属必需,也未必没有利益,空气经过这较长的通道可滤清尘杂,增加湿度与温度。有些动物气管作一盘旋,这就更长了。

④ 参看本卷章四,666ᵇ13 注。

于食道在吞咽食物时有些妨碍。倘少许食物,无论为干屑或水滴,
偶尔漏入气管,这就引起窒塞,肇致重大的苦恼,跟着就发作一阵 5
剧咳。这对于那些声称动物由气管(喉管)饮水的人们①,该是一
件可诧异的事情。当一粒食物漏入气管时,上述的后果是绝无例
外地会发生的,而且很明显。说这是诸动物由以饮水的管道,从
多方面看来真是可笑的。因为从肺到胃实在没有类乎我们所见的 10
从口到胃的食道那样的通渠。又,当诸动物为了任何原因而染病,
以致呕吐时,那些呕液从何吐出是够明显的。还有,这也是明显
的,当汤水被喝入后,这不会径达膀胱而集储在那里,汤水必须纳
入胃内。因为人们倘服饮红酒,胃的排泄物就着有他所饮入的药 15
物的颜色;在胃内着色的这类情况,就在这部分遇有损伤的疮口
时,也曾屡屡看到过了。可是,论涉有如这样愚率的陈说,若作详
细无遗的一一辩难,这也未免于愚率了。

　　于是,由于气管位置在食道之前,如我们上曾言及,这部分便 20
常易受到食物的搅扰。为避免这种搅扰,自然为之设计而构制了
会厌。这个部分不是一切有血动物②所统备,而只那些有肺的动
物才具有;而且有肺动物也不统备会厌,只那些既有肺而又皮上被
毛的诸动物才具有,那些身被羽毛或棱片的动物是没有的。于那 25
些棱甲动物与羽毛动物而言,它们固然缺少这一部分,但会厌的功

---

① 盖指柏拉图《蒂迈欧》,70C(周伊特英译本,ii,584 页)。希朴克拉底,《疾病
篇》(De Morbis),iv,30 也曾提及有人作此主张,并嗤斥为谬误。

② 贝本 ζωοτοκοῦντα "胎生动物",当属谬误;从渥校作 ζῷα τὰ ἔναιμα "有血动物"。

用自有喉管为之代行^①,喉管(气管)时开时阖,恰似它动物的会厌
时起时落;当气呼出或吸入时,会厌就向上竖起,当咽下食物时,这
30 就落下,阻止任何粒屑滑漏入于气管之中。这项动作如稍欠精确,
或在咽下食物时自行吸气,窒塞与咳嗽随即发生,这在先业已说明
了。可是,会厌与舌的活动却构制得这么巧妙,当食物在口腔中磨
成浆糜时间内,舌从不为齿所咬着;当食物从会厌经过的时间内,
35 从不曾有粒屑滑漏入于气管。

665^a 上所述及无会厌的诸动物由于它们肌肉干燥与皮肤粗硬,所
以不生会厌。因为会厌如用这样的物料制成将不会做灵活的动
作。实际上,如果真用这些动物所特有的那种肌肉构为一个形状
5 相似于那些被毛动物的会厌,它所需起落的时间,将比它们开阖气
管口的时间还要长些。

       这里,于何以某些动物具有会厌而另些没有的原因,已说得够
多了,于会厌的应用也说得够多了。这是自然所以补救气管置于
10 食道之前这一苦恼部位的一个措施。而气管的那个位置实属事势
所必需。因为我们指明为生命原理和一切动作与感觉的渊源的心
脏正处于躯体的前面的中央。[因为感觉与行动是在我所称为前
面的方向操持着的,前后的区别就本于行动与感觉所祈向的关
15 系。]^{②}但正当心脏的所在,肺就围在它的周遭。现在为了肺的需
要,为了位在心脏之中的生命原理而行吸气,气是从气管纳入的。
于是,心脏既然必须处于一切内脏的最前面,咽喉与气管跟着也就

---

       ① 鸟类、爬行类皆无会厌,唯哺乳类有会厌。无会厌的脊椎动物在咽喉与气管
口,有收缩肌以司启闭。
       ② 从贝刻尔校加[ ]。

必须处于食道的前面了。因为咽喉与气管是引向肺与心脏的[①]，
而食道则引向胃。这是一个普遍的原则，关于上下、前后与左右的　20
位置，凡较尊贵较高尚的部分总是无例外地处于最上部位，处于
前，处于右而不处于相反的部位[②]，只在遭遇着某些更重大的要求
阻碍着它们进入正常的部位时，才可别论。　　　　　　　　　　　25

章四

我们现在已讲过了颈、食道与气管，挨次而下应讨论到内脏。
内脏是有血动物所特有的构造，有些全备一切脏腑，另些只有一部　30
分脏腑，而无血动物则全无内脏[③]。德谟克里图所构想的脏腑观
念似乎是错了的，他虚拟无血动物所以不见有脏腑，只因为那些动

----

① 弗朗济斯，德语译本凭这里一句，推论亚里士多德认为气管与心脏直接相通。
渥格尔注释论这一推想没有充分依据。照《动物志》，卷一，所叙心脏与血脉通道，气管
虽与心脏间可得通气，但不是经过管道直接进入心脏。该书卷一章十六，495ª8—
12：“气管从开端的单支析成两分支而引向肺的两个部分；气管充气后，气体引入肺的
各个罅隙。肺的许多罅隙（气泡）的区分，由弹性肌造成，都以锐角相交合；由这些区
分，引出许多管道，使气分为小而又小的微量，以散布于全肺。”又，章十七，496ª28—31：
“许多沟管由心脏引入肺部，枝分着，恰像气管的枝分一样，气管分支与血管分支相共
平行地散布于全肺。从心脏引出的沟管在最上面；这里气管系统与血管系统间并无共
同的通道，但它们的管壁是共同的，在这里吸入气可得进入（渗入）心脏。”渥格尔认为
照这两节叙述，亚里士多德不仅于肺脏具足解剖知识，对于呼吸气在血管间渗透的臆
想，也符合于我们今日对氧气进入血液的检察与推论。
② 中国习称天地四方为“六合”，相应于人或动物躯体而言，也有“尚右”之说，如
《增韵》说：“手足便右，以左为僻。”但《史记》信陵君传“虚左”注谓“凡乘车，尊者居
左”。“尚前”，“尚右”，各民族相同。
③ 亚里士多德所谓 σπλάγχνων“脏腑”限于色如血液的体内诸器官，他拟想这些
内脏均为血液所构成（本书卷三章四，665ᵇ6；章十，673ᵇ1）。无血动物既然只有可与血
相拟的体液，所以也只有可与内脏相拟的器官。

物体型太小,所以我们看不见所具备的脏腑。可是,于有血动物而
论,心与肝两者在动物机体才生成,还是很微小的时候已够可看清
35 楚了。因为这些部分在一鸟卵中,有时可早在〈孵后〉第三天,还只
665ᵇ 不过一个点那么大①,就已被检察到了;又在流产的胚胎,正当还
在极度细小的形状,这些部分也是可得见到的。又,有如外表器
官,一切动物不完全——相似而是每一动物各备着适应于各自的
生活方式与行动方式的构造那样,其体内各个部分也这样,不同的
5 动物各不相同。这里,脏腑是有血动物所特有的;从这些动物的新
生幼体(胚胎)看来,显然所有各个脏腑都由血性物质构成。因为
在这样的生体内的脏腑,比之动物生命的任何后期,都更富于血质
而且与全身相衡的比例较大②,它们正当生体形成的最初阶段,物
料的本质与其分量是最显著的。

10 这里,于一切有血动物,各有一心脏,心脏所由存在的原因曾
已言明③。因为有血动物必须自身有血是明显的。又,血既然是
液体,这也必须有一容器为之储存;自然设置许多血管显然是在适
应这个要求。又,这些血管必须有一发源,而发源之处与其是有几
15 处,毋宁——如其可能——只从一处开始。心脏就是诸血管的这

---

① στιγμῆς“点”,参看《动物志》,卷六章三,561ᵃ12,谓鸡卵孵后三日三夜,心脏出
现,“像一个血点;这点搏动着,像是赋有了生命。”后代胚胎学家称这个生命现象的最
初出现部分为 punctum saliens“跃点”(或“活点”)。

② 一个成熟了的胎体的肝脏为全身的 1/19;一个成人的肝脏则为全身的 1/37。
初期胚胎的心脏色如血的浮沫,较鲜亮,追年龄增长,色渐深,布有斑点与疤。参看奎
痕,《解剖学》(Quain, “Anatomy”),1145 页。

③ 参看本卷章三,665ᵃ12。

个源始。因为血管显然都从心脏引出而不穿过心脏的[1]。又,心脏既为同质构造,它具有一个血管的性状。又,心脏的位置处于身体的一个主宰部分。自然,若无其他更重要的作用为之牵累,总是把较高尚的器官安排在较高尚的位置;这样,心脏就躺在躯体中央,而又在躯体的上段,不在下段,在稍前面,不在后面。这样的位置于人这实例最为显著,但即便于其他动物而论,心脏也趋向于取得相似的位置,以泄出粪秽的肛门为终点的身段计量起来,这还是在它所该处的中央位置。肢脚于不同的诸动物是各异其位置的,这些不必计算在生命所必不可少的全身各个部分之内。倘肢脚被截除,动物的生命仍是可得维持的;而且又是明显的,如果于一匹动物再替它增加一些肢脚,也自然不会使之损毁的。

有些人[2]说诸血管的源始在于头部;这种主张是不正确的。因为,第一,若依他们的主张,诸血管将有许多发源,而且这许多源始血管是分散的;第二,这些源处将是位于一个显然是凉冷的区域——头部的不堪着凉,可证这区域的冷性——而心脏这区域则显然是热的。又,如业经言及,诸血管通过[3]其他内脏而继续其进

---

① 参看下文,665ᵇ32 注。

② 《动物志》,卷五章三,513ᵃ9:"在自然史方面,有些作家公认头与脑为血管的渊源",这些作家盖指希朴克拉底斯学派。又,《动物志》,卷三章二,511ᵇ25,塞浦路斯医师辛内息斯(Συέννεσις ὁ ἰάτρος)说血脉渊源 ἐκ τοῦ ὀμφαλοῦ "始于脐";如从施耐得(Schneider)校订 ἐκ τοῦ ὀφθαλμοῦ "则始于眼"。

③ διέχουσι "通过"这字在这里不尽恰当。《动物志》,卷三章四,514ᵃ23:由心脏来的一段大血管(下腔大静脉)穿出横膈,"引出一支短而宽的血管'通过'肝,从这血管枝分有若干小血管,进入肝内而消失"。这里所指"通过"的血管可以解释为今所云肝静脉(v. hepatica)与门静脉(v. portae)。但在其他诸内脏说有血管"通过"(穿过)就不符合实况的。本书卷三章九,671ᵇ13 说,由大血管(静脉)来的通道不直入肾孔(接下页)

程,但没有哪一支血管是延入并透过① 心脏的。这么看来,这是十

35 分明白的了,心脏是整个血脉的一部分而且是诸血管的发源;对于

666^a 这样的功能,它的构造是恰好适合的。因为心脏的中部是由厚密
的物质构成而中空,充满着血液,恰像诸血管从这里领受它们的血
源。心脏中空所以容储血液,而它的壁却厚密,这可以保持热源。
因为,于所有诸脏腑中,实际该说是全身上,唯独这里为有血而无
血管,血在其他一切部位都是涵存在血管之内的。这也不是不合

5 理的。因为血液从心脏引出,输入于诸血管,却没有哪一血管从外
输入血液于心脏②。心脏自身组成为血脉的起点与血液的源泉或
血液的原始容器。可是,这些情况须在解剖与胚胎发育过程的观
察之中才能获得最清楚的证明。因为心脏是在胚胎所有各个部分
中最先形成的一个器官,而它才经形成便即刻内含了血液。又,苦

10 痛与愉悦的反应,以及诸感觉一般的反应,都起源于心脏,又最

―――――――――――

(接上页)肾孔中无血,所有从血管来的血均供应作这器官的物质原料了。又《动物
志》,卷一章十七,叙及海豹肾,497^a9,也说"引入肾内的管道消失于肾体之中,肾组织
内不见有血,也找不到任何血凝块"。又,《动物志》,卷三章四,514^b5,谓引至脾脏的血
管分支为若干小血管而消失于脾脏之内。这样,其他诸内脏所引入的血均为营养血
管,不可能是"通过的"(穿入又穿出)。

渥格尔擤这里的 διέχουσι 字样,不作"通过"解,而相似于 διατείνουσι"展布入于"。

① 这里用 διατείνουσι"延展入于"这字也不尽恰当。心脏表面的冠状动脉(arteria
coronaria)和冠状静脉(vena coron.)的分支实际延入心脏肌内。本篇卷二章一,649^b6
说,心脏由自己腔内的血为营养而生成长大。这就得有一些小血管透入心肌而不再穿
出。

② 渥注:这一句的辞意不能解作严格的成例。亚里士多德虽认为血液的主流由
心脏向外输出,他也承认有从相反方向流入心脏的血液。实际上,心脏纤维本身也得
有一部分血液供应于同化(代谢)作用。《醒与睡》章三,456^b3:胃内所吸收的食料于血
管中转成液体并以液态输入心脏。同篇章三,456^b20 又说:引向头部诸血管类似通过
一海峡,水流或出或入;又,458^b18:心脏从大血管与挂脉受取血液。

后终止于心脏。实际上我们凭理性所能推想的正就是这样。因为如其可能,凡作为起源的总以出于一处为宜;而于所有各个部位中,中央总是最适合于作为起源的。因中央只有一处,从这一处引向各个部分,距离相等或几乎相等。又,鉴于血液自身不具感觉, 15 而任何无血液的部分(构造)也不具感觉,这显见那个最先有血并随即作为血液储器的这个部分必然是感觉的初原(基点)。心脏是这样一个部分,不仅可由理性阐明,也可从诸感觉而显知的。因为正当胚胎才形成,立刻就可见到心脏在搏动,好像这已是一活物 20 了,这样,先于任何其他部分而表现的生命征象恰可证示,于一切有血动物而论,心脏必为生理的基点(原始)。上述这真理的又一论据是从来没有发现过无心脏的有血动物这一事实。这正因为一切有血动物必须具备这个血源器官。这是确实的,凡属有血动物,不仅备有一心脏,还无例外地各有一肝脏。但任何人都永不能把肝脏当作或是全身或是血液的原始器官。因为肝脏所处的位置实 25 远离于一个原始器官或主宰器官所应处的位置;又,凡构制得最为完善的诸动物还有脾脏这另一部分,为肝脏的对称器官①。又,肝脏本体之内不像心脏那样中空,它没有宽大的容储孔腔;肝脏部分的血相似于其他一切内脏,是涵存在一血管之内的。又,这血管延 30 伸而通过肝脏,不见有任何血管从肝脏为之发源。一切血管皆发源于心脏。若说中央渊源(生理基点)当在心与肝两者之一而肝既然不得是这样的一个器官,那么这必然心脏应为血液的源泉,也在

---

① 依上文,666ª14,凡作为一起点的,须集中于一处,中央是独一而无对的。肝脏既然有对,便不合为一集中的起点。

其他各方面而论（全身而论），应为原始器官。一个动物的本性就
35 在它具备感觉；而最初的感觉构造就是那最初有血的部分，即心
666ᵇ 脏，也就是血液的源泉与最初的储血构造。

　　心脏的顶端是尖的，比这器官的其他处为较硬实。这尖端指向
胸廓，完全处于身体的前部，俾使这一区域免于冷却。因为所有一
5 切动物的胸前总是肌肉较少的，而在后背则较富于这种被覆物质，
这样在背部就有足够的障蔽以护持其体热了。于一切动物之中，唯
人的心脏位于胸廓中央；但人心稍偏向于左方①，这样的倾向可使左
方的冷性得其平衡。因为人的左侧比之任何其他动物的左侧，较其
右侧为更冷。在一较早的论文中②，曾已言明，虽是鱼类的心脏，其
10 位置也与其他动物心脏的位置相同；至于鱼心，看来好像位置不同
的原因业经说明。鱼类的心尖确乎是朝向头部的，但在鱼类而论，
这朝向恰正是前方，因为鱼类行进是朝着这一方向的③。

　　有如我们所可合理地推想到的，心脏又是富于筋腱的④。因

---

　　①　心脏偏左不独人类为然。较高级的四手类（quadrumana，即除了人以外的灵长目
诸动物）的心脏都有这种偏向（见于居维叶，《比较解剖学》，iv，197）。渥格尔说鼹鼠亦然。
参看《动物志》，卷一章十七，496ᵃ7—18。

　　②　见于《呼吸》，章十六，478ᵇ3。

　　③　参看《动物志》，卷二章十七，507ᵃ3；《呼吸》章十六，478ᵇ2。这里所谓鱼心尖端实
际是"动脉球"（bulbus arteriosus），由此引出鳃动脉（arteria branchialis）。这一部分在比较
解剖学上实际不同于鸟兽的"心尖"（τό ἄκρον，the apex）。

　　④　渥格尔注，这里的实义应是富于"腱索"（chordae tendineae）。亚里士多德以
νεῦρα这字统指肌腱、筋、韧带和其他一切纤维组织。有时他偶尔检及"神经"，未能与筋
腱等相分离，也概称之为νεῦρα。《动物志》，卷三章五，515ᵇ20："全体构中凡有肌腱处只
有某些部分是麻木的，"这里所指大多数有触觉的筋腱，实际是混杂有"神经"在内的。
本书本卷章五，668ᵇ1，与《动物志》，515ᵃ31，两节约略相同地叙述血管枝分得愈细时，最
后口径就愈小，不再能通过血液，这样的血管末梢的肌肉似组织，他就说是（接下页）

为身体的运动始于心脏,而运动是凭伸张与弛缩来实现的。所以, 15
如前已言明①,心脏既是一个动物体内的一个活体,就需具备这样
耐于伸缩的强韧构造。

没有哪一个动物心脏内会有一骨,这于我们所曾检查过的诸
动物总是确实的,只马与某些品种的牛为例外。在这些特例中,它
们的心脏,由于容积特大所以具有一支骨骼为之支持;这恰如骨骼 20
作为身体普遍的支持一样②。

大体型的动物心脏有三窍③;较小的动物们,这有二窍;一切
动物,如已言明④,必须在心脏内有些空隙以为最初的血液的容
器,其心脏至少必有一窍;初血(原血),业经屡次论及,是在这器官
中形成的。但⑤,由于主要的血管有二,即所谓"大血管"与"挂 25

(接上页)"筋腱"(νεῦρα＝sinews)。心脏、血管等能伸缩的强有力的组织,他也称之为
筋腱。《动物志》,515ᵇ15:"脏肌的横向易于撕裂,纵向不易断,担负相当强大的拉伸。"
这些担任机体活动的组织,可切割,可烙炙而不感痛楚的 νεῦρα,则是除外了神经而言
的"肌腱"(＝tendons)。另如《动物志》,515ᵇ8,所说,"在跳跃时表现得十分紧张的构
造,即膝胭部,是一个重要的肌腱系统",这里的所谓肌腱为"韧带"(参看 515ᵇ22)(＝
ligaments)。现代生理学以 νεῦρον 这字为"神经"(neuron)。

① 本卷本章 666ᵃ22。

② 参看《动物志》,卷二章十五,506ᵃ8。渥格尔注:大型哺乳兽的心脏内有十字形
的骨化组织不是很稀见的,在厚皮类与反刍类中且较为常见。这骨化构造位置于大动
脉引出处。在牛和鹿的心脏,这可算是一种正常组织。但在厚皮类中,至少于马而言,
这种组织只见于衰老的个体,似乎是病理组织,不是正常的。

③ 渥注:"对于亚里士多德有关心脏窍的诸叙述,不尽能作满意的解释,许多诠疏
家的论述颇不一致。可是,我总坚信这三窍是指左右两心房和左心耳"。(参看章五,
667ᵇ16 注)。在 1882 年译本,曾作详细的诠释:"后见赫胥黎(Huxley)在《自然》(1869
年 11 月 6 日刊)上所作长篇论文的结论正与我相同(这论文重印在《科学与自然》,*Sci-
ence and Nature*,一书之中,180 页)。"参看《动物志》,卷一章十七,496ᵃ21—27;卷三章
一,513ᵃ27—35。

④ 见于上文,666ᵃ7。

⑤ 从渥格尔删 γὰρ,改 δὲ,将"因为"句改作"但"句。

脉"①,两者各为其他诸血管的起源;又由于这两血管互相比较时显见有所差异,这随后将予以讨论②。这两血管本身当利于从各不同的位置引发。若心脏两侧各有其储血,而每一侧的血分离于
30 另一侧而不相混淆,这就可得有这样的利便。为此故,心脏,如其可能,总是分开有两部分容器的。这在大动物是可能的,因为它们的心脏,有如它们的体型,一般是体积够大的。倘有三窍,这又当是更有利的了,这样那独在的中窍可供为两侧二窍的共通储器。
35 但这就需要更大的容积,所以这只在那些最巨大的心脏才能具备三窍。

667^a 于这三窍,右窍储血最多③,血最热,身体右侧的肢脚较之左侧的为热,就由于这个缘故。左窍储血最少,且最冷;而在中窍的血,于容量与热度而论都介于另两个窍之间,可是,这里的血质较那两窍里的血为纯净。因为高尚(中央)的部分总是尽可能地平静
5 的,而由于这里的平静状态,血液也便纯净,其量与热也较适中。

 在诸动物的心脏中,又有一种关节似的区分④,有些像头颅上的合缝。可是,这不能因而认为心脏是由几个部分合成的整个器官,这只是,如上所述,看来有如关节般的一些区划而已。这些关

---

① 参看下章,667^b 16 注。

② 下文,章五。

③ 《动物志》,卷三章三,513^a13;检察动物血管系统而行解剖者,宜取消瘦了的动物加以缢杀。渥格尔说依此法而行解剖,见到心脏右侧及右侧诸血管充塞着深殷的血液,这与心脏左侧及左侧诸血管的几乎空虚的情况,得有强烈的对照,因此亚里士多德作出了右窍血多、左窍血少的论断。

④ 这里实指心耳与心室表面上作成界线的纵沟(Sulcus longitudinalis)与横沟(S. transversus)。这里所说心脏为一整体,不由若干块肌体拼成是确实的。渥注:心脏发育始为一窍,其后生成内部诸间隔,才逐渐形成为数窍。

节似的区划,于感觉灵敏的诸动物较为清晰,于感觉滞钝的诸动 10
物,例如猪,较不清晰。不同的心脏也各异于体积,并各异于其坚
牢的程度;这些差异对于诸动物的性情多少有些影响。因为凡动
物之感觉钝弱者,其心脏粗硬而肌理密实,凡赋有较敏锐感觉的动
物则心脏较柔软。又,若其心脏体积庞大,这动物当是怯懦的,若
这器官较小,体积适中,则这动物就较勇敢。因为在前一类动物,
那样的构制就表见有由于恐惧而起的身体演变;它们的心脏容积
与其热量全失却了正当的比例,微小的热量散布于庞大的容积间,
这样,它们的血液如果与心脏较小的相比,这就全是较凉的了。于 20
野兔①、鹿、鼠、鼷狗(猿)、驴、豹、伶鼬以及几乎其他一切或显然怯
懦的诸动物或凭它们的险诈掩蔽了它们的怯懦的诸动物而言,它
们的心脏都是庞大的。

　　以上所述整个心脏的情况,于其诸窍与诸血管而言,也是确实
的;这些部分同样是,凡容积大的就冷。恰似同等大小的一火点燃 25
在一大房间内比之在一小房间内,所得温度要低些,在一大窍中或
一大血管中的热,也就是在一大容器中的热,比之在一小容器中所
发生的效应也要小些。又,所有一切热物体都能为外物的活动所
冷却②,而诸窍与诸血管的空腔愈大则所可涵存的生气也愈多,它
所能做的活动便愈剧。这样,凡心脏诸窍与诸血管空腔大的动物 30
从不会肥胖,几乎所有一切肥胖动物或大多数的肥胖动物,它们的
血管总是不显著的,诸窍总是小的。

---

　　① 渥注:"野兔的心脏甚大,以全身重量为比例,兔心较人心约重两倍。至于上举
其他诸动物,我未能获得精确的计数。"
　　② 参看下文章六,669ᵇ3 注。

又，心脏是诸脏腑中，实际上也是全身上，唯一不能忍受任何
35 严重疾病的构造①。这原来是可以合理地推想到的。因为，如果
667ᵇ 那生理本原或主宰部分一旦受病，其他依赖于这一部分的诸脏腑
便无可获得任何补救。关于牺牲的内脏之检察提供了心脏不受任
何病患的一个明证，事实上，检察牺牲的内脏时，从来不曾看到心
脏患有其他内脏所可见到的诸病征。肾脏常可在其中发现有充塞
5 的结石，以及瘤与小疮疖，肝与肺也常如此，脾脏尤甚。还有其他
许多疾病曾在这些脏腑上查明，而最不易受病的是肺脏的靠近气
管部分和肝脏在与大血管相连接的部分。这些情况又是可作合理
10 解释的。这正因为肺和肝的这些部分与心脏最为靠近。反之，诸
动物若〈不由作为牺牲，而〉由疾病致死的，则上述那些疾患就会在
死体解剖时发现其感染于心脏。

这里，于凡有心脏的诸动物，对心脏，它的性质，以及所由存在
的目的和缘由已说得这么多了。

章五

15 挨次而下，我们跟着来研究诸血管，即大血管（大静脉）与挂

---

① 参看卷四章二，677ᵇ4。加仑的解剖与生理著作的法文译者，达伦堡（C.
Daremberg），据这一章节，声称亚里士多德认为心脏不会受病，至少是较其他内脏为
不易受病；这恰似加仑心脏由硬肌制成，不易受到损伤之说。渥格尔辩解这里的实意
在说明心脏遭遇肝脾所患的相同疾病，便尔致命，故心脏不能忍受任何严重疾病；
心脏为生理本原，本原有病，死亡就跟着。西塞罗《神谶》（Cicero，"De Div."）ii，16，
言朱理该撒致祭，巫师验所宰公牛无心脏。如亚里士多德闻此语，必指责是巫师妄
言。

脉①（大动脉）；因为血液从心脏放出时，先进入这两血管，而其他
诸血管只是这两血管的分支。现在这些血管所由存在是为了输送

---

① 渥格尔注：这里所说 τῶν φλεβῶν τῆς μεγάλης "大血管"，实际是上腔静脉（vena
cava anterior）与下腔静脉（v. c. posterior）和右心耳（auricula dextra）三者的统称，亚里
士多德与加仑和较晚的解剖学者们都不把右心耳看作心脏的一部分，而认为是两个腔
静脉连接着的一个扩大构造。这部分由心耳心房开口处通入亚氏所谓大窍，即右心房
（ventriculus dexter），从这大窍引出的肺动脉，亚氏鉴于它既从"大血管"所由引出的同
一大窍引出，又管壁与大血管一样单薄，而且在动物缢死后相似地充塞着深黑色血液
（参看卷三章四，667^{a}2 注），于是混为"大血管"而未加识别。实际上这一血管（肺动脉
arteria pulmonalis）与"大血管"（腔静脉或大动脉）相隔离着另一个窍，即右心耳。（参
看《动物志》，卷三章三，513^{a}33，汉文译本注释。）这所谓右大窍就是《动物志》，513^{b}4，所
说的，"血流之由管道中至此，恰如河渠放宽而成为湖泊"。τῆς ἀορτῆς "挂脉"所由引出
的中窍是左心房（vent. sinister）；最小的一窍是左心耳（auric. sinister）。"所有三窍皆
有管道引到肺部，但这些连接通道，除却一条，全都微小，因此很难明辨"《动物志》，
513^{a}35—36）。这样含糊了"肺动脉"的识别以后，亚氏所谓"大血管"就揔橐心脏右侧一
切血管（静脉系统），"挂脉"则揔橐左侧一切血管（动脉系统），而两侧各有其不同的血
液（本书卷三章四，666^{b}29），右侧的血较多、较浓而较不纯净（卷三章四，667^{a}2 及注）。
又，"挂脉"入于中窍的开口，较之"大血管"入于大窍（右心耳心房开口）的开口为狭小
（《动物志》，513^{b}3）。
　　今 arteria "动脉"这字出于 ἀρτηρία "气管"；希腊医学与生理古籍中，ἀρτηρία 之为气
管常以指咽喉至肺的支气管间一段 trachea 气器（喉管），这是空气的通道，字干从 ἀήρ
"空气"，故名"气管"。ἀρτηρία 用作血脉名称只偶见于希朴克拉底《气脉》篇（Hipp.
"Art."）费西奥编订本（Foësius）809H，以及亚里士多德《精炁》篇（de Spiritu），5 章 11
节。自后生理学家往往认为动物血脉中这部分，我们今日称之为"动脉"的血管，其中
只有空气而无血液。近代人所作生理学史也常谓古希腊人直至加仑一向认为动脉诸
血管为储气管道。虽于亚里士多德常致其无上尊敬的居维叶也说他有此谬误。但照
本书本章看来，亚氏实明言这些管道也是储血与输血的管道，应是"血管"φλέψ 的一种，
而不是"气管"ἀρτηρία。在本书及《动物志》中，于这些管道（动脉系统）的（由心脏引出
的）本支所用名词是 ἀορτή（aortē），依这字的字干 ἀορτέω "悬挂"取义，当译"挂脉"，大概
当时看来心脏像是悬挂在这大动脉（升主动脉与动脉弓）上的样子，故有此名。上举希
氏《气脉》篇与亚氏《精炁》篇，皆为伪作。《动物志》现存诸抄本，卷三章三，513^{a}21 句说
ἀορτήν 内充满"肌腱"νευρῶδες 因以命名，则当译"腱管"，汤伯逊校改为充满"气体"ἀερῶ-
δες 因以命名，则当译"气脉"；实际上两皆不妥帖。

血液，这缘由前曾言明。因为每一液体需有一容器，于血这一液
20 体，诸血管就是那么一个容器。让我们现在来说明何以这些血管
要两分，以及何以它们从一个起点引出而延伸入于整个躯体。

这里，何以那两血管合入一个中心，由一个起点发布开来的原
因，是由于一切动物的感觉灵魂实际上只有一个；感觉灵魂的这种
25 统一性决定了感觉所在的原始器官的相应的统一性。于有血动物
而言，这种统一性不仅是现实的，又还是潜在的；至于某些无血动
物而言①，这只是现实的。可是，感觉灵魂所在之处，生理热原也
必在那同一位置，而热原所在之处，又必是血源所自之处，热与液
30 性就从这里引生。这么，感觉本原和生理热原的所在部分之统一
性就涵蕴着血液来源的统一性；跟着这也解明了何以诸血管都引
自一个共通的起点。

因为有血而能行进的动物②，其身体各是两侧相等，所以血脉
又是双分的；所有这些动物的躯体都有前后、左右与上下之分。现
35 在，既然前面比之后面为较高尚并具有更大的主导作用，"大血管"
668^a （静脉）也当在相仿的程度上较挂脉（动脉）为优胜。因为大血管位
在前而挂脉位在后；又前者在一切有血动物中皆显然可见，而后者

---

①　"某些无血动物"盖指节肢门昆虫与多足纲以及环虫或蠕虫门；亚里士多德屡
次讲到这些动物经切断后，各分段仍能短期间各自存活。这样的情形隐示它们身体各
段具有各别的生命中心（活点）；整个动物似乎是若干动物的一个集合体，迨集体生活
一经析离，各个个体可以独立生活。每一分段只能短时存活而不能长久活着，当由于
缺少必需的营养器官之故。

②　这里 τῶν ἐναίμων "有血动物"，即今所称脊椎动物，全是能行进的，当无须加 καὶ
πορευτικῶν（"而能行进的"）字样。但从 διμερῆ "两侧相等"的构造而言，这就主要是指
"行进"器官。于诸动物的植物生活部分或营养器官而言，两侧不必是完全相等的。

于有些动物是不明显的,于又一些动物则全不能辨识。

最后关于血管所以分布于全身的原因是这样,在血管中,或与 5
血管可相拟的构造中,所涵储的是血液,或在无血动物体内代替血
的体液,而血液或与之可相拟的体液是全身所由以制作的物料。
现在,关于动物所由营养的情况①,以及它们获得营养的来源,还
有它们从胃内吸收营养的方式,所有这些问题留待在《关于生殖》
περὶ γενέσεως 的论文中②研究并予以解释当较为合宜。但,有如 10

---

① 渥格尔简括亚里士多德各篇有关营养的要旨如下:食物入口经咀嚼(本书 ii,
3,650ᵃ11)而进于胃内,在那里就被调煮;调煮胃内食物的热非通常的火热而别为生理
热能(ii,652ᵃ10 及注),这些热能由与胃相接近的肝和脾供应之于胃内(iii,7,670ᵃ21)。
不能消化的干固余物落入大肠的下段,经消化而成液体,可作营养者(ii,2,647ᵇ26)则
由诸血管从胃与小肠吸收(iv,4,678ᵃ10);诸血管在胃肠表面散布着像植物的根株那
样,正是所以便于吸收养料的(ii,3,650ᵃ25)。这些血管由微小到不可目见的细孔与肠
内相通,这些细孔就像未曾熔好的陶瓶那样,瓶壁可以滤出水或液汁(《生殖》篇,ii,6,
743ᵃ9)。血管中这样吸收到的物质以"上升气"ἀναθυμίαται 的形式,上行至于心脏,这时
还非成血,而只是未完成的血液,"依丘尔"(血清,ἰχώρ)(本书,ii,4,651ᵃ17)。在心脏与
血管中,这里是全身最热的部分,养料再度被调煮(《睡与醒》,3,456ᵇ4),经这第二度的
调煮,血清转成为血(《动物志》,iii,19,521ᵃ17),便可作所有一切脏腑或器官的终极营
养。经这样的过程所造成的营养与原先所进食的物质相较是为量甚微的(《生殖》,i,
18,725ᵃ18)。血液通过心脏与血管(动脉与静脉)与由肺脏吸入的空气相混合后,输送
至全身的一切部分。每一器官从血液这营养总储备中选取它所需要的物料。较尊贵
的部分如肌肉与感觉器官选取较优良的要素而较卑贱的部分,如骨与筋腱则收受较低
劣的要素,即前者所用剩的物质(ὑπολείματα)(《生殖》,ii,6,744ᵇ15)。各部分的营养过
程(代谢)在夜晚进行最为活跃(《睡与醒》,1,454ᵃ32)。这样血液的一切有益成分均得
有所利用;但其中例如有苦味的或实际全不可应用的物质,便分泌而为胆汁、尿溺、汗
等和未消化食物及其他诸部分的腐坏事物一起排泄出去。

全身各部分吸取了营养之后,还有剩余的时候,其剩余营养便或转化而为脂肪之
类,储藏于体内,或输至动物躯体的表层,发展为毛发、鳞甲、羽翮或其他皮肤外面的各
种附生组织。

② 见于《生殖》,卷二章四,740ᵃ21—ᵇ12;章六,743ᵃ8 至章七,746ᵃ28。

上已述及的,既然各部分都由血液形成,这正该是合理的了,血液
该当,恰如现今的实况,流遍整个身体。因为每一个部分各由血液
形成,每部分就必须有血液在其周遭并进入它的内部。

　　试设喻以为之说明:庄园中的灌溉渠道是这么构筑的,它们从
15 一个泉源引出许多沟洫,这些沟洫枝分后再枝分,俾能把水流输送
到全园所有各个畦垅。又,在造屋的时候,人们把石块放置在墙础
设计的沿线。这些就因为在园艺一例上,蔬果的生长需要有水分
供应;而在造屋一例上,墙础须得石块才可砌成。这里情况恰正相
20 同,由于血液是全身一切组织所凭以制作的物料,自然便安置了这
些沟洫,俾血液可输送到遍体任何一个部分。这样的景象在施行
剧烈的消瘦过程时,在动物体上是很显著的^①。因为动物体在这
时候不见别的,就只见血脉了,恰似无花果树叶或葡萄藤叶或类此
25 的叶片,当其干枯之后,不见别的,只见叶脉。这里可有这样的解
释,血液,或与之相当的体液,潜在地是身体与肌肉,或与肌肉可相
拟的事物。现在恰似在灌溉渠道中,最大的渠道是常见的,而那些
最小的沟洫则不久便为泥浆所淤塞而不可得见了,可是在淤泥不
30 再湮塞的时候,这些又可得见;和这相同,最大的血管常是通畅的,
而最小的则现实地转成为肌肉,虽潜在地它们恰恰和先前一样是
不折不扣的血管^②。这个也可解释,何以当一动物的肌肉连属于
其整体时,任何一个部分若被切割,必有血液流出的缘由,虽则我

---

　　① 贝刻尔本 τοῖς καταλεπτυομένοις “剧烈的消瘦法”,Z 抄本 τοῖς λεπτυνομένοις
“消瘦法”。参看《动物志》,卷三章二,511^b23;卷三章十六,520^a1。

　　② 本书本卷 668^a8 注;668^a27。

们不能在其中目见有什么微小的血管。可是,若无血管,那里就必
无血液。那么,血管该实际存在于那里^①,只是由于淤塞之故而不   35
可得见了,恰似灌溉的沟洫,若不泄除淤泥,它们就不可得见。   668^b

当诸血管逐渐延伸,它们逐渐缩小,直至最后它们的管道细而
又细,不再能通过血液。于是这些细小血管虽尚能让我们所谓
"汗"的这种体液淌出,血液却已不复可由之流行了;淌汗在身体发
热的时刻特多,这时刻这些细小血管的外口是弛张的。事实上,人   5
们由于虚弱(痨瘵)而淌出似血的汗这种病例^②不是没有发现的,
他们因为在这些细小血管中的热量不足以调煮血液,身体便松弛
软弱,而血液则近似淡水。如前曾言明,^③凡土与水的各种组合
物——营养物质与血液都是这种组合物——皆经调煮而愈浓稠。   10
热量之不足以行调煮可以或由于热的绝对量太小之故,或由于对
养料的比例而言,相对量太小之故,当食物吃得太多,相形之下就显
得热量不够了。食物的超逾又可有两个不同的缘由,或本于量或本
于质;因为各种物质即便等量,却不必相等地可行调煮(消化)的。   15

在身体上凡开口最大的总是在一切部分中最易漏血的;这样,
从鼻孔、牙龈与肛门,这些部分出血就不是稀见的了,偶尔也从口
腔出血。^④ 这些部分的血漏是缓少的,不像在喉管(气管)上出血   20
时那么剧烈。

---

①　参看卷二章十五,658^b25 注。

②　καχεξία 为身体衰弱症,病原盖出于痨瘵(今肺结核病等)。渥格尔注:汗水红
色的病例是确有的;参看托德《解剖学与生理学全书》,iv,844。

③　见于卷二章七,653^a21—27。

④　牙龈与口腔出血当是那时希腊有坏血症(scurvy)这种病患的征象。肛门出血
当为痔疮。

大血管（静脉）和挂脉（动脉）当在上位时稍稍相离，行至下位时交换了部位，这样的交换使身体的结构可以紧密一些。当它们引伸到诸肢分离的地点，①它们各枝分为二，大血管（静脉）从前面转向后面，而挂脉（动脉）则从后面转向前面。这样的结构使全身

25 各部分具备了合一的性状。这有如在一编织物中，交错的线条把各个部分络得更为紧密那样，诸血管相互交换部位也使身体的前后各部更紧密地结合起来。在上身，诸血管，由心脏引出之后，也作类似的交换部位②。可是，各段血管的相互关系诸详情必须查

30 阅《解剖》τῶν ἀνατομῶν 论文和《动物研究》（《动物志》）③τῆς ζωῆς ἱστορίας。

这里，关于心脏与诸血管已说得这么多了。我们现在当继续讲述其他内脏，并用同样的方法研究它们。

章六

于是，肺脏④，由于动物们生活在陆上而制成的这一器官，在某一级类的诸动物中都是具备的，因为体热必须有这样或那样的方法

---

① 髂总动脉（art. iliaca communis）左右分支而下入两股时，由后转前而至于髂总静脉（v. iliaca comm.）的前面；原先，常例是静脉系统位于动脉系统之前。

② 这里大概是被亚氏当作"大血管"（μεγάλη φλέψ）的一段的肺动脉（a. pulmonalis），原先在挂脉（主动脉）的前面自心脏引出，上升到主动脉弓（a. archiformes）时，分出的较大一右支转到了挂脉之后。

③ 见于《动物志》，卷一章十七，卷三章二至四。

④ 亚里士多德于肺脏常看作是一个器官，异于我们今日把它看作是左右两肺，其支气管各上升至气管而会合。有时，如在鸟类而言，左右两个支气管很长，他也承认，这样看来，肺是两叶对分的，但仍旧说这实际上是"一个"器官。参看《动物志》，卷二章十七，507ᵃ19；本书本卷章七，669ᵇ 24。

为之冷却(缓和)。这于有血动物而言,它们既然赋性特为温热,这 35
冷却作用必须由外物为之施行,于无血的级类而言,它们内涵的生 669ᵃ
�就已足够应用于这平衡活动了。为之冷却的这个外物必然或是
气或是水。于鱼类,这是水。所以鱼类永不会有肺,为之代替的是
鳃,这是曾已在《关于呼吸》περὶ ἀναπνοῆς 的论文中陈明了的。^① 但 5
那些实行呼吸的诸动物则用空气为冷却。所以它们全都具有一肺。

　　所有一切陆地动物均行呼吸,而某些水居动物有如须鲸、海
豚,和所有各种喷水的鲸类,竟也行呼吸。许多动物介于陆地与水 10
居之间;有些陆地动物,呼入空气,而它们的体质与构造却这么适
应于水中生活,它们实际上消磨大部的时间于水内;又有些水居动
物却具备这么多的陆地动物性状,呼吸成为它们生活的基本条件。

　　呼吸用的器官是肺脏。肺的活动得之于心脏;但它本身的巨 15
大容积与海绵状组织供应着充分的空隙让呼吸的气得以出入。当
肺向上扩张时,吸气便顺流而入,当它收缩时,这又被驱出了。^②
据说,^③肺的存在(作用)是为心脏的跃动备一软垫。但这种说法

---

　　① 《呼吸》,章十,475^b15 以下。

　　② 《呼吸》,章廿一,述呼吸的机制:肺相似于锻铁时熔炉所用吹风鞴。当肺膨胀
时,空气冲进肺内;收缩时,空气被迫出。膨胀能力得之于心脏热;热常使彼所延及的
事物膨胀。于是肺当受热而膨胀时,胸腔也鼓张。冷空气填充着空腔,热就低减了。
肺部与胸腔因此便收缩起来而空气也被驱出了。

　　③ 柏拉图,《蒂迈欧》,70C,认为当感情激动时,肺可为一软衬垫以承受并缓和心
脏的冲击。亚里士多德以下列理由辩驳柏拉图的见解:有肺的诸动物,不都有这样的
情感激动,又肺的位置,诸动物不都贴于胸侧而近接心脏。亚氏认为肺的普遍功能只
在呼吸。但他的这些论据只能证明柏拉图之说不适用于一般有肺动物,未能否定柏拉
图这一主张对于人类心肺方面的特殊作用。可是,柏拉图的陈说原来是没有生理学根
据的。

实不佳妙。因为实际上诸动物中唯独人类于将来有所预感而希望

20 迫切,会影响心脏,循致于发生跃动的现象。又,大多数的动物,肺
位在心的上面,与心脏间隔有相当的罅隙,这样,肺是不能为心脏
的任何跃动作缓冲的。

25   各不同的动物,肺脏差异颇甚。有些动物肺大,内涵有血,另
些较小而似海绵状组织。于胎生动物,因为它们富于自然热,肺是
大而多血的,卵生动物的肺是小而干的,但当充气时可膨胀得好
大。在陆地动物中,卵生四脚类如蜥蜴、龟和类此诸动物具有这样

30 的肺脏;还有,在生活于空中的诸动物中,则所称为鸟类的那些种
属,它们的肺也是这样的。① 所有这些动物的肺均作海绵状,又有
如浮沫。这样的肺具有膜样构造,会得从大容积收缩为一小空腔,
好像浮沫相遇时便并合起来那样。肺脏的这种结构也可以解释

35 这些动物不易干渴而很少饮水,② 以及它们可能在水面下潜留好
669ᵇ 久这些情况。因为它们既然只有少些自然热(体热),其肺脏空
洞而多气,自身的活动也就够可在这么久的时间内为之冷却
了。③

    这些动物,一般而论,也以体型较小为别于其他类属。因为热
促进生长,而多血则是热性的明确征象。又热性有使身体直立的

────────────────

① 鸟肺虽以全身体积为比,小于兽肺,但实际是内多血管的。

② 参看《动物志》,卷八章十八。

③ 渥格尔注:照这一句以及本卷章四,667ᵃ28句,"所有一切热物体都能为外物
的活动所冷却",亚里士多德似乎具有这么一个可异的观念,譬如一扇,扇动空气,而
空气冷却其所接触的热物,他认为扇的摇动,即便没有冷空气时,也能有冷却作用。
照这样的设喻才能理解他所谓潜水的有肺动物虽不吸入空气,仍能冷却心脏的说法。
参看《呼吸》,章九,475ᵃ14。

趋向；所以人是诸动物中最为挺立的，而胎生动物则较其他四脚类 ⁵
属立得直些。因为胎生动物，不论其为有足或无足①，都不像卵生
的种属那样会钻进洞内而行穴居。

这样，肺脏是为呼吸而存在的，这是它普遍于诸动物体内的功
能；但于有一级类的〈具肺〉动物中，肺脏内不充血而作上述的构造
以适应它们的特殊需要。可是，关于所有一切具肺的诸动物实无 ¹⁰
专门的类名；它们没有那么一个共称，譬如"鸟类"那样，可以应用
于群鸟的全部诸种属。然而各具肺脏这么一个部分，实际是它们
的共通要义(命意)，恰如某些构造表征为鸟类中每一鸟所通有的
要义(命意)。②

章七

于诸内脏加以察看，有些是单独的，例如心与肺；另些是成双 ¹⁵
的，例如肾；还有第三类情况不明，为单为双是可疑的。肝与脾似
乎就介于单器官与双器官两者之间。它们可以当作各别的单独器

---

① 这里的无足胎生动物当指蝮蛇。蝮蛇在蛇类诸科属中，作为一穴居动物而言，
可算是程度较浅的，当它们冬眠期间，群蛇皆钻到了地下，蛰于洞内，蝮蛇只躲在一些
石块底下，仍在地面上。参看《动物志》，卷八章十五，599ᵇ1。
卵生四脚动物由于穴居生活，四肢外蹦，而关节斜曲，故爬行时胸腹贴地，四脚兽
立在四肢之上躯体高离了地面，但仍不如人站在两脚上那么笔挺。亚里士多德以躯体
向上升高为动物级进的一个标准。
② 鸟的本性在能飞翔(见于下文卷四章十二，693ᵇ13)，其特征，硬喙(692ᵇ15)，被
羽(692ᵇ10)，有翼(693ᵃ25)，头与颈轻小而胸骨尖狭(卷二章十六，659ᵇ7)等(也见于《行
进》，章十，710ᵃ27—ᵇ4)，皆所以利于飞翔。这些是群鸟所通备的，陆地动物中除虫类等
以下诸动物，爬虫以上至鸟兽诸种高级动物皆有肺，但没有一个通俗或分类名称以概括
这些"具肺"动物。

官,也可以当作一对性状相似的器官。①

　　可是,实际上,一切器官都是成对的,因为躯体本身双分,由两
20　半合成,并合时则归宗于一个为之主宰的中心。躯体具有上半身
与下半身,前面与后面,右侧与左侧之分。躯体的双分这情况,即
便是脑与几种感觉器官,于所有一切动物,都作两个部分合成的形
态,就可凭以得其解释;心脏之有诸窍也可应用这同一解释。又,
25　于卵生动物而言,肺脏的区划竟至这样的程度,看起来好像它们具
有双肺。至于肾脏,谁都不会忽视它们的成对存在。但当涉及肝
与脾,又谁都不能免于有所疑虑了。这因为,脾这器官,于那些必
须有脾的诸动物②而言,其性状是尽可当它作为一种假肝(拟肝)
的;至于那些并不实际需要脾脏而如其存在便仅属象征性状的诸
30　动物③而言,它们的脾具体而极微,而肝脏则显然是由两部分合组
的;这种两合肝的较大部分趋向于右侧的位置,较小的部分则在左

---

　　①　希腊古代生理学家大多把脾脏看作是肝脏的对体,肝脏主情欲,脾主喜怒。中
国古医学于人动怒时说是"动肝火"或"发脾气"也认为这两者具有相似功能。到近代,如
十九世纪初缪勒(Müller)便认为两者各是一个奇数器官,并无相关而成对的作用存在其
间。但缪勒的意见虽可为当时多数人的观点,执持古希腊的主张的人们还是有的。杜林
格尔,《人类器官的自然哲学要理》(Doelinger, "Grundriss der Naturlehre des Menschl. Or-
gan", 1805),其后西尔维斯得,《脾的性质之发现》(Sylvester, "The Discovery of the Nature
of Spleen", 1870),论肝脏为一造血腺体和胆液化成装置的两合器官,而脾则是身体中线
上,肝的一个对体,但它所以可以对称的,只脾脏的一部分功能,即造血功能。

　　现代生理学于脾脏机能考察得更精细:脾脏在胚胎期为一造血器官,但幼动物独立
生存后,脾脏只造单核白血球,是肝脏的辅助器官。这里把它作为"拟肝"或"次肝"可说
是合理的。

　　②　即胎生四脚动物。
　　③　即卵生动物。

侧①。但于卵生动物中有些类属,并不显著存在这样的情况,另一方面又有某些胎生动物,它们的肝脏显然分成为两个部分:这些于上述的通例都可算是例外。② 肝脏的这种区分,可举示某些地区的野兔③以为例示,它们看来是具有两肝的,还有软骨鱼类和其他某些鱼也有两肝。④

35

脾脏的成因主要由于肝脏的位置处在身体的右侧之故,为了这个缘由,脾的存在于一切动物,在某种程度上,是事属必需的,虽然不是迫切的必需。

670ᵃ

于是,诸内脏何以在横线上双分的缘由,有如我们所已言明,是在身体有右与左的两侧之分。因为身体既两侧相似而为对称,它们各个脏腑也就这样两侧对称;又,身体的横向虽然双分却还结合而成整体,诸脏腑也就这样双分横出而又作统一的结构。

5

那些处于躯体中段(横膈膜)以下的诸脏腑,统都是为了血管

---

① 渥注:诸动物脾脏的大小与肝脏分叶的明晰程度间存在有反比例关系,这通例是有好些解剖记录为根据的。哺乳动物(兽)的脾,以其体型为衡,是最大的,它们的肝脏分叶最不分明。哺乳动物中,啮齿类脾脏最小,它们的肝脏便有最明显的分叶。反之,反刍类脾大,肝脏几乎不能辨识其间叶片区划的所在。于卵生动物而言,脾脏较胎生动物的小得多,它们的肝脏绝大多数(虽不普遍如此)区分为明显的叶片。所有鸟类、蛙类与一切爬行类,除蛇目以外,它们肝脏都显分两叶。其余诸类,如鱼类则脾脏或大或小,各种属间差异甚多,有时竟似全无脾脏,有时极微小,有时却以体型为衡,可与兽类的脾一样大;而其肝脏则有时为单叶,有时为双叶,又有时为多叶。这样,独在鱼这类属,亚里士多德所说脾肝间上述关系是找不到的。

② 卵生动物的例外是蛇目与许多硬骨鱼科属,它们的肝脏为单叶。胎生动物的例外是啮齿类,这里特又举示了这类中的野兔。

③ 《动物志》,卷二章十七,507ᵃ19 记明在马其顿,布尔培(Βόλβη)湖的野兔肝具两叶。

④ 软骨鱼类的肝都显明地由两叶合成;但硬骨鱼诸种属肝脏,常是单叶。

10 系统而存在的；①当那些血管各自自由地浮动着而又相联系于整
个躯体，脏腑便充作其间的结合物体。因为血管诸分支穿过延展
的构造②而遍及全身，恰如从一船上抛出了那么多的碇泊缆绳。
大血管引出了这些分支（缆绳）至于肝与脾脏；而这些脏腑——肝
15 与脾在两侧，连同两肾在后——正像石碇③那样，由缆绳系住大血
管而稳定之于躯体之内。挂脉引出相似的分支至于每一个肾脏，
但于肝或脾，挂脉都没有引入的分支④。

这些内脏，这样，对于动物躯体的结构佐使臻于密实。而肝与
20 脾则另又有助于食物的调煮；因为两者，由于内涵有血，都属热性。
另一方面，肾脏则参与于剩液的析离作用，析出的分泌则流入膀胱。

这里，心和肝是每一动物的基本（必需）组成部分；肝脏所以行
其调煮功用，而心脏则正是体热发源中心所寄托的部分。体内必
25 须有这么一个部分或那么一个部分，像一火炉那样在其中保持着
点燃的火种；有鉴于这一部分（心脏），本该是而且实际是全身的卫
城，这必须予以妥善的保护。

所有一切有血动物，于是，全都需要这两个部分；这就是何以这

---

① 　肝脾与肾为了血管系统存在的两项原因，其一本于机械作用，见于本节下文。
另一本于物质作用，这些脏腑的形成与维持可消受血管内的剩余血液，见于本卷章十，
673ᵃ33—ᵇ2。

②　这是指肠系膜（mesenterium）。

③　原文ἧλοι“钉”，在这里譬喻得不像；从渥格尔，揣拟为εὐναί，泊舟时系缆的“石
碇”。这样以大血管喻舟；血管分支为缆，自舟中抛出，系属于肝、脾与肾，这些都是
“碇”。

④　肝动脉（art. hepatica）与脾动脉（art. lienalis）不直接由大动脉（挂脉）引至脾
脏，大概亚里士多德因此失察，误会了它们也是从大血管（大静脉）延伸来的。

两内脏,也只有这两内脏,总是无例外地存在于每一有血动物体中的原因。可是,于那些进行着呼吸的诸动物,又无例外地备有第三个内脏,即肺。反之,脾脏就不是无例外地存在的;又于那些有脾 30 动物而言,这一内脏所由存在的需要只相当于腹部之必需分泌与膀胱之必需分泌,凡属这些都只是必然相应而来的事物。所以,于某些动物,它们的脾脏从体积上看来只是勉强发育而仅得其存在的。那些羽毛动物,有如鸽、鹰与鸢,[①]凡具有热胃的诸鸟可举示为这里的实例。这样的实例还有卵生四脚动物,它们的脾是极微细的,还 670ᵇ 有许多有鳞鱼也是这样。这些脾小的动物也是无膀胱的,因为它们的肌肉粗疏,剩液可以通过肌肉而应用之于羽毛和鳞片的形成。因为脾从胃内吸收剩余的体液,[②]由于脾也属血性构造,它能相助这些 5 体液的调煮。可是,剩液如果太多,或脾的热性不足,身体便因营养充溢而致病。当脾染着疾患,也常使腹部由于体液回泛而胀得发硬;[③]这却相似于那些成尿太多的人,它们的尿也会相似地回泛而入于腹部。但于那些只有微量剩液分泌的诸动物,有如鸟类与鱼类, 10 脾脏就永不是大型的,其中有些种属的脾小到只有象征性的存在。于卵生四脚动物,脾也小,密实而像一个肾。因为它们的肺作海绵状,饮水量小,它们所仅有的一些剩液则应用之于躯体的生长和棱 15

---

① 《动物志》,卷二章十五,506ᵃ13,脾特小的鸟类实例,除这里三种外,又列有枭。渥注:"一切鸟的脾脏皆小,这些鸟脾是否特小,我未能确悉。"

② 脾脏具有吸收体内剩液的功能,其说出于希朴克拉底:"我说,当人们饮水逾量,躯体本身和脾脏都能将水从胃内吸纳"。(《疾病篇》,De Morbis,iv,9;《妇女疾病》,De Morb. Mul. i,15。)

③ 这里所说的脾脏水肿与腹部鼓胀情况也出于希朴克拉底(参看库恩编《希氏医学集成》,i,533)。

甲的形成,恰相似于鸟类应用其剩液于羽毛的形成。

　　另一方面,于那些具有一膀胱的动物们,它们的肺内含血,脾
脏就多水,这由于上述的原因,也由于身体的左侧比之右侧原较多
20 水并较冷之故。因为凡两个对体中的每一个都是安排在与之相亲
近的两对体之一的相合符的位置的;这样右与左、热与冷各是两个
对体,而按照上述的方式,右必结合于热,左必结合于冷。

　　如其有肾,肾的存在不是由于生体所必需,而是为了使生体更
25 加完备,更为美善。按照它们所特有的性状,肾脏适宜于分泌液体
之用,这些液体(尿)归纳于膀胱。所以,于多尿的动物们,肾脏的
存在能有助于膀胱,使之较完善地遂行它的专任机能^①。

　　既然肾和膀胱于诸动物是为了同一的功用而存在的,我们挨
30 次而下当讲述膀胱,虽则这样的挨次有违各个部分应行列举的顺
序。到此为止,我们于包裹着脏腑的一个部分,即膈膜,还全不曾
言及,那么这一部分也得在以下连同肾和膀胱一起来研究。

章八

　　膀胱不是每一动物所统备的;自然只于那些肺内含持着血液
671^a 的诸动物设置有一个明显的膀胱。对于这样的动物,自然赋之以
这个部分,不能不说她是合理的。因为它们肺内既特饶于生理组
合物质,便相应而成最易干渴的动物,这使它们不仅需要干营养而
又需要比之常量较多的液态营养。这样增多的消耗必然随之而产

---

　　① 在成尿作用方面,这里亚里士多德认为膀胱是主要器官,肾脏是次要器官。但
下文(本卷章九,671^b24)他也承认剩液在由肾内泌出时已具有尿的性状而入于膀胱。

生增多的残余；这样胃脏所不能调煮（消化）的太多的物质便和它 ⁵
所固有的剩余一起分泌（排泄）出来。剩液既然必须有它的容器，
所以凡肺内含血的一切动物便因之而各具备了一个膀胱。另一方
面，那些动物，肺脏不是这样的性状而作海绵状并由是而饮水绝少 ¹⁰
的动物，或是永不为解渴而饮水，只为取食营养物料而吸入液体的
动物们，也就是身上被覆着羽毛或棱甲①的诸动物——所有这些
动物，由于饮水量小，又由于它们如果有什么剩液，便转成了羽毛
或类此的事物，都无例外地不具备膀胱②。原本列在棱甲动物中 ¹⁵
的龟族是唯一的例外；它们于此独异的原因是由于其天赋构造未
曾发育完全的缘故：这于海龟（蠵龟或玳瑁）而言，它们的肺是肉质
似的，内含血液，类似牛肺，于陆龟的肺而言，这是很不相称地巨
大③。又，因为它们的被覆物密实而似贝壳，异于鸟类与蛇类以及 ²⁰
其他棱甲动物们，水分不能从肌肉的孔隙渗出，这样，凡它们所形
成的一些分泌就需得有一个专门的容器来受纳并涵储。这就是龟

---

①　亚氏于鱼"鳞"称 λεπίδες，于爬行类的被覆称"棱甲"φολίδες，应用着绝异的两字；但于两者的性状，只在本书 iv,2,691ᵇ16，及《动物志》,i,6,490ᵇ22，说到棱甲较鳞片为硬；在《动物志》,iii,10,517ᵇ5 说到棱甲，似角质。参看本书，卷四章十三，697ᵃ5 注。

②　所有一切胎生四脚动物，即哺乳类，除单孔目（monostremata）外，都有一储尿膀胱。鸟类无膀胱。许多鱼的输尿管有一扩大部分，略相当于膀胱。爬行纲中，蛇目与许多蜥蜴无膀胱；但某些蜥蜴和所有龟目诸种属各有一膀胱，龟膀胱颇为巨大。

关于饮水量，龟实不少。达尔文记述嘉沁岛上（Chatham Island）水泉边群龟常去饮水的道路践踏得又宽又光（《比格尔舰航行记》，*Voyage of Beagle*，383 页）。

③　龟目（chelonia）的肺脏较大多数的蜥蜴及两栖纲的肺脏大得多。龟肺"在诸内脏之上，缘背部伸长直至体腔的底部而止"（居维叶，《比较解剖学教程》，iv.347）。龟肺不仅较大，又于不透气的被壁间，所有内充实质也在比例上较多（罗勒斯顿，《动物生活诸形式》，Rolleston，"Forms of Anim. Life"，lx）被壁内实质较富厚，海龟比它龟为尤甚（居维叶，《比较解剖学教程》，iv，324，332）。

族于其棱甲同类中何以独具膀胱的理由，海龟具有一大膀胱，陆龟则有一个很小的膀胱①。

章九

上所陈述于膀胱的各端，同样适合于肾脏，因为一切被覆着羽毛或棱甲的动物们也都没有肾，而海龟与陆龟独为例外。② 可是，
30 鸟类某些种属实具备若干扁形的肾样体，好像那些分配着作为制肾的肌质未能找到足够大的部位，于是便分散在几个地点③。

淡水龟④既无膀胱也无肾脏。因为它们的壳性软，液体容易渗透，所以上述的两种器官于这一品种的龟都不存在。可是，其他
35 肺内含血的诸动物，如已陈明的，都具有肾脏。自然赋予两肾以两

---

① 贝劳，《动物自然史劄记》(Perrault，"Mém. pour servir à l'hist. nat. des Animaux"，第二分册，403 页)：贝劳屡次解剖龟类，所得记录和这里的叙述相反，陆龟膀胱大，海龟的小，所以他认为这里"海""陆"两字在抄本上也许是误换了的。

② 《动物志》，卷二章十六，有相似记载，卵生动物除龟外皆无肾；又龟肾似牛肾，由许多小块合成。龟肾在外表看来确似有许多区分的，凭这实录足见亚里士多德确曾检查过龟目脏腑。但他何以失察于其他诸卵生动物的肾，殊属可异。鱼鸟蛇蛙等，以及群龟的肾固然形状大异于群兽的肾，一个不经心的观察者很容易误失这一构造。但亚里士多德既然辨识龟肾，又失察于其他那些动物的肾，总是不易理解其误失缘由的。渥格尔认为他有了膀胱为成尿主要器官而肾为辅助器官那样的成见（见于卷三章七，670ᵇ28 及注），因此在他看来，"既无膀胱的动物，若竟有肾，便事属荒谬的了"，恰如我们现在看来，"既无肾脏的动物，若竟有膀胱，便是事属荒谬"一样。于是，他实际上看到了鸟肾，也不承认它们是真肾，而称之为 πλατέα νεφρωειδῆ "扁形肾样体"。

③ 鸟肾几乎常例为三页肾，平贴于腹腔背部，嵌入骨间的相邻接三个罅隙。

④ ἡ ἐμύς 见于《动物志》，卷五章三十三，558ª8 的是淡水品种；今知希腊有数种淡水龟，这里的"希米斯"究不知是何品种。凡今所知龟目诸龟，和所知淡水诸龟都有一膀胱，现世归属于淡水龟科(Emydidae)的希米斯属（欧洲池龟）中没有哪一个品种是软壳的。

项不同的作用,即分泌剩余和供为血管的系属①,大血管有一条分   671[b]
支是引入这两肾的。

肾脏中央的洞孔,于不同类属的动物,容积是不相等的。一切
动物的肾都有这一洞孔,唯海豹肾为例外。② 这种动物的肾比之   5
任何其他动物的肾为较硬实,而在形式上则似牛肾。人肾形状与
之相似,这种形式的肾实际上是多个小肾合成的③,异于绵羊肾和
其他四脚兽的肾,外现作笼统而无区划的表面④。为此故,一个人
的肾,如经染病,便不容易治愈,因为这像不止一个而是多个肾在   10
患病,自然就难于疗治了。

从大血管(大静脉)引至肾脏的管道不终止于中央洞孔,而展
布于这器官的实体之中,这样那洞孔中就没有血,在动物死后,其
中也不见有任何凝胶物质。一对强韧的管道分别从每一肾的洞孔   15
引至膀胱⑤。另些强韧而连续不断的管道,自挂脉(大动脉)引到
了肾⑥。这样的安排,其目的在使血管中的剩液可渗入肾体而肾

---

①   参看上文 iii,7,670[a]8 及注。

②   海豹肾孔极小。布丰,《自然史》(Buffon, "Hist. Nat.")xiii,图片第 48,有海
豹肾脏断面图。这肾有为数甚多而且分明的许多页,这里所说像牛肾的,就是这形状。

③   人肾,除了偶见的怪异构造外,例无分页。但胎体则肾有分页。这是后世于亚
里士多德的人体构造知识得之于死胎解剖这种推测的一个依据。渥格尔译文,1882 年
本,149 页,卷一章五注,另举有其他三事:心尖偏左而右心房在上位(iii,4);脑稀释(ii,
7,653[a]34);这些都较切合于胎体;世上有无胆囊的人(iv,2,676[b]32,677[a]8)(实际只是
胎体的胆囊须待肝脏长大而后才发育起来,这样凡解剖较早流产的胎体就不见胆囊)。

④   兽肾常例不分页,但例外而有分页的不止牛科动物:象、熊、水獭的肾皆有分页
构造。

⑤   这些无血管道是输尿管(ureteri)。

⑥   由大静脉和大动脉引来的血管分别为左右肾静脉(v. renalis)与左右肾动脉
(a. renalis)。

20　内分泌则滤过这器官的实质而汇集于中央,那里依常例是有一洞
　　孔的。〔顺便说起,这就是肾在诸内脏中何以气味最为恶劣之故。〕
　　从这中央洞孔,由上已叙明的管道泄出液体,这液体业已在相当程
　　度上具备剩废分泌(尿)的性状①。膀胱系碇于肾脏,如上曾言
25　及②,这是由强韧的管道为之系属的。这些就是肾脏所由存在的
　　目的,这些器官的机能就是这样。

　　　　于一切有肾动物,右肾位置皆高于左肾。③ 因为一切活动既
30　是始于右侧④,右侧诸器官总较左侧的为强,而且必须比它的对侧
　　相应器官各都抢先一些;这样的情况显见于这么一个事实,人们常
　　轩昂其右眉,右眉比之左眉拱起得较高。这样,右肾,于一切动物,
35　都提高而接触着肝脏,肝脏是位在右侧的。

672ᵃ　　　　于所有诸脏腑中,肾最富于脂肪。这,第一,是事属必需的,
　　因为肾是剩余物质由以滤过的一个构造。到此而留存的血液,经
　　这番清滤而后,已是最净纯的素质而易于调煮的了,而血液在最后
　　完善地调成的事物正是软脂与硬脂。相似于固体事物经燃烧后的
5　灰烬内尚残存有某量的热,调煮后的体液中也留有一些余热;所以
　　油性物质总是轻些,浮在其他液体的面上。脂肪不是在肾内形成
　　的,肾体这么密实当不容易在其中进行创制过程,只是已调成的脂
　　肪到此而沉淀在它们的外表面上。这或为软脂或为硬脂则依各动

---

①　参看 iii,7,670ᵇ 28 注。

②　参看 iii,7,670ᵃ 17 及注;但这里若以肾为石碇,则膀胱喻舟。

③　这只是一常例,不能普遍通用。而且人肾恰是除外诸例中的一例,人肾,右侧
的常稍低于左侧的。

④　参看《行进》,章四,705ᵇ 29;章六,706ᵇ 17;《说天》,卷二章二,284ᵇ28。

物所成的脂肪性质而相异。这两种脂肪间的差异已在其他章节 10
中①说过了。于是,在肾脏间积有脂肪是事属必需的;如所说明,
凡具有这样的器官就具备积脂的条件而产生这样的结果。可是,
同时,脂肪也有它自己的极因(目的),即保证肾脏的安全并维持其
自然热性。因为两肾的位置靠近体表,它们比其他部分需有较多 15
的热量供应。生体背部被覆有厚层的肌肉,这对于心脏和近邻的
脏腑形成为一保护的盾牌,至于腰部,依照一切须作曲伸的关节处
的惯例,是缺少肌肉的;于是,这里就形成有脂肪以为肌肉的代替,
俾两肾也不至于没有保护。又,两肾既富于脂肪就更能分泌并调 20
煮它们的液体;因为脂肪是热的,而调煮就需有热。

　　这里,肾脏何以多脂的原因就是这样。但一切动物的右肾脂
肪〈比之左肾〉少些②。凡在右侧的各个部分皆自然地较为坚实而
且比之左侧的各个部分较适宜于行动。但行动不利于脂肪,因为
脂肪会被运动所消融,所以右肾的脂肪少一些。 25

　　这样,诸动物常例是因它们的肾脏多脂而获益的;这里的脂
肪常很丰富,布满这些器官的全表面之上。但这样的情况如果
发生在绵羊体内,这就肇致死亡。可是,绵羊肾虽也有脂肪,这
些脂肪不会被满两肾,两肾,或至少其右肾,总有某些部分是暴 30
露着的。绵羊何以是唯一因此受病的动物,或比之其他动物为
较易沾染这样的病患,其故在于其他那些动物的脂肪为性状较
稀释的软脂③,软脂不同于羊脂的易于闭入气体(风)而引发疾

―――――――――――――――

① 见于本书,卷二章五;《动物志》,卷三章十七。
② 奥培尔脱与文默尔(Aubert and Wimmer)说,这于家兔是确实的。
③ 参看卷二章五,651ᵃ35。

病。绵羊的坏疽腐朽病①就由于脂内有闭结了的空气（风）。这
35　样，虽于人类而论，具有肥肾本属有益。然这些器官倘被脂过度
672^b　而成病，也是足以致死的。而绵羊的硬脂却是这么硬，在那些体
脂为硬脂的诸动物中，谁也比不上它，为量之多，又谁也比不上
它，没有哪一个动物会像绵羊在肾上迅速地累积而紧裹着那么
5　多的脂肪②。于是，肾脏便闭入水分与空气（风）而发生坏疽腐
朽，这种疾病以极大的速度消减羊群。因为大血管（静脉）与挂
脉（动脉）引到肾脏的管道是直通而无间断的，这样，疾患便由大
血管与挂脉直侵着心脏。

章十

我们现在已讲过了心与肺，还有肝、脾和肾。后三脏与前两脏
10　之间分隔有"躯体中间膜"（διαδώμοτι），即有些人所称的"弗仑"
（φρένας 膈）。这膜隔离了心与肺，如才经提示了的，在有血诸动物
而言，这就所谓"弗仑"（膈），凡属有血动物各有一膈（横膈膜）③，
恰如它们各有一心与一肝。因为它们需要有一个中间膜来分隔心

---

①　这里所说脂肪累积而引致死亡的疾病，于绵羊而言似乎是指腐朽病症（rot）
（σφακελισμός 由坏疽引起的病症）。毓雅脱，《农田通书》（Youatt, "Book of Farm"），ii,
386："这种病畜不会消瘦，反而胖起来。绵羊在患腐朽病的初期有脂肪盛行积聚的趋
向。"又，刚琪（Gamgee, "Pr. Coun. Rep."v, 240）；腐朽病有时发展迅速，"这一季节
中，为数甚多的绵羊急促地死于这病患。"

②　约翰亨得说牛与绵羊比大多数的其他动物，在肾脏、腰部与胃内较多脂肪
（Museum Cat, iii, 312）。

③　这里所说有血动物，相当于脊椎动物，实际上大多数脊椎动物只有与膈膜可相
拟的一个构造；完善的横膈膜限于哺乳纲诸动物才有。可是下文所叙的 διάδωμα "中间
膜"实为完善的横膈膜（diaphragm）。

脏区域于胃部区域，俾这感觉灵魂所寄托的中心可不受任何扰乱 15
而至于委顿，胃部直接取食，引致大量的热，其上升气是可以扰乱
这中心的。自然为防止这种扰乱，制作了这膈膜，像一垛隔墙或
篱笆那样为之区分，这样，如其可能而尽使上下皆相分离，一个
生体内的较尊贵部分就与较不尊贵的部分隔开了。因为在上的 20
部分总是较尊贵的，在下的部分则由以得其存在，而那个为了上
部而存在的下部，于其作为食物的容器而论，却也组成为身体的
必需构造。

横膈膜在靠近肋骨处较富于肌肉而比余处为强韧，中部则宁 25
是膜样的性状；这样的构造既强韧而又可得伸缩，是最有利的。这
里，中间膜是从胸廓边横生的一个构造，由于它靠近胃，吸收着那
里来的热和剩液，这可证见它的功用在于作为一个帘幕以遏止从
下而上的热气。如果这些热气上升，理知和感觉就受到显著的影
响而被扰乱，确是为了这缘故，中间膜被称为"弗仑"（φρένας）[1]，
好像它对于思想（φρονειν"弗罗那因"）过程有某些关系似的。可 30
是，实际上，这在思想过程中是全不参加的，只因为它靠近思想器
官，在这器官（心脏）上有所活动时，这会引致思想的显著改变。膈
膜的中央部分何以单薄，也可由此得到解释。恰如靠近肋骨的肉
质外围较其余部分为多肌肉是事属必需，中央部分的单薄[2]，在某 35
一方面而言，也事属必需，但，除此而外，这也自有其极因（目的）， 673^{a}

---

① 现代解剖学上还沿用着"nervus phrenicus"（膈神经＝"思想"神经）以及
"phrenic centre"（膈中枢＝"思想"中枢）这样的名词。

② 单薄的中央部分，实际是腱质膜，现代解剖学家称隔膜的这个部分为"心形腱"
（cardiform tendon）。

唯其特为单薄，所以它只涵持尽少的体液；如果膈膜全部统是肉
质，这部分将吸收并涵持大量的体液。加热于膈间，感觉迅速地受
其影响，这可由颇为著称的嘻笑现象为之说明。当人们被搔痒的
时候，很快地就嘻笑起来，因为这动作很快地撩到这个部分，并促
进了它的热度，这热量虽微小，却显然扰乱了心理作用，而发生不
由自主的活动。何以独是人类才在搔痒时有此现象，这第一由于
他们的皮肤细腻，第二正因为人是唯一能笑的动物。就这样，搔人
痒处，便撩使大笑，引发大笑的活动就在上已涉及的胳肢窝。

又，据说，当人们在战斗中受伤，如恰在膈膜附近被创，由于创
口发热，他们看来就像是尽在嘻笑着的。① 这可能是确实的。姑
不管它是否真正确实，写下这种记载的作家，比之讲述人头被切下
之后还在说话的故事的那些人们，总是较为可信的。有些人硬说
这种故事是真实的，而且竟引荷马的诗句为之作证，窜改原文"讲
话者的'头'"而成为"滚落尘埃间的'头'还在讲话"，② 据称这种故
事原本于这一诗句。在加里亚，这种怪异的可能性竟被那么广泛
地接受，甚至那里有一个人就凭以下的情事，实际被逮捕而予以审
讯。盔甲宙斯（大神）③庙的神巫被暗杀，但迄未能确知谁是谋杀

---

① 横膈膜倘突然开裂，常立致死亡，据说在这情况致死的人，面部无例外地作奇
异的表情，称为"狞笑"（risus sardonicus），参看《医药科学字典》(Dict de Sci. Médic.)，
ix，217。

② 荷马这原句见于《伊利亚特》(*Iliad*) x，457；《奥德赛》(*Odessey*) xxii，329。现行本
这两书上皆作 φθεγγομένου "讲话（叫喊）者的"，不作 φθεγγομένη "讲话（叫喊）"；照这未窜改
的诗句，应是"讲话者的头滚落到尘埃间了"。讲话或叫喊是在头未被切断以前。

③ 依《里斯字典》，ὁπλόσμιος 这字两见于希腊古籍，除这一节外，另见于吕哥茀隆
(Lycophron)诗篇，614 行，其义盖为"身被盔甲"或"全副武装的"。加里亚有"盔甲宙斯
(△ιός) 大神庙"，伯罗奔尼撒有"盔甲希拉（"Ηρα）神后庙"。

者；随后有些人陈说他们曾听到那被杀者业已脱离了身体的头曾反复多次喊称"寇尔基达斯杀人"。于是，全境举行搜索，找出了名为寇尔基达斯的这么一个人，便把他付之审讯了。但任何人要在气管被切断之后，既不复能由肺部获得任何鼓动，再发出声音，念响一个字是绝无可能的。又，在野蛮民族（部落）中，〈尽多杀头的事例〉那里杀头施行得极为迅捷，可是从不曾遭逢这样的事件。又，何以除了人以外，相似的现象不发生于其他诸动物？因为其他诸动物都不会笑，那么这自可推想而知，它们的膈膜倘经受伤，它们都不该是会笑的。还有，人们如果推想头若被切断，而躯干却随后还跑开若干距离，那却是未必合理的；无论怎样，无血动物总是可以在断去头部之后，存活相当久一段时候的，这曾在其他篇章中涉及并有所说明了。①

于是，诸内脏各自存在的作用（目的）业经——讲明了。它们都在血管末端发育完成，这是势所必然的；因为体液和凡属血性的事物总不能不在这些末端分泌出来，就由这些分泌凝结而硬固起来，形成为诸内脏的实质。② 这样，它们都具有血液样性状，相互间实质上都类似而与其他各个部分（器官）则是相异的。

章十一

诸内脏各包裹在一膜内。因为它们需要有些被覆为之保护，

---

① 参看本书 iii，5，677ᵇ27 及注；《灵魂》，卷一章五，411ᵇ19；卷二章二，413ᵇ20；《青年与老年》，章六，467ᵃ19；《生死》，章二，468ᵃ25，ᵇ2；《呼吸》，章三，471ᵇ20，《动物志》，卷四章七，531ᵇ30—532ᵃ5；《行进》，章七，707ᵃ27。

② 参看本书，卷二章十五，658ᵇ24 及注。

5　免得受到伤害,而且这种被覆该是轻的。对于这些条件,膜是完善
地适应的,因为它组织紧密,形成为一良好的保护体,没有肌肉,这
么就既不吸收体液也不涵持体液,而且纤薄,这么就轻,不致增加
脏腑的重量。在诸膜中,包裹着心与脑的膜最为牢固而强韧;^①这
10　不能不说是合理的。这些既是生命活动最主要的部分,而凡属领
导的机能自应予以保护,于是心与脑就得有它们最完善的护膜。

章十二

　　有些动物具备上述所有一切脏腑,而另些动物只有某些脏腑。
15　什么样动物属于后一类以及怎样解释这一情况,业已讲过了^②。
又,同一脏腑在不同的动物体内表现有各种差异。凡属具有心脏
的一切动物,各类属心脏就不全然相同;事实上,其他任何内脏也
没有全相同的。这样,有些动物的肝区分为数页而另些动物相形
起来不见有分页^③。在那些有血动物中,虽是胎生动物也表现有
20　这样的形态区分,而与鱼类和卵生四脚动物,无论相互间作比较或
与胎生动物作比较,这些差别更为显著。至于鸟类,它们的肝很相
似于胎生动物的肝;鸟肝类乎兽肝都作纯净的血液似的颜色。这
因为那两类动物的身体都可得最自在的呼气和发散,所以它们体
内的污浊剩物为量殊少。有些胎生动物,由于这一缘故,全无胆
囊^④。肝脏担负着维持身体组合成分的洁净与健康的大部分功

---

①　心包膜(pericardium)与硬脑膜(dura mater cerebralis)。
②　卷三章四,665^a29 以下。
③　卷三章七,669^b32,35 注。
④　参看卷四章二,676^b26。

能，而这些功能的施行则主要有赖于血液，也最后有赖于血液，所以肝脏比之任何其他脏腑，唯心脏除外，更富于血液。另一方面，卵生四脚动物的肝与鱼肝常例带有黄色①，有些甚至于肝脏全作这种恶浊的②颜色，相符于它们身体一般组成的恶劣素质。这种情况可举蟾蜍、龟以及其他类似的诸动物为例示。

又，脾脏于各不同的动物也相异。于那些有角而偶蹄的诸动物，有如山羊、绵羊与类此诸动物而言，脾作圆形③；唯有体积增大的脾有些部分向纵长延展，例如牛脾的形状，才失其圆形。另一方面，于一切多趾动物而言，脾作长形④。长形脾的实例可举示猪⑤、人与狗。而实蹄（奇蹄）动物的脾形则介乎上述两者之间，一部分宽，另部分狭。举例来说，马、驴与骡就作这样的脾形。

章十三

脏腑不仅于其实质的肿胀状态有别于肌肉，于位置而论，两亦

①　哺乳动物（兽）肝与鸟肝常例为棕红色。爬行类肝带黄色，鱼肝的黄色常更深些。参看居维叶《比较解剖学》，iv，14—16。

②　φαῦλα"恶劣的"：亚里士多德认为血红是正色，带着黄色就表见肝血中混有不净物质。也许这里有取于巫师的"脏卜"习见，脏卜时，以见有灰白色或灰黄色肝为不祥之兆，斑红色肝为吉征；如实取此义，则这里的 φαύλα 相符于里维《史记》（Livius，"Hist."）xxvii，26，所涉及的"turpia"exta."浑浊"内脏。

③　这里 στρογγύλος"圆形"，可能取义于舟形；希腊人称商船为"圆舟"στρογγύλος ναῦς，战舰为"长舟"μακρὰ ναῦς 若取商船之为"圆"，则其实义为"蛋圆形"。

④　牛、驯鹿、与长颈鹿的脾比之于其他反刍类的脾一端较阔（奥文《脊椎动物解剖学》iii，561）。猪脾形长；食肉兽类脾一般为长形。奇蹄动物的脾在体型比例上较食肉兽类的为小；马脾牵长扁平，上端最阔。本章各节大体符合于实况，唯言人脾形长为不确。人脾大小及形状颇多变异，与其他哺乳类脾相比，总不能说是长的。

⑤　参看卷三章十四，674ᵃ27 注。

不同,脏腑处于体内,肌肉则在体外。两者位置不同的缘由在于它们虽都参取着血液的性状,而脏腑是原本为了血脉而存在的,肌肉则如无血脉便不会存在①。

章十四

10　　躯体中间膜以下是胃,于具有食道的动物,连接在食道末端,如无食道,这就直与口腔相连。跟着胃,接上所谓肠。这些部分为一切动物所统备,理由是不假推求而可得明白的。凡为一动物就必须容受所取得的食物;而凡所容受的食物,既经消纳其有用素质以后,又必须排泄之于体外。又,这种剩余事物必须不使占用其中

15　涵持未调煮成熟的养料的同一容器。由于进食与排泄残物分别行之于两个不同的时刻,这样,两项功能也必须在两处实施。所以这必须有一容器收纳进来的食物,另一容器储置无用的残物,而在两者之间则当是又一部分,在这部分之中把食料转化成为残余。可是,这些问题留待我们讲到《生殖与营养》(περὶ τὴν γένεσιν καὶ τὴν

20　τροφήν)论题②时再行讨论将是较为合宜的。我们现在应行研究的只是胃与它的辅助部分的各种变异。这些部分,于所有一切动物,其大小和形状都不是一律相同的。那么,于所有有血而胎生动物中,凡两颌齿列俱全的,它们的胃是单的。所以,一切多趾类,有如

25　人、狗、狮和其余的多趾兽均属单胃;一切实蹄(奇蹄)动物有如马、骡、驴,也属单胃;所有那些虽属偶蹄而两颌齿列俱全的动物们,有

---

①　脏腑的存在是为了血脉,参看卷三章七,670ᵃ8。如无血管,便不能有肌肉,参看卷三章五,668ᵃ14—36。

②　《生殖》,卷二章四,740ᵃ21—ᵇ12;章六,743ᵃ8—章七,746ᵃ28。

如猪①，也属单胃。可是，如果一动物体型既大，而所啮食的又是那么多棘而富于木质的事物，亦即难于调煮的食料，这就因此而该须有数胃，骆驼就是这样的一例。有角诸动物也具有相似的复胃；30 这就因为有角诸动物上颌没有门牙之故。骆驼虽无角，却也缺少上门牙②。推究其故，对于骆驼而言，比之门牙，应是复胃较为重要，所以它宁要复胃而不备这些门牙。于是，驼胃的构造相似于缺少上门牙的诸动物的胃，而其齿列相符合于其胃式，便没有这些牙。674ᵇ 实际上，这些牙也是用不着的。又，骆驼的食物既属富于棘刺，它的舌必须由肉质物料制成，自然把在牙齿方面节省下来的土质物移用 5 之于舌上，使它的舌特为坚实。骆驼像有角动物那样反刍，因为它的复胃和它们的相似。凡属有角动物，例如绵羊、牛、山羊、鹿以及与相类似诸动物都有数胃。因为口腔缺少牙齿，处理食料的机能就 10 不能完善，胃的复式正所以补救这个阙失；几个胃囊挨次地相继受纳着食物；第一胃所得是未磨碎的事物，第二胃所受于第一胃中来的事物，已稍经处理了，到第三胃时，这些已被完全研磨了，再入第四胃时，在那里就成为细腻的浆糜。这就是具备这种齿列的诸动物

---

① 亚里士多德于猪的分类是有所迷惑的。这里，他列之于 διχαλά "偶蹄类"，注明其特异于偶蹄动物而又有 ἀμφώδοντα "两颌齿列俱全"的征状，这样猪虽属偶蹄而不成为反刍类了。上文，674ᵃ2，他列之于 πολυσχιδῆ "多趾类"之中，多趾兽有好多是食肉兽，相反于偶蹄类与奇蹄类的俱属草食。《动物志》，卷二章一，499ᵇ12：猪介于偶蹄与奇蹄之间，并举称猪族有时可得奇蹄品种（这种变异的实例确不是很稀有的）。

事实上，猪具四趾；中两趾较另两趾强，也较长；当行走时，两趾着力，这相同于一偶蹄动物。中两趾与另两趾皆被有角质蹄，但后两趾上悬而不着地。猪，杂食。

② 骆驼在上颌实有两门牙。但这两门牙分别靠拢左右的犬齿，这样在口腔正前面豁开了一空隙。如果亚里士多德认明了这情况，这恰可取作他所发现的齿与角间发育的反比例这构造规律的又一显证。参看卷三章二，664ᵃ1。

所以要有这样复合部分的缘由。这几个胃囊所取的名称是瘤胃、蜂
15 窝胃、多棘胃与皱胃①。所有这些部分,于位置与形状上相互间的
关系必须查阅《解剖学》与《有关动物的研究》诸卷章②。

　　鸟类于容纳食物的这个部分也显见有差异;这些差异的原
因与方才述及的诸动物所由发生差异者相同。这里,因为鸟类
20 全无牙齿,也没有其他什么工具可供切细或磨碎食物之用,它们的
口腔就不能行使其相应的功能,而且比之上述诸动物在这方面的
阙失更甚;所以,我说,鸟类中有些具备所谓膆囊,位于胃前,代行
口腔的工作;而另些鸟的食道或整个宽大③或在进入胃囊内的一
25 段扩张着,这样就形成了一个未切磨食物的预处理储室④;又另些
或其胃部自身某一部分凸出成一隆突⑤,或其胃部自身多肉而强

---

　　①　反刍类四胃参看《动物志》,507ᵇ1—11。第一胃 κοιλία ὁ μεγάλος "大胃",今称
paunch(中国因其形态而称"瘤胃"),或因其位置而称 rumen("喉胃")。第二胃
κεκρύφαλος "网胃",今称 reticulum 或 honey-comb bag("蜂窝胃")。第三胃 'εχῖνος "多
棘胃",今以其多襞积而称"重瓣胃"many-plies,或类之于纸页相叠如书卷,则称 psalte-
rium("书胃");(中国俗称"牛肚"或"牛百叶",常以指这部分),或称 omasum("肚胃")。
第四胃 ἤνυστρον "成糜胃",或称 abomasum("后肚胃")(中国称"皱胃")。
　　②　《动物志》,卷二章十七,507ᵃ34—ᵇ15。
　　③　鸟类食道常例皆宽而可膨胀(参看奥文《脊椎动物解剖》);鸬鹚以及其他捕鱼
鸟的食道尤大。《动物志》,卷二章十七,508ᵇ35,列举慈乌、大乌、腐肉乌为食道宽大的
例)。
　　④　实指腺体"前胃"(proventriculus)。鸟类皆有前胃,但无膆囊的种属比之有膆囊
的,其前胃较大而较多腺体。这种多腺大前胃无疑是代行膆囊功能的(居维叶,《比
较解剖》,iii,408),并作为食料的储藏室。
　　⑤　《动物志》,509ᵃ6 所举示这种具有"某些胃前隆突"τί ἐπανεστηκός 的实例,
κέγχρις,奥文考证之为"Falcon tinnunculus"(褐隼,kestrel)。墨克尔《比较解剖通论》
(Meckel,1781—1833,"Tr. Gen. d' Anat. Comp.")viii,314:日间行猎的诸猛禽各有
一构造特点,"它们的泡囊(l'estomac folliculeux 膆囊)有一凸出的长隆突,容积不大,与胃
相接处有一狭缝以为区分,位置在食道之上,肌肉胃(l'est. musculaire 砂囊)之下"。

韧①，这样，虽食物未经磨细到糜状，可得在内储藏相当久的时间而调煮（消化）它们。自然增加了胃的热性与功效以补救口腔的阙失。另些鸟有如那些具有长腿而生活在沼泽的种属，不备这些构 　30 造，仅有一伸长了的食道②。它们这种构制本于它们食物的湿性，因为所有这些鸟都取食于易消化的事物，而且这些食物既属湿性，不需要长时间调煮，于是它们的消化腔便作这样一种相应的性状。

　　鱼类具有齿，几乎所有一切鱼类的齿③都是锐齿。只有一小　675^a 部分种属.它们的齿不是尖锐的。所谓斯卡罗斯（σκάρος，鲀）可举为非锐齿鱼的一个示例。这种鱼显然反刍，而其他鱼都不反刍④，可能是它独非锐齿的缘由。那些有角而上颌无门牙的动物们也反　5 刍。

　　于鱼类而论，全数的齿⑤尽为锐齿，这样，它们可切割所进的

---

　　① 鸟的砂囊（gizzard）于草食鸟类都强韧而肌肉甚厚，肉食鸟类则单薄而为膜状。

　　② 贝刻尔本，πρόλοβον "膆囊"（各抄本相同），当属谬误，从渥格尔，改 "食道" στόμαχος；原句明言长腿沼泽鸟，即涉禽（grallatores），不备膆囊。《动物志》，卷二章十七，509^{a}9，所云长颈鸟，亦即涉禽，它们 "既没有膆囊，也没有扩张的食道，但食道却特别的长"。

标准的涉禽构造无膆囊，胃也不是肌肉质的，一般食鱼类鸟类胃壁皆单薄。这里，依照亚氏看来，涉禽的食道进入胃前那一段扩张部分，即 "前胃"，也是没有的；这一部分实际与它的薄壁砂囊合成了一个笼统的空腔；这情况至少于鹭是确实的（居维叶《比较解剖》，iii，410）。

　　③ 贝本 πάντας "所有的齿"，从渥改 πάντες "所有一切鱼类的齿"。

　　④ σκάρος 绿鲀（鹦嘴鱼）：鹦嘴鱼科（Scaridae）中，"克里得岛鲀"（Scarus creten-sis）为一反刍鱼，以海藻为食。参看《动物志》，卷二章十三，505^{a}14，卷九章五十，632^{b}11 及注。鲤科（Cyprinudae）的鲤鱼也有反刍品种，以水草为食。参看奥文，《比较解剖》，ii，236。

　　⑤ 贝本 πάντες "所有一切鱼类的齿"，从渥校，依 S 抄本，改 πάντας "所有的齿"。

食物①，虽然不能完全切碎。因为鱼不可能消费多少时间于咀嚼
工作，所以它们不备那种适于研磨的扁齿；这样的齿对于它们是没
10 有作用的。又，某些鱼全无食道，其余的鱼只有短短的食道。可
是，为要促进食物的调煮（消化），有些种属如鲻鲤②的胃富于肌
肉，似一鸟胃；而大多数种属则在靠近胃部处有若干突起，作为储
存食物的前室，于其中进行着腐化③与调煮的过程。于这些突起
（盲囊）的位置而论，鱼类与鸟类间可作一对照。鱼类的这种构造
15 靠近胃部；而在鸟类，如那些种属具有这样构造，则其位置便较低
下而靠近肠的末端④。某些胎生动物的肠下段也相连接有些突起
（盲囊）⑤，其功用与上述的相同。

20 　　鱼类，由于处理食物的构造很不完善，其中好多未经调煮

---

① 参看卷三章一，662ᵃ13 及注。

② κεστρεύς 当为鲻鲤科（Mugilidae）中某种鱼，这鱼名屡见于《动物志》，常被拟为
今所习见的灰鲻鲤（mullet）。地中海现所见的鲻鲤科鱼至少有五种，所有这五种都有
类似鸟胨（砂囊）的肌肉质胃。约翰·亨德（J. Hunter）说："于我所见诸鱼中，灰鲻鲤可
举为具有这种研磨构造的最完善实例；它的强韧的肌肉质胃显然是旨在适应于兼作咀
嚼和消化的两重功用，恰相似于鸟类的砂囊。"

③ 消化过程中包括有腐化作用，原为柏米斯通尼可（Pleistonicus）的消化理论。

④ 硬骨鱼类虽非全部分，却大部分，在幽门（pylorus）后紧接有为数各不同的若
干盲囊，这里说是帮助消化的构造，盖拟之为兽类的胰腺体（pancreas）。盲囊的功用迄
今不明；所说有助消化，未必确实。《动物志》，卷二章十七，508ᵇ22 说鲨（软骨鱼类）无
盲囊，则是确实的。

鸟类，常例有两盲囊，位于大小肠相接处；只有一盲囊的种属，例如鹭鹚是稀少的。
可是，鸟类有无盲囊的种属，在这里，亚里士多德隐括了（另在《动物志》，508ᵇ14，也注
意到）鸟类之有盲囊只是大多数种属。少数无盲囊鸟，如鸬鹚、啄木鸟、鹦、鸱鸮，都是
亚里士多德所熟知的岛种。

⑤ 这里所叙的构造，显然是指兽类的"盲肠"（caecum）与其"虫样附"（vermiform
appendix）。兽纲各科目于盲肠之或有或无殊无准则可循。

(消化)便排泄出去,所有各个种属全都是贪食的,而其中具有直
肠的诸种属尤为贪饕。因为在这样的构造中,食物迅速地通过,
由此而享受的餍足之感就短暂的了,欲念必然跟着随即又旺盛
起来①。

上已言明,凡两颌齿列俱全的动物们,胃皆为小型②。胃的 25
大小常可约略区分为两个典型,而这些动物的胃则各归属于两
者之一,即或相似于狗胃,或相似于猪胃。于猪而言,其胃较狗
胃为大,内有些小小的折皱,折皱的作用是在延长调煮的过程;
至于狗胃,体积殊小,胃围比肠围只稍大一些,胃的内面是光滑 30
的③。

于狗胃型,我以肠与胃比而说它稍大,正因为一切动物,相接
于胃的便是肠。肠,有如胃,显见有许多变异。有些动物,肠是匀
整的,如把它的卷曲拉直,便可见其通体一样,另些动物的肠却各
个段落不一样。有些在近胃的那一段较宽,而在那另一端较狭;这 35

----

① 亚里士多德说:鱼肠短,消化不完全,因此它们就贪食。柏拉图,《蒂迈欧》
篇,也有相似的立论:赋予动物以一长长的肠管,其旨在减煞其贪饕。近代仍还有这
样的想法,歇夫《论消化》(Schiff,"Sur la Digestion")i,44:"特短的肠实际上是贪食的
充足理由。"渥格尔注,鱼肠虽短,却是正常构造而不为特短;鱼类以水族为食,皆为
易消化物,肠短的原因大概由此。

② 本章674ᵃ24,只说到这些动物为单胃,未明言为小胃。但单胃诸动物的胃容
积确乎比反刍类的复胃要小得多。

③ 狗胃,可作为食肉兽胃的一个常例,是小的,带长形,内部完全光滑。猪胃较
大,它的贲门囊(cardiac cul-de-sac)作球形,颇为宽敞,其内表在贲门两侧各有一横折。
参看《动物志》,卷二章十七,507ᵇ19。这里,亚里士多德所分析的两个胃型,其小型实
代表食肉兽的简单胃;较大而较不简单的另一型,则代表其余诸兽;自猪胃起,渐进而
至于反刍类的极复杂消化器官。参看奥文,《脊椎动物解剖学》,iii,463。

675ᵇ 一情况也可顺便解明,狗①在排泄粪秽时何以那么着力。但于大多数动物而言,肠总是上段较狭,下段较宽。

有角动物的肠比之其他诸动物的肠较长,而且是盘绕又盘绕着的②。又,和它们的胃一样,相应于其体型较大,这些肠也容积较 5 大。因为这些动物尽善地处理着它们的食料,凡属有角诸动物,常例,都体型不小。除了那些具有直肠的诸种属而外,③它们的肠,无例外地,自胃部引出后逐渐放宽,至于所谓结肠以及那些盲肠的扩张处而止。自此继续引出的则又渐狭而还是盘绕的。④ 相连着的是 10 直行的一个段落,⑤这一段落终止于排泄残余的出口。这出口称为肛门,有些动物的肛门周遭围绕有脂肪,另些动物无脂肪。所有这些部分都经自然构制得相适应于各种属所进的食物和其剩余的种种处理过程。残余食物逐渐行进至于下段时,容纳这些的空腔便扩 15 大起来,让它们可得留储着而继续被消化。这样,正就是这些动物,或由于它们的体型巨大,或由于这部位(上述有关部分)⑥的热性,需

----

① 居维叶,《比较解剖》,iii,485:"于狗而言,……大肠直径比之小肠大不了多少。"

② 草食兽的肠比之肉食兽的肠一般是较长;反刍类的肠最长。例如绵羊肠长达其体长的廿八倍;草食而不反刍的兔肠长达十倍。至于肉食的狗肠则为其体长的五倍。

③ 这里所谓"直肠"诸动物 εὐθύέντερα,亚里士多德以与"盘曲"肠 ἀναδιπλώσεις 的反刍类相对称,这就该是非反刍类诸兽。这样,所谓"直",只是盘曲较少。看看《动物志》,卷二章十七,507ᵇ34。

④ 这里是结肠的螺旋圈,下文 675ᵇ20,称为ἔλικα(螺旋);结肠渐行渐狭而后盘成螺旋圈。结肠为偶蹄目(Artiodactyla)所通有的一个特殊构造(参看奥文,《脊椎动物》,iii,474)。

⑤ 即直肠(rectum)。

⑥ τόπων"这部位的"指胃部消化器官;参看下文 675ᵇ36,τῶν τόπων ἀμφοτέρων"这两部位之间"。

有较多的营养，比之其余诸动物，消耗较多的饲料。

这也不是没有作用的，恰相似于连接着上位的胃（营养器官）是较狭的肠，从结肠与下位的胃（营养器官）的大空腔中出来的残余食物也通入一支较狭的管道与螺旋管道。这样，自然能够节制她的消费，免得残余在一时间全排泄了出去。①

可是，于所有那些对自己的营养较有节制的诸动物②，它们的下位营养器官，虽其肠管不作直行而也有若干盘绕，空腔总是不宽广的了。这空腔广大当然就需要多量食物，而直行的肠则时时刻刻引起食欲。那么，一切动物，凡其食物消受器官或是简单或是宽大的，都是习性贪饕的，胃肠宽大则一顿就吃大量食物，胃肠简单则进食的间歇期便很短。

又，当食物才被咽入营养器官的上部（胃）时，必然还新鲜，迨下行至于营养器官的下部（肠），其中液汁已被消用，必然只剩粪似的残余，而在两者之间也必然有某一中间部分，在这中段既非新鲜食物也不是粪便，而这两者的演变却正在进行。这样，在我们现在正在研究着的这些动物中，我们就找到了所谓"空肠"ἡ νῆστις（"饥肠"）③；空肠是小肠的一个段落，小肠则是连接在胃部的肠管。这空

---

① 渥注：这里当隐指犦犛（bonasus）（卷三章二，663ᵃ16）。其他动物都不需要这样的安排。

② "对自己的食物较有节制的诸动物"实指肉食兽；所说节制是说它进食的间歇时间较长（卷四章十，688ᵇ4），它们的食料也没有草食兽所进的那么容量大。肉食动物的肠实也盘绕，但比之以上所述的反刍类的肠，盘绕得没有那么多，也没有螺旋管道或宽大的盲肠和结肠。

③ "空肠"是小肠中段的名称，动物死后检查其胃肠时，常发现这一段是空的。νῆστις义为"饥肠"，拉丁译名 jejunum，义为"饥肠"或"空肠"。行入肠内的营养物料通过这一段特速（参看米怜·爱德华，《生理学教程》，iii，130）。

肠就位在内储尚未调煮食物的上腔与内持残余事物的下腔——那
些事物在已成为废物时，便移到这里了——这两部位之间。所有这
676ᵃ 些动物各有一段空肠，但这只在那些体型大的诸种属可得明显地辨
识，而辨认空肠该在它们禁食了一个期间之后。因为只有这样我们
才能揣测食物行抵上下两空腔中途的真确时刻；食物移转的全时间
原就不长，通过这中途的时刻当然是很短的了。于雌动物而言，这
5 空肠可以在肠上部（小肠）的任何段落，但于雄动物而言，这恰在盲
肠与肠下部（大肠）之间①。

章十五

凡具有复胃的一切动物，胃内都可找到所谓"凝乳"，②于单胃动
10 物中，兔③胃内也有。前者的凝乳素既不在大胃（瘤胃）之中，也不在
蜂窝胃内，也不在末一皱胃（成糜胃）内，这只能在介于末胃和头两
胃之间的多棘胃（重瓣胃）内找到④。所有这些动物都具有凝乳之故
在于它们的乳汁性状浓稠；单胃动物的乳汁稀释，所以不形成凝乳。
有角动物的乳能凝结，而无角动物的乳不凝之故也在于这一差异⑤。

---

① 渥注：这一叙述是没有解剖根据的。
② πυετία 的通用字义是指反刍类正在哺乳期的稚兽第四胃（皱胃）胃内的膜（ren-
net），膜内物质具有凝结乳汁的性能；但这名字也应用之于由此而凝结的凝乳，乳酪因此
而内有凝乳物质，也就备了凝结另一份乳汁的性能。亚里士多德应用这字于"凝乳"
（coagulum），也包括"凝乳素"（coagulin）在内。参看《生殖》，ii，4，739ᵇ23；《动物志》，iii，21，
522ᵇ7。
③ 梵罗，《农事全书》（Varro，"De Re Rustica"）ii，11，所载相同。
④ 实误。凝乳实在皱胃，即末一胃内，只有皱胃膜具备凝乳性能。
⑤ 《动物志》，卷三章二十，521ᵇ28；乳的稀稠凭干酪与乳清的比例为别。反刍类乳
汁的干酪，或酪素含量确较其他动物的乳汁为多。

野兔所以形成有凝乳是由于它们所吃的草,其中含有相似于无花果 15
汁的事物①;这类果汁或草汁能凝结为稚兽②胃内的乳。于复胃诸
动物,何以这必须在多棘胃中形成,曾已在《集题》τοῖς προβλήμασιν
中陈明了③。

---

① 油堇属(Pingnicula)的叶内所含汁具有凝乳性能,林奈(Linnaeus)说拉伯兰(Lap-
land)人用以制作干酪。渥格尔说,猪殃殃属的真猪殃殃(Galium verum)也有这种性能。
无花果汁,参看《动物志》,卷三章二十,522ᵇ2。

② ἔμβρυον 常作"胎儿"或"胎体"解;这里作正在哺乳期的小兽解是稀见的;但荷马,
《奥德赛》,ix,245 行中这字也取此义。

③ 现所传的《集题》中,不见此题。

卷(Δ)四

章一

以上业经讲述的脏腑^①、胃，以及其他几个部分的情况不仅可同样适用于卵生四脚动物，也还符应于那些无脚动物，有如蛇类。这两类动物实际上是相亲近的，一条蛇相仿于一条拉长而褫夺了脚的蜥蜴。又，鱼类于所有各个部分相仿于这两类，相异的只是蛇类与卵生四脚类既属陆地动物各具一肺，而鱼类无肺，代之者为鳃。这些动物，除了龟，都无尿囊(膀胱)，鱼类也都没有^②。由于它们肺内无血，它们只偶尔饮少许的水；而且它们体内所有的液质都转化于棱甲，有如鸟类转化它们的体液于羽毛。这样，我们在鸟粪上面所见的白色物，这些动物也各有与之同样的事物。因为^③凡具有膀胱的动物们，其膀胱分泌(尿)泄在受器内以后旋即沉淀下一些土质盐屑^④。[因为甜而新鲜的物质要素是轻的，都应用到肌肉方面了。]

---

① 依亚里士多德的"脏腑"σπλάγχος 命意，胃不算诸脏腑之一；参看卷三章四，665ᵃ31 及注。

② 参看卷三章八，671ᵃ15 注。

③ 从渥校，改 διόπερ"所以"为 διότι"因为"。

④ 从尿内"土质盐"ἁλωρὶς γεώδης 沉淀，隐示凡无尿分泌的动物，从胃肠来的土质盐只能和干残余(粪)一起排泄。于是爬行类和鸟类泄殖腔排泄物表面上就有那些原来是在湿残余中的"白色物"ἐπιλευκαί。从渥校，末一分句加[ ]，这显然是后人的边注。

在蛇类中,同样的特殊情况见于蝮蜷,有如在鱼类中所见于鲨 676ᵇ
族的特殊情况。因为鲨族与蝮蜷都是外胎生而先行卵生于体内
的①。

所有这些动物的胃都是单腔,恰如所有两颌齿列俱全的其他
动物(兽类)之为单胃;又,它们的脏腑特小,凡缺少尿囊的诸动物 5
脏腑常是这么小的。于蛇类而言,这些脏腑的形状又与其他动物
的脏腑有所不同。因为一条蛇的身体既属狭长,它的内涵物也就
得模制成这样相应的形状,所以它的脏腑就都拉长了。

一切有血动物统具备一网膜,一肠系膜②,肠与其附器,还有 10
一膈膜和一心;又,除外了鱼类则一切有血动物统具备一肺与一气
管。至于气管和食道的相对位置,于它们全都相似;原因与上曾言
明者相同③。

---

① 亚里士多德于一切软骨鱼统称之为"鲨类"τὰ σελάχη,其中并误入了"鲅鱇"
(参看卷四章十三,695ᵇ14 注)。他屡言软骨鱼类除鲅鱇之外全属"卵胎生"动物
(ovovivipara),它们产卵于自己体内,在体内孵化。这些软骨鱼幼体,在母体内孵化后,
有些种属是与母体实无解剖(构造)上的关联,但也有些种属,当卵内营养料在胚体发
育时消耗完毕之后,幼体与母体形成连属的构造(《生殖》,ii,4,727ᵇ23;iii,3,754ᵇ27)。
这里亚里士多德所拟的生殖方式实只适用于某些确具有粗简胎盘的鲨鱼种属,许多鲨
鱼与虹鱼种属是卵生的。《动物志》,卷六章十,565ᵃ12—566ᵃ1,于鲨鱼生殖情况叙述甚
详,分别举示了有脐带与无脐带的种属。参看迈伊尔,《亚氏动物志》(J. B. Meyer,
"Thierkunde de Arist". , 1855),281 页。看看《动物志》,564ᵇ18 及汉文译本注。
亚里士多德说硬骨鱼全属"卵生";渥注,这也不是没有例外的,今所知鳚(鲇鱼)科
(Blennidae)鱼中是有"胎生"品种的。
外胎生与内胎生之别,参看卷四章十,692ᵃ13 注。
② 所有脊椎动物皆有一"肠系膜",唯鳗、鲤与其他科目的一些鱼为例外,但这些
动物在胚胎发育期间还是有这膜的。关于"网膜",看看卷四章三,677ᵇ23 注。关于"膈
膜",参看卷三章十,672ᵇ13 注。
③ 见于卷三章三,664ᵇ3,665ᵃ9—25。

章二

15 　　几乎所有一切有血动物都各有一胆囊。其中有些,胆囊系
属于肝,另些与这器官相分离①而系属于肠,前一式安排和后一
式安排一例显见胆囊是下胃的一个附属器官②。于鱼类,这情况
可以最清楚地看明。因为一切鱼都有一胆囊③;其中大多数系属
20 于肠,有些,例如鲣(弓鳍金枪鱼)④,胆囊沿着小肠整个像一附件
连接在肠边。于大数的蛇类,其位置相似于此。所以这是没有
根据的,有些作家⑤误持了胆囊的功用在于某些感觉(情感)活
动。他们说,当胆囊被冷冻时引起烦恼的感觉,当其融和时,感
觉又恢复了愉快,这就因胆囊作用于肝脏而影响了感觉灵魂的
25 缘故,胆囊原来寄寓在肝脏近边。但这是不可能的。因为有些

---

　　①　蛇目某些科属的胆囊实际上全然与肝脏分离,而位置在羣近幽门处。凡其
舌卷纳于一鞘内的诸蛇,胆囊位置都是这样(杜维尔诺埃,《自然科学年鉴》,Duver-
noy,"Ann. d. Sci. Nat",xxx,127页)。相似的情况也见于某些鱼类(奥文,《比较解
剖讲稿》,ii,243),例如鲛鳝、剑鱼、海鳗鲕以及其他诸种属;所有这些,在《动物志》,
卷二章十五,506ᵃ15都曾列举为这种胆囊位置的实例。这种安排方式大概与这些动
物的长体型相符适,而是一个有利的装配方式。

　　②　关于"下胃",参看卷二章三,650ᵃ14注;卷三章十四,675ᵇ19。这一句原文可
疑,渥格尔揣其原意应在说明,无论其胆囊作何种型式,胆汁总是在上胃(即真正的
胃)下某一点注入小肠。

　　③　鱼类无胆囊者甚为稀少,今所知无胆鱼有锯鲛、负暄姥鲛与吸鳗。

　　④　῎Αμια今用作鲈科鳜鱼名称。这里所举"亚米亚"(amia)这名称盖为居维叶
所拟的萨尔达青花鱼(Scombre sarda)。这种鱼盛产于地中海。相似于青花鱼科
(Scombridae)的金枪鱼、松花鱼(曼鲣)等,它们的胆囊以细长著称。居维叶,《动物世
界》(Règ. Anim.)ii,199;奥文,《比较解剖讲稿》,ii,244。

　　⑤　这一节概括柏拉图所说胆囊的功用,见于《蒂迈欧》,71。原文晦涩,从渥格
尔英译文作解。

动物全无胆囊,例如马、驴与骡,鹿与麋,还有些动物,例如骆驼
无明显的胆囊,仅有些细小的脉管内含胆汁样物质。又,于海豹
体内这种器官是没有的,于完全生活在海中像海豚那样的动物
也是没有的[①]。虽是在同族范围以内,有些〈品种或〉个体显示其
有胆囊,而另些〈品种或〉个体却没有[②]。鼠族与人类可举为这样
情况的示例。因为有些个体体内可显见有一胆囊系属于肝脏,   30
而另些个体却全不见有胆囊。据此而论,全族究竟有无这个器
官这就成为一个争执的问题了。每一观察家依照他自己在各个
个体检查所得的或有或无,便推断那一族动物的胆囊之或备或
不备。于绵羊与山羊,也见到过这样的情况。这些动物常是具   35
有胆囊的;但在某些地区,羊胆竟有那么大,看来像是一个怪异 677ᵃ
了,那克索岛上的羊群就是这样的实例,而在另些地区则又全
无胆囊,在欧卑亚的嘉尔基区域居民的羊群中可见到这样的实

---

① 这里所列举的无胆动物,除海豹外,其余皆经近代解剖学证证实。海豹属中
犊海豹(Phoca vitulina)有一胆囊。亚里士多德时,大家较熟悉的是僧海豹(Phoca
monachus)(居维叶,《动物志》,i,169),僧海豹无胆囊。弗朗济斯拟亚里士多德所解
剖的适为僧海豹。参看《动物志》,卷二章十五,506ᵃ23 及注。

② 参看《动物志》,卷一章十七,496ᵇ22 及汉文译本注。这里"同族"可两解作
同品种或同科属。同种而胆脏或有或无的实例现代解剖学中可举示长颈鹿(奥文-约
里 Owen-Joly),鹬与星鹭(奥文),珠鸡(基尼亚鸡)等。于同科异种的群鼠,这种现象
尤为显著(居维叶,《比较解剖》,iv,36)。但于人类则无胆囊的个别特例,是稀有的。
罗基坦斯基《病理解剖学》(Rokitansky, Pathol. Anat.)ii,155,与《哲学通报》(Phil.
Trans)1749 年刊,记录有生而无胆的个人特例。可是这样的特例,亚里士多德绝不
能知悉;故生物学及生理学史家多揣测他所解剖而检察的当是人类的流产胎体。人
胎到第三个月,肝脏充塞腹腔,其上始见有胆囊方在发育。亚里士多德所解剖者若为
三个月以前及三个月以后的流产死胎,就可得人类胆囊与鼠族胆囊同属可有可无的
结论。

5　例①。又，鱼类的胆囊，如上已言及②，与肝脏分离，间隔相当的

远③。阿那克萨哥拉和他的从学之辈似乎也同样是错谬的，他们

认为胆囊中苟储液溢出而喷着于肺脏、血脉、与肋骨便引起急性疾

病。因为凡患这类病症的人几乎无例外地都无胆囊，如行解剖（尸

10　体解剖）这是可以显证的。又，在这些病例中，所有的胆汁原量与

其渗出量之间是不相符应的④。最可能的解释是这样，胆汁既然

在任何其他部分出现时被看作是排出的坏废物质，那么当它存在

于肝脏区域时也应同样是无复实用的一些分泌；这种分泌也只是

15　相当于胃肠的排泄物。虽然粪秽偶尔竟被自然应用于某些有益的

功用，可是我们必不能在所有一切事例上都指望有这么一个终极

目的；动物体内既赋有这个或那个组成部分，各具有如此如彼的性

状，凭这些性状而必然发生的后果是可有许多种的。于是一切动

20　物，凡其肝的组成是健康的，而所供应的都是甜的血液，别无他

物，这在肝脏上便全无胆囊，或仅有一小小的含胆的容器；或有

些个体具有这一器官而另些就没有这样的部分。这样，凡无胆

囊的动物，其肝脏常例是颜色良好而味甜；于有胆囊的动物而

25　言，则直接于胆囊之下那部分肝脏是最甜的。但，由成分较不纯

洁的血液所形成的动物，它们的不纯残余便作为胆汁而分泌出

来。残余的实义本相对反于营养，而苦味就是甜的对反；至于健

---

① 参看《动物志》，卷一章十七，496ᵇ26。

② 参看上文，676ᵇ10。

③ 这样，胆囊及其胆汁就不能像"有些作家"所说，对肝脏致其作用。

④ 一动物体在死后若干时刻解剖时，常见胆囊附近各部分为渗出的胆汁所沾而
作黄色。这种渗出量是颇为微小的。人患黄疸病或动物有此病时，胆汁加多。渥格尔
拟亚里士多德此节所说，本于这些情况。

康的血液当然是甜的。所以,这是显明的,苦味的胆汁不能作任
何有益的用途,而必然只是净化过程中的一些排泄①。古代作家　30
所谓"无胆囊者寿长"之说大概不是妄语。他们这么说着,心中
当是想到了鹿②和实蹄(奇蹄)动物;因为这些动物无胆囊而生命
却长久。但除了这些动物以外,其他如骆驼与海豚,虽未曾为古
代作家所见及,也是无胆囊动物而实际上恰又寿长③。有鉴于肝
脏确乎不仅有益而且在一切有血动物都属一必需的生命构造,　35
寿数长短有赖于这个部分的性状正该是合理的。于是,不由任　677ᵇ
何其他器官而正由这一器官分泌有如胆汁那样的残余,也该是
同样地合理的了。因为心脏既然不能忍受任何剧烈的演变,这

---

① 《动物志》,iii,2,511ᵇ10:胆汁有黄黑两种。黑胆汁 χολὴ μέλαινα 在希腊古医学
中一向视为病理分泌(参看《希氏医学》,"要理"篇 Aphor.,1249,柏拉图,《蒂迈欧》,
83C),引起人们的 μελαγχολία "黑胆病"(melancholia,"忧郁症")。本书这章以胆汁味
苦,凡味苦者均非良好营养,视为坏废分泌,而胆囊于诸动物也成了非必需器官。
　　现代生理学,由于患胆囊瘘管的动物与人,可做多方面的胆汁实验,于其性状与功
能日益明了。胆汁为肝脏分泌,初分泌时碱性,储于胆囊中时酸性;内含甘氨胆酸钠
(Na-glyco-cholate)与牛硫胆酸钠(Na-taurocholate)两种胆盐,和胆红(bilirubin)与胆绿
(biliverdin)两种色素。人及肉食兽红多绿少,草食兽及鸟类绿多。胆色素为血红蛋白
分解废物,须排出体外。胆盐则为肠部消化作用所必需的物质,具有乳化脂肪,中和食
物酸性,并刺激肠壁,增加蠕动以及杀菌诸功能。以人体为例,肠内有营养料时,胆汁
自肝管引出与胆囊中自胆管引出的前储胆汁合并于总胆管,而通入十二指肠,使肠机
能得行其消化过程与养料吸收过程。肠内无物须待消化时,肝脏这分泌便由胆管倒输
于胆囊而储藏起来。
② 鹿寿,据弗罗卢斯(Floureus),为三十至四十岁。《动物志》,卷六章二十九,
578ᵇ25,说鹿妊期短,稚幼期短,均非寿长之征,古人多信鹿寿久长为不靠。这里举
示之为长寿动物,两异。
③ 《动物志》,卷八章九,596ᵃ10,记骆驼寿命为三十岁,其特长者可至百岁。布尔
克哈特(Burckhardt)称驼寿四十岁。《动物志》,卷六章十二,566ᵇ24,记渔民有于捕获
一海豚时,加之标志,后隔三十年而再度捞获,故可推断这一海豚寿命必三十岁以上。

5 样的液体在它近边就绝不容许,而除了肝脏之外,其余诸内脏又不
是每一动物的必需部分。所以肝脏就得独特地具备这个附属装
置。总而言之,凡是胆汁,我们就须认明它是一种残剩事物。不把
胆汁在任何处检到都当作是一种残余,而假想胆汁在这部分具有
某种性质而在另部分又作别种性质,有如假想黏液或胃部排泄物
10 依其位置而异其性质,都是同等荒谬的。

章三

这里,于胆囊以及何以有些动物具备胆囊而另些不备的缘由
已说得够多了。现在我们还得讲述肠系膜与网膜,因为这些膜都
与上已叙及的诸部分联结在同一个体腔以内。于是,讲到网膜,这
是一个储脂的膜,所储脂则依各该动物的脂肪一般地为硬性或软
15 性而分别为硬脂或软脂。什么类别的动物具有什么性状的脂肪,
在这论文的较前部分内^①业经讲过了。在单胃动物和在复胃动物
中,这膜都一例地从胃中部起生长着,一路绵延,像在胃上附加了
一条缝。这样,由所系属的部位起就展布而覆被了胃的其余部分
20 和肠的大部分,这在一切有血动物,无论其生活于陆地或于河海,
全都相同^②。这个部分的发育成为这样的一个形式,如曾言及^③,
为必需的后果。因为干物(固体)与湿物(液体)在任何时候混合而

---

① 参看卷二章五,657^a35。

② 卷四章一,676^b11 与《动物志》,卷三章十四,有相类似的错误叙述。唯哺乳动物具有网膜。

③ 成膜的原因为事属必需,即由于物质本性的发展,不见于本篇上下文。《生殖》,卷三章四,739^b27 却说得颇为详明。但《生殖》为后于《构造》写作的篇章。

加热，其表面就必然转变成皮肤样的膜层，而网膜所在的位置恰正 25
是充塞着这样混合性状的营养物质。又，由于这个膜的组织紧密，
血液营养中便只有那些油脂性状的部分才能滤入其中，这部分正
是由最微小的颗粒组成的；这些最微小的油粒一经渗到膜内，这里
的热度就调炼并转化之或成为硬脂或成为软脂，肌肉样组织或血
性构造都不会由这些微小油粒形成。所以，网膜的发育就只是一 30
个势所必然的过程。但网膜一经形成，自然便应用之于一个目的，
让它辅助并促进食物的调炼。因为一切热物皆有裨于调煮，而脂
肪是热的，网膜则是脂肪。这些也可因以解释网膜何以从胃中部
下垂的实况；因为胃的上部有邻接的肝脏相助着调炼（消化），这就
无须更有网膜了。关于网膜，这已说得这么多了。 35

章四

所谓肠系膜（μεσεντέριον"肠间构造"）也是一个膜；这膜缘着
肠的全长不断的延展至于大血管（大静脉）与挂脉（大动脉）。在这 678ᵃ
膜内有许多密结着的血脉从肠间引到大血管与挂脉。所以形成这
个膜，有如其他由于必需而形成的〈类此〉诸部分①，我们将会勘知
其实出事势的必需。可是，思索起来，于有血动物，肠系膜所由存 5
在的极因（目的）是显而易知的。诸动物当然须自外界取得食料，
这食料又得转化为终极营养，然后分配到各别部分以维持其机能；

---

① 各个部分的存在有些是势所必然（"必需"）的后果，有些是自然为达成某些目
的（功用）而构制起来的，这里，不能说"其他诸部分"τοῖς ἄλλοις μορίοις，从柏拉脱校
订，增〈τοιούτοις"类此的"〉。柏拉脱另一拟议为将 μορίοις"诸部分"改为 ὑμέσιν"诸膜"。
膜为事出必需的构造，参看上文 677ᵇ23 与《生殖》，卷二章四，739ᵇ17。

这终极营养,于有血动物而言,就是我们所说的血液,于无血动物
10 而言,则别无确定的名称。既然如此,这就必须有一些沟渠,俾这
些营养可从胃〈肠〉,经由它们像经由根株那样进入血管。现在,植
物的根株是从土地中引出的,因为植物的营养正由土地为之供应。
但于动物而言胃与肠代表了那营养所由来的土地。于是肠间膜恰
15 成为内藏这些根株的一个器官;而这些根株就是贯通其间的许多
血脉。这就是它所由存在的极因。但这些血脉怎样吸收营养,以
及进入这些血管的那部分营养如何由以分配到全身各个部分①,
20 这些问题将留待我们讲论关于《动物的生殖与营养》时,再行研究。

于有血动物的体制,凡上已提到的各个部分以及它们所以形
成那么样的结构的原因,现在业已一一说明了。依自然的程序,我
们该应挨次而言尚未叙述的,由以区别雄性与雌性的生殖器官。
但随后我们既然于生殖问题将作专门研究,那么把这些部分推迟
25 到那时候来讲论,当是较为合宜的。

章五

与我们上所讲论的诸动物很不相同的有头足类(软体动物)与
甲壳类(软甲动物)。因为这些动物绝无任何脏腑②;实际上一切
30 无血动物,包括另两个类别,即介壳类(函皮动物)与虫豸(有节动
物),都是没有脏腑的。因为由以形成为脏腑的材料,于它们而论
全不存在,这就是说,它们全都无血。推求其故这须直溯到它们的

---

① 从渥格尔,改 ταῦτα"这些部分"为 πάντα"全身各个部分"。
② 参看卷三章四,665ª31 及注。

基本体制。某些动物有血,另些动物无血,这样的基本差异必然涵
存在它们所由决定其实是(本体)的原义之中。又,在有血动物方 35
面所存在的,凭以制作脏腑的诸极因,于我们现今正要考虑到的诸 678ᵇ
动物,全都不存在。它们既无血管,也没有尿囊①,它们也不呼吸;
于它们所必须具备的唯一部分,只是那可相拟于心脏的一个构造。
一切动物必须有某个中心统制部分,在全身中,于此安置灵魂的感
觉部分与生命的本原。营养诸器官也是一切动物所必须具备的。 5
可是,它们的营养器官却依它们所由获得其食物供应的居处之不
同而相异。

于头足类而论,包含在它们所谓"口"内有两齿②;就在这个口
内还有一个可当作舌用的肉质似的部分,凭以辨别良好或恶劣的 10
食物。甲壳类具有与头足类相仿的牙齿,即它们的前齿③,也有那
可相拟为舌的肉质器官④。又,这后一个部分也可在所有一切介
壳类中检得⑤,这是,有如于一切有血动物的舌那样,供作味觉识

---

① 亚里士多德认为尿囊与肺是血液丰富的征象(卷三章八,671ᵃ1),而内脏的形
成正以消耗大部分的超逾血液。自 31 行到这一句,挨次说到了无血动物何以无肺与
膀胱等的物因、本因、极因与动因。

② �的 δύο ὀδόντας "两齿",为鸟喙状的两半牙角质颚。所谓 ἀντὶ γλώττης
σαρκώδες "肉质似的代舌部分"为一大器官,其前端"组织甚软,周遭有许多乳突,具有味
觉器官的完善性状"(奥文)。

③ 这里所说 τοὺς πρώτους ὀδόντας "它们的前齿",实指虾蟹的剪刀状大颚(man-
dibulae)称之为"前",所以别于下文即将涉及的胃齿。

④ 所说"拟舌"τὸ ἀνάλογον τῇ γλώττῃ,其他古希腊作家或径称为舌,实际上是双
分的下唇,不能与舌器官相比拟。参看托德,《通书》,i,773。

⑤ 介壳类的"齿舌"(odontophora),在亚里士多德之所谓螺蜗,即腹足纲诸科属,
为一特别显著的器官,但在他列为两瓣贝,即瓣鳃纲,诸科属却是没有的。参看《动物
志》,卷四章四,528ᵇ27 注。

15 别之用的。虫豸类也有相似的设置，有些昆虫，例如蜜蜂与蝇族，
    曾经叙及①，它们的刺吻从口部突出，而另些没有这样工具的虫豸
    则在口腔内自有一个部分具备舌的功用②，蚁族与其他相似诸虫
    可举示为后一实例。至于齿，有些昆虫是具备的，例如蜜蜂与蚁
20 族③，但它们的齿作变异的形态，另些以液体为食的虫豸是不具备
    的。许多虫豸的齿不作处理食物之用，而是作为武器运用的。

    于某些介壳类而言，如曾在第一篇论文④中所曾叙及的，那被
    称为"舌"的器官颇为有力；海蜗也有两齿⑤，恰相似于甲壳类。头
25 足类的口腔接连着一个长长的食道。这食道引向一个膆囊⑥，相
    似于鸟类的膆囊，而胃则直接于膆囊，从胃引出的肠，不作盘旋而
    径达肛门。鰂（乌贼）与蟑（章鱼），于形状以及这些部分的组成而

---

　　①　参看《动物志》，卷四章四，428^{b}33。

　　②　虫豸的"舌"，实际上是唇的上部，有些种属的上唇是很分明的。至于蜜蜂与蝇
类，这唇上部与下部合成为 προβοσκίς（＝ἐπιβοσκίς）"突吻（刺吻）"；因此，亚氏意谓这
"舌"只有其他虫豸的口腔内才有。

　　③　从迈伊尔，擀改 μυιῶν"蝇族"为 μυρμήκων"蚁族"。所说变态了的齿当为昆虫
上颚。昆虫如蝶类（鳞翅目）以吸食液质为食者，下颚（maxillae）转化为一长突吻，上颚
则已退化而很不显著的了。

　　④　弗朗济斯认为 τοῖς κατ᾿ἀρχὰς λόγοις（解作"这篇论文的第一卷"）实指本书的
卷二，而所涉题旨则在该卷章十七。他论证本书现行编制的第一卷是由《动物志》中移
编到本篇中来的。现行编制的卷二原为卷一。渥格尔认为弗朗济斯之说不合；这里应
解作第一篇论文，实指《动物志》，所涉章节为该书卷四章四，528^{b}33。

　　⑤　螺蜗于现行分类属软体动物腹足纲，这纲的诸种属都有角质颚，就是这里所谓
两齿。

　　⑥　这里所谓"膆囊"与"胃"，现代比较解剖学家分别指称为"胃"与"肠的前段"。
肠的后段是扩大了的，有些品种具有一螺旋"膨囊"（diverticulum），《动物志》，卷四章
一，524^{b}11 尝类之于法螺里的螺旋。头足类二鳃目的某些章鱼，具有真正的膆囊，在亚
里士多德，有关头足动物的章节中未曾认明。

言,是全然相像的。但多齐鱿①和它们不同。鱿鱼虽也像其他头 足类那样有两个胃似的容受器,但这两囊的第一个形状不怎么像 30 膝囊,而两囊的构制,其坚实都不如头足类的其他种属,实际上它 们的全身是由较柔软的一种肌肉组成的。

这里所说的这个部分所由构制的目的,于头足类而论,相同于 鸟类②;因为这些头足类(软体动物)也全不能咀嚼它们的食料,所 35 以这就得在胃前安置一个膝囊。

为了防御之用,俾可得避去它们的敌方,头足类具备有所谓 "墨汁"θολόν。墨汁储于一个膜囊之内,这膜囊则系属于体内,墨 679^a 汁喷出管道的末端恰在胃内残余由以排出的所谓漏斗孔的所在位 置。这个漏斗孔安排在这动物的腹面。所有一切头足类一例都有 这种特别的墨汁,但鲗(乌贼)尤显著,它的储墨较其他诸种属为 多。当这动物被扰及而受惊时,它应用这种墨汁,使它周身的水变 5 成黑色而且浑浊,这样就实际像是在它身前挡着一块盾牌了。

于诸鱿与诸蟑而言,这墨囊位置在躯体上段,密接于米底斯 (假肝)③,至于诸鲗则在较低的部位,对着胃。鲗具有较丰富的墨 汁供应,它较多地应用这些墨汁。推究其原因,第一是由于它生活 10

---

① 关于 τευθίς "多齐"鱿的种属考证,参看《动物志》,卷三章一,524ᵃ25 及注。

② 参看卷三章十四,674ᵇ22。亚里士多德在本书及《动物志》中所记头足类的构 造与习性,近代生物名家如奥文、居维叶等都是称颂的。

③ μῶτις 即 μήκων "罂粟体",依《动物志》(iv,2,526ᵇ32),为一切甲壳类所通有;本 书(680ᵃ23)说于两瓣贝而言,其位置幕近两爿贝壳的铰合处;于螺蜗类而言则位置在它 们的螺旋部分,《动物志》(iv,4,529ᵃ10)并举示法螺的实例,它的"米底斯"(罂粟体)自 身也作螺旋状。这实际就是这些软体动物的"肝"。柯勒(Köhler)指为静脉的腺性附属 构造实误(参看托德,《解剖与生理通书》i,539)。

在近岸处,第二是由于它别无其他自卫的方法;而蟑则备着长而可曲绕的触腕,可用为抵御工具,而且它还赋有变色的能力①。体色的变换,有如墨汁的排泄,是在受惊时实行的。至于鱿,它是在头

15　足类中,唯一生活于远洋的种属②,这就免于许多敌害而可得自全。这些就是鲗比鱿的墨汁较为丰富的原因,而墨囊的位置低下也就由于墨汁较多之故;因为这样,它虽在远距离间也不难射出它的墨汁③。墨汁本身显见是土性物质,相似于鸟类排泄物表面上的白色淀积④,这个于两者可作同样的解释,即它们都没有尿囊。

20　由于缺少这一构造,头足类的最土性物质便分泌而集为墨汁。而这在诸鲗特为显著,因为它们的躯体组成比之头足类的其他种属内含较大比例的土质。鲗骨的土性是一个证明。因为蟑鱼体内全无骨骼,而鱿鱼体内只是一支纤薄的软骨⑤。何以这支骨在有些头足类具备而另些不备,以及何以凡有此骨的种属,其性状又各相

25　异,业经在先⑥讲过了。

　　这些动物既无血液,当然体冷而性怯。这里,于某些动物,胃部因恐惧而引起扰乱,于另些动物则恐惧使之从膀胱泄出尿溺⑦。

---

　　①　参看《动物志》,卷九章三十七,622ᵃ4—14。实际上所有这些头足类具有变色机能;但蟑鱼变色特为显著(参看居维叶,《动物世界》iii,107)。

　　②　头足纲的鲗科都属远海动物,而鱿属游行尤远。群蟑则为滨海动物。

　　③　参看《动物志》,卷四章一,524ᵇ17—23。

　　④　参看卷四章一,676ᵃ32。

　　⑤　参看《动物志》,卷四章一,524ᵇ25—30。

　　⑥　依 P 抄本增 πρότερον"在先",这样,当指本书卷二章八,654ᵃ20。

　　⑦　恐惧的情感扰乱胃肠与膀胱这事实,久为生理心理学家所注意。除上文举及无血动物的实例外(卷二章四,650ᵇ33),人、牛、狗、猫、猴都有这现象。参看达尔文《情感诸实验》(Exper. of Emot.),77 页。

相似地,于这些动物,如有所恐惧,便引起墨汁排泄,而这种喷墨,
类于溺尿,虽为事出必需,虽为残余排泄的性质,可是自然却使之
成就了一个实用的目的,于是这喷墨的动物由此而得到保护与安 30
全。

甲壳类(软甲动物),包括虾式(龙虾或蝲蛄)诸种属与群蟹,都
备有齿,即它们的两前齿;又,如上已言及[1]它们于两前齿间存在
一肉质的舌状构造。直接于口腔之下为一食道,与体型相衡,这食
道在比例上是短小的;跟着是一胃;于诸虾属与蟹的某些品种,胃 35
部具有第二列牙齿,它们的前齿是不足以完成适当的咀嚼的。从 679ᵇ
胃部引出一粗细匀整的肠,直线而下,达于残余排泄的出口[2]。

上述诸部分在所有一切介壳类(函皮动物)中也可见到。可
是,它们这些部分所构成的形状或明或昧,其差异的程度随诸不同 5
的种属而相别;凡体型较大的,所有这些构造可得各别地较容易地
辨识。以海蜗为例,我们检察到硬而锐的齿,有如前曾涉及[3],而
在齿间,则恰似甲壳类与头足类那样,具有那似肉质物体;这个突
吻[4],如曾陈明[5],是介于螯刺和舌的一个构造。直接于口腔的是

---

[1] 见于 678ᵇ10。

[2] 甲壳类的食道,确如所言,甚短。但胃齿则所有十脚类皆具备,不限于"诸虾属
与蟹的某些品种"。虾蟹肠直,特为显著。

[3] 白朗(《软体动物》Braun,"Malacozoa",第二册,950)与勒培尔脱(《漠勒存稿》
Lebert,"Muller's Archiv.",463 页)都认为这里实指海蜗的舌带齿(lingual teeth)。但
舌带齿渺小,非人目所能见。渥格尔注:齿既为数有二,必非舌带,应指蜗的两颚。参
看上文,678ᵇ23。

[4] 腹足纲许多螺蜗都有一长而可收缩的突吻,肉食诸品种尤为显著。

[5] 海蜗的"突吻",见于《动物志》,卷四章四,528ᵇ30。

10　一个相类于鸟式的膝囊①，跟着为一食道，继之以胃，所称为"罂粟
体"的这个部分就在胃内②；接续于这罂粟体而径即引出的有一
肠。于所有一切介壳类（螺贝）正是这个分泌物质形成了最腴美的
食味。紫骨螺与法螺（或蛾螺）以及其他介壳类之具有螺旋壳者，
15　于构造上都相似于海蜗。介壳类的族与种是很多的；它们有带螺
壳的诸族，方才已举及了一些实例，诸螺族外还有两瓣贝与单瓣
贝。螺形诸族于某些形态上实际可说是与两瓣贝相仿的。因为它
20　们从诞生时起就有一个厣，保护着它们躯体的暴露部分③；紫骨
螺、法螺与蜓螺以及与此相类诸螺属都有这样的构造。如果没有
这厣，那么未经螺壳被覆着的部分将是很容易为外物的撞擦所损
伤。单瓣贝也不是全无保护的：它们的背面被壳，而底面则附着在
石块之上，就照这样的形式，石块作为第二瓣贝壳，它们也变成了
25　双瓣。于这些种属，可举所谓蛎为例示。双瓣贝，如海扇与贻贝，
是凭它们紧闭两片贝壳的能力而行自卫的。螺族则凭上述的厣，

---

①　这里所说的"膝囊"προλοβον，相接于口腔的这个部分，大概是"口腔体"（"脸颊体"buccal mass）；于称为膝囊的食道扩大部分，例如鹑螺（Dolium），宝贝（Cypraea）、涡螺（Voluta）等，许多螺贝，都不直接于口腔，而位于食道中段，唯蝾螺（Turbo）的膝囊特别靠近口腔。

②　"罂粟体"或"米底斯"，即肝，见于 679^a10 注。腹足纲的肝特大，大多数螺贝的肝包围着胃与肠的上段，因此看来肠的下段像是从"罂粟体"引出的。亚里士多德说罂粟体就在胃内，他误把肝表面当作了胃壁。

③　一切螺蜗统都有厣是不确的。伍德华，《贝介》Woodward, R. and F.，"Shells"，102 页：螺蜗有许多属的厣已退化，螺壳开口大的种属，厣尤不分明。陆地上能行呼吸的腹足纲也有相当多的种属是无厣的。

近代动物学家也有认为厣相当于两瓣贝的第二瓣。但伍德华《贝介》，47 页说厣实代替着"足丝"（byssus）。又，两瓣贝实际上原是一个单瓣，它的左右两半为石灰质所硬化后，中间留着一条未经石灰化的软缝，于是成为可闭合的两片了。

实际上,自行转化其单瓣而成为双瓣了。但所有这些动物,若论保护躯体的构制,统都比不上海胆(海猬)。因为海胆具有一个球状壳,完全覆盖着躯体,而且这球壳上还布满了棘刺。海胆所以相别于所有其他一切介壳类(函皮动物)就在这一特殊构制,这是业经言明的①。　　　　　　　　　　　　　　　　　　　　　　30

介壳类与甲壳类的构造恰正与头足类的构造相反。后者的肉质物在外,土质物在内,而前者则柔软部分在内,坚硬部分在外。可是,于海胆而言,它没有任何肉质部分。

这里所有一切介壳类,凡上未提及的都与上曾提及的相符而　　35各如所述,具有一内含舌状体的口,一胃与一残余排泄孔,但这些部分的位置与大小比例却是各不相同的。可是,这些差异的细节　680ᵃ必须查阅《动物研究》与《解剖学》两论文②。因为有些情况固然可凭言语说明,另些情况却只宜用视像(图画)为之表现③。

在介壳类中,海胆(海猬)与名称为"戴须亚"(τήθυα 海鞘)的　5诸动物是特殊的④。海胆有五齿⑤,我们现经讨论着的所有诸动物

---

① 今亚氏书中未能检得这样的章节。

② 参看《动物志》,卷四章四,528ᵇ10 以下。

③ 这里的 τὴν ὄψιν"视象",一般都解作"图画",为《动物志》与现今佚失的《解剖学》具有图解的一个旁证。居维叶,《科学史》(Hist. d. Sci.)i,141,竟称《解剖学》内有彩色插图。渥格尔说这是没有根据的。海茨《亚氏佚书》,70 页,汇集亚里士多德现存各篇中有关 ἀνατομαί 这篇论文的语句,共二十八句,统都没有讲到其中图片是着色的。

④ 参看《动物志》,卷四章四,528ᵃ20,卷四章六,531ᵃ7—30 等,及汉文译本注释及分类索引;海鞘今列于被囊亚门海鞘纲,不属软体动物门。

⑤ 参看《动物志》,卷四章五,531ᵃ5 及注;这里所说海胆(ἐχῖνος"刺猬")的口器即后世依《动物志》中的譬喻而命名的"亚氏提灯"。这里所说的中央肉质体,《动物志》,530ᵇ25 说"可当舌用";海胆实际无舌,这当是食道的咽部。

所统具的肉质体,位于这五齿的中心。直接在这肉质体之后是一个食道,于是为胃,区分着若干隔离的空腔,看来就像它有许多分开的胃;这些空腔是各自独立的而且全部涵持有大量残余物质。

10　可是,它们却全都相连于同一个食道,而且全都终止于同一个排泄孔①。于胃部周遭,它全无肉质构造,这是上曾言及了的②。所能见到的只有那被称为"卵"ᾠα③的部分,卵有几个,各包含在一个分隔的膜内,以及某种没有名称的黑色体,这种黑色体从这动物的口

15　腔起,这里那里杂乱地散布在体内周遭④。这些海胆不全属一个

① 海胆食道后段较前段拓宽了好些,这样较宽的管道直至排泄孔而止,中间不能显分为胃与肠。这样的"胃-肠管",也可称之为肠系膜的一种构造而附着于其壳体的内表面,这种弯成褶曲的"胃-肠管",共有五个;这些就是这里所说的"许多分开的胃"。《动物志》,卷四章五,于海胆构造叙述较详,530ᵇ27 说胃的五个"褶曲部分"(κόλποι),会合于肛门;在那一章中也不称有肠。

② 依上文 679ᵇ34,海胆全无肉质部分,从渥格尔,校 παρά 为 περί(按照 U 抄本),译胃部"周遭"。

③ 这里所谓"卵",下文解释为脂肪团或某些可相拟于有血动物的脂肪这类事物,实际是雌海胆的卵巢或雄海胆的睾丸。这些卵巢为数有五,匀称地排列在壳内上部的周遭,渔民称之为"海胆卵"。

④ 这些奇异的"黑色体"μελαν' ἄττα,《动物志》(iv,5,530ᵇ31)也说是味苦而不堪食用。530ᵇ14 又说在笃罗尼附近的一种海胆,黑色体特别多,这些黑色体互不相通而与外管道胆壳上"反口孔"(aboral aperture)相通,并将其躯体作成分隔。渥格尔拟这些黑色体为"步带囊"(ambulacral vesicle)。步带囊于一般人所熟知的品种都不作黑色,渥格尔征信于普里茅斯实验室(Plymouth Lab.)主任,得知食用海胆(Echimus esculentus)一般具有某量的色素,小海胆色素较少,较浅,老大的,其步带囊色素便较多较深。参看麦白赖特《剑桥自然史,海胆纲》(Macbride, "Camb. Nat. Hist.", Echinod. 527—528 页)。以海胆衰谢过程中所形成的"色素团"解释语句中的海胆"黑色体"似若可通。但《动物志》,530ᵇ33;龟、蟾蜍、蛙与蜗螺以及一般软体动物(头足类)都有与此黑色体可相比拟而颜色不一的事物。步带囊为海胆的特殊构造,海胆与龟、蛙、蜗、螺,相共通的这么一个构造,迄今难于确言它究属何物。

品种,而是各别的几个品种,上述的那些部分则是所有各个品种统
备的。可是,各个品种的所谓"卵",却不是全都可食用的。其他诸
品种的卵也没有我们所熟悉的诸品种①长得那么大。于所有一切
介壳类而言,一般地可作相似的区别。不同诸品种的肉质可否食
用具有颇大差异;又,以"罂粟体"②著名的那些剩余分泌物,也是 20
于某些品种,可取为腴美的食物,而于另些品种的便不堪食用。螺
形诸属的罂粟体位于壳的螺旋部,而单瓣贝,有如蝛的罂粟体则充
塞在底部,两瓣贝的则位在铰合的近处,所谓"卵"乃靠在右侧③;
至于它们的对面部分则为排泄孔。前者被称为"卵"是不正确的, 25
这只能相当于营养良好的有血动物体内的脂肪;所以于介壳类而
言这种"卵",只在一年中它们恰当健硕的季节,即春季与秋季,才
会出现。因为介壳类不能忍受极端的温度,所以在酷暑与严寒季
节它们是状态萎悴的。这样的情况于海胆这族是显见的。在这些 30
动物体内,虽然才行出生的小螺贝和小海胆,竟就可找到这种卵,
可是当月圆的时期,这种卵总是长得大些;这不是像有些人所设
想的,由于海胆在这时期进食较多之故,这只因为月明之夜得月照

---

① 弗朗济斯解ἐπιπολάζοντα为"浮在水面上的"诸品种,迈伊尔,《动物志》,175
页,也取相同解释。但海胆任何品种都不会浮游,所以弗朗济斯认为亚里士多德所取
海胆标本为一死体。渥格尔认为这字若解作"生活在近水面处的",即"在浅水"的诸品
种,则可与《生殖》,卷五章三,783ᵃ21以下的深水海胆品种相对称。而较合适的解释还
应是,我们"所熟悉的"诸品种,即上述"可食用的"诸海胆。

② 参看679ᵇ11注。

③ 参看《动物志》,卷四章四,529ᵇ12。这里所说左或右是没法确定他究指两瓣贝
的哪一瓣的。亚里士多德于螺贝的体内构造未能精详;这里既没有确言口的位置,贝
的正面情况不明,上下若颠倒,左右也就跟着反转了。

35　而较温暖①。这些动物既无血液，便不耐寒冷而需要温暖。所以
　　在夏季，它们比之在其他季节，身体都较好；这一情况，除了在比拉
680ᵇ　海峡者以外，全世界的海胆都是相同的。比拉海峡的海胆在冬季
　　也像在夏季一样兴旺。但冬季也能兴旺的原因却在于食物较为丰
　　富之故，在这季节鱼类都已离开这海峡了。

5　　　　所有一切海胆的卵为数全属相同，这数是一奇数。它们各有
　　五卵，恰如它们都各有五齿与五胃；这就因为，如上所言，被称为卵
　　的这个部分实际只是这动物营养良好时生长起来的物体。蚝蛎也
　　有一个所谓"卵"，性质相符于海胆卵，但这只存在于它们身体的一
　　侧。这里，海胆既然不像蚝蛎那样只是一个扁圆体，而是一个圆球
10　体，从任何一方看来都应相同，那么它的卵也必须显示其相应的匀
　　称性状。蚝蛎扁圆体的不匀称性状，在球形上是没有的。因为，于
　　所有这些动物而言，头皆在中央，而海胆的所谓卵则在上部〈性状
　　匀称，蚝蛎的卵却只在一侧〉②。现在这卵苟列成了相连的一个环
15　形，这就显见了必须的匀称性状。但这可说是不合宜的；作成海胆
　　卵那样的排列相反于介壳类所通行的形式。因为除了海胆以外，
　　它们的卵都不相连，也不匀称，其位置也只在身体的一侧。由于海

――――――――――

　　　① 西塞罗《神谶》(De Divin.)ii,14,提及事物有相远而相关的若干实例："蚝蛎与
其他诸贝介随月行亏盈而其体消长"。卢基柳(Lucilius,纪元前148—前103,拉丁讽刺
诗作家)诗句有云："皓月壮蚝蛎,海獌从受孕。"又麦米柳(Mamillius,纪元前第一世纪
拉丁诗人)诗句:"海底渐温蒸,贝介犹自闭。月行有盈缺,盛衰变生体。"米特《日月等
的影响》,1748年(Mead, "Influence of Sun and Moon, etc."),65页,举上述诗句为证,
说亚里士多德这一节所言非虚。渥格尔取米特文为注,并云,今里维拉(Riviera)海滨
渔民尝为言,贝介盛衰生死确从月运。

　　　② 从渥格尔校订,增〈τοῖς δ᾽ ἄλλοις ἐπὶ θάτερα μόνον〉。原句不可解;似原有〈　〉
内分句,古抄手因下行行末有相同字样而漏抄或删除。

胆作为整个族类的一个种属既必须具备卵式的不连接性,又由于
其个别特性而体为球形,于是这动物的卵数就不可能成为偶数了。20
倘属偶数,它们就必须一对一对地作匀称排列,而每一对卵的一
个当在全周一个直径上的一端,另一个则在它端。然而这样便
又违反了介壳类的通例。因为在蚝蛎和在海扇中一样,我们于
两者都检明它们的卵只在全周的一侧。它们的卵,这样,就必得
是奇数,例如三或五。但如只有三,它们将间隔太远;如其过五,25
它们又将挤成为一相连接的集团了。前一排列当于这动物为不
利,而后一排列又属不可能,所以它们便既不能超于也不能少于
五个了。凭同样的理由,胃也分成五区,还有为数与之相符的 30
齿。有鉴于这卵体每一个各表征着这动物的躯体的一区,这种
分区形态也必相应于它们的胃部①,因为躯体的生长本于从胃部
所得的养料。这里,倘只一个胃,那么或是诸卵将与之相离太
远,或是这胃将为形太大,至于充塞整个体腔,而这么一个海胆
将艰于行动而不易觅食求饱了。现在恰如它的五卵具有五个间 35
隔,它的胃也必需五分而各有一个间隔。凭同样的理由,齿数也 681ᵃ
这样成为五个。于是自然于每一胃区与卵体各配给以独立而相
似的齿。这些就是海胆卵何以是一奇数而那一奇数为五的原
因。有些海胆的卵绝小,另些的卵则相当大,这因为后者体质较
热,能较完全地调煮它们的食料;前者,即其卵小而不堪食用的
诸品种,调煮较不完全,所以胃内常充塞着残余②。又,那些体质 5

---

　　① 从渥校,改 ζωῆς("生活")为 κοιλίας("胃部")译。
　　② 这里所说 περίττωμα"残余",当作"未经完全调煮的食物"解,不作分泌或残废
事物解。

较热诸品种由于体热之故,活动较勤,它们不像其他品种静息着,而远行觅食。这些品种被检获时常见有杂物穿插在它们的棘刺之上,这足证它们是时时到这里那里活动着的;它们这些棘刺是被应用为行进的脚的①。

10 海鞘和植物相比只有微小的差异,可是它对海绵而言犹具备较多的动物性,海绵实际上可算是植物,无所超于草木。自然从无生命诸事物进于动物界构成这么一个连续体系,在两相亲邻的族类之中,她设置了有生命而犹不成为动物的间种(间类),它们于两方都密切接近,几乎像于两者都没有什么差异②。

15 于是,如已言明,一个海绵在这些方面全与一植物相似,它系属在一块石上而阅历其一生,倘把它从石上拉开,它就死亡。稍异于海绵的有所谓沙巽(海参)与海肺,又还有其他种种和它们相似的海生动物。这些种属不系着海底,可得自由活动;可是它们没有20 感觉,也只是经营着一支脱离地面的植物生活。因为虽在地面植物中,也有某些品种是可以脱离土壤的,还有些品种可以扬起而着生在其他植物之上,甚或竟然可以完全不附着于任何事物。这种植物可以举示在巴尔那苏生长的,有些人称之为“石上草”③一个

---

① 海胆棘刺确是实际上被应用为行动器官的。但它们的主要功能还该是借为保护躯体的。海胆的基本行动构造为“管足”(tube-feet),亚里士多德未曾发现海胆或海盘车(星鱼)的管足。

② 参看《动物志》,卷八章一,588ᵇ4—24。

③ ἐπίπετρον,义为“石上草”,另见于色乌弗拉斯托,《植物志》(Theophrastus, "H. P."),vii,7,3;也名 τηλεφιδυ“长命草”。大概是景天属(Sedum)植物。英国这属有“长命景天”(S. telephium),俗称“长生草”(livelong);这品种从地中拔出后,露置空气内,可存活甚久。

实例。你可把这种草挂在钉上,它会得活着好长的时间。有时当 25
前某一个生物真难为类分作植物或动物,这正是一个迷惑。譬如
海鞘,以及与之相似的诸动物,于它们永是有所系着,不作自由行
动而论①,直像是些植物,但,另一方面,它们既然具备某些肉样物
质,却又必须设想它们在某种程度上能够感觉。

　　一个海鞘的躯体具有一个体腔而分隔有两个洞孔,其一吸进 30
那些用为营养的液质,另一排出那些未经消化(应用)的剩汁,它没
有其他介壳类方面可见到的那样的残余(粪秽)。这可证明我们把
一个海鞘以及其他在动物界中任何与之相似的品种,当作是一种
植物性质的品类,是很合适的,因为植物也是永无残余排泄的②。 35
通过这些海鞘的体中部,贯串有一个横被的纤薄间隔,我们可凭理
性揣测海鞘生命所寄托的部分当是位置在这一间隔物内的。

　　水母(海葵)或海荨麻③,它们是被题有几种不同名称的,全不 681ᵇ
属于介壳类而是越出了已认明的诸族类之外的。它们的体制,有
如海鞘,一方面近于植物,另方面类乎动物。鉴于它们有些品种可
以自由浮游(脱离所附着处),而且能紧捉住它们的食物,④又鉴于
它们能感觉到与之相接触的事物,这就必须推断它们具有动物性

---

　　① 参看《动物志》,卷四章六,531ª8—30,及注。渥注:这里所记海鞘未能遍合于
被囊亚门(Tunicata),只能是些无柄海鞘的单海鞘,皆营固定生活。

　　② 参看卷二章三,650ª23 注。

　　③ 参看《动物志》,卷四章六,531ª32—ᵇ17。

　　④ 现行分类珊瑚虫纲 Actinozoa(或称"花虫纲"Anthozoa)海葵目(Actiniaria)口
腔作裂缝状,周围有数圈,伸出为数甚多的触手("口腕"oral arms),故捕捉食物持之甚
紧。

5　格。从它们运用其身体的粗糙性（锐性）[①]以防御其敌害动物看来，这也可得相似的结论。但从另一方面看来，它们又是密切地接近于植物的。第一它们的构造不完全，第二它们能系属于石块，这一动作它们做得很迅速，还有，最后一事，它们虽具有一口腔，却没有可见到的排泄（粪秽）。

10　　很相似于水母（海葵）的还有海盘车（星鱼）族；因为这些也会紧捉住它们的捕获物，而吮吸其体汁，就这样，它们毁灭大量的蚝蛎[②]。同时，于它无所系属，能自由行动而论，这又与我们上已叙述的那些动物，如头足类与甲壳类，在某些方面相似。于介壳类，它们也在某些方面与之相像。

15　　现在关于营养部分的构造就是这样，这一部分是每一动物所必须具备的。除了这些器官之外，显然，每一动物又必须有这样或那样的另一部分，该部分当相拟于有血诸动物主于感觉的构造。

---

①　τραχύτητι "粗糙性"，有如石块的粗糙者，其锋锐处可以破伤它物。依《动物志》，卷九章三十七，621ᵃ11，这应是说海葵体表的"棘刺"。今所知海葵虽皆有刺丝胞（nematocysts），不是所有各个种属全能致人于伤痛。希腊海葵得有"荨麻"οἱ κνίδας 之称，其刺丝胞内丝状管（cnidocit）或枪丝（acontia）含有致人肤痒的毒素。郭斯，《不列颠海葵》（Gosse, 1810—1888, "British Sea-anem."）166 页，xxxviii 图，说不列颠海中，表皮具有刺痛功能的海葵为（Anthéa cereus, "腊花虫"）；这一品种的海葵在地中海内是普遍存在的，可能是希腊人最初所知的海葵品种（上述著作，162 页）。隆得勒（Rondelet）所题这品种的学名为 Urtica cinerea（"灰荨麻"）。

施那得（Schneider），斯特拉克（Strack），加谟斯（Camus），弗朗济斯（Frantzius）前后诸家统以亚里士多德的 ἀκαλήφη 为海葵，即限于水母的辐水母科（Actiniae）。渥格尔注，照这里所记与《动物志》卷五章十六，548ᵃ25："Acalephae 有两种"，亚氏用这族（属）名也统概海葵以外的水母（水螅）。

②　福培斯，《不列颠海星》Forbes, "British starfish" 86 页；海盘车（海星）噬食贝介不是稀见的。

不管一个动物是否有血,这一部分是不能缺少的。于头足类而言,这部分以包含在一膜内的一些液体组成,食道通过这膜囊而引至于胃。这构造系属于躯体,稍偏于背面,有些人称之为"米底斯"①。于甲壳类,也可以检察到恰正是这样的一个构造,而且也以相同的名词著称。这部分,既作液态也像是一实体,并如前已述及,为食道所贯串。因为食道倘设置于这动物的米底斯与背部之间,在它吞咽食物时背部的硬性将妨碍食道的扩张。米底斯的外面引伸着肠;靠着肠安排有墨囊,这样,墨囊离口腔既尽够远,而其中的可憎液质也与较尊贵的主宰部分相隔开了一个距离,米底斯的位置显见它相符应于有血动物们的心脏;因为头足类的米底斯所在正是有血动物们心脏的所在。米底斯液质的甜味也可凭以为证,这液质具有调炼好了的事物之性状,相似于血液。

于介壳类而言,主导感觉的构造当在相应的位置,但这不易检得②。可是,这总该是向中段部位觅取的;这于营固着生活的介壳类而论,为其进食构造与剩物排泄[或籽液分泌]③构造的中间部位,而于那些能够行动的诸种属而论,则当无例外地在右侧与左侧的中间。

---

① μύτις 米底斯为头足类(鲟鳂等)的肝脏,食道通过其中(参看 679^a9 注)。头足类的真正心脏,有如于其他一切无脊椎动物(无血动物)的心脏那样,亚里士多德未曾察见。

② 这里,依上文 681^b15 等所立前提,推论软体诸动物(螺贝)和海胆、海鞘、水母等的心脏(或"拟心脏"),他迄未能实见这个部分。

③ 依《生殖》卷三章十一,761^b24 以下,于介壳类生殖或由自发生成或类似交配生殖,未明确说到生殖分泌;渥格尔揣拟这里 ἡ τὴν σπερματικήν"或籽液分泌"这短语为后人撰入。

　　于节体动物(虫豸)而言,感觉所依托的这个器官,如在最先那篇论文①中所陈明的,其位置在头部与包含着胃的那个体腔之间②。于大多数虫豸,这组成为单独的一个部分,但于其他,有如那些相似于马陆的长体型虫豸,这组成为几个部分,这样的虫豸所以在被切开为数段后尚能继续存活③。自然的本旨于每一动物原只赋予一个这样的主导部分,当她未能实施其原计划时,她就使那些潜在地虽为多部分的构造,实际上协同活动,恰像是一个单独部分④。这种情况于某些虫豸比之其他虫豸较为显著。

　　关于营养的各个部分,一切虫豸是不相同的,所显见的差异相当多。那么,有些在口腔内具有一个所谓"刺吻",这兼备舌与唇两样性质的构造本身是一个合成器官。另些在前面不见有这样器官的,代之而在口内具有一个相应部分,可司相同的感觉功能。直接于口腔之下为肠管,任何虫豸永不缺少这一构造。肠管作直线引长⑤,

---

　　①　可相拟于心脏的虫类"感觉的主导器官"(τὸ κύριον τῆς αἰσθήσεως)即生命与感觉中心。依《动物志》,531ᵇ32—34应在头腹间的中段。

　　②　亚里士多德于节体(节肢)动物心脏也未能检明。这里所说的感觉中心位置还是依据卷三章四,666ᵃ15等的前提推论得来的。昆虫的感觉中心(中枢神经包括脑与腹神经索)分别在头背部与腹背部。昆虫心脏成长管状,在前腹背面,分成多室,每室有心孔(ostia)一对,其中有小瓣司启闭。

　　③　参看《动物志》,531ᵃ30—ᵇ4。

　　④　参看本书卷三章五,667ᵇ26。

　　⑤　大多数的多足纲动物,亚里士多德列入"节体动物"τὰ ἐντόμα。多足纲诸虫豸的消化系统为一单直管道,自口腔至于排泄孔。但有些多足虫如团虫(Glomeris)肠管虽仍简单,已有曲旋。至于昆虫纲各目的消化系统则颇相别异而较为复杂。照现代解剖及胚胎学,以蝗螽为例,原肠管发育分前中后三部:前肠形成为口腔、咽头、食道、嗉囊及砂囊。胸部腹面有二唾液腺,上引,合成一管而入口腔。中肠形成为胃,胃前端有八盲囊为主要消化腺体。后肠包括小肠和直肠,肛门在体末端。

不作曲折而抵达于排泄孔；可是，偶然这也会有一段螺旋管道。
又，某些较大而较贪饕的虫豸是有胃接续于口腔的，从胃则引出盘
绕的肠管，这样它们就能取进较多的食料。比之任何昆虫为较奇   20
异的是蝉族。这昆虫的口腔与舌结合成一个单独的器官①，它经
由这器官像植物经由根株那样，吮吸它依以为生的液汁。虫豸常
是小食量动物，它们食量小的原因主要是由于体质凉冷而不由于
体型细小。因为这恰正是体热需要食料为之维持而食料又得有热
度为之迅速调煮。凉冷就不需要食料为之维持。这里，更无其他
昆虫比蝉为明显了。它们从空气中凝积的水分取得足够生活的资   25
料②。滂都海（黑海）边所见到的蜉蝣③也是这样生活的。但蜉蝣
只存活一日，而蝉族却能凭这样的食料维持若干日，虽则日数还是
不很多。

现在我们已讲完了诸动物的体内构造，这就该转而研究尚未   30
陈明的外部构造了。这将是较为合适的，让我们改变叙述的次序，
开始先说方才讲过其体内构造的诸动物，这些动物的外部构造应
须讨论的事情较少，这样接续下去可留得较充裕的时间来详求那
些有血动物，亦即完善了的动物的体表各个部分。

---

①　实指同翅目（Homoptera）昆虫的"突吻"（rostrum）。突吻由上下唇形成，上颚
肢与下颚肢在这吻突内转成了口针。

②　蝉幼虫期甚长，常至数年，有亘十七年者（"十七年蝉""Cicada septendecim,
Linn.）；幼虫期伏地中，吸食树根液汁。成虫期吸食树液，历时约二十日而死。蝉以清
露为食，古人多信为真，见于亚那克里雄（Anacreon）《诗集》的第 43 首；色奥克里图
（Theocritus）《渔牧诗集》，iv,16。柏里尼《自然统志》，xi,32。

③　'Εφήμερον 蜉蝣（"一日虫"）参看《动物志》，卷一章五，490ª34；卷五章十九，
552ᵇ19—23。蜉蝣目（Ephemeroptera）昆虫变态不完全，若虫有气管鳃，居水中约三年
而成虫，成虫数小时至数日而死。

章六

35　　　我们就从虫豸开始。这些动物所具备的各个体表部分虽不怎
么复杂,可是相互比较起来也不是没有差异的。它们全是多足的;
682ᵇ 多足的目的在于补偿它们本体上的迟缓与僵硬,俾可获致较灵便
的活动。因此,我们于那些有如马陆样具有长体型的诸虫豸,也就
是最易于着冷的诸虫豸,发现它们的脚也为数最多。又,这些动物
的身体是分节的,——所以分节的原因是它们不曾完备为一个生
命中心的构造而是具有多个生命中心——而且它们的脚数就符于
5　节痕①的数目。

　　　如果脚数少于节数,它们全凭飞行机能来补救这一缺憾。
于这些"能飞行的节体动物"(昆虫)中,有些种属营着游食生活,
为要觅食不得不作长距离的远飞。这些昆虫的身体轻,具有四
10 翅,两边各二,以举起其身体于空中。这样的种属有蜜蜂以及与
之相近的诸昆虫。可是这样的昆虫如果体型很小,它们的翅就
减而为两,蝇族可举示为实例。至于那些重体型②而营定居生活
的昆虫们,虽不③像蜜蜂们那样多翅,可是,外加于它们的翅,还有

---

　　　①　’εντομαί 分节间所见的"节痕"为"节体(节肢)动物"这类名所本(参看《动物
志》,卷一章一,487ª33;卷四章一,523ᵇ13)。虫体各节之间的体被较软并较能伸缩,这
样形成为各节间的可弯曲关节,这些节痕在体背面或腹面常较为分明。

　　　②　贝本 βραχέα"浅滩",于这句内不通;从渥校,改为 βαρέα"重体型诸昆虫",以
与上文轻体型者相对。

　　　③　依渥格尔,从柏拉脱校订,增 ουκ"不"字。倘照原抄本,则重体型虫,譬如甲
虫,将既像蜜蜂们"多翅"(四翅),而又有"鞘"为之保护。但甲虫们实只两鞘翅与两
膜翅。亚里士多德不至于误作六翅。

鞘以增进它们的飞行功能。这样的昆虫有金龟子（黄蚨）①以及与 15
之相似诸昆虫。因为它们的定居生活比之于那些较经常地在飞行
着的诸种属，暴露着它们的翅就很容易受到损伤，所以生成有这样
的部分为之保护。虫翅既无羽支也无羽轴。这虽被称为翅
（πτερόν"羽"）②，却全不是羽，而只是一片皮样的膜，这膜由于干燥
之故，当虫的肉样物质渐行冷却时，便必需③从体表分离开来。 20

这里，这些动物具有分节的原因不仅由于上曾涉及的缘由，分
节构造又还能使它们身体蜷缩成可得免于伤害的④那样一个状
态；那些具有长体型的诸虫豸⑤就能把自体拻卷起来，它们苟不分
节这是不可能的；至于那些不能拻转的诸种属则会得把各个分节
挤缩到节痕之间，这样便加强了它们躯体的硬度。你若把手指按 25

---

① 照这里的形态与习性而言，μελολόνθαι 应是蚨科诸虫如黄蚨（小金虫）之类。照
《动物志》，卷五章十九，552ᵃ16 所说发生情况，则近似粪甲虫。

② πτερόν 亚里士多德常以称虫之翅或鸟之羽毛，πτέρυξ 称鸟之翅（翼）；弗朗济斯
与奥文译本于 πτερόν 同作"翼"，wing；渥格尔译本别作"羽"，feather。亚里士多德偶也
于翼应用 πτερόν，例如蝙蝠的"皮翼"δερμόπτερα。汉文：鸟翅称翼，虫翅或称翅或称羽，
但无严格分别，时时混用这些名称。

③ 参看卷四章五，677ᵇ23；678ᵃ3；《生殖》，卷二章四，739ᵇ27。

④ δι'ἀπάθειαν 从里斯字典作"不受伤害"解，但与上一动字 σώζηται"重致安全"重
复，于这短语中，与前置词 διά 也不合。渥格尔拟校作 δι' ἀκινησίαν"由于保持不动姿
态"，原句改为它们"蜷缩着身体，并由于保持不动姿态而得到保护（安全）"。这校改文
说明虫豸的"假死"为一自卫方法，和下文所述康柴里虫习性相符，也与原有的前置词
适合。

⑤ 马陆受惊时便自行盘绕其身体为螺旋。所有的脚全都藏匿在内。团虫科
（Glomeridae）诸虫则蜷缩成完善的一个球形。实际上不仅长体型虫有这样的习性，其
他虫豸，例如卢薄克（J. Lubbock）说到，蚁类中著名的"拉脱来伊蜜蚁"Myrmecocystus
latreilli 也在受惊时蜷缩。

上诸虫豸之一,例如所谓康柴里虫①,这就可以明显地感知。这一压触吓慌了这虫,它就躺着不动,全身成为僵硬。依虫体的主导器官不止一个而为多个而论,分节构造也是事属必需的,而这种构30 造转而又成为虫豸的基本形态,虫豸具有相近于植物的性质也本于这种构造。草木虽被切开,仍能存活,虫豸也能这样存活。可是,两者之间是有所不同的,被分割的虫的各个体段只能在有限的时间内存活,至于植物的各个体段却能一直活下去,并长成为完全形式的植物,这样你可由此而从一棵草木获得两棵或多棵的草木。

35   有些节体动物(虫豸)对于它们的敌害还预备有另一自卫方法(工具),即螫刺。有些种属的螫刺在前,与舌相连,另些在后,位置683ᵃ 于身体末端。恰相似于象的嗅觉器官适应多种功用,既可作为武器,也可用以进食,螫刺之在前面而与舌相连的某些虫豸也这样应用这工具于不止一种功能。它们凭这工具辨识食味,也用以唲吸那食物而引之入于口内。这些虫豸中不备前刺的诸种属则安置有牙齿(大颚),这些有牙齿的种属某些用以咬嚼食物,另些用以把捉5 食物而送之入于口内。牙齿具有这么些功能,可举蚁与所有各个

---

① καυθάρος“康柴里”虫,依《动物志》,卷五章十九,552ᵃ17 所记转粪成球,产籽其中的发生情况而论可能为金龟子科(Scarabaidae)的埃及粪蚽(Ateuchus sacer)。至于这里所记“假死”状态则是多种甲虫所通有的习性。“普通粪甲虫(蜣螂)被触动或在受惊时,伸直其六足僵硬有如铁丝所制成,这种状态恰是它死后的尸体状态;它尽保持着这样的不动姿势以欺骗其敌害动物。”丸甲虫(番死虫科 Byrrhidae)“当受惊时,把六足紧缩到身边,保持寂然不动的状态,看起来全像是一只病虫。”更逼肖于这里的记载,还有某些蝎,“它们保持不动,使其体作僵尸状,原有的分节在紧缩后很难再认明了。”(寇尔培与斯宾司,KirBy and Spence)

种属的蜜蜂为实例①。至于装备着后刺的虫豸,这因为它们性情
凶猛,才赋予这样的武器。其中,有些种属,例如蜜蜂与胡蜂,刺是
藏在体内的,因为这些昆虫赋有飞行能力,倘刺在体外,而又构造
纤巧,这将随时被毁坏;反之而刺若为厚实的②构造,例如蝎螫,那 10
么其重量又将是烦累的。蝎既是生活于地上〈而不能飞行〉,并具
有一尾③,它们的螫刺就必得安装在尾③上,如在它处,这就不好当
作武器用了。两翅昆虫永不会具有后刺④。因为它们所以成为双
翅构造就由于躯体弱小,所以不需要超乎两个的翅来飞举其全重;
它们的螫刺必然在前的缘由相同于它们的翅数减而为两的缘由; 15
它们的刺若置于身体的后部⑤,这就没有足够的力量来运用这一
武器了。反之,多翅昆虫是体型较大的,——实际上因它们体型较
大所以需要那么多的翅;这样,它们的后部也较强壮。于是,这些
昆虫的刺便置于后面。现在,如其可能,同一工具当以不用于几种 20
不相似的功用为佳,而该有一个器官专作武器,这才能保持得很锋
锐,另一个器官专作为舌,这才能制为海绵样组织而适于吮吸食物
之用。所以,任何时候,自然倘可能为两种不同功用制备两个各别

---

① 蚁与蜂和所有膜翅目(Hymenoptera)诸昆虫皆有大颚司咀嚼。这就是这里所
说的"牙齿"(参看本卷章五,678ᵇ18注)。可是这些颚不仅作咀嚼与把捉之用,"蜂蚁在
建筑工程(造巢)中,它们运用这颚有如雕塑工具"(米怜-爱德华《生理学教程》,v,520)。

② 从柏拉脱校,改 ἀπεῖχευ 为 παχέα ᾖυ 译。

③ 从渥校,改 κέντρον"刺"为 κέρκον"尾"。

④ 对于这一通例,居维叶尝深加赞佩,他说验之所有昆虫诸种属而确然。但吕易
斯(Lewes)认为这结论虽属正确,亚里士多德所由得此结论的实例仅少数几种昆虫,只
能说他偶尔言中。(亚里士多德生物著作中涉及双翅目者共五虫。)

⑤ 从渥校,改 τοῖς ἔμπροσθεν"前部"为 τοῖς ὄπισθεν"后部"。

的工具,俾不致互相妨碍它们的机能,她总是这么做的①,不像那
25 个旨在俭省而求价贱的铜匠那样铸造"炙钎-灯柱"②这种两用事
物。只在势所不能的时候,她才让一个器官担任几项机能。

   于某些昆虫,前腿较其他的腿为长③,这样它们可用这长前腿
抹去眼上的任何外物,俾勿遮蔽其视觉,昆虫的视觉由于其眼睛为
30 硬物质所构成,原来就已不很分明的了。群蝇与蜜蜂以及与之相
类的诸昆虫常见到交叉着两前肢以修饰其头脸。于其他诸肢而
论,后腿比中腿为粗大,这不仅有益于奔走,又于这虫起飞时,还可
较便于从地上跃举。中后肢间的差异,于那些跳跃的昆虫,例如蟗
螽(蚱蜢)与蚤族的各个品种④,更为显著。这些昆虫先弯曲再伸
35 直其后腿,这么一回曲伸,这就必然从地面跃起。蟗螽(蚱蜢)只是

---

① 动物构造各个部分以分工专用为有利之说,实始于本书的这一节;米怜-爱德
华自谓他在动物生理学方面首举此理:《生理学教程》,i,16,"自然在造物时,相同于人
类在工业上的分工,于每一部分各求其尽善尽美。"自注说:"在动物生理学方面这一原
理今已为动物学家所通认,是我在 1827 年印行的一篇论文中首先提出的。"

② ὀβελισκολύχνιον 炙钎-灯柱,在《政治学》,卷四章十五,1299ᵇ10,用以喻小城邦
的官员多任兼职。渥格尔注:在不列颠博物院所藏希腊古物中有一灯柱很像是两用工
具。柱长十六英寸,青铜制,一端作马蹄形,其间挂有可取下也可自由转动的灯盏,这
样,手持这柱而行走时,灯盏常保持垂直位置。另一端异于其他灯柱而作分叉形,这在
定居时,例如士兵在宿营中,可插入地下。如须炙肉,这可取下灯盏,把肉块或猎获物
钎上分叉而行烤炙。

③ 有些昆虫前腿特长(寇尔培,《勃里琪华特论文集》Kirby, "Bridgewater Trea-
tise", ii, 180);但其加长的作用何在不容易论定。有时似乎是为了便于雄虫捉住雌
虫,因为这种特点或是雄虫较为显著,或是只限于雄虫。这里,亚里士多德的解释未必
正确;蚁或蜂的前肢不特别加长,可是常见到它们交叉着修饰其头部。

④ 渥注:凡缓行的昆虫各肢长短略同;凡行走迅速的,各肢都加长,而后一对最长
大;游泳昆虫后肢较它肢为长,跳跃昆虫则差异尤甚。于跳蚤而论,后肢长,前中肢短,
不如蚱蜢诸肢相差得那么多;跳蚤也不像蚱蜢等专用后肢跃进;余尝置一蚤于玻璃管
内,见到它用前肢跳跃。

后肢而不是前肢相似于一艘船上的舵桨①。因为这样需得有向内　683^b
折曲的关节，而前肢的关节永不是向内弯的。所有这些昆虫，包括
那些习于跳跃的在内，肢的总数都是六。

章七

于函皮动物（介壳类）而论，身体只由少数几个部分组成，因为　5
它们所营的是固定生活。那些行动很频繁的诸动物必然需有比那
些一直静住的动物们为数较多的部分；因为它们的活动是多样
的②，而活动的方式愈多，这就需要为数较多的器官来实行这些活
动。介壳类有些品种是完全不动的，另些不是全然不动，但也几乎　10
是无所行动的。可是，自然为它们构制了外围的壳并赋予这壳以
硬度，俾有以保护其躯体。介壳，如已言及，可有一瓣或两瓣，或作
螺蜷形。如属螺形，这又可以或为螺旋，例如法螺，或仅作球状③，
例如海胆（海猬）。如属两瓣贝，两瓣可以是开缝的，有如海扇与贻　15
贝，它们那两爿壳只在一边铰合，而在另一边可行启闭；也可以是
两边都合缝，有如蛏族④。介壳类所有各种属，都像植物，头皆向

---

① 希腊古舟的排桨，列于舟的两侧，皆横出，末档两桨特长，当作舵用，这里以喻
虫的后腿位置，也喻其功能。寇尔培《勃里琪华特论文集》，ii，162，"观察任何一只蚱蜢
飞行或跳跃，谁都会看到它们直伸着后肢，相似于某些鸟在飞行时，应用它们的两腿为
舵。"

② 从柏拉脱校增 πολλὰς"多样的"。

③ 本书及《动物志》，有关海胆各节多类列于"介壳类"，这里明言其壳型球状而与
"螺形族"同列。

④ σωλην 义译为"管"贝；中国所称"竹蛏"，英国所称"刀蛏"（razar-fish）贝壳都
长筒形，在前端两边铰合，故壳不能启闭，头足可分别在两端外伸。看看《动物志》，卷
四章四，528^a18 及注。

20　下①。由于从下面取进它们的食物,它们的头恰似植物的根就得

下向。这样,对于它们来说,便成为下身在上而上身在下了。躯体

函被在一个膜内,滤过这膜,除去水内盐质,这动物于是吸收着淡

的养料。所有这些动物都有一头,但除了这个进食的部分外,其他

诸部分统没有什么明确的名称。

章八

25　　　所有的甲壳类(软甲动物)都能爬行,也能游泳,因此它们备有

许多脚。甲壳类有四个主要的属(族),列举之即所谓棘虾(蝲蛄)、

龙虾、斑节虾与蟹②。这些属(族)又各有许多品种,诸品种间不仅形

30　状互异,体型大小也甚相悬殊。有些品种个体巨大而另些则绝小。

蟹族与棘虾族,于都有螯爪而言,是相似的。这些螯爪不作行动之

用,而代替着手的功能,抓取并拑持事物,所以它们的弯曲方向与脚

的弯曲相反,螯爪扭转其凸折向于本体而诸脚则扭转其凹折向于本

35　体。因为螯爪作这个形式最适宜于攫取食物而置入之口内。棘

684^a　虾们与蟹们的分别在于前者有尾,后者无尾。因为棘虾游泳于水

中,一条尾巴于它是有用的,作为推进工具,这类似于桨板。但于群

---

　　① 大多数两瓣贝行动时,贝壳开缝处向河底或海底,出水入水口在前端稍上仰,
足在后端着地面。亚里士多德在这里说一切介壳类都头部向下大概是看到了两瓣贝
行动时的这情况所作论断。

　　② 《动物志》,卷四章二,525ᵃ31—ᵇ2 于软甲动物作相同分类;该书卷四章二章三,
525ᵇ3—527ᵇ14,详述了这类四族的内外构造。亚里士多德于虾蟹之分符合于今甲壳纲长
尾目(Macrura)与短尾目(Brachyura)之别。于虾的三族,分类是不明审的;渥格尔说 οἱ
κάραβοι 当是有棘虾,如蝲蛄之类;ἀστακοί 当是光滑虾,龙虾或河虾之类;καρίδες 当是褐虾
(斑节虾)、虾蛄之类的小虾。

蟹,这是没有用的,因为它们惯常在滨岸营生,躲藏在洞穴或角隅之
间。至于那些生活在外海的种属,它们的脚比之于其他种属的脚是 5
较不适宜于行动(爬行)的,因为它们依恃其贝壳样的被甲为自卫,
很少运用它们的脚为趋避。昂女(祖母)蟹[①]以及所谓赫拉克里特
蟹[②]可举示为这些蟹的实例;前者肢脚很细小,后者肢脚很短。 10

在鱼网底可以找到的,杂在幼鱼群内的,很细小的诸蟹,其末
对肢脚平展开来,有如鳍或桨板,这样的后脚有助于其游泳[③]。

斑节虾相异于蟹族诸品种者在有一尾;别于棘虾属者在无螯 15
爪。它们的肢脚为数既多,凡可用于螯爪生长的物料都消耗到诸
脚,所以它们没有螯爪。它们脚多的原因则在适应其行进方式,它
们的行进以游泳为主。

位于腹面的靠近头部的部分,有些种属形成为鳃,水就在这里 20
进出;下身各部分则两性相异。雌棘虾(蝲蛄)这里的各部分比之
于其雄性作较扁宽的层状[④],雌蟹的桡片则装备着较多毛的附器。

---

① Μαῖα“昂女”依《动物志》,(iv,2,525ᵇ4)体型巨大(viii,17,601ª18),硬壳(iv,3,
527ᵇ18),两眼向中蕚拢;这些性状,和这里所说生活于外海的习性考查,当为有棘蜘蛛蟹
(Maia squinado),西方俗称(“祖母蟹”)granny crab。

② οἱ Ἡρακλεωτικοὶ καρκίνοι“赫拉克里特蟹”于《动物志》,525ᵇ5 与 527ᵇ12 都和昂女
蟹并列,性状不明,难以确定其种属。

③ 大多数蟹的肢脚都是用于爬行的;但也有少数品种,这些脚扁而行游泳。这
些游泳蟹全都是小种。隆得勒曾讲到在地中海内有好几种这样的小蟹。

④ 奥文,《比较解剖学讲稿》,i,185,“于柄眼动物而言,诸腹节间的成层纤毛附器
内有相似的孵卵注。雌龙虾及其他长尾目甲壳动物和其雄性之别就在于这些附器较
为发育。”居维叶,《动物世界》,iv,28,于短尾目诸蟹的桡片或尾也作相似叙述:“于雄
蟹,这桡片作三角形,只在底部具有四或两个附生体,于雌性,这长成为圆形,大而凸
出,它的底部有四对绒毛丝片,备作孵卵之用。这样的绒毛丝片,在雄蟹,也有些存在
的,但只是退化器官的表征。”

这样,她们就为卵预设了较宽大的空间,甲壳动物的雌性不像鱼类
和所有一切^①卵生动物^②那样产下了籽卵便放任着不管,她们把
25 籽卵留持在这些部分。棘虾与蟹的右螯无例外地较大而且较
强^③。这是合乎自然的,每一动物在着力活动时,优先运用其右侧
的诸部分,而自然于安排器官(工具)时,总是为那些能运用那器官
30 (工具)的动物,无例外地配属以或是特擅的构造或是较优良的构
造。这于獠牙,于牙齿,于角,于距,以及一切类此的防御与攻击武
器都是如此的。

独于龙虾,两螯孰为较大并无定规而只事属偶然,而且这于两
性全都如此^④。它们既然隶属于在正常构造上都有螯爪的一族,
35 就必然具备这个部分;至于它们那两螯竟是或大或小而这样不循
定规,当是因为构造未臻完善,又因为它们只用螯爪从事于爬行而
684^b 不用之于天赋的机能^⑤。

关于这些动物各别部分的详细记录,它们的位置与诸属之间
的差异,以及两性所凭以识别的那些部分,必须参考《解剖学》与

---

① 实际上这不是全无例外的;于卵生动物而言,蜘蛛与蝎蟧都有把所产籽卵带
在身边的品种。鱼类中也有这样例外的品种。

② 从渥校,τίκτοντα"胎生动物"改为φοτοκοῦντα"卵生动物"。

③ 《动物志》,卷四章三,527^b6,说"大多数的蟹,右螯较左螯为大,并较强"。渥
格尔以此事询之于斯宾司·培式(C. Spence Bate),据说较高级的许多甲壳动物螯脚两
不相等,一般是右侧的较大,但不是全无例外的。达尔文《原人》,i,330,说这种左右肢
不相等情况,雄性动物常较雌性为更甚。至于甲壳类的某些小种则确有右螯无例外地
较大的情况,例如隐士蟹(蝎蟧)的某些品种便久以右螯特大著称于世。(参看《动物
志》,卷四章四,529^b20,汉文译本注。)

④ 这是确实的。

⑤ 这是不确实的,龙虾也用螯爪拑取食物;或抄本有误。

《动物研究》①。

章九

现在我们挨次而言头足类(软体动物)②。它们的体内诸部分已 5
与其他诸动物的体内诸部分一同叙明了③。外表，身体的躯干这部
分不能作明晰的界限，躯干前面是头，围绕于头部诸脚(腕)在口与
齿边形成为一圆圈，这些脚(腕)排列在口与眼之间。这里，所有其
他一切动物，如其有脚，诸脚总是按照下列两式之一安置着的；或作
前后排列或是两侧排列，那些无血而多足的诸动物原来就取后一排 10
列方式。但头足类却异于两者的任何一式而取特殊的排列。它们
的脚(腕)全安置在所称为"前"的一端。这是因为它们身体的后段
已挤缩到靠近前段，④这相似于螺形介壳类，螺蜗的体制也是这样
的。介壳类，于某些方面相似于甲壳类，于另些方面则相似于头足 15
类。于介壳类构造的土质物在外与肉质物在内而言，它们与甲壳类
相似。但它们身体的总设计却相同于头足类的体制；这于所有一切
介壳类而论，固然只在某种程度上为确实，于具有螺旋壳的螺形诸

---

①　见于《动物志》，卷四章二至三；卷五章七，541ᵇ27—34。

②　头足类构造详见《动物志》，卷四章一，523ᵇ21以下。

③　见于本书卷四章五，678ᵇ24—679ª31。

④　法兰西科学院，1830年，曾宣读过一篇论文认为乌贼的构造相当于一个双折的
脊椎动物，臂与腿挤到了一簇而向前伸展。这旨意与亚里士多德这里两节所论头足类造
型相似。当时圣提莱(G. St. Hilaire)与拉脱赖伊(Latreille)都赞赏这一论文。关于动物
造型的统一性或各门动物各有一原型为圣提莱与居维叶著名的辩论的本题，对于这一
辩论，当日在德意志的歌德大为激动，比之听到1830年的大革命消息，他还更兴奋。(参
看吕易司，《歌德》，Lewes，"Goethe"，ii，436。)

20　品种①就特为真切了。我们随即来说明这两者所共通的自然体制

　　（总设计）。先于四脚动物和人的体制作一番考察，那里，各个部分

25　是安排在一直线上的。假设这么一条线的上端②，A，代表口腔，跟

　　着以③ B 代表食道，并以 Γ 作胃，于是肠从这个 Γ 引到残物排泄孔，

　　那里注有 Δ。有血动物体制的设计就是这样。于是旋绕这直线作

　　为一支轴，头和所谓躯干就安排好；其余各部分，有如前肢与后肢，

30　自然一一为之附加上去，只是为了操持其本体而能为行动。

　　　　于甲壳类，又于节体类，其体内诸部分也倾向于在一直线上作

　　相似的安排，这些类属和有血诸动物之间的设计（体制）差异在于

　　任司行动的外表器官（肢脚）有所不同。但头足类与介壳类的螺形

　　诸种属两者所共通的设计（体制）却与这个直线造型相别。这里，

35　好像那一直线在 E 处已被弯转，直使 Δ 靠到了与 A 紧邻的位置，

685^a　于是始终的两端凭一曲线而合拢到一块了。现在它们体内的设计

　　就是这样；围绕着这些体内部分，于头足类，这就安置了一个体

　　囊——独于鳟族，这被称为"头"④——而于介壳类的螺形种属则

5　安置了相当于体囊的螺旋壳。实际上，它们两者之间只有这一差

---

　　①　亚氏的"螺形"στρομβώδη 动物，包括有海胆在内（参看本卷章六，683^b 13），这里加
"具有螺旋壳者"一短语，所以除外诸海胆而专言螺蜖。

　　②　στόμα"口腔"移下了数字（柏拉脱校订）。

　　③　增 κατὰ"以"（柏校）。

　　④　亚里士多德于软体动物（头足类）分作两族（属）：（一）那些躯干短小而脚（腕）
长，无触手（触腕），体内无骨诸品种，相当于我们现代分类的八脚目（Octopoda）。（二）
那些躯干长而脚（腕）短，外加两长触腕，其上有吸盘，又在体内具有骨样事物的诸品
种，相当于现代分类的十脚目（Decapoda）。这里所说到的鳟鱼，头与躯干间颈部宽大，
这样两者的分界是不分明的；它们那体囊（外套囊），即躯干，原来就较小（鳟可作为八
脚目的代表品种），在常俗看来，正可以当作是"头"。

异,包裹头足类的物质是软的,而介壳类的外壳则是硬的,由于它们仅能做有限的活动,自然便为它们的肉质诸部分周围被以这么一个硬壳,以资保护。两者内部构造既按照着这样的设计排列,残物就须在口腔近边外泄;于头足类,排泄孔就这样设置在漏斗孔稍下处,而于螺蜗这就在进食孔的一侧①。　　　　　　　　　　　10

于是,这些就是头足类诸脚(腕)的位置以及它们于这位置问题上何以区别异于其他诸动物的解释。可是,于鳂与鱿而言,它们的体制(外表诸部分的排列)是不尽相同于鳟的,这因为前两者除了游泳以外,别无其他行进的方式,而后者不仅游泳,兼又爬行。前　15
两者诸脚中的六脚小②而位置于齿的上方,两外侧又各有一大脚;合成总数为八的其余两脚位置于口的下方,这是,所有诸脚中③最大的两只,恰似四脚动物们的后肢强于前肢。因为支持体重的正是这些后肢④,行进时也主要地用后肢。又,上方那六脚中的外两　20
脚,比之它们中间的脚为大,位置最高,因为它们应须相助那最低两脚的功能。反之,鳟的诸脚中,中四脚是最大的⑤。又,所有一

---

① 腹足纲的口与肛门(排泄孔)同在一端相靠近,但永不在同一垂直面上,所以说"一侧"。

② 从迦石译本校为εἰς μικρούς("六脚小")。

③ τούτων"这些脚中",校改为"所有诸脚中"πάντων。

④ 于四脚动物而言,哺乳兽虽于行进时,后肢功能为大;于支持体重则前肢为多。奥文谓手与足造型不同就在于其功能相异。参看奥文《肢的性质》(*Nature of Limbs*),26 页,与《骨骼的造型》(*Archet. of the Skeleton*),167 页。

⑤ 乌贼(鳂)与枪鳂(鱿)诸"脚"(腕)的长短实无定规。一般而论,从后背位置向前胸位置间各对挨次而加长;这节所说"外两脚",即前胸位置的一对,大于挨次的一对,约略与实况相符。诸章"脚"(腕)长短也无成例。居维叶,《动物世界》,iii,11,说鳟腕全都约略等长。奥文《比较解剖学讲稿》,i,344;大多数章鱼腕,背位的一对最长,这与《动物志》,卷四章一,524ᵃ4 所述相符。

切头足类（软体动物）虽脚（腕）数相等为八[1]，它们的长宽是各品
25 种互异的，鲗与鱿脚短而鳝脚较大。因为后者躯干小而前两者躯
干相当大，自然便于其一把躯干方面减省下来的物料用以增加肢
脚的长度，于另一，她施行恰正相反的措制，从诸脚先取出物料而
用以促进躯干的长大[2]。于是，鳝鱼，由于脚长，它便不仅游泳，又
30 能爬行，至于其他诸族，于爬行这一行进方式是不会做的，因为脚
小而躯干却相当大。具有这些短脚的鲗或鱿，当风暴来临时，不能
用它们的脚抓住岩石而免于为那正在激荡的浪涛所冲去；它们也
不能用以抓取一切在远处的事物而送进自己口内；但为补救这些
35 阙憾，这动物备着两支长触肢，凭这两触肢（触腕）这就能使自己停
685ᵇ 泊，像在坏气候中抛了锚的一艘船。这些突出器官也被用在远处
攫取食物而送之入于口内。诸鲗与诸鱿两者就是这样运用那两触
肢的。于诸鳝而言，它们的诸脚都能遂行这些功能，所以就不另备
触肢（突出肢）。上有吸盘（臼）排列着的诸触肢[3]与触手[4]，其构造

---

① 亚里士多德于鲗与鱿可伸缩自如的"两支长触肢（突出肢）"（προβοσκίδας δύο
μακράς，见于下文 34 行）不与诸脚等视，所以说一切头足类（软体动物）都各有八脚；现
代分类长短各肢统当作触脚（或触腕）故有八脚与十脚之别。

② 参看卷二章九,655ª28 注。奥文,《讲稿》(i,344)："体外八腕的发育与躯体的
发育成反比例；故于身躯浑圆的'八脚'(章鱼)，诸腕较长，而于躯干拉长了的鱿鱼与乌
贼（鲗），诸腕最短；于这些短腕品种，另增有两只加长了的触手为之补救。"

③ 从渥校，改 τοῖς πόσι"诸脚"为 προβοσκίσι"诸触肢"(专指两突出肢)。依现代解
剖学头足类各种属的长短肢都可称触脚，照原抄本这句可以通解。但亚里士多德所说
"诸脚"，是除外了鲗与鱿的那两长脚（"突出肢"）的。这里应是在叙述触肢或触手。

④ πλεκτάναι(触手)原意为蜷曲缠绕的事物，亚里士多德有时也称一切头足类的诸
脚，有时则专用之于鳝族的长而缠绕的诸"脚"(触腕)以相对照于鲗与鱿的短"脚"。鳝
这些长脚（"触腕"），特别是背位的那最长的一对《动物志》，卷四章一，524ª4)本有"脚"的
功能；又相当于鲗和鱿的"突出肢"，能在远处抓取食物，送入口中，兼有"手"的功能。

与施行其功用的方式相同于古代医师们所应用于整治指节的编成
工具(棕丝指套)①。有如这些工具,吸盘和触肢是由它们的纤维   5
交叉形成的,它们触及肉质与软和的事物就会施行它们的作用。
因为编组着的纤维以松弛的情况围住一件事物,迨拉伸时,这就收
紧并缚住任何和它们内表面相接触的部分。这里,头足类,除了或   10
如某些种属的缠绕触手②,或如另些种属的触肢(突出肢)之外,既
然别无其他可资从外界抓取任何事物的工具,它们就装备了当作
手的这些器官,应用之于攻击和自卫以及其他必需的活动③。

　　一切头足类的吸盘都作双行排列,唯独鳝族一个品种为例外,
它的吸盘作单行④。这种鳝所以为此例外是由于它的这个部分纤
长而本性柔弱之故。诸脚赋形狭隘,这就不可能安置超过一行的   15
吸盘。所以,这种特殊形态实不是因为于它们是最有利的排列而
发生的,而是它们特殊的本质必然引起的后果。

　　所有这些动物都有一鳍,围着体囊。于鳝与鲗,这鳍是连续不
断的,还有较大的鱿族被称为多齐(多苏)的品种也是这样的形

---

　　①　τὰ πλεγμάτια 这些"编织物件"实指《希氏医书》"整骨篇"(库恩编校本,iii,266
[Art. 839])中的 αἱ σαῦραι("蜥蜴");这是用棕榈丝条编织成的一个圆管,两端开口。外
科医师把这棕丝指套的一端套入己指,另端套上病人损折了骨节的手指,用力拉紧起
来,那个脱节指骨可得整直而纳入原关节。

　　②　原抄本 ποσό"诸脚",但这里的文义显然为指鳝能缠绕攫获物的"长脚",即伸缩
自如的 πλεκτάναι"触手",以相对应于鲗鱿的"触肢"προβοσκίδες。

　　③　依 Y 抄本,增 χρείαν"必需的活动"。

　　④　吸盘单行的章鱼当为埃勒屯尼(Eledone)属的某些品种;依奥文,这里当指棕
黄埃勒屯尼(E. cirrhosa)。参看《动物志》,卷四章一,525ᵃ16 以下所记埃勒屯尼几个
品种。

20   式①。但于那称为多齐特（小多齐）的较小品种而言，它们的鳍不仅较鳎与鳟的鳍为宽——鳎与鳟的鳍是很狭的——而且不围绕着整个体囊，它们的鳍只在两侧的中部开始缘生。这鳍的功用在使这动物能够游泳并导引其泳进的方向，这样，它的活动就类于鸟的尾羽或鱼的尾鳍。其他诸种属的鳍更没有像鳟鳍那么小或不分明

25   的②。诸鳟体型既小，这就尽可用诸脚自如地驶行而无所假于其他相助的构造了。

节体动物（虫豸类）、软甲动物（甲壳类）、函皮动物（介壳类）与软体动物（头足类）现在已挨次讲过了；它们的构造，无论体内的或体外的，都经叙明了。

章十

30   现在我们必须回转到有血诸动物而研究它们已经列举而在先略过了的那些部分。我们将先述胎生诸动物，讲完了胎生的，便挨次而言卵生的有血诸动物，于两者的讲述将取相似的方式。

寄托在头上以及在所称为颈与喉上的诸部分曾是考虑到了

35   的③。凡属有血的一切动物都各有一头，而有些无血动物，有如

686ᵃ   蟹，应当作为头的那个部分是不分明的。至于颈，一切胎生动物是统具备的，于卵生动物而言，只某些类属才有；因为那些有肺的固

---

① 这里的多齐 τευθι 与"小多齐"τευθίδες 相当于《动物志》，卷四章一，524ᵃ26 所记"多苏"τευθός 与"多齐"τευθίς；薛尔堡（Sylburg）索引作 loligines，枪鳎（鱿）的某些品种。历来动物学家于这两名称的考证颇多争论。参看《动物志》，524ᵃ26 注。

② 渥注，八足目的章鱼科实际可说是没有"体鳍"（肉鳍）的。

③ 卷二章十至卷三章三。

然又得有一颈,另些不吸进外界空气的便无颈①。

头,主要地,是为了脑才存在的。因为凡属有血动物必然需有 5
一脑,而如前已说明了的②,这脑又必须被安置在相对反于心脏的
区域。但自然又选取头部作为安置某些感觉器官的区域,因为头
部的血液是凭这样合宜的比例混合而成的,它既能保证感觉的平
静与精确而同时又能供应脑所需要的一切热度。可是,头上还附 10
加有一个第三类的组成部分,即操持食物进入体内的那个部分。
自然把这部分安置在这里是因为这一位置于全身的总结构上是最
匀称(合适)的。心脏既然是主导器官,胃不可能置于心脏之上;现
在胃既实际上置于心脏之下,进食孔就不可能也安排在那里。若 15
然如此,躯体便将大大地增长③;于是胃将离去活动本原与调炼
(消化)本原太远了④。

于是,头就为了这三类组成部分而存在了;而颈则又为了气管
而存在。因为颈,对于气管,也对于食道一例是作为保护构造而形 20
成的,它围裹着两者,使它们免于损伤。于所有其他诸动物而言,
颈是可弯曲的,内有几个脊椎,但狼与狮的颈部只有单独一个骨

---

① 卵生无肺无颈动物,指鱼类。但蛇类虽有肺,却无颈:这一例外,这里疏未言
明,而在下章讲到了。

② 卷二章七,652ᵇ17。

③ 依 P 抄本 πολὺ γὰρ ἂν τὸ μῆκος ἦν 译这一分句。

④ 心脏为有血动物主导器官,据于较尊贵的上身的主导位置(参看卷二章二,
648ª13 及注,卷三章四,665ᵇ18—24),胃不能凌驾其上。但口腔倘也置于心脏之下,经
过食道而至于胃,则胃去心脏殊远,消化(调炼)既有赖于心脏的热原,远隔了便不能遂
行消化功能。但这里原作者忘记了卷三章三,664ª23 所说食道只因有颈,才必须存在,
若口在心下,便无须食道,胃可紧接着口腔,不会远离心脏。

椎①。自然的目的于这些动物的这一器官是在赋予以强力，而不
25 重于颈在其他各方面所可发挥的功用②。

　　继续于头与颈部的是带着前肢的躯干。于人而言，代替着前
腿与前脚的为臂与所谓"手"。这因为于所有一切动物之中，唯人能
直立，而不愧于其似神的本性与实是。他从事于思想并表见其智
30 慧，便是神样的功能；如果由于身体的重负，他从上仰的姿态被压抑
而下俯，理知的活动与普遍感觉③的活动都将受到体重的妨碍，那么
思想活动将是困难的了。又，当重量或生体的物质超逾时，身躯就
必然下趋而着地。于这样的情况，自然为使其身躯得有支持，就得
以〈前腿与〉前脚来换置臂与手，这样，那动物就转成为一匹四脚动
35 物（兽）。每一行走的动物原来就必须有两后脚，这么的一个动物如
686ᵇ 其灵魂（生命机能）不能负荷其体重，躯干便向下俯，这当然要成为
四脚体制的。一切动物原来就全属侏儒（矮短）型，唯人为例外。

---

　　① 依色诺芬《狩猎》(Xenophon, "de Venat.")章十一，与希罗多德《历史》，卷七，
124—126，希腊半岛北部当时有狮而稀见，并限于极少的山林中（参看《动物志》，卷六
章三十一，579ᵇ6）。亚里士多德有关狮的构造多误，如这里所言颈椎（另见于《动物
志》，卷二章一，497ᵇ15）独骨，以及下文狮有两乳头，与上文（卷二章九，655ᵃ15）骨硬实，
内无髓孔等皆失实。这些都足证他未曾解剖真狮，也没有目睹真狮。

　　② 颈的其他诸功用，举例言之，如迅速后转，俾可对来袭的敌兽，保护自己的后身
（卷四章十一，692ᵃ5）；从水底捡起食物，有如蹼足鸟与其他水鸟的颈（卷四章十二，
693ᵃ8）；或猎取在远处的食物，长颈可当作钓竿（卷四章十二，693ᵃ23）。

　　③ 亚里士多德的感觉论：某些感觉对象专属于一个感觉器官与感觉，例如颜色之
于眼与视觉，硬度与温度之于肌肉与触觉等。另有些感觉对象不专属于一种感觉，几种
感觉都能予以辨识，至少是可凭视觉或触觉一样认知。这些对象可举示运动、静止、数、
形状、大小。这些就可称为"普遍感觉对象"，而能识别这些对象的就是"普遍感觉"（共通
感觉），通常所说视、听、嗅、味、触，为"专门"或"特殊感觉"。参看《灵魂》，卷三章一与二；
《睡与醒》，章二；《感觉与可感觉物》，章四，442ᵇ4。

侏儒（矮短）型是上身大，而支持体重、运用为行进活动的部分则
小。身体的上部分就是我们所谓"躯干"①，即自口腔至于肛门的 5
那个部分。于人而言，上身对于下身的比例恰好匀称，人自稚小至
于成年，上身的尺度比之于下身相对地减缩了好些。当其稚年，情
况相反，上身大而下身小；所以婴儿只会爬行，不能直行；不，最初
他竟是爬行也不会的，就尽躺着不动。因此，所有儿童全属侏儒形 10
态，但在逐渐成人时，由于下身的生长（扩增），就不复是矮短型了，
至于四脚兽，情况适相反，当它们年轻时，下身最大，迨年龄增加，
生长多在上身，即自臀至于头的那个躯干逐渐大起来。那么，倘说
驹的高度比之成年的马要低一些，所低少的尺寸是微小的；它们在 15
幼年，后腿可以触及头部，迨它们年龄渐长，这就不再可能了。凡
属实蹄（奇蹄）或偶蹄的动物就是这样的形态。但于那些多趾与无
角的诸动物而言，虽也属侏儒型，情况没有那么显著；因此，相应于
它们失态的比例较小，下身与上身生长速度的差异也是微小的②。 20

---

① θώραξ 这字，在《动物志》，卷一章七，491ª29 义为"胸廓"，限于横膈以上的空
腔；在本书中常以统指整个躯干。

② 参看《动物志》，卷二章一，500ᵇ26—501ª8。赫胥黎，《脊椎动物》（Huxley,
"Vert."）488 页："人类诞生后，由于腿长得较身体的其余部分为速，身体各部分的比例逐
渐变换。全身的中心点，当其诞生约在脐
间，自后下移，至于成年男子，便在会阴（耻
骨联合，Symphysis pubis）处了。"相反于
人类，马属的驹腿殊长，是人们所熟知的。
而较量小猫与大猫的上下身比例，这就
没有婴儿与成人，或驹与马的上下身比
例的差异。人类胎婴至诞世后，上下身
发育的比例变化，参看巴坦，《人类胚胎
学》（Patten, Bradley, "Human Embryolo-
gy", 1953），二版，198—200 页。

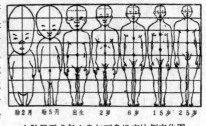

由胎婴至成年上身与下身发育比例变化图

图 一

　　鸟类和鱼类也属侏儒（矮短）型；事实上，如已言明，凡属有血动物都是这样的。这就是何以其他诸动物统都不如人类明智的原

25　因。虽在人类相互间，我们若以儿童比之于成人，以侏儒状的人们比之于非侏儒状的人们，将可见到前者即使具备在其他方面的任何优点，于理知而论总是不如后者的。有如上曾解释过的，他们的灵魂原理是属于物质的（实体的），物质实体大大地妨碍思想活动。

30　现在，试再增加土质物，而上升热也再行减弱，动物的体型再行缩小，而它们的脚则加多，直至后一阶段变成为一无足动物，于是全身贴着地面而延展起来。这里，级进（级退）的变化如更继续下去，它们的主要器官转到了下身，最后，终至于头部全不动弹而失去了感觉。那么，那动物就变成了一支植物，上段向下，而下段向上①。

35　因此植物的根部相当于动物的口与头，而籽实既然是从丫枝的末
687ᵃ　梢生成的，当具有相反的命意②。

　　　何以有些动物具有多足，有些只有两足，而另些无足；又何以有些生物为植物，而另些则为动物；最后何以于一切动物之中唯独人是直立的；现在我们已说明了这些问题的原因。既然直

----

①　这里是凭形态立论，从人类开始，逐级下降而抵于低等动物以至于植物的"级退"现象。另如《动物志》，卷八章一，588ᵇ4—589ᵃ3，凭生态与心理（灵魂）立论是从植物以及低等动物逐级上升而至于人类的"级进"现象。另些章节，未及整个动物界而于某些类属提示其间演化的端倪，更是屡见的，例如本书卷四章五，681ᵃ15—ᵇ13，于海绵、海鞘、水母、星鱼等的叙述。赖马克，《动物哲学》，卷一章八，说他主于自然的进化顺序以行动物分类，而前贤，包括亚里士多德在内，皆无例外地作着相反的分类，即从高级的人类，倒退至低等动物的顺序。统看亚里士多德生物学的全部著作，赖马克所说不完全确实。

②　植物由根株在地下吸取养料，养料上行至枝梢，以其剩余分泌缔结为籽实，所以说籽实与根株命意相反。参看卷二章五，650ᵃ20；章十，655ᵇ35。

立着,人就无须在前面更有腿了,于是自然便赋予以为之代替的 5
臂与手。阿那克萨哥拉认为人类具有这些手正是他们所以是一
切动物中最为明智的原因。但这才是较合理的,我们宁设想人
之具手是他明智的后果而不是他所以明智的原因。因为手只是
器官(工具),自然设计的定例是对于那些能做适当运用的诸动
物,各配置以相应的器官(工具);自然在这里的施为正像任何一 10
个明智的人所当有的作为。这才是应取的较好的计划:宁于业
已成就为一笛管演奏者给予一支笛,不为了谁有一支笛管就教
以吹笛的技艺。只于较大而较重要的事物为之作少许的增益,
不为原是轻微的事物附加以较尊贵而较重大的补缀,这就是自
然成物的功用。有鉴于这样的安排是一较好的方式,又有鉴于 15
自然总是如其可能,为诸动物作最优良的安排,我们就该论定人
之所以有手,由于他特具卓越的明智,而不是它具有了手,才变
为明智①。因为诸动物中最明智的当是会得运用最多最好的器
官的一个动物;手就不该看作是一个简单的工具,而是许多的工
具;因为事实上,手真是优先于诸工具的工具②。所以手这个工 20
具——在一切工具中可作最多方面应用的工具——就被自然配
属到人类,而人这动物正是一切动物中最善于习得最多方面的
技艺的。

---

① 动物必须有此机能才会有此器官,是亚里士多德常用的叙述。但相反于这叙述:《生殖》,卷四章一,677ª6,说自然于每一动物,同时赋予"机能"(τὴν δύναμιν)与"器官"(τὸ ὄργανον)。又,《灵魂》,卷二章九:人类触觉比其他诸动物精审得多,所以他们也比诸动物明智得多。

② ὄργανον πρὸ ὀργάνων 也见于《政治学》,卷一章四,1255ᵇ33,照那节可解作"优先于诸工具的工具";照这节及下节文义,当也可解为"运用诸工具的工具"。

有些人指称人类赤脚裸体，没有什么可资自卫的武器，便说人
25 的体制不仅是误构的，而且劣于其他一切动物，由此可知这些人们
是大错了的。因为其他诸动物，每一品种只各有一个防御方式，而
这一方式，它们是永不能变换的；这样它们就必须终身做着一切固
有的功能，这就是说，虽只是些皮屣，一经套着，即便入睡时也得穿
在脚上，永不能放开任何为它们身体作护卫的武器，也永不能更换
30 它们各自所已获得的那样一个简单的斗争方式。但于人类，许多
687ᵇ 自卫的方式都是可以应用的，而且他可以随心所欲地更换多种方
式，他也可以在他认为适宜的时间[1]，随意使用他认为适宜的武
器。因为手实际上是可得任意变化的爪、蹄与角。这样，手既是
枪，又是剑，又是任何其他随心所欲的武器或工具；因为他具备了
5 握持所有这些事物的能力，自身就可能是这些事物了。自然为人
手所构制的形式是符合于如此多样的功能的。这歧出为几个分叉
（多指），而这些分叉部分又能豁开。它的开豁不妨碍它的又能合
拢而成为一个像是单独的一块实体，可是，手若原是一块不分叉的
实体，这就将不可能豁开了。这些分叉（指）可以单独运用，或两个
合并运用，也可以作其他种种的联合运用[2]。又，指的关节是构制
10 得适于把握和加压之用的。其中一个短而厚实的，没有其余的指

---

① 从渥格尔，改ὅπον ἄν"地点"副词为"时间"副词ὁπόταν。

② 这句承上文的 διαιρετή"分叉"，应是在讲述"指"的构造与功用；但下句 τῶν
δακτύλων"指的"，叙明"指"，而不用代名词承接，似乎应从下句才开始讲述"指"。这句
ἑνὶ καὶ δυοῖν καὶ πολλαχῶς"单独一个或两个，或种种联合"很像是在讲述"手"的功用，可
是，这样与上下文不相承接。但若确在说指，这里宜作 ἱῷ καὶ δυοῖν καὶ πλείοσι"一个或两
个或多个联合"。

那么长,它是横出的。如果这一指不取这样的位置,所有一切把捉的活动将都不可能,这就等于全没有手了。这一指的压力是从下面向上施行的,而余指则从上向下;倘要把握牢固,而持之像在一个严紧的钳夹之中,这样的安排是很重要的。至于这一指特短的 15
目的是在增强它的力量,这样它虽只单独一个,就足以对抗那为数较多的余指了。又,这指如果也是长的,这将是没有效用的。这就 17
是它虽形短而有时被称为大指的缘由;因为如果没有这个指,所有 20
余指都将是实际上不能着力的①。排列在行末的那指是小的,而 21
整个行列的中央一指是长的,有如船里的一支中桨②。这样正是 18
确当的,因为要运用一件工具而必须紧握时,这主要地有赖于掌握 19
这工具周遭的中央部分。 21

指甲(趾甲)构造的巧妙不减于指。于人类而言,这固然只是用以保护指尖的一个简单被覆,于其他动物而言,趾甲又用以实施若干作为;而于每种作为,各动物的趾甲就各有适合它们的功能的形式。 25

人的臂与四脚动物的前肢弯曲方向相反,这差异是相关于这些部分所有进食与其他功能的。因为四脚动物是把前肢当作③脚

---

① 从渥校,将下两行这句移此。

② κώπη μέσον νέως "一艘船里的桨",施耐得校作 κώπη μεσό-νεως "船里的一支中桨。"参看《力学》,章四,850ᵇ10 μεσό-νεοι "中桨手"为全船最着力桨手。亚浦隆尼,《亚尔咯舟远航记》(Apoll. Rhod. "Argon.")i,395—400;操持中桨的都是英雄水手。渥格尔注,引华尔博士 Dr. Warre(巴特明顿,《划船》,Badminton, "Boating", 14 页)说,古希腊舶的排桨在舟中部的较之那近向船头船艄的为长而且重。

③ 从 P 抄本增 ως("当作")。

用的,这必需向内弯才能完成行动功能①。但在四脚动物中也有

30 不做这样弯曲的,至少是那些多趾(歧脚)诸动物于前肢的应用

688^a 不仅依以行动,另也有当作手用的倾向。而且任何人都可以看到
它们事实上就在这样运用着的。这些动物于攫持事物并抵拒敌兽
的攻击,都用前肢;至于四脚动物中具有实蹄(奇蹄)的诸兽,于抵
拒敌兽时则用其后肢。因为它们的前肢与人的臂和手是不相似
的。

5   这就由于前肢的这种似手功能之故,所以有些多趾四脚兽,有
如狼、狮、狗和豹实际上在每只前脚上就具足五趾,而在每只后脚
上只有四趾。因为脚的第五趾相当于手的第五指②;这也类乎那
指的称为大指而被称为大趾。这是确实的,于较小的多趾四脚兽,

10 后脚也各有五趾。但这是由于它们都是爬行动物之故;因趾数增
加而跟着增加的爪(趾甲)数可帮助它们抓得更牢固些,这样它们
就能较便捷地爬上巉峭的地方,或竟能头向下而疾趋③。

       人的两臂之间与其他诸动物的前肢之间是所谓"胸膛"这部分
的所在。这部分,于人而言,是宽阔的;这可以推想而知,两臂既属

15 横出,它们就不妨碍这个部分的扩展。但于四脚兽而言,胸膛是狭
窄的,因为它们的前肢在前进或移动时须向前伸。

---

①   人与四脚动物的四肢折曲,参看《行进》章十一,章十二,710^{a}5—^{b}33。

②   这里隐括的实义是:后脚既不同于前脚那样附带有手的功用,所以那第五指就
不需要了。而不需要的构造,自然便不为之制备。

③   前脚五趾,后脚四趾诸动物的实例,本节所举为今犬科与猫科诸兽;大多数有
爪类(Unguiculata)都是这样。所说善于爬行,或竟能头向下而疾趋的小兽之后脚俱有
五趾者,当是从鼠、松鼠、鼹鼠、貂、鼬这类动物所得结论。实际上,象和熊的后足也各
有五趾。

　　由于狭窄之故，四脚兽的乳房总不位置于胸部。但于人体而
言，那里就有广大的区域；又，心脏和它附近的诸脏腑需要保护，由 20
于这些理由，这部分是富于肌肉的，乳房便分开而并列在这上面，
男性乳房本身也是富于肌肉的一个构造，所以它们的功用就在上
述的保护内脏；至于女性的乳房，有如我们曾说过的，自然，依照她
习用的方式，赋予了一个另增的机能，使乳房作为子女（婴儿）的养 25
料的储器。人类的乳房为数有二，相符于躯体的两半，一半右与一
半左的区分。因为在这一区域的诸肋骨是联结着的①，乳房在这
里较之它若安置在他处要健实一些；至于它们所以要分开作两块
是因为这样的安排别无什么妨碍之故②。于人以外的其他诸动
物③，乳房位置在前肢间的胸膛之上是不可能的，这个位置会扰乱 30
行动；所以它们须另作安排，而配置的方式是多样的。这样，凡属
少产动物，无论是有角四脚兽或是那些实蹄（奇蹄）兽，乳房位置于
股间，为数有二④，至于那些多产动物，亦即多趾（歧脚）兽类，乳头

---

　　①　真肋骨在上方，与胸骨（Sternum）相结合者七对，下方五对不连属于胸骨为假
肋。这样由于底层牢固，上面的构造也较健实。
　　②　渥格尔解释这一句的辞意：既然两臂不作移动身体之用，乳房便不在行进时的
活动线上，这样乳房分作两块是没有什么不利的；如其不然。乳房将可能位于中央而
只作一块。
　　③　依《动物志》，卷二章八，502ª34，除外的不仅是人，还应有猿。但胸部乳头实不
限于人与猿：例如蝙蝠两乳头也在胸部；又象也是这样，本章下文，688ᵇ5，就提到了。
　　④　ὀλιγατόκα"少产动物"，依《生殖》，卷四章四，770ᵇ28—773ª13，为偶蹄类诸兽，
即这里所称有角四脚兽，例如绵羊与山羊各只具两乳头。但母牛实有四乳头，这在《动
物志》，卷二章一，499ª19讲到了。事实上，绵羊与山羊原来也各有四乳头，其中有两个
常是退化了的。奇蹄类（Solidungula）于《生殖》，卷四章四，叙为"单产动物"μονοτόκα，
这里所叙乳房情况是确实的，在腹股沟间（inguinal）有两乳头。

或是为数许多而列于腹部两边,有如猪与狗①,或是为数仅二而位
35　置却在腹中央部②,有如狮的乳头③。狮的乳头所以作那样的情
688ᵇ　况,不是因为它每回分娩的稚狮数少之故,它所产有时超过二稚
狮,事实上它没有充足的乳汁,所以乳头也为数较少。乳汁少的原
因则由于它是一肉食兽,须间隔相当久才行猎食之故,而且那些猎
5　获的养料又全消耗于它身体的生长(维持)方面。

象也只有两乳头,位置在前肢的腋下。这动物所以乳房为数不
超过两个是因为它属于单产动物④;这两乳头位置不在股间区域,因
为任何有类于此的多趾兽的乳头统都位置不在这里的。最后,它们
10　就被安排到了上方,靠近腋窝,因为这里是一切多乳头动物最先一
对乳头的所在,而在这里的一对乳头泌乳最多。这可举母彘为证:
她常把这些乳头哺饮最先娩出的仔猪。一匹单产的幼畜当然就该
看作是那先诞生的仔猪了,这样,单产诸动物就必然哺饮以前列的
15　乳头,这也就是说她们的幼畜必须哺得在腋下的乳头。这里就是象
只有两乳房和乳房位置作这样安排的原因。但于多产动物而言,乳
头就排列在腹部,因为它们既将有较多待哺的仔兽,须备有较多的
乳头。现在,这些乳头如欲使成横列,这就不可能超过两个,即体的

————————————

①　πολυσχιδη“多趾兽”是“多产动物”πολυτόκα,详见于《生殖》,卷四章四 770ᵇ28—
773ª13,所举实例有狗等及鼠族。

②　上文两乳头诸兽的乳房说是在“股间”ἐν τοῖς μηροῖς;股间可以是在腹股间,如
牛,或在胸部如人。这里说在“腹中央部”περί μέσην... γαστέρα 是相反于两乳头位置的
常例的。

③　关于乳头数和位置,亚里士多德所举诸兽例都相符于实况,唯于狮为误。狮实
有四乳头,位置在腹部。狮每回分娩,常可四稚狮,有时偶可有五或六稚狮。参看《生
殖》,卷三章十,760ᵇ23。

④　象为单产动物,参看《生殖》,771ª20;《动物志》,卷五章四,546ᵇ11。

右边与左边各一；所以它们必须作纵向排列，而体表具有足够长度
的地方就在前肢与后肢之间。至于非多趾动物而产子数少的，或是 20
有角的动物，它们的乳头位于股间。马、驴、骆驼可举示为实例[1]，这
些动物每回都只诞一仔，而马与驴为实蹄（奇蹄），骆驼为偶蹄。倘
要得到更多的实例，可举示鹿、牛、山羊和所有其他相似诸动物。 25

推究其原因，这当由于这些动物的生长循于上行方向[2]，这
样，富于剩余营养分泌与血液的部位必在身体的下段即靠近排泄
孔的地方，于是，就在这里，自然安置了它们的乳头。因为用以进
行哺养仔畜的储料所在也必须是可能由此获得养料的所在。人 30
类，其男性也像女性一样具有乳头；但其他动物，有些雄性是没有
的。这样的实例有马，有些公马缺少这些部分，而另些像母马样的
公马却又有这些部分[3]。关于乳房，这里已说得这么多了。

挨次于乳房的是腹部区域，如前曾言明其理由的[4]，腹部没有 35
让肋骨围住；这样，当食物受热而必须胀大时，或受孕而子官扩展 689ᵃ
时，都不至于有何妨碍。

在所称为躯干的末端是有关干残余以及湿残余由以排泄的诸

---

① 这三动物每回只各产一幼畜，见于《动物志》，卷六章二十二，576ᵃ1，马；章二十
三，577ᵃ25，驴；章二十六，578ᵃ10 骆驼。
② 上行方向谓自尾至头。这些动物既然向上生长，营养物料当是聚于尾部附近
的，如不汇聚于这里，生长将是不可能由此开始的。因此，乳房也设置在这里。人体的
生长方向相反，故乳头位于相反的上身胸位，那里是人体营养物料的汇聚部位。关于
生长方向，参看本章上文 686ᵇ32 注。
③ 林奈把马列为四脚兽中一个特异的品种，其雄性无乳头；但约翰·亨得发现了
公马退化乳头的残迹。这里的两可记载可算是先行兼缉了这两位近代生物学家的异
说。
④ 见于卷二章九，655ᵃ2。

5 部分。所有一切有血动物,少数例外①,所有一切胎生动物,全无例

外,用以排泄液体残余的器官,为自然制定了,也是用以实行交配的

器官,而且这于雄性和雌性是一样的。籽液(生殖液)本是一种液

体,也是一种剩余事物②。这一论断的证明,随后当另行陈述③,

10 现在姑且承认它是事实。[于妇女的经血分泌以及她们分泌籽液

的那个部分④也可一例地为之论证,可是,较详细的叙述也须待之

今后。现在只需认明这样的事实,女性(雌性)的经血相似于男性

(雄性)的籽液(精液),也是剩余事物⑤。又,两者既同属液体,那

---

①　这句原文当有误。照这句推论,所有卵生脊椎(有血)动物,除少数例外,都将
有尿,这与本书(卷三章八与九;卷四章十三,697ª13)及《动物志》,(卷二章十六,卷五
章五,541ª8)所称这类动物,除龟族外皆无肾与膀胱语相矛盾。渥格尔揣拟这里,应是
"所有一切有血动物之胎生者,与少数卵生者"。这少数卵生有血动物当为龟族几个种
属,这些动物的交媾方式见于《动物志》,卷五章三,该章540ª30所记交配器官同于泌
尿器官。照这改订文,原ἔξω ... ἐναίμοις 应校正为"ἐν ὀλίγοις τισὶν τῶν φοτόκων"。

②　"籽液"γονή 或"精液"σπέρμα 为营养剩余的有益分泌,参看本书卷二章三,
650ª22 注;详见《生殖》,卷一章十八,725ª22—726ª6。

③　见于《生殖》,卷一章十八,724ᵇ21—726ª25。

④　καὶ ἡ προσέενται τὴν γονήν "以及她们分泌籽液的那个部分"这一行如原文无误,
则妇女于"月经"καταμήνια 之外,另还分泌有"生殖液"(γονή 籽液)。《动物志》,卷一章
三,489ª9—13,也有雄雌动物各具精液分泌(σπέρμα)的含糊语。但在《生殖》,于这问
题作精审的论述时,反复言明月经相当于雄性精液(卷一章十九,727a1 和 28 等节),不
言妇女另也有精液。柏拉脱揣拟校原文为 εἰ προσέενται τινα γονήν("若说她们另还分泌有
任何一些籽液,那么就并这籽液……")。

从贝本与渥校,这里数句加 [ ]。

⑤　希朴克拉底(库恩编校本《集成》,i,551)说,籽液由亲体全身各部分所引来的
事物汇集而成,所以子女肖似其亲。这大意先达尔文两千余年而开创了"泛生论"(pan-
genesis)的端绪。亚里士多德于《生殖》,卷一章十七至十八,力辩其不然。他认为是动物
得丰富的营养,在化成血液供应全身各部分的维持(代谢)而有剩余时,更由血液转成
精液。故精液(籽液)为有益的剩余分泌。这种分泌,不来自亲体各部分,而在发育
过程中流行于亲体的各个部分。"月经"则相当于雄性"精液",但由于雌性体质较冷,
她的生殖液调煮得不够(《生殖》,卷四章五,774ª2),所以保留着相似于血液的性状。

么泄尿的器官该用作泄出性质与之相似的剩余的器官恰正是合乎自然的了。]于这些部分的内部构造以及有关籽液（精液）的部分和有关妊娠的部分之间所存在的差异，在《动物研究》与《解剖学》中已有详明的记载①。而且，待我讲述生殖问题②的时候，又将再行说到这些。可是，关于这些部分的外表形状，这是够明白的，它们必然照事势之所必需，适应着它们所行的活动。但雄性器官，相应于躯体方面一般的差异是各不相同的，因为一切动物原不一例地都是肌腱性质的躯体。又，这个器官是唯一的不管有何坏病变化，总是可以扩张并减缩其体积的。扩张状态行于交配的时候，而在全身的常态而言，这必须作缩小状态才为有利，因为如其常在紧张之中，这将是身体上的一个累赘了。所以这器官是由兼备那两样状态的物质组成的。由于它一部分属于筋腱性质而一部分属于软骨性质③，这样它就既能收缩，又能延伸，而且还容许有气在内④。

所有一切雌性四脚兽都后向遗溺，因为泌尿构造处于这样的后向部位，在交配活动中，于它们有利。雄性而后尿向的却只有少数实例，这可举示林狷（猞猁猻）、狮、骆驼与兔⑤。四脚兽而有实

---

① 见于《动物志》，卷一章十三，十四；章十七，497ᵃ27；卷三章一。

② 《生殖》，卷一，章二至十六。

③ 渥格尔注《动物志》，卷二章一，500ᵇ20—25，所列举几种食肉兽，其雄性生殖器内确有一骨。另举骆驼与鹿生殖器官中则无此骨质而为筋腱构造，也是真确的。至于有些黑人，这部分也偶可有一软骨。此外，就更无其他动物有软骨的雄性生殖器官。νευρῶδες"筋腱部分"中腱质纤维具有伸缩能力（参看卷三章四，666ᵇ14 和注）。

④ 《集题》，卷三十章一，953ᵇ34 于雄性外交接器官的勃起，不称为充血而说是由于充气之故。《动物志》，卷七章七，586ᵃ16 于泄精也说是由于充气。

⑤ 骆驼、猫以及许多啮齿类，包括兔在内，为"后尿向动物"（ὀπισθουρητικά）。

蹄(奇蹄)的没有哪一品种是后尿向的。

689ᵇ   身体的后部与后肢间的部分,人类比之于四脚动物是特别的。几乎所有四脚兽都有一尾,无论它们是胎生的或卵生的。即便那尾不大,它们也得有一种短尾,至少也得有一个尾的标志①。但人是无

5 尾的。可是他有尻,这于四脚兽是没有的。他的腿也是富于肌肉的[他的股和脚②也是这样的];而所有其他诸动物无论胎生或非胎生诸类属,凡属有腿③的,这腿都无肌肉而是由筋腱与骨与棘刺物质制

10 成的。于所有这些差异,说来只有一个共通的原因,这就由于人在一切动物之中是唯一直立着的。为要使他易于维持其直立姿态,自然于他的上身构制得轻些,把上身各部分的物质减少些而移增之于下身各部分,这样,他的尻,股与腿的腓便都成为富于肌肉的了。自

15 然赋予了尻部以这样的性质,这同时也使之有益于躯体的休息。因为于四脚兽,站立不致引起疲劳,虽长时间继续其站立的姿势,于它

20 们也不为烦累:由于全身整日都用四个支柱维持着,这就很像是躺

---

① 原文 σμικροῦ“小小的尾”。从鲍尼兹(Bonitz)校订为 σημεῖον“象征性的尾”(尾的标志)。这里盖实指猿类退化了的尾迹。参看《生殖》,卷三,750ᵇ8“作为象征”注释。

② κνήμας“胫”,从 Y 抄本,改作 πόδας“脚”。

③ σκέλος 这字的一义为“肢”,另一义为肢的一段,即股与脚间的“腿”;这与英语“leg”一字恰相同。亚里士多德于人与其他脊椎动物如鸟与兽的后肢比较解剖,有一常俗所同的错误,他把人的膝关节抵当其他脊椎动物的跗关节,又把人的胫节(tibia)包括多肉的胫(κνήμη)与腓(γαστρο κνημία, fibula)在内,抵当鸟兽的无肉的跖节(metatarsus),于是称人肢这节为富于肌肉的腿,而兽肢这节为无肉的腿。参看《动物志》,卷二章十二,503ᵇ35 关于鸟“腿”的注释。

跟着膝关节的误比,他又把人的股骨(股节)抵当其他脊椎动物的胫骨(腿节);这样他于鸟兽的肢骨少算了真正的股骨(femur)那一节。人的股骨颈连接于骨盆上的坐骨(尻骨 ἰσχίον, ischium),于是亚里士多德于《动物志》,卷二章十二,504ᵃ2 与本书卷四章十二,695ᵃ1,就称鸟类那一支少算了的股骨(后肢的第一节)为臀骨(尻骨)了。

着的了。但人是不容易长久凭他两脚站立着的,他的躯体需要做坐
姿而行休息。这就是人类何以有尻①而腿部富于肌肉的缘由;而这
些肌肉部分的存在又正是他何以无尾的缘由。因为原来可得用于
尾巴的营养,现在已用尽于这些部分的构制了。同时既有了尻部,　　25
这也就无需乎尾巴了。但于四脚兽与其他诸动物而言,情况相反。
它们本属侏儒(矮短)体型,所有体重的压力与物质都从下身各个部
分②移出而加增之于它们的上身。为此故,它们就没有尻而只有硬
腿。可是为要掩盖并保护那排泄秽物的部分,自然便给予这样或那
样的一支尾巴,而为了这尾巴,就不得不移用原应供给到腿上的一　　30
些营养物料。介乎人与四脚兽之间的是猿,它两属或两都不属于人
与兽,因此它既无尾也无尻;于它的两脚性状而言,无尾,于它的兽
类性状而言,无尻。所谓尾,各动物间有巨大的差异;这个器官,有
如其他器官,自然有时不仅应用之于肛门的掩蔽与保护,另又加之　　690ᵃ
以附带的功能而作有利于那动物的其他用途③。

　　四脚兽的脚是有差异的。这些动物之中,有些是实蹄(奇蹄),
另些的蹄叉分为二,又另些区分为许多部分。如其躯体巨大而所　　5
涵存的土质物颇为丰富,这蹄就是实的;实蹄动物们的土由体质中
分离出来时,不形成为齿与角而转化于趾甲的性状,由于土质物特
为丰富,这就不作离立的几个趾甲而成为一个连延的趾甲,即一个

---

　　①　参看本卷章十二,695ᵃ1 注。

　　②　依《动物志》,卷二章一,500ᵇ29,"下身各部分"实为"后肢"。

　　③　尾的其他诸用途:猴用以为把握工具;牛用以为蝇拍;狗用以帮助转弯,但兔尾
甚短而能急转。尾于转弯这功能而言,其实际助力当是微小的(达尔文,《物种原始》,196
页)。

10 蹄。因为土质物消耗于蹄的构制，所以这些动物常例是没有①距
骨的，又一原因②是这样一支骨的存在于后腿的关节之中对于这关
节的活动是有些妨碍的。只有一个折角的关节部分，比之具有多折
角的，能做较迅速的伸展与弯曲，但有了一支距骨作为连闩，实际上
15 就好像原来两个肢节间增添了一支新的肢节。这一增添加上了脚
的重量，使行进的活动更为稳健。这样，凡属具有距骨的那些动物，
这支骨只见于后肢，前肢上是找不到的。因为前肢在运动中领先于
后肢，这需要轻便并捷于弯曲，而后肢所需则为稳健与伸展。又，于
肢脚踢出时，距骨增加其重量，这样就使后肢成为一个可用的防御
20 武器；于是这些动物都用它们的后腿实行自卫，对付任何扰乱它们
的事物，就举踵（蹄）踢开。于叉蹄（偶蹄）四脚兽而言，它们后肢较
25 轻这一性状可容许有距骨存在；而存在了距骨便不得复为实蹄了，
骨质物既留用于关节之间，因此脚上就不够了。至于多趾（歧脚）四
脚兽，它们谁都没有距骨。它们苟有距骨，这就不能成为多趾的了，
而它们脚的区分将延展到距骨所及的幅度③。所以大多数④具有距

---

① 踝间为腿骨联系的一支骨名为 ἀστράγαλος “距骨”（原意为“模规”）。反刍类的
距骨两端对称，两端皆凸，其他动物的距骨形状不整齐，只上端为凸。西方古代相传的
骰骨戏就以较小的反刍兽的这支骨制“骰”为戏，故俗称“骰骨”（huckle-bone）。诸兽都
有这支骨而形状不一，今统称“跗骨”（tarsus），各别地或称踝骨或称骹骨（pastern-
bone）。亚里士多德专以可作骰戏的为“距骨”，所以说多趾兽（肉食兽与杂食兽等）都
无距骨。参看《动物志》，卷二章一，499ᵇ22—32。

② 从 S，U 抄本增 καί。

③ 这句的上分句当是说如有距骨则那一动物必多土质物，既多土质物，则趾将成
蹄。下分句辞意不明。

④ 少数非偶蹄兽而有距骨的，依《动物志》，卷二章一，是指印度驴（犀）（499ᵇ21）与
林狼（猞猁狲）和狮（499ᵇ29）。

骨的动物为偶蹄兽。

于一切动物之中,以体型为比,人的脚最大①。这恰是可以推想到的。有鉴于他是唯一直立的动物,那原来准备着负荷全身重量的两脚必须既长又宽。这也是合理的,指与手的全长的比例较之于趾与全脚的比例,该应相反。因为手的功用是在握物而着力地执持着,所以诸指必需长些,俾手的弯曲部分可得紧执——事物。但脚的功用在使人能站稳,为此故②,脚的不分叉部分(掌)须比趾大些③。可是,它的末端分叉较之不分叉为优胜。因为一只不分叉的脚,如果任何一部分染病,就会蔓延到整个器官,倘脚既区分为离立的诸趾,遇疾时,就不至于一齐受害了。又,趾短则较不易被损伤。由于这些原因,故人脚为多趾,而各个趾都不长。最后,趾上是具有甲的,具甲的缘由与指上有甲相同,因为这些突出的部分是软弱的,须有特设的保护。

章十一

现在我们已讲完了那些生活在地面而诞生活幼体的有血动物④;既然于它们所有主要的品类业已言明,我们可以挨次而及那些卵生的有血动物了。卵生有血诸动物,有些具四足而另些无足。

---

①　居维叶,《比较解剖教程》,i,474:"人具有最大的脚,……比之于其他诸动物……人的脚面(脚底)所以巨大是由于跗与跖骨以及所有诸趾全皆着地之故,这于其他动物,谁都没有那么些骨节全都着地的。"

②　ὥστε 从柏拉脱校,改为 πρὸς δέ "为此"。

③　νομίζειν "操持"不可通解,从柏校为 μεῖζον "较大"。

④　有血胎生动物指兽(哺乳类),限于陆上生活的种属,则除外了水居哺乳类,即鲸族。

无足的独立成为一类，即蛇类；这些动物何以无足的缘由已在《关
于动物的行进》Περὶ τῆς πορείας τῶν ζῴων 那篇论文中[1]解释明
白了。不管缺少脚的这一情况，蛇的构成相似于卵生四脚动物。

所有这些动物都有一头和头的组成诸部分；所由以决定头的
存在的原因与其他有血诸动物的有头相同[2]。又，这些动物口内都
有一舌，唯河鳄为独一的例外[3]。于这例外动物，似乎全无实存的
舌，仅有一舌部的空位。这因为河鳄是一种兼有陆地与水居动物两
重性格的动物。作为一陆地动物的性格，它备有舌的位置；但作为
一水居动物的性格，它就没有舌这实体。有些鱼，如前曾陈明[4]，如
果不把它的口扯使大张，总是看不到有什么舌的；另些鱼的舌是没
有从口腔的其余部分离立开来的。这因为对于类此诸动物，一个舌
只能有微小的功用，它们既不能咀嚼其食物或在吞下之前辨识其食
味，由食物得来的愉快感觉当限于吞咽这过程。因为干硬食物之引
起快感是在它们经历食道间的过程，而液汁的本味是凭舌识知的[5]。

---

① 《行进》章八，708ᵃ9—20。又，本书，卷四章十三，696ᵃ10以下。

② 见于本卷章十，686ᵃ5—18。

③ 渥注：事实上，确有某些卵生四脚动物没有舌；但所有这些品种，例如加林西亚
盲螈(Carinthian Proteus)、苏里那姆负子蟾(Surinam pipa)、南非洲趾鞘属(South Africa
Dactylethra)都是亚里士多德所未曾见过的。他所说的鳄，实有一舌，但无舌乳突(papilla
lingualis)，而且全舌联结在口腔内下底面。本书卷二章十七，660ᵇ15 和《动物志》卷二章
十，503ᵃ1 所说与此相异，亚里士多德似曾认明鳄口内有这样的舌。

④ 见于卷二章十七，660ᵇ13。

⑤ 鱼类味感甚弱，为博物学家所通认（参看耶勒尔，《不列颠鱼类》，Yarrell,
"British Fishes" i, xvii）；确如亚里士多德所说鱼不咀嚼，不能挤出食物的汁而辨识其本
味；水又经常在口腔洗刷，事实上也无从细认食味（参看本书卷二章十七，660ᵇ12—
25）。但照《动物志》，卷四章八，533ᵃ30 所记，鱼类于食物也显示其有所爱恶，那么，鱼
也不是全无味觉的。

这样,正当食物被咽下时,它的油性,热度以及其他相类的品质得
以认明;事实上,对于大多数干硬食物与腴美食物的餍饫之感,几
乎全从下咽过程中食道的扩张得来的①。这样,餍饫之感虽在无
舌②诸动物也是所当有的,但其他动物还有味觉以为食味的辨识,
而于这些无舌动物,可说是只有③依靠食道这一部分来满足其食
欲。上述这些情况解明了何以贪饕于饮料与液态美味的未必也是
贪饕于嚼食与干硬美味的缘由。

　　有些四脚卵生动物如诸蜥蜴,舌分两叉④,相同于诸蛇的舌也
是分两叉的,而舌叉的末梢像发丝样细小,有如先前曾已说过了
的⑤。[海豹也有一个分叉的舌。]所有这些动物何以这样贪食的⑥
原因就在于这种舌状。四脚卵生动物的齿,像鱼齿,作尖锐错合的
锯状⑦。所有诸感觉的各种器官,它们都有,并相似于其他诸动物
的诸器官。这样,有鼻孔以为嗅,有眼以为视,有耳以为听。可是,

691ᵃ

5

10

---

　　① 《伦理》卷三章十三,1118ᵃ32:"为此故,某一饕餮者希望他的喉管比一鹳喉还
长些。"斯宾塞《仙后》(Spencer,"Faëry Queen")i,4,21,叙贪饕:"像一只鹳,他的颈既
长且细。"

　　② 从渥校,改 ζφοτόκα"胎生动物"为ἄγλωττα"无舌诸动物"。

　　③ ὡσπερανεί"恰是"(恰如),从 Υ 抄本改为ὡσπερ μόνη"只有"(只如)。

　　④ 参看《动物志》卷二章十七,508ᵃ23。蛇目舌分叉;蜥蜴目中,大部分科属,舌
亦分叉(故称为"叉舌目",Fissilinguia)。但蜥蜴目也有非分叉的,例如避役与守宫(蝘
蜓)(这两动物都是亚里士多德所熟悉的)。海豹舌有深陷的凹槽。参看布丰《自然
史》,xiii,第 50 图。

　　⑤ 见于卷二章十七,660ᵇ9。

　　⑥ ἰσχνα"干枯的"或"衰弱的",从加尔契(Karsch)校作 λίχνα"贪食的"。

　　⑦ 蜥蜴目诸爬行动物的齿常是尖锥形,而稍稍内弯,作钩状。有些种属的齿像
刀片,偶有些齿边作锯形的。圆蜥属(Cyclodus)有宽阔的臼齿这种特例是稀有的。螃
龟属无齿,颚缘角质膜作锯齿形。

15 它们的两耳不从头两侧外突,仅由管道组成,有如鸟类也只有这样
的听孔。这于两者都由于表面硬性[1]之故;鸟类的躯体被着羽毛,
这些卵生四脚动物被着角质棱片。这些棱片相当于鳞片,只是性
质较硬些。这于龟族与河鳄是明显的。还有,于诸大蛇也是明显
20 的;这些种属的棱片比骨还强些,似乎是由与骨相同的物质构成
的[2]。

　　这些动物没有上眼睑,只用下眼睑闭眼[3]。于这方面,它们相
似于鸟类,所以是如此的原因也相同于在鸟类所已陈明的[4]。鸟
类中,有些[5]不仅能这样闭眼,还能从眼角展开的一个膜闪瞬。但
25 卵生四脚动物统都不会瞬目[6];因为它们的眼较鸟眼为硬[7]。这由
于鸟类飞翔在空中,视觉敏锐并能远瞩[8]是于它们很有利的,至于
卵生四脚动物既是全都有穴居习性,视觉的功用于它们便较小

---

① 见于卷二章十二;又卷二章十三,657ᵇ5。

② 所有爬行纲都有角质表皮层鳞片,两栖纲如蛙与蟾是没有所谓棱甲的,但亚里
士多德时常统概这两纲为卵生四脚动物或棱甲动物。龟族与鳄的棱鳞结合有角质盾
片,所以这些动物又称棱甲类(Loricata)。"大蛇"实无被有角质棱甲的品种。亚哩安,
《印度志》(Arrianus,"Indica")中曾说到亚历山大部将从征印度时,见有怪蛇。渥格尔
揣亚里士多德这里所说的也得之于亚历山大从征将士的传闻。

③ 大多数爬行动物有一上眼睑,但它们全都专用下眼睑闭眼,或较优先地用下眼
睑做这一动作。可是蛇目以及某些蜥蜴无眼睑,或宁说它们的两眼睑已愈合成一块遮
在眼睛上的透明表面,保护着眼睛而不蔽掩其视觉(眼睛在这透明眼盖下面转动)。参
看卷二章十三,657ᵇ32,关于甲壳类的硬眼不能有眼睑的说明。

④ 见于卷二章十三,657ᵇ5。

⑤ 《动物志》,卷二章十二,504ᵃ25 谓重体型鸟类(鸡目)以下眼睑闭目。实际上
所有一切鸟类都是这样的。

⑥ 参看卷二章十三,657ᵇ23 注。

⑦ 这就不更须另有瞬膜为之保护了。

⑧ 从 YU 抄本,增 καὶ τό πόρρω προϊδεῖν"并能远瞩"。

一些。

  组成为头的有两个分块，即头上块与下颌，于人①与胎生四脚
动物②而言，下颌不仅能上下运动，还能向两侧运动；至于鱼类与   30
鸟类和卵生四脚动物则仅能做上下运动。这因为上下运动为咬碎   691ᵇ
食物所必需而两侧运动则是所以使事物成为烂糜的操作。故两侧
运动只对于具有臼齿的诸动物，才见其效用；对于那些不具臼齿的
诸动物，两侧运动是无益的，所以它们都一律不做两侧运动。自然
正是绝不做任何虚废的事情的。于其他诸动物而言，都是下颌能   5
运动，而河鳄独以上颌运动③。这因为河鳄的脚特小，全不能捕捉
并执持可供其掠食的动物，所以自然赋予了可以代行这项功能的
一个口。于执持或捕捉食物（活物）而加以打击时，其运动方向能
使用较大力量的便较为有利；而打击自上方下施总比从下方向上   10
施为较着力。于是，既然把捉与咬嚼食物的功能现在都归之于口
部，而这两项功能中，对于既无手又无形态相宜的脚的一匹动物而
言，自当以把捉为较重要，那么河鳄的上颌下向活动比之下颌向上   15
活动将可获致较大的实益。何以蟹族也用各螯的上钳活动而不用
下钳，可引相同的事理为之解释。由于蟹螯是手的代用器官，这须

---

  ①　从 Y 抄本，删承接词 οὖν，这一分句与下一分句和上一分句，并为一起句。
  ②　于胎生四脚动物而言，应除外肉食兽目，它们的齿都只能嚼碎，不能磨细。照
下文所说，只有具臼齿的动物才须下颌做两侧运动，则仅有犬牙门牙的食肉目，下颌便
不会做如此运动。
  ③　另见于《动物志》，卷一章十一，492ᵇ24。参看希罗多德，《历史》，ii，68。居维
叶，《动物世界》，ii，18；鳄的“下颌延伸到颅骨之后，所以〈当它开合其口腔时，〉看来像
只有上颌在做上下运动，恰如古代诸家所曾记载着的；但它的下颌〈实际也能自行活
动，〉不是必须与颅骨一起做整块活动的”。

20 适宜于把捉食物而不应用于咬碎食物,咬碎食物的工作另任之蟹
齿(颚)。因此,蟹和其他那些能够从容地执持其食物的诸动物,既
然当它们留在水中时,口不致被分配以把持的任务,于是便专任咬
碎的工作,把持则归之于手或脚(螯爪),两项功能分配到了两个部
25 分(器官)。但于河鳄而言,它的口被自然构制以兼任两项工作,这
样,它的两颚就被赋予了上述的运动方式。

这些动物还存在有一颈,这是它们具肺的必然后果。因为空
气所由通过而引达肺部的气管是相当长的①。可是,若承认"颈是
头与肩之间的一段",这个定义是确当的,那么,一条蛇,就很难像
30 这类的其他诸族一样,说它有一个合格的颈,它只在身体的相应部
分具有某一可相拟的部分。和与之相统属的其余诸动物相较,这
692ᵃ 正是蛇的一个特点,它们能转动它们的头,而不牵扯到身体的其余
部分。推究其故,蛇相似于一节体动物(虫豸),全身可以蜷拢,它
的脊椎为软骨似的,易于弯曲②。所以,这种盘蜷功能只是蛇脊的
5 软性之必然后果;但同时这也有一个终极目的(极因),这种功能使
它们可得防卫从后方来的袭击。它们的身体由于扯长而且无足,
是不适宜于回转以保护其后身的;倘仅能抬起头部而缺少回转的
能力,将是全无作用的。

现在我们正在讲述的这类动物还有相当于胸廓的一个部分;
10 但有如任何鸟与鱼一样,这里没有乳房,它们身体的其他部分也没

---

① 参看卷三章三,664ᵃ30 及注。
② 蛇目诸种属的脊椎非软骨,实属硬骨。它们脊椎的易于弯曲,至于可作全身盘
绕,是由脊椎区分极短之故,椎节特多的蛇,全长共达四百余椎。还有脊椎间相连的球
窝关节特为圆整,这也大有利于脊椎的盘绕活动。

有。这因为它们都没有乳汁;乳房原所以汇集乳汁,而这器官实际上就正是一个储藏乳汁的容器。无乳不是这些动物所特有的情况,凡不是内胎生的①,所有一切动物统都无乳。因为所有这些动物都产卵,于胎生动物以乳汁性状所具备着的幼体养料,在它们就涵蓄在卵内了。可是,关于这些将在《关于生殖》περὶ γενέσεως 的论文②中作较详审的说明。至于它们的肢节的弯曲方式则在《关于行进》的论文③中已有一普遍性的叙录,所有诸动物的肢节情况都在那里讲论到了。这些动物也有一尾,有些种属的尾较大,另些较小,关于尾和尾的或大或小这问题已在先前的章节中以普遍叙录说明了④。

　　于所有卵生而生活于地上的诸动物中更没像避役那么瘦瘠的了⑤,更没有像它那么少血液的了。关于这些,当在避役的灵魂(生命)本质上觅取其原因。举它的外表常行变态(变色)⑥这事为证,这动物该是性情畏怯的(多所恐惧的)。而恐惧实是一种冷性

---

① 亚里士多德所称"内胎生动物"相当于现代分类的"哺乳动物"。在他当时既未能目睹哺乳动物的卵,他应用 ζωοτόκος "胎生"这字的本义是"产生活幼体"。这一类名不仅别异于 ὠοτόκος "卵生",也除外了"卵胎生动物"。于卵胎生动物。他称之为"外胎生而内卵生动物"。在现代胚胎学上看来,哺乳动物当然也是先内卵生而后外胎生的。
　　蛇类作为卵生动物,当然无乳房;这里当由于蛇类中有蝮蛇ἔχιδνα 那样的卵胎生品种,所以申论其实无乳房。
② 见于《生殖》,卷三章二,752ᵇ15 以下。
③ 见于《行进》,章十三。
④ 见于本卷章十,689ᵇ3—690ᵃ4
⑤ 参看《动物志》,卷二章十一,503ᵇ14。
⑥ 关于避役的变色,参看《动物志》,503ᵇ3—12。奥文《脊椎动物》,i,556;避役显然不仅随温度的变化,光线的强弱和环境的色调而行变色,也随其情绪,如恐惧、愤怒,以及其他事由而发生这种现象。

情绪,是由于血液稀少,自然热(体热)不足而发生的。

692ᵇ　　我们现在已讲完了有血动物的四脚类属以及无脚类属,关于它们所具备的外表各个部分,以及为何而它们具备这些部分,已经讲得足够完全了。

章十二

　　鸟类之间相互比较起来,所见的差异只是体型大小之别和各
5 个部分的或超逾或短缺。这样有些腿长而另些腿短;有些具备了一个阔舌,另些则有一狭舌;其他诸部分也相仿是这样的。鸟类相互间〈除了体型有大小之异外,〉①各部分是少有不同之处的。但鸟类如和其他类属的诸动物相比,各部分便也显见有形状之异。例如有些动物外表诸部分被着毛发,另些则是鳞片,又另些则为鳞
10 样的棱甲,至于鸟类却覆盖着羽毛。

　　这里,鸟是被羽的,被羽是鸟类所特有的性状,所有一切的鸟统都具羽。它们的羽分支,也与不分支的虫羽(翅)种类相异;因为
15 鸟羽分支(有翈)而虫羽(翅)无分支;鸟羽有轴,而虫羽(翅)无轴②。

　　鸟类独异于其他一切动物的第二个稀奇的特性是它们的喙。有如象③,以鼻管代行手的功能,又有如某些昆虫④,以舌代行口的

---

　　①　从渥校,增〈πλὴν κατὰ μέγαθος〉。鸟纲各科间大略相似,它纲各科目的形态往往多别异;这曾有许多动物学家注意到了。赫胥黎:"鸟类构造方面的变化多是比较起来不关重要的小异。"
　　②　见于卷四章六,682ᵇ17 及注。
　　③　参看卷二章十六,658ᵇ33。
　　④　依卷四章五,682ᵃ20,当指蝉族。

功能，这样，鸟有一骨质的①喙，代行着齿与唇的功能。它们的感
觉器官前已讲过。②　　　　　　　　　　　　　　　　　　　　　　20

　　一切鸟皆从躯体上伸出一颈，这颈的作用相同于其他那些有
颈动物的颈。鸟颈，有些种属的长，另些的短；通例，其长度约略可
凭其腿长为之推断：长腿鸟具有长颈，短腿鸟具有短颈，可是蹼足
鸟于这短腿短颈通例却是一个例外。因为托身于长腿之上的一只　25
鸟，倘使颈短，当是全不能从地面上捡集什么食物的；而腿短的鸟　693ᵃ
若有一长颈，这也一样是无用的。又，鸟类中，那些肉食种属将以
长颈为大有碍于它们的生活习惯③，因为长颈是软弱的，而肉食鸟
所由维持其生活的，却正靠着它们优胜的力量。所以凡属钩爪　5
鸟都永不会有一个长颈。可是，于蹼足鸟以及其他那些④为类
相同，虽脚趾分离而具有扁平趾边的⑤诸种属，它们的颈是伸长
的，这样才适宜于它们从水中捡集食物；至于它们腿短则正好用
以游泳。

　　鸟的喙，有如它们的脚随生活方式的差异而变其形状。有些　10

————————

①　参看卷二章九，655ᵇ3。鸟喙非真骨质，但其硬性似骨。

②　见于卷二章十二至十七。

③　从 PYb 抄本 ὑπεναντίως ἂν ἦν τὸ μῆκος πρὸς τὸν βίον 译这分句。

④　从渥校，增 τα“那些种属”。

⑤　σεσιμωμένους 原意为"作塌鼻状的"；这里译作"具有扁平〈趾〉边的"，亚里士多
德用这字喻趾梁为鼻梁，喻趾边平展为塌鼻的两侧平展。这里所实指的近似蹼足的诸
鸟，在《动物志》，记有游禽 κολύμβις 鹏鹈（鹏鹈科 Podicipedidae）（卷八章三，593ᵇ19），
各趾有板状蹼；涉禽 φαλαρίς 秃鹬（俗名"水鸡"，秧鸡科 Rallidae）（593ᵇ18），坦明克
（Temminck）称为鳍脚类（Pinnatipedes），鹬脚无蹼而趾平宽；又，《动物志》记有涉禽
σκολόπαξ 鹬（鸻科 charadriidae）（卷九章八，614ᵃ33；卷九章二十六，617ᵇ33），渥格尔注
举鸻科的鳍鹬（林奈分类，"鳍脚鹬鹬"Pharalopus fulicorius），脚趾有鳍状附属物。这
些正是亚里士多德所知的沼泽鸟，都以鱼、贝、蠕虫、昆虫为食。

喙直,另些喙曲;凡那些专用喙于啄食的诸鸟,其喙为直;凡以鲜肉
为食的,其喙弯曲。钩喙有利于相斗;凡钩喙的诸鸟必然取食于其
敌对动物的躯体,这大多数须用暴力掠获。又,于那些生活在沼泽
15 而是草食的诸鸟,其喙阔扁,这种形状最相宜于挖掘与刈割草蔬,
也相宜于拔出植物。可是这些沼泽鸟类中,有些的喙是伸长了的,
有时它们的颈也伸长,这因为它们须从水下某种深度取食之故。
这形式诸鸟中的大多数和蹼足鸟,或全脚有蹼联结成整块,或每一
20 部分〈趾〉作蹼式的诸鸟中的大多数,都以掠取水中所可找到的某
些较小的动物为食的,它们就用这些部分从事钓捕,〈长〉颈当钓竿
而〈长〉喙当钓线和钓钩。

　　在四脚动物所称为躯干的体段的上面与下面,鸟类是浑然通
25 连的,它们没有系属于这体段的臂或前肢,但为之代替的有翼,翼
693ᵇ 是这些动物的一个显著的特性;这些翼既然是臂的代替器官,它们
的末节便接合在背上,这背就代替了肩胛骨[①]。

　　鸟肢,如人的〈下〉肢,为数有二;可是鸟肢不像人的〈下〉肢向
5 外弯曲,却像兽的〈后〉肢向内弯曲[②]。鸟翼的弯曲相似于兽的前

[①]　鸟类的肩胛骨为一长细骨,异于兽肩胛之为板状,亚里士多德对这支骨的失察
相似于他对距骨的辨识,他对于部位相同与功用相同的诸兽距骨,只以形状相异便或
认之为距骨或不认之为距骨。

[②]　亚里士多德于肢的弯曲,叙为“前向”与“后向”及“内向”与“外向”。渥格尔释
此四词:肢的凸处朝前或朝后者为(1)前向,例如人的下肢,和马的前肢;或(2)后向,例
如马的后肢和人的臂。肢的凹处朝向躯干本部为内向,例如马的前后肢以及鸟的下肢
都属内向;凹处背离躯干本部为外向,例如人的下肢。参看《动物志》,卷二章一,
498ᵃ3—31;《行进》,章十二至十五。

　　这里须注意亚里士多德于鸟兽等诸肢各关节的对比有时误失,这里和其他篇章所
叙的弯曲情况,于各别的动物只在全肢的主要弯曲为相符合。

肢,凸形朝外。鸟脚的应该为两是势所必然的。因为鸟在本性上
是一有血动物而同时又在本性上是一具翼动物;而一切有血动物
统都没有超过四个动点的①。于是,于鸟类而言,有如在地面上生
活和行动的那些有血动物那样,系属于体干的诸肢,其数为四。但 10
所有其他诸动物,这四肢是由一对臂与一对腿,或如四脚动物们,
是由四腿组合的,至于鸟类则由一对翼代替了臂或前肢,这一替换
正是鸟类的显著性状。因为鸟的本性(它所以成为一鸟)就在于它
能飞行,而它所以能够飞行就在有翼可得展开。于是,想尽各种安
排的方法,鸟类总只可有两只脚,这是唯一可能的,也是必需的方 15
法;两腿加之以两翼这就使它们具备了四个动点。一切鸟类的胸
是尖削而多肌肉的②。胸部狭尖,其旨在便于飞行,因为一个宽广
的正面在行动中须排除大量的空气,这将使前进大为困难;至于这
里富于肌肉则其旨在保护胸部,由于尖削之故,倘不加妥善的被
覆,鸟胸将是太脆弱了。

　　胸部以下为腹部,有如四脚动物,也有如人类,腹部延展到两 20
腿与躯干相连接的区域,并终止于秽物排泄孔。

　　这里,翼与腿之间的各个外表部分就是这些。鸟类,相似于所
有其他诸动物,无论其由活胎生成或由卵孵化,在它们胚体发育期

---

①　参看《行进》,章十,709ᵇ22。

②　本书与《生殖》和《动物志》,都记有鸵鸟,鸵鸟胸骨突起不显著,不能飞,属新鸟
亚纲(Neornithes)平胸上目。从这句看来亚里士多德未曾实际解剖过鸵鸟。所有现代
诸鸟绝大多数属于突胸上目,胸部有龙骨,为尖削突起,能飞。《行进》,章十,710ᵃ31,喻
鸟胸似快艇的尖突船首。今(突胸上目)Carinatae(艇式)这词正是取喻于船舶结构的
"龙骨"carina 的。(平胸上目 Ratitae,依字义译为筏式。)本卷章十四所记,鸵鸟不能飞
行的原因,单举羽毛性状,未曾辨明它胸骨的异状。

间具有一脐,但当这鸟胚长得较大时,脐的旧痕便不再能看到了。
25 在发育的过程中,脐所以消失的原因是显然可见的;鸟胚体的脐带
不同于胎生诸动物胎体的脐带,为血管系统的一个部分,而是和肠
管结合了的①。

694^a   又,有些鸟很适宜于飞行,它们的翼既大又强,例如那些具有
钩爪而以鲜肉为食的诸种属。因为照它们的生活方式,飞翔能力
为势所必需,为此故它们羽翮丰满而翼是那么阔大。可是除了这
些钩爪鸟而外,还有其他诸种属也是善飞的;具有迁徙习性的候鸟
5 诸种属就是依赖速度为自己安全的保障的。反之,有些鸟体型笨
重,它们的构造不适宜于飞行。这些是生活在地上而以谷实为食
的,或游泳而在水区营生的诸种属。那些钩爪鸟若除去了翼,躯干
是小的,因为它们的营养物料都消耗于长成这些②翼,以及用作攻
10 击与自卫的诸器官了;至于不善飞行的诸鸟,其构造方式相反,躯
体巨大,所以身重。于这些重身鸟中,有些腿上有所谓"距"πλῆ
κτρα,距代替翼作为它们的一种防御工具。同一鸟永不会兼备距

---

① 渥注:照这一节看来,好像一雏就在一脐囊内发育,没有尿囊(allantois)。但
《生殖》卷三章三,754^b4;卷三章二,753^b20 以下;《动物志》卷六章三,561^b5,所记录的
孵雏过程显见是另有尿囊的。他叙明鸟胚与爬行类(卵生四脚动物)脐所以异于鱼胚
者,在它有两脐带,其一引向卵黄膜,由此而吸卵黄中的营养,另一引向卵壳内面贴着
的那一膜(尿囊膜)。他言明后一脐带在雏胚渐长时消失;而前一脐带与卵黄则逐渐被
吸入腹腔,随后卵黄膜与腹壁合并。哺乳动物胚体的脐囊(umbilical vesicle,脐小泡)甚
小,在胚体初期就缩失,在亚里士多德当时是不能见到的。因此他拟想兽胚胎的尿囊
相当于鸟类和爬行类的脐囊。兽类胚胎的脐囊,直到 1667 年,才经尼特亨姆(Need-
ham)发现,这时大家才能明白鸟兽脐囊在胚胎过程中的实况。两栖类胚体发育过程,
于这方面相似于鱼类,而不相似于蛇与蜥蜴,这个亚里士多德也没有检察到,所以他把
蛙蟾等列在爬行类中。

② 从渥校,ἐνταῦθα"于这里",改依 QSUZ 抄本为 εἰς ταύτας"于这些"。

与钩爪。自然,就是这样,总不做任何虚废(赘疣)的事物的;倘一 15
鸟既能飞而又有钩爪,它便无假于距;由于距是在地面上相斗的武
器,这就成为某些重身鸟的附器。又,重身鸟如作钩爪不仅无用而
且将是有害于它们的;因为钩爪将钩入地面而妨碍行进。这正是
诸钩爪鸟何以都那么不善行走的原因,也是它们永不栖止在岩石 20
上的原因①。由于它们的爪这性状,对于这两项动作都是不适宜
的。

　　所有这些是发育(生成)过程中必然的后果。因为从体内分发
出来的②土质物转化为若干用作武器的部分,其上行者使喙获得 25
了硬度或长度与宽幅;于某些种属,有下行的一些土质物,这就或
形成为腿上的距或使脚上的爪获臻长宽,并得有强力。但这不会
在同一时间生成为两者,其一行之腿上,另一行之于爪上:因为剩
余物质如果这么样的分散应用,将败坏它所可有的效能。干另些
鸟而言这种土质物供应腿部作为它伸长的原料;有时则不作伸长, 694ᵇ
而用以填充趾间的空隙。所以这只是一件势所必趋的③事情,凡
属游禽,将是明确的蹼足或沿着每一个分离的趾的全长生长一些
宽阔的叶片样边缘④。这些脚的形式就是这里所述诸原因的必然 5

---

① 猛禽,由于其爪钩曲,在地上或一平面上行走是蹒跚的,常举翼扑动,以助其前
进。但这里所叙(《动物志》,卷九章三十二,619ᵇ7,相同)它们很少或全不栖息于岩石
则不确。许多猛禽实际上往往以岩石为其日常栖止的地方。鹰科(Falconidae)诸鸟可
随意上举其爪节,这样当脚趾接触于地面或石面时,爪就不与接触,免于磨钝。

② 这里用ἐξορμον("从港内出航")这字是很别致的,也许有误。从渥格尔,依 Yb
抄本,加 ἐν τουτου 而译成"从体内分发出来的",作为一隐喻,以土质物譬船舶,以躯体
譬港湾。

③ 体内土质物由于有剩余,"必需"在这里或那里分发应用。

④ 参看本章上文 693ᵃ8 及注。

后果。可是,同时,这些脚式又各各有利于那些种属的动物。因为
这是和生活于水域的诸鸟的习性相谐合的,在水上,翼①是无用
的,脚就该作这样可用以游泳的形式。这些脚发育为相似于船桨
的工具,或②相似于一条鱼的鳍;而这些蹼的毁损也相同于鱼鳍的
10　毁损,这就使它们一样失却游泳能力。

　　有些鸟,其腿甚长,因为它们是生活于沼泽之间的。自然因所
需的功能为诸动物制作器官,不是为有诸器官才分配以功能,所以
我说,生活方式为它们腿长的原因。于是这些鸟既然不行游泳,它
们的脚便无须有蹼,而由于它们的脚要着地或泥涂,所以两腿与诸
15　趾皆伸长,这些趾于大多数种属而言,更还有额外的关节③。又,虽
所有一切鸟类都具备相同的物质组合,却不全数皆善飞行;于是,于
那些不善飞行的种属,原来应该分发到尾羽(尾筒)上的营养,引到
了腿部并增加了腿长。这就是何以这些鸟类在飞行时把它们的腿
20　当作尾用的理由,它们把腿向后伸直,这样就有益于飞行,倘放置在
任何其他的方位,这两腿将必成为一个妨碍的事物了④。于另些腿
短的诸鸟,在飞行中,两腿是紧贴在腹部的。这种姿态,于有些种
属而言,仅在使其脚(不妨碍飞翔)不挡着航行的前途,但于钩爪鸟
25　类而言则还有另一目的,这样安置着是最有利于攫拿的。具有长

----

　　①　πτερῶν 依 Yb 抄本,改为 πτερύγων。

　　②　依 Yb 抄本在这短语前加 καί "或"。

　　③　涉禽的趾骨节数实与其他诸鸟趾骨的节数相同,并无额外增加的关节,但常例
是涉禽的趾较长。

　　④　比维克《鸟类》(Bewick,"Birds")11 页:"这些水鸟飞行时,两腿后伸,把它们
当尾用,以调整飞行的方向。"例如鹭,尾短腿长,在飞行中伸长的腿"看来就像某些鸟
的长尾,是用以为舵的"。

而粗厚的颈项的诸鸟在飞行中总是前伸其颈项的；但那些颈项虽长却细小的诸鸟则蜷着颈飞行。在这位置，颈项获得了保护，它们如果飞碰着任何阻碍事物，颈项就不至于容易折损了①。

于所有一切鸟类都有一支臀骨②，但从这支骨的位置和它的 695ᵃ 长度看来，简直不像是臀骨而毋宁认为第二支股骨，因为这骨一直延伸到腹部的中段。推究其故，这当由于鸟为两脚动物，却又不能直立的原因。倘它的臀骨是从肛门（排泄孔）边伸出短短的一段， 5 而由此便接连于腿，有如人与四脚动物那样，那么，鸟将可全然③站立起来了。人能直立，四脚动物的笨重躯体前倾而凭前肢为之支持，鸟类由于它们的侏儒身形，既不能直立，又由于两翼代替了两前肢④，前身也没有什么可依为支持。自然，作为补救，于是赋 10 予以一长臀骨并使系属到身体的中部，牢固地接连着；她又把它们的腿安置在这中点以下，俾前后身的重量得以相平衡，这样诸鸟才能站立或行进。这些就是鸟虽为一两脚动物而不能直立的原因。至于鸟腿⑤何以缺乏肌肉，其原因和四脚动物们的腿瘦原因相同，

---

① 鹭飞时，其细长颈和头弯转而依于背部，这样鹭喙就从胸部伸出；至于鹳、彩鹳、雁等飞翔时，则其较为壮实的颈项就向前直伸着。

② 渥格尔注：ἰσχίον(ischium)现代解剖学以称"坐骨"或"尻骨"。这词于亚里士多德书中有二义，(一)在卷四章十，689ᵇ21—25，他用以称人类富于肌肉的尻部（臀）；(二)他又以称人类与股骨上段（股骨颈）相接连的那支骨（尻骨）。他于其他脊椎动物的股骨都误看作这尻骨，这里所说鸟的臀骨则确是臀骨。〔即现代鸟类解剖学上所称肠骨、坐骨与耻骨(ilium, ischium, ospubis)相愈合的腰带骨（骨盆 pelvis）。〕参看卷四章十，689ᵇ7注。

③ ὀρθόν"直的"，依 PQU 本，作ὅλως"全然"。

④ 依 Y 本，διὰ τοῦτο, πτέρυγας δὲ ἀντ᾽ αὐτῶν 译。

⑤ 这里的 σκέλη"腿"，实际是鸟类的蹠跗肢节。

15　这业经讲过了①。

　　所有一切鸟类，无论其为蹼足或非蹼足，每一脚上趾数总是四个②。关于利比亚鸵鸟的形态我们暂不提出，它的偶蹄（分叉趾）以及其他与鸟类构造上相歧异之处，将随后另行论述③。于这四趾而20 言，三趾在前，而第四趾向后，当作脚跟来应用，俾可借以站立得较稳。长腿鸟的第四趾比之其他诸鸟的要短好些④，例如克勒克斯（秧鸡）⑤，但它们的趾数却并不有所增加⑥。如所陈述的诸趾排列方式是所有一切鸟类⑦的通例，唯鸫鹐为例外。鸫鹐只有两趾在前⑧，其他两趾都向后；这种特异的排列是由于鸫鹐的躯体不像其他诸鸟那么前倾之故。一切鸟类皆有睾丸；但它们的睾丸藏于体25 内。睾丸所以内藏的原因将于《有关生殖》的论文⑨中予以说明。

---

①　见于卷四章十，689ᵃ7。

②　这一通例，不能普遍适用。有些种属例如 ὠτίος“大鸮”（见于《动物志》，卷二章十七，509ᵃ4，509ᵃ23；卷九章三十三，619ᵇ13）因拇趾（后趾）萎缩，只有三趾，又如鸵鸟因拇趾与第二趾皆萎缩，只有两趾。

③　见于卷四章十四。

④　涉禽的后趾各科属间差异甚多。通常，鸟后趾是短的，但有些也与它趾等长，偶有些品种，其后趾长于它趾。

⑤　κρεκός（κρέζ）克勒克斯，通常都认为是以鸣声（"禽言"）取名，而考证之为秧鸡（涉禽，秧鸡科）。渥格尔注，照这里所说形态，不能确定其为哪一品种。《动物志》中这鸟名屡见（卷九章一，609ᵇ9；章十七，616ᵇ20 等），汤伯逊译作秧鸡；但也注明可能是"红趾长脚鹬"（Himantopus rufipes），参看汤伯逊《希腊鸟谱》（D'Arcy Thompson, "Gr. Birds"）103 页。

⑥　按照自然常为动物的缺憾有所补偿的诸例（参看 ii，14，658ᵃ35；iii，2，664ᵃ2 等），趾的长度不足，自然可能增其趾数，例如四趾者增一而为五趾。

⑦　《动物志》，卷二章十二，504ᵃ11，除鸫鹐外，还另举了几个例外。

⑧　从加尔契校，ὄπισθεν"后向"与ἔμπροσθεν"在前"两字先后换置。

⑨　见于《生殖》，卷一章四，717ᵇ4；卷一章十二。

章十三

　　诸鸟的外表各部分形态就是这样；说到鱼类，它们的各个部分 695ᵇ
就遭遇了更重的截损。这里，由于业已言明的缘由①，鱼类既无腿
也无手，也无翼，全身从头到尾示现为一绵延无断落的表面。鱼尾
是各种属各异的，有些性状相近〈于鳍〉②，而另些，例如扁形鱼类 5
中有些种属的尾是长而只由棘刺形成，因为原来应用以制尾的物
料，都在增加其躯宽时被移用了。"麻醉鱼"（电鳐）③，"雉鸠"（刺
鳐）④以及鲨类中其他性状相似的诸鱼，它们的尾可举以为例。于
这些鱼，尾就是这样的长棘刺；而另些种属的尾却是短而有肌肉 10
的，理由和麻醉鱼尾所由成为长棘刺的相同。因为短而多肉或长
而肉少，两者物料供应的情况适属相同。

　　于"蛙鱼"（鮟鱇）⑤所见到的形态与方才所举其他诸例所见到
的恰正相反。这里，身体前段的宽阔部分不富于肌肉，它的肌肉质 15

───────────

　　① 本书上文未见有何章节说明这缘由；《动物志》，卷二章十三，总述鱼类形态与
构造也没有说明这缘由。只在下文，695ᵇ17—26 于鳍的代肢有所说明。

　　② 从渥校，增〈τοῖς πτερυγίας〉。

　　③ νάρκη "麻醉鱼"（torpedo）今称电鳐，以其特性取名。（参看《动物志》，卷九章三十
七，620ᵇ11—23 等。）这种鱼在地中海甚多，当为亚里士多德所熟知。但电鳐的尾不长，也
非棘刺，异于它鳐（或虹）。弗朗济斯揣想原抄本有误，可能原文为 βάτος（虹鳐）。

　　④ τρυγόν "雉鸠"，当为地中海内常见的"刺鳐"（Trygon pastinaca），其特性详见
于《动物志》，卷九章三十七，620ᵇ24—27；其他章节言及形态、繁殖等事。

　　⑤ βατράχος "蛙"鱼（钓鱼鮟鱇，Lophius piscatorius）（参看《动物志》，卷九章三十
七，620ᵇ11—28），亚里士多德误列在鲨类（软骨鱼类）之中。渥格尔解释他发生错误的
原因：鮟鱇形态似鳐虹，半软骨骼（居维叶，《动物世界》，iii，250），表皮无鳞，有瘰疣。但
他也在许多方面辨明鮟鱇与鳐虹或软骨鱼类相异：卵生（《生殖》，iii，3，754ª25），有鳃
盖，鳃侧生，也异于真鳐的鳃在腹位（《动物志》，卷二章十三，505ª5）。

都被自然移置于尾部和身体的后段了。

鱼类,体上无肢。这是相符于它们原为一游泳动物的本性
的;自然永不做任何虚废的事情,也不构制任何无用的事物。现
在,鱼类既然是创之为游泳动物,所以它们就得有鳍①,而它们既
20 然不是创之为行走的,所以就没有脚;因为脚是系属于身体而使诸
动物用以在陆上行走的。又,鱼类不能有了四鳍而又有脚或任何
其他相似的肢;因为它们根本上是有血动物②。鲵(水蜥)③虽有
25 鳃,有脚,可是无鳍,它仅有一扁展的尾而是组织松弛的。

696ᵃ   鱼类,除却其体扁阔如魟与刺鳐那样的种属而外,有四鳍,两
鳍在身体的上面,两鳍在下面;没有哪一种鱼曾有超数的鳍。如其
超过四数,这将是一只无血动物了。

上面这一对鳍几乎于一切鱼都是具备的,但下面的一对,却不

---

①　渥注:亚里士多德认为鱼类四鳍(一对胸鳍与一对腹鳍)相当于其他脊椎动物
的四肢,不是以严正的解剖记录为依据,而是从他所谓"行进四动点"的理论为之推断
的。好多鳐,尾有二支,亚里士多德意谓这原是背鳍(胸鳍)转移到了尾部的,所以说这
只是棘刺(鳍条)构成的。《动物志》,卷一章五,489ᵇ29—32,"软骨鱼类中,有些,例如
其体扁平而有长尾的鳐与刺魟(刺鳐)没有鳍,这些鱼游泳时实际是用它们的扁平体做
波状运动而行进的。"本书本章下文所说魟的游泳方式相同(696ᵃ25)。实际上,这些做
波状运动的体边构造就是鳐魟的胸鳍。他对于无肢的蛇,无鳍的鳗鲡,只有二鳍的海
鳝和海鳗也作力学解释而为它们各各拟定了四个动点(参看《动物志》,489ᵇ24—28;
490ᵃ26—31)。

②　有血动物的行进都不超过四个动点,参看本书卷四章十二,693ᵇ9;《动物志》,
490ᵃ26 等,《行进》,章七。

③　χορδύλος,《动物志》(卷八章二,589ᵇ26)曾说到这动物具鳃而吸水,爬上陆地
就食;汤伯逊拟之为高山鲵(Triton alpestris),或黑蝾螈(Salamandra atra),两者俗名都
作"水蜥"。这些原属水居的动物登陆后,鳃尚不即消失,故既有四足而还具鳃。这里
似以它们的蝌蚪(幼鲵或幼螈)在水中生活,故与鱼类的四鳍构造联述;但这动物杂入
这章总是可诧异的。

是全有的①；于那些身长而厚实的诸鱼中，有些品种如鳗鳝，康吉鳗以及在雪菲地区的湖中所找到的鲱鲤②就缺少这两腹鳍。如果身体更长而竟至于不像一鱼，宁像一蛇时，这就全无任何的鳍了，海鳗鲡可举作这样的一个实例③；它们的运动是凭折曲其身体来进行的，这些鱼在水中像蛇在地上一样，因之而得以推移其身体。诸蛇入水而游泳起来，恰恰同它们在地上蜿蜒的方式全相同。这些蛇形鱼类所以无鳍的缘由相同于蛇类所以无脚的原因，这一原因曾已在《关于动物行进和运动》的论文 τοῖς περὶ πορείας καὶ κινήσεως τῶν ζῴων④ 中陈明。原因是这样：倘动点为四，于这些鱼而言，两对的鳍将是靠拢得很紧，这样运动即便可能，也是很困难行进的，或将是相隔好长的距离，这样运动段落的长间隔也会使行进同样难能。另一方面，若说使具超于四个的动点，这将使鱼类转变为无血动物。相近似的解释可以适用于那些只有两鳍的诸鱼。因为，在这里，身体也是够长的，它们仍相似于蛇，并以蛇的扭曲代

---

① 胸鳍的存在确乎较腹鳍为恒定，虽长身诸鳍，外表不见的胸鳍解剖起来，退化了的胸鳍痕迹仍然存在。至于腹鳍，则不仅外表上有较多的种属缺失这些器官，就是解剖起来也常常全不能找到退化的痕迹。海鳗鲡、蛇（Muraenophis）、裸背鳝（Gymnotus）等都是找不到腹鳍退化器官的痕迹的。鳗鳝与康吉鳗确是只有胸鳍而无腹鳍；但所谓"无脚通鳔鱼类"（Apodal physostomatous fishes）实际都可举为这种实例。

② κεστρεός 通常以称鲻鲤（Mugilidae 鲻鲤科诸种属），但这里所举的形态只能是相类于鳗、鳝的种属。参看《动物志》，卷二章十三，504ª32；《生殖》，卷二章五，741ᵇ1 及注。

③ σμύραινα(μύραινα)鳗鲡，地中海内常见者有"希腊海鳗"（Muraena helena），艾尔哈特（Erhard）说希腊人至今仍称这品种为 σμύρνα。

④ 见于《行进》章七，709ᵇ7 以下。但《运动》篇内未见有这样的章节。渥格尔拟《行进》这篇也可能原名为《关于动物的行进和运动》；而现行的《运动》篇则为后人所伪撰。其后法瞿哈逊（Farquharson，A. S. L.）则极论《运动》篇非伪。

行那两支〈缺失的〉鳍的功能①。由于这样的替代功能,这些鱼虽

在干地上也竟能爬行,并活着相当久的时期;这些鱼出水以后,若

20 不经好久时间是不会喘气的,虽是性质相近于陆地动物的其他种

属也不能经历那么久的失水时期②。于那些仅有两鳍的诸鱼,所

保存的总是上面的一对(胸鳍),唯身体作扁宽形者为例外。这样

的形状使它们胸部不便有鳍,鳍便移近了头部,因为头这部分是没

有拉长的,不能像它那拉长的躯体那样以其曲折来代替鳍为行进

25 器官;至于尾部方向,则这样构造的诸鱼都是伸长了的。至于魟

(鳐)以及相类似的诸鱼,它们就用它们扁展了的躯体的边幅作摆

动代替鳍以行游泳③。

　　于麻醉鱼(电鳐)与蛙鱼(鮟鱇)而论,身体前段的宽度没有那

么大,还不至于使它们全不可能形成鳍为行动器官,但由于它们的

体态,上面一对(胸鳍)也不得不更后移,而下面一对(腹鳍)则位置

30 于靠近头部处,为补救这位置前移所造成的困难,两鳍缩减了尺

度,这样就比上面的两鳍较小一些④。麻醉鱼的两上鳍(胸鳍)移

置到尾部⑤,这鱼用它的身体的宽边来抵偿这器官,周身的两侧,

各以一个半圆边幅充当一个鳍。

---

① 参看695ᵇ20注。

② 原抄本盖有阙误,这句的译文是揣拟之辞。

③ 诸鳐游泳方式确如所言;关于解剖实况,参看695ᵇ20注。

④ 渥注:鮟鱇腹鳍,确如这里所记,移在胸鳍之前并较之为小。腹鳍前移之后,成

了颈鳍,常例(未必绝无例外)颈鳍是缩小一些;又,常例,这样改变了位置的鳍,兼用为

触觉器官。参看《自然科学年鉴》(Ann. d. Sc. Nat.),1872年,第十六卷,93页。

　　鮟鱇科的脊鳍上移到头部时,各棘条分离而成触须。科内如鮟鱇属,腹鳍与胸鳍

皆对出,并可用以匍匐行进。

⑤ 参看695ᵇ20注。

头和它各个部分，也包括感觉诸器官在内，曾已经讲论过了①。

鱼类，所由别于所有一切有血动物的，有一个特点，即具备着 696ᵇ 鳃。它们何以有鳃的原因曾在《关于呼吸》περὶ ἀναπνοῆς 那篇论文②中研究到了。于大多数的鱼类，这些鳃皆覆有鳃盖，但软骨鱼类（鲨类），由于骨骼的软性③，是没有这样的鳃盖的。因为鳃盖须有硬刺质为之形成，而其他诸鱼的骨骼才是由这种物质制 5 作的，至于鲨类，这无例外地都由软骨形成其骨骼。又，硬刺（硬骨）鱼行动迅速而鲨类行动懒慢，因为它们体内既无硬刺，又无筋腱。可是鳃的功能既然是在操持那似呼气〈吸气〉的活动，鲨类的鳃孔自身能行〈开启与〉关闭，这样就不需要另有一个以应有 10 的速度保证启闭的鳃盖了④。有些鱼，其鳃为数多，另些为数少；又有些是偶鳃，另些是单鳃。末一鳃，大多数种属为单鳃⑤。若欲知有关这些情事的详细记载，应该参考《解剖学》与《动物研究》诸 15 卷章⑥。

决定鳃数之为多为少在于各鱼的心脏热之为充足或缺少。凡

---

① 本书卷二后数章，卷三前数章。

② 《呼吸》章十，476ᵃ1 以下与章二十一，480ᵇ13。

③ "χονδράκανθα γὰρ""由于软性骨骼（棘刺）"这短语，P 抄本无；贝校加［ ］。

④ 这些软骨鱼皆无鳃盖；诸鳃位于一系列的鳃袋（或囊）之内；每袋各有其裂缝状开合孔，当吸入水时这孔由其括约肌（sphincter）闭紧。

⑤ 软骨鱼类或板鳃亚纲两侧各有五鳃，硬骨鱼类两侧各有四鳃；这是常例，但各种属时有变异。常例，每鳃具有两列鳃条。硬骨鱼类的末一鳃，即第四鳃只有一列鳃条的种属是颇为常见的，鲑、鲉、鲷，以及大多数的鲈科鱼（都是亚里士多德所习知的）都可举为第四鳃单列的实例。

⑥ 《动物志》，卷二章十三，504ᵇ 28—505ᵃ20。

一动物热愈盛,这就需鳃部做愈速并更有力的活动①;多数的鳃以
及成偶的鳃,比之少数的鳃以及只有单列鳃条的鳃,当能做较速与
20　较有力的活动。这也正是有些鳃数少而功能较低的种属,在出水
后,可能生活较久的缘由;因为于它们而言,所需冷却的热量原属
不多的。作为这样的实例,可举示鳗鳝和所有一切蛇形的其他诸
鱼。

　　关于口腔,鱼类也表现有种种差异。有些鱼的口位置于前面,
25　正在身体的顶点,而另些如[海豚与]②鲨类,这是位置在下面的;
这样,这些鱼为要进食,就须翻身。自然于这一事的本旨显然不仅
在为其他诸动物预设了一个救援的机会,让诸鲨在转身的时刻,它
们可得脱逃——因为所有一切口腔在下位的诸鱼都是以活动物为
食的——却也在防止这些鱼由于对食物的贪饕习性而吃得过
30　度③。它们倘比现在这情况能够更容易猎取它们的食物,将会很
快地由于饱胀而灭亡。另还有一个附加的原因是这样,这些鱼的
头部突出的顶点是圆而小的,所以在那一部位不容许安置一个大

---

①　较热的动物需要有较完备,较有效的冷却器官。

②　海豚盛产于地中海,《动物志》内所记录的构造及生活习性甚详,大都正确,这
里不应于口腔形态误叙其位置在下,而混列于诸鲨之间。故从弗朗济斯加[　],作为
后人撰入,予以删除。迈伊尔认为《动物志》,卷八章二,591^b26,所言相同,这错误出于
亚里士多德自己,不必删除 οἱ δελφῖνες καὶ 三字。渥格尔注谓抄本的写手在一书中擅
添上数字,于另一书的相似或相关章节也添上同样数字是可能的。

③　渥格尔注:“依我所知,亚里士多德在一动物的构造本其他动物的利益,这里
是仅见的一节。其他章节,他总是说动物们所赋有的器官都是为自身应用的。自然为
每一动物所构制的器官,无一件不是那一动物所善于运用的”。

《动物志》,卷六章六:鹫在育雏期间,爪变得不复锐利为出于自然爱护小动物之
旨,与此节相似,但这种传说出于埃及神话,不是生物学家之语(参看该书 563^a20—26
及注)。

张的口。

　又,在那些不处于下位的口腔而言,它们能够开张的幅度仍是有所差异的。有些种属的口腔可得张大,另些种属却是安置在一个锥体突吻的尖端的;那些具有尖锐的锯齿的食肉鱼类,其力量正在口腔的诸种属就作前一形态,而所有非肉食的一切种属,其口腔便作后一形态。

　有些鱼的表皮被覆有鳞片。〔鱼鳞是闪亮的①薄片,所以易于从它的体表剥离。〕②另些鱼的表皮却是粗糙的,例如角鲛(扁鲛)与魟③,以及与相类似诸品种。那些表皮光滑的种属是鱼类最少有的。诸鲨无鳞但表皮粗糙。这可在它们的软性骨骼方面寻得解释。因为从那里省下来的土质物,自然转用之于它们的表皮了。

　没有哪一种鱼具有或外现或内在的睾丸④;事实上无足动物,其中也当然包括了蛇类,统都没有睾丸。它们用同一个管孔排泄

697ᵃ

---

　① 渥格尔揣 λαμπρότητα "闪亮"为 μαλακότητα "软性"之误。

　② 从贝校,加〔　〕。这句似属古抄本的边注,其后又被抄入了正文。原注者竟在说明鱼"鳞"与爬行类的"棱甲"两相别异之处;前者细薄而着生在浮表,故易于剥落;后者较厚实,着于皮层,较牢固。如果这确是原注者的本意,那么这"闪亮"字样是不合的。

　③ ῥίνη 通常皆考证为角鲛(Raja squatina,"鳐属扁鲛",俗名"角鱼"(angle fish)。渥注:这里实际可能是指类似狗鲨的其他鲨类。《动物志》,卷六章十一,566ᵃ28 的 ῥιναβάτος(rhinabatus)"角鲛魟"的性状才能符合于鳐属扁鲛(中国俗称犁头鲛)的形态。βάτος 当为今魟目(Batoidei)(也称鳐目 Raji)的魟属(或鳐属)鱼。

　④ 亚里士多德知鱼类须洒精于卵而后才能孵鲕,但他称雄鱼储器官为 πόροι "管",而不称之为"睾丸"。他所说的睾丸当限于鸟兽与大多数爬行类组织坚实的球形或卵形储精构造(参看《生殖》,卷三章一,750ᵇ15;《动物志》,卷四章十四,568ᵇ6;又《生殖》卷一章四)。他所检查而记录的鱼类输精器官盖多取于硬骨鱼类,这些确多是软薄的一些管体;但他所讲到的那些鲨类的睾丸实际多是厚实的卵状体。

废物和生殖分泌①；这也相同于所有一切其他卵生动物，无论它们

或是两脚的②或四脚的，它们既然都没有尿囊，也不形成什么液体

15　排泄，这就只要一个排泄孔③。

　　这些就是鱼类所由别异于其他一切动物的性状。但海豚与须

鲸以及所有这样的一切鲸类都无鳃；它们既各具有了一肺，便构成

有一喷水孔；喷水孔是让它们用以把从口腔吸入的水排泄出去

的④。按照它们现行的方式，进食是在水中，这就不能没有水一同

20　入口，而既已进到口腔，它们就必须使之重行喷出。可是，鳃的应

用，如在《关于呼吸》的论文中⑤业经说明了的，是限于那些不呼吸

空气的诸动物的；没有哪个动物可能既具有鳃而同时又是一个呼

吸空气的品种。所以，为使这些鲸类可得排出进水，它们各被安置

25　了一个喷水孔。喷水孔是安置在脑部之前的；若不置于脑前，而安

---

　　①　鸟纲、爬行纲、两栖纲诸动物各有一泄殖腔，直肠与生殖分泌的管道都向泄殖
腔开口。实际上输尿系统也向这里开口，这是亚里士多德未经检明的。偏口鱼类（Pla-
giostomous fishes）即亚里士多德所谓“鲨类”（软骨鱼类），也有这么一个泄殖腔，即所谓
兼用的一个 πόρον“管孔”。但其他鱼类以肛门排泄秽物而另有洒精或排卵的生殖孔。

　　②　从渥校，增 καὶ δίποδα 或两脚的”。

　　③　末一当句，依原句辞意，译者增补。

　　④　亚里士多德所谓鲸类（鲸族）τῶν κητῶν 今哺乳纲“鲸目”（cetacea），除古生物的
原鲸亚目外，包括齿鲸（海豚）亚目与须鲸亚目。它们都各有喷水孔；但所说的喷水机
制有误。这样的错误叙述，在十九世纪的动物学著作中有时还可见到。它们伸长的气
管与喉连接着的软上颚形成了一个长鼻管，由于这样的特殊构造，进入口腔的水不能
进入呼吸器官。例如须鲸张其大口兜取小鱼虾后即闭口，以其大舌压出那些随食物进
口的海水，而搏其所噙得的小鱼虾，经栉状细裂（栉齿，俗称“须”）而咽下长狭的食道。
游鲸浮沉于水面，当其呼出肺内气而头部上浮时，气内所含蒸气突然凝结，并由于呼气
激起浪花，这一刻正当它浮达水面，于是大家看到了上喷的水柱。

　　⑤　《呼吸》，章十，476ª1 以下；章二十一，480ᵇ13。

在脑后,则脑与脊柱将被割开了①。这些动物所以具肺而行呼吸空气的原因是由于身体庞大,凡大型动物都需要有逾量的热以从事于运动②。所以它们体内被装置了一肺,并充分地供应以血热。这些动物就这样成为陆地与水中动物两合的形态。因为于它们吸进空气而论,这该似陆地动物,然而它们无足,并且从海中取食,这又像是水居动物了。海豹也这样介于陆地与水居动物之间,还有蝙蝠则介于陆地动物与飞行(空中)动物之间,这样的种属可归隶于两类,也可说两都不类。因为海豹,如把它当作水居动物,却嫌其有足;如把它当作陆地动物,却又嫌其有鳍③。它们的后脚恰像鱼类的鳍;还有它们的齿也是尖锐而上下列错合着④有如鱼齿。又,蝙蝠,若称之为有翼动物(鸟),却有的是脚;若称之为四脚动物(兽),却又是没有脚的⑤。还有,它们既无四脚兽的尾,又无鸟的尾;缺少兽尾,因为它们是有翼动物;没有鸟尾,因为它们是陆地动物。蝙蝠凭一种皮翼飞行,但无羽翮的动物也必不会有一只鸟的

---

① 脑与脊柱必需连属的缘由,见于卷二章七,652ᵃ30。

② 照亚里士多德的呼吸理论:鲸类体大而运动剧烈,须有强大的心脏与多量的血液,以寄托其行动灵魂;而这样强大的发热器官就必须有完善的冷却器官以维持体温的平衡;这样的器官就该是一个肺。

③ πτέρυγας "翼",从渥校,作 πτερυγία "鳍"。

④ 参看《动物志》,卷二章一,501ᵃ21。奥文,《牙齿发生》(Owen, "Odontogeny")i,506;海豹,"上下颚齿列的齿冠互相错合,比之任何陆地食肉兽为更完全,下列各齿总是嵌在上列相对的各齿的前一罅隙之间。"

⑤ 这里说蝙蝠为鸟兽间体的几句,正所以叙述蝙蝠在形态上的一些特征:蝙蝠前肢虽有翼,翼端却有爪;从爪上看这肢非鸟翼而其末节为脚;但这又不像四脚兽的前肢;蝙蝠也就不能是真正的四脚动物。实际上,亚里士多德明知蝙蝠胎生,并哺其幼蝠以乳汁;他讲到蝙蝠子宫内有胎盘(《动物志》,卷三章一,511ᵃ31 以下),并与野兔和鼠一同列叙为胎生而上下颚齿列俱全的动物。

尾羽;因为鸟尾(尾筒)是由这样的若干羽组合而成的。至于一支
兽尾,若杂在羽毛之间,这实际上将是妨碍飞行的。

章十四

15   于利比亚鸵鸟①而言,可说其情况也颇为相同。因为它具有
一只鸟的某些性状,又有一只四脚动物的某些性状。鸵鸟所异于
一四脚动物者在于有羽;所异于鸟者在于不能高飞,它所备的羽翎
像毛发,不能用以飞行②。又,它符合为一匹四脚动物的在有上睫
20   毛③,它的上睫苗长着较丰盛的毛,因为它的头周遭与颈上段是裸
露的④;它符合为一只鸟的,在于自颈下段向下各个部分全都有
羽。又,鸵鸟为两脚动物,这也是像鸟的,而脚具偶蹄,则相似于兽
(四脚动物);它的脚这部分没有趾而有蹄⑤。形成这些特征的缘

---

① ὁ στρουθός 希腊人原以称常见的家雀;也是鸟类通称。希罗多德《历史》,iv,
175,192 所记 στρουθòς κατάγαιος “奔跑的〈不飞的〉鸟”与色诺芬《上征记》(Xen.
"Anabasis"),i,5,2 所称 ὁ μέγας στρ. “大鸟”,都是亚里士多德这里所说的 ὁ στρουθòς ὁ
λιβυκός“利比亚鸟”。στρουθο-κάμηλος“鸵鸟”这名称先已见于亚里斯托芬《群鸟》(Av.)
雅典那俄《硕学谜语》,145 D. 称 στρ. ὄΑράβιος “阿拉伯鸟”。

② 鸵鸟及鸵鸟目诸品种羽毛柔软,羽枝皆分离,或缺羽枝,而作发丝状,不能御
风;又翼短身重,故不能飞。

③ 参看卷二章十四,658ᵃ13 注。

④ 鸵鸟的头和颈皆裸,肤色淡红。

⑤ 鸵鸟脚有两强壮的趾,趾根部有膜相连。这两趾的内趾长大而具厚爪,似蹄,外
趾短小而无爪。亚里士多德于鸵鸟,似未尝目睹,故误依传闻而称其“偶蹄”。至于鸵鸟
为鸟兽同体,不仅亚里士多德有此设想,现代阿拉伯人用驯化鸵鸟负载,仍还说它是骆驼
与鸟的混合品种,适如古希腊人的题名“στρουθοκάμηλος”和古罗马人,《自然统志》的作者
柏里尼(Plinius)所著录的名称“Struthio-camelus”“驼-鸟”相符。鸵鸟长颈叉趾(“偶蹄”),
能忍渴而行于沙漠,消化系统比较复杂,确是可以令人联想到骆驼的。但在胚胎与解剖
学上,鸵鸟只可说是爬行纲与鸟纲的间体,现代分类列于鸟纲,平胸上目。

由当在于它的体型巨大,这毋宁是一兽而不像一鸟,因为通常说
来,一只鸟必须是体型很小的。如其为重体型,要把全身高举入于 25
空气之中就不是容易的了。

这里,关于动物诸部分(构造)已讲得这么多了。我们已讨论
到所有各个部分,并说明了每部分所由存在的原因;而且于陈述这
些部分(构造)时,我们是按动物界各类属分别历叙的。现在我们
必须继续讨论其他问题,按程序,挨次而下该应研究生殖事项。 30

动物之运动

章一

我们已在另篇考察了诸动物的运动,按照它们各不同的类属详尽地说明了各类属之间的差异,并说明了它们所以表现有各自的特性的原因①[诸动物中,有些飞翔,有些游泳,有些步行,另些凭其他种种方式运动];遗留着尚待研究的问题是关于动物运动的共通(一般)原因②。

现在我们业已认定[当我们研究到永恒运动是否存在,以及倘属存在,这是什么(其定义若何),这些问题时③]一切其他运动的

---

① 见于《构造》,卷四章十至十四,与《行进》。法璺哈逊(Farquharson, A, S. L.)注:《行进》篇原属《构造》内的一卷,在这《运动》篇之前先写成。现在我们仍照《亚里士多德全集》的传统编制,把《运动》篇列在《构造》与《行进》之间。

② 照本篇末章末节(704ᵇ2),原篇名也许是:περὶ τῆς κοινῆς κινήσεως τῶν ζῴων "关于动物的一般运动"(参看《占梦》篇某些抄本的末句)。照这开篇首句,原篇名当为 ἡ κοινὴ αἰτία τῆς τῶν ζῴων κινήσεως "动物运动的一般原因"。现在我们沿袭通用的篇名作 περὶ ζῴων κινήσεως "动物之运动"。参看《构造》,卷四章十三,696ª12,可能《行进》与《运动》原属一篇,篇名为《关于动物的行进与运动》。

③ 见于《灵魂》,卷三章二,九与十;《物理》,卷八章五;《形上》,卷十二章七与八。

本原在于那个能运动其自身的事物,而这事物的本原①是一个不动实是,原动者必须是自身不动的。我们必须记住这个道理,不仅在理论(定义)上一般地②执持着,还应在感觉世界中参考之于各个个别事物,因为我们就依凭这些个体寻绎普遍理论,我们也确信普遍理论该当符合(谐和)于这些个别情况③。这里,在感觉世界中(可感觉事物方面)——在我们当前的论题上,则先于其他一切可感觉事物而言,该是动物生活——如果全无一个静定的事物,运动也是显然不可能的。因为一个动物的诸部分之一如果要运动,另一部分必须静止,这就是它们的诸关节的功用④;诸动物把关节作为一个中心点而为运动,含有那关节的全肢或伸直或折曲,潜在地并现实地变改着,全肢便由于这关节的缘故,或〈伸为〉一或〈折为〉二⑤。当它正在折曲而行运动时,关节的一点是被运动着的,又一点是在静止中,恰如直径上的 AΔ 不动,而 B 被运动,于是形

---

① 贝刻尔校本 τοῦτο "这事物";依 EYPΓ 诸抄本和以弗所人密嘉尔诠疏(Mich. Eph. Comm.)及柳昂尼可(Nicolaus Leonicus Thomaeus)拉丁译文,应为 τούτον "这事物的本原"。假设一个"不动实是"是 τὸ ἀκίνητον 为宇宙万有的"原动者"τὸ πρῶτον κινοῦν,参看《物理》,252ᵇ1;《形上》1072ᵇ7。又参看蔡勒,《亚里士多德》(Zeller, "Arist.")英译本,卷二,492 页。

② P 抄本与密嘉尔诠疏删 καθόλου "普遍"(一般地)。

③ 蔡勒执持这一节指说亚里士多德偏重于可感觉的个别事物,有经验主义倾向。法瞿哈逊,证以《自然短篇》(Parv. Nat.)468ᵃ23;《生殖》,760ᵇ28,788ᵇ19 认为亚里士多德总是普遍与个别两兼而论事的。参看鲍尼兹《索引》,177ᵃ45。

④ 参看《行进》,章三,章九。

⑤ 参看本篇,702ᵃ30;《灵魂》,427ᵃ10,433ᵇ26;《构造》,654ᵇ1。

成为△AΓ①。可是，在几何图解上，中心点是全不可区分的[因为
在数理上，如其所云，点是虚设的(寓言)，数学实是没有哪一个是
真被运动了②的]③。至于这里所举诸关节的示例，现在一刻是潜
698ᵇ 在地为一而现实地被区分为二，又一刻是潜在地被区分而现实地
合成为一。但运动的起点(本原)④，作为本原而论，仍还常是保持
其静止的，当一肢的下段被运动时，它的上段不动；例如前臂⑤在
运动时，肘关节不动；全臂在运动时，肩不动，胫(胫骨)在运动时，
膝(膝关节)不动，全腿(下肢)运动时，髀(髀关节)不动⑥。由比看
5 来，这是明白的，每一动物，作为一个整体，必然其中有一点不动，
以为那些被运动事物的起点(本原)，而动物自身又必有所支持⑦

---

① 贝校本"AΓ"；从威尔逊(J. C. Wilson)校为"△AΓ"
(或 B△ 为一全肢，由 △A 与 AΓ 两肢节合成)。这里所补拟
的图出于密嘉尔诠疏。直径，B△ 为全臂。半径(上肢)，IΓ
为前臂或桡骨(radius)。△A 为上膊或上膊骨(homerus)。
A 为肘关节。

② κινεῖται 主动式，从 EYSΓ，改作 κινεῖσθαι 被动式。

③ 数理本于虚拟，参看《物理》，193ᵇ34；《形上》，1064ᵃ30，1081ᵃ36 等。

④ ἀρχή"起点"或"本原"等多义，参看《形上》卷五章一，1013ᵃ—1—24，本篇常用
第五义，为事物动变之原。

⑤ βραχίων"前臂"，但依下文 τὸ ὠλέκρανον"肘关节"(肘点)，这里应实指 πῆχυς 肘；
肘包括 προπήχιον(ulna)尺骨与 παραπήχιον 桡骨而言，更明确些说这里应是桡骨(radi-
us)。

⑥ 动物每一部分各有其动原；参看《形上》，1040ᵇ11。

⑦ 凡一运动着的事物必须有外物为之支持，这一观念在《运动》篇中言之最详(见
于下文)；《行进》篇的运动观念实际就按照这里的理论衍述的(《行进》，705ᵃ5 以下)。
参看《灵魂》，417ᵃ4，关于感觉活动的一般观念，以及《形上》，卷十二等，关于全宇宙运动
的一般观念。

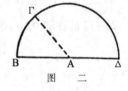

图   二

而后那动原可得运动其全身,也可运动其各个部分。

章二

　　但动物体内的静点,若无外在绝对静止的某个事物存在,仍还不能在运动上见其主导作用的。现在我们于方才涉及的事情,₁₀值得作一番考虑,因为这里包含了超乎动物界而直至全宇宙的运动与循环①。恰相似于动物若欲运动,必须内存有某一不动事物那样,更重要的还得有外在的某一不动事物,必有这外在事物为事物(动物)自身的支持,那里被运动的事物(动物)才能运动。因为那个外在事物如果尽是让开(不予支持)——有如群鼠在麦粒堆₁₅内②行走或人们在沙丘上行走——前进将是不可能的;土地③若不保持其静定,谁都不能在其上行走,空气与海水若不作抵抗,谁也不能在其中飞翔或游泳。而这一抵抗的事物又必须别于那被运动的事物,这事物的整体必须别于那事物的整体,这样,凡不运动事物的任何一个部分都不得为被动事物的任何一个部分;如其不然,₂₀这就不可能有任何运动。人们从船外或船内移动一船的问题④可举为这里的实证,人试持竿,抵着之于船桅或船的其他某个部分,他轻易地就移动了那船,但他如果自身处于船内而照这样着力,他

---

　　①　参看《形上》,1072ᵇ14。

　　②　贝本'ἐν τῇ γῇ"在地上",从E抄本,改作ἐν τῇ ζειᾷ"在麦粒堆内"。

　　③　参看《行进》,705ᵃ9。这里的静定事物就指脚下的土地。密嘉尔诠疏指为静定的大地(地球),不是这一句的实指。

　　④　行船喻,见于《物理》,254ᵇ30。

25 就永不能移动那船,不能,虽(巨人)帖妥奥①来撑船也不能,或布
里亚斯(风神)②从船内来吹嘘也不能移动那船③,倘他确真像画家
们所描绘的那样的情状来吹风;画家们表现风神的呼风就做在船
内吹嘘状。因为无论谁或轻轻地吹着或剧烈地吹着,俾成一很强

699ᵃ 大的风,或其所引发的为风或非风,而是其他某些事物,第一,他必
须把自己诸肢之一支持在一个静止的事物之上,这样他才能引发
其推移的功力,第二,他这一肢或只这一肢内的一节,必须保持不
5 动姿态,把它固定在外于其自身的那个事物之上④。现在,这人既
然自身在船内,抵着船身来固定自己,他倘着力推移,很自然地,不
会推动这船,因为他所欲推动的事物正应该是保持静定的事物。
这里,他试图推动的事物和他把自己固定在其上的事物恰正是相
同的一个事物。可是,他如果从外面来推或拉这船,他就能移动这
10 船,因为陆地不是船的任何部分。

章三

这里,我们可提示这么一个疑难问题,如有某物运动全宇宙,
这一运动者自身是否必须不动,而且⑤自身不是宇宙的一个部分,

---

① Τιτυός 帖妥奥,海神和地神所生诸巨人之一。

② Βορέας “北风”,作为风神名。密嘉尔诠疏说,风神在船内呼风的图画是人所熟
见的。法注:“在古希腊艺术遗作中,今不见有这样的图画的任何残迹,其他著作中也
未见涉及这样的图画。”

③ 参看《气象》,349ᵇ1。

④ 这篇内应于“作用与反作用”(κίνησις καὶ ἀντικίνησις 运动与反运动)有所说明
而未见说明。参看《生殖》,768ᵇ18。

⑤ 从法校,改移贝刻尔校本的逗点,并增 καὶ “而且”。

也不存在于宇宙之内。这运动者或运动其自身并运动这宇宙,于此,它要实行运动必须接触着某个不动事物,于是这就不会成为实 15行运动的任何部分;这运动者或从初(原始地)就是不动的,同样,它又不会成被运动者的任何部分。有些人说① 那天球② $τῆς$ $σφαίρας$ 以圆运动循行着,没有任何一个孤独部分留着不动的,若有一部分不动,则全天球必需整个停顿,或与它统联的整体将被撕 20裂③,他们在这一方面所论固然是正确的;但他们设想着那些"极"($τοὺς$ $πόλους$)既无体积而只是些处于终端的点,却具有某种运动能力,于这一方面,他们的辨析就不算高明了。因为除了他们所设想的无实体事物原属虚构之外,所说凭"两"(两点或两物)引发单独的"一"个运动是不可能的④;可是他们制定的极点有两。检阅 25了这些疑难,我们可以断定有如地球(大地)之于诸动物,以及诸动物之于被它们所运动的诸事物,在整个自然而论也必有某些如此相关着的事物存在。

又,神话家(传奇家)所传亚特拉斯的神话⑤,显见其内含有慧思,他们为两脚站在大地(地球)上的亚特拉斯制作了一种"直

---

①　$οἱ$ $λέγοντες$ "有些人说"当指某些"物理学家"(《物理》,193ᵇ29),而这些物理学家可能是指毕达哥拉学派(《灵魂》,405ᵃ32;《说天》,293ᵇ33)。

②　〈天〉球指恒星天球("第一轮天")(参看《形上》,卷十二章八;《说天》,卷二章六)。

③　参看《说天》,290ᵃ6。

④　参看《物理》,259ᵃ18。

⑤　$Ἄτλας$ 亚特拉斯持天之说,见于《形上》,1023ᵃ20,那一节说这是诗人的寓言,也是物理学家(自然学家)的成说。培根《学术进境》(F. Bacon, "de Aug.")iv, 4,赞许亚里士多德于古代神话作了学术解释。

径"①διάμετρον 那样的事物用以使宇宙绕两极而旋转。现在大地
既然保住其静定,这设想当是够合理的,但他们这一理论也隐括了
这样的预拟,大地不是宇宙的一个部分。又,那个引发运动的力必
须相等于那仍保持其静止的力。因为所凭以保持其静止的,必具
有某一定量的力或能,恰相当于那凭以引发运动者之必具某量的
力或能;类于相反运动之间必然作某一比例,这样,于静止之间也
该有比例存于其间。现在,相等的力是互不能有所推移的,但一个
较强的力就可胜过它们。于这些神话家的理论而言,亚特拉斯或
任何相似的能力,从内引发运动时,其所着力只可恰正相等于地球
的定力(静力),而不得稍过——如其着力稍过,地球将被运动而离
开它原本作为诸事物的中心位置了。因为推移者这么推动时,被
推移者就这么被推动,所施与所受(所应)的力是两相等的。但原
动者运动原先在静止中的一个事物时,它所着的力当较大于而不
是等于或相似于那原先使那被运动事物肇致其静止的力。相似
地,那被运动了的事物所受(所应)的力,〈于这样运动时必须大于
那被运动事物〉②未被引发运动时所受的力。那么,地球在它的静
止中所有的力量将可与全宇宙的力量一样大,并与运动那全宇宙
的力量一样大了。但,若说这是不可能的③,那么宇宙也就不可能
被这样内在的任何势力所运动了。

---

① διάμετρον "直径",实际上毋宁是"半径";古希腊人无 radius 这样的专用名字,
而以"直径之半"ἡ ἡμίσεια διάμετρος 这样的短语称"radius"。"直径"这字古希腊人又当
球的轴,或绘划直径或半径所用规尺。这里实际就在应用"轴"这命意。

② 从法校,增〈καὶ κινοῦντος τῆς τοῦ κινουμένου〉。

③ 参看《说天》,298ᵃ19;《气象》,340ᵃ7,352ᵃ27;因地球体积比之宇宙为甚小,故
不可能有等于或大于宇宙的力量。

章四

关于诸天(宇宙)^①各部分的运动问题,还有一个相近于上已论及的疑难可挨次加以研究。倘有谁能以其运动力胜过大地的不动性(惰性),他显然可以把它从中心位置移开。这也是明白的,这种动力所由以发生的原能将不是无限的,因为大地(地球)不是无限的^②,它的重量便该是有限的。这里,关于"不可能"ἀδύνατον 这字不止一义而有多义^③。当我们说,一个声音是"不可能"看到的,我们又说,明月中的人是"不可能"看到的^④,我们就用这字的两个不同的命意;前者事属必然而后者则原是可得看见的,只在事实上我们未能看见。现在让我们假定诸天(宇宙)的不可能被毁灭或解体为"事属必然"^⑤,可是,依我们上述的论旨推演,诸天的毁灭或解体却将是未"必"不可能的。因为这是合乎自然而也是可能的,说是竟有那么一个运动存在,凭其动力就可胜过地球所由以保

15

20

---

① ὁ οὐρανός "天穹"或 οἱ οὐρανοί "诸天",常以称"全宇宙"。参看鲍尼兹《索引》,541^b56。"诸天"参看《形上》,卷十二章八,1073^b1—32 及汉文译本注;上章 699^a18 的恒星天球为最外层(以地球为宇宙中心而言)的轮天;靠近地球(土)者为水,气与火轮天(本章下文所举的火(699^b25)也指火轮天),其外为月轮天,挨次为五行星而至恒星天。

② 参看《物理》,卷三章五;《说天》,卷一章十二。

③ 参看《形上》,1019^b23—29;《物理》,204^a4;《灵魂》,422^a27。

④ 月中有人为毕达哥拉学派之说。参看埃底奥,《安慰》(Aetius,"Placita")ii,30;第尔士,《雅颂作家》(Diels,"Doxographi")361 页。有些斯笃噶学派认为明月是死人灵魂的住处(忒滔良,《灵魂》,Tertullianus,"de anima",55)。《生殖》,761^b22,说到火性动物只宜求之月中,相符于毕达哥拉学派所拟想的月中人也属火性。

⑤ 参看《物理》,卷八章一以下;《说天》,卷一章十至十二,卷二章一。

25　持其静止的力,或胜过火和以太(第五元素)①所由以运动的力。
于是,苟有较优胜的运动,诸天将是可以一个挨次于一个地被解体
的;倘说在现实上诸天并未被解体,而潜在地可被解体[地球不能
是无限的,因为任何实体都不可能成为无限]②,那么诸天的被解
体总是可能的了③。既然这未必不可能,又有什么来阻止它成为

30　可能? 如果不是相反的运动为事有所必然,这就不会是不可能的
了。可是这一疑难,我们将另行讨论④。

　　回到我们的前一论旨⑤,外于被运动事物,是否必须有某个不
动而静止着的事物,而且任何不动事物的部分都不得是被运动事
物的任何部分? 又,这样的情况是否也见于整个宇宙? 也许,假设

35　"运动本原为内在"将被认为是古怪的。而对于作这样设想的人
们,荷马的诗语似乎说得正好:

700ᵃ　　　　"不,你不可能把至高无上的宙斯从天穹拉下郊原,

　　　　　不,不,尽你怎样艰苦地着力,也总不可能;

　　　　　来吧,所有众神与众女神,一齐握紧这链索吧!"⑥

---

　　①　ἄνω σῶνα"天上物质"当指"星体元素",αἰθηρ,以太;但以太不列于诸轮天之一,
在这句内是不合适的。密嘉尔诠疏拟这里 οὐρανός 也作"天"或"诸天"解。参看《说
天》,270ᵇ22;《气象》,340ᵇ6;《宇宙》,392ᵃ5;《生殖》,736ᵇ29。
　　②　疑为699ᵇ17边注,误入于此,加[ ]。
　　③　参看《物理》,203ᵇ30;《说天》,i,5。
　　④　参看《物理》,卷八各章节;《说天》,卷一。
　　⑤　参看上文,698ᵇ9;699ᵃ13。
　　⑥　见于今本《伊里埃特》(Iliad),viii,21,但文句有异。这里以宙斯喻原动者,以
群神喻诸星辰。参看《形上》,卷十二章八,原动者的不动性,见于1074ᵇ36等;古代神话
的含义,参看1074ᵇ1—14。又参看色乌茀拉斯托,《形而上学》(Theophrastus "Met."),
310ᵇ16。

由此可知凡全然不动的事物就不可能为任何事物所运动。于是，先前提出的那个疑难，即诸天（宇宙）体系可能或不可能被解散的问题，可得寻绎其解释了①，这里见到了那全然不动的本原实为诸天运动的起点。

现在，于动物界而言，这里不仅必须有外在的一个不动事物，还须在那些能移动位置的诸动物内存着一个不动事物②，俾引发它们各自的运动。因为一动物必须保持一个部分的静止，而运动另一个部分，被运动的部分受持于静止的部分，以行运动；一动物试运动其任何一肢，都可举为这里的示例，那实际上在运动中的一肢节必受持于静止着的另一肢节，而后才能做那么样的运动③。

但关于被运动的无生命（无灵魂）诸事物，人们可以作这样的询问，它们是否统都内涵静止的能力和引发运动的能力，还有，它们，例如火、地（土）与任何其他无生命事物④，也必须受支持于外在的某一静止着的事物？ 或者这样是不可能的；那么无生命诸事物的运动，毋宁求之于它们所凭以进行运动的那些基本原因么？因为一切无生命事物是被另些事物所运动的，而这样被运动诸事物的本原则在那些能自行运动的诸事物。于这些能自行运动的事

---

① 密嘉尔诠疏，于这里 λύεται "得其解释"字样，保存有旧本的异文为 δύεται "得其症结"（原意为"进入"或"沉下"），依这异文，这里只指出了问题所在，还没有解明这问题。

② 动物体中终极不动事物指心脏或心脏的中央点。这里附加"那些能移动位置的诸动物"语，所以除外那些不能行动的如海绵等所谓动植物间体。

③ 参看本篇第一章，与《行进》诸章节。

④ 关于"无生命诸动物"τῶν ἀψύχων 的运动，参看《物理》，卷八章四；《说天》，311ᵃ12。

物,我们已说到了诸动物①——因为诸动物皆内存有一个静止的
20 事物,而又都受支持于外在的事物;——但是否尚有更高的运动者
以及〈最高的〉的原动者,犹未经说明,这样的运动本原有待于另一
回的讨论②。诸动物,至少于那些能自行运动的诸动物而言,都是
把自身在外物上支持着而实行运动的,虽是吸气与呼气的时刻也
得有所支持;因为抛掷或引动一个重物和抛掷或引动一个轻物,其
25 间无基本差异,而人们当唾吐与咳嗽,当吸气与呼气,一样都得抛
掷或引动一个具有某些或大或小重量的事物③。

章五

但,这只是于位置运动(处变)的事物才必须备有一个静点么,
抑或于那些可自致其禀赋运动(质变)与那些可自行生长(量变)的
事物们也是这样的么?④　这里,论其本原、生成与灭坏的问题是不
同的;依我们的持论,若有一初级(基本)运动⑤为生灭(本体之变)

----

①　参看上文,章二。密嘉尔诠疏说这里当参考《构造》,实指当时包含在《构造》之
内的《行进》章三等。

②　《形上》,卷十二章八。

③　呼吸作为运动,参看《物理》,243ᵇ12。在那一节中 πτύσις "唾吐"被视为与"呼
吸"类同的运动。

④　κίνησις 这字有时于"运动"外,兼含"变化",或译"动变"。《形上》,1042ᵃ32—ᵇ7,
1069ᵇ11—14 等列举"对反动变"四式;μεταβάλλειν κατὰ οὐσίαν "本体之变"(生灭),κατὰ
ἀμαίωσιν "禀赋之变"(质变),κατὰ αὐξῆσιν "生长之变"(增减体积 κατὰ μέγαθος＝量变)与 κατὰ
τόπον "位置之变"(位变或处变)。

⑤　这里专就运动而言其变化,则以位置之变(移换)为初级(基本),而量变(生长)
与质变为次级。生灭成坏有时也作为"运动",通常专指变化。参看《灵魂》,406ᵃ10 以
下;《物理》卷八章七。

的始因,这基本运动将就是生灭的缘由①,并也许是一切次级运动的 30
始因。有如整个宇宙是这样,动物界也是这样,当一动物达于成熟,
这就有赖于这个初级(基本)运动②;当这动物成为它自身的生长之
原因时③,生长(量变)就本乎这基本运动,还有禀赋运动(质变)也本
乎这基本运动。但,④生长与质变若不本乎基本运动,那么,这静点 35
就是不必需的了。可是,〈于一活动物而言〉,最初的生长和质变是 700ᵇ
从另一活动物,经由另些途径发动的,⑤这也不可能自己具备任何事
物作为自己生灭的本原,因为运动者必须先于被运动者存在,生殖
者先于后生者,⑥自身就不存在有任何先于自身的事物。

章六

现在,灵魂是否运动,以及如做运动,这是怎么实行的论题,曾 5
已在有关这题的论文中⑦陈述过了。又由于一切无生命(无灵魂)
事物皆得由别事物使之运动,而那最初的永恒被运动诸事物的运
动方式⑧以及那原动者怎样运动它们,曾已先在我们的《第一哲学》

---

① 从法校,移置这逗点,全句依柳昂尼可(Leonicus)拉丁译文索解。

② 参看《物理》260ᵇ33,261ᵃ17;《生殖》,735ᵃ13,740ᵃ26。

③ 依法校 γίνεται αὐτὸ αὑτῷ αἴτιον 译。

④ 这"但"句前隐括有未写明的一句:"若然如此,则有赖于基本运动的这些次级运动,也将因那基本运动而需有一静点了。"

⑤ 这里"另一活动物"为母体,最初的生长为胚胎发育;这一分句的实义在说明胚胎发育始于母体血液的位置移动。

⑥ 参看《生殖》,735ᵃ13;《灵魂》,416ᵇ17;《形上》,1073ᵃ3。

⑦ 见于《灵魂》,卷一章三至五;卷二章四;卷三章九至末。贝校本"有关这题"περὶ αὐτῆς;P 抄本作 περὶ ψυχῆς《关于灵魂》。

⑧ 从法校 περὶ δὲ τοῦ πρώτου(依 E,S,Γ)"而那最初的……运动方式"。这些被永恒运动着的事物为日月星辰诸天体。

10　περὶ τῆς πρώτης φιλοσοφίας 中①论定了，这里尚待研究的当是灵
魂怎样运动身体，以及，于一活动物而言，什么是它的运动本原。
因为我们若除了宇宙（诸天）的运动，有生命诸事物实为其他一切
事物的运动之本原，也就是一切不由相互碰撞而发起的诸运动之
本原。就为如此，既然有生命诸事物的诸运动皆有限度，一切其他
15　事物的运动也都有程期或限度。一切活动物在运动或被运动时都
有某些目的，所有它们的运动统皆照顾到所企求的终极而为之程
限。现在，我们看到活动物凭理知、臆想、爱恶（作意）、志愿与欲念
而行运动；而所有这些则都可简化为理性和愿望②。因为想象③与
感觉两者和理性通于共同的本原④，按照我们曾在别篇⑤陈明的义
20　理，所有这三项都是判断（辨识）机能，⑥只由于其明析的程度有差
等而为别异。可是，志愿、热忱与欲念都是愿望的三个品种，而爱
恶（作意）则两通于理知和愿望⑦。于是当诸动物有所愿望或有所
理知，就开始引发运动，但这里不是每一理知事物而只是有合乎动
25　物行动目的的理知事物才会引发运动（动变）。准此，诸善之引起

---

①　《第一哲学》即今所传《形而上学》，所举论题见于卷十二章七。

②　参看《尼伦》，1139ᵃ17，1147ᵃ31。

③　φαντασία "想象"（"臆想"）两通于"理性"与"感觉"。理性 νοῦς，参看《灵魂》，433ᵃ9。

④　也许是指心脏，以心脏为所有这些性情所由引发的本原，参看《自然短篇》，469ᵇ1。

⑤　参看《灵魂》，卷三章三。

⑥　参看《灵魂》，426ᵇ10，432ᵃ16。

⑦　参看《尼伦》1113ᵃ10 与卷六章二，章五，章六；《物理》，卷八章二。《灵魂》，卷三章十，通于理知与愿望者，不举 προαίρεσις 作意或爱恶（选择），而举 βούλησις "志愿"[βούλησις 法瞿哈逊或译 wish（希望），或译 will（志愿）]，这些熟见于《灵魂论》的心理学名词难为确诂，各家的译名也常相异。

动物的运动也不由善的全义,而只由善事善物的现实目的(实际功用)。善事善物只在另些事物对它有所企求时,或它的功用恰成为另些事物的目的时,才真能引起运动。我们又必须想到一个貌似的善①可得冒充真正的善,就是这样,快乐的事物,原是一些貌似的善(善的幻象)②,在冒充着真善〈而引起某些运动(动变)〉。考虑到了这些,这就明白了,从一方面看来,被永恒运动者所永恒地 30运动了的事物是以与每一生物相同的方式运动着的,而在另一方面看来,前者是永恒地被运动着③,而生物(非永恒事物)的运动则定有一个程限④。现在,永恒的美与真正的原善——原善之为善不是一时而善,一时又不善的——是太神圣,太宝贵了,正不该与 35任何其他事物相对而言⑤。于是,始动者运动它物而自身不动,⑥701^a至于愿望和它的机能则是被运动着而行运动。但于被运动着的诸事物系列的末一事物不是必须再运动另一事物的⑦;由此便显见了这是合理的,于动变系列中的末一动变应是位置的运动,因为这

---

①　τὸ φαινόμενον ἀγαθόν "貌似的善"或"善的幻象",参看《灵魂》,433ᵃ28;《尼伦》,1113ᵃ16;《修辞》,1369ᵇ18。

②　"世俗的乐事"(τὸ ἡδύ)非真善,参看《尼伦》,1146ᵇ22;《欧伦》,1127ᵃ39。

③　这一分句从法校 τὸ μὲν ἀεὶ κινεῖται 译。

④　《灵魂》,433ᵃ14:实用理性所以别异于理论理性(心识)者在于程限(终极)。

⑤　依 PΓ,πρὸς ἕτερον "相对于其他事物"作句;若依 E. S. Y. πρότερον,参照密嘉尔诠疏索解,这里应是"正不该更有任何事物为之先予了"。柳昂尼可译文与之相符。参看《物理》,260ᵃ5;《形上》,1072ᵃ26。

⑥　《灵魂》,433ᵇ12—16 所称"实践之善"τὸ πρακτὸν ἀγαθόν 或"实用的善",当即这里所说 τὸ πρῶτο οὐ κινούμενον κινοῦν "自身不被运动而运动的始动者。""愿望诸机能"(包括有关食色诸欲的机能)相应于"营养灵魂"(τὸ ὀρεκτικόν)的诸机能。

⑦　参看《灵魂》,434ᵇ35,"最后一个被推移了的事物,不再推移它物。"

活动物,①为某些感觉或想象所激发时,经历某种质变(禀赋运
动),就因愿望或作意(有所爱恶)之故②而运动起来,并向前行进
(做位置运动)了。

章七

但,思想(理性)〈统括感觉、想象与理性本原而言,〉③之为物,
何以有时引发动作(行为),有时则不引发;有时跟着思想就是运
动,有时却不运动? 这里所遭遇的情况似乎相仿于思想所涉于不
动变诸事物方面曾经在学理上详究过的情况④。 在那里,其终极
就是检明了的真理——因为谁若察识了两前提,他就随即察识而
认得了结论⑤——,但这里,由前提所得的结论,实际是一个动
作——例如,有人察识人人都该步行,而他自己是一个人:于是他
随即步行;⑥或举另一例,人皆不应步行,而他是一个人:于是他随
即保持其静止。 在这两例上,他做这样的行为是在假定了其一无
所强迫,而另一也不遇阻碍,而实施的。 又,如说,我该造一善物,
房屋为一善物:我随即造一房屋。 我需有一被覆的事物,外套是一
件被覆物:我需要一件外套。 凡我所需就该制作,我今需一外套:

---

① 这活动物成为这因果系列中的末项。

② 参看上文,700ᵇ23 及注。

③ 参看上文,700ᵇ19。

④ 在学术上的综合论法(三段论法)和实用上的综合论法对比,参看《尼伦》卷七
章三。

⑤ 物理性质或自然哲学综合论法,参看《灵魂》,434ᵃ18;《欧伦》,1227ᵇ28。

⑥ 参看《尼伦》,1147ᵃ24。

于是我制作一件外套①。"我制作一件外套"这个结论是一个动作 20
(行为)。动作,试追溯其开始或第一步②。如须有一外套,先应有
B,如须有 B,先应有 A,这样,人就取得 A 而开始其制作。这里,
显然,那个动作(行为)③就是他的结论。但诸行为④的诸前提是属
于善物与能事两个类别的⑤。   25

又,于某些问题的研究中,我们掩没了一个前提,这样,心思就
不复考虑到另一个明显的〈大〉前提;例如,步行(散步)若有益于人
(于人为一善事),却不跟着致想于那小前提"我是一个人"。就这
样,凡我们不假思索的事情,我们做得很迅速。因为人,或由观看
(观感),或由臆想,或由知觉而体验到他自身与其目的(事物)的关 30
系时,凡所愿望,他就立即行动(有所作为)⑥。这样,实行愿望成
了思索(研究)的代替。欲念说"我欲饮";感觉或臆想或理性(思
心)说,"这是饮料":我随即饮。照这方式,诸活动物被逼促着运动
或作为,而愿望则为运动的末一原因(近因),愿望是在观感或想象
与知觉(心识)之后发起的。于是愿望着有所作为的人们在欲念或 35
热忱(激动)的影响之下,或在愿望或志愿的影响之下,就一会儿从

---

①　从 E 抄本 ἱμάτιον ποιεῖ 译这一分句。

②　参看《尼伦》,1112ᵇ23,1113ᵃ6;但这里的 ἀρχή"开始"或"第一步(起点)",是指
大前提。

③　这里的 ποίησις"制作活动"包括制造与技艺而言,统作"行为"或"实践"πράξις;
参看《形上》,1032ᵇ6 以下所举医疗技术与建筑技术例。又参看《尼伦》,1112ᵇ19。

④　"诸制作"同于诸行为:参看《尼伦》,1147ᵃ28;《欧伦》,1227ᵇ30。

⑤　如衣与食为"诸善物"τοῦ ἀγαθοῦ,都是欲念所求求的;诸善物可能由自己取得
的或可能由自己的朋友为之取得的也就是"可能事物"τοῦ δυνατοῦ。

⑥　句逗从密嘉尔诠疏。十九世纪心理学称这些行为为"观念活动"(ideomotor)。

事于创制，又一会儿做着另些动作①。

701ᵇ   诸动物的运动可以与自动傀儡②的运动相为比较，自动傀儡是
由一微小的运动拨发而做全部运动的；木杆（杠杆）③被弛放了，于是
互相触拨绞缠着的诸线④；或者与玩具小车相比较也是可以的。
这⑤一经被儿童骑上，便自行直前，随后由于它的轮盘直径不等［直
5   径较小的一端有如滚筒那样的原理成了相似于一中心点的作用］⑥，

---

① 上文，700ᵇ22，ὄρεξις 愿望"三形式"为 βούλησις、θύμος、ἐπιθυμία"志愿、热忱、欲
念"，《灵魂》，414ᵇ2，所举愿望三品种相同。这里"愿望"与其三品种联举，种属不分。

② 作奇异表演的自动傀儡 τὰ αὐτόματα τῶν θαυμάτων 为亚里士多德常用的譬喻（参
看《生殖》，734ᵇ10；《形上》，983ᵃ14 等）。加仑《器官的功用》(de Usu Part.) 库恩编《全集》，
iii, 48, 262 等也屡取喻于此。这里所说自动傀儡当是于幕内隐有许多牵线、滚筒、悬锤的
复杂机构，而登场的傀儡则是可跳作某一舞蹈的。伪亚氏著作《宇宙》篇，章六，牵线人形
玩具，每肢一线以为活动。自动傀儡当是从那些简单玩具发展起来的。今欧洲各地博物
馆内常可见到这些古遗傀儡，但其原机制已不可得；古籍亦未详记。柏拉图《共和国》
(Rep.)514B，所说 θαύματα"（傀儡）奇异表演"，与此相异，盖为古代灯影戏。关于其他自动
玩具，可参看《灵魂》，416ᵇ18；《自然短篇》，461ᵇ15；《政治学》，1253ᵇ35；以及柏拉图《梅诺》
(Meno)97B 等。

③ στρεβλῶν 从法校，改作 ξύλων"木杆（杠杆）"。密嘉尔诠疏，xiv, 3, 77 页于《生殖》，
734ᵇ10 的自动傀儡曾有所说明："牵线人"νευροσπάστης 击动"诸杠杆"ξύλα 之一，整个机构
活动起来，许多杠杆，挨次被触，傀儡便依节拍而行跳舞。

④ τὰς στράβλας 与下文 701ᵇ9 αἱ στρέβλαι"绞缠或绕转着的事物"，显然指傀儡的牵
线。法瞿哈逊揣想这自动机构为若干滚筒 κυλίνδρος（圆柱体），上缠有牵线，下垂有重锤，
筒上有若干木钉（木杆 ξύλα）或铁钉（σίδηροι）以互相挨次触动，引发或节止，或改变牵线及
傀儡肢体的各个动作。

⑤ 从法校ὅπερ 为 ὁ γὰρ 俾上文断句，以"这"开始另句。（依里卡特，H. P. Richards，
与罗司 W. D. Ross）先后各别的提示，法注这种玩具车内藏有从直线运动转变为圆运动
的机制。

⑥ 法注这一分句似乎原是亚里士多德关于自动傀儡机制中的滚筒说明，自书为边
注，而后被误录到玩具车这句中来的。但圣莱尔以锥形滚筒解这里的 τοῖς κυλίνδροις
"滚筒"，因两端直径有大小而适于使小车循圆轨道运动。圣提莱尔举了碾磨用的碌碡
为例。法注认为"圆锥体"，称 ὁ κῶνος，不称 κύλινδρος"圆柱体"，圣提莱尔的解释不妥。

它又循一圆圈运转。诸动物备有机构相似的各个部分；于它们的
诸器官（构造）中可举示筋腱与骨，诸骨像自动傀儡中的木（杠杆）与
铁（铁钉）；筋腱像所缠的牵线，当这些线或被紧张或被弛放的时候，　10
运动便开始。可是于自动傀儡与玩具小车而言，性状是不变的，即
便它的内转轮更番而或换为较小或换为较大，它还得循同样的圆行
程做预定的运动。于一活动物而言，同一部分就各具有一会儿变大
一会儿变小的能力，各部分或暖和而增长或着凉而收缩时，相随于
形状之变①也引起性质之变。而这种质变又是可由想象与感觉与观　15
念引发的。感觉显然是质变的一式，而想象和观念具有与其所想象
和所思念的诸事物同样的效应。因为在某种程度上观想所得的性
状②，无论其为热或冷，为可喜的或为可怖的，就相似于原来的实事
实物所本有的性状，而且就这样，我们竟因之而战栗，仅仅是一个观　20
念，我们也为之惊惧不已。这里，所有这些演变都含有性状之变（质
变），随同这些质变，身体的某些部分长大，而另些部分缩小。这也
是不难了解的，在起点（中点）③的一个微小变化肇致周边巨大的
许多变化，恰如把舵移动分寸的位置，船首就相应而作广阔的转　25
角④。这样，当在心脏区域以内，甚至在心脏的一个小到难于辨识

---

①　心脏区域如遇温度变化，筋腱便或伸或缩而扯动诸骨节。这些生理变化很难作
机械解释。章十，亚里士多德于寒暖等肇致的变化作为运动的一式而联系之于位置之变
（地处移动）实际是勉强的；但按照他的运动理论却正该以位变为动变之本。

②　后世的哲学家与心理学家因之而在感觉论上析出"内观印象"（species intelligibi-
lis impressa）与"外观印象"（sp. int. expressa）之别。

③　即下句所说心脏。参看《灵魂》，403^a21；《动物志》，590^a3；《生殖》，716^b3，
788^a11。

④　参看《力学》，章五，杠杆原理。

的部分①,苟因或热或冷或某些类似的影响而发起一些变化时,这
30 于身体的周遭(外表)就会产生大不同的景况。如说,或是满脸绯
红,或竟苍白失色,以及或是寒战或与这些相反的情状②。

章八

但回到本题,我们在行为(动作)上所追求或规避的事物,如曾
35 言明,为运动的本原,而在知觉与想象到这些事物时,跟着就必然引
起身体的温度(寒暖)变化③。因为我们于苦恼的事物则力求规避,
于喜悦的事物则尽情追寻,可是我们于其间所经历的种种细节是没
702ᵃ 有知觉的;大家都太忽略了④,这样的过程,任何苦恼的或喜悦的事
物一般说来,皆相应地引起身体内定量的温度(寒暖)之变⑤。这是

---

①　参看霍布士,《利维坦》(Hobbes,"Lev.")i,16,"于事物实际在运动着而不可
得见的,或由于事物所运动着的距离极短促之故而不可得见,虽然不用心研究的人
们是不予观想的,可是这些运动实际上存在,总是不能抹杀的。"这些微小至不可凭感
觉而得知的"自然运动(活动)"(actio naturalis)也是培根常时言及的,例如《新工具》
(Nov. Organon)ii,6。又,笛卡儿(Descartes)也常着意于"官感所不能辨见的许多实物"
(corporibus quae nullo seusu percipiuntur),例如《哲学原理》(Princ. phil.)iv, cci。

②　荷马《伊里埃特》,xiv,279,叙有由恐惧所引起的种种表现。这类观察后世医
师发展为病理诊断所依据的征象(参看《希氏医学集成》,卷三,"病理诊断"〔Prognosti-
ca〕与"流行病"〔Epidemica〕篇)。又亚里士多德,《集题》,902ᵇ37。

τοῖς τούτων ἐναντίοις "与这些相反的情状",依亚芙洛第人亚历山大,(Alex.
Aphr.)"灵魂论"诠疏,77·1温暖使身体舒服而行扩张(或生长)。

③　笛卡儿《论情绪》(Descartes, "Traité des Passions")一书中涉及灵魂问题,于心理
生理间机械性质诸变化和这里的数章节常有显著的相似处。

④　依柳昂尼可译文,增 λίαν λαμβάνει 这分句。

⑤　亚里士多德于生理上特重寒暖原理,这于希朴克拉底医学中被讥为"虚拟"(或
"理论"派)(见于"古医,"de Antiq. med. 章十三)。

参看《构造》,600ᵇ28,679ᵃ25,692ᵃ23;《生殖》,740ᵇ32;本篇,703ᵇ15。

可以在情绪诸演变上见到的。暴勇、恐怖、恋爱与其他生物体质上的激动，无论其为可喜或可恼的，全都有相应的寒暖之变，有些见于体上的某一部分，而另些则见于全身。这样，记忆（回忆）与预期①于这些喜悦或烦恼，实际上重映了这些情事的印象②，也就或多或少地引起同样的寒暖之变。我们也这样看到了自然，于制作动物内部构造，以及诸器官所凭以运动（动变）的中心构造的工艺看到了自然的理性；③它们从干涸变而为液湿，从软柔变而为硬坚，并作相反的动变。于是，当这些演变就这样在进行时，又当另有我们所曾屡次述及的被动与主动的④组合构造时——这是常可见到的，一个部分为主动而另一个部分为被动的，而且两都不缺少各自在本性上所应有的诸要素⑤——，其一便径行施其作用而另一随即反应其作用。因此，人们想着该应走出，苟无任何别物阻碍这行动，他立即实行走出，实际上思想与行为（实践）同时发作。⑥

---

① μνῆμαι καὶ ἐλπίδες "回忆与预期"，参看《自然短篇》，449ᵇ27。又，参看柏拉图《菲勒布》(Philebus)，32C。

② 重映的印象如《自然短篇》，450ᵃ13，所谓 φαντάσματα "幻象（臆想所成像）"，《自然短篇》，451ᵃ15，柏拉图，《菲勒布》，39B 所谓 εἰκόνες "模拟体（相似体）"。《自然短篇》450ᵃ27，柏拉图，《菲勒布》，40A，所谓 ζωγραφήματα "生物写真"（"写生画"）以及柏拉图《蒂迈欧》(Timaeus)，72B，所谓"有如吹皱了的池水中的影像似的，梦中所见的人物形态"，都可举为示例。

③ 参看《生殖》，731ᵃ24，《构造》，645ᵃ9 等，称自然为巧匠。

④ 关于主动与被动论题，屡见于《成坏论》，卷一章九，(324ᵃ9)；《形上》，卷九章五，(1047ᵇ35)；《物理》，卷三章三；《气象》，卷四；《生殖》，740ᵇ21,768ᵇ23；《自然短篇》，465ᵇ15。依《灵魂》，417ᵃ1,ἐν τοῖς καθόλου λόγοις περὶ τοῦ ποεῖν καὶ πάσχειν，则该另有《关于主动与被动》的专题论文；但这样的专篇今不传。

⑤ 参看《形上》，1048ᵃ2—24。

⑥ 参看《形上》，1048ᵃ17。

这里,官能各个部分已经由情绪为之先行准备好了的,而情绪则又
凭愿望引动了起来,愿望则凭想象(臆想)为之先导①。而想象挨
20 次又有赖于知觉或感觉。至于思想和行动之间的速度与两者的相
应性,实由于主动部分和被动部分两本自然地在生理上相符合的
缘故。

可是,那最初运动这动物机体的事物必须位置在一个有定的
起点上。我们曾说过一个关节在一肢中是一节的始点,又是另节
的终点②。自然制作关节就这样使之有时为一而有时为两,以行
25 运动③。当运动从一关节开始时,肢节两终点之一必须保持不动,
而另一点则为所运动——我们在先已说明了运动者必须有一静点
为之支持;——准此而以肘关节为例,前臂的终点是被运动而不运
动其他部分的,在肘关节上正当曲折的一点,这点也处于被运动的
整段前臂之上,是被运动了的,④但这里又必有不运动的一点;这
30 就是我们所说的那潜在地为一,而当其做现实活动时又为两的这
个点。现在,倘把这臂看作一个活动物,那么在它的肘关节的某处

---

① 参看《物理》,253ᵃ17;《灵魂》,433ᵇ28。
② 例如肘关节为前臂的终点,又为上膊的始点。
③ 参看上文698ᵃ19。在解剖上的一个实体关节当有"相连接的两个点"。(《灵魂》,433ᵇ22,说得较详确一些,是"两个连接或嵌合的面");这两点,一为始点,另一为被运动着那骨节的终点。但几何上的另一意义,则这中点(关节)可算作一条线(全肢)上折半处一个虚拟的位置,这中点于那线的两半而言,便既可为始点,也可为终点(《物理》,220ᵃ12,262ᵃ21等)。在几何上这点,现实地为一,而潜在地可为两;于这里的解剖说明,则关节原不是一个数理实,反而现实地为两而潜在地为一。参看《灵魂》427ᵃ10。
④ 从贝校 κινεῖται 译"被运动";依 Γ 与 A. M.(大亚尔培脱《全集》卷九之二,《运动》篇义疏),κινεῖ καῖται"运动,也被运动";依 P 抄本为 κινεῖται καὶ κινεῖ"被运动,而又运动"。参看下文703ᵃ14。

当位置有运动灵魂的原点。可是,既然一个无生命(灵魂)的事物
也像前臂之于上膊那样与一手相关联起来是可能的,例如有人在
手中运动着①一支杖,这是明显的,灵魂②即运动的本原,不能位置
于两个极点的任何一个,也就是说它既不得在被运动的杖的末端,
也不在主动的始点③。杖也是,对于手(腕)而言,有一个终点和一
个始点的。所以这一实例显见由灵魂(生命)衍生的动原不在杖
内;如其不在杖内,那么动原将不在手中了;手④与腕关节间的关
系恰恰相似地见于腕与肘关节之间。对于这里的比拟,那一部分
是否与躯体本相连属是没有差别的;那杖可以当作是全身上被拆
卸出来的一个部分⑤。这里说明了动原必然不位置于任何个别部
分(肢节)的始点上,作为另一部分(肢节)的末端,即便在这肢节的
远端,离我们所认为是元一⑥的所在更远的那端另还有别一节,这
也不必。以实例为之推详:相对于杖的终点而言,手是始点,但手
的运动之本原却在腕关节。这样引申起来,倘说因为存在有更在
上面的某物⑦而真正的起点不在手中,那么真正的起点也必不在

35

702ᵇ

5

10

---

①　实际上是由腕关节运动着手中的杖。

②　ἡ ψυχή"灵魂",应为 ἡ ἀπὸ τῆς ψυχῆς ἀρχή"灵魂所寄托的本原"。参看《灵魂》,
406ᵇ24 等。

③　密嘉尔把这两点解为杖的两端,这在下文是不能通达的。法瞿哈逊解释杖被
握在手中的一端为终点,始点为腕关节上的静点。

④　原文 τὸ ἄκρον τῆς χειρὸς"手的末端",实指自腕以下的所有各个部分;希腊人
于"腕"视为"手"的一个部分,所以要加末端字样把我们所谓"手"别于"腕"。

⑤　"杖"比拟为一个肢节,参看《物理》,卷八章五。

⑥　实指下文所推论的,处于身体中央的心脏。

⑦　手腕上推而有肘关节,更上推而有肩胛关节,肩胛关节为全臂运动之起点,膊
与肘与手腕皆为被运动肢节。由此更上推终至于心脏为全身的运动本原。参看下章;
《生殖》,788ᵃ14。

腕关节,虽则它上面的肘关节若静止时,其下的所有各部分就可以像一个联结着的整体而行运动了①。

章九

　　现在,由于〈动物〉②左边与右边是相对称的(相同的),两边相对
15　各部分是同时运动的,这就不能说右边保持其静态,俾左边运动,也不能反转来这么说;起点(动原)必须常在处于两者之上的事物之中。所以运动灵魂的原位必然在中间,因为于两端而言,中间是它们的限点(极点)③。对于从上方[与下方]④来的运动,那些从头部来的,以及⑤从脊柱引发的对于④诸骨的运动,也存在相似的关系⑥。
20　
　　以上所推论的这种安排是合理的。因为,照我们说来,感觉机能的本原⑦也是位在身体中心的;这样倘经由官感而运动的起点所在更换位置并行动变,依赖于这些起点的各个部分⑧也就跟着

　　① 这里把下臂与手腕联结为一僵硬构造而比拟之于上述的杖,并从始点(动原)不在杖内,说明动原也不在手腕,也不在下臂;更上推时,便也不在肩胛关节。
　　② 从法校增⟨τὸ ζῷον⟩。
　　③ 两端的中间称ἔσχατον"极点"("限点"),《说天》,312ᵃ10 有相仿的语句。参看《构造》,661ᵇ11;《集题》,913ᵇ36;《尼伦》,1107ᵃ8。
　　④ καὶ κάτω"与下方",Γ 译文的诸抄本无;依法校,加[　]。
　　⑤ 从法校增 καὶ πρὸς τά"以及……对于诸骨的"……(依 EY 抄本),这里,由脊柱所引发的运动只限于与脊骨相连接的诸骨,当时是不知道神经作用的。
　　⑥ 脊椎为全身骨骼的起点,参看《动物志》,516ᵃ10;《构造》,654ᵃ32,ᵇ12。心脏对于以脊柱为主轴的骨骼系统而言,也据在中央位置。推论到这里,心脏就成为骨骼与血管两系统的中心,也是行动诸器官的中心,下文更指明心脏是感觉诸器官的中心。
　　⑦ 感觉器官的管道(πόροι αἰσθητικοί),有些虽在头部,"感觉机能⟨的本原⟩"τὸ αἰσθητικόν 当在心脏,这样的推想,见于《构造》,647ᵃ25,656ᵃ28,665ᵃ10;《生殖》,743ᵇ26;《自然短篇》,456ᵃ4。
　　⑧ "诸起点"为诸动物如兽的四肢运动的局部起点;"各个部分"为凭伸缩以运动诸骨节的肌腱或腱索(τὰ νεῦρα)。参看《行进》,704ᵃ16—ᵇ7。

动变,这些部分也或伸或缩,于是这动物必然就这样而行运动。 25
又,身体的中央必须潜在地是一而于现实上则不止为一;因为诸
肢是从运动的原始位置同时被运动了的,在运动时则当有一肢
静止而另肢运动。举例言之,于 BAΓ① 这样的线上,B 是被运动
的,A 是运动者。可是,这里,若一点要运动而另点被运动,就必须
有一点静止。A(AE),于是潜在地为一而必须于行动时为两,这 30
样就得一个具有体积的事物而不是一个〈数理的〉点②。又,Γ 可
与 B 同时运动。这样,两者的起点都在 A,必须又主动而又被动,
那么还须有外于它们的某物为之主动而不被运动。如其不然,当 35
运动开始时,诸末端,亦即诸起点,在 A 处将互依为静点,有如两
人把背靠着背而后那么运动他们的腿。于是,这里必须有〈某一事 703ª
物〉③,由以运动那两者。这样的某物就是灵魂,异于方才述及的
具有体积的事物,可是这却是位置(寄托)在那事物之中的④。

---

  ① 参看 703ᵇ30 所说"图解"τῶν ἐπιγεγραμένον。这类图解,它篇如《生殖》、《动物志》等屡有提及,都已逸失;有些抄本边上有些图,当是校读者补上的。右图照密嘉尔所拟想的,A 为数理点;如为"一个具有体积的事物"μεγαθός τι,则以 AE 为记,这就类乎以一支圆规为模型而制成的图,这里,真正的中点在 E。

  ② 即"一个具有体积的事物",指运动器官或动物实体的诸肢。参看下文 705ª19—25。

  ③ 从法校,依 Γ 抄本 unum 字样,增〈ἕν〉;参看亚尔培脱,《全集》卷九,2,343 页。

  ④ 参看《灵魂》,406ᵇ24,415ᵇ26。这里所谓"灵魂"当指 ἡ ὀρεκτικὴ δύναμις τῆς ψυχῆς"灵魂的欲望(营养与生殖)机能";由兹而下章引称ὁ ρεξις"愿望"为运动的本因。

图三

章十

虽从运动的公式（定义）——说明原因的公式——看来,愿望
5 正是这公式的中项,也就是原因,愿望被运动着时遂即运动,[①]然
而这还得有某些实物[②]备之于那具有生命（灵魂）的实体之中,俾
于被运动着时实行运动。现在,凡被运动而其本性不能引发运动
的事物是可得受作用于一外来的势力的,而凡属引发运动的事物
则必须具有某种能与力。这里,经验显见了诸动物实内蕴有"精烝
10 （生命原烝）"[③]$\pi\nu\varepsilon\hat{\nu}\mu\alpha$ $\sigma\upsilon\mu\varphi\acute{\upsilon}\tau\omicron\nu$ 而由以发生能力。〔这精烝（生命
原烝）如何维持在躯体之内,是在另篇（或另篇的某章）中解释了
的。〕[④]而这烝,对于灵魂本原而言,其关系便相当于一关节中被运
动着时便行运动的点和不被运动的点之间的关系[⑤]。现在既然这
15 灵魂本原（运动中心）于某些动物而言,位置在心脏之内,于其余的

---

① 以上章末句的"灵魂"为动因,这里进而由"愿望"这本因推求运动的物因。

② 参看《灵魂》,433ᵇ16。

③ 法瞿哈逊认为亚里士多德于运动理论中所订定的 $\varphi\omicron\rho\acute{\alpha}$"处变"（位置移动）先
于 $\grave{\alpha}\lambda\lambda\omicron\acute{\iota}\omega\sigma\iota\varsigma$"质变"（性状动变）,在动物生活上实际难于应用;引出内蕴精烝（生烝）,所
以解除这里的症结,使生理的变化可以通于力学的变化。

关于ΣⅡ"精烝"参看本书附录"若干名词释义";及《生殖》篇有关各章节。（见于
《生殖》索引。）

④ 许多人认为这里的所谓$\ddot{\alpha}\lambda\lambda\omicron\iota\varsigma$"另篇"是指 $\pi\varepsilon\rho\grave{\iota}$ $\pi\nu\varepsilon\acute{\upsilon}\mu\alpha\tau\omicron\varsigma$《关于精烝》这篇;既
然《精烝》篇为后人伪撰,那么引及该篇的《运动》这篇亦必为伪撰。但密嘉尔诠疏于
"精烝"ΣⅡ的参考语句,引自《关于营养》$\pi\varepsilon\rho\grave{\iota}$ $\tau\rho\omicron\varphi\hat{\eta}\varsigma$ 那篇论文;《营养》篇在《构造》等
真作中屡经提及,应是真作而今逸失。法瞿哈逊在这里,依密嘉尔解为"我们所著论文
的另些章节"。

⑤ 参看章一,章七;又章八,702ᵃ30注;这里的造句较那一句为精审。

动物而言,在与心脏可相比拟的部分①之内,我们更可凭以想见内蕴精㿋所以位置于实际上所可找到的地方的理由。关于这㿋是否常是性状不变或常在变化并常被更新,有如其身体的其他部分那样是否守常或变化与更新的问题,则宜留在以后另行讨论②。这里,我们至少可以见到㿋是真能激发运动并迸持力量的③;而运动的〈基本〉作用是冲与拉④。因此运动器官必须能够生长(膨胀)⑤与收缩;而这恰正是这㿋的本性。这㿋自然地⑥收缩〈并膨胀〉⑦,

---

① 无血动物无心脏而有和心脏可相比拟的部分,参看《构造》,681ᵇ16 等;《生殖》,735ᵃ25 等。

② 关于"生命原㿋",各篇所涉及的章节,可查阅"鲍尼兹索引",104ᵇ16;本书《生殖》索引。法注说精㿋的更新出于血液,血液凭生命热,时时在心脏中创生这㿋,借助于肺的吸入空气而作用于心脏肌壁,使这㿋传其效应于全身。

③ 亚里士多德所凭以立论的实际事例大概是举重时须进气这类情况。迄今,体育教师们还教人进气以蓄力。参看《灵魂》,421ᵃ3;《生殖》,775ᵇ3。

④ 把一切运动简化为ὦσις καὶ ἕλξις 冲(推)与拉(拖),参看《物理》,243ᵃ16,ᵇ16。

⑤ αὐξάνεσθαι"生长",具有伸长或膨胀的命意,参看《构造》,653ᵃ31。

⑥ ἀβιάστως"不假暴力",在后期漫步学派中作 αὐτοφυῶς"自然地"解。

⑦ 依密嘉尔诠疏,增〈τε καὶ ἐκτεινομένη καὶ ἑλκτική〉。依 Γ 译文"tractina et pulsina",也是"拉与推"双举。又密嘉尔诠疏《构造》篇(88·35):"动物的有关部分相应于心脏中的㿋的膨胀与收缩而显现其运动",也是"膨胀与收缩"并言。

按照这里的行文当是在㿋收缩时为拉(ἑλκτική),在膨胀时为冲或推(ὠθησιτή)。笛卡儿认为"生命精㿋"(vital spirit)膨胀时鼓吹肌肉,这样使之宽展而缩短。《希朴克拉底医学集成》里得勒编校本,卷四,310,《整骨》篇,77,外科医师用盛酒皮囊缚于折断的股骨两端吹气其中,使断骨缓缓拉伸,而得以接合。法罿哈逊举这外科手术例,说明亚里士多德所拟气胀为"冲",或取意于此。

《灵魂》,403ᵃ31说物理学家(自然学家)把"愿望"看作是心脏中热血的蒸发。《构造》,653ᵃ31说人类的热性体质使之向上生长而能直立;又,666ᵇ15说,全身的运动本于心脏一张一弛的搏动。这类心理生理现象和诸器官机械活动之间求其通解时,都隐涵有㿋的作用。后世斯笃噶学派的著作中有 βία πνευματική"气力"这种名词,当本于此。

便由此而行〈拉(拖)与〉⑤冲(推)，这种〈拉与〉冲所凭以发起的因
素当是有如"似火原素①与之相比则显见其为重，而与相反诸原
25 素②作比，则显见其为轻"，那样的事物。这里，凡构造不变而能引
发运动的事物必须是具有这样性状的事物，因为自然诸实体(物质
元素)③在一组合体之内因其有所超逾(失却平衡)而互争优胜；轻
的为较重的所克制而压在下面，重的却被轻的持举在上面④。

我们现在已解释了当灵魂发起运动于体内时，被运动的是什
30 么部分，以及运动何以取这样方式的原因。而动物机体则必须认
明是一个相似于治理良好的共和城邦那样的构制⑤。当秩序一经
在这机体内建立，这就不再需要有一个主宰(君主)来总揽各种机
能。人民各循各所承担的义务，按照习惯的程序而行事，一事跟着
一事挨次地做着习常的活动。这么，于动物而言，也存在有相同的
35 秩序——自然代替着习俗(成例)——各个部分遵从为它们制定了
的〈功能〉，自然地做着〈各自的职司〉⑥。于是这就不需要于每一

───────────────

① πυρωδη"似火原素"，依《生殖》，737ᵃ1，是"可比拟于星体元素"的物质。(这样
的名称"respondens elemento stellarum"于威廉·哈维的《生殖》论文中尚是保留着的。)

② τὰ ἐναντία"相反诸原素"，气与火、湿干性相反；水与火、冷热性相反。

③ τὰ φυσικὰ σώματα"自然诸实体"，即四大：地、水、气(风)、火，参看《说天》，
269ᵃ2及29。

④ 轻物在下，必上升；重物在上必下坠；于是这组合体内将起胀缩，并因其孰为优
胜而引发或冲或拉的运动。

⑤ 动物机体与πόλιν εὐνουμένην"治理良好的城邦"相喻，参看柏拉图《蒂迈欧》，
70A。又《构造》，670ᵃ26，以头或心脏为中央治理机构之所在而称之曰 ἀκρόπολις"顶堡
(卫城)"，也就是一城邦执政机构的所在。《尼伦》，1113ᵇ8，以荷马史诗中的君主政体为
喻。参看《宇宙》，400ᵇ14以下。又参看色讷卡《道德书翰》(Seneca，"Epistulae mo-
rales")113·23；加仑《各器官的功用》iii，268，库恩编校本。

⑥ 从法校，增〈　〉内语。

个部分各有一灵魂,灵魂只寄托在身体的某一处,类乎治理的中枢,其余凭自然结构而与之相联合着生活的各个部分便按照自然所分配给它们的,各尽其本分了。

703ᵇ

章十一

这里于动物体的"自愿(随意)运动"τὰς ἑκουσίας κινήσεις 以及所由运动的缘由,已讲得够多了。可是,这些机体的某些部分又还有不自愿(不随意)的运动,但大多数常是非自愿(非随意)运动①。称之为"不自愿的"ἀκουσίους,我指心脏的运动②与生殖器官的运动③;因为这些部分常凭一幻象而兴起,不待理性的命令,它们就运动了。称之为"非自愿的"οὐχ ἑκουσίους,我指睡与醒与呼吸④与其他类似的器官(脏腑)运动(活动)。于这些运动的任何一种,想象和愿望两都不能予以适当的管理或影响;只由于动物体必须进行自然的质变(性状之变),而当诸部分在这么变换着的时候,有些部分必须增长,另些部分则缩减,于是身体必然径被运动而按照自然所制定的它们之间的相互关系着的变化而行变化。这里,运动的原因是温度(冷暖)的自然变化,⑤而温度包括从体外来的

5

10

15

---

① 动作分析为自愿(随意)、不自愿(不随意)与非自愿(非随意)三类,参看《尼伦》,卷三章一。

② 心脏的悸动与搏动,参看《构造》,666ᵇ15,669ᵃ20;《自然短篇》,476ᵇ22,479ᵇ19,480ᵃ14。

③ 生殖器官的勃兴,参看《灵魂》,432ᵇ28。

④ 《物理》,259ᵇ9,非自愿活动列举生长、衰坏、呼吸。法注:这里似未考虑到"半自愿"("半随意")活动如瞬目(《构造》,657ᵇ1)与呵痒(《构造》,673ᵃ6)。

⑤ 参看《构造》,649ᵃ28—35;《集题》,902ᵇ36—903ᵃ6。

冷暖和在体内发生的冷暖。①这样,倘于温度之变又加上了体内的
质变,上述各部分,不管理性而发起的不自愿运动,随即出现。②如
上曾言明,③知觉与想象,由于它们会造作引起情绪演变的种种形
20 象,就能产生演变所必需的诸条件(景况)。而上述的心脏和生殖
器官两部分显见这种运动比其余诸部分为较著明,因两者各涵藏
有生命液④在内,所以,在某一命意上,它们就各是一个活的机
体⑤。于心脏而论,其原因显然在于它是诸感觉所赖以总持的部
25 位,至于生殖器官所以被指示为一个活的构制则在于它有种子的
潜能流注其中,而种子(精液)自身实际就是一个有生命的事物。
又,这是一个合理的安排:自中心发起的运动传达到各部分的运
动,而各部分的运动则传达到中心的运动,就是这样它们互相传
30 递。认定 A 为中心点或起点。于是从我们所作的图上看⑥,运动
由各别字母所记的那端传到中点,又从被动而行运动的中点反递,
[因为中点是潜在地⑦为多点的,]B 的运动递之于 B,Γ 的运动,递

---

① 参看《构造》,648ᵇ35—649ᵃ19,ᵇ1—8。

② 依 παρὰ τὸ λόγον“超于理性”语,这里应指不自愿运动;但法注:这里在讲非自
愿运动,如睡眠等。人们睡着,体内由于消化所发生的热量而动变,无所关于人们的
意愿。笛卡儿与亚里士多德相似,认为不随意活动为自然演变的副作用。参看《自然
短篇》,455ᵇ28;《构造》,653ᵇ10—19。

③ 701ᵇ20。

④ ὑγρότητα ζωτική“生命液”,于心脏当指血液,于生殖器官当指精液与月经。

⑤ 心脏可算作一个活的机体,参看《构造》,666ᵃ21,ᵇ17。生殖器官作为一有生命
的个体,只能凭其内涵的生殖液而得其间接的命意,例如柏拉图《蒂迈欧》,91B,称精液
为 ἀόρατα ζῷα“不能目睹的动物(活物)”。

⑥ 上文 702ᵇ29。

⑦ δυνάμει“潜在地”,应为 ἐνεργείᾳ“现实地”,参看702ᵃ31 等。

之于 Γ，两者的运动递之于两者；但从 B 到 Γ[①] 的运动则是历经了
向心的过程，即从 B 到 A，再从 A 到 Γ 的离心过程的。   35

又[②]，一个相反于理性的运动有时因某种思想在某些器官（部
分）引发，而有时那相同的[③]思想却又不引发那样的运动；推究其
故，这因为在那一时，被动（受作用）[④]于那印象的相应物质具备了   704ᵃ
足够的动量，并且恰有适当的动质，而在另一时这却不然。

于是，我们已讲完了有关各类动物的构造和有关灵魂的部分，   704ᵇ
以及关于感觉，关于睡眠，关于记忆，还有关于一般运动的诸原因
（原理）；[⑤]以后尚待论述的是动物的生殖。

---

① 删 ἀρχή "起点"，Γ 译文也有"起点"字样，但实为衍文。

② 从法校，依 EP 改 ἔτι "又"，作另节起句。贝本 ἔτι，和密嘉尔诠疏与 Γ 译文相符，
依贝本这句应承接上句，而并在上节。

③ τὰ αὐτὰ（P 抄本），校作 ταὐτὰ "相同的"（"这样的"）。参看《尼伦》，卷六章四，
1140ᵃ18。

④ τὴν παθητικὴν ὕλην "受作用物质"，参看《灵魂》，403ᵃ19；《自然短篇》，447ᵃ16，
450ᵇ1。

⑤ 密嘉尔作诠疏时，所据《运动》篇就是这样次于《生殖》之前，《自然诸短篇》之后
的；今 ESP 抄本的编次也如此。今 UYb 抄本为传统的编次，《行进》篇接续着《构造》，
而《运动》与《生殖》则嵌在所谓《自然诸短篇》（Parva Naturalia）之间。在自然诸短篇
间，这两篇次于《梦占》篇之后，《寿命的长短》之前（参看色密斯底奥，Themistius，《自然
短篇》）。《灵魂》，433ᵇ20 别称《运动》篇为"身体与灵魂的共通作用（功能）"，τοῖς κοινοῖ
ς σώματος καὶ ψυχῆς ἔργοις；按照这题名，《运动》篇之入于《自然短篇》汇编之中，可说是
相宜的。在托勒密（Ptolemy）的《亚氏书目》中，第 47 号《动物之运动》，列于第 46 号《睡
与醒》之下，第 52 号《动物之行进》，次于第 51 号《动物之生殖》后。（柏林研究院印本
《亚里士多德全集》卷五，亚氏生物学著作，在中古伊斯兰世界中流传有阿拉伯文译本，
近代由斯坦因施耐得[Steinschneider]译成拉丁文）的这篇，次于《睡与醒》之后。《梦
占》篇提到《运动》篇的末句（贝刻尔校订本删去句），和密嘉尔诠疏，103 页。

参看《行进》末节注。

动物之行进

章一

　　我们现在该当研究各种动物应用于移转地方的运动（位变）

5　了；第一，每一部分（行动器官）何以成为如此的情状，它们具有什么目的；第二，同一动物身上的这些部分有什么差异，①种类不同的诸动物间相互比较起来又有什么差异。于是，首先让我们提示究属有多少问题须予考虑。

10　　　第一，于动物行进时所必需的最少的动点是几个，第二，何以有血动物具有四动点，②而不备更多的点，但无血动物却有多于四个的动点，还有，一般而言，何以有些动物为无足，另些两足，另些

15　四足，又另些多足，以及何以凡属有足动物，其足数都是偶数。

　　　其次，何以人与鸟为两足，而鱼则无足。又，何以人与鸟，虽同为两足，它们腿的弯曲却竟相反；因为人外凸地弯曲其腿，鸟则内凹地弯曲其腿。又，人的臂与腿向相反的方向弯曲，他的两臂折曲

---

　　① 依本篇内容，应是"诸动物运动器官有什么差异和这些差异的诸原因"。相同的论题，见于加仑，《器官的功用》，iii，2。

　　② 四脚动物的行进"四〈动〉点"σημεῖοι τέτταρσι，即后世培根所称"quaternion"为诸兽或爬行类四肢系属于躯体的四点，参看下文，712ᵃ19。

时内凹，但两腿则外凸。① 又，胎生四脚动物，②以相反于人肢的弯   20

曲方向，弯曲其四肢，而它那四肢相互间而言，弯曲方向也是相反

的；因为它的前腿是外凸地弯曲着的而后腿则做内凹弯曲。又，四   704ᵇ

脚动物，非胎生而为卵生的诸类属③具有一特异的弯曲方式，它们

的诸肢从体上侧出。④ 又，何以诸四脚动物点角地⑤运动它们的四   20

腿？

    我们该检察所有这些实况所由来的诸原因，以及与这些相应

而来的其他诸原因；这里所简举的实况已详见于我们的《自然研

---

    ① ἐπὶ τὴν περιφέρειαν"向周边"译作"外凸"（convexly），ἐπὶ τὸ κοῖλον"向内窝"译作
"内凹"（concavely）。这在《动物志》，498ᵇ6 等章节称"向前"与"向后"。诸动物皆以其
官感，尤以视觉为主而定其前后，这样的定向是明确的。（参看本篇，705ᵇ16，712ᵇ17。）
于《构造》中，外凸称外向，内凹称内向（693ᵇ3；人腿"外向"ἔξω，鸟腿"内向"ἔἰσω）。于人
与四脚动物等的四肢弯曲实况看来称"前后"较称"外内"为妥帖；这相当于近代动物学
中曾被应用的"头向"（cephalads）与"尾向"（caudads）的命意。看看《构造》，693ᵇ3 注。
法注：这篇著作写成于《构造》之后，这里不用"外内"字样，是作者改进了措辞；这里不
用"前后"字样，盖在避免与前腿后肢的前后字样重复混杂。

    ② 象为例外；参看本篇 712ᵃ11，《动物志》498ᵃ8。

    ③ 例如蜥蜴等。

    ④ 《动物志》，498ᵃ15：卵生四脚动物的肢节折曲两对皆属向前，与胎生动物相同，
但 μικρὸν εἰς τὸ πλάγιον παρεγκλίνοντα"略作斜逸（侧生）的姿态"。法罳哈逊注，亚里士
多德于诸动物间肢节的比拟时有所误会，故于其各关节的弯曲方向也随之引起误会。
于蜥蜴与鳄（有如蛙类），外表看来前腿后弯，后腿前弯；只有时由某些活动姿势看来好
像两对前后肢同属后弯；但总不都是前弯的。

    ⑤ κατὰ διάμετρον 直译为"以对角中斜方式"，兹作"点角交互"（crisscross）解，省
作"点角"运动，实指有如马的"速步"（trotting）行进。参看下文，章十四。亚里士多德
的动物力学以速步为正常运动方式，"奔驰"（galloping）为非正常方式，而同于"跳跃"
（jumping）（712ᵃ30）。《动物志》，498ᵇ6 另记有骆驼的"溜蹄"（ambling），也认为是骆驼
的正常运动方式。本篇章十四，未见叙及溜步这一方式。

究》τῆς ἱστορίας τῆς φυσικῆς^{①}之中，我们现在试为这些实况考询
10　其缘由。

章二

　　这是毋庸置疑的，在研究开始的时刻，我们须在对于自然的学
术考察中，树立若干常行应用的原理，^{②}并设定这些原理，与自然
所有一切作品所示现的普遍性状相适合。这些原理之一是：自然
15　绝不创造任何虚废（无作用）的事物，于各类属动物的基本构造而
论，她常尽可能为之造作最优良（至善）的体制。所以，倘说这一方
式较优于另一方式，那么自然所取的就必是这一方式^③。其次，我

---

　　① 　各类属动物肢节的折屈与行进方式见于今所存《动物研究》《动物志》卷二章
一，498^{a}3—^{b}10 等。Ἱστορία φυσική《自然研究》（“自然史”Natural History）这样的书名
（参看《构造》，650^{a}32），在后世通行为生物研究或动物志的书名实本于此。

　　② 　本章下文实际只举示了“自然所为无虚废，凡所创制必有其作用”，和“尽可能
造作最优良体制”，这两原理（鲍尼兹索引，836^{a}48）。但以下诸章中实际也涉及了他所
常执持的另些原理：

　　（一）生理物质的有机平衡，710^{a}32 714^{a}16（参看《构造》，652^{a}31,658^{a}34 等）。

　　（二）两侧相对称，710^{b}3（参看《构造》，656^{b}31,663^{a}22 等）。

　　（三）器官的专门化，706^{a}18（参看《政治学》，1252^{b}3）。

　　（四）器官的兼用功能，714^{a}11（参看《构造》，688^{a}24 等）。

　　（五）适应生活环境，710^{a}27,713^{a}28（参看《构造》，693^{a}4 等）。

　　（六）构造本于机能（功用），710^{b}21,711^{a}32,713^{b}20（参看《构造》，694^{b}13）。

　　（七）动物构造的类属比拟，707^{a}2,709^{a}30,714^{a}3 等（参看《构造》，卷一章一）。

　　（八）主从组合：（甲）自无生物进于生物，逐级上升，而人为最优胜的动物，706^{a}25
等（参看《构造》，656^{a}7,681^{a}12 等）。（乙）尚右、尚上、尚前，706^{b}10 等（参看《构造》，
686^{a}25 等）。

　　③ 　从 Z 抄本 τὰ κατὰ φύσιν 译。

们必须承认物体量度的各不同积次^①为一切各异的事物所同然，这些量度有三项，每项各有两向，第一为向上与向下，第二为向前 20 与向后，第三为向左与向右。还有，我们必须承认移转地方的运动（位变）本式为冲（推）与拉（拖）^②。〔这些是主要的位移运动，凡为它物所携带而运动的，只是在属性上行其运动；这就不是本性上的运动，必得有其他的某物使之运动。^③〕 705^a

章三

在这些绪论之后，我们挨次而言各个问题。

这里，于变动它们位置的动物而言，有些整个身体同时运动，例如跳跃诸动物，另些一部分一部分相次地^④运动，例如行走诸动 5 物^⑤。于这两种变动方式中，那个正在运动的动物常紧抵着它身下的事物而移转它的位置。因此，身下那事物如果让开太快^⑥，则在其上运动的事物将艰于运动，或那事物对于在其上运动着的事物全不作一些抵抗，那么后者便没法实行运动。于一匹跳跃的动 10

---

① "τὰς διαστάσεις τοῦ μεγάθους"体积量度的三次，厚（上下）、长（前后）、宽（左右），参看本篇章四；《命题》，142^b34；《物理》，208^b13，243^a16；《形上》，1016^b25。（《说天》，284^b24，以"上"向为长度，"右"向为宽度，"前"向为深度。）又，参看柏拉图《法律》（Leges），817E 等。量向应用于动物体，参看《动物志》，493^b17，494^a20；《构造》，665^a21—25，669^b20。

② 《运动》，703^a20 及注。

③ 参看《物理》，243^b19。

④ 从 Z，κατὰ μέρος "按部分相次地"（轮番）。

⑤ τῶν πορευομένων "行走诸动物"包括以缓步与速步行走的诸动物。

⑥ 《运动》，698^b15—699^a11。

物而言,其跃进是既寄托于它自身的上段①而兼又获得它脚下事物的支持的;因为躯体诸部分的一一关节,于某一含义上是互挨着

15 相为支持的,一般而言则向下(推)冲的便依托于被下(推)冲着的事物。就为此故,五项运动的选手们,于两手握持重物②时,比不握重物跳得远一些,而赛跑选手们若摆动他们的两臂就能跑得快

20 些;因为伸臂时就好像在向手与腕抵紧那样。这样,在一切实例中,凡运动的事物必须应用其身体的诸部分,至少是两个部分方能动变其所处(位置);于这两部分说来,其一挤着,另一被挤着;被挤着的是静止部分,因为正是这部分负荷着躯体的重量,那举起了的部分则对向于负重的部分而为拉伸。于是,跟着可以论定:凡不区分有诸部分③的事物,都不能按这方式自行运动,因为在这样的事

25 物之中不具备被动部分与主动部分的区别。④

---

　　① 贝校本,αὐτὸ"相同部分",宜依 UΓ 抄本与密嘉尔,改作 αὐτό"自身";参看下文 709ᵇ8。从柏拉脱校,τὸ ἄνω"上段"依 S 抄本 τό 字校作 τῷ ἄνω 自身"的上段"。这里,实际上应是在说脊柱的每节脊椎的传递运动,但本篇迄未言明;参看《构造》,654ᵇ14,蛇的运动;《动物志》,568ª8,海豹的运动。

　　② πένταθλον"五项运动",包括赛跑、跳远、掷铁盘、掷标枪与角力。"五项运动的选手们"于跳跃时两手各持 ἁλτήρες"重物",前驰至跳离地面而还留在空中时,把重物向后摔出,以佐前跃的动势。这种重物或为木制,或为铜铁制,作半盘或哑铃状;今不列颠博物院及他处博物院尚保存有古希腊这种运动用具。参看诺曼·迦第讷《希腊运动竞技与节庆》(Norman Gardiner, "Gr. Athletic Sports and Festivals"),298 页;杜波埃-维勒奴《古器皿研究绪论》(Dubois-Villeneuve, "Intr. á l'Etude des Vases antiques")第十六图。参看《集题》,881ᵇ3;《尼伦》,1123ᵇ31。

　　③ 从贝校 ἀμερὲς"不具诸部分",这与上文第二十行措辞相符。PSU 与密嘉尔作 ἀμελές"无肢"。依 Γ 译文,原本应为 ἀσκελές"无腿"。参看《运动》,702ᵇ31。

　　④ 参看《运动》,702ª11 及注。

章四

又,生物所由决定其分限①者由六向,上与下,前与后,右与
左。于这六向而言,一切生物统都有一个上体与下体;上下之分不
仅见于动物,也见于植物。这一区别不仅依据生物对于大地和我
们头上的穹苍的相应位置而言,也是凭其功用而言的。上向是各
种生物的营养配给所由注入的方向,也是生长的方向;下向则是营 705ᵇ
养分配所流注的方向,其流注终止于这向的分限。身体上段为起
点所在,终点则在下段,凡起点所在便为上向。可是,这里就得想
到,至少植物而论,毋宁以下向为实际的起点,它们的上下位置
相异于动物们的上下位置。② 然而从功能方面看来,两者的位置
还是相似的,虽它们相关于宇宙方位的位置固属有异。根部实为
一植物的上体,③因为营养物质是由此供应到生长着的各枝节的,
草木之有其根犹一动物之有其口。④

事物之不仅有生命而更能活动的(动物),就该有前面与后背

---

① αἱ διάστασεις "诸分限",这里相同于上文 703ᵇ18,实际相当于物体的量向,但其
本义应是一事物与它事物相分离的边线。于生物,由某一中点为主而行计量故有六
向,实际在几何上是三个积次或量度。

② 参看《构造》,683ᵇ20;介壳类躯体颠倒似植物;《生殖》,741ᵇ33;头足类躯体上
下不明。柏拉图,《蒂迈欧》,90A 称人是 φύτὸν οὐκ ἔγγειον ἀλλ᾽ οὐράνον("不向地而向天
的草木")。林奈:"植物是倒转了的动物";培根《新工具》,ii,27:"人作倒转了的植物的
姿态";两者皆本于柏拉图和亚里士多德的旧语。

③ 参看《灵魂》,416ᵃ5;《自然短篇》,468ᵃ1;《动物志》,494ᵃ26,500ᵇ28;《构造》,
650ᵃ20,656ᵃ10。

④ 《成坏》,335ᵃ13;《灵魂》,412ᵇ3;《构造》,686ᵇ28;《生殖》,762ᵇ12。

两者,因为它们都各具有官感①,前与后是凭官感而作成区分的②。
前面是官感所在的部分,从前向,每一物得其感觉;与前面相反背
的诸部分为后背。

一切动物之不仅具有官感而且又能自行移动其位置的,③除
上述诸向之外,更有左与右之别;相似于上述诸向,左右之别也是
凭功能而不是凭位置为区分的。右方④是当动物们变换其位置
时,自然地从之开始的一方,自然地有赖于右方,而与之对向的则
为左方。

右与左的这区别,于有些动物而言,比之另些为较清晰而详
明。凭组合起来的诸部分——我可举示脚或翼或相似诸器官⑤为
实例——的功能作上述动变(位变)的诸动物,其左右之别是较精
详的,至于那些不分化有这些部分(器官)而只在躯体内有所分化
的,⑥其行进因而就相似于某些无足动物——例如蛇类与蠋(蚕)
类以及人们称之为"地肠"⑦的动物——所有这些动物,虽其左右

---

① 《灵魂》,413ᵇ1;《自然短篇》,467ᵇ23;《构造》,666ᵃ34;《生殖》,713ᵇ4;《形上》,
980ᵃ28。

② 参看《说天》,284ᵇ29,285ᵃ24。

③ 感觉(《灵魂》,414ᵇ3;《构造》,653ᵇ22;《自然短篇》,454ᵃ25)与行动或位变(《政
治学》,1290ᵇ26)为动物们所专有的机能(《物理》,265ᵇ34)。有些介壳类几乎是定居,而
不移动的,这些品类介乎动植物之间(《动物志》,487ᵇ6;《构造》,683ᵇ4;《生殖》,731ᵇ8)。
参看《构造》,681ᵃ11所述海绵习性,681ᵃ26所述海鞘习性。

④ 参看《说天》,285ᵃ25,ᵇ16。

⑤ 例如鱼鳍,参看《动物志》,489ᵃ24以下,《构造》,695ᵇ20以下,等;本篇714ᵇ5
以下。

⑥ 作波状行进的诸动物的体内动点,参看下文,707ᵇ7。

⑦ γῆς ἔντερον"地肠"或指为土壤蠕虫(蚯蚓),或指为圆蠕虫,如戈尔第(Gordius)
虫。参看《动物志》,570ᵃ15;《生殖》,762ᵇ27。

之分,在我们看来不那么分明,这种区别还是存在的。所有一切人
们都把重荷放在左肩这一事实显见运动是始于右方的;^①重荷这 30
么掮着,他们就让主于运动的一边可得自由活动,跟着就使负重的
那边被运动起来。也这样,人们以左腿行独脚跳较易;因为右方 706^a
本性主于运动而左方的本性就在被运动。所以,重荷必须放置于
被运动着的一边而不放置在行将作主动的一边,如果这被置于作
为运动起点的主动一边,这就或将是全不能被运动,或须耗费更大
的功力才能运动。对于右方为运动本原的另一指证是我们前进时 5
的起步方式;一切人们皆以左脚起步,立停后则宁爱把左脚向前稍
伸出些,若无另些事物妨碍他这么做,他就用这样的方式行止。推
究其故,这就由于他们的运动起源于它们止息着的那腿,而不是从
跨出的那腿来的。又,人们都用他们的右侧诸部分保卫自己。由
于所由发始其运动的相同,其动点的天然位置都在相同的一边,所 10
以尚右(右性)为一切动物所皆然。介壳类的螺形诸种属负其螺壳
于右方,^②也就由于这一缘故,因为它们不是循螺顶的方向前行而

---

① 参看《动物志》,498^b7。人类起步常先出左脚,确是习见的事实,而右脚为运动
所主的起点。法注:这里亚里士多德未将全身构造的两侧各部分统体考虑是可异的:
人类起步左出的原因似乎是由左臂与右手的积世发育之故。于四脚动物而言,若照亚
里士多德所说,相符于人的下左肢,应其"近后"腿(near-hind)先起步,而大多数的马恰
正如此;但下文(712^a25)又说:四脚兽起步,先出"远前"腿(off-fore)(赶驴马的人常自
处其位置于牲畜的左方,故称其左前左后肢为近肢,右前右后肢为远肢)。远前腿实际
相当于人的右臂。

法瞿哈逊又说,许多活动予以仔细观察,颇可诧异。初学溜冰的人们,出动左脚常
感困难。击剑与拳赛则似乎与亚里士多德所说相反,右手右拳易出。

② 与上文 705^b32 所言相异。

15   都是朝着相反于螺顶的方向运动的,①例如紫骨螺与启里克斯(法
     螺)。② 既然一切动物是这样从右侧发始其运动,而右方的运动与
     全身的运动方向相同,这就一切动物都必需相似而有右性(尚右)。
     又,人的左肢比之其他诸动物的左肢皆较为灵活而能自由活动,因
20   为他天然地较任何其他动物为更高级;这里论其右肢又天然地离
     于左肢并优于左肢,这样,人的右方就特甚于右性而较它动物的右
     肢为更灵活。③ 于是,在右肢分化了以后,人的左肢最便利于运
     动,④而且最为自由,⑤这正该是合理的了。于人而论,其他诸起
25   点,即上体与前面,也是最自然地而且是特地分明的⑥。

章五

     诸动物,其上体有异于前面的,有如人类与鸟类,是两脚动物;

---

①　参看《动物志》,528ᵇ5—10;《生殖》,763ᵃ22;本篇下文,714ᵇ8 以下。

②　紫骨螺,参看《动物志》,547ᵃ4—ᵇ11 等章节;κήρυξ“启里克斯”当为“法螺”,参看《动物志》,528ᵃ10 及注。

③　尚上、尚前、尚右原则,参看柏拉图,《蒂迈欧》,45;又《构造》,648ᵃ11、665ᵃ22、672ᵇ22;《生殖》,742ᵃ16。这些原则盖出于毕达哥拉数论派(《说天》,284ᵃ7;《亚氏残篇》,1513ᵃ24);按照数论派的立议,就这三项来说,“上”又优先于“前”与“右”。尚右的生理根据,参看《构造》,667ᵃ21、ᵇ35;《生殖》,765ᵇ1。

④　贝本 ἀκινητοτερά“较不会运动的”;Z,ἀκινητότατα“最不会运动的”;从法校,作εὐκινητότατα“最便利于运动的”。经检查 Z 抄本,原来这字头上有两字母,被后人括刷而改作 ἀ-,改写者非原抄手,法瞿哈逊描,原为“εὐ-”。

《动物志》,497ᵇ31,《尼伦》,1134ᵇ34:人是唯一的双手俱利的动物。柏拉图认为人类初生时原属“双手俱利”ambidextrous,“右手特利”(dextrous,尚右)起于既生后的习惯(《法律》篇,794E)。在亚里士多德,《道德广论》,1194ᵇ30,也认识到后天习惯的影响,但他认为右手总在天赋上略占优胜。

⑤　猫科诸兽的左前肢似较人的左手为更自由。

⑥　参看《说天》,284ᵇ20,上、前、右三方为运动本原(起点)有两义。

两脚动物的四动点,其中之二,于鸟为翼,于人为手与臂。诸四脚
动物、多脚动物或无脚动物则称为上体的各部分与称为前面的各
部分所在的位置相同。①　于应用以移动位置的一个肢节(部分), 30
因为它与地上有一点相连接,我资取了"普斯"πούς(脚)这名词,这
一字显见是源本于踏在我们双脚 οἱ πόδες 之下的土地(原野)
πέδον② 的。

　　有些动物所有前面各部分与后面各部分位置相同,其实例如 706ᵇ
软体动物(头足类)与介壳动物的螺形诸种属,我们曾已在其他有
关论题上,于别处讲到了。③

　　现在,于位置而论,可有上部(上段)、中间与下部(下段)之
别④;两脚动物,于位置而言,其上部相符应于宇宙⑤的上部⑥;〈四 5
脚动物〉,⑦多脚动物与无脚动物的上部相符应于宇宙的中间⑧,植
物的上部则相符应于宇宙的下部。这因为草木没有行动(位变)能

<hr />

　　①　参看《构造》,686ᵃ33—ᵇ3;人臂为上肢;四脚兽俯其上身而前肢与后肢一并着
地;这上身就是前段躯体,前肢相当于人类的上肢。
　　②　照这里所说的字源取义,像《构造》,695ᵇ22 的 τῶν ποδῶν"诸脚",当译"着地器
官"。
　　③　见于《动物志》,523ᵇ21 等;《构造》,684ᵇ14,34 等。
　　④　于运动六向,本篇多涉尚上、尚前、尚右原则;这一章提及 μέσον"中间"是特别
的。《说天》,908ᵃ23,以"中"("中心")为两端之"极"ἔσχατον;312ᵃ7 又说 οἱ τόποι δύο, τὸ
μέσον καὶ τὸ ἔσχατον"位置有两,即中(中间)与边(两端)"。这样的"中"和本章的"中"相
同为"中间"μεταξύ 之"中"。"中"尤优于六向,参看《构造》,666ᵃ15;《政治》,1327ᵇ29。
　　⑤　τοῦ ὅλου"全",作 ὅλος οὐρανός"全宇宙"解,参看《构造》,656ᵃ13 等都用这省文。
　　⑥　参看《构造》,656ᵃ13 等。
　　⑦　从法校,增〈τετράποδα〉。
　　⑧　τὸ μεταξύ"中部"或"中间",参看《自然短篇》,468ᵃ7。《气象》,340ᵃ5:"地与天
两者之间的位置为'中间'。"

力,它们的上部是凭营养关系来决定的,而它们的营养则是从地下取得的。四脚动物、多脚动物与无脚动物则由于它们不会直立,所以上体相符应于中间。两脚动物都能直立,而于诸两脚动物中,人

10　尤优于直立,他实是最自然的两脚式的动物,①为此故,他们的上体相应于宇宙的上部。这是合理的,运动本原(起点)该应位在这些部分;因为起点(本原)是尊贵的,②而上比之于下,前比之于后,与右比之于左,皆较为尊贵。③ 或者我们也可倒转这里的论辩,这

15　就不妨说,由于起点(本原)处在这些部分之中,所以这些部分较之和它们相对反部分为更尊贵。

章六

经以上的研究。运动本原位在右边诸部分之内是够明白的了。现在,凡其中一个部分在运动另一部分保持着静态的,每一延

20　续(联结)整体,④若欲于其一部分站停时移动它的整体,就该在两部分发作相反动变的地方,⑤具备有某种共通的构制,以互为动静。又,每一部分的运动本原,以及不运动(静止)本原,必然一例地就处于这一共通构制之中。

25　于是,显然,⑥诸部分任何相反的配对——右与左,上与下,前

---

① 参看《构造》,653ᵃ32,686ᵃ27 等。

② 参看《解析后篇》,88ᵃ5;《尼伦》,1102ᵃ3。

③ 《构造》,665ᵃ22—25,667ᵇ35 等;本篇上文 706ᵃ20。

④ 《动物志》,卷三章七,516ᵃ10 动物的骨骼与诸血脉都是全身延续而相联结的系统整体。

⑤ 当指诸关节;尤重要的是四动点所在的关节。"相反动变"指动与不动(静)。

⑥ 贝校本 δῆλον ὅτι"于是,显然"属上句;从法校,点断上文,另起下句。

与后——如果要有它们自己的运动,就各须具备上述的联结诸部分的构制,以为其运动的本原。

　　这里,动物躯体的前后之别,却不是凭其自身的运动而区分的,①因为动物本性既无向后退行的运动,②一个在运动着的动物也不会有任何分离的部分可做向前面或向后背的位置变动,但右与左、上与下是具有这样分化着的诸部分的。准此,凡运用着分离的诸肢以为行进的诸动物,它们的各肢就不会作前后配对的分离,而只作另两项配对;诸肢首先该作右与左的两侧分离——如其区分为二,则所离立的就应是右左之别——迨所区分为四时,另一项(上下)分离方式才必需形成。

　　于是,这两配对,上与下和右与左,既然由同一个共通本原(起点)③——这个我实指那控制它们的运动的事物——为之联结,又,每一动物凡欲于这样的部分各得其宜地做一运动,它所具有的上述一切运动的本原,就必须安排在某一确定的位置,这位置与各肢运动的个别本原间的各个距离必须相关地各得其宜——各肢这些中心(个别本原)是成对地作顺线序列或对角序列的,④而其共通中心(共通本原)则是这动物的右左诸运动所由始的起点,相似

---

　　①　四脚动物的前肢与后肢相当于人类的上肢与下肢;所以一切动物可有右肢左肢与上肢下肢的分化,而都不会实际上生长后背肢节和与之相对的前面肢节。

　　②　头足动物的退泳可举为这里的一个例外。又,亚里士多德曾说到蝤蛑用尾节游泳,这也是退泳的。参看《动物志》,489ᵇ33—490ᵃ3。法注:蝤蛑实际还能退行。又,在四脚动物中,獾熊和伶鼬,后向行走时若出自然;但这些运动由后肢(相当于人类的下肢)实行,不出于"背肢"与"前肢"的相关运动,和这里的文义不相刺谬。

　　③　τῇ αὐτῇ ἀρχῇ καὶ κοινῇ"同一个共通本原",实指心脏。

　　④　τὰς συστοίχους"顺线序列",指"近前"肢与"近后"肢为配对,τὰς ἀντιστοίχους "对角序列",指"近前"肢与"远后"肢为配对。

15 地也是上下诸运动所由始的起点；那么，每一动物的这个本原（共
通中心）就必须处于这么的一点，①那里与上述四部分的每一中心
（个别本原）都又得相等的或几乎相等的联系（距离）②。

章七

于是，这是明白的了，何以只有在构造上具备两个或四个变位
20 动点的那些动物才能行动，或这样的动物才特擅行动。又，由于这
种性质③几乎是有血动物所特有的，我们见到了，凡属有血动物都
不会在超于四个的点上行进，④而任何动物如果是凭四点行进的，
这动物也就必然是有血的。

25 我们所见于动物世界的实况与上述的推论是相符合的。诸有
血动物若被切割为几段，不能存活多长的时刻，也不能行使它们未
被切割前作为一联结着的整体所固有的运动功能。但有些无血而
多足的诸动物倘经切割，被分离的各段能各自存活一个长久的时
30 期⑤，并能像未被分解前那样，各自行动。这样的实例可举示所称为
σκολόπενδραι"斯果洛本特罗"（蜈蚣）⑥的虫豸或其他长型的虫豸。这

---

① 共通本原所在的中点指心脏内的一点。但照这里所说，人的心脏偏左（《动物
志》，496ᵃ15,507ᵃ1;《构造》，666ᵇ6），应是一个例外了。

② 这一句，依法罢哈逊，从 Y,Z,Γ 抄本合校，订正文译。参看《构造》，666ᵃ15，从
这中心"引向各个部分，距离相等或几乎相等"。

③ 承上文，在动物躯体中央部分具有一个共通本原这样的性质。有血动物必有
心脏为躯体中心，这中心只有一个，参看《构造》，665ᵇ10,666ᵃ23,670ᵃ23 等。

④ 参看《动物志》，490ᵃ27。

⑤ 指节体动物（虫豸），参看《动物志》，531ᵇ30;《灵魂》，409ᵃ9,411ᵇ19 等;《构造》，
667ᵇ27,673ᵃ30;《自然短篇》，467ᵃ19 等。

⑥ 蜈蚣（百脚）scolopendra（centipeds）参看《动物志》，505ᵇ13,532ᵃ5,621ᵃ7。

些虫豸当被断为两段后,虽其后段也会照先前的方向继续行进①。   707ᵇ

    这些虫豸(节体动物)所以能在被切断后继续存活,是由于它们各自的身体构造好像许多独立的活体(活节)联结成了一个延伸的整体之故②。从上述的情况看来,它们何以具有这样的体构也是明显的。诸动物构造得最为自然的是凭两动点或四动点而运动的,这于诸有血动物虽是无肢(无脚)的也不为例外。有血无肢动物也凭四动点以行运动而得以前进。它们运用两个折曲(波折)向前移动③。因为它们每一个折曲,无论其为前曲或为后曲,在它们的扁平面上都有一右点与一左点,于向头的部分是一右前点与一左前点,于向尾的部分则是后两个点。看来好像它们只凭两点运动,在一前一后的各个点上抵着前进。但这只是由于它们身狭之

---

① 《动物志》532ᵃ4 稍异:"被切断的蜈蚣之后半可朝尾端行进,也可向另一端行进。"

② 参看《构造》,682ᵇ3;长型多足虫豸有许多生命中心。法注:于一动物有许多生命中心(神经中枢)与多足的关系,亚里士多德为加仑的先启(参看加仑《器官的功用》,iii,2)。

③ Δυσί καμπαϊς "两个折曲";《动物志》,490ᵃ31 与此相异,说蛇类行进作四弯曲。参看本篇下文,708ᵃ5。

④ 这里的文义与波状前进的实况可从附图识知。法注:"亚里士多德似曾对照研究过蛇与蜥蜴的行进方式,这里的四动点理论宜属不虚。我未能确言蛇或蜥蜴的交互曲线,但曾见鱼类作直前泳进时,其身段与尾部确做如此波状运动。未见居维农论及这一题目。亚氏在《动物志》,508ᵃ3 虽已言明蛇类肋骨甚多,但不明了它们这些肋骨的功用。蛇类具备特为灵活的脊椎球窝关节和这些肋骨,与其喻之于四脚兽,毋宁近似于多足动物(当然肋骨不能算是真正的脚)。这里,亚里士多德未提示鱼尾或蜥蝎尾的功用。《动物志》,490ᵃ4,则曾言及水蜥蜴的尾是被运用于泳进的(参看《构造》,684ᵃ3)。"参看《大亚尔培脱全集》(A. M. "Opp")卷九,298 页。

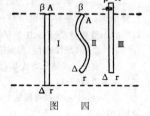

图　四

故，〈所以前两点和后两点各看似一点了〉。① 虽于这些无肢（无
脚）动物而言，仍还是以〈前〉右侧为主动部分的，这里具备着相应
的一个交互的后〈左〉侧，②恰相似于四脚诸动物的运动体系。它
20 们作成折曲是由于体型甚长的缘故，这有如长人步行时脊柱向前
作突腹状（波状），③当他们的右肩循前向而引发其进程时，他们的
左髋毋宁是后挪的，这样，他们的中段就成为内凹或突腹（波状）③
的了，于此，我们就该认明蛇类是在地面上以内凹（波状）曲线运动
着的。显然，它们的运动相似于四脚动物，因为它们挨次的转凹为
凸，并转凸为凹。当轮到前段的左侧为运动领导时凹凸处也跟着
25 反了过来，这时右侧成了内凹。（这里的图上 A 为右前点，B 为左
前点，Γ 为右后点，Δ 为左后点。④）

在陆地诸动物中，这些就是蛇类运动的情况，也是水居动物
中，鳗鳝、康吉鳗以及鳗鲡，⑤事实上也就是所有一切蛇形似的诸
30 动物的运动情况。可是，有些蛇形海洋动物无鳍，例如鳗鲡，⑥它
708ᵃ 们就像蛇那样运动，蛇类兼能在水陆中运动——它们在水中游泳

① 译者增〈 〉内语。

② 参看下文 712ᵃ25，增〈 〉内字样。

③ λορδός 后向弯曲，为前突状；这在医学古籍中，专用于脊柱者，λορδός 为挺胸凸
肚状，与 κυφός "驼背"弯曲方向相反（参看下文 710ᵇ18）。参看《希氏医学集成》"整骨
篇"807B；欧罗替安《希氏医学字汇》(Erotiani Glossaria)弗朗济斯编校本，242 页。

④ 参看 702ᵇ29 注。图见上；所注四点的字母，依 Z 抄本 Γ 与 Δ 须互换。

⑤ 长鱼及其游泳方式与运动器官，参看《动物志》，489ᵇ24—28；《构造》，696ᵃ3—
25。又本篇，709ᵇ12。

⑥ σμύραινα 希腊海鳗鲡（Muraena helena）；参看《动物志》，489ᵇ28，504ᵇ34；《构
造》，696ᵃ9 注。

时恰相似于在陆上的蜿蜒。① 而另些,例如康吉鳗与鳗鳝和在雪
菲湖中繁殖的一种鲻鲤②则仅有两鳍。也为此故,那些习惯于陆 5
地生活的诸种属,例如所有的鳝族在水中(游泳)运动时,比在陆上
运动时曲折(波折)要少些,③而那具有两鳍的鲻鲤则凭它在水中
运动的曲折(波折)作为补充(其余)动点。④ 蛇类所以无肢的原
因,第一是自然不做虚废的事物,而常为每一个体尽可能求其尽善
(至善),保存每一动物的个别实是和它所本有的性状,第二是不违 10
背我们上所论定的原理,任何有血动物不得在超于四个的动点上
运动它自身。承认了这一原理,这就显然有血动物如蛇类,其体长
比之其高宽既然全不相称,是不可能具肢的;它们不得有超于四数 15
的肢,如其超数,这便将转成为无血动物,然而它们若构作二肢或
四肢,它们将是实际上不能运动的了;它们所仅能做的运动将是这
么慢,这样的运动必然于它们是无益的了⑤。 20

至于每一有肢(有脚)动物而论,其所具肢必须是偶数。因为

---

① 参看《动物志》,489ᵇ29;《构造》,696ª9。

② κεστρεύς"鲻鲤"这名称用于两鳍鱼,特异。参看《动物志》,504ᵇ33;《构造》,
694ª4 及注。法注:这鱼也许为相近于尼罗河的比契尔(bichir)与西非洲尼日利亚,卡
拉巴尔(Calabar)河港的苇鱼(reed fish)那种品类。苇鱼无腹鳍。

③ 上文的 αἱ ἐγγέλεις 与康吉鳗及海鳗鲡并举,当为海鳗鳝。这里的鳝族,依文
义应全属陆鳝。法注:陆鳝入水,行进可减少些波折,当因流体中较硬地上运动为易之
故,不是因为其鳍可任泳进。

④ 贝校本 τὰ τετταρα σημεῖα"四动点"。从法校依 Z 抄本 τὰ λοίπα σημεῖα"其余动
点"。这些长形鱼有了两鳍,只需用脊柱的波折补充另两动点,而完成四动点的运动方
式。参看本篇下文,709ᵇ13。《动物志》,490ª32:蛇与鳗鳝之属或身作四曲或具二鳍而
身作二曲。

④ 文句相承,不作段落;传统编制,因上下文题旨转换而为之分章。

⑤ 参看《构造》,696ª11—17。

那些专做跳跃而凭跳跃运动,从一处移向另处的诸动物固然无需
于这样〈偶数〉的肢脚,①但那些不仅跳跃而又需行走的诸动物,懂
25 得了跳跃于它们的运动功能(作用)还感不够,苟或备有偶数的肢
脚,就显然能作更好的行进,如其不然,就全不能行进,②〔因为每
个有肢动物,其肢必须是偶数,③〕因为行走这运动方式不像跳跃
运动那样,在同一时刻移转其全身,④而是在每一时刻移转其身体
30 的一个部分,这样诸肢的某几个必须挨次而保持静止,另些则实行
运动,在动静交互之间,这动物必须运用相对反的肢脚,从运动中
的肢脚上移转其身体的重量于静止中的肢脚之上。由此推论,谁
708ᵇ 都不能以三肢(脚)或一肢(脚)⑤行走;于一肢(脚)而论,这全没有
一个可供身体止息的部分,以支持其重量,于三肢(脚)而论,它只
有一个对反的配对,那么如欲循动静交互的方式行进,这就必然会
5 跌倒。可是,多脚动物,如蜈蚣⑥确乎是能在奇数的诸肢上行进

---

①　"这样的肢脚"当是以"行走"方式前进的运动肢脚。法注:行走的运动器官发
育到某种程度,例如螽蝗与跳虱的后肢,也可用以跳跃。(参看《动物志》,532ᵃ27;《构
造》,683ᵃ33。)亚里士多德书中迄未认识尾部于跳跃中所可发挥的功用,也从来没有提
到叩头虫科(Elateridae)的米跳虫(蛷)这类动物。(叩头虫前胸节片与中胸节片有嵌镶
构造;如反转其体,它能不假于肢节而凭此胸节跳起。)

②　从法校,于这句中增入ἄλλως"如其不然"。依这校补,全句可符合这些实况:多
脚动物虽能以奇数的脚行进(下文708ᵇ14—16),但若用偶数的脚,行进当可更佳;四脚
动物全不能以奇数肢脚行走。关于动物构造或务求至善,或为势所必需,参看《构造》,
640ᵃ36。

③　这分句复述上文,显然为缮抄之一错误。PSU抄本都没有这一分句。

④　参看上文,705ᵃ5。

⑤　οὐθενί从法校为 οὐ δ' ἑνί,三肢不能,"一肢也不能"行走。这与密嘉尔诠疏中
(151·27)ἢ δι' ἑνός ἢ διὰ τριῶν 相符。

⑥　见于上文707ᵃ30。

的,这可试把它们的诸肢伤损其一而行观察的;在一侧的诸肢如果
这样被损伤,另一侧所留存的诸肢是可以为之救助的。可是,这样
截了肢的动物、由余肢拖着那伤肢运动,已不能说是正式的行走 10
了。又,这是明白的,若备有偶数的肢,即在无所损伤以前,两侧一
一相对的肢数,它们可得作更好的位变(移动)。这样,它们可能平
衡它们的体重,它们若不在相对的一侧缺失一肢而俱足相应的支 15
持,那就不会向一侧摇摆了。一个行走动物前进时,它的诸肢各交
互(对角)地①运动,这样便符合于它原本所有的形态。

章九

所有一切动物都具备偶数的脚(肢)这一事实,及其原因,业已 20
说明。跟着该应解释的是,倘无静止的一个点,折曲和直伸将是不
可能的。折曲是从一直线变为一弧或一角,②直伸则是从弧或角变
为一直线。这里,于所有这些动变或直伸必须共相关于一个点。③ 25
又苟无折曲,行走或游泳或飞翔都是不可能的。因为,有肢(脚)动
物④既然负荷并移载它们的体重,交互地转换于对肢的一肢与另肢
之上,倘其一肢前冲,另一肢就必须弯曲。因为相对反的诸肢天然

---

① ἐναλλάξ"交互地",相当于 κατὰ διάμετρον 点角地(参看下文,章十四)。《欧克
里特》(Euclid.) i,27, αἱ ἐναλλάξ γωνίαι"诸对角":于一方形或长方形,顺次而言,第一第
三为两对角,第二第四为另两对角。这里以四脚动物为样本,一三肢是点角肢,二四肢
也是点角肢。

② 参看《气象》,386ᵃ2。

③ 参看《运动》,章一;本篇章三。

④ 这里的 τὰ μὲν ὑπόπουν"有肢(脚)动物",对应于下文 709ᵃ24 的 τὰ δ'ἤποδα"无肢
(脚)动物"。

30　是相等长短的,承重的一肢必须对于地面成为直角而作垂直姿态①。

709^a　　　于是,当一腿跨进时,这腿就成了一个正角三角形的弦线。这样,它的乘方相等于另一边线的乘方,加之底线的乘方。② 两肢(腿)既然原本相等,那么静止的那一肢(腿)就必须或在膝间弯曲,或有任何无膝而能行走的动物则在其他某一关节处弯曲。这可做

5　以下的试验为之实证。让一人在日光中③平行于一墙而行走,〈他的头顶的投影〉④所画在墙上的线将不是一条直线而是一条参差不齐的线,⑤当他的膝关节折曲时,他的头顶就低些,迨他站直,挺起身来,这又较高了。

　　　倘腿竟不弯曲,像小孩们⑥爬行的方式运动其自身,这确乎是可能的。这也是旧传的,虽属错误的,象的运动方式⑦。但这

---

　　① 参看《力学》,857^{b}27,站立着的人必须"对于地面作垂直线"($\varkappa\acute{\alpha}\theta\epsilon\tau о\nu\ldots\pi\rho\grave{о}\varsigma$ $\tau\grave{\eta}\nu$ $\gamma\tilde{\eta}\nu$)。

　　② 以人的步伐为例,左脚跨出,伸直着地为"弦"线,右膝折曲,右肢的垂直缩短了些,为另一边线("股"),左脚着地点至右脚站立间为底线("勾")。

　　③ 依 PSUY 抄本为 $\dot{\epsilon}\nu$ $\gamma\tilde{\eta}$"在地面上"行走。依 Γ 译文 uicinus,原文应为 $\dot{\epsilon}\nu$ $\gamma\epsilon\iota\tau\acute{о}\nu\omega\nu$"靠近"墙行走。参看普卢太赫,《会语集录》(Plutarchus, "Conviv.")ii, 658F,"在日光中"应为"在夕阳中"。

　　④ 从法瞿哈逊,增〈 〉内语。

　　⑤ 亚里士多德和许多希腊几何学家(量地学家)一样,于一曲折线 $\sigma\varkappa о\lambda\acute{\iota}о\nu$ 也称为一线。密嘉尔拟这线样为 VVV 。参看《形上》,1016^{a}2,释弯曲而延续不断的线仍为"一"线。

　　⑥ 依密嘉尔诠疏,这以下当有 $\varkappa\alpha\grave{\iota}$ $о\acute{\iota}$ $\dot{\alpha}\nu\acute{\alpha}\pi\eta\rho о\iota$ $\lambda\epsilon\gamma\acute{о}\mu\epsilon\nu о\iota$"以及所谓畸残动物"数字;所谓"畸残动物",如下文 714^{b}12,当为"海豹"与"蝙蝠"。

　　⑦ 象无膝关节之说盖出于克里多斯(Cnidos)人克蒂茜亚(Ctesias)。(参看《生殖》,736^{a}2,克蒂茜亚于印度象的另一误传,是说象精似琥珀。)《构造》,659^{a}29,说象的前腿不适宜于弯曲;《动物志》,498^{a}8—11,确言象有膝节,只因体重,前后肢不同时弯曲,只能换次弯曲。参看本篇下文,712^{a}11。

些运动方式实涵有肩胛①或髀髋间的折曲。如不作膝间的折曲，谁都怎么也不能延续地并安稳地以正直姿态行走，他只能做像在角力教练场中的人们，用两膝在沙堆上向前爬行那样的运动方式。因为一个直立的动物的上体颇长，他（它）的腿也得相当的长，于是这就必须内有关节。因为静止状态既做垂直姿势，倘那运动起来的肢节不能弯曲，②那么当直角转成锐角时，这动物就或将向前倾倒，或不能前进。因为一腿倘与地面作直角而另腿前进，这后一腿将既是相等而又较长：这与那静止的腿原属等长而又相当于一直角三角形的弦线③。于是，前进了的那腿必须弯曲，而当其弯曲时，另一腿即行伸直并向前倾，这样跨出了一步，而〈身体〉仍维持着垂直的姿势；因为这些腿形成了一个等腿（等边）三角形，④当这身体在底线上垂直地站着⑤时，头就降低了些。

于无肢动物而言，有些作波状行进——波状有两型，它们或在地上蜿蜒（作平面波状行进），有如蛇类，或作上下波状行进，有如

---

① 《动物志》，498ª31，"海豹是一种蹒跚的四脚兽，它的前脚紧接在肩胛之下"。

② 从法校，依 Y 抄本，参考 Z 抄本，增补这一分句。

③ 参看上文，709ª1 及注。这里的 δυνήσεται "相等"，不能取原应有的数学上的严格解释，故译"相当"。上句"相等而又较长"也不合现代数学语言，其实义是两不折曲时相等；其一折曲则另一便较长。

④ ἰσοσκελὸς τρίγωνον 希腊人所称"等腿三角形"，今音译"isosceles triangle"，为"等边三角形"。

⑤ βαίνειν 常用字义为"行走"；这里作"站着"解（参看《里·斯字典》，A，i，项的第 2 义）。《欧克里特》iii，定义 9："站在其下的底线上的一角"，即用此 βαίνειν "站"字。右图 AB 与 AΓ 为跨步者的两腿。A 垂直线为其头身（中轴）线，跨步时，头降低了 Aα 那么长的一段。

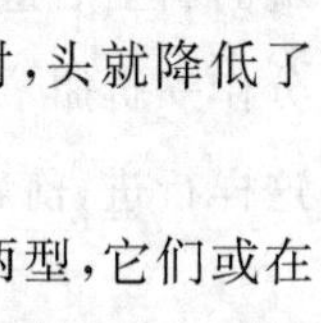

图　五

蠋(蚕或蠖)①类——而波状运动是凭折曲进行的；另些则凭缩伸
运动(蠕行)②行进，有如所谓地肠(蠕虫或蚯蚓)与水蛭。这些动
物前进时，先伸长体前段，随后把全身的后段尽向前段收缩拢来，

30　这么就从一个位置移转到另一位置。这也是明白的，倘那两曲线
不长于那折曲各端上的线，③波状行进(蜿蜒)式诸动物将是不可

709ᵇ　能把自体移动的；倘折曲(弧线)等于相应的弦线，那么当折曲伸直
时，就全不会有位置的移动；现在事实上曲线较长，当其直伸，一端
就进达前一位置，于是这端静止着，拖取后遗的身段蜿蜒而前。

5　　　凡能行动的诸生物，所叙明的一切动变过程，都是一回直伸成
一直线而为前进，一回折曲拢来，它伸直了自己的领先的部分，这
就曲引上后遗的部分。虽是跳跃动物，也全都须在身体下面的部
分作一折曲④，而后凭这折曲以行跃进。飞翔动物与游泳动物也

10　这样行进，前者曲伸其翼以行飞翔，后者曲伸其鳍以行游泳。⑤诸

---

①　参看上文，705ᵇ27，τὸ τῶν κάμπων γένος“蠋族”，为诸蛾幼虫，作上下波状行进
方式的，以尺蠖蛾科(Geometridae)的尺蠖最为显著。(中国以其运动似以尺量布之状，
故名之曰“尺蠖”；见于《尔雅》释虫“蚇蠖”郝懿行疏。《易》《系辞》：“尺蠖之屈，以求伸
也。”)作波状的屈而后伸，较蠕虫的缩而后伸为便利。

②　ἰλύσπασις 照这里所述运动情状，于蚯蚓及水蛭皆属真切，译作“蠕行”(缩伸运
动)。参看《动物志》，487ᵇ22。《里·斯字典》解作“爬行”crawling 或“蜿蜒”wriggling
(扭行)，欠真切。法瞿哈逊译“Concertina-like movement”“缩伸运动”或 telescopic ac-
tion“望远镜式运动”。亚里士多德在这里未说明蠕行是否符合于他所主张的四动点理
论。

③　参看上文，707ᵇ15 注所作图。

④　参看上文，705ᵃ12。

⑤　亚里士多德凭其“四动点”理论，于鱼类实行运动(行进)的器官，只认定胸鳍与
腹鳍。于脊鳍与尾鳍皆不认为有推进功能。于尾鳍，他总把它当作维持游泳方向的舵
(参看 710ᵃ1)。

游泳动物,有些具有四鳍;另些长体型的,例如鳝族,只有两鳍。①
这些种属,如我们上曾言及②,以其全身长的后段作一〈波状〉折曲
来替代〈缺少的〉一对鳍,这样完成它们的运动。扁体型的诸鱼运
用两鳍和它们躯体的扁薄部分,作为缺少了的两鳍。③ 特扁鱼,如 15
魟(鳐),所凭以实行其游泳运动的有它们所备的鳍和躯体周遭的
两侧边幅,这些边幅构造交互地弯曲与伸直④。

章十

关于鸟类也许可以提出一个疑难。疑难可以是这样,鸟类能飞又 20
能走,将是在飞翔时,抑或在行走时说它是在四点上运动呢?这里,我
们实际上只说一切有血动物不能在超于四个的动点上运动,而不是说
它们必须在四点上运动。又,鸟类若除去两腿,事实上就不能飞翔,倘
无两翼也不能行走。虽于人类而言,如不运动他的肩膀,也是不会行 25
走的。如我们所曾陈明,每一动物实行位变,皆有赖于曲伸,因为一切
动物于身下逐渐让开的事物必须紧抵着⑤达于某点(某种程度),才能

----

① 参看上文,707^b30 及注。

② 参看上文,708^a7 及注。

③ 扁体型鱼如"扁鲽"(Pleuronectes platessa),实有胸鳍与腹鳍。其脊鳍与臀鳍
甚长,且于背腹,可能被看作鱼体周遭的边缘。

④ 《动物志》,489^b32,于魟鳐科属中举示扁鳐与刺魟无明显易识的鳍;《构造》,
696^a25—33 举示电鳐有两"胸鳍",位置后移到尾部;皆甚精审。这里所说"躯体周遭的
两侧边幅",在《构造》,696^a32 叙作躯体周遭的"各个半圆边幅"。这些扁鱼以其"边幅"
作波状泳进也是讲得很真切的。近代解剖于这些"边幅"称为"胸鳍"。

⑤ 从法校,参照705^a7 句,增补 ἀποστηριζόμενα "紧抵着"(加压于)。参看《运动》,
698^b15。飞翔与游泳所在的流体介质实际上周于动物的全身,但亚里士多德常说成为
"身下的事物(底层)"。

前进;准此,虽若它肢不作折曲(没有关节),至少于那运动开始的这

30　点必须具有折曲,这点于全翅昆虫①而言,为其翅②的底部,于鸟类而

言,在翼的底部,于其他诸动物而言,为相应器官,例如鱼类的鳍的

710ᵃ　底部。于另些动物,像蛇类,则这折曲始于躯体的关节。

　　于飞翔动物而言,它们运用其尾筒(尾羽)③像船上的舵,以

保持飞行中的方向。所以尾必须像其他肢节那样,能在它所系

5　属的部分④弯曲。因此,全翅动物(飞行虫类)与歧翼动物(鸟

类),凡其尾不适宜于上述功能的,例如孔雀与家鸡以及一般不

善飞行的诸鸟,都不能保持其飞翔的直向。⑤飞行虫类全然无

10　尾,所以它们只是飘飞着,像一艘无舵的船⑥碰撞于任何它们所

遭遇的事物;这样的情况,于鞘翅昆虫,如粪甲虫⑦与小金虫(黄

---

　　① 《构造》,642ᵇ28,翅翼有"分枝"σχισμένον 与"不分枝"ἄσχιστον 之别;昆虫之翅,如
鳞翅与膜翅,都没有羽和轴,为不分枝的"全翅"ὁλόπτερον,鸟翼有羽有轴为分枝的"歧翼"。

　　② 依 Z,作 πτιλοῦ"翅"(参看《构造》,682ᵇ18 注)。参看本篇下文,713ᵃ10。

　　③ οὐροπύγιον 臀或尾,于鸟类而言,为包括尾羽在内的尾筒;参看《动物志》,
504ᵃ32;《构造》,697ᵇ11。

　　④ πρόσφυσις"所系属的部分"(附生体),这里,于鸟类而言,是尾椎,尾椎能活
动,异于僵直的体干脊椎。

　　⑤ 亚里士多德于鸟尾的功能专注意其左右掉拨以为飞行定向,而忽视了它的
上下掉拨有助于起飞与降落。

　　⑥ 法注:"亚里士多德没有检察到昆虫在飞行中,腹节的作用,它们右飞与左飞
都是凭掉转腹节为之节制的。""小金虫等的'飘飞'(drifting flight)与碰撞事物,未必
由于无尾之故;这些昆虫下身较重,在四翅飞举时,前后体段不能有良好平衡,故难
于定向。这些昆虫的飞行式样可比之鸟类中的鹬之'移飞'(erect flight)。鹬翼生长
在前身的前位,也是在飞举时不能平衡其前后体段的。"

　　⑦ κάνθαρος,参看《动物志》,552ᵃ17,《构造》,682ᵇ26,大概是"丸甲虫"(Scar-
abaeus pilularius 或番死虫科 Byrrhidae),或粪甲虫(粪甲虫科,Copridae)。

�），①和无鞘翅昆虫，如蜜蜂与胡蜂都是一样的。又，构造得不
适宜于飞翔的鸟（不善飞鸟），其所具尾（尾筒）是没有作用的；这
类的诸鸟可举紫鹬、②鹭与一切游禽为示例。这些鸟伸出它们的 15
脚，把脚代替尾的功能，③以行飞翔，它们不用尾而用它们的脚来
调节飞行方向。昆虫的飞行是慢而弱的，这由于它们的翅的性
状④和它们的体积不相称之故；它们的躯体重而翅则小且脆弱，
这样，它们所作飞行便类似一艘货船，使着桨开航；它们的弱翅
以及翅上脆弱的附生物⑤所能施展的本领就是上述的飞行式样。 20
于群鸟中，孔雀的尾筒是没有作用的，有时因尾羽巨大过甚而无
用，有时又因蜕羽而无用。⑥ 但歧翼动物（鸟类），于它们的羽翼
而论，一般是相对反于全翅动物（飞行昆虫）的，而其中飞翔最迅
疾的诸种属尤甚。[这些疾飞鸟就是钩爪鸟类诸种属，因为它们 25
的健翮对于它们的生活方式是有利的。⑦]它们身体构造的其余
诸部分也是和它们的特殊运动性能相协调（适应）的，它们一律

---

① μηλολόνθη，参看《动物志》，490ᵃ14；《构造》，682ᵇ14；亚里士多德于昆虫形态
及习性叙述大多不够精详，今常不能据以确定其种属，这里所举大概是小金虫。

② πορφυρίων，鲍尼兹与奥培尔脱（Aubert）拟为"红翼"（Phoenicopterus rosius），
俗称"火烈鸟"（flamingo）。《动物志》，509ᵃ10，汤伯逊译"purple coot"紫鹬。法瞿哈逊
从汤伯逊译名，但注云，未必不可是"紫鹭"（Ardea purpurea）。鹬与鹭皆为长脚涉禽，
无蹼（参看《构造》694ᵇ12），这里称 πλωτά"游禽"，不合，当作 λιμναῖνοι"沼鸟"。

③ 参看《构造》，694ᵇ20。

④ 参看《构造》，682ᵇ17。

⑤ ἐκφύσις"附生物"，或"附生构造"，法注拟为昆虫如鳞翅目翅面的鳞片。

⑥ 参看《动物志》，564ᵃ32—ᵇ3。

⑦ 《构造》，694ᵃ2；钩爪猛禽为适应捕猎生活而羽丰翼阔。

30 都是小头,颈不①粗,胸骨强硬而尖削,——尖削的形状②有如领

航快艇的头部那样,是装束得这么停匀(构制得这么良好)而又

710ᵇ 自然地由成团的肌肉为之加强③——俾能冲开它所面对而相撞

击着的空气,而且能够这样轻易地继续不息地冲向前去,不至于

疲乏。它们的后部也轻巧而作圆锥状(又是尖削的),俾能与它

5 前身的运动相符契,不致由于太宽之故而挡着空气。④

章十一

这里,于这些问题已讲得够多了。至于一个直立的动物何以

不仅必须为两脚动物,还当是上身构制得轻些,而他(它)下面的诸

部分则较重,这样的问题是显而易知的。⑤ 他(它)只有作这样的

10 形态才可能轻快地负载自己的体重。所以,唯一直立的人这动物

所具备的腿(下肢),⑥比之于他上身诸部分,较任何其他有肢(腿)

---

①   柳昂尼可删 οὐ"不"字,认为这句承上文,专言钩爪猛禽,其颈非细长型,粗
〈短〉颈符合于《构造》693ᵃ3—6,所言猛禽体型。法罢哈逊保存"不"字,认为这里已
在说一般健翮捷飞的诸鸟,οὐ παχύς"不粗",解作"轻小",这与《构造》,659ᵇ8"头与颈
必须轻小"相符。

②   参看《构造》,659ᵇ9;693ᵇ16—19 及注。

③   《构造》,693ᵇ18,善飞鸟胸部富于肌肉,所以保护尖削的胸骨。λέμβος,(fe-
lucca,快艇)船首特尖削,驶于舰队或船队之前,领先航程。这里长括弧内句似为后人
撰人。法注:胸肌强壮所以支持并运动其丰阔的羽翼,这里只说加强胸骨,未能确切
表明肌肉的功能。

④   依原文直译为"拖住"空气。这是古希腊人通俗用语,犹英吉利农家称重身鸟
如家鸡的"跛飞(慢飞)"(lumbering flight),由于体大而"吃进"(suck in)空气。这里依
中国语译"挡着"。《构造》,693ᵇ18,"宽广的正面须在飞行中排除(冲开)大量的空气。"

⑤   参看《构造》,卷四章十。

⑥   参看《构造》,690ᵃ27—30。

动物为长为壮。我们所见于儿童们的情况也可举以为一个例证，婴儿不能直立行走，因为他们的体段是侏儒型。[①] 他们的上身诸部分比之下身诸部分为较长较壮。迨年龄渐长，下身生长特速，直 15
到这小儿具备适当的体段，于是这才能直立行走，不到这时候他总是不会直立行走的。鸟类是驼背的，[②] 可是能凭两腿站立，这因为鸟类〈前后身体重平衡〉是按照那两前肢举起的跃马姿势的铜像制作的，依此平衡原理，鸟身的重量向后移置了[③]。但它们竟然是两 20
脚动物，并能站立，这基本上由于它们具有那支形如一股（大腿）的臀骨之故，这臀骨[④]竟有这么长大，看来似乎它们备着两个股节，一节在膝关节以上的腿部，另一节则把这节连接于尻部。实际上，这不是一股，而是一髀（臀骨），如果这部分不是那么长大，这鸟也 25

---

① 参看《构造》，686ᵇ8—21，儿童（婴儿）拟之于马驹、牛犊以及其他稚兽，和成年人拟之于马牛等，其间相应的上下身比例，人类相反，马牛等约略相同，故称婴儿体态为“侏儒型”(νανώδη)。参看《动物志》，500ᵇ33；《自然短篇》，453ᵇ6。鸟类虽为两脚动物，但由于其体段的侏儒型，故站得不直挺，参看《构造》，686ᵇ21，695ᵃ8—14。关于胚胎发育及幼体中轴级度生长这论题，参看《生殖》，741ᵇ27，742ᵇ14，779ᵃ24；《构造》，686ᵇ2—22。

② 从Z抄本，κυφοί“驼背”（参看上文，707ᵇ21注）。

③ 背脊驼拱的鸟类似乎有上重下轻的不稳定姿态，但自然像一位能干的“雕塑家”（《构造》，645ᵃ12）把两腿的支点向上身移近，取得了全身上下段的平衡，所以鸟类可由两脚支持全身的重本。参看下文711ᵃ2注。

④ 亚里士多德由于鸟兽的蹠跗骨颇长，误为胫骨，挨次而误看了以上各个肢节；他在这里所称的“臀骨”(ἰσχίον，pelvis）若照其习误而言，应是“股骨”（femur）。参看《动物志》，卷二章十二，及504ᵃ4注。但照《构造》，694ᵇ29—695ᵇ14的叙述，渥格尔认为亚里士多德所说 ἰσχίον，ischium确属鸟的臀骨（坐骨或骨盆）。法罢哈逊揣想亚里士多德在写那一节时，是面对着一鸟体骨骼，经实际检校而落笔，故独免此误。这里叙臀骨文句，略似《构造》的那一节，但言明这大臀骨例于兽类的小臀骨，则应是承袭写《动物志》时的习误的，于鸟的这一支骨，像于兽类的这一支骨那样，是把股骨当作了臀骨。

就不可能成为一个两脚动物。倘如一人或一四脚动物，股节与全
肢的余节当系属于一小小的臀骨；这样，它的全身就会向前倾倒。
可是，鸟的现实情况，它的长臀骨直伸到腹中部，两股由是而系属
30　到腹中部那位置，于是得以支起全身的整个结构。从这些情况考
察起来，鸟不可能像人的直立那样的命意站起来，也是明白的。因
711ᵃ　为照它现在维持其全身体态的方式，两翼自然是有用（有利）的，倘
竟全然直立，那么像我们所见画上的埃罗斯（爱神）的两翼①那样，
鸟翼也同样是无用（无益）的了。说到这里，大家该清楚了，照人类
5　的体态（形式），以及任何相似形式的动物，都不容许具翼；如其有
翼，那么虽属有血动物也将在超于四个的动点上运动，而且如其有
翼，这动物在做合乎自然的运动时，这些翼当是无用（无益）的。而
自然就不创作任何超越（违反）自然本性的事物。

章十二

10　　我们上已陈明了②：如果在肢（腿）或肩与臀间没有折曲（关
节），任何有脚有血动物都不能行进，而除却备有了某一静点，折曲
是不可能的；人与鸟，这两类两脚动物的腿（下肢）的弯曲方向相
反；又，四脚诸动物的前后肢以相反方向作弯曲，而例之于人的上

---

①　照这里的叙述，希腊诸画家所作 Ἔρως“埃罗斯”（爱神）像俱有长翼。法注：近
代英国画家互茨（George F. Watts, 1817—1904）所作爱神像仍着生长翼。这样的画使
有血动物得有六动点的构造。自然哲学家与艺术家之间关于动物构造或物理问题的
争论，自古有之，参看《气象》，349ᵇ1；《运动》篇，698ᵇ25；加仑《器官的功用》，iii，1。关于
动物构造和行动之间的关系参看《勃里治瓦特论文》（Bridgewater Treatise）第四版，324
页，培尔（Bell）的评论。
②　上文章一与章九。

下肢则每对皆作相反方向弯曲。人们后向(内凹)以弯曲其臂,前 15
向(外凸)①以弯曲其腿;四脚诸动物前向(外凸)以弯曲其前肢,后
向(内凹)以弯曲其后肢,而鸟类弯曲其上下肢的方向则相似于四
脚动物。推究其故,就如我们上曾言及的,自然绝不做虚废的事
物,凡创制一件事物必如其境遇所许可而尽其至善。于是,既然一 20
切应用诸肢(腿)而自然地具有位变(移动所处)能力的诸动物,必
须有一肢静止以负荷其体重,当其行进时,则领先的一肢必须不受
任何妨碍,俾可跨出,方其跨步向前,体重又必须转移而脱出这领
先的一肢,这于后从的那肢就显然必需,在那领先肢的动点冲到前 25
方时,从原地前伸②,这后从肢的下节则必须维持着静态。这样,
两肢便必须具有关节。又,倘领先肢(腿)具有前向(外凸)关节,这
样的运动可得实行,而这动物同时就前进,如其后向(内凹),这样
的运动就不可能。因为如其前弯,则腿的直伸,适当身体的前进时 30
刻,但若弯向相反,则其直伸当在身体后退的时刻。又,若作后向
弯曲,脚的着地将得经由两个相对反的活动,其一前向,其一后向; 711ᵇ
因为肢节折拢时,股的下端当向后动,而胫将运动其脚违离于折曲
的方向而作前动;如其作前向弯曲,上述的行进方式将可以一个前
向活动而完成,无须做相反的两个活动。 5

现在,人原为一两脚动物,凭他的两腿(下肢)循自然的方式以
行位变,按照这里所说的诸缘由而前弯其两腿,但他的臂是后向弯
曲的,这也是够合理的。③如果人臂作相反于现状的弯曲,手的功 10

---

① 参看 704ᵃ19 注;"内凹"同于"后向";"外凸"同于向周边,同于"前向"。

② "αὖθις τε εὐθύ",从 YZ 抄本,删 τε 后,译"从原地前伸"。参看上文 709ᵇ20。

③ 关于人手的优异功能,参看《构造》,687ᵃ6—ᵇ30。

用将全不能实施，也不能用以进食。① 但四脚动物的胎生类属必
须弯曲它们的前肢于前向。因为诸兽运动时，这些腿领先（主管
着运动），②这些腿也正是位置于身体的前段的，它们必须前弯的
15 原因是与人腿（下肢）前弯相同的，因为在这方面的功用，③它们
与人腿相同。所以，兽类和人一样按照上述的状态前弯着这些
腿。又，照这方式弯曲，它们是可能高举它们的〈前〉脚的；如果
作相反方向弯曲，它们就只能把脚稍稍举离地面，因为这样的兽
20 在向前运动时，这肢的全股与胫骨所属的〈膝〉关节都将处于腹
部之下了。可是，后肢（腿）的弯曲若为前向，则在举起后脚时，
25 将同举起前脚时相似——后肢在这样的弯曲状态，由于股与膝
关节都得碰到腹部，也是没有多少距离可任上举的；——但实际
上，它们的弯曲是后向的，用这样的方式运动起来，在它们行进
30 中便无所妨碍了。又，从哺乳的措置看来，当诸兽给乳于其稚儿
时，它们的四肢作这样的弯曲也是必需的，或至少是较善的。④ 倘
其所曲为内向，想要把诸稚兽收拢，并把它们蔽护在腹下，将是困

----

① 参看《构造》，687ᵇ31—688ᵃ12，于人手臂与兽前肢的比较，说明兽类前肢若
干副作用（次要功能）类似人手。

② ἡγεῖται 在这里和在 707ᵇ16 那样，不必作"领先"解，四脚动物不必需前肢
（脚）之一先开步（参看 705ᵇ31 注）；如作"主管"或"主动"解，也与下一分句文义相
符，因为"前"优于"后"，故称之为主导肢。711ᵃ23 ἡγεῖσθαι τῇ θέσει "在排列上为主导"
则确须作"领先"解。

③ 诸兽前肢的主要功能为运动（位变），这相似于人的下肢（腿），其折曲也与之
相似。参看 712ᵇ27 所说鸟翼。依《构造》，685ᵃ20，作为运动器官，兽的后肢实际较前
肢为更重要。

④ 动物诸器官或部分，于主要功能外常可有次要功能，自然于制作这器官时，常
兼顾到它的副作用而构拟其应有的形式（参看《构造》，688ᵃ24 等）。

难的了①。

章十三

现在,我们若以诸肢作成对的组合②而予以考察,其折曲可分 712ᵃ

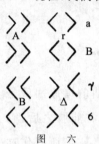
图　六

列为四式。在图上③记明为 A 的这一式,前后肢
两作后向弯曲;或如记明为 B 的,相反而两作前
向弯曲;又或前后肢不作同向而作反向弯曲,有 5
如 Γ,前肢前向,后肢后向;或如 Δ,与 Γ 式相对
反,而凸处互对着,凹处则外向。现在,两脚或
四脚动物统都没有诸肢作图上 A 或 B 式弯曲
的;四脚动物的弯曲如 Γ 式,④唯象独作 Δ 式,⑤还有人,倘把他的 10
臂和他的腿一并考虑,则也作 Δ 式。人,内凹地弯曲其臂,外凸地
弯曲其腿。

于人而论,诸肢的各个关节常交互地(挨次地)⑥作相对反的
折曲,例如肘(肘关节)向后弯,而手腕(腕关节)前弯,还有肩胛关 15

――――――――――――

　　①　参看《构造》,688ᵃ15,31;关于动物构造的乳腺和乳头位置,在那些章节中,从
另些方面推论:譬如说,人臂所以侧生,其旨在使胸廓宽阔,这样备足了安排两乳房的
位置。反之,照四脚兽前肢所系属的位置看来,胸部必然狭窄,那里就无处可容乳头。
依这里,把乳房和哺乳问题作运动器官构造上有关的辅从事项看来,象的后腿既属前
向弯曲,便确乎不能像它兽在腹部生长成乳头了,这恰好解释象的乳头前移到近靠前
肢腋下位置的原因(参看《构造》,688ᵇ6―15;《动物志》,498ᵃ1,500ᵃ19)。

　　②　从 ΖΓ,κατὰ τοὺς ουνδυασμόις 译。

　　③　原抄本现存者皆无图。这里的附图,出于密嘉尔诠疏。

　　④　参看《动物志》,498ᵃ4―7。

　　⑤　参看《动物志》,498ᵃ8―11。

　　⑥　在上图中,可见到肢与肢是交互地相对反的,这样,凡其余与之相从属诸关节
也必需挨次地――作交互相对弯曲。

节也向前弯。于腿（下肢）的诸关节也见到相似的情况，髋关节后向，膝前向，踝又相反而为后向。这里，显然，在挨次各个折曲，下肢相对反于上肢诸关节，因为诸关节的第一个关节①是相对反了20 的，肩胛前向而髋关节后向；挨次而至于手腕也前向，踝则后向弯曲。

章十四

诸肢折曲的方式以及其所由作成各自的折曲的诸原因就是25 这样。再说，后肢与前肢点角行进的问题；跟在右前肢之后，它们移动左后肢，于是而及左前肢，再跟上右后肢。它们所以作这样方式行进的原因是（甲）如果它们两前肢一同先出，这动物将是被扭动的，其行进将是蹶踬着冲向前方，而事实上就是这么样拖动它们的后身的。这种前进方式不当称为行走，而该是跳跃，30 尽长时间的继续跳跃以移换其位置是艰难的。我所说的这一情况，可举示这么一件事例为之证明：譬如那些参加节日祠祭游行712ᵇ 的仗马，在作奔跃行进，②不一会儿就全皆拒不继续③了。由于这些原因，前肢与后肢两都作这样分别先后的行进。又（乙）如果它们两右肢（腿）一同先出，体重④将在那作支持的另两肢（腿）之

---

① ἀρχή 运动的"起点"，这里解作"第一个关节"，实指每肢的上端关节。

② 节日祠祭游行中的"仗马"(τῶν ἵππων ... οἱ πομπεύοντες) 有踊跃、半回转等表演，见于色诺芬《骑术》(Xen. "Eq.") xi。法注，马队骑术表演，在雅典大庙(Parthenon) 残遗石刻浮雕中，有精彩图像，其中作速步（点角行进）者只一见。

③ ἀπαγορεύουσι "拒不继续"或"疲竭"。法注：鸟类在地面跳行数步后便得飞行一个短距离再做跳跃。这可为"跳跃"(ἅλσις)不能久继的例证。

④ 依现代物理语言，应为"重心"。

外,于是它们就得跌倒。这样它们于上述两式或点角行进方式
必须有所抉择,而上述两式既两无实效,那么它们就必须做点角
方式的运动;因为按照我们业经予以说明了的这方式行进,它们
就不至于遭遇上述两项不利后果的任何一项了。又马和与马相
类似的诸动物,何以当其静息时,不会两右肢或两左肢一同前
置,而总是四肢作点角站立,也就为此故。其肢数超于四个的诸
动物运动时也取相同的方式;你试取它们诸腿中相挨近的两对,
加以检察,后腿是与前腿点角地交互活动的;这种情况你可静看
它们缓缓行进而实地见到的。虽是蟹族这种多脚动物也以这方
式运动。它们行进于任何一个方向,①都是常作点角运动的。于
方向而言,这动物的运动是完全特殊的,于诸动物中这是唯一不向
前行而作斜行的动物。② 可是,前向是凭视线为之认定的,③所以
自然制作蟹眼使与蟹肢的活动相符适,蟹眼能作斜向运转,④这
样,于本乎视向而为前的命意上,群蟹的行进也不异别于它动物,
而是前向的。

章十五

鸟类以相同于四脚动物的方式弯曲它们的腿。⑤ 因为广义地

---

① 从 Z 抄本 ἐφ᾽ ὁπότερ᾽ ἄν 译。

② 参看 706ᵇ30。

③ 参看 705ᵇ9—13;这里以视觉为诸感觉的表率。

④ 参看《动物志》,526ᵃ10,527ᵇ8,529ᵇ27;《构造》,658ᵃ2 所举蟹眼斜视的理由相
异。

⑤ 照下文,这句内"四脚动物"下应有"后腿"τὰ ὄπισθεν 字样。

说来，它们的天然构造大略相同于四脚动物的构造；①鸟的两翼代
25 替了四脚动物们的两前肢。② 于是，既然当它们运动以行前进时，
其动变的天然本原（起点）始于翼肢〈有如四脚动物的始于前
肢〉，③鸟翼的弯曲也就得相同于一四脚兽的前肢。④ 事实上飞翔
是它们正当的运动方式。⑤ 这样，倘翼被割除，一只鸟就既不能静
立也不能前行。

30   又，鸟虽为一两脚动物，却站立得不直挺的，⑥鸟身的前段轻于
后身，所以这必需［或至少对于它的站立姿势是较善的］让它的股
（股骨）位置于身体之下，而实际上鸟股就是这样构制着的，这就是
说它的股生长向后。⑦ 于是，股骨如果必须处于这样的位置，腿（下
713ᵃ 肢）的弯曲就必须后向，有如兽的后肢（后腿）。鸟下肢作如此弯曲
的原因相同于胎生四脚动物（兽类）后肢所作如此弯曲的原因。⑧

现在，我们于鸟类与全翅动物（飞行昆虫）以及在液质介体
5 （水）中游泳的诸动物，——这里，我指所有那些在水中凭行动器官
行进的一切种属——作普遍考察，这是不难看到的，有关它们各自
运动的诸器官，恰如我们实地所见于鸟翼与虫翅的情状，作成斜出

---

① 从 YZ, τοῖς τετράποσι "于四脚动物的构造"；密嘉尔诠疏（166·26）及 Γ 译文与
此相符。

② 参看《构造》，693ᵇ12，695ᵃ9。

③ 参看上文，711ᵇ13。

④ 参看《动物志》，498ᵃ28；《构造》，693ᵇ5。

⑤ 《构造》，693ᵇ14。

⑥ 参看《构造》，695ᵃ3。

⑦ 这里的"股"（股骨）μηρὸν 若相当于《构造》，695ᵃ11 的 ἰσχίον 臀（臀骨），那么照《构
造》，那里的文句，应为"εἰς μέσον"生长"向体中部"。

⑧ 见于上文，711ᵇ23—30。

的姿态当是较好(较善)的。于鱼鳍所见的也是相同的斜行排列。在鸟类,翼是斜向地系属在躯体的;于水居动物的鳍以及全翅动物(飞行昆虫)的翅而言,也是这样。这样的斜向器官划开气或水最为迅速,最为着力,①它们就这样施展运动而各显其实效。因为凭这方式,当它们划开了介质,鱼划开了水,鸟划开了空气而浮动着行进时,身体的后段诸部分②也可得跟着向前了。

于卵生四脚动物,所有那些穴居诸种属,如鳄、蜥蜴、蝘蜓(斑点蜥蜴)、③淡水龟④(泥龟)、海龟(蠵龟)⑤,既然全身⑥匍匐在地面上,它们的腿是斜向系属着的并作斜向弯曲⑦。推究其故,为求便于爬入洞内,以及便于孵卵并保护它们⑧,四肢的斜向都是有利的。诸肢既属向外斜展,它们的股节就必需紧紧地系属于体内,⑨

---

① 法注:亚里士多德对于飞翔中鸟翼的向前向上运动与向后向下运动尚不明悉,故于飞翔的力学分析未得要领。译者尝从望远镜中窥伺鹰隼翱翔的振翼情况,在没有望远镜的时代要从低飞的燕雀,高飞的雁鹤等观察群鸟翼羽的运动是不容易或不可能的。

② 从法校,依 Y 抄本 κατὰ τὰ ὄπισθεν μόρια“〈身体的〉后段诸部分”参看 710^b3。这里,诸抄本的异文是混乱的。鸟翼鱼鳍两侧对称,做同调运动而推进其全躯。这里所叙划水划气之语像是说到游泳与飞翔的力学问题,又像是含糊不明的。大亚尔培脱《动物之动原》(A. M., de motibus An)ii,2,3 曾是注意到了这一问题的。

③ ἀσκαλαβ ῶται 当为“毛里坦尼蜥蜴”(Lacerta mauretania)即斑点蜥蜴,或称蝘蜓(守宫,gecko)。

④ ἐμύδες 当为“泥龟”(Emys lutaria),即生活于河沼间的淡水龟。

⑤ χελῶναι“海龟”(蠵龟);地中海蠵龟有两种:其一为粗皮棱龟(Dermochelys coriacea),另一为“加里毛海龟”(Thalassochelys caretta)俗名“鹰喙玳瑁”。

⑥ 从法校,参考 Z 及 Γ 译文,删 καὶ,增ὅλα“全身”。

⑦ 参看《动物志》,498^a15。

⑧ 参看《动物志》,558^a5—14。

⑨ 贝本从 Y,προστίλλοντα 实误;依法校,从密嘉尔诠疏,改作 προσστελλοντα“内属”。

而把肢脚安置到股节下面,俾诸肢能抬举全身。由于这样的需要,
25 它们的四肢就必须作外向弯曲而不能有别向的弯曲。

章十六

我们曾已陈明,①无血而有肢的动物皆属多脚动物,全无四脚种
属这一事实。何以它们的诸肢(腿),除却在极端的各对,都必须作
30 斜向系属(侧出),它们的弯曲向上,诸肢的本形又有些在下扭转(蹦
开)而且向后,②其理由是明显的。于所有这些动物而言,中间诸肢
713ᵇ 既领先又后随。③　这样,它们若位在体下,其弯曲就必须向前而又向
后;作为领先,须向前,作为后随,须向后。现在,它们既然兼任着两
项运动,为此故,除却极端两对外,诸肢便[扭转在下而]④侧出(斜
5 弯)[极端的这两对在运动上是较自然的,首对专为领先,末对专为

----

①　见于上文,704ª11。
②　这里陈述多脚动物中间诸肢三项性状:(一)斜弯(侧出),(二)主要折曲(关节)
上向(例如蝇类中肢),(三)在下扭转(蹦开)而且向后。下文于折曲上向一事未再作解
释。关于斜弯,在这里的实义,同于斜向系属(侧出);异于人和兽的左肢或右肢的折曲平
面各与行进线上的平面方向相同,虫豸或虾蟹(节体动物)诸中间肢的折曲平面与行进线
或视线方向不同,而作或大或小的交角,这就是这里所谓"斜向系属"εἰς τό πλάγιον(侧出)。
　　βλαισότης 这字在《里·斯字典》中,作"在关节处向内弯曲"解,法禺哈逊论这一释义
出于对《希朴克拉底集成》(里得勒编校本,iv,234)"整骨篇"53中用字的误解。这字应用
于解剖学与形态学上,如在肘关节对行进线而言,比之于肩与手在下垂状中,处于线外
较远一些,这就是"蹦"得较"开"。这里的 ὑπόβλαισα 当作"在下面蹦开"解。εἰς τὸ ὅπισθεν
在这里的命意是以膝关节为准,作一平面,与行进线所作平面为直角,着地的脚位在这
平面之后则为"向后"。这样,全肢便该有些扭转,故"蹦开"又兼有"扭转"义。参看《动物
志》,525ᵇ25;《构造》,683ª26—ᵇ3。
③　参看《动物志》,498ª17。
④　从法注,加[ ]。解释"扭转在下"(蹦开)之故,见于下文,713ᵇ9;这句专论斜弯。

后从①]。作成斜弯这种形式的另一理由在于诸肢为数实多,斜向排列,在行进间不至于互相碰撞,可得减少凌乱的活动。但它们所以蹦开的原因是由于它们全是,或大多数是,习于穴居之故,② 凡是处 10 于穴居生活的动物总是不能怎么高举而离于地面的。③

但群蟹在一切多脚动物之中总是在本性上最特别的;④它们除了在上曾陈明的一个命意上,行进不作前向,⑤又,它们是唯一的具有超乎一对的领先肢的动物。⑥ 这种特别情况由于它们诸肢的硬 15 性,⑦也由于诸肢不是用于游泳而是用于行走之故;它们是常到地面上来的。可是,于诸肢的弯曲斜向而论,所有一切多脚动物原都相似于那些穴居四脚动物的——其例有蜥蜴,与鳄,与大多数的卵生四脚动物。卵生四脚动物们,有些在繁殖季节穴居,又有些终生穴居。20

章十七

现在,其余多脚动物⑧之具有蹦开诸肢的是由于软皮之故,但蝲蛄(棘虾)是有硬皮的,而且它们的诸肢是用以游泳的,不用以行

---

① 参看《动物志》,498ª16。

② 下文,713ᵇ20,不以穴居生活解释诸肢的"蹦开",而举以解释诸肢的斜弯(侧出)。

③ 依 Z 抄本文句译,这与密嘉尔诠疏(168·20,169·9)及 Γ 译文相符。

④ 贝本 περιττότατα "最特别(奇异)的";YZ,περιττότατα "最特别(奇异)的动物"。

⑤ 见于上文,712ᵇ20。

⑥ 《动物志》,490ᵇ6;蟹行,四脚前移。

⑦ 下章,713ᵇ26,另举蟹肢硬性为"不蹦开"的原因。

⑧ 这里的论旨:棘虾与蟹与其他多脚类相较,诸肢不作蹦开状;棘虾是由于皮硬之故,又由于蹦开肢不利于游泳之故;群蟹虽习于陆上穴居,不必须游泳,但因皮硬,所以诸肢也不蹦开。

这一节与上章末节,有些语句重复,所持议论多不切实际,而且有些凌乱,法置哈逊揣为原文已逸失,这些是后人的补缀。

25 走,〈这样,它们的诸肢是不蹦开的〉。① 蟹族的诸肢也是斜弯而不
蹦开的,②相似于卵生四脚动物与无血多脚动物,因为它们的诸肢
具有一壳似的硬皮,虽然它们生活于洞窟之中而不游泳,事实上它
们是生活在陆地上的。又,它们的形状像一盘,③异于棘虾之为长
形,它们无尾④也是不同于棘虾的;对于游泳的棘虾,一个尾是有
30 用(有利)的,但蟹不是一个游泳动物。⑤ 又,由于蟹有许多脚为领
先,其侧边相等于后身(体后段),⑥这也是独特的。多脚领先的原
714^{a} 因盖在它们的折曲不前向而腿不在下面扭转(蹦开)之故。我们上
曾言明它们的腿所以不在下面扭转是由于硬性与壳样硬皮之故。

由于这些原因,于是这必须多肢(超于一肢)⑦领先,并做斜向
5 运动;斜向运动是由于弯曲(关节)斜向之故;⑧多肢领先,是由于
如果不由多肢领先而只由一肢领先,那些静止的肢脚将妨碍在运
动中的诸肢脚。

扁体型诸鱼扭转着头游泳,有如独眼的人们行走那样;它们所
10 本有的自然形态业经畸变。蹼足鸟类用它们的脚游泳;由于它们

---

① 依法校,按照上下文义补〈καὶ διὰ ταῦτα οὐ βεβλαίσωται〉;在密嘉尔诠疏上看来,
当时的抄本大概是有〈　〉内字样的。

② Y及Z为οὐκ ἐκβλαιῶται"不蹦开";PSU ὅτι βεβλαίσωται"蹦开"。各抄本在这
句是凌乱的,依下文,714^{a}1,以"不蹦开"为是。

③ 参看《动物志》,525^{b}33:蟹 στρογγύλον"浑圆",虾 πρόμηκες"伸长"。

④ 《动物志》,525^{b}31;《构造》,684^{a}2。

⑤ 参看《构造》,684^{a}1—11。

⑥ 这里文义不明晰,大概是有鉴于蟹行"侧向两边",前四肢在一侧(边),后四肢
在另侧(边),这样就把两半边的某一半边称为"后身"。于蟹的运动方式,这一章比上
文,章十四,712^{b}10—17说得更糊涂了。

⑦ 依法校,从Y πλείοσι"多肢"。

⑧ 上文,713^{b}8说斜向排列,免得诸肢在运动时互相扰及。

具肺而呼吸〈空气〉,①它们成了两脚动物,②但又由于它们食宿在
水中,所以它们成了蹼足动物;③凭这样的安排,它们的脚可当鳍
用。④ 它们所有的下肢也相异于其余诸鸟之系属于躯体中部,而
是移属到体后部的。它们的腿短,移属之于体后部,对于游泳是有 15
利的(有实效的)。它们所以腿短的原因是自然把它们诸肢在长度
方面应有的物质移到了脚上之故,⑤这样它们的腿虽不长,却粗
壮,而诸脚则增加了宽度。当它们游泳时,宽阔⑥的脚,比之细长
的脚,于划(排去)水是较为有用的。

章十八
20

有翼诸动物兼又有脚,而〈有鳍的〉鱼类却无脚,也是有理由
的。前者生活于干性介体内,是不能常时留在空中的,所以它们必 714ᵇ
须有脚。反之,鱼类生活于湿性(液性)介体内,⑦它们吸进水,不

---

① 参看《构造》,669ᵃ6。

② 因为具肺的皆属有血动物(《构造》,668ᵇ33—36),而有血动物不能超有四个以
上的动点;蹼足鸟(游禽)基本上为一鸟就必须有两翼,于是它所能具备的脚数只可能
是两只(《构造》,693ᵇ5—9)。

③ 参看《构造》,693ᵃ6,694ᵇ1。

④ 参看《构造》,694ᵇ10。

⑤ 自然造物的移余补阙(生理物质平衡)原则,参看《构造》,694ᵃ27,ᵇ28 等。

⑥ 贝本 παχεῖς"粗壮";从法校,依 Ζ 本,为 πλατεῖς"宽阔";参看《构造》,694ᵇ5。

⑦ 法注:"亚里士多德在这里没有就介体问题研询这样一问题,何以一条鱼能在
液体中自然地随时得其平衡,而鸟却不能也这样尽留在空中(气体中)?"又,他在上文
(710ᵇ1)涉及了鸟类适应飞翔的构造,这里却又不再陈述鱼类浮水的构造。《构造》,
695ᵇ4,他提示了,鱼类自头至尾具有浑然的整体,无手无足无翼,又说所以成为如此构
造的原因,曾已言明;但《构造》在该章以上的各章实无说明鱼体整个构造的文句或章
节,其他现存各篇中也不见如此章节。法瞿哈逊认为这样的章节也许原本就在这里,
但随后残逸了。这一章看来像是有阙文的。

吸进空气。于游泳，鳍是有用的，①脚没有用。而且它们如果兼有两者，当转成为无血动物了。鸟类与鱼类之间于运动器官上具有
5 广义的相似形态。鸟类两翼位在上身，相似地鱼有两鳍在前位（两胸鳍）；②又，鸟类两脚位在下身而靠近〈其两翼〉，相似地大多数的鱼③有两鳍④在下位（两腹鳍）而靠近前鳍（胸鳍）。鸟又有一尾，鱼也有一尾鳍。

章十九

关于介壳（函皮）动物的运动，这里可提示一个疑难：由于它们
10 左右不分，那么它们运动的起点何在。现在，实际观察显见它们是运动着的。我想，必须把这一类动物全数当作畸残动物来看待，⑤它们的运动方式就有类于原属有肢的动物却被切除了腿以后的运动，或相似之于海豹和蝙蝠的运动。后举两者都是四脚兽而〈残缺〉

---

　　① 参看《构造》，695ᵇ21。亚里士多德于鱼的胸鳍与腹鳍认为是相当于兽脚的，但照本篇，706ᵃ32—34 的定义，严格地说来，鳍不是脚。

　　② 以下这二分句，依法校从 Ζ 抄本：καὶ τοῖς μὲν οἱ πόδες ἐν τε τοῖς ὑπτίοις καὶ ἐγγὺς ⟨τῶν πτερυγίων⟩ τοῖς δὲ τὰ πτερύγια ἐγγὺς τῶν πρανῶν τοῖς πλείστοις 译，⟨　⟩内两字，法瞿哈逊校补。依 Ζ 本，这句所说鸟的翼与脚和鱼鳍之相应部位，以及大多数鱼有腹鳍相当于鸟下肢的部位，皆与实况符合，也与其他篇章相涉者符合。Γ 译文这分句有残缺，但与 Ζ 本为相近。
　　鸟腿位置参看本篇，712ᵇ32；《构造》，695ᵃ11；"πρανῶν⟨πτερυγίων⟩""上鳍"或"前鳍"，今称"胸鳍"。翼与胸鳍相当，参看本篇，714ᵃ12。

　　③ 少数鱼无腹鳍，参看《动物志》，489ᵇ24，504ᵇ30；《构造》，696ᵃ3，21。

　　④ 亚里士多德于鱼鳍，不言脊鳍、臀鳍，专言相当于鸟兽肢脚的，成对的胸腹鳍，这里的下位两鳍"τὰ πτεούγια"实为两腹鳍。

　　⑤ 论海豹与蝙蝠为畸残动物，参看《动物志》，498ᵃ31；论两者为间种，参看《构造》，697ᵇ1—13。

不完善的。这里，介壳动物固然运动，但其运动状态不合乎自然。 15
它们实不是一个〈完善的〉动物，仅是一固着（定居）的生物，在运动
其生体而已，这可类比于动植物间体，① 若与行进动物为类别，它
们是固着动物。

至于右与左之别，诸蟹也是模糊不明的，然毕竟显示有这种分
别。你可在螯爪上见到分别，它们的右螯较大较强，② 它们好像就 20
在这里试图（想要）显明其躯体具有右侧与左侧之别。

关于诸动物的构造，它们其他诸部分和特地重要的有关行进
及位置动变的诸部分，就有如我们在这里所陈述的。说明了这些
问题，剩下的还须研究《生与死》περὶ ζωῆς καὶ θανάτου 的问题。③

---

① 从 SUZ 诸抄本，καὶ πρὸς τὰ πεφυκότα 译。πεφυκότα“生长的事物”，指只有生
长与生殖机能而缺乏运动机能的生物，包括植物和动植间体，例如海绵（参看《构造》
681ᵃ16）；这里当专指动植间体。《动物志》，548ᵇ8 φυόμενα“有生之伦”（生物），通常以指
植物（τὰ φυτά），而也常兼括下等动物如“海绵”。若从贝校本 καὶ προσπεφυκότα，这里应
译为：“仅是一个（固着生物或）附着生物，而在运动其生体而已”，参看《动物志》，487ᵇ8
于蚝蛎，531ᵃ32 于水母与某些介壳类，皆称之为“附着生物”；《生殖》，715ᵇ17，称介壳类
与“附生于另些事物之上的动物”τὰ ζῶντα τῷ προσπεφυκέναι 皆为不能移动其位置的动
物。

② 参看《动物志》，527ᵇ5,590ᵇ25；《构造》，684ᵃ26,691ᵇ16。参看达尔文，《原人》，
i,330。

③ 除 Z 外，诸抄本以及密嘉尔诠疏，这里所举下一论题都是 περὶ ψυχῆς《关于灵
魂》。唯 Z 抄本独为《生与死》；Z 抄本，在这篇以下接续的是《生殖》篇。法瞿哈逊认为
《运动》篇与《行进》篇在《构造》，696ᵃ12 句内，是合举作一个论文的题目的；在 Z 抄本所
依据的古代原本，可能这两篇是这么合并的，全文次于《自然短篇》这一组若干短篇之
后而列于《生与死》(de Vita et morte) 这一组之前。我们现所可见的希腊文抄本《灵魂》
篇(de Anima) 全都列在《自然短篇》之前，符合于《自然短篇》，464ᵇ20,32,480ᵇ21 所叙
明的情况。所以说在《行进》篇以后，讲《灵魂》这样的序次语句，大概是经过了改编的。

索　　引

《构造》，639ᵃ—697ᵇ 页，省作 39ᵃ—97ᵇ。《运动与行进》
有 * 记号，698ᵃ—714ᵇ 页，省作 98ᵃ—14ᵇ。

一、动物分类名词

Ἀμφώδοντα καὶ μὴ ἀμφ.	Amphodonta and non-amph.	齿列两颌俱全与俱全动物	74ᵃ20，75ᵃ25，ᵇ25。参看"偶蹄动物"，"实蹄动物"与"胎生四脚动物"。
ἄνθρωπος	man	人	见于索引二。
ἀπόδα καὶ ὑπόποδα	apodous and footed animals	无脚与有脚动物	爬行类有脚无脚之别，90ᵇ15。有脚动物分类 4ᵃ10—23；蛇，鳝等因身细长故无肢脚 7ᵇ15.四动点行进 7ᵇ5；蝎与蠕虫并称无脚动物，5ᵇ25；波状行进与缩伸行进，7ᵇ27—8ᵃ21，9ᵃ25—ᵇ3。
Δίποδα	bipeds	两脚动物	人，86ᵃ30 等；鸟 95ᵃ5 等。* 人与鸟，4ᵃ15，6ᵃ25；人为最合乎自然的两脚动物 6ᵇ1；鸟类的立姿 10ᵇ18—11ᵃ2，行动器官与行动方式，10ᵇ5—11ᵇ15。
διχαλά (＝κερατοφόρα)	Cloven footed ani. (＝horned ani.)	偶蹄动物 (＝有角动物) (兽纲，偶蹄目)	偶蹄有角，即齿列不全动物，与无角，即齿列俱全动物对举 51ᵃ30，ᵇ30，64ᵃ1，74ᵃ30，ᵇ5，75ᵃ5；偶蹄者有

角 63ᵃ1，86ᵇ15，88ᵇ30；有角动物大多数偶蹄 63ᵃ20；土质物不足故缺上颌门牙，
63ᵃ30，ᵇ35。为少产或单产动物 88ᵇ20。

偶蹄与实蹄(奇蹄)动物对举 51ᵃ30，ᵇ30，90ᵃ4—28；偶蹄
兽有距骨 90ᵃ10—27。反刍 62ᵇ35，63ᵃ15，复胃 74ᵃ28—ᵇ12，
皱胃凝乳 76ᵇ10；肠长而盘绕 75ᵇ3—76ᵃ5，结肠 75ᵇ5，盲肠
75ᵇ5，空肠 75ᵇ30，肛门 75ᵇ10。脾形圆 73ᵇ30；体内硬脂
51ᵃ30，髓 51ᵇ30；乳头数与位置 88ᵃ30，ᵇ20，乳汁 76ᵇ10。参看
"胎生四脚动物"。

Ἔναιμα καὶ ἄναιμα	Sanguineous and non sang. animals	有血与无血动 物(相当于脊椎 与无脊椎动物)

有血与无血动 对举 42ᵃ15，45ᵇ5，52ᵇ20，
物(相当于脊椎 54ᵃ1，60ᵇ5，65ᵃ30，67ᵇ25，
与无脊椎动物) 78ᵃ10，30。有血动物体较
热，具肺，胜于无血动物
68ᵇ35，82ᵃ30，具诸脏腑 65ᵃ30，76ᵇ10，有膈膜 72ᵇ10，肠系膜
78ᵃ5，网膜 77ᵇ20，必有心与肝 65ᵇ10，70ᵃ20，77ᵇ5。头部分
化较分明 85ᵇ35，86ᵃ1，90ᵇ15。各部分皆两侧对称，67ᵇ30；
行动器官不超过四动点 93ᵇ5，95ᵇ20，96ᵃ1，15。
有血动物的体表类别:(一)被毛动物(τὰ τριχία)兽，57ᵇ10，
58ᵃ15—ᵇ1，64ᵇ25，65ᵃ5；人，58ᵃ2—14；(二)羽毛动物(τὰ
πτηδά)，58ᵃ10，64ᵇ25，71ᵃ10，76ᵃ30，91ᵃ15，92ᵇ10；(三)棱
甲动物(τὰ φωλιδότα)，57ᵇ10，58ᵃ10，64ᵇ25，71ᵃ10，91ᵃ15，
92ᵇ10；(四)被鳞动物(τὰ λεπίδα)64ᵇ25，92ᵇ10。

　　无血动物有可拟于心脏的部分及营养构造，78ᵃ1，
81ᵇ15 等，有拟肝，79ᵇ10，80ᵃ20 等；无血管与血质内脏
78ᵃ30，无泌尿构造 78ᵇ1。

　　有血动物只有一个生命中心，47ᵃ3—ᵇ9，67ᵇ25，70ᵃ20
等，无血动物的长型种属有多个生命中心 82ᵃ5，ᵇ1，25。有
血与无血动物的直线与曲线造型 84ᵇ6—85ᵃ10。

　　*有血动物行动四点 7ᵃ20，11ᵃ5；翼与臂不兼备 11ᵃ5；
四肢折曲可有四式 12ᵃ1—8，实有两式 12ᵃ8—12。无血动
物多足 13ᵃ25。

ἐντόμα	insected animals	节体(节肢)动 物，虫豸

节体(节肢)动 分节而多肢 82ᵃ37—ᵇ4，
物，虫豸 分节的动物 82ᵇ20—33，

经切割后尚能短期存活 82^{b}30，躯体组织为骨肉间质 54^{a}30。造型 84^{b}30；生命与感觉中心在胸部 82^{a}1。假死 82^{b}25。

总述外表构造，82^{a}35—83^{a}3；头部，78^{b}15—25；翅，82^{b}5—20，92^{b}10；大多数六足 83^{a}27—^{b}3（昆虫纲）。螯刺 82^{a}29—83^{a}26；前刺（刺吻）用作武器兼以进食 61^{a}15—26，78^{b}20，82^{a}10，^{b}30，后刺 83^{a}10；拟齿（上颚），78^{b}20，83^{a}1。硬眼，52^{b}35；嗅觉器官在躯体中段 59^{b}15，82^{a}5。

体内构造总述，82^{a}2—29；冷却（呼吸）系统，69^{a}7；口，82^{a}10，20，胃，82^{a}15，肠 82^{a}10，15。

虫豸类别：长型虫（＝多足纲）82^{a}5，^{b}1，20；重型虫，甲虫，即鞘翅目昆虫，82^{b}10；膜肢虫（蜂蚁＝膜翅目）82^{b}25，双翅与多翅（四翅）82^{b}10，83^{a}15。

*昆虫称"全翅动物"（ὁλόπτερα）与鸟之为"歧翼动物"σχιζόπτερα 对举，10^{a}20；虫翅侧生 13^{a}15，折曲在底部 9^{b}30，无尾 10^{a}5，翅与飞行方式，9^{b}26—10^{a}26，鞘翅与膜翅之别 10^{a}10。地上行走方式，12^{b}10。

Ζῷον, τό	the animal, an organism	动物，有机体	*作为有生命（灵魂）物（ψύχον）与无生命（灵魂）物（αφύχον）对举，0^{b}5；以心脏为主尊，动物诸部分为一共和集体 3^{a}28—b2；生理结构于自动傀偏 2^{a}30，1^{b}1—17，3^{b}10，因冷暖而引起生理物质演变 1^{b}30，2^{a}10。参看索引三"运动"。
ζῳοτόκα	vivipara	胎生动物（哺乳纲）	与卵生动物对举 55^{a}20，90^{b}10。骨骼 55^{a}5—10；多血，富于体热，肺大，69^{a}25，30。有乳房与乳 92^{a}15。
ζοτόκα, τετράποδα	viviparous quadrupeds	胎生四脚动物（兽纲，猿猴目除外）	较卵生四脚动物为高尚，69^{b}5；直线造型，84^{b}23—31，身体横陈 58^{a}20。富于

土质物,55^b10;被毛 64^b25 等,背毛多于腹毛 58^a15。

外表器官总述:头,颈,躯干,85^b28—86^a24。头 57^a10,85^b30,86^a15,有能活动的外耳 57^a15,58^a1;眼与眼睑 57^a15,25;上下颌 91^a30。颈 86^a18—24,会厌,64^b25。肢脚 86^a25—88^a18,89^b1—90^b10,前肢 87^b25—88^a4。泌尿与生殖器官 89^a5,"后尿向诸动物"τὰ ὀπισθωρητικά89^a30。尾 89^b1—90^a3。内部构造:肝脏血红色 69^b30,73^b2,脾大 69^b30,肠 75^a15,有盲囊 75^a15。雌性子宫 40^a20,89^a1。

各种属产子数(单产,少产,多产之别)与乳头数 88^a19—$^b33$。* 四脚动物必为有血动物 7^a20,不能直立,6^b5。四肢折曲(关节)4^a20,11^a15,$^b10$—11^a15,点角行进,4^b1,12^a25—$^b21$。

ζῳόφυτα	zoophytes	动植间体	海绵 81^a10,15;水母,海葵 81^b5。
			* 不能行动 14^b15。
'Ιχθύες	fishes	鱼类	一般形式,95^b1;鱼刺与软骨 55^a20;食物消化不完

全,性贪饕 75^a75—24。鱼为游泳动物,以鳍为行动器官 95^b20,缺鳍鱼作波状行进 96^a1,30。鳃为鱼类特征 96^a1;鳃呼吸以平衡体热,69^a5,76^a25。

外表构造,95^b1—97^b13;头与感觉器官 96^b34;口腔各型 96^b24—97^a3,位置,96^b25,97^a1,上下颌,60^a35,91^b30;眼 57^b30,58^a5;有听觉,无外耳,56^a35;嗅觉经由鳃部 59^a15。鳍 95^b18—96^a32;鳍或兼作脚用 95^b15。尾 95^b5—17。鳞 70^b5,71^a10,97^a4。各种属的鳃状,96^a34—$^b24$;硬骨鱼有鳃盖,软骨鱼无鳃盖,96^b2—12。

内部构造:味觉器官(棘舌)60^b12—25,35—61^a6;锯式锐齿,内弯(鲔属例外)62^a10,75^a1;无食道,72^a5,单胃 75^a10,76^b1,有盲囊,75^a10。心脏 66^b10;肝带黄色,脾小,70^b1,10;皆有胆囊 76^b20,77^a1。精管 97^a10;无膀胱

长随生活方式而异,94^{b}10,各种类的趾式,95^{a}16—26,蹼
93^{a}20,94^{b}5,钩爪 94^{a}20;距 84^{a}30,有钩爪则无距 94^{a}15。

内部构造:骨骼,58^{a}15。舌,60^{a}29—^{b}3,宽舌能调音
60^{b}30,35;喉管 64^{b}25。食道 74^{b}20,30,胃,膆囊与砂囊
74^{b}17—34,75^{a}10,78^{b}25,35,肠,75^{a}15,盲囊 75^{a}15;肺小,
能膨胀,69^{b}30;饮水少,69^{b}35,71^{a}10,无膀胱 71^{a}10,粪上有
白色物 76^{a}30;肾状体,71^{a}25;肝,73^{b}20,脾小,70^{b}10;睾丸,
95^{a}25。

鸟类诸属:(一)重身鸟(οἱ βαρεῖς)不善飞行,57^{b}5—25
(=地居鸟 τὰ ἐπιγεῖα),趾爪直,有距,94^{a}10。(二)游禽 τὰ
πλωτά(=蹼足鸟,οἱ στεγανόποδες),92^{b}20,93^{a}5,94^{a}5,^{b}1,
阔嘴,62^{b}10,食道长,74^{b}30;蹼足 93^{a}20。(三)涉禽(长腿
鸟,μακροσκελῆ)与游禽并生活于沼泽 92^{b}20,93^{a}15,
94^{a}5,^{b}1,20,95^{a}20。(四)短腿鸟 μικροσκελῆ(相当于鸣禽)
生活于山林郊野之间,93^{a}5,94^{b}20,鸣禽多属小种 60^{a}30。
(五)钩爪鸟(野禽,猛禽,τὰ γαμφωνύχα)钩爪阔翼 94^{a}1,
20,^{b}25,钩喙 62^{b}1,短颈,93^{a}5,视觉敏锐,57^{b}25,阔舌
60^{a}35。(六)候鸟(τὰ ἐκτοπιστικά),94^{a}5。

 * 鸟类构造适于飞行 9^{b}20—10^{a}4;鸟四肢与兽四肢相
拟 12^{b}23—13^{a}2,折曲(关节)9^{b}30;与鱼鳍相拟,9^{b}30,鸟翼
与虫翅相异 9^{b}26—1^{a}26;胸部构制 10^{a}30。钩爪鸟的体制
特擅飞翔 10^{a}26;水鸟不善飞行,10^{a}15;游禽 14^{a}9—19;重
身鸟不善飞行 10^{a}10。

ὀστρακόδερμα　　Testacea　　函皮类,介壳 与头足,甲壳,节体类并
　　　　　　　　　　　　　类　　　举 44^{b}10,54^{a}1,78^{a}30。分
　　　　　　　　　　　　　　　　　类(两瓣贝,δίθυρα,单
瓣贝 μονόθυρα,螺蜗 στρομβώδη),79^{b}15,83^{b}15;另有海胆
79^{b}30,80^{a}5,海鞘也被列于介壳类 80^{a}5。曲线造型 84^{b}6—
85^{b}11;硬质在外,软质在内,79^{b}30。生命中心拟在躯体中
线,81^{b}35。多营固着生活,器官简少,83^{b}1。

πολυσχιδῆ　polydactylous vivipara　多趾〈胎生〉动物（兽纲，食肉目与啮齿目）　与奇蹄偶蹄动物并举，51ª35，59ª25；无角，62ᵇ30。前脚似手，59ª20，87ª30，能行走兼作攻防与其他功用88ª1（象为例外，59ª25）；大多数前脚五趾，后脚四趾，小体型诸种，后脚也五趾，88ª4—13。爪牙锐利，无距，90ª25。脾74ª1；体脂，51ª35。多产88ª30，乳头88ª15，35。稚兽与成兽上下身比例86ᵇ20。

Σαρκοφάγα καὶ ποαφάγα　Carnivora and herbivora　肉食与草食动物　并举，55ᵇ10，61ᵇ5。肉食动物主于咬啮，阔嘴，锯式锐齿，55ᵇ10，61ᵇ18—24，62ª30。肉食兽单胃，肠少盘曲，草食兽复胃，盘肠，杂食兽介于两间，75ª25—ᵇ18。肉食鸟钩爪钩喙短颈，62ᵇ1，93ª5，食腐肉鸟（κρεωφάγα）与食鲜肉鸟 ὠμοφάγοι，93ª1，94ª1。肉食鱼96ᵇ30，锐齿繁列而内弯62ª7—16，阔嘴97ª1。

非肉食型动物的口齿，62ª30。蔬食鸟喙93ª15，粒食鸟（καρποφάγα）喙，直而小，62ᵇ5，93ª10，蔬食鱼62ª5，97ª1，口小，97ª1。

σελάχη　selachia, cartilaginous fishes　鲨类，软骨鱼类　卵胎生，76ᵇ1。软骨骼58ª20—ᵇ2，96ᵇ5，脊骨内有髓55ᵇ10。鳃无盖96ᵇ5。无鳞97ᵇ5，皮粗糙55ª25。口腔在下位90ᵇ25—33。肝脏分页，69ᵇ30，73ª20。

στρομβώδη　turbinata, stromboids　螺族介壳类，螺蜗　造型，84ᵇ15，85ª11。螺壳有厣，79ᵇ25，83ᵇ10，84ᵇ15，85ª5。参看"介壳类"。* 口与排泄孔同在一端，6ᵇ1；前后辨向，6ª15；螺壳负右侧6ª10。

Φωλιδωτά　tesselletes, reptiles　棱甲动物（爬行纲某些族类）　与被毛动物（哺乳纲）对举57ᵇ10；与被毛，被羽

（鸟纲），被鳞（鱼纲）并

举，58^a10，64^b25，92^b10

等。除外形有脚无脚之别外，各种属内脏相似 90^b15；除龟族外，无膀胱 71^a9—25。参看"卵生四脚动物"。

'Ωοτόκα　ovipara　卵生动物（鱼，与胎生动物对举，55^a20，

鸟，与爬行纲及 90^b10。舌 60^b4—11；骨，

两栖纲）　55^a17—$^b2$。产卵，无乳，

92^a15。少数种属生殖器

官同于泌尿器官 89^a5，多数同于排泄干残余器官 97^a10；肝脾，69^b30；肺小，作海绵状，69^a25。

ῳοτοκα, ζῷα　oviparous　卵生四脚动物　直线造型，84^b22—31；较胎

τετράποδα　　quadrapeds　（爬行纲与两　生四脚动物为矮小 $69^a1,5$。

栖纲）　　被棱甲的诸种属 57^b10，

76^a30，91^a15。穴居，91^a25；

能在水下为短期生活，69^a35。

外表总述，90^b18—92^a9，92^a3。头，90^b15，口，齿，舌，90^b18—91^a12，具足五感觉器官 91^a10，眼无上睑，以下睑闭眼，57^a25，$^b5$，$91^a10,25$，视觉不良，91^a25；听孔，57^a30，91^a10；嗅孔，59^b1，91^a10。头上无角，62^b25。舌（鳄除外）90^b20，91^a5，蜥，蛇，舌分义，91^a5；锯齿 91^a10；上下颌的活动，91^a30，$^b5$。颈，91^b27，肠，92^a10。肢脚，92^a15。尾，89^b1—90^a3，92^a15。

内部构造总述，76^a23—$^b15$。气管，91^b25，海绵状小肺，69^a30，70^b15，76^a30。喉无会厌，64^b25，单胃，76^b5，肠 76^b15，肝，73^b30，胆囊 76^b15，脾，$70^b1,15$。唯龟族有肾与尿囊，$71^a10,25$，76^a30。

*必为有血动物，7^a20，不能直立 6^b5。有些穴居，有些在孵卵时穴居，13^b20，四肢侧出蹦开，4^b1，13^b16—25，$^b10$；四肢的折曲（关节），12^a1—12。

ῳοτοκήσαντα　ovovivipara　卵胎生动物，蝮蜄与软骨鱼类，76^b1。

二、动物名称

本书内所说动物品种，常相当于今科属或更大的类名

14，人为唯一能笑的动物，73ᵃ5，25。单胃，74ᵃ25，脾，74ᵃ1，胆囊，76ᵇ30，肾，71ᵇ5。胸宽 88ᵃ10，乳房与乳头，88ᵃ19—30。

土质物不如兽多，55ᵇ10；"最为明智"（φρονιμώτατον），86ᵇ10，87ᵃ5，有神性，56ᵃ5，86ᵃ25。唯人类有本于"希望"（ἐλπίς）的情绪，69ᵃ20

"野人"，43ᵇ5；矮人（侏儒）86ᵇ1。

*腿长而强壮，10ᵇ10，腿与臂的功能，11ᵇ5，运动诸器官量向分明，6ᵃ25，诸关节（折曲），12ᵃ13—21。长人的行动姿态 7ᵇ15；婴儿类于侏儒体型，只能爬行，10ᵇ11。

ἄρκτος	bear	熊	体毛多，尾毛少，58ᵇ1。
*ἀσκαλαβος	gecko	蝘蜓	卵生，穴居，四脚动物，四肢侧出斜弯，13ᵃ15
ἀστακός	astacus, lobster	螯虾，龙虾	介壳类四族之一，品种繁多 83ᵇ25；左右螯一大一小，84ᵃ30。
ἀστήρ	star-fish	海星，海盘车	残食蚝蛎，81ᵇ10。
Βάτος	batus, ray	魟，鳐	体扁阔，幅鳍，95ᵇ25，游泳方式，96ᵃ25，皮，97ᵃ5。 *波状行进，9ᵇ15。
Βάτραχος	batrachus, fishingfrog	鮟鱇，钓鱼海蛙	鳍的位置，96ᵃ25。［误入］软骨鱼类，95ᵇ10。
*βδέλλα	leech	蛭	缩伸型运动，9ᵃ25
βόνασυς	bonasus, aurochs	鬣犎，欧洲野牛	角内弯，不作武器，以喷粪自卫，63ᵇ10—15。
βούβαλος	bubalas	埃及大羚羊	角不适于自卫，63ᵃ10 有
βοῦς, ὁ (οἱ βόες)	ox (cattle)	牛	驯野之别，43ᵇ5。举作一品种，39ᵃ15。肺，71ᵃ15，脾74ᵃ1，肾71ᵇ5，乳头，88ᵇ25。内外构造见于"偶蹄动物"。ταῦρος，公牛，血多纤

维 51[a]1；角强于母牛，62[a]1，牛角位置，63[a]35—[b]12 吃草退行，59[a]20。心脏有骨化组织 66[b]15。

Γαλῆ	marten, weasel	伶鼬，或雪貂	心脏大，性诈，67[a]20
γέρανος	crane	鹤，玄鹤	举作一品种，44[a]30
* γῆς ἔντερον	earth entrail	"地肠"	缩伸型运动 9[a]25
Δασύπους λαγώς	dasypod, hare	毛脚兽，野兔	心脏大，性怯，67[a]20；肝，69[b]30，胃有凝乳 76[a]5，15。雄兔后尿向，89[a]30。
δολφίνος	dolphin	海豚	骨，55[a]15，肺，69[a]10，97[a]15，口的位置，96[b]25。

无胆囊 76[b]25，77[a]30。参看索引一"鲸类"。

| δορκάς | dorcas, gazelle | 瞪羚 | 最小有角兽，63[a]10，[b]25。 |
| Ἐγχέλος | eel | 鳗鳝 | 鳃少，96[b]20，无腹鳍，96[a]1。 |

　　　　　　　　　　　　　　　　　　　　* 两鳍，8[a]1，9[b]10；运动方式，7[b]25

| ἐλάφος | deer | 鹿 | 长寿，77[a]30；血不凝，50[b]15；心脏大，性怯，67[a] |

20。角内实，逐年蜕换，63[b]10，角多叉，不利攻防，63[a]10，捷足 63[a]10。雌鹿无角 62[a]1，64[a]5。

| ἐλεδόνη | heledone | 埃勒屯尼 | 头足类一品种，触手上只有一列吸盘 85[b]10。 |
| ἐλέφας | elephant | 象 | 象鼻的特殊形态与功能 58[b]30—59[a]35，61[a]25，82[b] |

30，92[b]10。形体特大 63[a]5。乳房，88[b]5—15。前脚 59[a]25 脚趾，59[a]25。

　　　　　　　　　　　　　　* 肢节折曲 9[a]10，12[a]20。

| * ἐρωδιός | heron | 鹭 | 长腿当屋，不善飞行，10[a]10。 |
| ἑμύς | hemys | 淡水龟 | 体藏壳内，54[a]10，龟族的 |

μηλολόνθη	melolonthe, cock chafer	小金虫,黄蛂	鞘翅,82^{b}15.* 飘飞,10^{a}10。
μύος	mouse	鼠	胆囊或有或无,76^{b}30;心脏大,性怯,76^{a}20。
			* 艰于在谷堆上行走,98^{b}15。
μύρμηκος	ant	蚁	或有翅或无翅,42^{b}35,43^{b}1。智巧,50^{b}25。齿(颚),78^{b}15,83^{a}5,舌状体,61^{a}15。
μύωφ	myops, horse-fly	虻,马虻	双翅小虫,82^{b}10,无尾刺,83^{a}10,刺吻,61^{a}20,78^{b}15;肢脚 83^{a}30。
Νάρκη	torpedo	"麻醉鱼",电鳐	体扁阔,长尾,95^{b}5。幅鳍与其游泳方式,96^{b}25。
νηρείτη	nerite	蜓螺	厣,79^{b}20。
νυκτερίς	bat	蝙蝠	鸟兽间体,97^{b}2—13,皮翼,97^{b}10。单胃,74^{a}25,脾,74^{a}1,乳头,88^{b}20。
			* 虽为四脚胎生动物,不适行走,14^{b}10。
Οἶστρος	tabanus, gadfly	虻,牛虻	针状舌(刺吻),61^{a}20。
ὁλοθούρια	holothuria	沙巽(海参)	近似植物,81^{a}15。
ὄνος	ass	驴	心脏大,性怯,67^{a}20。参看索引—(甲)"奇蹄类"。
ὄνος Ἰνδικός	Indian ass	印度驴	奇蹄有角,63^{a}20(实为犀 ῥινόκερος,"鼻角兽")。
ὅρυξ	oryx	奥利克斯	(北非白羚)"独"角,63^{a}20。
ὄστρεια	oysters	蚝蛎	若干品种的通称,54^{a}1 体如扁碟,头居中,不作对称

构造，80^b10；"卵"，80^b5，20；为海盘车所残食，81^b10。

ὀφις	serpent, snake	蛇	诸蛇通称，见于"蛇类"。
Πάρδαλις （πανθήρ）	leopard	豹	趾，88^a5；心脏大，性险诈， 67^a20。
περιστερά	pigeon	鸽	（常用作诸鸽通称）脾， 70^a30，眼睑，57^b10。
πίθγκος	ape	猿	无尾无尻，89^b30。
πίπα σκνηπόφαγα	woodpecker	啄木鸟，食树 蠹鸟	长喙强健，62^b5。
πλεύμονες	"sea-lungs"	"海肺"	（未能确知为何物）81^a15。
πολύπους	poulp, octapus	八腕鳝	腕（足），52^b25，83^a12； "头"，85^a5，无骨，79^a20，

幅鳍，85^b20。参看索引—（甲）"软体动物"。

πορφύρα	purpura, murex	紫骨螺	壳，79^b10，厣，79^b20，口器 （齿舌）能穿贝壳， 61^a20。* 与螺顶反向行 进，6^a15。
* πορφυρίον	purple coot	紫鹬	尾筒大，不善飞行，10^a13， 以下肢为柂，10^a15。
προβάτος	sheep	绵羊	角，74^a5；复胃，79^b5，脾， 73^b30，肾，71^b5，体脂稠

硬，72^b1。各地绵羊胆囊性状相异 76^b35。雌羊角弱于雄
羊，62^a1。有驯野之别，43^b5。羊病（腐朽病，坏疽，
σφακελισμος），72^a30。

πρόξ	roe	麞	无胆囊，76^b25；血不凝， 50^b10，15。
πυγολαμπίς λαμπυρίς	glow-worm	萤	有翅无翅（雄雌）之别， 42^b30。
ʻΡῖνα	rhine, anglefish	角鲨，扁鲛	粗皮，97^a5。
Σαῦρος	saurus, lizzard	蜥蜴，石龙子	蜥似有脚的短蛇，76^a25；

τευθίς	teuthis, calamary	多齐鱿	腕触手，88^a15，$^b13$；胃，78^b30；鱿剑，79^a20。参看索引一"软体动物"。
τήθυα	tethya, ascidia	海鞘	动植间体，类列于介壳类，80^a1。构造，81^a10—35，体腔开两孔，81^a30，无排泄物，81^a25，有感觉，81^a25，生命中心在体中段间隔，81^a35。
τρυγῶν	"trygon", sting-ray	"雉鸠"，刺鳐	体扁阔，长尾刺，95^b5，25。
Ὕαινα	hyena	鬣狗，猿	心脏大，性诈，67^a20。
ὗς	pig, swine, hog	猪，彘，豕	偶蹄而有上门牙，列于多趾类，74^a1，25。雄有獠牙（眼齿），61^b15，63^a5；鼻管长阔，62^a10；心脏表面沟痕不明晰，感觉滞钝，67^a10；单胃，内有褶皱，为兽胃两型之一代表，74^a25，75^a25；脾，74^a1。多产，多乳头，列腹部两侧，88^a30，$^b10$。"野彘"（σύς ἄγριος）血内多纤维素，51^a1。
Φαλαίνα	whale	须鲸	69^a5，97^a15；参看索引一，"鲸类"。
φρύνος	toad	蟾蜍	肝色黄，73^b30。
φώκη	seal	海豹	鳍脚，生活于海陆间，97^b1；无外耳，57^a20，锯齿，97^b5，舌分义，91^a5，无胆囊，76^b25，肾内实，有分页，71^b5。*四肢不善行走，14^b10。
Χελώνη	chelone, testudo, turtle	龟，蠵龟	龟族为棱甲动物而独有膀胱，71^a15—25，76^a30。棱壳，54^a5，91^a15；肺，69^a30，71^a15；肝色黄，73^b30，肾，71^a25。海龟（X. αἱ θαλάτται）陆龟（X. αἱ χεραῖαι）之别，71^a15，25。

三、解剖学名词

液于各个部分，67^b5—68^a4，离心脏愈远则分支愈细，68^a5—36。在某些部分，两脉分支似交织结构，68^b20—30。只有自大血管（静脉）来的分支，延至肝与脾，70^a10。参看"心脏"与"血脉"。

ἀποφύσις, τύφλον　processes, caecum　盲囊，盲肠　鱼，75^a10，鸟与兽，75^a15。反刍类，75^b5。

ἀρτηρία　trachea, wind-pipe (larynx)　气管（喉管）　通论气管，64^a14—65^a25。气管与食道的相关位置。$64^b1,10,65^a10$，会厌的功用，$64^b20,65^a5$，气管伸长的原因，64^a30，由软骨构成有利于发声，64^a35，切断气管就不能发声，73^a25。气管出血，68^b20；异物窒塞，$64^b1,30$。

ἀστραγάλος　astragalus, hucklebone　距骨，骹骨，骰骨　$51^a30,90^a10$—28，等。

αὐλός　blow-hole　喷水孔　鲸类，$59^b15,97^a15$—32。

αὐχήν, τράχηλον　neck　颈　颈内两部分，气管与食道，$64^a15,86^a20$，功用与位置，91^b25。有血动物，鸟兽有颈，鱼蛇无颈 $64^a20,86^a1$，蛇蜥有相当于颈部的一段，91^b27—92^a9；鸟颈 92^b21—93^a9。颈内脊椎，56^a20。* 鸟颈，10^a30。

Βραχίων　brachium, arm.　臂　人类，$46^b15, 87^a2$—22。* 臂的折曲适应各种功能，11^b10；以臂关节说明运动原理，2^a30—$^b12$。

βραγχίων　gill　鳃　鳃在水中司呼吸为鱼类特有构造，$69^a5,76^a25$，96^a34—$^b24$。鱼鳃司嗅，59^b15。虾蟹鳃 84^a20。鳃盖（ἐπικάλυμνα），96^b2—12。

βρέγμα　bregma, sinciput　额，颅前囟　人类前囟最后骨化，53^a35。

Γάλα　milk　乳　为剩余营养，$47^b10,53^b10$；

墙喻，72ᵇ20。（参看
"φρέη""弗伦"。）

'Εγκεφάλος　brain　　　脑　　　脑由水土组成,性状冷
湿,52ᵃ30,ᵇ20,53ᵃ21—
28;沸煮后干固 53ᵃ20;脑部构造 52ᵇ1—53ᵃ10,脑与脊髓,
52ᵃ25。脑为心脏热性的平衡,52ᵃ24—53ᵃ10,28—ᵇ8,86ᵇ5;
为生命的领导机能,73ᵇ10,脑自身无感觉,亦非动物感觉
中心,52ᵇ5,56ᵃ20。

脑膜,73ᵇ10,脑外围血管,52ᵇ25,后脑空腔,56ᵇ10。人
脑最大,53ᵇ28—ᵇ8;鲸脑,97ᵃ25。有血动物皆有脑,无血动
物无脑,只有拟脑,52ᵇ20。

ἕδρα　　　fundament, rump 肛门,臀,尻　　肛门易于出血,68ᵇ15;鸟
"臀"86ᵇ15。参看"排泄
孔"。65ᵇ24,78ᵇ25,79ᵇ1,82ᵃ15,85ᵃ10,90ᵃ1,93ᵇ20,95ᵃ5;

ἔκροος (ἐκροή)　orifice, outlet　　泄出孔　　泌尿孔,89ᵃ5;排粪孔,泄
殖腔,75ᵇ10,97ᵃ10。

ἐντέρον　　　gut, intestine　　肠　　为消化系统的一个部分,
50ᵃ15,76ᵇ10;通述诸动物
各式的肠,75ᵃ32—76ᵃ5,复胃的兽类肠盘曲,单胃的肠短而
少盘曲,75ᵇ1。反刍类的肠与空肠(νῆστις)结肠(κόλον),盲
肠,直肠,75ᵇ3—76ᵃ5。卵生四脚动物的肠,76ᵇ15;鸟,
75ᵃ15;鱼,75ᵃ20,虫,82ᵃ10,15;头足类,78ᵇ25;甲壳类,
79ᵇ35;介壳类,79ᵇ10。

ἐντομαί, αἱ　　insecta　　　分节,节痕　　虫豸分节的诸原因,
82ᵃ37—ᵇ4,20—33。

ἐξόδος　　　vent（orifice of 肛门,排泄孔　兽类肛门,86ᵇ5,89ᵇ30,
efflux), annus　　　　　　　　90ᵃ1,鸟的泄殖腔 93ᵇ20;
鱼,97ᵇ10;头足类,78ᵇ
25,85ᵃ10;甲壳类 79ᵇ1 ;介壳类,79ᵇ35,80ᵃ25,85ᵃ10;节体
类,82ᵃ15。

ἐπιγλοττίς	epiglottis	会厌	人与兽的会厌之功能，64ᵇ20—65ᵃ25。
ἐπίπλουν	omentum, caul.	网膜	哺乳类的网膜为储脂构造，76ᵇ10，性状与功用，77ᵇ11—35。
ἐπίπτυγμα	opersculum, flap.	厣，桡片	螺蜗的厣，79ᵇ25，83ᵇ10，84ᵇ15；虾蟹的孵卵附器（桡片），84ᵃ20。
Ηβη	pubes	会阴，鼠蹊部	58ᵃ25
ἥπαρ	liver	肝	肝属热性，有调炼营养的功能，为一切有血动物所必备，70ᵃ25，77ᵃ35。肝与脾，69ᵇ13—70ᵃ22；各动物肝的色状比较，73ᵇ18—32；肝内多血 73ᵇ25；或分页或不分，73ᵇ15；鲨肝分页，69ᵇ35，鱼与四脚卵生动物肝分页，73ᵇ20。肝与动物的生理健康，73ᵇ25；肝病，67ᵇ5。
ἥτρον	abdomen	腹部，肚	腹部外围无肋骨，55ᵃ1，89ᵃ1。
Θώραξ	trunk, chest	躯干，胸部	人，86ᵇ5；兽，86ᵇ15，89ᵃ1；鸟，93ᵇ25。
Ἰδρῶς	sweat	汗	68ᵇ1，5。由毛纤血管分泌。
ἰκμάδος τῆς ὑγρας	humour	体液	68ᵇ5，72ᵇ35，73ᵃ30。
ἶνες	ines, fibre	纤维	血纤维，50ᵇ13—51ᵃ12，25，纤维束，54ᵇ25。
ἰσχίον	hip-joint	髋关节，尻骨	鸟的"尻骨"（实为股骨）95ᵃ1—14。ἰσχία，buttock，臀，尻，（人类），89ᵇ6—34。
			* 髋关节，98ᵇ5，9ᵃ10，12ᵃ15。鸟"尻骨"，10ᵇ20，12ᵇ30。
ἰχώρ	ichor, serum	依丘尔，血清	47ᵇ10，51ᵃ15，53ᵃ1。

καταμηνία	catamenia	经血,月经	89ᵃ10。
κέντρον	sting	刺,螫刺	昆虫的前刺与后刺,82ᵇ29—83ᵃ26。
κέρατα	horns	角	兽有角,它动物无真角,55ᵇ1,61ᵇ30,62ᵇ25,87ᵇ1。

牙角同属土质,上颌无门牙动物有角,51ᵃ30,63ᵇ23—64ᵃ13。通述诸动物的角,62ᵇ23—64ᵃ13,作为武器,62ᵇ23—63ᵃ20。双角与独角,63ᵃ21—34;位置,63ᵃ35—ᵇ12;构造,63ᵇ13—22。鹿角内实,它兽角中空,63ᵇ15;蹄与角的关系,63ᵇ5,10。

κέρκος, οὐραῖον	tail	尾	人与猿无尾,89ᵇ20,30。兽尾的形状与功用,89ᵇ1—90ᵃ31,97ᵇ5;尾干

(στόλον,scut,短尾,89ᵇ5)短者毛长,尾干大者尾毛稀,58ᵃ30;尾毛与体毛,58ᵃ30,90ᵃ10。卵生四脚动物的尾,92ᵃ20,鱼尾(尾鳍),95ᵇ5—17,96ᵃ20。甲壳类,84ᵃ1—25,虾尾(桡片)84ᵃ1。

* 鱼尾(尾鳍),游泳时当柁用,14ᵇ5;虾尾,13ᵇ25。

κεφαλός	head	头	有血与无血动物的头部,84ᵇ25,85ᵇ30。兽的头,

85ᵇ28—86ᵃ18;人的头,56ᵃ14—22。头部构成三目的,(一)安置脑,(二)安置感觉器官,(三)安置口腔,56ᵃ30,86ᵃ5,15。四脚卵生动物的头,91ᵃ30,ᵇ30;鸟头,59ᵇ5;蛇头,92ᵇ1;鱼头,96ᵃ34;头足类,84ᵇ10。* 鸟头小,10ᵃ30。

鳟鲷的"头"(＝κύστος,体囊),54ᵃ12—25,85ᵃ1,ᵇ20。

κνήμη	tibia,betwen knee and ankle	胫(膝与踝间之股)	89ᵇ5。 腓 (γαστροκνημία calf,"胫肚"),89ᵇ15。
κόπρος	dung, solid residue	粪,干排泄	75ᵇ30, 76ᵇ30, 81ᵃ30,ᵇ5,89ᵃ1。
κοτυληδών	acetabula, suck-	吸盘	头足类触手上的吸盘,

ers
85^{b}4—17;"编织工具"($\tau\grave{\alpha}$ $\pi\lambda\varepsilon\gamma\mu\acute{\alpha}\tau\iota\alpha$)喻,85^{b}5。

κύστις　bladder, urinary　膀胱,尿囊　诸动物肺大而充血者有膀胱,海绵状小肺者无膀胱,53^{b}10,64^{b}15,70^{a}20,71^{a}5,膀胱各式及其储尿功用,70^{b}33—71^{a}5;肾与膀胱,70^{b}18—32。恐惧时泄尿,79^{a}25。

κῶλα　limbs (leg)　诸肢,行动器 有血动物,肢不超四,
(σχέλος)　官　93^{a}5,95^{b}20,96^{a}15。兽四肢,86^{a}25—88^{a}18,89^{b}1—90^{b}10;多趾兽前肢当手用,87^{b}30。四脚动物(兽与爬行类)后肢强于前肢,83^{a}20,90^{a}15;奇蹄兽以后肢拒敌 88^{a}1,90^{a}20。人的上肢,见于"臂";下肢多肉,89^{b}5。卵生四脚动物四肢,92^{a}25。鸟翼代前肢或上肢,93^{b}10,鸟下肢92^{b}21—93^{a}9,93^{b}3—17,94^{b}1;沼泽鸟长腿的功用,94^{a}13—23。鱼鳍当肢,95^{b}15。有些动物无肢,(蛇等),90^{b}15,96^{a}5。头足类的肢数,形态与功用,85^{a}12—^{b}13。昆虫六肢(六足),83^{a}27—^{b}3。甲壳类,84^{a}5,15。

诸肢的折曲(关节),人,鸟,兽与爬行类,87^{b}25,92^{a}15,93^{b}5;昆虫,83^{b}11;甲壳类,83^{b}30。

*有肢动物分类,4^{a}10—23。肢皆偶数,8^{a}22—^{b}20;鸟翼,鱼鳍,虫翅皆斜出,13^{a}15;卵生四脚动物,肢侧生,4^{a}20,^{b}1。人步行时两下肢作等边(等腰)三角形,9^{a}20。

Λάρυγξ φάρυγξ　larynx, pharynx　喉,咽喉　64^{a}15。参看"气管"。

λεπίς　scale　鱼鳞　70^{b}5, 15, 71^{a}10, 92^{b}5, 97^{a}5。

Μαζός　mammae, teat, dug　乳头　乳头位置与数目:人,88^{a}20;四脚兽,88^{a}25;多产兽,88^{a}30,^{b}15,少产兽,88^{b}20;象 88^{b}10,狮,88^{a}35。男人也有乳头,88^{a}20,^{b}30;公马或有或无,88^{b}30。

μασχάλη	axilla, armpit	腋，胳肢窝	58ᵇ5,10，人，搔痒时发笑，73ᵃ10。
μαστός	breast	乳房	88ᵃ13—ᵇ34。* 乳房位置与肢的折曲，11ᵇ30。
μέρη, τὰ	the parts	诸部分，动物构造	三级组成，46ᵃ13—24,ᵇ5；列叙"同质诸部分"(τῶν

ὁμοιομερῶν, homogeneous parts),50ᵇ10—55ᵇ30,异质诸部分(τῶν ἀνομοιομερῶν, heterogeneous parts), 55ᵇ31—97ᵇ30。同质部分诸差异，47ᵇ29—48ᵃ19；感觉器官由同质部分，行动器官由异质部分构成，46ᵇ11—47ᵇ9。动物构造皆两侧对称，56ᵇ30,57ᵃ1,63ᵃ20,69ᵇ15,70ᵃ1。软质与硬质部分，54ᵃ1—32。诸动物各有擅用的优良器官(工具),61ᵇ30,84ᵃ30;87ᵃ10;"炙钎—灯柱"(ὀβλισκο-λύχνιον)喻兼用器官 83ᵃ25。动物愈高级，器官愈复杂，56ᵃ1—13,因生活与行动方式之异，诸动物各备不同的外表器官与内脏，65ᵇ1。参看"感觉器官"(τὰ ὀργ. τῶν αἰσθητήριων),"诸肢"(行动器官,τὴν κίνησιν),等。哺乳动物的生殖与泌尿器官，89ᵃ4—34。各器官的功用互相关联，45ᵃ30,ᵇ30。

诸动物的前身与后身(τὸ ἔμπρόσθεν καὶ τὸ ὄπισθεν),58ᵃ20,65ᵃ20,ᵇ20,67ᵇ25,68ᵃ1。上身与下身(τὸ κάτω καὶ τὸ ἄνω),48ᵃ10,56ᵃ10,65ᵃ20,ᵇ20,75ᵇ20,83ᵇ20,86ᵇ30,动物诞时与成年时上下身比例,86ᵇ1,10;左右两部分(τὸ δεξιὸν καὶ τὸ ἀριοτερόν),右胜左,48ᵃ10,65ᵃ20;动物体右侧较热,67ᵃ1,70ᵇ15,较强,71ᵇ30,72ᵃ25,动作始于右方,71ᵇ30,着力于右肢,84ᵃ25。尚前，尚上，尚后,56ᵃ10,65ᵃ20,ᵇ20,66ᵇ5,67ᵇ35,69ᵇ20。

各部分的物质组成：血液由水土组成，因成分（比例）不同而异其性状,50ᵇ20;血纤维土性,50ᵇ20,35,血清水性,51ᵃ15。油脂为气与火的组合物,51ᵃ20,硬脂土多水少，

51ᵃ25。脑由水土组成,52ᵇ20,53ᵃ20。骨,土质,54ᵃ5;蹄,角,爪,齿,喙等硬性部分皆属土性,55ᵇ10,63ᵇ35,74ᵇ1,90ᵃ5,94ᵃ25,ᵇ1。棱片,土质 91ᵇ15。鲨鱼粗表皮,土质,55ᵃ25。头足类骨,土性,78ᵃ20,墨汁,土性,79ᵇ15。甲壳,螺贝介壳,土质,84ᵇ15。视觉器官水性 48ᵃ15,56ᵇ1;鼻,耳,气性,56ᵇ15,57ᵃ5。灵魂不是火而是运用火(热)性物质的事物,52ᵇ15。

* 诸动物行动构造必须分化为若干部分,5ᵃ20,与自动傀儡的机构相比(线与杆相类于筋腱与骨),1ᵇ1—13。心理体制与生理机构相符应而行活动,1ᵇ13—33,2ᵃ15。

μεσεντερίον	mesentry	肠系膜	50ᵃ30,77ᵇ13,性状与功用,78ᵃ1—27,肠系膜间血脉,78ᵃ1,10。
μήκων, μύτις	mecon, mytis	罂粟体(拟肝)米底斯	拟为无血动物与心脏相当的构造,81ᵇ25;头足类的米底斯81ᵇ19—32;介壳类,79ᵇ10,80ᵇ20;甲壳类,81ᵇ20。
μηρός	thigh	股,大腿	89ᵇ5,25 等(参看"诸肢")。* 鸟股(胫)10ᵇ20,12ᵇ30。
μυελός	marrow	髓	性状与功用,47ᵇ10,51ᵇ20—52ᵃ23。由血液调炼成脊髓,51ᵇ20,52ᵃ10,胚体髓作血样,51ᵇ25。脊髓与脑相连,髓热脑冷,51ᵇ35,52ᵃ15,25。狮骨内无髓,51ᵇ35;鱼只在脊骨内有髓 52ᵃ10。
μυκτῆρος	nostril, snout	鼻孔,鼻管	40ᵇ15,46ᵇ15;鼻孔内软骨,55ᵃ30,诸动物鼻孔的安置,57ᵃ1—12。象鼻,58ᵇ35—59ᵃ35,82ᵇ30;猪鼻,62ᵇ20。鼻衄,68ᵇ15。参看"嗅觉器官"。
Νεῦρον	sinew, ligament	筋,腱,韧带	46ᵇ25,47ᵇ15,53ᵇ30,64ᵃ30,

66^{b}10,89^{a}30。

νεφρός	kidney	肾	诸动物肾脏性状与位置，71^{a}26—72^{b}7；析离剩液成尿的功能，70^{a}20，^{b}25，71^{b}15，25，72^{a}20；肾脏血脉，70^{a}15，71^{b}1，15，肾表脂肪，72^{a}1—35；肾与膀胱，70^{b}18—32，其间管道，71^{b}15，20。

人肾与牛肾，71^{b}5；爬行类无肾，龟为例外，71^{a}25；鸟类扁长的肾样体 71^{a}25；海豹肾中实，71^{b}1。肾病："结石"(λίθων)，67^{b}5；人，71^{b}10；绵羊，72^{b}1。

νῶτος,ὁ	back, the	背部	58^{a}15,66^{b}5,72^{a}15,81^{b}25,93^{b}1。
Οδόντες	teeth	齿	有血动物各种齿：προσθίοι 前齿或门牙，κυνόδοντις

犬齿，γομφίοι 臼齿，分别用于切碎与磨研，咀嚼，χαρχαρόδοντες 锯齿用于咬啮，χαυλιόδοντες 獠牙用于刺击，55^{b}15，61^{a}5，10，20，^{b}10，62^{a}10，64^{a}10；通述各种动物的牙齿与齿列及其功用，55^{b}5，61^{a}34—62^{a}15，91^{a}28—^{b}5，97^{b}5。人齿功用最为完备，61^{b}5；反刍类牙角平衡，63^{b}23—64^{a}12。蛇蜥，锯齿，91^{a}10；鱼，锯齿，62^{a}5。

无血动物相当于齿牙的器官：头足类，78^{a}15；甲壳类，78^{a}10，91^{b}20；昆虫(颚)，78^{a}20，83^{a}1；海胆，80^{b}35。

οἰσοφάγος,στόμαχος	oesophagus,gullet	食道	有血动物食道的性状与功用，50^{a}15，64^{a}14—65^{a}25，74^{a}10，卵生动物的食道，90^{b}30—91^{a}4，食道韧性，能扩伸，64^{a}30。无血动物的食道：头足类，78^{b}25，81^{b}20；甲壳类，79^{a}35。
ὀμφαλός	umbelicus	脐	93^{b}20。
ὄνυξ	nail, talon	指甲，趾甲，爪，钩爪	鸟为保护肌肉而生成，53^{a}30，性状似骨，55^{b}1；指，趾甲的功用，57^{b}20，

48^{a}15,57^{b}30—58^{a}10,83^{a}30。"瞳子"ἡ κόρη,53^{b}25,57^{a}35。

"瞬膜"ὑμὲν ἐκ τῶν κανθῶν(鸟),57^{a}30,^{b}15,91^{a}25。眼睑，βλέφαρον，各类动物的眼睑,48^{a}15,57^{a}25—58^{a}10,91^{a}25 睫毛,βλεφαρίδες，功用,58^{b}15;各类动物的睫毛,58^{a}11—25,^{b}11—19;无毛发动物,唯鸵鸟有睫毛,58^{a}10,97^{b}20。

眉毛,ὀφρυς,各类动物的眉与其功用,58^{b}14—26"屋檐"喻(ἀπογείσωμα)58^{b}15。人类右眉高于左眉,71^{b}30。

Περιττώματα, τὰ	excretments, superfluities	剩余,分泌,泄物	排各种泌出物,50^{a}20,51^{a}20,55^{b}35,89^{a}8—13。粪为胃肠内食物干残余,

尿为膀胱中湿残余,53^{b}10。鸟粪上"白色物",79^{b}20。尿,70^{a}30,^{b}25,76^{a}35;粪,47^{b}25。

πίον, πιμηλή	fat, lard	脂肪	软脂与硬脂,47^{b}10,52^{a}10,72^{a}10,77^{b}10;由净

血调炼成脂,51^{a}20,72^{a}5,保护肾脏,维持体热的功用,72^{a}1—29,77^{b}30。脂多无益有害,51^{a}35。羊肾脂肪积聚成腐朽病,72^{a}30—^{b}7。

πλεκτάνος	tentacle	触手	鳔鲷与鱿的触手,85^{b}4—17。

πλευρά	ribs	肋骨	54^{b}35, 72^{b}25, 77^{a}5, 88^{a}25,89^{a}1。

πλήκτρον	spur	距	鸡族脚距的形成与功用,94^{a}12—29,雌性无距,82^{a}5。

πνεύμον, πλεύμον	lung	肺	肺司呼吸,以冷却体热,68^{b}35,69^{a}25,76^{a}25,各类

属不同的肺构造,45^{b}5,65^{b}20,69^{a}24—^{b}13,76^{b}10,77^{a}5;位置,65^{a}10—25;肺的胀缩,受之心脏,69^{a}15。肺病,67^{b}5。鲸有肺,97^{a}25。肺与鳃不并存,97^{a}20。无肺动物当有与肺可相拟的器官,45^{b}5。

| σιαγών | jaw, jawbone | 颌,牙床,颌骨 | 各类动物上下颌的运动方式及其功用,91ᵃ28—ᵇ27; |

有白齿的颌兼作上下与两侧运动,无白齿者只作上下运动,91ᵃ30。鳄运动其上颌,91ᵇ5。

| σπέρμα, γονή | sperm, semen germ | 精液,种子 | 为剩余营养所炼成,50ᵃ20,89ᵃ5;脂肪多则精 |

液少,51ᵃ20,ᵇ10;精液赋有成形(授孕)能力,40ᵃ20,由泌尿孔或泄殖腔泄出,97ᵃ10。*作为一独立有机体,3ᵇ20。

| σκέλος | leg | 腿 | 参看 κῶλα"诸肢"。 |

| σπλάγχος, σπλάγχνον | viscera | 内脏,脏腑 | 诸内脏皆由血液淀积而成,结构各异 46ᵇ30, |

47ᵃ35—ᵇ9,新生动物脏腑作血色,体积特大,65ᵇ5。脏腑与肌肉,74ᵃ5。有血动物内脏,73ᵇ13—74ᵃ4,76ᵃ25—ᵇ15,两侧对生,69ᵇ15,70ᵃ5;包涵在膜内,73ᵇ1。心肝为重要内脏,70ᵃ25。无血动物无〈血性〉内脏,65ᵃ25,ᵇ5,78ᵃ25。

| σπλήν | spleen | 脾 | 脾为肝的对体,66ᵃ25,69ᵇ13—70ᵃ18;功用,70ᵃ |

27—ᵇ23;各类动物的脾脏,73ᵇ33—74ᵃ3;脾脉,70ᵃ10,15。鱼鸟脾小,爬行类脾大,70ᵃ10,15。脾非各动物必备的内脏,70ᵃ1,30。

| στέαρ | suet | 硬脂 | 47ᵇ10,51ᵃ20—ᵇ19,77ᵇ15;自血液调炼而成,52ᵃ5,72ᵃ5。 |

| στεγάνος | foot-web | 蹼 | 游禽,蹼的形成及其功用,94ᵇ1—12。 |

| στῆθος | chest, breast | 胸部,胸膛 | 胸部有肋骨保护心脏,54ᵇ35。人胸部较兽胸为 |

宽,88ᵃ15;鸟胸构制适于飞行,59ᵇ5,93ᵇ15;卵生四脚动物
与鱼有相应的胸部,92ᵃ10。

* 鸟胸尖隆,利于飞行,10ᵃ30。

| στόμα | mouth | 口 | 口腔对食料作初步处理,50ᵃ8,91ᵇ5—27;兼具营 |

养,呼吸,发声,攻防诸功能,随各类动物生活方式而异其
形状,62ᵃ16—34,宽型与狭型,62ᵃ25。兽类口腔,86ᵃ15,
鲸,97ᵃ20;鱼,96ᵇ24—97ᵃ3;鲨,90ᵇ25;卵生四脚动物,
90ᵇ20;头足类,介壳类,84ᵇ5,85ᵃ10;海葵,81ᵇ5。* 同于树的
根部,5ᵇ5。

| σφονδύλος | veterbrae | 脊椎骨 | 40ᵃ20, 51ᵇ35, 54ᵇ15, 92ᵃ1。 |

| * σφυρόν | ankle | 踝 | 踝关节,12ᵃ15。 |

| Τρίχος, θρίξ. | hair | 毛发 | 保护肌肉的功用,53ᵇ30,与羽毛,棱甲,鳞片并举, |

64ᵇ20,92ᵇ5 等;从皮下血管末梢出生,58ᵇ20;人身各部分
与各种属兽身各部分,毛发稀密长短之异与其原因,
58ᵃ11—ᵇ14;皮与毛相关,57ᵇ10。诸兽背毛最盛,58ᵃ15;人
类头发最盛,58ᵇ1,独有腋毛与阴毛,58ᵃ25。

| * Ὑγρότητα ζωτική | vital moisture | 生命液 | 存在心脏与生殖器官内,3ᵇ20。 |

| ὑμέν | membrane | 膜 | 有血动物各有多膜,55ᵇ15,76ᵇ10;成膜过程 |

77ᵇ20—78ᵃ1,82ᵇ15;每一脏腑各有膜为之保护,73ᵇ5。脑
膜,52ᵇ30,73ᵇ10;心包膜,73ᵇ10。(鸟)瞬膜,57ᵇ30,ᵇ15。

| ὑπόζωμα | midriff, diaphragm | 膈膜,躯体中段 | 膈膜(哺乳类)隔离心脏与胃肠,70ᵃ5,72ᵇ10—24,76ᵇ10; 性状, 72ᵇ10—73ᵃ28。昆虫的躯体中段,59ᵇ15 等。 |

| ὑπόστημα | dejections | 废物，排泄 | 77ᵇ5 等。 |

υστερος　womb　子宫　40ᵃ20，89ᵃ1 等。

φλέγμα　phlegm, mucus　黏液　53ᵃ1，77ᵇ5。

φλβοί, οἱ　the bloodvessels　血管，血脉　为动物体同质诸部分之
（φλέψ）　　　一，45ᵃ25，47ᵇ15，53ᵇ30；
以心脏为中心与起点，血脉联结于全身每一部分，
54ᵃ33—ᵇ12，65ᵇ25，66ᵃ5，25，67ᵇ15—68ᵇ31。诸血管自大血
管与挂脉引伸，52ᵇ30，67ᵇ15，自消化器官吸收营养，50ᵃ15，
输供各个部分，50ᵃ20—ᵇ13，68ᵃ20，相似于田园"灌溉渠道"
（αἱ ὑδραγωγίαι），66ᵃ10，延伸愈远而愈细，68ᵇ1；"叶脉"喻
（τῶν φύλλων φλεβός），68ᵃ25；血管末梢泌出汗液，68ᵇ1。肠
系膜诸血管，50ᵃ30；脑外围诸血管，52ᵇ30；肝脉与脾脉，
70ᵃ10，15，肾脉，70ᵃ15，71ᵇ1；"缆绳"ἄγκυραι，喻血管分支，
70ᵃ10。参看"挂脉与大血管"。

φολίς　tesselet, scalyplate　棱甲　爬行类的棱甲与毛发，
鳞，羽相当，57ᵇ10，58ᵃ10，
64ᵇ25，70ᵇ15，71ᵃ10，92ᵇ5。龟与鳄的棱甲似外骨骼，
91ᵃ15。

φρέη, φρενον　phrenes, midriff　弗伦，膈膜　性状与功用，72ᵇ9—73ᵇ3；
何以称为"弗伦"，72ᵇ30；
呵痒，73ᵃ1；受伤，73ᵃ10（人类）。参看"διάφραγμα""中间
膜"。

Χείλη　lip　唇　通述有齿各类属动物的
唇，59ᵇ20—60ᵃ13，护导牙
齿的功用，59ᵇ25，人唇性状特异，利于言语，60ᵃ1，10。鸟喙
为唇齿合体，59ᵇ20。

χείρ　hand　手　人手的构造与功能。
46ᵃ20，ᵇ15，　87ᵃ3—ᵇ24，
90ᵃ30。

* 手与腕关节，2ᵇ5，12ᵃ20；手与肘关节 11ᵇ10。

四、其他动物学（生理、生态、心理等）
名词与题旨

* ᾽Αθλετή	Athlet	运动员	跳远，5^a15。角力者在沙堆上练习爬行，9^a10。
* ἀλλοίωσις	alteration	质变	"性状之变"（κίνησις κατὰ παθός）列为运动（动变）一式，1^b5；生体内部因冷暖而起质变 1^b10—24，心脏质变引起各部分质变（运动），1^b25，2^b20—3^a3。
αἴσθησις	sensation	感觉	动物皆有感觉，39^b15，42^b1，51^b1，53^b20，66^a30，至少具有触觉，47^a20。每一种感觉各与可感觉物的一种物理性质相应，47^a1—$^b9$。有血动物感觉中心在心脏，56^a25；无血动物，头足类与甲壳类感觉中心拟在"米底斯"，81^b15，介壳类中心机能未能检明，81^b30，海鞘当在中央间隔，81^a35，昆虫拟在胸节，82^a1，长型虫有多个感觉中心 82^a1。味觉为触觉的衍变，56^b35，60^a20，求食的欲望发于味觉，61^a5。

＊心脏为感觉中心，2^b15；感觉与想象引起体内质变，1^a25，$^b15$。凭动物的感觉机能分别其前后量向，5^b10。

ἀναπνοή	respiration	呼吸	呼吸为"冷却作用"，（κατάφυξις）所以平衡体热，42^a35，53^a5，69^a1。人，兽，鸟与爬行类，以肺呼吸空气，鱼类以鳃呼吸于水，68^b32，69^a13；气管与呼吸，64^a16—$^b10$。鲸的呼吸，97^a25。

＊呼吸作为一运动，须有一支点以移转一重量，0^a20，为非随意运动，3^b5。

ἄρρεν καὶ τὸ θῆλυ, τὸ	the male and the female, sex.	雄与雌,性别	生殖器官相异,78ᵃ25, 89ᵃ5—34。雄性体质较 热,较强,48ᵃ10,30;攻防 器官较强,61ᵇ33—62ᵃ6。
αὐξήσις	growth	生长	有赖养料,45ᵇ35,50ᵃ 15—ᵇ13;为诸动物通有

的机能,39ᵃ20。*为身体内部的量变,0ᵃ30。

αὐτομάτον	spontaneity	自发生成	40ᵃ25,41ᵇ20
Γελᾶ	laughter	笑	(人类)73ᵃ5,25。
γενέσις	generation, reproduction	生成,生殖	46ᵃ30,51ᵇ15。 *生灭(或成坏),0ᵃ27—ᵇ3。
Διαιρέσις	classification	分类	"两分法"(διχοτομία, di- chotomy),42ᵇ5—44ᵃ11。

自然分类,43ᵇ10,44ᵃ12—ᵇ20。"差异"(διαφορά, differenti-
a),42ᵇ21—43ᵃ21;"或多或少","或强或弱"(τὸ μᾶλλον καί
τὸ ἦ ττον, the more or less, by gradation),44ᵃ15,ᵇ15,
55ᵃ30。属性(συμβεβηκός, attribute),39ᵃ15,43ᵃ25。类属
(γένος)与品种(εἶδος),39ᵇ5,45ᵇ20 等。分类三级(1、相拟
通性,κατὰ ἀναλογίαν,2、类属通性,κατὰ γένος,3、品种通性
(本性),κατ' εἶδος),45ᵇ25。

διάστασεις τοῦ μεγάθος, αἱ	dimensions of the 〈animal〉 body	〈动物〉身体量 向	前后,左右,上下六向,尚前 尚右尚上,56ᵃ10,65ᵃ20,ᵇ20, 66ᵇ5,67ᵇ35,69ᵇ20。

*六向,4ᵇ20,5ᵃ25,6ᵇ10。量向凭感觉与行动机能为定准,
5ᵃ30,ᵇ10,6ᵇ15;以营养系统论,进食部分为上,排泄部分为
下,5ᵇ1,6ᵇ5;凭视觉定前后,5ᵇ10,12ᵇ15;凭运动论左右,
5ᵇ15,7ᵃ1。诸量向准于共通中心(心脏),7ᵇ5。

δυνάμις	faculty, function, capacity	机能,功用,性 能	动物的每一部分各有其 功用(目的),45ᵇ15;为各 种功用而制成——器官,

不为有了器官，才可行使某种机能，87^a10、94^b15。每一器官功用不同，须有性能不同的物质为之构成，46^b11—27。

| 'Εγρήγορσις | wakefulness | 醒 | 45^b35、48^a5。参看"睡"。 |

| Θάνατος | death | 死亡 | 39^a20、53^b5。参看"生成"与"灭坏"。 |

| θερμότητος τῆς φύσεως | natural heat, vital heat | 自然热，生命热 | 每一动物必须有一生理热原（心脏或与之相拟 |

的部分），50^a5、70^a20；外热与内热之别，49^b1、52^a10；生命热异于火之为热，52^a10、69^a25、^b5。消化（调炼食料）须热，52^b10，生长须热，69^b1。胎生动物热量较多于卵生动物，69^a25；血多者较热，69^b1，人最富于热性，53^a30、69^b5。* 生理热受知觉与想象的影响，1^b35、2^a5，引起动物体内的质变，1^b15、25。

| Καχεξία | cachectic state | 虚弱，痨瘵 | 68^b5。 |

| * κίνησις | movement, change | 运动，动变 | （一）运动（动变）基本原理：运动必须有一静点 |

（支点）为之原始，98^a15、^b1、9^b25，静点处于运动者与被动者之外，99^a5。运动与反动（ἀντικίνησις，抗阻），98^b8—12，鼠行谷堆例，98^b15。无生命事物的运动必出于被动，0^a15。中央微小运动引起周边巨大运动，1^b1、25。运动（动变）三类：(1)位移（φορά，translation），（κίνησις ἡ κατὰ τόπον，地点运动）(2)质变（ἀλλοίωσις，alteration）（κ. κατὰ πάθος，禀赋运动）(3)生长，量变（αὔξησις，growth）κ.（μεταβολή）κατὰ μέγαθος，大小之变，0^a25。生灭成坏（本体之变）假作运动，0^a30。位移为基本动变，0^a30；推与拉（ἔλξις καὶ ὠθίς）为位移运动中的基本方式，3^a20、4^b20。热胀冷缩，1^b15、3^a20。

（二）运动的心理机制：0^b4—2^a21；感觉，想象或思想（理知）肇致生理演变，0^b15、1^a7—38、^b5；同一知觉或引发行动或不引发，3^b20、^b35、4^a1；知觉影响身体的冷暖，1^b35，激发行

| ˙πράξις | act | 行动,行为,活动 | 由思想至于行动 1^a7—38;心理(主动者)与生理(被动者)机能相符应而为行动,2^a11—21。 |
| Σωτηρία, μηχανὴ σωτηρίας | self-preservation, means for preservation | 自卫,自卫方法 | 诸动物各有其自卫方法与工具(器官)87^a25;角爪不兼备, 61^b20, 62^b30, 63^a15, $^b15$; |

各动物所备攻防器官各适合于其体型与构造,61^b20—33,62^b30,雄动物攻防器官较强于其雌性,61^b33—62^a6。各类动物的自卫工具:距骨,90^a20,偶蹄兽,角,62^b23—64^a13。鬃犛喷粪,63^b15;马与鹿,速度,$63^a5,10$;象与骆驼,体型巨大,63^a5。多趾兽有爪牙,便无角,62^b30;多趾兽用前肢的脚爪拒敌,奇蹄兽用后肢的蹄,88^a1。蹄、角、爪、牙、皆土质物所形成,55^b2—15,61^b30,63^b30,84^a30。猪,獠牙,61^b15,63^a5;象鼻,61^a25。人手为多样性武器,87^b1。

鸟喙,55^b1,59^b10,94^a25;距,61^b30,62^a1,84^a30;钩爪与距不两备,94^a15。蛇的盘蜷,92^a5。鱼的锐齿,62^a15等。头足类墨汁,79^a1—31,长触手,79^a10,变色,79^a10。虾蟹螯爪与甲壳,83^b3,91^b20。介壳类,介壳83^b10,85^a5;海葵,体表粗糙,81^b5;虫豸螫刺,61^b30,82^b29—83^a26,刺吻,61^a25,78^b20,假死,82^b20—28。

| Τροφή | nutriment, food | 营养,食料 | 任何生物皆需有食料,42^a5,50^a1;需有营养(消 |

化)系统诸器官,50^a1—$^b1$,55^b30,81^b15;动物与植物营养系统相比拟,50^a25,55^b29—3^b。求食的欲望起于味觉,61^a5。参看"血液"等题。

| ῞Υπνος | sleep | 睡眠 | 39^a20, 45^b35, 48^a5, 53^a10—20。 |
| ˙Φαντασία | imagination | 想象 | 想象与感觉,知觉,意图 |

皆关涉于思想与愿望，$0^b15,1^a25$；引发生理演变与行动，$1^a5,1^b15,3^b20$；或苦或乐的想象引起体温变化与心脏效应，$1^b35,3^b5$。

φθίσις	decay	废坏，灭坏	$39^a20.*0^a27$—$^b3$。
φόβος	fear	恐惧	无血动物比有血动物为多恐惧，$50^b30,79^a25$；心

脏大的动物多恐惧，67^a20。动物恐惧时，血液冷却，50^b25，泄尿，79^a25，乌贼泄墨汁，$79^a10.*1^b20,2^a1$。

*φορά	locomotion, translation	位移，位变	位置（地点）移转为诸运动（动变）的基本运动（动变），0^a30。
φῦμα	tumour	肿瘤	67^b5。
φύσις	nature	自然	任何卑微的动物各显示自然的神妙，44^b22—45^a25。

自然的匠心喻于一画家或雕塑家，$40^a30,45^a10$；她顺应物性（依于"必需"），$53^b25,54^a30$，为诸动物安排各异而各适的构造，$54^a25,58^a25,62^a20$，尽其效益，$58^b5,63^b20,79^a30$，致于至善（目的），$45^a25,58^a20,87^a15$。

自然绝不创作任何虚废的事物，$58^a5,61^b25,91^b5$，$94^a15,95^b15$。自然所作万物各有"常规"，但偶尔也听凭"机遇"，41^b11—39。自然主于中和，为动物制作心与脑以平衡冷暖，$52^a30,^b20,30$；于各部分的物料作适当分配，常移有余以补不足（生理物质平衡），$52^a10,30,55^a25,57^b10$，$58^a35,63^a10,30,^b30$—$64^a12,74^b5,84^a15,85^a25,89^b10$，$90^a10,94^b1,95^b5,97^a5$。自然于必要时也使一器官作兼用，$58^b35,59^a20,60^a1,88^a25,90^a1$；但尽可能使每一器官各专一种功能，$83^a20$。自然以优良器官赋予善于运用这工具的动物，$61^b30,84^a30,87^a10$。于每一动物只赋予一种自卫方法，或工具，$63^a15$。把较重要的部分安置在较尊贵的位置，$65^b15$。

生物构造上的级进或级退（"自然阶梯"，scala natura），56ᵃ5，81ᵃ10，86ᵇ30。自然为各类属动物的造型与演变，84ᵇ20—85ᵃ8。

* 自然为巧匠，2ᵃ5，11ᵃ15；不为虚废，3ᵇ10，4ᵇ15，8ᵃ10，11ᵃ15；必如其环境，致于至善，4ᵇ15，8ᵃ10，11ᵃ15；为生理物质致平衡，10ᵃ30，14ᵃ15，16ᵃ15；尽可能制作专用器官，6ᵃ15。动物构造的发展常有不合乎自然的事例14ᵇ15。

| φωνή | voice, speech | 声音，言语 | 唇舌与声音言语，59ᵇ28—60ᵇ5，61ᵃ10；人舌与言语，60ᵃ5，20，鸟舌与鸟语，60ᵃ30—ᵇ1。 |
| Ψυχή | psyche, soul, vital principle | 灵魂，生命 | 动物各有物质本性与灵魂本性，41ᵃ25；灵魂三级（营养与生长，感觉与行动，理知），41ᵇ5，47ᵃ25，52ᵇ15，67ᵃ25。灵魂运用生理原热以活动与之相应的诸器官，52ᵇ7—17。 |

* 灵魂位置在心脏，3ᵃ1；心脏凭以成为运动的本因与动因（起点），0ᵇ4—1ᵃ6，2ᵃ30，ᵇ15，3ᵃ1。

五、人名、地名、神名 *

'Αναξαγόρας	Anaxagoras	阿那克萨哥拉	77ᵃ5，87ᵃ1。
* Ἄτλας	Atlas	亚特拉斯	力学寓言，99ᵃ30。
* Βορέας	Boreas	布里亚斯	（北风之神）论风神嘘气图，98ᵇ25。
Δημόκριτος	Democritus	德谟克里图	于动物构造主于色状（物因），40ᵇ30，42ᵃ25，65ᵃ30。
'Εμπεδοκλῆς	Empedocles	恩培多克勒	偏重物因，40ᵃ15，42ᵃ15，48ᵃ30。

动物之生殖：章节分析

（壹）　动物生殖通论（715^{a}1—737^{b}24）

卷（A）—（715^{a}1—731^{b}15）

（Ⅰ）生殖器官（716^{a}2—721^{a}29）

（Ⅱ）生殖分泌和有性生殖理论（721^{a}30—731^{b}15）

鸟类孵卵,爬行类不孵卵。〔引申〕诸动物的慈性等

差。孵化过程(鸟雏发育)。爬行类卵内发育与鸟雏

相似。

(叁)有关生殖若干问题(763^{b}18—778^{a}15)

卷(△)四(763^{b}18—778^{a}15)

章　一　胚胎中性别分化问题:(一)诸先哲之说:阿拿克萨哥

　　　　拉的右睾右宫,左睾左宫说;恩培多克勒的子宫冷暖

　　　　说;德谟克里图的雄雌生殖分泌中雄雌遗传原子占胜

　　　　说;里乌芳尼的左睾右睾说,皆非正论。

　　　　(二)正论:胚胎性别决于生命本原(心脏)而生殖器官

（肆）诞生后的幼体发育与次级性征的差异
$(778^a16—789^b25)$
卷（E）五$(778^a16—789^b25)$

动物之生殖
卷(A)一

章一

我们现在已研究了动物所有其他诸部分①,于动物统概而论,715ᵃ也依动物各类属②的特性分别而论,我们说明了每一部分所由存在的缘由,这样的缘由就是我所谓极因。

一切事物皆各隐括有四个原因③:第一,极因,为事物之所由存在;第二,式因,为事物的本性(公式或定义)(而于这两因,我们也尽可说它们是同一的)④;第三,为物因;第四为动因(或效因)。于此,我们已讨论过其他三因,所谓定义,与式因原属相同,而动物的物质就是它们的诸部分——于每一动物实例的整体而言,这有不相同(异质)部分为之组成,而不相同(异质)部分则又由相同(同质)部分为之组成,至于相同部分则由一切物质的所谓元素为之组

①　指生殖器官以外诸部分。
②　γένος 的或广或狭的诸命意,参看《动物志》卷一,486ᵃ16 注;《构造》卷一,63ᵇ6 注。
③　四因参看《形上》,卷五章二,"原因"释义。
④　亚里士多德认为动物生存之目的,即极因,为各求达成其"最完善的形式",故式因同于极因。

成①。这里尚须为之说明的是动物诸部分中有关生殖的那些部
分,于这些部分,我们以前还没有作过明确的论述②;还有尚待讨
15 论的就是动因这末一项目。说明动物的动因实际就得列叙各类属
动物的生殖情况,因此我把生殖诸部分和作为动因的生殖问题安
排在末后,合并起来讲述;现在,我们既已说明了动物所有其他各
种构造,就跟着来研究性器官和生殖论题③。

　　这里,动物中有些具有两性的诸种属,其子嗣皆由雄雌的配
20 合而得生成。这不是说动物界所有一切种属的生成全都如此;虽
在有血动物④,当它长到成年,固然就成为一雄或为一雌动物,仅
有少数例外,虽有些无血动物的族类具有性别也能生产同式(种)
子嗣,可是无血动物的另些族类实际不生产同式(种)子嗣;凡不由
25 两性的配合以行生殖而由腐土或排泄物生成的动物就是这样⑤。
　　(Ⅰ)一般而言,我们于一切动物之能泳、能飞或能走而可得自行
移动其位置的,可见到它们各各具有性别⑥;性别不仅⑦见于有血
动物,也见于某些无血动物;于无血动物而言,有时整个族类,如头

---

　　① 物质元素为地(土)、水、风(气)、火;由此组成的动物匀和部分为血、肉、皮、骨
之类;由血、肉、皮、骨等组成的不匀和部分为手、足、心、肺之类。动物构造的三级组成
参看《动物志》卷一章一,488ᵃ7 注与《构造》卷二章一 646ᵃ6—ᵇ10。

　　② 实际上,《动物志》中讲述了这些部分。

　　③ 依《构造》,卷四章十三,697ᵃ30 与《运动》,章十一,704ᵇ5 及注,生殖器官及生
殖问题的讲述,挨次于内外诸器官及行动器官之后。

　　④ 关于动物分类名词,可参看本书,附录,"生殖与动物分类"及《动物志》汉文译
本索引一。

　　⑤ 贝克(Peck,A.L.)校译本,拟下接 715ᵇ25—30 行。

　　⑥ 原文有误失,依柏拉脱(Platt,A.)所揣拟英译文翻译。

　　⑦ 依贝刻尔校订本(Bekker text)οὐ μόνον 译"不仅";依 SZ 本,μόνον,这句应为
"性别'仅'见于有血动物并某些无血动物"。

足(软体)类与甲壳(软甲)类皆各有性别,但在节体(虫豸)类,这就 30

只大部分有性别。于这些虫豸,凡由同种配合而生成的也生殖与 715ᵇ

之相同的子嗣,凡不由动物而由腐朽物质生成的,则虽有所产,其

所产便非雄非雌,形式(品种)与之相异;有些虫豸就是这样的。① 5

可以这样设想,倘那些不由双亲产生的动物能互相交配而行生殖,

它们的子嗣当或与相肖或不相肖。如云相肖,则它们的双亲便也

将是交配的产物;例之于其他诸种属,这就显见它们实出亲生(不 10

由自发)。倘不相肖而说它们又能交配,则所生将是又不相肖的另

种动物,如此而代代相接,至于无尽将来而犹无定形。但自然守恒

(违忌无定无尽事物),日常追求其终极(目的),无定无尽的事物既 15

无终极(便不完美),这总是违背自然的。

(Ⅱ)但所有那些不移动其位置的动物例如介壳(函皮)类以

及附生于另些事物之上的诸动物②,既然它们的本性相似于植物,

则有如植物之难言性别,于它们也不论性别,有时它们之间恰也像

稍稍有些分别,但如果真把这些〈雄或雌〉字样应用到它们身上,这 20

只能作为拟似或譬喻。即便在植物方面,我们也曾发现同一种树

木有些结果,另些自身不生籽实,却又有助于那些结果树木的籽实

之成熟(调煮)③,无花果树和野无花果树(公羊树)就可举为这方面

---

① 参看《构造》,卷二章一,卷三章九。

② 实指海绵、海鞘、藤壶等。

③ 亚里士多德于"热"所加于生物的诸功效通称 τὸ πέπτειν;于烹饪而言,其义为
调煮;于营养系统而言,其义同于"消化"(本书多译作"调炼");这里于果实而言,义同
"成熟"。(参看《气象》,卷四章八章九,所说的热能诸效应。)亚里士多德于植物种子与
动物精液均称 σπέρμα,于种子的成熟和精液的泌生,一例认为其间曾经生物的体热为
之"调煮"。本书卷三章二,753ᵇ1一节,于鸟类的抱卵,他说是用体热从事于调煮。

25　的实例。①

　　〔于植物而论,也是这样,有些由籽实生成,另些,确正是凭自然的功能而自发地生成,或由土壤的腐解而苗发或在它种植物的
30　某些部分上苗发,它们,例如槲寄生,就在别的树上生长,而不是独
716ᵃ　立繁殖起来的。〕②可是,关于植物需待另行研究。

章二

　　于动物的生殖,相接而来的一一问题,我们当挨次为之说明,而我们以下的叙述也当回顾到先前曾已铺陈的议论。上曾言及的
5　"雌性与雄性"(τὸ θῆλυ καὶ τὸ ἄρρεν),③这里当首加承认而视之为生殖的渊源:雄性具有生殖所由原始的动因(效能),雌性具有其物因(物质)。这样的性别原理可从研究精液(τὸ σπέρμα 籽液)的来
10　源以及它怎样分泌的经过,求取最确切的证断,因为那些遵循自然

----

　　①　无花果树雌雄异株,参看《动物志》卷五,577ᵇ26—31,本篇另见于 755ᵇ10。小亚细亚南部加里亚种无花果(Ficus caria)有两种花序,其一雌花发育完全,另一不完全。园丁把生长后一种花序的树枝采下悬挂于前一种花序的树枝以佐花果的发育与成熟。后一种被称为"公羊无花果树"(caprificus),希腊人于这种野无花果树常加阳性冠词,ὁ ἐρινεός,而于园栽无花果则加阴性冠词 ἡ συκία。上述发育不全的雌花中存有无花果瘿蜂的卵,花的子房被转变为蜂卵在其中孵化的瘿。瘿蜂孵化后,能在无花果园中传粉。古希腊于"棕枣"(φοίνιξ)也分别用阳性与阴性冠词以别其有枣与无枣的树(见于希罗多德《历史》,卷一,193)。农诺《酒神节颂》(Nonnus, "Dionysica")iii,142,显称棕枣有雄树与雌树之别。但植物雌雄花蕊的性别直待加梅拉留(Camerarius,1665—1721)而后才确切明了。参看柯纳尔与奥利维尔《植物自然史》(Kerner and Oliver, "Natural Hist. of Plants")卷二,160—162;缪勒,《花的受精》(H. Muller, "Fertilization of Flowers")521 页。

　　②　此节似为后人边注或错简;若移入 715ᵃ25 行间似较通顺。依贝克加〔 〕,作为原抄本中的衍文。关于植物繁殖的这些不同方式,另见《动物志》,卷五 539ᵃ16—25。

　　③　雌性与雄性,原文均用中性冠词,英译有时作 Sexual principle"性别原理"。

的常规方式①而繁殖的诸动物,无疑地都由精液形成;但我们于精液(籽液)由雄(男)与雌(女)动物泌生的实际情况的观察必须谨慎精细地进行。精液②(籽液)由两性泌生,由它们体内滋生,也在它们体内分泌,于是两性的这些分泌恰正成为生殖的渊源(起点)。这里,我们所称为雄性者就是凭它体而行生殖的动物,所称为雌性 15
者是凭自体而行生殖的动物;这恰正是这种命意的扩充,人们就以大地为女(阴)性而称之③为"母亲"μητέρα,于天,于太阳,于其他类此能繁滋生物的实体,便呼之为"父亲"πατέρας。

　雌雄内蕴的实义各异,各具有一相别的机能,由是而外现为某 20
些不同的器官(构造)④;如上已言及,基本上雄性能在它物中行其生殖,而雌性则能在自体中行生殖,并由此而育成那原始于亲体的子嗣。既然它们于机能上及其功用已有所分化,而一切功用必须各有相应的工具方得为之完成,身体上的相应部分(器官)又恰正是这样施展其机能的工具,于是动物就必然各具备某些部分(器 25
官),俾双亲得行配合并产生子嗣。根据两者的分化,这些部分也必各别,所以雄性器官当然异于雌性。〔虽然,我们称一动物为雄或雌总是指那整个动物,但实际上一动物却不是自己整个〈身体〉⑤有异,而只是某一机能和某一部分别于雄雌,而这有别的某 30

----

①　所隐括的"非常规方式"为自发生成与孤雌生殖。

②　"精液"或籽液 σπέρμα,实义为"种子"semen,音译 sperm。在亚里士多德想象中精液内可能有"精子"(spermatozoa)这样的事物,但当时他所能观察到的只是雄性精液及雌性经血。本书精液的定义见于 721ᵇ6 与 724ᵃ17。

③　依 Z 抄本 ὀνομάζουσιν 译"称呼";依通俗本(vulg.)νομίζουσιν 为"认取"。

④　参看卷四,766ᵃ18—29。

⑤　依柏拉脱校订,揣增〈σῶμα〉谓物质形状。

一部分则恰也像视觉器官或行动器官那样,是可凭感觉(外形)认明的。]①

　　这些部分(器官)在一切有血动物体上,照实说明,于雌性就是所谓子宫,于雄性则为睾丸与阴茎②;凡属有血动物有些各有睾35丸,另些则各有与睾丸相符应的管道。在一切具有两相对反性别的无血动物,这些部分的器官也相应地雄雌各异。可是,我们该注716ᵇ意到在有血动物方面虽两性形态只在交配器官有基本别异,这些性原部分倘有细微的变改却常引起其他相依属部分的变改③。这5种情况从阉割了的动物身上看来是明白的,若生殖器官一经失势,这动物的全貌便跟着演化,以至于几乎像一雌动物(女人),或与之相差不远了;据此,显然,动物之所以别于雄雌,这就不是专依于单10独的一个部分或单独的一个机能。于是,这已明白了,性别实是一种生理本原;凡物,若本原一有所改易,相从的征象也必随之而改易,于生物而言,恰也如此,所凭为性别的本原者,苟有所变化,其他许多征象也就相应地变化了④。

----

　　①　依柏拉脱加[　]。

　　②　περίνεος 依《动物志》,卷一章十四,413ª9,及《希氏医学》,习用义为"会阴"(perinem);这里依柏拉脱作 penis。

　　③　这里隐示了动物生理性征有本次两级,并明叙了本级性征在生殖器官的形态;未叙述的次级性征可举公鸡鸡冠、母鸡羽毛色状等为例。

　　④　柏拉脱注:用近代语言来说明这里所谓性别"本原"应是这样:依本级性征受损时引发相应的变化这现象,可证明性别的内蕴实深藏在生体之中,而次级部分则与这内蕴深处隐相关联,由以承受其影响。从本原传递其影响于次级部分的物质当是睾丸中所分泌的某种激素,这些激素入于血液,流转到有关处,就促使颔颊苗长胡须等,表见为次级诸性征。

章三

关于睾丸和子宫的情况有血动物不尽相同。先说睾丸,我们
发现有些族类如鱼与蛇只有两支储精管道,全无睾丸[①]。另些,确 15
乎具有睾丸,但它们的睾丸却内藏于腰部肾脏附近,并像那些全无
睾丸的动物那样,由每一睾丸各引伸有一管道;这些管道也像那些 20
动物的管道在下端合并;于具肺而呼吸空气的动物,一切鸟类与卵
生四脚动物,情况都是这样。我所谓卵生四脚动物是指蜥蜴、龟族
以及一切棱甲类;所有这些都内藏其睾丸靠近腰部而引伸两管道, 25
有如蛇类的构造。但一切胎生动物都具睾丸而位置于躯体的前
面[②];有些如海豚[③],这在体内处于腹部的下端,或如牛魟[④],相接于
睾丸的别无管道而径直是一外伸的生殖器官;另些,如人的睾丸, 30
外现而下垂,或如豕[⑤],系属于肛门近处。这些差别情况业已在

---

① 　这些"管道",实际就是睾丸,但亚里士多德以其形状与在哺乳动物体中所见
睾丸不同,而不称之为睾丸。看看《构造》,卷四;697^a9 注。鱼类中,鲨的储精构造非
管状而为椭圆形密实组织有如兽类睾丸,亚里士多德于软骨鱼解剖,似未经察识这一
构造。

② 　"前面"是在解剖桌上把动物仰卧放置的看法,或假想兽类像人一样直立时的
景象。

③ 　居维叶(Cuvier,1769—1832)于海豚所属的鲸类,所述储精构造与此节相似:
"它们总是位置在腹内,紧靠在腰部"(《比较解剖学教程》,*Leçons d'çanat. comparèe*
xxxiii,1,B)。

④ 　καθάπερ οἱ βόες 贝克解作"牛魟",奥-文(A.-W)解作 Stiere("牡牛"),柏拉脱也
解作"如牛",于此处不合,故疑为衍文加以删削。ox-ray"牛魟",为灰脂鲛(Notidamus
griseus),参看《动物志》,540^b17 注。

⑤ 　居维叶《解剖学教程》,同上,"于厚皮类动物,睾丸是不光整的,位置于会阴的
皮下。"

《动物研究》中较详明地记录了①。

  子宫②常是成对(分叉)的,恰如雄性的睾丸常有两个。其位
35 置或靠近阴私部分,例如女人以及一切内活胚而外胎生的动物和
717^a 一切外卵生的鱼类,或上处于躯体中段③,例如一切鸟类与胎生鱼
类。于甲壳类与头足类,包含它们所谓"卵"④的膜也具备一个子
5 宫的性质,这一子宫也是对分的。因为章鱼通体的组织相似而内
脏剖析特难进行,看来它的子宫似乎只作单腔⑤。

  于较大的昆虫(虫豸),子宫也是对分的;于较小的虫豸而言,
10 由于体型太小,这未能确切检定。

  动物的上述部分,情形就是这样。

章四

  从雄动物储精器官的差异来研究它们何以有此各不相同的情
15 况,我们该先认明睾丸所由构制的极因。倘说自然之造万物必或是
顺应事势所必需,或是企求于优善,那么睾丸的构制也该不外于这

---

 ① 详见《动物志》,卷三,章一。

 ② 亚里士多德的 ὑστέρα "子宫",包括输卵管而言,所以说子宫对分或成双。照现代
解剖,较高级哺乳类与有些贫齿类,子宫只各有一腔。亚里士多德当日的解剖工作还未
能析出子宫两角的卵巢,而以输卵管比喻于睾丸,照现代比较解剖学,这是不合的。

 ③ ὑπόζωμα 躯体中段,指胸腹之间,这在哺乳动物,即指"横膈膜";于昆虫为腰
部;于鱼类而言,这只能约言为"中段"。参看《构造》,卷二,659^b16 注。

 ④ ᾠά "卵",参看《动物志》,卷五章十八。

 ⑤ 章鱼通体为肉质组成,参看《构造》,卷二,654^a13。头足类只有一个卵巢,唯
章鱼与某些枪鲗(鱿)具备两支输卵管;乌贼与普通枪鲗都只有一个输卵管。居维叶
《比较解剖学教程》,xxxvi,1,所叙述的头足类躯体,与《动物志》,卷五,章十八,所记情
况相似:"章鱼与鱿鱼有胶性物为之团聚而作饼状,乌贼卵块则凭软胶性物质结成大
团,有如一束一束的葡萄串"。

两项缘由①。这里,显然,睾丸非必需;如属必需,则凡属能行生殖的
动物将各各有睾丸,但蛇和鱼便都无睾丸;蛇或鱼,都曾见到过它们
雌雄交配②,管道内满储籽液(蛇精或鱼精)。于是,睾丸的存在该必 20
是出于善因。这是确实的,大多数动物终生所营者,你可说它就只
在繁殖,别无其他的事业③,恰如草木,其目的就专为结籽成果。可
是这里还得注意到睾丸的作用,试以营养构造为喻,动物之仅具直
肠者食欲便较强烈④,相似的,无睾丸而只有管道的动物或确有睾丸 25
而睾丸却藏于体内的动物,其媾合过程皆较急速。另一方面,动物
之肠非直行者觅食就较有节度⑤,而储精管道的曲绕正也是动物所
以遏抑其性欲,俾不至于太迫切太剧烈的安排。构制睾丸的作用正
是这样:睾丸,凭其中曲折的沟洫⑥保持精液在管道中使作较稳定的 30
泌泄。(一)作为实例,于胎生动物,这可举马及其类属与人为之说

---

① 亚里士多德误把鱼蛇精管看作和睾丸相异的构造,故认为睾丸非生殖机能所
必备。柏拉脱注:吕易司(Lewes, G. H., 1817—1878)于此讥笑亚里士多德因解剖知识
不足而轻用其"目的论"(《亚里士多德》,425节)。但哈维(W. Harvey, 1578—1657)尝
语波埃尔(Boyle, R., 1627—1691):他由于追求心脏内各瓣的功能与目的(极因)而终
于发现"血液循环"的实况。达尔文(Darwin, C. R., 1809—1882)在《物种原始》一书中
也常用功能或目的论述动物诸器官。

② 参看章三716ᵇ17注。蛇交见于下文章七。鱼交,参看下文章六,718ᵃ2注。

③ 哈维:"一切禽类皆出于卵生,而它们的一生也就主于产卵——这就是自然所
赋予它们的生平。"

④ 参看《构造》,675ᵃ19—24,ᵇ23—28。又参看柏拉图《蒂迈欧》(Plato, "Timae-
us")73A。这里所说肠的曲直与食欲的关系是有根据的,但作为性欲与睾丸及输精管
道形式间关系的比喻未为确当。

⑤ 把人类的德目用于禽兽,常见于《动物志》,如卷一章一,卷八章一。

⑥ 这里所谓曲折的沟洫或管道,于有脚动物,禽兽,而言为附睾与输精管。参看
加仑(Galen)《全集》,卷四,575,库恩(Kühn)编校本。

明;详细的记录可参看《动物研究》①。睾丸不能算作精液管道的一
个部分,这只是系属于精管的一个附体,有如妇女们织布时,在织
35 机上系附着经线石②;倘睾丸被除去,体内的精管便向上紧缩,因
717ᵇ 此阉割了的动物就不再能生殖。倘精管不上缩,这些动物该应是
5 仍能生殖的,在先曾有一公牛,在才经阉割之后,就使与母牛交配,
这时精管即尚未缩拢,母牛便得以受孕③。(二)于鸟类与卵生四脚
动物,睾丸容受着精液分泌,因此它们泄精缓于鱼类。在鸟类而言
这是明显的,在交配时季,鸟类的睾丸扩张得很大,那些每年只有一
10 个季节发情求偶的鸟,正当那季节,睾丸膨胀,待这季节过去,它们
的睾丸就缩小得很难检取了④。睾丸藏于体内的,较之现于体外的
动物,其交配过程为速,后者须待睾丸向上提起后,精液才得泄出。

章五

此外,四脚兽具有交配器官,因为在它们,这是可能为之构制
15 的⑤,至于鸟类与无脚动物,这是不可能的⑥,前者腿在腹部中段,

---

① 详见《动物志》,卷三章一,该书于哺乳类的生殖器官构造原附有解剖图。

② 此喻,下文再见于 787ᵇ26。织妇在经线一端系坠石块,使经线作稳定的拉张。

③ 柏拉脱注:斯带林教授(Prof. Starling)说:在阉割后一或两星期之内,公牛授孕于母牛是完全可能的。亚里士多德轻视睾丸在生殖机能上的作用,也许就本于这些偶有的事例。参看《动物志》,卷三,510ᵇ3。

④ 居维叶:以雀的睾丸为例,在发情季节,其长径,较之发情以前,扩充了十二倍(《比较解剖学教程》,xxiii,1,c.)。

⑤ 按照亚里士多德自然哲学:"凡属可能,自然便成就之使达其目的。自然以优良的器官赋予能用这种工具的诸动物。"参看《构造》661ᵇ30 等。

⑥ 《动物志》,卷三,509ᵇ30,曾已记录雄鹅有一阴茎;这里作"鸟无阴茎"的成例时,他忘记了那一例外。

后者全没有腿；阴茎（雄性交接器官）原来就悬垂在这里，安置在腹下端两腿中间部位。［又，由于在交配时后腿（下肢）须着力，所以交接器官与腿都自然而然的富于筋肉。］既然它们不可能有这器官，这就当然不得具备睾丸了，即使它们或有睾丸，这就必不能像 20 那些两备交接器官与睾丸的动物那样安排在腹下端的中间部位。

至于那些具有外见睾丸的动物，精液是在泄出以前汇聚起来的，泄精是由于交接器官因运动而发热之故；不像鱼类那样一经接触，立即洒精，这不是随时预储以行注泄的[①]。 25

所有胎生动物都具睾丸，位于前面，〈或内在，或〉外现[②]，唯刺猬（篱獾）为例外；刺猬的睾丸位置特别，是靠近腰部的。所以安排在这样的位置的理由当是像鸟类那样[③]，由于它们的交配过程必须迅速之故，刺猬的交配方式异于其他四脚兽的雄骑雌背，它们因 30 为背有棘刺，是两各直立着交配的[④]。

何以那些动物具有睾丸，以及何以睾丸或为内藏或为外见的理由就是这么些。

---

① 射精由身体运动发热所引起，见于希朴克拉底（Hippocrates）著作，《希氏医学集成》卷一 321，库恩编校本。亚里士多德于鱼类繁殖季节的雄雌嬉水情景，常称为"交配"，似乎他认为雌雄鱼生殖部分的接触，在洒精时也是必要的。参看章六等节。

② 依柏译，增 ἡ ἐντός；也可不增〈或内在〉而删去 ἡ ἔξω"或外现"。

③ 以鸟为比，贝克疑此短语为衍文。鸟类媾合迅速，另见本篇 769ᵇ34，《动物志》539ᵇ34 等节；但本章上文所示鸟类睾丸内藏而不外见的缘由异于此节。

④ 刺猬以及另几种无刺的食虫兽的睾丸都内藏在腰部附近。关于刺猬交配姿态，布丰（Buffon，G. L. L.，1707—1788）说：刺猬不能像其他四脚兽那样行交配；它们交配时，面对面，"直立或躺着"（1844 年编行《全集》卷四，68 页）。杜白逊《食虫兽专篇》（Dobson，"Monograph of the Insectivora"）说刺猬的繁殖情况，迄今所知甚少。希尔（Hill）教授曾语柏拉脱，针鼹的交配姿态，人们都说是腹对腹进行的，刺猬也许相似。参看《动物志》，卷五章二。

章六

　　所有那些无睾丸动物都缺少这一器官，如上曾言及，这不是
35　因为无此器官者为较善，而只是由于势所必需；其次，由于媾合宜
718^a　求迅速，这样的安排恰也是应该的^①。鱼与蛇类的性质就是这样。
鱼类雄雌相并而为媾合，迅即注射精液^②，人或与人相类的诸动
物^③在射精以前必须进气，这时鱼类倘也（进气）停止吸进海水，那
5　么它们就很容易死亡。所以它们必不可像胎生陆地动物那样，在
交配时才调炼精液，它们先时^④调熟，等到交配，可得立即洒精，它
们的精液不是临时制备^⑤的。这样，它们便不备睾丸，其精管则皆
简单而直通。在四脚动物的构造上，有一小段与睾丸相连的部分
10　与此相似，这里的折绕管道^⑥一段有血，一段无血；通行到这后一
段而容受在这里的液体，才是成熟了的精液，在精液既已到达了这
一段，四脚动物便也随即可得射精了。在鱼类，整个精管就相当于
15　人与相似于人类诸动物的折绕管道的末段。

---

　　①　承接章四，顺应事势所必需与求善两论点。
　　②　绝大多数，鱼类体外授精，不行媾合。依贝刻尔本 ἀπολύουται，柏拉脱译"迅即
分开"，依密嘉尔·司各脱拉丁译本"eiciunt sperma velociter"，古抄本应是"迅即射精"。
　　③　指具肺而呼吸空气诸动物。
　　④　贝刻尔本及通俗本作 ὑπὸ τῆς ὥρας "届时"；依柏拉脱校 πρὸς τῆς ὥρας "先时"
或"准时"。
　　⑤　依贝本及通俗本作 ποιεῖν "制备"；若照奥-文校订应改 πέττειν "调熟"。
　　⑥　详见《动物志》卷三章一，510^a23—29；即上文 717^a33 所叙的输精管道（vas def-
erens）。

章七

蛇类交配时互相盘绕，又，如上曾言及，蛇类既无睾丸，也没有交接器官①，缺少交接器官是由于它们无腿②，缺少睾丸则由于它们体型牵长，但它们具有像鱼体内那样的精管；按照它们的特殊 20 长度，倘再加以睾丸，则通道实属太长，精液经长期滞流，也许便冷却了。〔倘交接器官长大，这种冷却情形也会发生；冷的精液不能生殖，而精液流远了便会冷却，所以交接器官短小的人繁殖较那些器官长大的人为强。〕③何以有些动物具备睾丸而另些不备的理由 25 就是这么些。〔蛇类不适合于并排交配，因此它们作盘绕方式。蛇身既长而这部分又甚渺小，且无把捉的器官（肢脚），因此它们应用自己身体的可弯曲性质，以盘绕代替并排，俾可密切的媾合。它们不仅输精管道伸长而且采取了这样的交配方式，所以它们的交配 30 过程就显得较鱼类为缓慢了。〕

章八

关于雌动物子宫方面若干情况颇为迷惑，这里存在着许多别异。胎生动物于这一部分就不全相同；女人与一切有脚胎生动物 35 的子宫在低下处，④靠近会阴，但于胎生软骨鱼类，这却高处于接 718ᵇ

---

① 蛇实有两阴茎（外交接器官）。雌蛇也有两交接器官，开口于泄殖腔。参看居维叶《教程》，xxxiv，3，1。特里维拉诺（Treviranus）曾予避役，误此为泌尿器官，亚里士多德于蛇的交接器或也是误以为泌尿器官，或因太小而失察。

② 依 717ᵇ17，腹下端，腿间为安置生殖交接器官的正当位置。

③ 依贝克，揣为原是后人边注，加〔 〕。

④ 动物躯体上各部位，以近向头部者为"高"，远离头部者为"低"。

近躯体中段部位。于卵生动物的鱼类而言,这又在低处,有如女人
与胎生四脚兽那样,而于鸟类与一切卵生四脚动物,则在高处。可
5　是这些别异毕竟是有道理的。先说卵生动物,它们产卵的方式相
异:(甲)有些所产卵是不完全的,例如鱼类,它们的卵脱离体外以
后会膨胀[1],最后才能成熟。推究它的缘由当在多产,产卵就是群
鱼生平的职志,这恰像草木。倘它们在体内完成这些卵,鱼卵的数
10　目必须减少,可是,如今的群鱼竟有那么繁密的卵子,这在小鱼的
每一子宫中看来几乎像是一个卵了[2]。这些小鱼是最多产的,有
如其他与之性质相近的动物和植物那样,它们在生理上以增多籽
实来代替扩大体型[3]。

　　(乙)但鸟类与四脚卵生动物[4]的卵,当它们产出时便是完全
的了。为使这些离于母体的卵有所保护,它们就得备有一个硬壳
[如果还需增长,这就该有一个软的外皮]。这种硬卵壳是凭体热
把一些土质料烘干了其中的水分构成的;所以制作这样的卵必须
20　在热处。动物既多在躯体中段调煮其食物,这一附近部位正当是

---

　　[1]　亚里士多德凭鱼卵在水中膨胀的观察,分析了卵有"完全"与"不完全"两个类别。这一分析久不为世人所重,直到近代才于有壳(cleidoic)与无壳(non-cleidoic)卵确立了严格区分。有壳卵如鸡蛋只有气体能渗入。大部分水生动物的无壳卵,虽内已具备应有的蛋白、脂肪、碳水化合物等生机物质,却无足够的水分;它们的卵膜能让水分渗入,产后在河海内获得充足的水分后,就发育卵内的胚胎。

　　[2]　鱼类子宫详情见于《动物志》,卷三,510^b25,卷六,567^a27,"每一子宫"实指鱼类卵巢两囊之一。

　　[3]　动物凡体型较大的"籽实"(子儿)常较少,体型较小的籽实(子儿)常较多;渥格尔也把它归纳于"生机平衡律"(Law of Organic equivalents)(《构造》1882 年译本绪论第 16 页)。

　　[4]　四脚卵生动物如爬行类确产有壳卵;两栖类如蛙等产卵水中,实为无壳卵。

生理的热处。既然卵需在子宫内育成,那么动物倘要产生完全式的卵,它们的子宫就该位置在体中段附近。而相应地,那些产卵作不完全式的动物,其乎宫位置就以处于下部为有利。事物总是在它的极限所在(目的上)表达其功用的,子宫本身自然而然地显 25 见着繁殖的功用,达成这种功用(目的)既然宜在下处,自然若别无其他的考虑须有所更改,便不会把子宫安排在高处,而顺应地处之于下位了。

章九

于胎生动物之间,这方面如相比较,我们也发现有些差异。有些,如人、马、狗以及一切有毛兽①和水生动物中的海豚、须鲸以及 30 类此诸鲸②,所产幼体不仅离母体后为一活体,先在母体内时也是一个活体。

章十

但软骨鱼类和蝮蛇虽然产生活幼体,在未离母体前却内在而为卵。这卵是完全的,完全了的卵才能出生一动物,未完成的卵是不能的。它们所以不把卵产出体外是由于它们的体质属于冷性, 35

---

① "有毛兽"指鲸类以外的一切哺乳动物。

② "类此诸鲸"τὰ τοιαῦτα κήτη 统括水中无鳃而具有喷水孔的动物;参看《动物志》卷六,566ᵇ2。δελφίνος,一般指为真海豚(Delphinus delphis);φάλαινα,奥-文拟为北大西洋的瓶鼻海豚(D. tursiops),渥格尔拟为抹香鲸(Sperm-whale),孙得凡尔《亚氏动物品种》(Sundevall,"Thierart. des A.")未确指为哪一鲸种。柏拉脱认为亚里士多德用前者称较小鲸类的一族,后者称较大鲸类的一族。本书译"海豚"与须鲸。

有些人说它们属于热性是错了的①。

章十一

它们的卵实际上外包有一层软皮,这里就征见它们体热微弱,
719ᵃ 不足以完成烘干卵壳的过程。正因为体冷而涵育着软壳卵之故,
所以它们不把卵诞之体外;若遗软卵于体外,总难免于毁伤。

它们生产的过程大部分与鸟类相同,成卵下降,幼体由卵中在
5 子宫内孵出,从会阴诞世,在体内自始就怀着活胎的诸胎生动物也
正是从会阴这里产出幼兽的。所以,我们在这里所讲到的这些动
物的子宫便与胎生动物和卵生动物的子宫两不相似,因为它们掺
杂有两者的性状;一切软骨鱼类②的子宫既高处于体中段附近而
又向下伸长。关于这种子宫的实况以及其他子宫形式应需查阅我
10 的《解剖图说》③τῶν ἀνατομῶν 与《动物研究》④τῶν ἱστοριῶν。 于是,
它们的子宫既因育成全卵而高处,又因诞产活体而下伸,这就介于
两者之间了。

凡先就妊有活体的胎生动物,其子宫都在下位,它们产子既不
15 取〈内卵外胎〉的两间方式,自然便无所顾虑(干扰)而为作成这样

---

① 依《呼吸》,477ᵇ1 以下,恩培多克勒曾说过,体质最热的动物生活于水中,俾可
由水为之冷却而平衡其体温。

② 承章十,除软骨鱼外并及蝮蝎。

③ 《解剖图说》,另见下文 746ᵃ14;《构造》等篇中屡提及这书,原共七卷,逸失不
传于后世。参看耶格尔《亚里士多德》(Jaeger, "Aristotle")英译本,336 页;又,耶格尔,
《加里斯托的第奥克里斯》(*Diokles von Karystos*),165—167 页。

④ 现存《动物志》,卷三章一,叙述诸动物子宫的各种形式。

的安排。① 而且,把活胎置于体中段附近,实际上也是不可能的,
关于动物母体的这部分真是生命有关的若干内脏所在,活胎沉重
而又能活动,这区域是绝难忍受其重量和活动的。又,子宫倘处于
高上部位,分娩就得经行一段较长距离,这将引起难产;即今子宫
虽在下位,妇女在分娩时若因烦躁或其他缘由而提起了子宫,难产 20
也是会发生的,甚或并无妊娠的时期,子宫苟向上紧缩,这也会引
起窒塞的感觉。一个子宫,倘它所孕的〈不是一个卵,而〉是一个活
动物,就必须较生卵的子宫为更强韧,所以一切胎生动物的子宫皆
富于肌肉,苟使子宫上移于体中段附近,那里就只能是膜质构造
了。在凭两间方式产子的诸动物身上,这种道理也是明显的,它们 25
的卵在高处两侧安置,但到成胎而为活动的幼体时,这已移入子宫
的下部了。

    关于各种动物的子宫何以有所别异,以及何以一般地某些在
于下位,另些高处于体中段附近的理由就是这么些。 30

章十二

    何以子宫常内藏,而睾丸则有时内藏,有时外见?理由是这
样,子宫内涵子体(卵或胎),这需要保护与掩蔽②,并经调制使臻 35
成熟,若处之于身体外表,这就易受损伤而常被冷却了。睾丸的位 719ᵇ
置之有所别异也是由于它们需要掩蔽,并得有一个被覆俾在其中
保全而调熟其精液之故;倘精液受寒而硬结起来,这就不可能上引

---

    ①   回顾上节与章八,718ᵇ25。

    ②   καὶ σκέπης “与掩蔽”;PZ 两抄本无此两字;Σ 拉丁译本也没有;奥-文德文译本
删却。

5　而为泄注了。所以,凡睾丸之可以外见的,它们都有一个称为阴囊
的皮质被覆。倘动物的皮肤性质有异于此,不像真皮那样柔软①,
而如鱼类与棱甲类那样的棱鳞,既不适宜于作为涵被,那么睾丸就
10　只能内藏。这在海豚以及一切具备睾丸的鲸类和棱鳞类中的卵
生四脚动物就都是这样的。鸟皮也是硬(薄)的,它不能好好地包
裹事物而适如其大小。[鸟类睾丸之所以内藏,在上述的②由于交
配方面的情况而应属如此外,这里是又一个理由。]象和刺猬的睾
15　丸皆为内藏,也出于同样的原因,它们的外皮都不适宜于单独构成
一个保护的覆被③。

　　[于内胎生动物与外卵生动物,它们子宫的位置相异;于外卵
20　生动物而言,如鱼类和鸟类及四脚卵生动物相较,则又有位置在低
下处和在体中段附近之别。于内卵生而外胎生的,其产子采取两
25　间方式的诸动物,这位置又是不同的。至于那些内妊与外诞皆为
胎生的,例如人、牛、狗等相类诸动物的子宫是处于肚腹上的,这位
置免得子宫负重,是有利于胎体的安全与发育的。]④

720ᵃ
1
3
　　[生产不完全卵的卵生动物,例如卵生鱼类,子宫不在肚下而
靠近腰部。卵在这里增长是不碍事的,鱼鲕的发育是在本体外完
成的。]⑤

---

　　①　μηδὲ...δερματικήν "不像真皮那么柔软",奥-文以为赘语,删去。
　　②　见于上文章五。
　　③　参看 717ᵇ30。
　　④　此节为第八至十一章关于子宫形式的总结,在这里应属错简,其内容也与八至
十一章所述不尽贴切,疑属伪撰。
　　⑤　另一节伪撰文句,由下章的错简移此。

章十三

于一切胎生动物,干剩余(排泄物)与湿剩余(排泄物)所外泄 719ᵇ
的管道是各别的。在这一类动物中,雄雌(男女)都有一个部分(构 30
造)用以泌尿,这构造也兼供雄(男)性泄精,雌(女)性产子①。这 35
一管道位在上面②,处于干物排泄〈管道〉③之前。于那些不具交接 720ᵃ
器官诸动物则这一管道与干物排泄管道相同,一切卵生动物都是这 3 5
样,虽其中具有一膀胱者,如群龟,也竟无例外④。外通管道所以需
有两个,原不是为供泌尿而构制的;但种子(精液)既天然而为液状,
于是湿性排泄物就趁用了这同一管道⑤。这可以取证于这样的事
实,一切动物皆生籽液,但湿排泄物(尿)却非一切动物尽皆具有。 10

这里说到的雄性输精管道,该应固定而不得游动,雌性的子宫
也当如此;这固定的位置必须是或在体前或在体后。先讲子宫:

① τὸ κύημα"胚体",即子女或兽婴。奥-文校改为 τὰ καταμήνια"月经"。
② "在上面"的实义不明,或抄本有误(或是说膀胱高于肛门?)。
③ 奥-文,柏拉脱等译文皆从亚尔杜(Aldus),维尼斯初印本有〈τοῦ〉字样,故加〈管道〉。
④ 亚里士多德论定哺乳动物皆有膀胱;卵生动物中只龟族有膀胱。因此他预想龟族也当有专用泌尿器官如兽类,今见龟无阴茎,故特地言明。实际上卵生动物有膀胱者不仅群龟,蜥蜴也有膀胱。两栖类和鱼类也有,但不明显,鱼类尤不显著。鸟类确无膀胱。
⑤ 萧洛苑尔与吕台克尔《哺乳类》(Flower and Lydekker, "Mammals")118页:最低级哺乳兽,即单孔诸动物的阴茎,在根端的开孔只在临事时才与输精管吻合而使阴茎形成为注泄精液的通道。这一管道平日不用以泌尿。这一情况显然为由爬虫与鸟类的生殖器官向哺乳兽类完备的外交接器进化中的中间形式,这也使人们由此得知阴茎这器官的发展实际上原为生殖之用,今诸兽多兼以泌尿,这当是随后顺便借用的。由近代进化论的动物构造发展看来,亚里士多德这一节在两千余年前所作的推论颇为深远。

15　（甲），由于怀妊活胎之故，胎生动物的子宫位于体前。（乙）但于卵
　　生动物，这在腰部与背部。（丙）一切内卵生而外胎生的动物，因为
　　它们一身兼有卵生与胎生的两方面性格，便取中间形式。这样，它
　　们的子宫，上端育卵的部分就位在体中段之下，靠近腰背，但它向下
20　延伸时，这就到肚腹低处了；从这里，它们所妊娠的已转成为活胎①。
　　这些动物干残余的排泄与交配应用这同一管道，如上已言及，它们
　　都没有突出体外的生殖交接器。

25　　　　于雄性的管道，无论它们有无睾丸，都与卵生动物的子宫情况
　　相同。所有雄动物，不仅是卵生的雄动物，其输精管道皆系属于背
　　部脊椎区域，精管不该游动而应固定，所以附着于背部，就因为在这
　　里，管道可得稳定的延伸。于那些具备内藏睾丸的雄动物而言，这
　　里的管道从始就是固定的，至于固定的方式则有如那些睾丸外见的
30　动物②；这些管道延伸到交接器官区域时便行会合。

35　　　　海豚，虽睾丸阴藏于腹腔之下，它们的输精管情况与上述者相同。
　　　　这里我们已讲明了动物用于生殖的诸器官的位置，以及它们
　　采取那些位置的理由。

720ᵇ　## 章十四

　　　　无血动物的生殖构造既与有血动物不相符合，而且相互间自
　　为别异。这里需分四类，挨次叙述，第一软甲（甲壳）类，其次软体

---

①　参看上文 719ª7；《动物志》，卷三，511ª7—14。
②　具有垂于体表阴囊的动物，其输精管先由睾丸引出的那个前段是可活动的。这
　　里接有ἅμα τοῖς πόροις "与这些管道同时" 数字，依柏拉脱，予以删除。

（头足）类，第三节体（虫豸）类，与第四函皮（介壳）类。我们未敢轻 5
断所有无血动物都行交配，但其中大多数确乎是行交配的①；它们
交配的方式随后当加以说明。

（一）软甲类交配时有如后尿向的四脚兽②，其一俯伏，另一仰卧， 10
它们的尾部相为媾合。由于尾部两侧具有长桡片③，这阻使它们不能
以一个的腹部贴向另一个的背部。雄性备有纤巧的输精管道，雌性则 15
在肠边构置着一个膜包子宫，两侧歧出，其中便涵育着她们的卵。④

章十五

（二）头足（软体）类在口腔部分相交配，用它们的腕足（触手）
相拥抱，互为推挽。这种姿态，于头足动物，实属必需，因为，如前
已言明［于《动物构造》这专篇中］⑤，自然把它们的肠部做成弯曲，
圆转到了口腔附近。雌性有一个部分是与子宫相符的，每个头足 20
动物的雌性体内可以明显地见到一个含卵构造，那卵在初看来只
是浑然一个⑥，但在后发现是许多个挤合在一团，这一团卵，有如

---

①　依贝刻尔本，通俗本以及Σ拉丁译本，为 οὐ συνδυάζεται"不行交配"；从 PY 抄
本删 οὐ"不"字。

②　参看《动物志》，卷三，509ᵇ3，四脚兽外交接器官的尿向之别；卷五 539ᵇ21—
24，卷六，章三十一、三十三等，后尿向诸兽的交配方式。

③　指雌性的尾部桡片。参看《构造》卷四，684ᵃ20。

④　这一叙述只符合于长尾甲壳类（群虾）的实况；短尾的蟹类生殖构造具见于《动
物志》，卷五，章七。

⑤　［ ］内语，接在"前已言明"下，似为后人所增入，从 PZ 抄本及奥-文德文校译
本，删省。头足类肛门靠近口边，其内肠在体内作反向折绕而后行排泄。参看《构造》
卷四，685ᵇ10。

⑥　柏译本希尔（J. P. Hill）注：章鱼与枪鲗的卵团在卵巢中特为紧密，看来竟像混
和的一团，不能分辨一颗颗的籽卵。

卵生鱼类的卵,一个个产出体外时各都是不完全卵。于头足类,这
25 一管道也被应用为排泄食物残余的管道,——于甲壳类亦然,——
由这管道引向于相似为子宫的部分,就在这里雄性通过这个管道
而注入其精液。头足类的外套(体囊)是在身躯的下面开孔的,海
30 水从这里的开孔进入①。所以雄雌就在这里进行交配,雄性倘要注
射或是精液或是自体的某一部分或是任何其他秉有性能的事物,他
就该得在子宫阴道和她媾合。但,于章鱼(蛸鳢)而论,渔人们说起
雄鳢用它的一个触腕和雌鳢交媾,它这触腕插入雌鳢的漏斗孔中,
35 触腕实际只是用以搂持雌鳢的,这与雄鳢的精管不相通贯而且实际
上是在它躯体之外,所以触腕不当是一个直接应用的生殖器官。②

721ᵃ   有时也见到头足类的雄性骑附于雌性的背上,但这样的行为
究属是为了生殖或另有其他的事由,还未得明确的观察。

---

① 参看《动物志》,卷四章一,523ᵇ23—525ᵃ30,头足类的构造与生殖;《构造》,
684ᵃ20 等节。

② 参看《动物志》,卷四,524ᵃ5 以下,卷五,541ᵇ9,544ᵃ8 以下。关于二鳃头足动物,
章鱼科(Octopodidae)船蛸、水孔蛸、快蛸三属交接脚(化茎腕)与"腕交接"(hectocotyliza-
tion),已见《动物志》汉文译本,524ᵃ7 注。更详尽的研究可参看贝尔色纳尔《软体动物》
(P. Pelseneer. "Mollusca")英译本 323 页以下的文与图。这里,地中海渔人所说的鳢交配
情况是确实的,亚里士多德所论却是错了的。但十九世纪生物学家虽检知蛸鳢的一个交
接脚末端有一储存精荚的小袋,在交配时插入雌鳢漏斗孔后,就连精荚、小袋与腕部一同
留在漏斗孔内,于精荚怎样由雄性精巢转入交接脚(腕)的问题,迄今尚未明了。参看阿
诺得兰《比较解剖课本》(Arnold Lang, "Textbook of Comp. Anat".)所以亚里士多德怀
疑渔民的叙述,其所持理由是审慎的。吕易司《亚里士多德》,197—201 页说亚里士多德
于交接脚全无所知,并诽薄近代生物学家不应以"腕交接"的发现归功于他。柏拉脱英译
本注,认为吕易司是吹毛求疵。这一节上句于"精液"下特加"或是〈自体的〉某一部分,或
是任何其他秉有性能的事物"(εἴτε μορίον εἴτε ἄλλην τινὰ δύναμιν),显见亚里士多德虽推论
其未必确实,还是承认了渔民所说的接接腕进入了雌鳢漏斗孔的异闻。

章十六

（三）有些节体动物（虫豸）实行交配，子嗣出于同名^①相生，恰
如有血动物的子嗣；这样的虫类有螽蝗、蝈蝉、蜘蛛^②、蜂与蚁。另
些确乎交配并生殖；但所产却不是一个同种（同式）生物，而是一蛆
（蛴螬）^③，这些虫自身出于或干（固）或湿（液）的腐朽物质，不由动
物孕生；这样的虫类有蚤虱、蝇与蚧蠹。又另些自身不由动物生
成，成虫也不相交配；这样的虫类有蚊、蚋^④与许多类似的品种。
于那些实行交配的虫类中，大多数雌大于雄。雄虫不见有精管^⑤。
在大多数虫类交配时，只见雌虫〈尾部〉自下上伸向于雄虫，不见雄
虫的那一部分插入雌体；所曾观察到的情况［以及雄虫骑在雌背的
情况］多数如此，只少数实例与此相反；但这些观察既不够周遍，我
们迄未能作成明确的类析。一般地虫类循依卵生的鱼类与卵生的
四脚动物类相同的规律，由于在繁殖季节，躯体利于孕卵而扩充，所
以雌性总是较雄性大些。于雌虫的可与子宫相似的部分是歧出的，
恰似其他动物那样，沿着肠管延伸；由交配而成孕的事物就涵育在
这里。这在螽蝗以及其他实行交配的大昆虫，这样的构造（卵巢）是

---

① ἐκ συνωνύμων "出于同名"，依《范畴》，1ᵃ5；物之称为同名者，必其名相共通而与
此名相应的实义也必相同。这定义应用于生物时，"同名相生"便等于"同种相生"。

② φαλάγγια 法朗季蜘，依《动物志》为毒蜘（venom-spiders）；依这里的文义，用为
蜘形纲的代表，故从柏译本作蜘蛛（spiders）。蜘形纲虫豸，在赖马克（Lamarck）（1800
年）以前，一向是并在昆虫纲内的。

③ 参看卷三章九及758ᵇ7注。

④ ἐμπίδες τε καὶ κώνωπες "蚊与蚋"，依《动物志》中所涉及的 κώνωψ 也可译"醋
蝇"。

⑤ 昆虫雄性皆有精管；由于微小，亚里士多德的解剖未能析出。

25 明显的；大多数昆虫都太小，未能于其生殖器官作清楚的观察。

　　①在先未经讲述的②动物、生殖器官的性状就是这样。现在还得列叙其同质部分，即籽液③与乳汁。我们将先说前者，随后及

30 于乳汁④。

章十七

　　有些动物，如所有一切有血动物，皆行泄精，但虫豸与头足类是否也泄精则未能确定。于是，我们该考虑这一问题，动物雄性全

35 都泄精，抑不全然；倘不一律，则何故或然而或不然。又一个问题

721ᵇ 是，雌性之于生殖是否也供应精液；倘说雌性无精，则她们是否别无供应，或实际另有所供应而只是所供应的异于精液，于生殖有何作用，它一般的性质又如何；于那些动物泌遗的一种通称为"月经"

5 的液体，也当予以研究。

　　现在一切动物被认为是由精液（种子）发生，而精液则出于亲体。那么，我们这一研究便又包括有这样的论辩，（一）每一动物是由雄雌合作所生抑只由其中之一出生；（二）每一出生的动物是由亲体全身蕴成⑤抑不由全身；倘说动物的出生不由亲体的全身，那

----

　　①　依章十四预拟的序次，以下应述介壳类（螺贝）；但照亚里士多德当日的观察，介壳类不行交配，故不列叙。参看 731ᵇ8。

　　②　讲述《构造》时，生殖器官保留着未经叙述。

　　③　γονή 原意为子嗣或种子，这节与 724ᵇ13，746ᵇ28 等节都统指雄雌动物的生殖分泌，于兽类为精液与月经，故译为"籽液"。

　　④　见于卷四章八。

　　⑤　籽液的全身生成论，为希朴克拉底学派的生殖理论；可参看 περὶ γονῆς《籽液》篇章三与八，里得勒编校本全集卷七，474，480 页。德谟克里图也持同样的主张；可参看第尔士《先苏克拉底诸哲残篇》（Diels，"Die Frag. der Vorsokratiker"），68A141，68B 32。达尔文的 Pangenesis"泛生论"实际与希氏旧说相似而较为完备，可（接下页）

么说它不由双亲也该是合理的了。^①既然有些人说到这实出全身，10
于是我们必须先考察这一论题。

　　主张精液（种子）由全身所有各个部分合同蕴成的论证可以简
举四项。第一，每种快感苟仅及于一个部分或少数部分便不如及 15
于全数各个部分者为强烈，以交配的愉快程度之强烈而论，这是遍
及全身的。第二，他们举示有残缺（创伤）遗传的实例，依据这些实
例，他们推论亲体某部分一经残缺，这一部分就不于精液有所供
给，因此子嗣也在这部分形成为残缺。第三，亲子之相肖者必全身 20
相肖而又每一部分各各相肖；若假定全身合同蕴成精液为全身相
肖的原因，这也连带隐括了亲体每一部分对于这精液必各有所贡
献，才能使每一部分各各相肖。第四，这似乎是合理的，于全身发 25
育而论，这必有一为之原始的事物，那么于每一部分而论也是这样
的，那么精液若被看作是发育而成全身的种子，则身体每一部分也
就该各有一相应的种子。这些情况确乎不仅诞前（先天）诸征，又
且后成（后天）诸征，无不酷似它们的双亲，恰好充分地支持了上述 30
这 些论据^②；在先，我们曾知有伤疤的父亲们所生诸子就在身体同
一部位显见同式的伤疤；又，在卡尔基屯，那里有一个事例，父亲腕

（接上页）参看《变异》（*Variations*）第 27 章及二版第 42 注。

　　①　这里把两个论点牵连起来，俾于驳诘时，否定其一就可连同否定另一。柏拉脱
认为亚里士多德于下章起驳诘全身生成论各点大体持之有理，可参看威尔逊《发育中
的细胞与遗传》（Wilson，"Cell in Development and Inheritance"）等书。但亚里士多德
以雌性生殖分泌为"物质"供应而轻视其遗传作用，则不合于现代遗传学的经验。卵子
被检明于遗传上与精子同等重要。

　　②　*τὰ σύμφυτα προσεοικότες καὶ τὰ ἐπίκτητα*"诞前相似诸征与后成诸征"和近代生
理学名词"先天遗传与习得遗传"绝相似，参看《动物志》，卷七章六，585^b29—586^a4。
以习得遗传（后成诸征）为精液出于全身生成的重要佐证，见于《希氏全集》，卷一，551
页（库恩编校本）；达尔文主于泛生论提出了这方面更多事例。

35　上有一印痣也遗传于儿辈,只是色纹没有那么清晰。对于相信精

722^a　液(种子)出于全身的人们,证据真是够多的。

章十八

可是,我们一经深究这问题,毋宁采取相反的意见,上述的主
张涵有若干的"不可能",那些论证是不难予以批驳的。这里,第
一,亲子相肖之处也见于声调、爪、甲、毛发、运动(步履)形式,这些
5　部分(方面)都无从参加于精液(籽液)的蕴成①,由此可知亲子相
肖(遗传)不能证明精液出于全身。又,男人在具备某些表征,如胡
须或白发以前就能行生殖。相肖有时发生在间隔了许多代以后,
例如在埃里斯,一位曾与埃茜俄比亚(亚比西尼亚)人交配过的妇
10　女,她所生女儿不是一个埃茜俄伯斯(黑种),而那女儿所生的儿女
却是一个埃茜俄伯斯;远祖绝无何物参加于精液的蕴成,而裔孙却
竟然与之相似②。这些情况也可于植物方面加以考察,若谓出于

---

①　柏拉脱注,亚里士多德认为爪发不能参加精液的蕴成当是由于它们都无血管
之故。

②　这故事可能是确实的;参看劳伦斯《生理学等讲稿》(Lawrence, "Lectures on
Physiology, etc."),1822 年,260—261 页。此节所记情况尚欠详明,由此推论遗传的
规律是不够的:照本节,这白妇的女儿为一"白型"(albino),其外孙则为一"三白一黑
型"(quadroon),但这里未经言明,其女婿为黑或白种。依此节文义,似乎这女婿是一白
种。假定这故事非虚构,这仍不能引作孟德尔律(Mendel's law)的实例。这里倘以
"白"为显性(主导)肤色,则其外孙不应转出"黑"色。倘以"黑"为显性,则她的女儿就
不该是"白"色。如那位女婿是白种,照孟德尔遗传理论不会具有使其子成黑肤的"黑"
色等位基因(allelomorph)。普卢太克"神旨久后必显说"(Plutarch, "de sera numinis
vindicta")章 28,相似的故事,大概是从这一节钞编的。

全身的主张为确实,则种子便也应由整棵植物蕴成;然而一草一木常
是缺少这一枝或那一叶,又或是这部分或那部分被剪删,而另些新枝 15
新叶却随后又苗长起来。〈由种子所培成的新草新木,则总像那本草
本木,具备一切应有的部分而且是各与相似的。〉①又,种子原不由果
被生成,可是当新果树长成而结果时,它也会有与亲树同式的果被。

　　我们也可以质询,精液之出于全身究属只是来自同质的各部
分,有如肉与骨与肌腱等,抑也来自异质的各部分,有如脸与手
等。②　倘说(1)这只来自前者〈那么子嗣应只于肉与骨与肌腱等为
相肖〉③,可是所说相肖实际宁在不匀和(异质)诸部分,有如脸与 20
手与足等;如果精液不由各个异质部分蕴成而子嗣可得脸与手与
足的相肖,那么匀和(同质)部分的相肖不也尽可以寻取别的原因
么?不必专主于每个同质部分——有所参与于精液。(2)若说精
液只来自异质诸部分这就不能说它出于全身;但实际看来,这毋宁 25
是来自同质诸部分的,异质诸构造既为(同质)诸部分所组成,我们
当然以同质为先于;而且子嗣之生而与亲体的脸与手相肖者实际
也必然相肖于肌肉与爪甲了。(3)若说精液来自匀和与不匀和
两者各个部分,那么请问它蕴成的经过情况当是怎样?生体聚合
各种同质部分而组成为异质诸部分,所说来自异质诸部分,这将是 30
等于说它来自同质诸部分和它们的"组成(排列)方式"συνθέσεως。
为求说得较为明白,试以写字为喻,任何一个名词凭全字以见其实

---

① 　从柏拉脱注释,加〈　〉内语句补足原句文义。
② 　以下三个辩难,由三个"可能性"开始,以证明其实"不可能",相应于722ª3句。
③ 　从贝克,根据奥-文的拟议,校增〈ἔδει ἐκεῖνα μόνον ἐοικέναι〉。

义，而全字来自若干音节，若干音节则来自——字母和它们的组成
（排列）方式①。于是，我们如确认骨肉与火与相类诸元素所组成，

35 则所说精液来自全身，就毋宁直说精液无其他来路，这只是体内诸

722ᵇ 元素（字母）的产物，这又何必说它来是诸元素（字母）的组成物呢？
可是，苟没有这组成方式，生物便也不会有"相肖"（ὅμοια）。倘继
此而辩说这组成（排列）方式是在后由"某一事物"（缘由）造致的，
那么"相肖性"ὁμοιότητος（遗传）的原因正该是那"某一事物"，而不
是为了精液来自全身所有各个部分之故。②

又，那未来动物的各个部分倘在精液中是分离的，则它们怎样

5 才能合成为一活动物？若说在精液中业已联合起来，那么这原先
就已是一小动物了③。

又，关于生殖器官将怎么办呢？因为由雄性得来的构造与由
雌性得来的是不相似的。④

---

① 柏拉图，《色埃忒托》(Plato，"Theaetetus")，201D：στοιχεῖα 无论作为元素或作
为字母都是"无意义的"，人们也无由认识，必待它们被排列为一定的音节，成为一个字
或集合元素组成为一事物，作一个新的实是，这才具有了实义而可得认识。（参看《形
上》，卷五章三。）

② 柏拉脱注：这使诸元素获得其组成而肇致动物遗传性能的"某一事物"，迄今尚
为一谜。

③ 现称精液中持有生殖要素的事物为"精子"(Spermatozoon)，一犀牛的精子实
不是一小犀牛。这里，亚里士多德照习用的论辩方式，认为把精液看作内涵有小动物
的观念是荒谬的，而说精液来自各个部分而且各个微形部分业已联合起来就该是一个
具有血肉毛发的微小动物。

④ 用现代语来说明亚里士多德的论旨：即便承认父母双方的手或足的胚芽(ge-
mule)或胚原(germ)都属相似，可以合成为子体的手或足，但双亲的生殖器官两不相
似，怎能拼合；若相拼合将成为不雄不雌、又男又女的畸变构造了。近代全身生成（泛
生）论者对于这一问难的解答是这样：这由两性胚芽或胚原的强弱为决，较强的一方表
现于子体或为一雄式生殖器官或为一雌式。

又，精液（籽液）若说从双亲所有各个部分同样地蕴成，其结果将是倍生的动物，子嗣应全备双亲所有各个部分。恩培多克勒的陈言苟为之衍释，似乎恰好符合这样的观念，至少在某种程度上该当符合①[但我们既不作此想，这应是谬误的]。② 他宣称雄雌（男女）之间存在着一种类似密符的默契，不让子嗣的全身从任何单独的一方发生"而只使他们的各个肢节剖开，某些出于男人……"③既然精液（籽液）同样地由全身各部分来到，而她又原已具备子宫以为之容受，那么女人何不单独实行生殖？照我们的看法，精液（籽液）该或不从全身各部分蕴成，或是从全身各部分蕴成，倘真从后一方式，这就得照恩培多克勒所说，男女所以必须互相交配之故，正是为了要让子体的每一部分合取双亲每一方面的相同部分。

任何部分（肢体）倘属开分，无论其在初生之顷或既已长大，总是不可能生活而健存的，可是按照恩培多克勒所述动物创生的道理讲来，这就可能；他说，"正值友爱当世（临御）的时代④，许多无颈的头出生而且长大"，随后各离的——部分拼合而成一完整的动物。在我们看来，这显然是不可能的，分立的各个部分若无任何灵魂（生命）不能存活，若说它们已各是些存活（有灵魂）的动物这就

① 出于双亲所有各部分只可解释为某子之手出于父传，其足则出于母传……若说某子一切部分都出于双亲一切部分，则某子就该有四手四足……而成为一个"倍体"了。

② 依贝克加[　]。

③ 所引恩培多克勒语句读不全，柏拉脱拟其下文为"……的籽液，某些出于女人的籽液"。参看第尔士编《先苏格拉底残篇》，"恩培多克勒"残篇，63。

④ 参看上述著作，"恩培多克勒"，57。依恩说，"友爱"（φιλότης）与憎恨（斗争，νεῖκος）轮番临御着全宇宙。斗争当世时，物物分离；友爱当世时，物物团聚。参看《形上》，卷一，985ᵃ1—ᵇ4。又参看普纳脱《早期希腊哲学》(J. Burnet, "Early Gr. Philosophy")。

25　又不能再使拼合而成整一个动物。可是那些主张籽液出于全身的
人们实际就得说这是可能的了,当友爱临御时,举世物物相合,照
样,在一生体之中也物物相合。这里若说各部分在生成以前,应从
亲体的相应部分来到而汇聚在一处,预备好了在后联合的地步,这
30　又是不可能的。这样上下左右前后各个部分怎得分开? 所有这些
论点都是不可理解的。

又,一生体中有些部分(器官与内脏)以各所具备的机能为别,
而另些(组织)则以所持禀赋(性状)为别;异质诸部分,如舌与手,
所相异者在于各有不同的作用,至于同质诸部分则异于软硬程度
以及类此的性状。一事物,如不备其所应有的性状就不是血或
35　肉①。于是,这可明白了,由任何部分来的血或肉总不得与那一部
723ᵃ　分(器官或内脏)成为同名事物。但,子嗣的血液倘可从异于血液
的某些事物(部分)发生,那么,这就不必如拥护这一理论的人们所
固执,以籽液的来自亲体所有各个部分为亲子相肖的缘由。既然
5　不称为血液的部分也可形成有血液②,那么子嗣的其他诸部分就
何尝不可像血液那样,只来自亲体的某一部分,而籽液的蕴成宁只
依从于某一个部分,不就已足够了么? 主于全身生成的理论家们

----

①　若依柏拉脱校改 οὐ πάντως οὖν ἔχον αἷμα αἷμα οὐδὲ σὰρξ σάρξ,应译为"血不得在
任何各种性状而为血,肉也不得在任何各种性状而为肉"。这里依别试赖夫(Bitterauf,
K. E.)校订,从贝刻尔本原句,删[αἷμα]与[σὰρξ]两字译。

②　第尔士,《先苏残篇》,59,10;阿那克萨哥拉残篇:"原非毛发怎能成毛发,原非
肌肉怎能成肌肉"。亚里士多德这一节指明,生成手足而随即有血液见于其中,或手足
与血液互生,或两者同出于另一某物。下句涉及阿那克萨哥拉万物成坏通律,可参看
《形上》,卷一,984ᵃ12等节。依阿说,宇宙间存有万万千千的同质微分,诸微分相聚合
而成某物,及其涣散则某物遂坏。诸微分不生不灭。世所言生灭只是许多微分的聚
散。

所固执的那种说法,似乎实际上无异于阿那克萨哥拉的理论,他们只是把阿那克萨哥拉关于万物成坏,所持同质部分皆无生灭的通律应用于动物的生殖方面而已。

又,这里,从亲体全身来的子体那些部分将是怎样扩充(生长)起来?阿那克萨哥拉说由食料中的肉质微分(粒子)增益胎体的肌肉,〈而其他各种微分(粒子)分别增益胎体其他各个部分,〉这种设想确乎是可钦佩的。但我们若不作这种设想而专论籽液之出于全身一切部分,进一步考询〈籽液转成胎体以后〉凡所增附于胎体的事物若全不演变,胎体又怎能逐渐长大?但,若说所增附的事物是能演变的①,那么,何不及早径就说籽液之为物,能由以衍生血与肉,何必固执籽液本身是血与肉呢?这里也不能推想任何其他的机巧,我们当然不能说随后的生长是一些混合手续,有如注入了酒与水。以混合为言,每一原料在未混合前先已各成其为原物,但血与肉与其他每一部分〈在胚胎中〉事实上却是后成的。如今说成精液中某些部分就是筋络与骨骼,这种说法是超出我们的〈观察的〉。

除了上述诸论点外,还有一个疑难。以性别(雌雄)为决于受妊的当初,恩培多克勒说"它们(种子)注入了容器;倘着落处为冷,

---

① 全身生成(泛生)论者于精液的蕴成说亲体,各部分衍生子体各部分;但于胎体的成长则又异于阿那克萨哥拉之说,他们认为食物不直接是血肉而作为被胎体吸收的养料,在后才演变为血肉。亚里士多德就这些理论家的罅隙,诘问,食物若能转化为血肉,则精液也只需具备某种生理能力就可在后演化而发生并增大各个构造,无须在精液中一开始就预储各个部分。

即便孕生为雌（女）①"。无论如何，这就显见男人或女人不仅一时不育，一时能育，又或前番生女，今番生男，这种变改其故不在籽液之来自亲体全身或非全身，而在于女人或男人所供应生殖素质相
30 互（冷暖）比例的或调或不调②，或其他类似的某些缘由。于是，这已明白了，我们如果以此说为然，则人之为女性以及女人之具有特别的性器官，实不由于籽液的某一部分之来自某一特殊的部分（母亲生殖器官）——倘那女人和男人的籽液实际上可得今番为男而
35 前番是女，这显见性器官原不预先存在籽液之中。跟着，我们便可
723ᵇ 询问，既然性器官是这样，其他部分不也可以是这样的么？若说子宫这一部分不曾参与于籽液的蕴成，其他诸部分同样也可以不必参加。

又，某些生物既不由同种亲体也不由异种亲体生成③，例如群蝇与那些称为蚤虱的各个种属，这些动物所产生的，实际就是性状
5 与之不相似而为另一种形式的蛆。若说亲子相肖为籽液出于全身各部分的表征，碰到这里亲嗣异式的实例，这就显然不合了，若说这些蛆由亲体全身蕴成的籽液所生，那么它们该也与亲体相肖。

又，虽在动物界，有些也在一次交配之后诞育许多子嗣，至于
10 植物界，这是普遍的情况，它们显然在一季节中经一度的活动④就

---

① 语见"恩培多克勒"残篇，65（第尔士《先苏》）。依恩培多克勒，胚胎若在子宫的左侧，即冷处孕育，这成女儿，若在右侧，即热处，便为男婴。参看本书 764ᵃ1 以下，765ᵃ19 以下。

② 参看 767ᵃ16，772ᵃ17。

③ 自发生成。

④ μιᾶς κινήσεως "一度活动"。这里只能设想为草木本体生殖机能的活动，在亚里士多德当时植物雌雄蕊间传粉的情况还未明了。参看 728ᵃ27，731ᵃ1。

缔结所有那么多的果实。如果精液（种子）出于全身各部分的分泌，这怎能如此？ 在一次交配之中，全身各部相应于籽液蕴成的事物一度汇集就只能造成一个分泌。这一分泌也不能是在到了子宫之中才分离开的，这样的精液（种子）已相当于一个动物或植物，分 [15] 离将是拆开这一整体①〈这哪能形成为许多子体〉。

又，一植物的剪枝（插扦）也是可加培植而结籽的；于此，显然，这些树枝在未剪下前结籽时应是凭它们自己这身段②的繁殖能力而无待于亲树的全身，这可见种子不由全树（整个植物）。

但诸论辩中最重大的证据还当在昆虫方面我们曾已充分叙述 [20] 过的观察③。在交配中雌虫把她自己的一个部分插入雄体，这即便不是所有昆虫全然如此，至少其中大多数是这样的。我们前曾说到它们的交配方式是这样的④，雌虫把那一部分自下插入在她上面的雄体，虽不一律，但所见多数实例确乎如此。所以，这似乎可以明白了，那些雄虫即便也有所分泌，这总不能说生殖⑤的本原 [25] 出于全身了，至于这本原的别有所在当随后再论。要是像他们所说，真的出于全身，这也不该说这是出于全身的各个部分，这只该是出于全身的生殖机能，即实行创制的部分——这该说是出于制作者，不该说出于他所用以行其制作的物料。可是，他们却竟然说亲体所履的鞋应是精液所从蕴成的一个部分，实际上，全局而论， [30]

---

① 章二十重复这一论辩。

② μεγάθους“身段”，鲍尼兹（Bonitz）揣拟为 μέρους“部分”之误。

③ 上文章十六。

④ 语意复沓，疑为衍文，贝克加〔　〕Σ 拉丁本没有这一句。

⑤ 柏拉脱疑 τῆς γενέσεως“生殖”为“相肖”之误。

一儿子的酷肖其父亲确也履着与其父亲所履的相似的鞋①。

至于所谓交配时的强烈愉快，这不能直证籽液出于全身，这
35 种快感实由于强烈的摩擦（刺激）〔因此人们若常行媾合这种快感
724ᵃ 便逐渐递减〕。又，快感是发生在交配行为的末后的，但照那理
论②，这就应该生于全身的各个部分，这不应在同一时刻，而应是
一一部分，或先或次地发生。

论及残缺的亲体出生残缺的子嗣③，这与亲子间一般相肖实
5 为同一个问题。残缺的双亲所生儿女不必常是残缺的，恰如一般
儿女就未必个个酷似其双亲；这既与后者属于同一的问题，其中缘
由当随后另行说明④。

又，如果承认雌（女）性不分泌精液，这就可合理地设想精液之
来自雄（男）性也不出于全身。⑤ 倒转来说，如果承认这不出于雄
10 性全身，设想雌性所供应的并非籽液，这也就未尝不合理了，⑥而
雌性在生殖中所起的作用我们便该由另一途径研求。现在精液之
非出于全身所有各个部分既已明白，我们接着就该考察精液的真
正性质了。

在这一考察，以及相继的一些研究中，首先应阐明精液（种子）

---

① 昆虫如蛾类交配时，雌蛾尾部确常弯曲而上伸向雄蛾，但雄蛾生殖器官实际是
插入雌蛾生殖器官而输精的。亚里士多德失察于此，认为雌蛾器官插入雄体，而雄体
应用其体热或其他生殖机能为之制作子嗣。这里亚里士多德以鞋或衣冠喻动物身体，
而生殖本原为制作者。柏拉脱注，生殖本原犹近代所说的"生殖细胞"（germ cell）。

② 参看721ᵇ15。

③ 721ᵇ18。参看《动物志》，585ᵇ28。

④ 见于卷四章三等。

⑤ 因为儿女既像父亲也像母亲。

⑥ 这里的辩证，所持理由是不充分的。回看721ᵇ11及注。

究为何物,明白了它的性质而后,探讨它的作用以及相关的一些现 15
象就较容易了。所期待于精液的,是它该具有这样的一个性质,从
它们为之原始,得以自然地来有(出现)那些应行形成的生物①,
[不由于这里具有任何其他事物为之制作而成生物②……但就只因
为这是精液②。]这里我们所说"一物从另一物来,"具有几个命 20
意③;(1)我们说昏夜从白昼来,或一人从小孩成为丈夫,这一"从
来"的命意是甲〈在时间上〉跟在乙后。(2)另一,我们说一雕像从
青铜铸成,一床从木材制成,以及所有其他一切实例,凡说某一成
品从某一原料来(造成),其义就在某些先在的事物及今被赋予了 25
某种形式。(3)其三,一位从无文化的转成为有文化的人,一位从
健康的转成病弱的人,这些一般地来从对反间的相生。(4)其四,
有如在爱比卡尔谟的〈剧本情节的步步引向〉顶点那样,④从诽语
来了嘲笑,从嘲笑来了殴打,所有这些"从……来"的命意是前情实
为后情的动因(效因)。⑤ 在这末一类事例中,有时动因出于事物 30
的本体,例如上举的诽语是包含在全剧内的一个节目,另有时,动
因却外于事物的本体,例如艺术实外于艺术作品,火把实外于那被

---

① 精液定义参看上文 716ᵃ8,721ᵇ6;又《物理》,190ᵇ3—5。

② 19—20 两行原文当有误失,可删。亚尔杜初印本与贝刻尔编校柏林印本原文
两异,亚尔杜本这两行也不能通解。贝克揣为旧抄本上的边注,误入正文,且有错漏,
故难为句读。

③ 参看《形上》卷五章二十四,1023ᵃ16—ᵇ12"从所来"(ἐκ τινος)释义;《物理》,
190ᵃ22 以下。

④ 参看雅典那俄《硕学燕语》(Athen,"Deipn"),ii,36,引爱比卡尔谟语。又参看
劳伦兹《柯岛人爱比卡尔谟的生平与其著作》(Lorenz,"Leben und Schriften des Koers
Epicharmos")271 页。ἐποικοδόμησις 原义"筑垒",一层一层建高,至于顶层(climax)。

⑤ 参看《形上》,1023ᵃ30;1013ᵃ10;《修辞学》,1365ᵃ16。

燃烧着的房屋。

35　　　　这里,子嗣来从精液,显然,它们之间相关的实义必为下列两
724ᵇ　者之一──或精液是子嗣(胚胎)所由形成的原料,或是它的第一
动因(效因)。这必不合于甲〈在时间上〉后于乙的命意,例如航程
来自(始于)泛雅典娜节庆之后;①这也不合于对反相生的命意,对
反相生必另有一第三者为相对两端的底层,而其一端出现时另端
5　便不复存在。② 于是,我们就得在另两命意确定其中之一,而指证
精液究属应作为物质而由另外的事物加以操作,抑或作为形式而
施其作于于另些事物(物质),③抑或它同时而兼作物质与形式?
因为我们也许将清楚地同时见到从诸对反怎样也发生所有精液的
10　诸产物。[对反相生也是自然间创生的一个方式,有些动物就是这
样由雄雌两性行生殖的,另些生物有如草木与所有那些尚未分离
为雄雌各别的诸动物,则仅有一系的亲体。]④

　　　这里,于所有一切实行交配的动物,其来自双亲的生殖物质称
为籽液(γονή),籽液的第一要义是其中含有生殖本原⑤;至于精液

---

　　①　参看《形上》,1023ᵇ10。

　　②　对成或对反(τἀναντία)应有共同底层(ὑποκείμενον),参看《形上》1055ᵃ4—33,
1075ᵇ23,1087ᵇ1等。"无文化人"转成相反的"有文化人",以"人"为文化有无两项的底
层。如以精液与胚胎为对成,则应有一为两者的共同底层,在这底层上精液消失时
出现胚胎。

　　③　本节在上节"从来"四义中,先取了(2)(3)两义,即因因与动因两义后,再在这
两义中求取其一。照亚里士多德胚胎学的基本观念,精液为"形式",月经为"物质",形
式主动,物质被动,精液发施其作用于月经而成胎。参看715ᵃ5,716ᵃ5,727ᵇ15,729ᵃ10
等,精液为生殖的式因,也是动因。

　　④　从贝克加[　]。

　　⑤　通俗本及贝刻尔本,αἴτιον"原因";依 P 抄本 ἀπιὸν 为"由远处来的事物";于双
亲身上来的远处事物,当指"生殖物质"。

(σπέρμα 种子)之为物,则是雄雌(男女)交配之后所得的最初生殖 15
混合物,这或是一胎或是一卵,① 从两性来的分泌既于此并和,其
中便含有交配了的双亲的生殖要素。②[有如草木与某些尚未分离
为雄雌各别的诸动物,]③[种子与果实(谷粒)所相异者只在其一
为先予,另一为后予,果实既然来自另一某物即种子,故为后予,种 20
子,由之而某一事物即果实,得以生成,故为先予,两者实际上是同
一事物。]④

　　[我们当重论所谓精液⑤的基本性质究属怎样这一问题。]凡
我们在一生物体上所可找到的事物必不外于这些事物:这或是(1)
生物体天然的诸部分之一,或为同质或为异质部分,或是(2)非天然
的部分,例如一个瘤,或是(3)一分泌(剩物或溢液),⑥ 或是(4)废 25
液(弃物)⑦,或是(5)营养物。——所谓"分泌"(περίττωμα,剩物
或溢液),我以指营养物质的超余;所说废物是供应生长的物料(组

---

　　① 贝刻尔本及通俗本,ζῷον"动物";Σ 本作 sicut ovum;从文默尔(Wimmer)校作
ᾠον"卵"。亚里士多德时代不知雌兽也有卵,故以卵生动物的"卵"(依近代语,应为受
精卵)与胎生动物的胚胎对举。

　　② γονή"籽质"或籽液(子嗣)与 σπέρμα"精液"(种子)两字在本书中常通用。这
里分别为之作成定义,σπέρμα 已异于上下各章的所说的精液而实已是在雌性子宫中的
一个受精卵。本篇下文并不应用这样的定义。依贝克全句应加[ ]。

　　③ 这一行原嵌在上句 15 行,实与上文 11 行复出,应删。

　　④ 从柏拉脱加[ ]。

　　⑤ 依 Ζ 抄本,"精液"下有 ὡς γονῆς 短语,译文应为"精液,作为籽质"。

　　⑥ περίττωμα 依字义为剩余物,应用于动物,有多个译名,residue 剩物,superflui-
ty 溢液,secretion 内分泌,excretion 外分泌等。

　　⑦ σύντηγμα 作废物解,常见于《希氏医学集成》的《重症处理》篇(περὶ διαίτης
ὀξέων),例如痈疡排泄物(ἀπόκρισις),脓,就是这样的一个废物。参看下文 725ᵃ27;以
及《醒与睡》,456ᵇ34 以下。

织）①经过不自然分解而排泄的事物。

　　这里,精液显然(1)不能是生体的一个部分(构造),这具有匀

30 和的性状,而匀和事物,例如筋或肉,是不能单独形成一个构造的;

这又不是与其他各个部分完全分离而独立存在的。② (2)这也不

违反自然,也不是一个畸阙,这既为人人或每一个动物所通有而且

子嗣动物正由此而发生。(3)至于营养物质,那就该是从体外引入

35 的。于是,这就该为(4)一种废物或一种剩物或溢液了。古人③似

725ᵃ 乎认为这是一废物,他们说这是在交配过程中由于运动而起的体

热从全身所发生的产物,这就隐括了它是一种废物。但废物是反

乎自然的,不能由废物获得任何合乎自然的事物。于是精液必须

是一剩物(内分泌)或溢液(外分泌)。

5 　　作进一步的研究,每一分泌应是有用(有益)或无用(无益)的

营养。所谓无用营养是指那些无补于自然生理的事物,这类事物

若体内所聚太多,尤属有害;所谓"有用"营养,我以指与上述相反

的事物。这就显然,精液的性质不会属于前者,凡人们因年老或疾

病而体质入于最衰弱的境况,这就特多这类无用的分泌;与此相

10 反,精液在这些人们便最为稀涩,他或竟全无精液或虽有少些,由

---

　　① 奥-文德文译本依原文 αὐξήματος 解作"供应生长的物料";柏拉脱拟为肌肉筋
骨等类的"生理组织"。

　　② 参看上文 717ᵇ25,精液不先独立存在,是交配中临时调制的分泌。

　　③ οἱ ἀρχαῖοι "古人"或"前贤",这里可举希朴克拉底,参看希氏医书《籽质》篇,里
编《全集》,卷七,470 页;库编,卷一,371 页。又,亚里士多德全集中伪书,《集题》,卷
五,章卅一,884ᵃ6"何以疲乏的人或身患痨瘵的人易于梦遗(睡遗)?"卷三章卅三,876ᵃ
"因疲倦起于湿热,故疲倦之后,睡时便会泄精。"依这些章节的作者,精液也是 σύντηξις
(分解代谢)的产物,即"废物"。

于其中混杂有无用而病态的分泌,实际不能生育。

于是,精液这一部分应为一种有用分泌。但,最有用的分泌正该是最后的一种,由这分泌终久形成生体的各个部分。〈在消化过程中〉,各种分泌或在前,或在后,在营养的最初阶段,所分泌者为黏液以及类此的事物,黏液之为有用营养可凭两事为之证明,这与纯营养相混合是滋补的,①又人在疾病期,这就被应用而消耗至于尽竭。最后的分泌在与营养总量相较时,比数是最小的。②但我当于此思索一下,动物与植物凭每天所吸收营养而生长的,原来是微小的,但一天天继续不断地作着那微小的增益,生体终将是够巨大的了。③

这样,在我们来说,这就与古人所说的相反。他们说精液之为物来自全身,我们却将说精液之为物具有行乎全身的性能,④至于古人们推想它当是一废物,这在我们毋宁看作是一分泌。这样的设想是比较合理的:营养消化所蕴成的终极事物大部分周流而入全身,小部分留为剩物(分泌)而这剩物(分泌)自必相似于那已为全身滋补的部分,恰如一画家的颜料,他所留在调色板上的色泽常相似于他已施用于图上的色泽。反之,废物则常是腐坏过程的遗

---

① φλέγμα "黏液"在希朴克拉底医学上,是生理四液中的第二液,《加仑全集》库编本,卷十五,326 页:"所有流行于血管之中的黏液,是有益的,不须放除。我们须认明动物体中有些黏液适合自然而有用,另些黏液则无用而有碍生理。"参看 728ᵇ31。

② 参看 765ᵇ29—35。

③ 贝本等原文皆意义不明,依奥-文校译本及柏拉脱译本注所揣拟的句读翻译。

④ 依亚里士多德:血液由营养(食料)蕴成,精液由血液蕴成而存于血液之中,也称终极营养。血液周流全身,各个部分凭以维持其生理。血液内有生机所寄的事物,以其微量行入生殖器官时便分泌为精液;动物幼体凭精液创生。

事,总是相悖于生物的本性的。

30　　　精液之非废物而毋宁为一分泌还有另一证据。我们实际见到
大动物子嗣少而小动物多子;这就因为大动物体型既巨,所消耗的
营养也多,大部分的营养一经消耗,废物必多而这种生殖分泌就较
少了。

　　　又,自然对于废物未尝为它在生物体上预作安置,它们就只
35　能在体上任何处觅取它们的出路;至于合乎生理自然的一切剩余
725ᵇ　便各有它们的部位;肠下段为干营养排泄的所在,膀胱为湿营养排
泄的所在;对于有用营养部分,这有肠上段可在那里让它分泌;对
于生殖性质的分泌,这有子宫与阴茎与乳房,①在这些器官中它们
敛聚并流行。②

　　　又,由精液所表现的生理现象也可为我们所持意见的证明,我
5　们可举示这种分泌的直接后果以显示其固有的性质。(一)人们注
意到虽为量极少的精液一经泄失,随即发生困倦之感,③其故就在
体内因此被褫夺了由营养所蕴成的终极有益物质。〔于某些少数

---

　　　①　参看卷四,777ª3—15,乳也是生殖性分泌。依现代的解剖与生理学来说,这里
应是"卵巢、睾丸与乳腺"。

　　　②　柏译本篇末补注详释 724ᵇ27,σύντεγμα 废物:为 σύντηξις 分解过程的产品。
"营养"(食料)最有用部分转化为血液,血液的主要素质为供应生物体以形成其主要脏
腑如心肝等,其残余的次要素质则以形成其次要组织,如发爪等。生体既完全形成之
后,也由营养所转化的血液为之维持。这样"营养过程"实际相当于近代的 anabalism
"组成代谢",而"分解过程"则相当于 katabolism"分解代谢"。生体中的分解代谢天天
继续不断地进行着的分解产物,例如汗,就"在体上任何处觅取它们的出路"(725ª34)。
到这里,亚里士多德已说明了精液为营养与血液所蕴成的最重要的"有用分泌",显然
为一"组成代谢"产品,而异于"废物"之为一〈分解代谢〉产品。

　　　③　见于《希氏集成》,"籽质篇",里编,卷七470。

人而言,这可是确实的;当他们初壮的短期间,倘精液过多,遗失一
些反而减轻了生理负荷——有如最初阶段的食料倘摄取得太多, 10
那么如果能设法排除一些,身体就转觉舒适;①这里也可推想到随
同精液泄失的还有其他的分泌,而这些分泌却是病态的,于是他们
的感受实际出于两种相异事物的混合影响。确乎有些人,在交配 15
时所分泌的,其中精液含量是那么稀少,有时便不能授孕。但于大
多数人而言,并作为通例而言,媾合的影响总是疲乏的,泄失这种
有用剩物绝不会滋益身体而毋宁是致人于虚弱。](二)又,诸动物
在幼时或在老年或在病中(患羸疾)都不生精液——在病中,这就 20
由于虚弱无能;于老年,由于他们已不能充分调制所得的食料;于
幼时,因为他们正当生长,所有营养皆随摄随用而绝无剩余。以人
类为实例,这总是明确的,他们在初生的五年期间就长到了在后终
生②所能到达的高度的一半。 25

　　在这方面,我们发现许多动物与植物不仅于种属相较各不相
同,而且在同种之间相较,例如人与人,葡萄藤与葡萄藤间,相似个
体相较时,也互有差异。有些精液或种子甚多,另些却少,又另些
竟然全无;全无精液或种子的实例无论如何总是有一些的,其故并 30
不因为衰弱,相反地它们颇为壮硕。有些人确乎健康,富于肌肉,
或且充盈着太多的脂肪,却精液稀少而交配的欲望较弱,这就由于
形成他们的躯体过程中营养消耗殆尽了。那些所谓"肥山羊"的葡
萄藤恰好与此相类似,它们由于营养(肥料)太过,枝叶异常茂盛, 35

---

　　① 《集题》,卷五章七,881^a38:呕吐减轻食物过饱的困顿之感。
　　② 奥-文校译本认为"终生"应为"成年后";又小孩不待五岁,只需三周岁,其高度
就能达到成年人高度之半。参看《构造》,卷四章十,686^b6—12及注。

726ᵃ　因此竟不结葡萄；雄山羊倘长得太胖便缺少与雌山羊交配的热情，
所以农户应用这种雄山羊行繁殖时先使它们消瘦一些，并以此为
喻而称那不结果的藤蔓为"肥山羊"。[1]　肥胖的人们，男与女都一
样，比其他的人们为生育较少，营养太好的人们在调炼诸分泌物的
5　过程中都转化成了脂肪，[2]脂肪也是生活富足之中所得来的一种
健康分泌（剩物）。[3]

　　　在某些实例中，例如柳与杨，全然不生种子。[4]　不结籽的原
因当由于或弱或强两者之一：[5]太弱的植物没有调炼养料的能
10　力，太强的，如上曾言及，把养料都消耗在本体的壮大之用了。
相似地，有些动物，因为太弱（无能），也可由于太强（有能），常
时[6]分泌大量的混杂的无用剩液。这些无用分泌不能觅得出路
以排除其杂物，往往引起疾病，虽有些后获痊愈，另些却竟致死
15　亡；这里聚积腐坏的液体，有如沾污着杂物的尿，大家知道是会
引起疾病的。

---

　　①　参看《动物志》，卷五章十四，546ᵃ2—5。"τραγᾶν"直译为"当上了雄山羊"。

　　②　《构造》，卷三章五，πιμελή 为软脂（熔点较低），别于 στέαρ 之为硬脂；这里，
πιμελή 实为各种脂肪的通称。参看《动物志》汉译文，"解剖与组织名词"索引。

　　③　肥育过度的动物不适宜为繁殖之用，是农牧家公认的常例。阉割过的动物易
于肥育，也可取为此例的一证。这些相关事实导使别夏《普通解剖学》(Bichat，"Anat.
Gen."）1，55，也作出相似的推测：据说精液的分泌与油脂的生成具有确定而严格的关
系，两者的产量互为反比例。参看《构造》，卷二章五，651ᵇ13—20。

　　④　ἰτέα 柳与 αἴγειρος 杨（黑杨）都属杨柳科，雌雄异株，杨柳籽细小，有白毛，中国
称为"柳絮"或"柳棉"，俗称这絮棉为杨花或柳花。亚里士多德这里举柳为萧瑟之征；
奥德赛（Odessey），X，510，就有 ἰτέαι ὤλεσί καρποί"枯籽杨"这样的短语。

　　⑤　καί ἕτεραι 从奥-文校改为 ἑκάτεραι 译。

　　⑥　贝刻尔本 πολύχοα，从 PSY 本作 πολυχρόνια"常时"或"长久"。分泌下从贝克校
删［καί πολύσπέρμα 许多精液］。

〔又,泄尿与泄精应用同一的管道;(甲)任何具有湿与干的两种营养残余的动物,精液取道于与湿残余(尿)相同的管道——动物的营养原来液体多于固体,残余也多作液状;(乙)但那些不具备湿残余的动物,它们就得从干残余(粪)排出管道泄精。再者,废液 20
常是致病的,而剩液的分泌却有益;这里,泄精具有双重性质,在有益剩液中夹带着一些无益的营养残余,但这如果确是一种废物,这就总是有害无益的了;可是,精液实际上,不能是废物。〕[①] 25

于是,精液(籽液)不管它是否〈两性〉[②]都有,不仅是一种有用的营养分泌,而且是有用营养的终极分泌,这由上述诸论证看来是够分明的了。

章十九

以下我们必须研究某些胎生动物中所见的月经并辨识这是何种营养分泌。这里我们应该阐明:(1)雌动物也像雄动物那样分泌 30
精液(籽质)而胚胎应为雄雌精液(籽质)一个合体,抑或雌动物实无精液;和(2),雌性倘无精液,那么她们对于生殖只是供应一容器而别无其他贡献么,抑或她也有所供给,接着是,如果说她确有所供给,那么这是怎样的一些事物,所取的是怎样的方式。 35

我们先前业已说明,[③]营养的末后阶段,在有血动物为血液, 726ᵇ

---

①　这一节衍文,上半似属本卷章十二与十三间边注,下半关涉于 725ᵃ—726ᵃ 间论题,皆无新意,实应删除。

②　从柏注增人〈　〉;依贝克,应解为"一切动物"。

③　见于《构造》,650ᵃ34,651ᵃ15,678ᵃ8 以下;本书上章也隐括此义,参看 725ᵃ23 注,ᵇ4 注。

在其他动物为与血液可相比拟的液体。精液（籽质）既为营养分泌
之一而在终极阶段的状态，这应该(1)或即血液或与血相类似的事
物,(2)或由血蕴成的一种分泌。凡经适当调炼的精液,其性状便
5 分明异于血液而与之相分离,但在某些实例中若过度强行交媾时,
这既未经适当调炼,便作血样的性状,①所以精液显然是出于血液
10 而为营养终极形式的分泌,生体的各个部分原由调炼好了而按部
分——流行到达的血液所形成,②涵存在血液中的,可得调炼为精
液的要素也循以施展其影响于全身每一部分。精液所以具有重大
性能的原因就是这样。动物苟遗失精液,就恰如漏失了健康的纯
15 血那样,发生疲乏之感。周遍于全身各部分的血液自然与它剩留
以调炼为精液的事物相似,③亲子自然地相肖,其故也正如此。这
样,那行将形成为手或脸面或一动物整体的精液,其中固涵存有未
分化（成形）的手或脸面或一全动物,精液,或凭其自体的物质或自
20 体中具有某种性能,就潜在地具有那行将实现为新动物的每一部
分,——这里,因为生殖究属肇原于精液的物质,抑或本于其中的
某种性能以为之动因（效因）,讲论至此,尚未及指明,所以我姑双
举那两者（物因与动因）——手或身体的任何其他部分,倘无灵魂
25 （生命）④或其他某些性能,这就不能算作真正的手或任何部分,这

---

① 《希氏医学集成》,库编,卷二,512 页,曾言及,交媾纵欲时有灰黑色沾血的分
泌为内病之征。柏注,白拉寇尔医师（Dr. G. Blacker）说纵欲的人可能引起前列腺出
血,因而精液沾血。

② 参看《构造》,678ᵃ8-,等。

③ 参看上文 725ᵃ26,画家调色之喻。

④ ψυχῆς“灵魂”（与“生命”同义）,PSY 诸抄本作 ψυχικῆς“有灵魂的”（“有生命
的”）,〈手或其他任何部分〉。

只是以一活手的同名,姑相称呼而已。①

[这也是明白的,凡精液样的废物也一例发泄作残余分泌。有如墙上的灰泥,掉落的一层还是那涂上的一层,这里的分泌还是那原先的事物。最后的分泌同于最初的体液,其理相同。]②

这些可就拟定为这一题目进行讨论的途径。现在,当须认明 ₃₀ (1)凡较弱的动物所作分泌应调炼得较不完善而为量较多,(2)这种分泌的性状该是一团血液,又(3)当认明自然于较弱的动物赋予较少的体热,而(4)有如前曾涉及,雌(女)性的禀赋正是这样:综结上列这些事项,我们可以见到雌(女)动物所泄的血样物〈恰如雄 ₃₅ (男)动物的分泌〉也是一种分泌③。所称为"月经"καταμηνίων 的 727ᵃ 排泄物就是这样的性质④。

---

　　①　这一句在《构造》及《生殖》中屡经复述。参看《形上》,1075ᵇ24。依《范畴》,1ᵃ1,"同名"事物应名实两属相同,这里,一动物,如人,全身的实是为全灵魂(生命),手的实是为"有灵魂的手";无魂之人为一死人,无魂之手为一死手。活手能握,所以成其为手,死手如石手,虽也"名"之为"手",而不能握,故无手之"实"。"潜在"与"实现",参看《形上》,卷五章十二,及卷九。

　　②　这一节文句不通,各抄本互异处也无助于疏解。从奥-文加括弧。柏拉脱删出正文。

　　③　这里的论旨在证明月经不是"废物"而为一有用的重要分泌,参看上章 724ᵇ23 以下各节。这里持论的顺序是倒行的,顺行之可较明朗:男(雄)较女(雌)为富于体热;女既绌于生命原热,故较弱于男。男性富于体热,能调煮血液成为较强而量少的性状超乎血样的精液。女性的调煮能力不足,故所得月经还属血样。这种未经完全调熟的排泄物,也是一种有用分泌,而非废液。

　　④　白拉蔻尔注:"动物界只有妇女与某些种属的猴有月经。可是,其他哺乳兽类在发情期间也有少量的相类排泄。"白伦特尔《助产术》(Blundell,"Midwifery",1840年),903 页,认为亚里士多德以一种或一属的现象推想为动物界的通例是可诧异的。亚里士多德确言人类的妇女排泄特多的经血。跟着就用人类情况推论其他脊椎有血动物(参看《睡与醒》455ᵇ33),他认为雌兽(728ᵃ35)于生殖也当有类似的供应,只其量较少于妇女,故不易为大众所察觉。实际是错误的。一切脊椎动物雌性所通备的生殖物质实为"卵",而非经血。

于是，这已明白了，月经为一分泌（剩液），月经之于雌性相拟于
5 精液之于雄性。与此相关的若干事项都可证知这一论断为不误。
在动物生平，雄性始见精液而行注泄的时期，恰也是雌性开初行经
的时期，这时它们声调变换，乳房特地发育起来。当生命下趋而入
衰老的时期，这也一样，雄性生殖能力消失之顷，雌性也就停经。以
10 下的征象也显示雌性的这种排泄是一分泌。一般说来，妇女，除了
在月经停止的期间，不患血漏和鼻衄以及类此的其他病症，①行经期
间血液的放泄既引向②月经，这类病症的血行就被扰阻了。

15 又，雌性（妇女）的血管较之雄性（男人）就没有那么粗大而显
著，为状较纤美而光洁，推究其故，这也该是由于雌性（妇女）因行
经而失血，雄性（男人）所有分泌却尽以充盈了血管。胎生动物一
般是雌体小于雄体，而诸动物中就只这一类的雌性有经血这种排
20 泄，凭此，我们也可设想行经正是由于体小之故。③ 而在这一类动
物之中，妇女的孱弱尤为显著，她们的经血排泄也较任何其他动物
为多。④ 所以，我们常时极易看到妇女肤色较白⑤而没有外暴的血

---

① αἱμορραΐδες"流血"，作病理名词为"血漏"。行经时妇女不发生鼻衄，见于《希氏医
学集成》"医疗要理"篇，库编卷三，743页。血漏病，见于上书卷一，325页。白拉寇尔医师
说，此节所述不虚；妇女正当行经之时，不出鼻血。

② 贝本及通俗本 ἀναλισκομένης"用尽"于月经，从 PZ 抄本 μεθισταμένης"引去"翻译。

③ 这里所举事实是明确的，动物界、蜘蛛、轮虫、蔓脚等类皆雌大于雄，唯哺乳动
物为雄大于雌。但亚里士多德所推测的理由未必精确。依达尔文，这是"雌雄类择"
中，各种属雄兽间相斗而优存劣汰的结果。

④ 妇女经血确乎特多。但兽类雄雌大小比例相较于人类，男女相差不算是最大
的；有些海豹雄性大于雌性六倍。

⑤ 古希腊人妇女肤白于男，较今代人为显著，希腊族诸城邦凡男子及龄，都须操
练而服军役，受风吹日晒，而妇女皆家居，从事内务，脸色自然较浅。

管,女体比于男体显然发育得不那么壮实。 　　　　　　　　　　　25

　　现在,经血之于雌性既然相符于雄性的精液,而且同时而泄注两份这样的分泌又该应是不可能的,[①]这就显然,雌性动物于子嗣的生殖实不提供精液。她若具备精液,那就不会更有月经,但照当前的实况,她既备于后者,这就没有前者。[②] 　　　　　　　　30

　　于是,我们已经说明了月经,有如精液,实为一种分泌;这一论旨可引动物的某些现象为之作证。胖(多脂肪)动物,如前曾察知,较之瘦(少脂肪)动物,所生精液为少。其故在于,油脂实际上是一种经过调炼了的血,与精液相似,同为分泌,只是调炼的过程两不　35相似而已。因此,倘营养分泌消耗于制成油脂这一方面,精液自然　727ᵇ就缺少了。这在无血动物之中,现象也正相同,头足类与甲壳类正当产卵季节最为腴美,它们原本无血,也不由此以形成油脂,到了那一季节,那应有的可相拟于油脂的营养分泌便全用以形成为籽质分泌了。[③] 　　　　　　　　5

　　雌性不分泌与雄性相同的精液而子嗣(胚胎)也不依有些人所

---

　　①　依亚里士多德自然哲学,造物必取最经济的方法,不做虚废的事物,功能相同的复出事物既属多余,造物便不可能为之创制。

　　②　这里用以指称与精液相当的"月经",实际上应指那从格拉夫氏卵泡(Graafian vesicle)中放出的卵;月经只是卵成熟而排出时的附随分泌。但那么微小的兽卵的发现必待显微镜的应用,而期之于两千余年后。十七世纪间哈维虽已论定"一切动物皆属卵生";拜尔在 1826—1827 年才实见犬与人等哺乳类的卵子。(参看拜尔《哺乳类与人卵的生成》(K. E. von Baer, "De ovi mammalium et hominis genesi")1827 年拜尔致彼得堡科学院书翰,法文译本见于 1829,巴黎;德文译本见于 1827,莱比锡。)另一方面与这卵相当的"精液"应指液中的"精子",这也得是两千年后显微家的工作;雷汶虎克(A. Leuvenhoek,1632—1723)才实见了昆虫、螺贝、鱼、蛙、鸟、兔、犬、羊的精子。

　　③　这一节各句中主词 σπέρμα "精液"应解作兼及雌性生殖液,或改作"月经,有如精液"。若依苏斯密尔(Susemihl)校订,全节应加[　]。

说那样,为雄雌两种精液的混合所成,这还有这么一个佐证。雌
(女)性在交配时常在未觉快感之中受了孕,而且如果不在所谓"月
10 经"作正常分泌的时期,虽两方交配进行①得有相符而同等的感
觉,却常不得受孕。由此看来,(甲)倘全无月经,雌(女)性绝不能
生殖,(乙)倘经血过多而久不止息,她也常不育。(丙)她的受孕常
15 在经血才排清之后。其一例是她缺少那种营养或物料,那种物料,
正是由雄(男)性来的精液凭以施展它的性能而凝成之为胚胎的;
于另一例中,这种内涵物料为过度充溢的经血冲洗而流失了。唯
有正当行经之后,大部分经血既经泄出,剩余部分就形成了一个胚
胎。可是,全无经血而怀妊,或不在经后而在经期怀妊的例也是有
20 的;于前者而论,她大概实有经血而为量殊少,只相当于多育(多经
血)的妇女在行经之后剩以成孕的余量,至若后者而论,则她的子
宫口当是在行经之后闭紧了的。这样,当为量相当多的经血业已
从体内排除,余流虽还在继续泄出,但其量已不至于冲洗去精液
25 (籽质),正在这时交配,随即肇致妊娠。在既娠之后还继续见到些
经血,这也不是很可惊奇的。[还有,经血停止后,随又重现,这虽
为量甚少,也不至于在妊娠全期常时发生,却总是病态;自然当循
乎常例,这类反常的病例当然是不多见的。]
30   于是,这是明白了,雌(女)性供应生殖的物料,这物料见于月
经,它的性质是一种分泌。②

---

① 下删 παρά。参看奥维得,《恋爱艺术》,ii,727.(Ovid. "Ars Am.")。

② 希腊古代以经血为胚胎生长的物料这观念流行于世者二十余世纪。古代犹太
人也持相似的观念。《所罗门的智慧》(The Wisdom of Solomon),vii,2:"一男子的精
子,在母亲的子宫内营养含血液之中,历十阅月而成全了我的肉体。"第16世(接下页)

章二十

　　有些人①认为雌（女）性动物在交配中所经历的快感有时相似于雄（男）性，而且也相应而发生液体注泄，因此这种液体也当是精 ₃₅ 液。但这泄出物实非精液；从有关各例中可知这由子宫泄出，② 只 728ᵃ 是某些妇女这一部分的特有分泌，另些妇女是没有的。肤白（色浅）而雌式的妇女一般会有这种泄液，但于肤黑（色深）做雄式姿态的妇女，这就没有。这种泄出物，如果发生，就为量甚大，这是不同于精液之为量有限的。又，不同类的食物于这种泄液的分泌量会 ₅ 发生很大的影响；例如辛辣的食品就可显著地促增这种分泌。至于随同交配所发生的快感，这是在泄出精液以前所汇聚的"炁" πνεύματος③ 所引起的，这不仅由于精液的分泌。这于将近成年而尚未能泄精的儿童以及已失生殖能力的人们诸例都是明显的，他 ₁₀

　　（接上页）纪初的妇产科书籍如雅各·卢夫，《人的妊娠与创生》(De conceptu et generatione hominis)，1544 年，就绘制有说明这种假想情况的胚胎图样。直至十七世纪，威廉·哈维用英王嘉乐一世的园鹿作胚胎研究，把交配后的初孕鹿逐期解剖，始终未能在子宫内找到预想中的"种子"与血团。这引起了哈维的诧异。哈维从虫、鱼、鸟等的授精于卵的现象，揣测兽类雌性也当有"卵"，生殖的本原，应在卵而不在血液排泄，因此而作"Omne vivum ex ovo"（一切生命必从卵出）的预言（参看哈维，《动物之生殖》de Gener. Anim.），这预言再经两个世纪才得到了证实。

　　①　埃璧鸠鲁学派对于生殖分泌的设想，有如此说，见于卢克莱修，《物性论》，1229,1247,1257—1258 等。

　　②　这里所说的妇女分泌盖为膣道口分泌（Vulvo-vaginal discharge），参看柏莱费尔《助产术》卷一，28 页（Playfair, "Midwifery"）。这种分泌的部位不在子宫，739ᵃ37，所述"子宫前的部分"较为确切。白拉寇尔医师说，膣道口分泌为量不多，所说为量甚大者，可能是白带，面白而贫血的妇女，往往白带分泌量甚大。但 738ᵃ25 于白带病另有明确的叙述；这里应属另一分泌。

　　③　体内"炁"πνεῦμα 流行，促成泄精，出于希朴克拉底生理学，见于《集成》，库编，卷三，748 页，参看本书附录"若干名词汇释"。

们都可凭摩擦生殖器官而引起快感。那些生殖器官曾经损伤的人
们有时发生肠下垂①症的原因就在于他们未能调炼为精液的那些
15 营养分泌转而充塞了肠部。现在可以这么设想，一儿童，在形式
上，这可当他作一妇女，②而妇女，这可当作一位无性能的男子，雌
（女）性之为雌（女）性就在于她们缺乏某种性能由于她们体质的冷
性，她们不会调炼营养直至最后的一个阶段而成为精液〔这或即血
20 液，或于无血动物则为与血可相拟的事物〕。〔各个部分的出血都
像肠出血③那样应归结于血液的调炼不足，月经也是这一类的出
血，不同的只是月经为正常排泄而其他的出血却是病态。〕④

25   于是，这可明白了，月经之于生殖的合理设想应是这样。月经
为调炼未臻完全而性状不纯的精液，有如果实的尚未成熟者虽已
具有那些营养物质，可是还未纯化。⑤ 这样，月经之为生殖就得先
有精液（种子）与之合成为混合物，犹之植物，草木的不纯物质必须
30 混合于纯物质而后才能结籽成实。⑥

    雌（女）性在交配中由接触而引起快感的是在与雄（男）性相应
的部分，而经血却不从这一部分泄出，这也可为雌（女）性分泌异于

---

① ἀναλύονται αἱ κοιλίαι，从原字义译"肠下垂"；柏拉脱从下文 22 行作 διάρροια"肠
出血"解。

② 从柏拉脱校订，καὶ τὴν μορφὴν γυναικὶ παῖς 译。

③ διάρροια 原文为"流泻"，作医学名词为"泻痢"（diarrhoea），这里涉及流血，当为
"肠出血"而非肠管内物流泻。

④ 从贝克，加〔 〕。

⑤ 依鲍尼兹，διηθεμένη"过滤"或"清洗"；依 Z 抄本 διηττημένη"筛选"，于原句取喻
寓意，都不很确切。参考 Σ 译本 incompletus"未完善"，译"未纯化"。

⑥ 参看下文 744ᵇ32 以下。《政治学》，1281ᵇ37，于粮食而言，也说是净粮混入杂
粮为较富营养。

精液的一证。又,这不是一切雌性所通有,而只见之于有血动物, 35
在有血动物之中也只见之于子宫不靠近躯体中段而不产卵那些类 728^b
属;于无血而只有与血可得相拟的液体〔于前者①的血液,后者代
之以另一种液〕诸动物也没有这样的泄出物。后者与那些才提示
的有血动物——即子宫在下位而不产卵的那些类属——所以不见
这种排泄之故是由于它们体质干燥;干体质就仅够供应生殖,别无 5
剩余需要排出体外,因此它们不作这种分泌。所有不先产卵而行
胎生的动物——这些是人与一切后肢内弯②的四脚动物,〔它们都
胎生而不先产卵〕——统都具有月经(经血),只是它们的泄出量没 10
有妇女那么多,唯有像骡那样发育不健全的种属才为例外。诸动
物经血的详细情形曾列叙于《动物研究》中。③

　　妇女的月经较之它动物为多,男人若与它动物的体型大小为 15
比,所泄精液也特多。其故当在于他们的体质较它动物为湿热。
只有湿热的体质才能作较多的分泌。又,人类不像其他动物身上
有某些部分可作为剩余营养的出路;他们全身而论毛发既不多,也 20
没有突出的骨、角与牙这样的构造。④

　　月经中含有籽质⑤是确有佐证的,上曾言明,雄性的这种分泌

---

　　① 贝刻尔本 ἐν ἐνίοις "有些"或"某些";从柏拉脱校,作 ἐν ἐκείνοις "各各"("前
者"……"后者")。

　　② 贝刻尔本 ἐντός "内弯";柏拉脱从 ZY 抄本 ἐκτός "外弯"。贝克依《行进》,711^a8
以下,及《动物志》498^a3—7 作"内弯"。这里所指的动物为四脚兽,即哺乳类。

　　③ 《动物志》,卷六,章十八,言及母绵羊、母牛、牝马在发情季节有行经现象
572^b29—537^a15。这里所说雌兽都行经,在月经的严格词义上说这是不确实的,参看
727^a2 注。

　　④ 当指距骨、鹿角、象牙等。

　　⑤ 与前文不符,依这句的语意应是"未纯化"的精液。

与雌性的月经发生于它们生平的相同期间；这表见于两性涵容这些分泌的器官（部分）都在相同期间分化而发育完成，当性器官发育期间，私处膨大而阴毛茁生，两性也是一样的。正当性状行将演化之顷，精炁促使这些部分膨大起来；这于雄性睾丸是明显的，在雌性乳房部分亦然；于雌（女）性，乳房的发育更可注意，一般是乳房隆起两指（约一寸二分）高时，月经开始。①

现在，于一切不分雄雌性别的生物，籽质有如一个胚；我所谓“胚”κύημα 就指雄雌两性②最初的混合物；这些生物各由每一籽质 729a 发生一个躯体——例如一颗麦粒只茁一茎麦棵，一个卵只孵化一只动物——双胚蛋实际上是两个蛋。可是，凡已分化有性别的诸种属每一次射精却可孕生许多动物，这显见它们的精液在本质上异乎植物与那些不分性别的动物的籽质。这可以取证于那些一产数胎的动物，它们的多胎妊娠只需经历一次交配。这里我们可明白，精液实不来自全身所有各个部分；各部分既不得在参加于蕴制精液时就预分了如数的多份，也不能在进入子宫集结而后再行分离为应有的份数。③ 如所推论，精液恰应是雄性在交配过程中供

① 依苏斯密尔，22—33 行这一节应加[ ]。

② 指较高级动物的生殖。

③ 这里的辩论已见于上文 $722^{b}28$，$723^{b}14$。柏注：按照希朴克拉底学派的全身生成论，子鼻之酷肖父鼻是由于精液蕴成时含有由父鼻而来的相应籽质。但如一犬在一度交配而孕六小犬，若依泛生之说则须有六个犬鼻胚芽或胚原（或任何表明这相应事物的其他名称）与其他各部分的六份众原基一齐进入雌性子宫，在成胎时分别组成为六个幼体，亚里士多德设想这么万汇纷纭而行生殖是不可能的。倘各部分来的六份籽质先集成一犬精液而入雌性子宫后，再行区分为六幼体，这就等于把一大动物切割为六小动物，这又是不可能的。这里持论实不充分，不足以折服全身生成论者。后世如达尔文的“胚芽”(gemmules)作进一步的设想，一份精液中可有多个精子，那么犬鼻原基就未尝不可各别与其他胚芽合成六个精子，然后六个精子与相应卵子合并而各发展其鼻管各个部分。

应了生殖的形式与动因,雌性则在同时备好了躯体,即物料。事实 10
上雄性分泌当它施其作用于雌性生殖物料时,这才为之区分,情况
类似乳酪的凝结,无花果汁或皱胃凝乳(或皱胃膜)①的作用就在
于它涵存着凝酪要素而乳汁恰正是它施其作用的物料。至于何以
所区分的有时或多或少,又有时不作区分,这将是在后的另一论
题。② 这里若不作区分,本毋庸计议,但如果或有所区分,那么所 15
区分的作用要素与被作用物料就必须为相适应的配合,既不太少
以致〈其热能〉不足以行调炼,也不太多而竟使物料蒸干;于是这就
繁殖而成若干子嗣。倘这作为生殖之原而具有成形能力的精液一
直不作区分,那么一次交配,一份精液就只孕一个幼体。 20

　　于是凭上述各节以及对这问题的一般考察与抽象研究这是明
白的了,雌(女)性实无精液(种子),但她确也于生殖有所供应,这
就是作为物料的月经,或于无血动物而言则是与月经可相比拟的 25
事物。凡生殖,这必须有生之者,也必须有所凭借而后能行其生
殖;两者即便是〈在不分性别的植物与某些动物之中,作为〉一体,
其间也必隐含着相别的品格与各异的命意;至于生殖能力业已分
离为两性的那些动物,则主动与被动(作用与受作用)两方的身体
与其本质必然互为不同。这里如以雄性为有当于主动者而施其作 30
为,雌性为有当于被动者正因其能受作为而所以成其为雌性,则雌
性所供应于子嗣的虽相当于雄性的供应,却就不该是精液而应是

---

　　① πυετία“拔埃替亚”(见于《动物志》,卷三,522ᵇ3—14;《构造》卷三章十四,
676ᵇ6),农牧家用以凝乳制酪,或译为 rennet“皱胃膜”或“皱胃内凝乳”,或译为 coagu-
lum“凝乳素”。
　　② 见于卷四,771ᵇ。

〈精液可得施其作为的〉物料。我们的理解恰正如此,月经的本质
确切是生殖的原始物因。①

章二十一

35   于这问题我们已讨论得够多了。经过这些讨论,我们于次一
729ᵇ   问题也可了解,我所说次一问题是雄性精液何以能致孕而为子嗣,
它在生殖过程中施行了怎样的作为。从胚胎开始,它就作为一个
部分混合于来自雌性的物料之中呢?抑或精液于胚胎实无物质供
5   应而仅向其中赋予性能和活动?接受这种主动而有所作为的性
能,来自雌性的分泌的剩留部分,②因以形成为胚而获得其形式。
这里凭理论和事实,显然以后一设想为正确。(甲)从一般情形来
考察这问题,我们见到,凡其一作为,另一被制作,两相合作而成的
10   事物,作者当不存在于这所成事物之中。③ 于其一运动另一被动,
那样更普遍的事例,这道理也可应用;运动者不存在于被运动的事
物之中。可是,雌性之所以为雌性是在被动,雄性之所以为雄性是
在主动,活动便凭雄性为之起点(原理)。我们倘取两者所归属的
15   最高词项(科目),④以其一为作者而行主动,另一为受作而被动,
则两者所共同成就的事物,其实义只便是有如木匠与木共同制成

---

①   以月经(实际是卵子)为生殖的"原始物因"回顾20行,把精液(实际是精子)叙
作"原始式因"。参看《形上》,1014ᵇ27,1015ᵃ8,1045ᵇ18;《物理》,193ᵃ28。

②   指未排泄于体外的经血(卵子)。

③   例如:人为作者,木为被作者,制木成舟,人不存在于舟中。

④   τὰ ἄκρα "最高词项":这里以主动被动与雄性雌性分列于同一范畴,而以主被
动为较普遍的科目,以雄雌性为较专狭的品种,以下同科目诸品种有木匠与木料,圆式
与蜡,医疗技术(或医师)与病人。

了一床架，或〈圆〉形式与蜡共同制成了一球。这里，显然，绝不需
要雄性供应任何物质，来自雄性的事物虽为成胚的起点，却不必留
存于胚中，它只需促使活动而授之以形式；医疗技术之致人于健康　20
也正是这样的过程。

　　（乙）这种理论可以取证于若干事实。就循上述的理由，有些
雄性与雌性交配时就不把自己任何部分插入雌体，反之，这是雌性
把自体的一部分插入雄体：这情况见于某些昆虫。① 在这些昆虫　25
的实例中，当雌性把自己内涵分泌的部分（生殖器官）插入雄性体
内时，它们就用其体热②和性能在雌性体中直接完成了其他那些
动物——那些雄性以自体一部分插入雌体的动物——由精液在雌
体内所完成的作为。这些动物所以交配时间延续得尽长，而一经　30
分离，雌性便迅速地产子。这里交配的久延就由于③它们要持待
那相拟于精液的作为（由雄虫的性能酝结雌性的生殖物料），底于
完成，这项工作一经完成，胚胎（子体）就很快诞生；这样生成的子
体，与所有产蛆的虫类一样是不完全的。

　　（子）动物雄性的精液实不来自全身所有各个部分，（丑）而它　35
所泄注的，性质有如精液这样的任何分泌，也实不存在于胚胎的物　730ᵃ
质体内，作为其中的一个部分，它只是凭精液（籽质）之中所涵存的
性能制出了那么一个活动物［有如我们在那些雌性把自体的一个
部分（器官）插入雄体的昆虫方面所举示的实例］，这种论点可在鸟

------

　　①　　见于上文章十六。

　　②　　贝本及通俗本，ὑγρότης“湿性”或“体液”；从柏拉脱校，作 θερμότης“体热”或
“热性”。

　　③　　贝本 μέν οὖν…，承接句，从柏拉脱，依 Z 抄本，作 γὰρ…回申句（阐释上句）。

5　类与卵生鱼类方面见到最重大的佐证。于鸟类而言，倘一母鸟在
　　行将生产风蛋之顷，恰有雄鸟踩上（与之交配），这时刻她的卵犹作
　　黄色，蛋白尚未裹附上去，①于是她所产卵就不是风蛋而是可孵化
　　的真蛋了。又，一已经与雄鸟交尾过后的雌鸟，在体内卵尚黄时，
10　让另一雄鸟再行与之交尾，此后她所生全窠鸟雏就像第二只雄鸟。
　　所以，有些人企望育成珍禽就试行更换首次与二次的配种雄鸟；从
　　这样的配种方法可以揣测他们的设想：精液不与卵相混合，也不存
　　在于卵中，（子）这也不是雄鸟全身各部分所蕴成。若说不然，那么
　　这一母鸟既获得两雄鸟的精液，所有鸟雏将各有双倍的构造了。
15　但雄鸟精液所作为于雌鸟物料与营养而使之具生某些品德而成形
　　的，只是一种性能，所以当雌鸟的卵尚在长大过程，继续敛集营养
　　之中，第二份精液可以其热性与调炼能力增强那第一份精液的成
　　效。②

　　　　从卵生鱼的生殖方面，我们也可得同样的结论。当雌鱼产卵
20　的时候，雄鱼跟着洒精于卵上；凡雄精洒及的诸卵便行孵化，而另
　　些则不能孵化；这显见雄性所供应于鱼鲕的作用不是任何“物量”
　　（τò ποσòν）而只是一些“素质”。（τò ποιóν）

　　　　由上所论列，这已明白了，于那些分泌精液的动物而言，精液
25　不由雄性全身蕴成，而雌性所供应于生殖者实不同于雄性的供应，

---

　　　①　鸟卵生成过程，先成蛋黄，外有蛋黄膜；蛋黄经过输卵管时，敛集蛋白。最后得
石灰质分泌而成蛋壳，遂产于体外。

　　　②　参看《动物志》，卷六，560ᵃ9—20。亚里士多德的好些禽鸟故实得于希腊的养
禽家。这里所拟养禽家的配种理想实际不确。第一，雄鸟若交配而未授精或精液未入
卵巢，则第二雄鸟授精自可成第二品种的雏鸟。若第一雄鸟已授精，则所生卵应孵成
第一品种，第二份精液无效。

这里,雄性供应实为动因(生命要素),而雌性供应为物因(物质要素)。因此我们可以了解雌性何以不能单独生殖,她自身还缺少一个要素,她就不能发起胚胎活动而凝结之为应有的形式(品种)。有些动物,例如鸟类,雌性的体质能不借助于雄性而把生殖过程进行到某一阶段,她们能单独形成一些产物,可是总不完全;这里,我是说所谓"风蛋"ὑπηνέμια ᾠά。

章二十二

因此我们也可以了解何以胚胎的发展须在雌性体内;既然雄性不把精液注于自体,①雌性也无精液注入雄体,唯有雌性具备那育成交配混合物的材料,所以这必须由雌性容受那混合物于她的体内。这里不仅先得存在有成胚的物料,而且随后胚胎体积增长时还得常②储备着添益的物料。这样,产子的工作必须由雌性担任。这有如木匠必须始终密接于木材,陶匠始终密接于陶土,一般而论,一切工艺与其所施于物料的全部活动③必须时刻不离于相关的物料,建筑技术之于房屋也可举为一例。

由这些论辩,我们也可揣知雄性于生殖的努力究属是怎样进行的。有些动物,雄性绝不分泌精液,凡他所施为就全无物质部分参加于所成就的胚体;恰如木匠于他所应用的木材,绝不以自身的物质为之增益,他的手艺也不遗留在成品之中,这里只是凭他所发

①　各抄本有异文,从第杜本,俾色马克尔(Didot ed. Busse.)校,ἀλλ' οὐκ εἰς τὸ ἄρρεν οὔτ' αὐτὸ τὸ ἄρρεν 译。
②　贝本,通俗本 δεῖ;从柏拉脱校本,作 ἀεῖ"常"。
③　参看下节,730ᵇ15—32;这里的工艺与其活动,喻雄性及其精液的性能。

15　起的活动,物料由以构成定形与定式。这是他的双手运动他的工
具,他的工具又运动于材料;①运用他的手或任何其他部分,按照
某种预定的目的,循着与目的各相符适的性质而进行某些相符适
的操作者,就是他的艺术知识和他的灵魂(生命),而灵魂中所涵存
20　的正是那形式。②　相似地,于那些分泌精液诸动物的雄性,自然就
用它的精液为工具,为实现活动(生机)的工具,恰如任何艺术制品
在制作过程中所运用的工具一样,在某种意义上,一门艺术活动就
寄托之于一门专业工具。这些雄动物所从事于生殖的方式就是这
样。至于那些雄性不分泌精液,雌性把自体某部分插入雄体的
25　动物而言,这就可类之于人们带着材料移就工匠的实例。由于这
些雄性体质荏弱,自然未能凭任何间接事物(工具)施其作为,就
让他的活动径便行之于材料,自然采取了这种直接措施,仅勉底于
成功。③　于这方面的实例,这就不类木匠而毋宁论以抟土制模的陶
30　工,他无所假借于工具,径便以自体的某些部分施其操作于材料。

章二十三

　　于一切能运动的动物,性别是分化了的,虽两相同于品种,例
731ᵃ　如人或马,④而其一为雄,另一为雌。但于植物,这些性能是混合

---

　　①　依通俗本 αἰ δὲ χεῖρες καὶ τὰ ὄργανα τὴν ὕλην "双手与诸工具运动材料";这里从
Z抄本 αἰ δὲ χεῖρες τὰ ὄργανα καὶ τὰ δ' ὄργανα τὴν ὕλην 译。
　　②　灵魂为"形式所潜在"见于《灵魂》,卷三章四。灵魂中的生命形式相喻于木匠
心中的床椅形式,陶工心中的瓶罐形式。
　　③　所以它们需经长久的交尾时间,参看 729ᵇ29。
　　④　从Z抄本,Σ拉丁译本,补 ἡ ἵππος "或马"。

着的,雌体不分离于雄体。这样,它们便各凭自体为繁殖,不分泌籽质而产生了胚体,即所谓"种子"σπέρματα。恩培多克勒的佳句就这么写着:"于是大树〈高枝〉产卵了;其始是油榄……"[①]比之于卵之为胚,动物从卵中的某一部分孵出而其余便为之营养,正也这样从种子中一个部分[②]苗长而为一草或一木,其余部分便供其初根与芽茎的营养。在相当的意义上,这于那些分化有性别的动物,其理相同。当它们恰正需要从事于生殖的际会,动物两性便像植物那样,雄雌合一,而不再是两互分离的了;在动物交配而媾合的时刻看来,这是明显的,而两者所合生的确也只是一个〈品种的〉动物。[③]

那些昆虫,照它们的体质,既不泄出精液,这类生物的交配过程须得延长时间,直到雄性要素凝结〈雌性物料〉成形为胚体而后止。另些生物,如在有血动物们之间的交配只需进行到雄性泄出自体中那个部分(精液),注入这些事物〈于雌体〉,俾可在后受孕而止。前者交尾往往历朝至昼,具有精液的动物则一经泄注,交配即行停止。至于精液之终使〈雌性物料〉结为胚胎却还得等待更多的日子。

坦白地说来,所有的动物似乎相仿于分离了的植物,有如在植物正当结籽之顷,有谁把那原来涵存其中的雄雌劈了开来。

自然所有这些作为正像一位敏慧的工匠。草木的本性除了结籽传种之外就别无其他事业(功用);传种既是由雄雌所合力进行

---

① 参看第尔士《先苏残篇》,恩培多克勒残篇,79。

② 从柏校,καὶ ἐκ τοῦ σπέρματος μέρους 译。

③ 依腊克亨(Rackham)校订,应删末一分句。

的,于是自然于植物就让两者混合于一体,这样,草木便不分性别。
但,有关植物的问题,当待另行讨论。至于动物的功用则不专限于
30 生殖——生殖是一切生物所共通的——它们又各具有相当程度的
知识,有些较多,有些较少,又有些极为微弱。它们既然都有感觉,
这就成了知识。① ——我们试一考察知识的价值,这比之于慧思,
35 虽然尚属渺小,可是对于无生命的物类,这就很重要了。与慧思相
731ᵇ 较,说是谁能感觉于味与触,殊不足道,但超越于全无感觉者,有如
木石②而言,则知识显见是最好的事物了;③物之常年处于呆死状
态,无所知于自身的是存是亡,苟一朝而竟得这么一类的知识(感
觉),这应已是如获珍宝了。④ ——现在,一动物之异于那些仅见
5 生命的有机事物正在它的备此感觉。可是它既本属生物,这又必
须谋其生存;于是当它企求于完成有生之伦的一般功能⑤时,这就
得如上所陈述,⑥作相似于植物的并合而行雄雌的交配。

　　介壳(函皮)类,作为动物与植物的间体,于动物界与植物界的
10 功能,两不尽备。有如植物,它们没有性别,不施行一个合于另一

――――――――――――――

① 由 αἴσθησιν 五官"感觉"而得 γνῶσις"知识",这里的心理分析类于古印度相宗
由"五识"(色声香味触)而进于第六识(心识)。亚里士多德以动物属于中级生物而称
之为 αἰσθητικόν 感觉生物。他称人类为高级的 διανοητικόν 理知生物。τὸ φρόνησις;"慧
思"属于高级生物。

② 从 Z 本增 φυτὸν ἢ λίθον"木与石"。

③ 依 Σ 译本 differentia mirabilis,原文当非 βέλτιστον"最好的事物",而为
θαυμάσιον"可惊奇的差别"。

④ 参看732ᵃ13 以下。731ᵃ29—ᵇ3 关于感觉这节可参阅亚里士多德对话《劝勉
篇》(Protrepticus)相应章节。

⑤ τὸ θρεπτικόν 营养生物为(植物级)初级生命,只有生长与传种,即"食色"两项
功能,参看735ᵃ17 以下。生物界三级,参看附录"若干名词汇释",灵魂一项。

⑥ 731ᵃ3—23。

而为生殖的方法；有如动物，它们不像草木那样自行结籽；它们却由某些泥质与凝液形成而苗生，可是，我们当待以后再说这些动物的生殖。[1]

---

[1] 见于卷三章十二。

卷(B)二

章一

20 　　雄雌之别真是生殖的本原(要理),业已言明,两者的性能和实义也先经阐述了。但,动物究何为而其一必演变而为雄,另一又必演变而为雌呢?我们的讨论进行到这里就该着意于此,而开示性别的缘起:(甲)应是由于第一效因(切身动因),而且为事属"必需",[由怎样的物质为之形成,]①(乙)凭这样的安排,在极因而论,动物可得成达"较好"的目的,这真是自然②当初所赋予动物界的要义。

25 　　宇宙间的万物,有些是永在而通神的,另些却时在而时不在(或存或亡)。凡高美而通神的事物,凭其本性所涵存的善德,对于那些非永恒的事物,常常可为之作致于善业的原因③,一切非永恒的事物既可时而成是〈又时而为非是〉④,就也可以有所因而成善

---

　　①　从贝克加括弧。
　　②　ἄνωθεν"在上",从贝克英译本解作"上天",译"自然"。柏拉脱作"深远"解,则(乙)分句的实义当是:诸动物由致善的目的(极因)所成就的演变较之由必需(物因)所成就的演变具有更深远的要义。
　　③　参看《形上》,1013ᵃ22—23"善与美正是许多事物所由以认识并由以动变的本原"。
　　④　καὶ μὴ εἶναι 从柏拉脱增补。

或有所因而为恶。这里，灵魂确较身体为善，具有灵魂（生命）的活 30
物自也该较不具灵魂的非活物为善；是总胜于非是，有生命的总胜
于无生命的。于此，我们可揭发动物生殖的理由。① 动物这样一
类的事物本不可能秉有永恒的性质，绳绳相继的生殖便当是它们
至于永恒②的唯一方法。生物的实义虽然确乎各备于个体，可是，
作为点数的各个个体总不可能永存——如果一个体生物而竟能不
死，那么它也将是一永恒〈而通神〉的事物了——然而，作为一个品 35
种（种族），这却是可能永存的。所以现世就常见有人与动物以及 732ᵃ
植物这些种类。而雄雌之为性，既是其中的第一要理，为了生殖，
这就该涵存于每一现存的个体之内了。又，持有定义与通式的第
一效因（切身动因）比于它所致动而生效的物质，原来既较善而更 5
为神圣，则较高强的一性自应分离之于较低弱的一性。因此，凡属
可能之处，这就尽其可能，雄性与雌性分开。致动的初因也就是创
生的缘起，出于雄性，这比于雌性之为物因③，固然是较善而更为
神圣，可是，生殖本是两者共同的事业，雄性于完成这样的工作终 10
得好逑于雌性而与之相协和。

　　〔以雄雌性别而论生物，则虽植物也应具有某种程度的生命。

---

　　① 此节所揭雄雌分离之由，本于上节的（乙）求取"较好"的目的，即"极因"。

　　② "永恒"的实义，如 731ᵇ23 应指"不灭坏而神圣的事物"（ἄφθαρτα καὶ θεῖα），这
些"永在事物"绝不或在或不在。这里，亚里士多德引用了"永恒"的变义而别开"个体
（点数）永恒"ἀΐδιον ἀριθμῷ与"种族（形式）永恒"ἀΐδιον εἴδει两例；他指称"生成事物"也
就是可灭坏事物（生物），在种族形式上超于存亡演变，也可成为常在而参与于"永恒"。
参看《灵魂》，415ᵃ25，以下。

　　③ 从奥-文校作ὕλης ἢ τὸ θῆλυ译。

但动物这样的一类却是凭其具有感觉而成为生物的。① 依前已言
15 明的理由，凡一切能移动的生物几乎全部有性别，而其中有些，如
前已言明②，在交配时泄出精液，另些则不泄精液。推究其故，较
高级的动物在本质上就较为独立而自足；它们的体型较大，若"生
20 命热"θερμότητος ψυχικῆς 不足，这便不能存活；较大的体型当须较
大的力量使之运动，而热正是一种动力。所以，一般而言，我们可
说有血动物比无血动物为体型较大，而可移行的动物又较不能移
行的固定的动物为较大。这些较大的动物恰正就是由于它们热量
充沛而泄出精液的动物。]③

25 　　关于两性分别存在的缘由已说得这么多了。有些动物，有如
一切产生活幼体于世间的诸物，④胚胎完全，所诞生物与亲体相
像；另些所产子体发育不全，还没有完成亲体的形式；在后一类别
中，有血动物产卵⑤，无血动物〈或产卵，或〉⑥产蛆。卵与蛆之别是
30 这样的：一个卵，其中一部分为幼体所由创生的胚，其余则为幼体
的营养，但一个蛆却由全部发育而成一整个幼体⑦。于诞育与亲

---

① 参看《构造》666ᵃ34，651ᵇ4，653ᵇ22。杨白里可，《劝勉》篇（Jamblichus, "Pro-
trepticus"），7 节，论生命与感觉（依耶格尔，《亚氏残篇》，69，实出于亚里士多德早年所
作对话《劝勉》篇）："有生命物凭其感觉以别于无生命物"。

② 卷一章十七。

③ 此节与上下文不相承，从贝克加［　］。参看 715ᵃ18 以下，又卷一章廿三各节。

④ 指胎生动物，包括软骨鱼在内。

⑤ 鸟类与爬虫（蜥蜴）类。

⑥ 从柏校，增（ἡ φοτοκεῖ ἡ）依亚里士多德分类，介壳类与头足类都列入无血动物
而所产子则常称之为卵而不称为蛆。

⑦ 这里所举"卵"与"蛆"的分别相符于现代不全裂（meroblastic）与全裂（holo-
blastic）卵的分别。参看本书 752ᵃ27，758ᵇ10 以下；《动物志》489ᵇ6 以下。

体相像的幼儿之胎生动物中,有些为内胎生,例如人、马、牛与海洋
动物如海豚和其他鲸类;另些先在体内产卵而后胎生于外,例如所 35
谓鲨(软骨鱼)类。于卵生动物中,有些所产卵是完全的,例如鸟 732ᵇ
类,与一切卵生四脚类和无脚类,即蜥蜴与龟类与大多数蛇类①;
所有这些动物的卵一经产出便不再增长。另些的卵则是不完全
的;这样的卵,有如鱼卵,介壳类和头足类的卵,产出后继续增 5
长。②

　　一切胎生动物[或卵生动物]③皆属有血,一切有血动物或为
胎生或为卵生,唯那些全不生育者为例外。④在无血动物中,虫类
产蛆,产蛆的诸虫都先行交配而后生殖,但所有实行交配的虫类不 10
皆产蛆。有些自发生成的虫就当归属在不产蛆的这一类别,它们
虽也分别有雄雌而行交配并产生一些事物,可是这产物却是不成
形的⑤;这在先曾说明了它们的缘由。

　　这些分类中容有许多交互区分。既不是一切两脚动物尽属胎 15
生——鸟类就是卵生的——也不是一切两脚动物尽属卵生——人
就是胎生的。既不是一切四脚动物尽属卵生——马、牛与难以悉
举的其他兽类就是胎生的——也不是一切四脚动物尽属胎生——
蜥蜴、鳄与其他许多四脚动物产卵。诸动物有脚与无脚之别也不 20

---

①　蛇类中有蝮蛇非卵生,为例外。
②　见上文 718ᵇ8 注。
③　[ἡ ᾠοτοκοῦντα]依苏斯密尔与柏拉脱等,应删出正文。
④　这例外,大概指骡。
⑤　《动物志》,556ᵇ23 以虱类为出于自发生成,它们所产的"微尘",不能成虫。实际上这些"微尘"真是其后成虱的小虫卵。

能凭以为其间生产方式的差异之准,不仅有些无脚动物如蝮蛇与
软骨鱼为胎生而另些如其他鱼类与其他蛇类为卵生,又且在有脚
动物中如上述的四脚类,就既有许多种属卵生,而又有许多种属胎
25 生。还有些内胎生动物,有些就有脚,例如人,有些却无脚,例如须
鲸与海豚。所以凭这些性状为区划是不可能的,它们所以发生差
异的原因也不在运动器官的任何性状之别①,但有鉴于所有内胎
30 生动物莫不呼吸于空气这可见凡属胎生者必当禀赋较为完善而是
参与(生活)在一较净洁元素之中②的。而较完善的动物就正是体
质较热的动物,它们的组成不属土性而富于水分。内涵血液的肺
本是自然热的一个量度;一般而言,有肺诸动物总较无肺者为热,
35 在有肺类中,凡其肺柔软而充血者又比只含少量血液,非海绵状而
733ᵃ 硬实者为较热。又,如一完整的动物所产卵与蛆犹不完整,那么完
整的幼体自然地该由更完整的亲体产生。倘动物本性较干燥而又
因示现为具肺而较温热③或本性较寒冷,却又富于水分,那么它们
5 就或产完全卵或产卵于体内而后再行胎生。鸟类与棱甲(爬行)类
由于它们体热而产一完全卵,但由于它们体燥,所以也只能诞生一

---

① 参看《构造》,642ᵇ5 以下及注。柏拉图《智者》(Sophistes),220A,以二分法区
别动物为行走动物与浮游动物;这种分类也见于《政治家》篇(Politicus)。这里亚里士
多德认为依胚胎情况为分类,胜于柏拉图之依构造(解剖)或运动器官为分类;对于近
代生物学上以胚胎学方面求动物间亲缘关系,可说他具有先见。这里又当注意到他于
分类学上不专主一途的谨慎态度。

② καθαρωτέρας ἀρχῆς"较净洁原理";依柏拉脱,作"较净洁元素",即空气。内胎
生动物,包括鲸类而言,皆呼吸空气。软骨鱼(板鳃类)无肺,它们只是外胎生,先得产
卵于体内,在这里就摒之于正规的胎生类外。

③ 依《构造》,《呼吸》和《动物志》,肺呼吸的作用在冷却血温而平衡体热,故有肺
诸物,原来的体温必高;肺愈发达者,原来的体温必愈高。

个卵；鲨类较之群鸟与棱甲，体热实逊，而水分较多，因此它们的生
殖采取中间方式而成为既是体内卵生而又胎生〈于体外〉①，这因
为它们本是体寒，所以卵生，而又因为多水，故而成胎；这里，水分　10
（润湿）是蕴发生机的，而干燥则是和生机最相背离的。它们既无
羽毛，又无爬行动物那样的棱甲或其他鱼类那样的鳞片，毋宁是
体燥而属于土质的征象，它们所产卵是软的；它们体内的土质物
料不曾发育到表面上来，相应地卵内的土质也不显现于表面，这　15
就是群鲨内卵生的缘由，软卵，既无保护，倘产在体外，便会遭到
毁坏。

　　凡宁干不湿而体质趋于寒冷的动物也产卵，但这卵是不完全
的；因为它们既产不完全卵而同时又属土质，于是它们的卵便具有
硬被，俾它们产出后，凭这壳样覆盖而得以保存。所以具有鳞片的　20
群鱼②以及属于土质的介壳类所产的卵都备有一个硬被。

　　头足类自体具有一种胶凝性质，它们在所产的不完全卵上泌
积若干胶凝物作为胚体③的保护。

　　一切节体动物（虫豸）皆产蛆，所有节体动物都没有血，缺少血
液就是它们产蛆缘由④。但我们不能简单地说一切无血动物皆产　25

────────────────

①　从柏注，增〈　〉。参看卷一章八。

②　这里所说有鳞诸鱼实指与软骨（板鳃）类相对的大多数鱼类，即硬骨鱼。群鲨，
异于硬骨鱼类，体表无鳞片。介壳类具有外骨骼的构造，故希腊古人说它属于土质。
但"一切"硬骨鱼（有鳞片）类所产卵都有软被，这里称"硬被"不切符。参看根瑟，《鱼类
研究》(Gunther, *Study of Fishes*)，160 页。

③　τὸ κύημα "胚"，实指"卵"。

④　从贝克校订 'διὸ καὶ σκωληκοτοκοῦντα θύρζε 译；倘从 PSYΣ 本，καὶ τὰ
σκωληκότοκα，虫类"也就是产蛆动物"，都没有血。

蛆,因为〈节体动物〉①〈或产蛆动物,〉②与产不完全卵动物,例如有
鳞诸鱼,介壳类与头足类,这些分类常互相错杂。③ 有鉴于后举诸
动物的卵在产出体外后继续增长,有似于蛆,而昆虫的蛆在发育时
30　却又像卵,所以我说这形成了一个级差;这些情况怎样的来由,我
们将随后加以解释。④

　　我们必须注意自然怎样确当地安排生殖,作有规则的级进。⑤

733ᵇ　(1) 较完善而较热的动物产生于质上为完善的幼体——于量(体
型大小)上而言,各种属的幼体都在产后长大起来,完善与不完善
的级进差别是没有的——这些动物从初就在体内孕育活动物。
(2) 第二级的动物不从初就在体内孕育完善的幼体,它们只能在
5　先产卵于体内之后,再转成活胎,但毕竟它们也将一活幼体产于体
外。(3) 第三级不生产一个完善的活幼体,而放下一卵,这卵却是

---

①　从柏拉脱与贝克,增〈τὰ τ᾽ ἔντομα〉。
②　从 ΣΣ,增〈　〉。
③　这里的理论本于这样的交互分类:(甲)脊椎("有血")动物与(乙)无脊椎(无
血)动物;(子)产不完全卵诸动物,与(丑)产蛆诸动物。一切(丑)类皆属(乙),但这不
能倒转来说一切(乙)皆属(丑)类,因为有许多(乙)动物是(子)。于有鳞(硬骨)鱼而
言,其分类为(甲)与(子),这样,我们也不能说一切(甲)属于(丑)类。
④　卷三章九。
⑤　亚里士多德在解剖学上和胚胎学上都有级进的自然阶梯观念。在下述分类
中,这可作以下的序列(在胚胎序列中,1、3、5 为本式,2、4、为间式):

(甲)"无血",	1. 昆虫(节体动物)	蛆
	2. 较高级无脊椎动物	不完全卵
(乙)"有血",	3. 低级脊椎动物	完全卵
	4. 中级脊椎动物	内卵外胎
	5. 高级脊椎动物	胎(完善幼动物)

在现代动物分类学中这样粗陋的体系会有许多捍格之处,诸品种的亲缘关系,在这样
的解剖学与胚胎学序列中,许多将是错杂的。

完善的。(4)凡体质较这些动物更寒冷的也产卵,但是一些不完

全卵,有如鳞鱼类、介壳类与头足类的卵,在它们离了亲体而后渐

渐长足。(5)最寒冷的第五级竟然不由〈亲体〉自身①直接产卵;　10

若说幼体终久也曾到达成卵的阶段,这种发育是在亲体外进行的,

这在先曾讲过。②节体动物(昆虫)先生产一蛆;这蛆经发育之后便

成卵状——所谓"蛹"就相当一个"蛋"——;继续发育到第三变态

终了期间,这就由蛹蜕化而成一完善的动物。　15

　　于是,如前所述,有些动物不由精液生成,唯一切有血动物因

交配而行繁殖者实由雄性泌注精液于雌性而得生成,当精液既入

雌体之后,子体便按照动物各自的特性而形成于体内,有些为活胎

另些则为卵。③　20

　　关于植物怎样由种子或任何动物怎样由精液形成的问题,其

中存在严重的疑难。④一切生成或造成的事物必(一)有凭以生成

---

① ἐξ αὐτοῦ"由自己",指亲体。亚里士多德于昆虫变态发育,以蛹拟卵,以茧拟卵
壳,成虫破茧而出时,拟于雏鸟的破壳而出。所以说昆虫产蛆而不自身〈亲体〉产卵;拟
"卵"之蛹(若虫)是蛆自身(子体)发育而成的。参看《动物志》卷五,551ᵃ26,557ᵇ23 等。

② 似乎就指上节 733ᵃ31 句。

③ 下文删除 καὶ σπέρμασι καὶ τοιαύταις ἄλλαις ἀποκρίσεσιν["以及种子与其他类似
的产出物"]。这一短语,在这句内显然是不通的;Σ 拉丁译本中,无此短语。

④ 733ᵇ24 以下所讨论的一个疑难是近代胚胎学中争执了几个世纪的重要问题:
①一个胚是否在开始时便以极微形式内涵一动物所有各个部分,发育只是这原已全备
的极微构造的舒展,即"先成说"(Preformation),抑或②各胚在发育期间才逐部分形成
一个动物的全部构造,即"后生说"(Epigenesis)? 十七八世纪间著名的先成论者之中,
斯旺美丹最为固执,他承接天主教徒中古时代的生物思想(教条),宣称"万物神造,自
然界没有发生,只是在繁殖天定的——品种。全人类当初已含藏在夏娃的体内"。亚
里士多德在这里努力论证胚胎各个部分逐渐形成是一个最初的后生论者。威廉·哈
维(1573—1657)继承并发扬了这思想与实验,于鸟兽胚胎的逐步发生情况做出较精详的
记录。嗣后伏尔夫(1733—1794)与拜尔(1792—1876)相继的胚胎学研究,在十(接下页)

或制作之某物,(二)有施行其作为之某物,(三)又必由此而成就为
25 某物。① 这里,应用之以行制作者为物料;某些动物从初就由雌
(女)性亲体取得这原料而储之自己体内,譬如一切不产活体而生
蛆或生蛋的动物就是这样;② 另些动物经长期间的哺乳而由母体
领受这原料,凡一切胎生动物,不仅外胎生,并及内胎生动物③ 的
30 幼儿就是这样。所说应用之而得以生成或制作的物料就是这些。
但我们现在所亟于考求的不是它由一动物的那些部分造成而是由
谁(何物)施行其作为。这一作者必然或是某些外物或是涵存于精
液之中的某物或种子;这某物必须或是灵魂(生命)或灵魂的一部
734^a 分,或是内涵着灵魂(生命)的事物。

　　这里,如果假想任何内部器官或任何其他部分为由外在的某
物所制成,这看来该是不合理的,因为一事物若不接触到它事物就
不能使那事物发生运动(演变),而一事物受到另一事物的影响也
5 必然是由于那另一事物用某种方式在其中触发了一个运动(演变)
之故。于是我们在生殖问题上所需要的这种事物该是或存在于胚
体之中或离于胚外。假想这为离于胚外的另些事物,这是不合理

(接上页)九世纪末确立了后生说(渐成论)。显微方法日益进步,后成的诸脏腑与器官
往往经加强的显微功夫而在较早的发育阶段见到了它们的原基;而且胚胎的发育何以
各循一定的程序,那一预设的机括还得求之于成胚之前或其方成之顷。这样,先成论,
迄今还是没有在生物论坛上被完全抹掉。参看拜尔《动物发展史》(*Üeber Entwick-
lungsgesch. der Thiere,* 1828—1837,1958 年出版);尼特亨姆《胚胎学史》(J. Need-
ham, "Hist of Embryology"),1934;迈伊尔,《胚胎学之兴起》(A. W. Meyer, "The
Rise of Embryology"),1939。

　　① 参看《形上》,卷七章七,1032^{a}14。
　　② 于卵,参看卷三章二所述孵雏情况。于蛆,参看卷三章九,758^{b}36。
　　③ 胎生的兽类自属哺乳动物,但内卵生而外胎生的鲨类今不称为哺乳类,它们出
生后,实不哺乳。

的。试问,在那动物业经产出以后,这致动的某物是消灭了呢,抑还留存在那动物之中? 但动物之中不见有这样的事物留存,整个植物或动物中绝无非其自体的任何部分。可是,反之,要说它在制作了或是全部胚体或是胚体的某些部分而自行消灭了,这又是荒谬的。它若作成某些部分之后即归消失,那么其余各个部分怎能完成? 假如这某一事物制成了心脏就此消失,而后心脏又制作另一官能,那么沿袭这种道理,该应所有各个部分——消失[1],或反之而都经保存。所以这究竟该是保存了的。这一某事物正是从初就存在于精液之中而成为全胚自体的一个部分。倘说躯体的——部分[2]无不相应于灵魂的——部分,那么成胚之初正该有一内涵灵魂(生命)的部分。

于是,请问,它(灵魂或内涵灵魂的事物)是怎样制作身体诸部分的? 或是所有各部,如心、肺、肝、眼以及其余的一切,统在一时生成,或是挨次生成,有如人们相传为奥菲俄[3]所作的诗句所说,动物的生成像结网似的。前一方式的不符实际是在观感上就已十分明白的,在胚胎中可以看到某些部分存在了而另些却还没有;这些部分所以未能见到,绝不是由于太小而失察,譬如肺较心为大,可是在胚胎发育过程中,却后于心脏而出现。于是,试问,甲部分

---

① 若制作心脏的事物在心脏既成之后归于消灭,则心脏在制作了另一事物之后,自身也应归于消灭;这样所作者成而作者随亡,则身体各个部分终将挨次消失。

② 依亚里士多德灵魂论,灵魂三级,除理性灵魂外,植物灵魂(即营养与生殖灵魂)与感觉灵魂(即动物灵魂)皆遍及全身,身与魂——部分各各相应。参看本书726ᵇ22,735ᵃ6,736ᵃ25—737ᵃ17 等;《灵魂论》,413ᵃ6 以下,430ᵃ22 以下。

③ 奥菲俄(Orpheus),希腊古代色雷基弦吟诗人,见于宾达尔诗,其生平今不详悉。

25 (器官或脏腑)在先而乙部分在后这实况应解释为甲造乙,凡后成
的部分皆挨次为在先的那一部分所制作抑或毋宁认为它们只是跟
时序先后而一一出现的呢?举例而言,我认为这不是心脏最先出
现便由心脏来制肝,挨次而由肝制作另一脏腑,这里只是肝的生成
后于心脏,心脏实际不是肝的作者[这有如人们,由小孩而长到成
30 年,小孩当不是成人的作者]。① 于一切自然或艺术的作品,凡业
已潜在的事物都凭固有实现功能以为之实现;倘一脏腑制作另一
脏腑,则后一脏腑的形式与性能就得预存在先一脏腑之中,例如肝
的形式就得预存在心中——这是荒谬的。而且,这种想法,在其他
方面,也是荒谬的,只像是虚渺的寓言。

35   又,倘说整个动物或植物是由精液或种子形成的,这就不可能
在精液或种子中先具备动物或植物的任何部分,不管那一部分能
否制作其他部分。这是明显的,若说有某些部分先已存在于精液
或种子之中,那么这应是制作精液或种子者所制作的了。但在子
体的各个部分之先,总得先造精液,这却是进行生殖的亲体的功
734ᵇ 能。所以精液中预存任何子体的部分(构造)是不可能的,制作那
些部分的事物之中不预存任何部分。②

      但,这一作者也不能是外来的②;可是,这又必须于"在外"或
"内在"两者之间抉择其一。这样,我们如果力求解决这一疑难,则
5 在先所作若干叙述就不能不加以修补,例如所说,子体各个部分不

---

      ① 胚胎中脏腑或器官先后次第发生是近代渐成(后生)论的主要论据;这里亚里
士多德持论甚为有力,但所举小孩成人之例则不切本题。[ὥσπερ μετὰ τὸ παῖς ἀνήρ
γίνεται]这一"有如"分句,柏拉脱疑为后人插入,贝克加[ ]。
      ② 这是先曾在 734ª2—13 的论旨。

能由外于精液的事物为之制作①，便该是应予修补的一个叙述。因为这在某一命意上它们固然不能，在另一命意上却是能够的。这里，我们说"精液"或说"那精液所从来的事物"两都可以，真正关涉到的要点是精液须得在自身内具有那另一事物（亲体）所传授的〈生殖〉致动机能。唯其备有动能，这才甲可致动于乙，乙可动丙，10 实际上这就相仿于炫为神奇的自动机器（傀儡）②的行径。这些机器的各个部分当其静止的时候，内存各自活动的潜能，迨任何外力触发了其中的第一件，它们的第二件以下各件立即就跟着挨次实现其活动③。于是，有如这些自动机器各部分之为外力所运动，只是在先曾经一度相接触而并不在它们活动的当时当地接触于任何部分，生成精液的那一事物所取的方式也就是与此相仿的方式，它15 制成精液，由以致动于胚胎，胚胎——部分的发育固然由于它在先曾一度接触，可是在后并不继续不息地与之接触。以建筑术之造成房屋这类现实活动为例，这样的生成方式也是一种现实活动。这里显然有某物在形成胚胎的——部分，可是这作者既不具分离的自在本体，也不从初就作为其中的一个独立部分而含存于精液之内。

　　但每一部分怎样形成？回答这一设问，我们必须本之自然或 20 艺术作品的基本原理，某物之实现而成为 X 必然出于其潜在的 X。这里，精液的性质就是这样，它内涵有致动的原理，正当它的

---

①　这一叙述，隐括于 734^a2—5 的论证之中。

②　τὰ αὐτόματα"自动机器"，即"傀儡"，看看下文 741^b9；又《运动》章七，701^b1—10；《成坏论》，二，章十，十一。又《力学》848^a 曾叙述傀儡活动的机制。

③　原文 γίγνεται"生成"，从奥-文与柏拉脱校改为 κινêται"活动"。

25　活动休止①时，每一部分分别生成而各各是一个具备了生命（灵
魂）的部分。事物如颜面或肌肉之类而内无生命（灵魂）是不成的。
如果颜面或肌肉已消失②其生命（灵魂），而犹称之为颜面或肌肉，
这便仅存虚名而已，这样的颜面或肌肉与石制或木制者无异。又，
同质诸部分与官能诸部分是同时发育的。恰如一斧或其他工具或
器官，我们不能说它只凭"火"这一个元素造成，〈在胚胎中的〉脚或
30　手，我们也不能说它只凭"热"这一功能制成。③〈于同质部分如〉
肌肉，情况相同，因为肌肉也有它的功用。于是，我们尽可将那些
具有生命与灵魂的诸部分中坚硬与柔软，牢韧与松脆，以及其他任
何素质归其成因为仅由于温热与寒冷之故，但正当论其定义如肌
35　肉之所以为肌肉，骨骼之所以为骨骼，这就不能这么说了；肌肉与
骨骼的制作本于雄（父）亲的致动功能（动因）凭以施展其活动的事
物（生殖原料）正是潜在的子体，而这雄（父）亲则施之功能而为之
实现。我们所见于艺术作品的情况正是这样；冷热可炼铁使之或
735ᵃ　硬或柔，但实际上造成那剑的是所应用的诸工具的操作，艺术的原
理涵存着这些操作活动。艺术作品得其原理并受其形式于艺术，
其为活动则外加于作品④；至于自然产物则由具备那已实现的形
式的另一自然事物（亲体），传递以自然的活动功能而这活动便由

――――――――――――――――――

①　παυομένης "休止"，Σ，quieverit，与之相符；柏拉脱（参看卷四章三，768ᵃ32）疑为
λυομένης "放开"或"转化"之误。

②　原文 φθαρέντα "灭坏"。这里，以其功用而言，如手必须为一能握的活手才是真
手，论生机各个部分，先已见于 726ᵇ24 等，参看该行注释。

③　依柏注可加〈有如某些早期哲学家所主张的那样〉。

④　例如铁匠制斧，斧的形式存在于铁匠心中，铁匠运用锤与镫打铁成斧的操作
（活动）皆外于其所制成的铁斧。

兹而表达在这作品(子体)之内了。

精液(种子)有无灵魂(生命)? 关于生体各个部分的论证可以 5
同样应用于精液。有如死人的眼睛仍旧称之为"眼睛",任何部分,
如果不相符合于灵魂,就只能是虚名的部分,必不是真实的部分,
涵存着灵魂的任何事物也必是与此灵魂恰相符应的事物。所以,
这是明显的,精液固然具有灵魂,而这灵魂(生命)却是潜在的。①

但一潜在事物,于成达而为一现实事物,其间可有或较近或较 10
远的距离,譬如,以一几何学者(测量家)为例,当他睡熟时比之他
在清醒时就较近于成为一个从事测量研究的现实学者,当他醒后
而尚未从事于测量研究时比之于他正在作测量研究时也还较远于
现实。准此而言,灵魂的〈现实〉生成原因当不在任何部分而是有
资于外来的第一(切身)动因。[虽然事物在成为一生体之后,便能 15
自行增长,但事物总不能自行生成。]所以生成过程不会是所有各
个部分一齐生成而只是一个部分先行生成。至于那先行生成的部
分就必须具有增长原理(可以作为生长起点)的部分——营养机
能,无论动物或植物,是一例存在的,这种机能相同于使动物或植
物可得生殖与之相肖的另一动物或植物的那一功能,倘生物体质 20
健全就一例具备这些机能。② 无论如何,一经产生了活物,这一活
物必须生长,因此营养机能便为任何生物所必不可缺。这样生物

————————

① 柏注:每一活着的部分必有灵魂,由精液生成的生体中所有各个部分皆有生
机。所以灵魂必然是由精液传来的,但精液中的灵魂,不能是它物的灵魂,必须是精
液自体的灵魂。可是精液自体还不是一个活动物,它的灵魂只能是一潜在物。在现代
胚胎学中,精液中的精子应视为一现实的动物。

② 参看上文 734ᵃ16 及注;又下文 744ᵇ36。营养灵魂同于生殖机能的灵魂,见于
《灵魂论》,415ᵃ26 以下,416ᵃ18 以下。

既由另一与之同名的生物产生——例如人由人产生——却从此就
凭自身的机能生长。这样，一个新生体就存在有某一使之生长的
事物。① 作为单独的一个部分，②这必须先行生成。所以，倘说在
有些动物，心脏先行生成，而于另些没有心脏构造的动物则可相拟
25 于心脏的部分先行生成，这致动的第一原理（动因）就该始于心脏
或与之可相拟的部分。③

　　这里，我们于以前提出的什么是在每一生殖实例中作为最初
致动与成形（操作）功能的有效原因，这一问题所引起的诸疑难已
予研明了。

章二

30 　　应行阐明的次一疑难是有关精液（种子）性质的问题。迷惑的
是这样：精液方从动物泄出时是浓稠而色白的，可是当它冷却后转
成稀释的水样，色泽也转成水色了。这显得是奇异的，水不因加热
而转稠，怎么精液会得从动物热体中泄出时浓稠而在冷却后反成
35 为稀释。又水之为液，遇严寒必成冰凝，但精液若露置于霜冻的空
气中，不冻而反液化；依此推论，则它应该加热成稠了。可是假想
735ᵇ 它将愈热愈稠，这又是不合理的。按常例只有以土为主要成分的
事物才会在煮沸时凝结而转稠厚，例如乳汁。这种物质应在冷却

---

　　① 这"某一事物""τι"即心脏中所涵存的营养灵魂。所以胚胎中必须先行生成心
脏，参看下文 740ª21。

　　② 从 PS 抄本，删 πρῶτον "第一"。

　　③ 贝克注："精液虽必具灵魂，却只能潜在地具有灵魂；生殖过程（亲体为生殖这
事件的作者）在实现这一潜能时是渐进的。它先形成或实现的初级灵魂是营养灵魂，
这在胚胎实体中便相应而生成营养灵魂所寄寓的部分——心脏。"

时转为固体,但实际上精液的任何部分都不转为固体而是完全液
化得像水一样。于是疑难就在这里。倘这是水,水显然不因加热
而转稠,但精液却正当它所从泄出的生体和它自身温热时是稠厚
的。倘这是土制的,或是土与水的混合物,这也不该完全液化而成   5
为水。

可是,也许我们还没全辨明物质的可能演变。能转于稠厚的
不仅是水与土合组的液体,水与气①合组的事物也有这样的现象;   10
譬如泡沫就有时转而较稠并呈白色,气泡愈细而较不易察见时,整
个沫团便显得较白,且较凝缩而稠集。油也会呈现与此相同的情
况;在油中搅拌入空气时,油就渐渐转稠,油中的水分经加热而离   15
散入于空气中,油就跟着色转清白,而质转稠厚。② 又,钼吕丹那
矿石③如果使之与水,甚或与油,相混合,这混合物体扩大了好多,
并由黑色液状转成白色的稠结状,推究其故,这就由于〈搅拌时〉空

---

① πνεῦματος 具有三义:(1)同于"空气"(air),也以指"风"(wind);(2)动物"呼吸
的气"(breath)谓热气;(3)生物的精氤,也以指"生命""灵魂"或"精神"。这里取第一义
译,736ᵃ1,ᵇ35 等应用第三义,译作"氤"或"精氤"(spiritus)。

② 中国古代净炼油料使之脱色的简单办法是日曝。近代油厂净油与脱色也还有
采取较原始手续的,即在阳光下打入空气而行搅拌,这加速了杂质的氧化,水分的蒸
发,也就加速了脱色净油过程。依此节,古希腊油坊的净油过程是加气搅拌的。亚里
士多德于此注意到了泡沫作用。至于所谓稠与稀,只能是当时人们的视觉现象,于近
代油料检验的"稠度"(viscosity),这种计算是不切合的。

③ μολύβδαινα"钼吕丹那",古希腊指色黑的铅矿石或铅块。照这里所涉及的情况
当为方铅矿(硫化铅,galena)。参看第奥斯戈里特,《药物志》(Dioscorides,"Materia
medica"),v.100。[另一种矿石也是色黑而沉重,似黑铅,称 Molybdenite(MoS₂),在
1778 年,希勒(Scheele)用以制成了钼酸,其后分离了"钼"(Molybdenum)元素。希勒当
初由于矿石名称的混淆,由此析出的新元素跟着也采取了与古"铅"字相混淆的"钼吕
丹那"这样的名词。参看《化工全书》(Kirk and Othmer,"Encyc. of Chem. Technolo-
gy")卷九,页 191。]

20 气也混入了①，这既扩充了体积，又使白色得以照透②，有如泡沫与

雪——至于雪，实际就是一种泡沫。③ 水与油混合时，由于搅拌中

导入了气泡，本身就转稠而色白，油原是内涵有气的，油光的闪亮

素质就不出于土与水而实出于气。所以油总是浮在水面之上，其

故也在这里，油因内涵着气，像储气的空瓶那样获得了轻性，于是

25 上升而浮起了。也由此故，油在严寒季候与霜中转于稠厚而不致

冰冻；④油因为含气而得热性所以不冻——气的性热是不冻的——

30 但由于被混凝在内的气为寒冷⑤所压缩，油又转于稠厚了。精液

从动物体内泄出时所以稠凝而色白的缘由就是这些；凭其内热，这

---

①　这里所说混合矿石于水与油之中，久不为后人所注意。似乎希腊古代劳里翁
银矿或它处银矿已有矿石"浮选法"（floatation）。劳里翁山（τὸ λαύρειον）在雅典南部，
盛产银锭，见于希罗多德《史记》（Hdt.）卷七，144. 及修息底德《伯罗奔尼撒战争史》
（Thuc.）卷二，55 等。劳里翁炼银皆取自方铅矿。近代矿冶技术中，将矿石轧碎后，利
用油水与空气混搅所起的泡沫漂浮能力，分离比重不同的碎石，这样可以除去废石，集
中富矿，然后再行炉冶。油沫浮选法在现代矿冶史上说是始于威廉海痕（William
Haynes）(1860)此节所述实可补正近代矿冶史的阙漏。参看亚尔达雍，《劳里翁矿冶》
（E. Ardaillon，"Les mine du Laurium"）1897. 关于"浮选法"参看特罗斯高脱，《矿石
处理课本》（S. J. Truscott，"Textbook of Ore-dressing"），392 页。

②　亚里士多德伪书《颜色》，首章，μέλαν（"黑"）包括任何暗黑的颜色，λευχόν
（"白"）指白色，也指"透明"。

③　奥-文直谓此说不通。但柏拉脱认为亚里士多德所述不误，雪的皓白实因混入
有空气之故。柯里（Prof. Collie）曾说过"雪是冰冻的泡沫"。

④　柏注：橄油的凝固点稍高于水的冰点；各种鱼油或鱼肝油的凝固点较低，这里
所指霜中不冻的油应是鱼油之类。但橄油之外好多可食用植物油冻点较低。参看《构
造》卷二，648ᵇ32，又看培里，《油脂产物》（A. E. Bailey，"Oil and Fat Products"），58—60
页，180—185 页。

⑤　原文贝本在"为寒冷所压缩"之间有［ὥσπερ…ἔλαιον］"如油"两字，奥-文以为赘
语，删除。Σ 本也删这两字。其他抄本各有数字而不尽相同，故苏斯密尔认为其中有些
阙文，加……。

就具有多量的热炁；随后，热既发散，炁便冷却，这就转成稀湿液状
而色也暗淡了；当精液干燥起来，有如黏液就燥那样，可能仍还保
持着一些水与任何小量的土质。

这样，精液当是"〈精〉炁"（πνεῦμα）与水的组合物，而前者就是
"热气"（ἄηρ）；精液由于水成，所以它的本质作液状。克蒂茜亚所
述象的精液性状显然不确①；他说象精干后，有琥珀②那么坚硬。
虽一动物的精液确乎可较另一动物的为较多土质，原属富于土质
的体型庞大的动物们的精液也该含土特多，但绝不会有那么坚硬。
又，精液因混杂有炁在内，故稠厚而色白；事实上，精液之为色白也
可悬为常例。希罗多德关于埃济俄比亚（亚比西尼亚）人精液色黑
的记载③也不确，在他看来，似乎人们肤黑便应什么都黑，他也不
管自己实际见到他们的牙齿就是洁白的。精液之为白色（白性）就
因为它是泡沫，泡沫之色白，如果每一气泡小到目力不能辨析那么
微细，有如上曾言及的油水相和而经搅拌后的情况，由这些极微的
泡沫合成的物体，其色尤白。——古人似乎已曾注意到精液之为

---

①　参看《动物志》，523ᵃ27。

②　ἤλεκτρον（electron）这字早已见于荷马与希西沃图诗句中，也屡见于其后的希
罗多德《史记》，索福克尔剧本，柏拉图对话，颇难确定其究为何物。凭较晚的鲍桑尼
亚，《风土记》，v.12，7，及柏里尼，《自然统志》，xxx iii，23，xxxvii，2，11；可别拟为两物，
其一指琥珀，上举诸古典作家所述大抵也指琥珀。后世因琥珀棒与皮毛相擦而得静
电，遂命名"电"为"琥珀性能"（electricity）。这字另一命意，如斯脱累波，《地理》，146页
所记为银-金四的合金，色灰黄。本节所举当为琥珀。柏拉脱注疑克蒂茜亚，《印度
志》，本多传闻之辞，这里的"琥珀"（amber）可能为"琥珀脂"（ambergris）。印度洋及其
他热带海内偶可得重约百斤的漂浮蜡块，色灰，或淡黄或杂色，纹如琥珀；加热至百度
以上其熏烟有异香，为世所珍。一般都认为是抹香鲸胃肠中的病态分泌。中国古称
"龙涎香"。这里倘解作"琥珀脂"可较通顺。

③　见于希罗多德，《希波战争史记》，Ⅲ，101。参看《动物志》，523ᵃ20。

泡沫性状；至少，他们于主管世人婚媾的女神是本于这一性状而为之题名的。①

20　　鉴于气在霜中不会冰冻显然可知精液也不冰凝，于是这就解明了上述的疑难。

章三

这是挨次而来的应行提出而予以解答的又一个疑问。于泄注精液于雌性的那些动物而言，倘说[正如我们所见到的，]那入于雌体的事物只凭其内涵的功能施其作为，于所孕成的胚胎，自身不转成为胚胎的任何部分，那么，它自身那物质部分究属何所归宿？(1)这里不仅必须论定在雌体中所孕成者是否从那注入的事物获得任何物质，(2)关于一动物由以取名的灵魂[动物题名所凭者在灵魂的感觉部分]也应有所阐释——是否灵魂原各存在于精液，也存在于未受精的胚体②之中，如其存在，它们究何所从来？因为一个动物的精液与未受精胚在任何方面看来就各具有一植物那么多的生命，未受精胚能生长达到某一程度，这就谁都不至于推断未受

---

①　末句，柏拉脱加( )。所指女神为'Αφροδίτη 阿芙洛第忒，主美与爱情，也以象征色欲。阿芙洛第忒(Aphrodite)为取义于"泡沫所生"('Αφρο-γένεια)，见于希西沃图，《神谱》(Hes. Theogony)，192，及柏拉图对话《克拉底卢》(Cratylus)，406c。

关于精液为泡沫之说，参看《希氏医学集成》，"籽液"篇(περὶ γονῆς)(里 Littré 编，卷七，470 页)及《加仑全集》精液篇(περὶ σπέρματος, ii,5)(库编，卷四，531 页)。近代胚胎学家仍有人执持此意，参看布契里《显微泡沫与原形质研究》(Butschli, "Untersuchungen über mikroskopisches Schaume und das Protoplasma",1892)。

②　κύημα 本义为"胚胎"，但在本章中的命意显然是尚未受精的事物即雌性生殖细胞(卵)，而不是雌雄两方生殖因素媾合的胚体。

精胚为全无灵魂或全没一些生命。① 所以它们具有营养灵魂是明 35
显的[在另篇,《关于灵魂的研究》περὶ ψυχῆς 中②,何以生物必先
具备营养灵魂,也是明显的]。当它们发育起来,也就获得了一动 736ᵇ
物所由成为一动物的"感觉灵魂"。由于这感觉灵魂而每一动物成
就其为动物时,这还不得而知,它或是一人或是一马或其他任何一
品种的动物③。终极总是最后完成的,在每一生物个体发育过程 5
的终极才完成各个品种的专有性格。④ 循此而上,这就引到了,应
该竭我们的全力,尽其可能,来予以解决的一个最大疑难:于那些具
有理知的诸动物,它们在何时、怎样、从何获得这一份理知〈灵魂〉?

这是明白的,精液与未受精胚,当它们还互相隔离⑤的时候,
必须设想它们的营养灵魂不是现实存在而只是潜行存在[除了类 10
似那些分离于母体的未受精胚,这吸收营养,并实行营养灵魂的功

---

① 未受精胚当指鸟类的"风蛋"。这一议论的程序实际是这样:(1)胚(卵)内在未
受精前就具备植物(营养)灵魂已为众所周知,不待辩说,(2)故于此提示感觉灵魂的问
题,(3)待感觉灵魂明了之后,再考询理知灵魂。

② 见《灵魂论》,卷二,章四。

③ 把这一句译成较明白的胚胎发展律就是这样:在胚胎中较普遍的性状先行发
展,较特殊的在后发展。

④ 这里的论辩:一生体在尚未显示为一动物时,必已具有"营养灵魂"而展开每一
生物的生长活动。在既显示为一动物而证明它不是一草木时,必具有"感觉灵魂"而
配备相应的感觉官能与运动官能。但欲分别这动物幼体在将来发育的终极,竟成为一
人,而不是一马或其他动物品种,则尚有待于"理知灵魂"。撇清了这里的心理学言语
而用简明的生物学言语为之表达,这就可转成为拜尔所作个体发育的定律:在胚胎发
展中,门类纲目征象先于科属,科属征象先于品种特性。参看拜尔《动物发展史,注释
与推论》(1828 年),注释五("高等动物胚胎通过较之为低等的各级动物的典型形态"),
动物类属的亲缘系统表。

⑤ 从柏校作ὄντα χωριστά译;若从俾色麦克尔校,作 τὰ ἀχώριστα,应译为"〈尚未
从母体〉分离的事物"。

能]。① 起初,所有这些幼体似乎经营着一枝植物的生活。又,这
是明白的,我们在论述"感觉灵魂"与"理知灵魂"那两者也该以此
为准;不仅营养灵魂是先行潜在而后才示为现实,所有灵魂的三个
15　级别,统该如此。于是这必须(甲)或是它们全都在胚胎中生成,不
必在胚胎之外预先别有其存在,(乙)或是它们统都预先存在,(丙)
或是某些先在而另些则否。又,这必须(一)或是由雌性(母体)所
供应的物料中生成,无待于雄性(父亲)精液的注入,(二)或是得之
于雄性精液,由此而递嬗之于雌性物料。倘以后者为是,那么这又
20　该(子)或是三级统都,(丑)或是全不,(寅)或只是某些级别实由外
来而得以生成于雄性精液之中。②

　　现在,考虑以下的情况,要说它们统都预先外存着是显然不可
能的。凡其活动属于物质躯体的诸原理(功能)③当然不能没有一
躯体而可得自行存在,例如行走这种功能就不能没有脚。凭同一

---

　　① 　这句上半重拾起 736ᵃ32—34 的论点,下半实指风蛋;行文也似赘语,加[　]。
　　② 　贝克译本 736ᵇ15—21 注:第一系列三个可能途径,唯(丙)项为符合于亚里士
多德的设想;依 736ᵃ32 以下,737ᵃ23 以下等章节,雌性生殖物质(成胚物质)原本具有
营养灵魂;这相应于下句之(一)。这样,那另两级,感觉与理知灵魂,相应于下句之
(二)者,还有待于雄性为之供应;这在下文章五中有所说明,一胚胎若缺少了唯有雄性
才能供应的感觉灵魂,则虽能生长,却终不能得十足的发育而成一完全的动物。因此,
在第二系列的三可能中,也只是(寅)项为符合实际的情况:雄性精液内原自有感觉灵
魂,唯理知灵魂为出于外界来源而入存于精液之中;依下一节及 737ᵃ7—12 等节,前两
级的机能基本上是物质性的,应与那为之涵存的物质部分早就同在。这样,本有营养
灵魂的未受精胚,在受精之后便以补足了感觉与理知灵魂。至于所说那个通于神明
而非物质机能的理知灵魂究从何来,它又怎样以及何时由在雄性精液中的潜在状态转
为子体中的现实生命在本书中未见任何更详尽的解释。后世于亚里士多德遗留下
来的这一"最大疑难"也始终没有完全明白。
　　③ 　ἄρχων"诸原理",奥-文搀为 πράξεων"诸功能"。这里所说属于躯体活动机能的
诸原理就指营养(与生长)灵魂和感觉(与行动)灵魂,两种机能都寄托于心脏及器官。

的缘由，它们也不能从外界获致。这些原理既不能脱离躯体而独 25
立存在，自不会从外界进入躯体，也不可能由某些事物传递之于躯
体，因为精液只是在演变过程中的一种营养分泌。于是①，这里只
剩理知独为通于神明，独自外来而是这样在后才进入体内的，因为
我们推究理知的活动就迄未发现过它与任何物质躯体的活动有任 30
何联系。

　　现在，这是确实的，各级灵魂的机能所与关涉的一些物质似乎
有异于所谓诸元素而较诸元素为更神明；而且每一级别的灵魂既
为贵为贱而互有等差，它们各与相关涉的物质素性该也有等差。
一切动物在它们的精液中各具有能行繁殖的事物；这个，我指所谓
"〈原〉热"。② 这事物不是火，也不是任何类于火的能力；这是涵存 35
于精液之中，也涵存于那泡沫样事物③之中的"〈精〉炁"，而这精炁
中所涵存的自然要素当可比拟于"群星的元素"τῶν ἄστρων στοι-
χείων。④ 我们观察凭火的热所烧成的或是固体或是液体之中，从 737^a
不曾检得任何活物，这可证见火是不能创生动物的；而太阳的热和
动物的热则确乎创生了动物。不仅经由精液而发生实效的确乎是
原热，而且凡属于动物性质的任何其他剩余（排泄）也还内涵着一

---

　　① 通俗本及贝刻尔本 δέ "但"；柏拉脱，蔡勒（Zeller），别忒赖夫（Btf.），贝克都校
作 δή "于是"。

　　② 这里的"热"同于 762^a20 等章节中的"生命原热"（θερμότης ψυχικῆς）。

　　③ 柏注，这里的泡沫样事物，不谓精液之为泡沫，而指自发生成诸动物所由苗生
的海边烂泥之类，即卷三章十一，介壳类所由繁殖的事物。这一解释与下句并举"太阳
热"与"动物热"相符。

　　④ 超乎四元素之上的星体或天体元素，后世称"第五元素"（quintessence），详见
《说天》（De Caelo），参看"附录"名词释义"以太"条。

5 些生命要素。①考虑了这些情况,这该可明白动物的内热既不是
火,也不从火得其要素。②

    于这原存在雄性体内③而由此传递其灵魂原理的精液,让我
们返回上所考询的它的生理物质。这一原理分有两个类别;其一
10 无关于物质,而专属于那些内蕴有某些通神事物——我们所说的
"理知"就显见这样的性格——的动物④,而另一则是不离乎生理
物质的。精液的这一物质本体⑤,因为它原有水性而作液状,溶化
而蒸发。所以我们不须期待它从雌体再行转出或在雌体内所孕育
15 的胚胎中形成为任何一个部分;精液恰似无花果汁中的要素,它凝
结乳液,能转化乳液而本身不成为凝酪的任何一个部分。

    于是,关于胚胎与精液之本于何义而说是具有灵魂,以及本于
何义而可说是没有灵魂,这里业予论定了。[它们潜在地有魂,而
现实地说来则无魂。]⑥

20   精液原是一种营养分泌,运动着身体以遂行生长的原理,也运

---

① 其实例当指畜类粪便中可出生肠蠕虫等,参看《动物志》,卷五 551ª2—13。

② 以下似有相当长的阙文。以上说到了三级灵魂皆有生命热,736ᵇ33 说明了相
应于三级灵魂的三级物质,这里已提示了最高的"星体元素",于次两级尚未列叙,而下
文径又返回到开章时所拟的论题,即精液的物质本体何所归宿问题了。

    关于灵魂的发展过程,但丁《神曲》的"炼狱"篇,二十五章(Dante, "Purgatorla")拾
起这里的遗绪,制作了他的新论。

③ 从奥-文及贝克,依 P 抄本,删[精液];若从 Σ 拉丁译本,如柏拉脱所校,把"精
液"这字改为"精炁",译文应为"……原存在雄性体内的精液,其中所含的精炁,传递着
灵魂的原理……"

④ 指人与蜜蜂,参看卷四章十。

⑤ 从奥-文,柏拉脱等校 σπέρμα 为 σωμα "物体"。

⑥ 从柏拉脱,作为错简,加[ ]。

动着精液的衍生——这一生长则来自终极营养物料的供应。① 当
精液进入了子宫,它促使雌体内的相应分泌凝而成型,它以那运动
自身的相同运动,运动着雌性物质。雌性所供应的也是一种营养
分泌,其中虽全不是现实地,却真是潜在地具有一新动物的所有各
个部分;其中甚至于具备在后行将分化出雌雄的那些部分,这恰如
残缺了的亲体所生之子嗣有时诞为残缺而有时则并不残缺,一雌
(女)性动物所生的子嗣也有时而为雌性(女)而有时却竟是雄(男)
性。实际上雌动物就是一个残缺的雄动物;而月经又只是一些未
纯化的精液②:月经所绌少的只一件事,即灵魂原理。为此故,任
何动物,在任何时节产下一个风蛋,这样的蛋就潜在地具备两性的
各个部分而尚缺上述的原理,因此它总不能发育而成为一活动物。
雌性原理还有待于雄性精液的介入。当这一原理已传递之于雌性
的分泌时,胚胎遂得形成。

〔液态而有机的物体经加热时就形成有某种包被,为之周围的
覆盖,有如煮过的食物,当它冷却,外表就得有一干结的被层。一
切物体(生体)皆由凝胶物质为之结合;当胚胎发育而体积增大,那
些结合动物各个部分的凝胶质就得之于筋样体,这于有些动物实
际就是肌腱,于另些动物则为可相拟于肌腱的部分。与筋样体属
于同类别的又有皮肤、血管、膜以及其他相似诸部分,这些相差于
其凝胶性的或强或弱,一般地说来即或有余或不足。〕③

---

① *τῆς ἐσχάτης τροφῆς* "终极营养"为血或精液,参看本书725ᵃ25,726ᵇ2—5;《构造》,650ᵃ34,651ᵃ15 等。

② 参看卷一章二十。

③ 这一节显然为错简,从奥-文加〔 〕。

章四

于那些本性较不完善的动物，当一个完善的幼体①——可是，
这还不是一个完善的动物——业已形成，凭前曾述及的缘由②，这
10 就脱离母体而诞生于世。于那些具有雄雌之别的动物，当一胚胎
能辨析其或为雄或为雌的时候，这就是一完全的胚胎了③。至于
所有那些自身不是雌性或雄性的产物，也不是两者交配的产物，则
所生子嗣便既不为雄，也不为雌。关于这些动物的生殖，我们将随
15 后叙述。④

完善的动物，即那些内胎生动物，则让发育中的幼体密切地结
合而保持在自体之内，直到它已可得诞一完全的动物时，才使之离
体而问世。

第三类为那些外胎生而先行内卵生的动物；这些动物各发展
20 其卵到完全的阶段，于是有些种属，就把这在母体内孵化的小动物
像外卵生动物那样诞之于外；另些种属则当卵内营养一经应用尽

---

　　① 　依贝克注，这里所说 κυημα τέλειον"完全的幼体(胚)"实指"完全卵"；完全胚的
另一义则见于 776^b1。
　　② 　依柏注，这里回顾到本卷首章。依贝克注，回顾卷一，732^b28 以下那一节。参
看下文 737^b15—25。
　　③ 　照近代的胚胎研究，在一受精卵中便已完全决定了或雄或雌的性别：参看洛克
《变异，遗传与进化》(Lock，"Variation，Heredity，and Evolution")259 页；普尔顿《进
化论文集》(Poulton，"Essays on Evolution")133 页。在较高级动物中，卵子与精子可
能各具两性；可是，在低级动物中若干事例证为相反，参看威尔逊《在发展中的细胞与
遗传》144 页。
　　④ 　以下未见有叙述自发生成的专章；卷四章九于昆虫生殖，章十一于贝介生殖皆
涉及了这一论题。

竭而后,便联结其子体于子宫使得完成其发育,这样,子体出卵时
并不立即脱离子宫。这种生殖方式在软骨鱼(鲨类)为显著征状,
我们当在后专章为之叙述。①　　　　　　　　　　　　　　　　25

　这里,我们必须从第一类别②开始来说明生殖诸方式;这一类
就是完善(胎生)动物,其中以人为之首。

　诸胎生动物之从事于精液分泌恰如它们进行任何其他剩物
的排泄。每一种分泌不须呼吸所作的屏气或其他强迫力量为驱
使,便自行输入于各自的适当处所(构造)。有些人说生殖器官,有　30
如放血用的吸杯③,借助于呼吸的力量,把精液引入,这样,似乎若
不屏气这一分泌(精液)或固体营养剩物(干排泄)与液体营养剩物
(湿排泄)都可能不入它们的本来处所(管道)而行向任何别处。他
们所持理由是这些剩物外泄时都随于屏气之后,屏气而得引发运　35
动能力,是需要运动任何事物时的通常现象。但生体内的分泌或　738ᵃ
排泄,在睡眠中,如果储置它们的各个构造业已充盈,就不待这种
力量而自行泄出,让各自的器官得以松弛。照他们的推论,这也尽
可说草木的种子是经一度进气而被驱到它们各自结实的枝头。这　5
是不对的;确实的原因,先前业已言明,所有一切动物于无用剩物

―――――――――――

　① 卷三章四。
　② 这里所举序数与上文 737ᵇ9—25 间的序数不符。以下的行文程序(Ⅰ)胎生动
物,(Ⅱ)卵生动物之产完全卵者,(Ⅲ)内卵生外胎生动物,(Ⅳ)卵生动物之产不完全卵
者,(Ⅴ)"无血"卵生动物(头足类与甲壳类),(Ⅵ)蛆生动物(虫豸),(Ⅶ)介壳类,(Ⅷ)
自发生成诸动物。
　③ τὰς σικύας"吸杯",形如南瓜,直译可作"瓜杯",是古希腊医师常应用的放血疗
法器具;《希氏医学集成》π. ἰητρικῆς"古代医学要义",22(里编,卷一,626—628),于膀
胱、头颅与子宫中各引入有液体,比拟于"瓜杯"的吸收作用。

〈和有用剩物〉①一律都分别具备着专门器官以容受这些分泌〔作为液体与固体营养的排泄；而于血液则有所谓血管〕。

10 现在，考察一下女性的子宫部分——两血管，大血管（静脉）与挂脉（动脉）在较高处分支，从这两支引出的许多细小血管终止于子宫。② 这些血管充溢着它们所输送的养料；因为女人的体质较男人为寒冷，她无力更为调煮，这样，血液便从很细的诸血管泌入子宫。③ 这些血管既属狭小，过量的血液就泌出而成为一种

15 类似血漏的征象。这流血周期于妇女们不能作确切的计算，但大抵有恰在月亏时期出现的趋向。④ 这是合乎我们意想的。环境较冷了，动物的体质也应较冷些⑤，两个月份的前后交替期间，

20 由于失却月照，气候应是冷一些，所以这期间比之月中旬，血液就较为扰乱。正当这期间营养物料变为血液而有剩余时，"月经"（καταμήνιον）便依上述的周期趋向而出现。但营养物料若没

---

① 依贝克增〈καὶ τοῖς χρησίμοις〉。

② "大血管"常指腔静脉和静脉系统周身诸血管，"挂脉"常指大动物与动脉系统周身诸血管。亚里士多德虽分别了两个血管系统，但还没有分清它们两者的不同作用，认为两者都是血液所由输至全身各部，作营养供应的管道。参看《动物志》，卷三，章三与四。这里所说 λεπταὶ φλέβες"细小血管"当指目视所能辨识的小血管，不是现代在显微镜中所见的"子宫中微血管"（capillaries）。

③ 直到近代，柯思忒（Coste）的理论，仍认为"月经来自微血管的渗漏"。现代生理学课本：经血是在性周期中子宫黏膜加厚充血，作受孕准备，后又崩坏时，血管破裂而流出的。

④ 近代生物学家仍多推想妇女行经与太阴盈亏有关，参看达尔文《原人》，章四，第 32 注；《赫胥黎传》（*Life of Huxley*），卷一，359 页。行经与月亮运行轨道实无关系，可看福克斯，《月》（H. M. Fox, "Selene"）以及英国皇家学会哲学通报（B）二百廿六卷（539 号），马夏尔，《性周期》（F. H. A. Marshall, "Sexual Periodicity"），442页。

⑤ 这于热血动物如鸟兽而言，是不确实的。

有煮成月经,这便时时作小量的分泌,于是就发生"白带"(τα　25
λευκὰ),白带见于女性年龄还小的时候,而且在她童期也实际可得
发生。这两种分泌倘为量不多不少,这就跟着排除体内的病态分　30
泌而净化了生理,身体可得保持其健康;倘两者全不发生,或为量
太多,这就有伤身体,或则致病,或竟引起死亡。所以白带苟继续
不息地过量排泄,女儿们就抑止了生长。女性的热能既不足以完
全调煮养料,养料就必然留有无用的剩物,而白带自属必需使之泄　35
出;但除了无用剩余之外,血管之中的有用剩余(即血液)也必由此
而充盈,终至溢出了那些细小的管道。于是,志于至善并循成终极　738ᵇ
的自然,便把它应用于生殖的目的而引进了这里,①俾另一与之品
种(形式)相同的生物得以于此生成而行发育,以抵于实现,所以由
此所分泌的经血实际上已潜在地是这样一个生体了。

这样,所有一切雌性动物就都该有这样的一些分泌,当然其中　5
有血的动物自应较多,而人类尤必特富于经血,至于其他动物则在
子宫部分也必积聚有某些相类的事物。何以有血动物于此分泌多
而人类尤甚的原因业已先经说明了。②

可是,倘说一切雌性动物都有这样一种分泌,那么,何以一切雄　10
性动物却不是统都有相应的那种分泌呢? 在雄性动物中,有些类别
就不泄出精液,但恰如那些泄注③精液的动物,以其精液的动能施之
于雌性所供应的原材料而促使(凝结)④成形那样,这一类的雄动物

---

①　指子宫。
②　卷一,727ᵃ21 以下;728ᵃ30 以下。
③　从 PS 抄本 προιέμενα 译。
④　参看 737ᵃ15 凝酪喻。

就径由那该应分泌精液的器官,凭其机能,直接行其成形的功效,确
15 也完成了相同的工作。① [在所有那些具有横隔膜的动物,这一区域
(部分)就在横隔膜附近,因为心脏或与心可相比拟的内脏是一个生
体的首要构造,至于那躯体的下段只是心脏(首要构造)的附件。]②
何以一切雌动物统都有而一切雄动物不都有生殖分泌的缘由,可就
20 动物是具有灵魂(生命)的身体这一事实推究其故,雌性常供应材料
而雄性则施展其使之成形为一生体的动因,它们各所具备的功能就
是这样,正也由此而分别被称为雌性与雄性。所以,既说雌性必需
供应那躯体的一块物质材料,这于雄性就不是必需的了,于一艺术
25 作品或一胚胎,工具或那作者是不必留存在内的。身体来自雌性,
至于灵魂则得之于雄性,灵魂恰正是那某一身体的实现。③ 为此故,
倘品种相异的动物实行交配——如果两者妊期相同而发情与交配
季节相近,其体型大小也相差不多,杂交是可能的——第一代杂交
30 子嗣,如狐与狗、鹧鸪与家鸡的杂交产物,秉受两方的遗传而兼肖两
者,但历年既久,一代一代递嬗下去,最后的型式仍似雌方,恰如异
域的籽实,移栽而渐变,终于转化为本土上所栽的树型(或果型)。④

---

①   这一类别的动物指某些昆虫,参看卷一章十六。

②   从贝克加 [   ]。

③   ἡ γὰρ ψυχὴ οὐσία σώματος τινός ἐστιν "灵魂恰正是某一身体的实是",这里的"实
是",义同"实现"。《灵魂》,415^{b}7,灵魂为(1)身体的动因,(2)为身体由以得其个别存在的
极因,(3)亦为生体的本义。这里说明来自雌性的身体为潜在(普遍)物体,赋有了灵魂的
身体为现实(特殊)个体。这里,"灵魂"的实义即"生命"。

④   狐、狗与鹧鸪、家鸡杂交,参看746^{a}35 注。这里所说关于动物杂交的种性衍变
的推论,在现代遗传实验中证为不确。凡杂交成功的品种若雄性专取一方的净种,雌
性专取杂种,则若干代后其子嗣形态当恢复雄种一方的原形态;反之则恢复雌种一方
的原形态。

这就因为供应那籽实的材料及其植物本体的,恰正是土壤。所以,
雌性容受精液的那一部分构造相当宽裕,子宫不仅是一个通道,而　35
雄性的泄精部分却只是让精液经过的一个通道,这里就没有血液。① 739ᵃ

每一种营养剩余,当它输入到各自的适当部分的时候,就转成
各别的分泌;在未进入各个部分之前,就没有这些分泌,②若强使
有所注泄总是反乎自然的。

这里,我们已陈述了诸动物发生生殖分泌的缘由。于那些具　5
有精液的动物而言,当雄性精液(种子)进入雌体,这就凝结雌性分
泌的最纯净的部分而使之成形——我只指说"最纯净的部分",这
是因为月经的大部分作液状,也像雄性每次分泌的大部分液体那
样,是无用的;凡早期的分泌,由于原热较少,调炼不足,常是不任生
育的,而后期分泌得有充分的调炼者,便较稠厚,涵存更富的物体。　10

或妇女或其他动物的雌性,倘由于营养分泌中没有什么无用
而超余的物质,因而不见有外泄的经血,则她们内存的生殖分泌其
为量仍必相当于那些外见有经血排出的妇女或其他雌动物所保持　15
而不泄出的部分,就在这一部分物料上,或是雄性(男人)所泄出的
精液施行其所蕴蓄的功能而凝定之得以成形(成孕),或是,如我们
清楚地看到某些昆虫之所为,雌性以其可拟为子宫的部分插入雄
性器官,俾她们那一份物料可得直接触到雌性机能而径行凝定。　20

前曾述及与女性的性欲快感相随而发生的液体(腟道口分泌)

---

① 特地说到雄性生殖器官中无血,对照着雌性生殖器官管道内多血;参看卷一章
六,718ᵃ10—16。

② 用实例来说明:血液在血管中时原为血液,但一经流到了睾丸构造,这里泄出
的却是精液了。参看《希氏医学集成》,"肌肉"篇(de Carne),13(里编,卷八,600)。

无关于受孕。执持相反意见的人们之主要论据是所谓夜睡"梦交"时，男与女都会泄遗这种液体；但这是不足为凭的，青年临将生精

25 而尚未行泄精时，以及那些男人虽行泄精而其精液不能成孕者，所作分泌都是这样的稀释液。

　　没有在交配中雄性（男子）的泄精，没有与之相应的雌性（妇

30 女）的物质分泌，妊娠是不可能的，至于那物质材料或有余而泄出体外或仅够而保持于体内则是无须讨论的。可是，如逢性器官正当发情，而子宫下降，妇女常并未经历性交快感而可得受孕。但一般说来，男女都常在有所分泌时经历这种快感，而正当其时子宫口

35 是不紧闭的，这就便利于雄性精液被引入于子宫之中了。

　　这种液体，实际不像有些人所想象的从子宫中泄出。子宫口

739ᵇ 太狭窄；凡妇女有如男子泄精那样渗出某种液体者，其泄出部位在子宫前区①。这液体有时留在原处；另有时，倘子宫偶尔因为月经排清而发热，并且位置适当这就自行将这液体引入子宫。子宫校

5 正器②虽经加湿而予压置者，在取出时却是干燥的。这一情况可证明子宫的这种机能。又，于所有那些子宫③部位靠近躯体中段的诸动物，如鸟类与胎生鱼类，雄性所泄精液不可能径行到达其中；这必须由雌性子宫自为之引上。④ 这一部分，由于其中特为温

10 热，确吸引着精液。经血的分泌与积聚激发了这部分的热度。这

---

　　①　参看 727ᵇ33—728ᵃ9。

　　②　通俗本 πρόσθεν"前置"；从 P 抄本作 πρόσθετα"覆置物"，依《希氏医学集成》，为纠正子宫位置的器具，即 pessaries（子宫压定器）。

　　③　这里所称子宫为鱼鸟的卵巢管。

　　④　现代显微镜中所见雄性精子具长尾而有泳进能力，在亚里士多德当初是不能想象的。

样,子宫的作用就像一个圆锥形瓶①在经过热水洗涤以后而倒置
在水面时,这就自行吸入一些水。事物被引入子宫的情况就是这
样。但有些人说交媾中,各个器官的情况并不是这样的。他们认
为妇女所泄液,也同男子所泄的一样是精液。事实上全然不是,于　15
这些泄有液体的妇女,她们既泄之于子宫之外,若这真是女性精
液,就又得引回子宫,俾与男性精液相混合。这样就做着冗赘的手
续,但自然绝不为任何冗赘的事情。

　　当雄性精液在子宫中凝结雌性的物质分泌时,它所施的作用　20
有如凝乳素(皱胃干膜)所施于乳汁的作用。凝乳素就是一种内蕴
有生命原热的特种乳质,它具有集结而凝定与之相似物质的功
能;②精液与经血间的关系正与此相同,乳汁与经血的本性原来就
相同。——我所谓 συνίστησι "凝结"就是这样,较厚实的部分③聚　25
合成团而稀释的液体则分离开来,待其中土质的部分固敛起来,周
围就干结成若干的膜;这些既是势所必然的过程,也符合于成胎的
目的,任何物团的表面无论加热或冷却,都会固敛成一层皮膜,这
是事出必然的,至于孕胚分离于液体,免得水浸,当适宜于成胎的　30
要求。④ 这些皮层,有些就称之为膜,另些则称之为胞衣;这些皮

---

　　① 通俗本,及贝刻尔本 ἀκονιτά "无尘瓶",柏拉脱撝作 κωνικά "圆锥形瓶",若依 Σ
译文 vas quod non est plenum "其中不实的瓶",则原文当为 κενά (空瓶)。(热空瓶覆置
水中齐颈部,瓶内热气冷缩,水当在瓶中上升至内外气压平衡点。)

　　② 参看本书 755ª18 以下。又,参看《圣经·旧约》,"约伯记"(Job)章十,10,说胚
胎成形过程,应用与此相似语言。

　　③ τοῦ σωματώδους 或解作"固体部分"或解作"较充实的部分"。

　　④ 以孵卵为例,约至第五天,"羊膜"中可见"羊膜水"(amniotic fluid)。胚体浸在
液体中可得自由而不受妨碍的生长,这于鸟兽胚胎都是相同的。参看《动物志》,卷六
章三,详记雏鸡诸膜的次第生成。孵雏的初起四天尚不见有羊膜水。这里说胚胎发育
不应水浸,大概是从雏胚早期现象误推的。

层,卵生与胎生动物一律都有,膜与胞衣的分别只在皮层的为多(厚)或少(薄)。①

当胚体一经凝成,这就像植物的种子那样活动起来。种子本身原也含蕴有第一原理(生长机能),当先时只是潜存于籽内的这一原理,一经分化而发作起来,芽与根随即由之苗生,植物于是从根部获得营养;而营养就供应生长的需要。胚胎也是这样,所有生体各个部分以潜在的方式同时备存,而第一原理(生长功能)则首先猛进而实现起来。所以,心脏成为第一个化成而出现的构造。这不仅于吾人官感上所见确乎就是这样,即在理论上为之推想,这也显然就是如此。② 当这幼动物既在某一时刻与双亲分离而自立,这就得自行照顾其自身,有如一个成年男儿与其父家分居而另行筑起了自己的房舍那样。生体随后发育的程序,这里应须有一

---

① "胞衣"(χόριον)较胚胎发展中所有其他"诸膜"(οἱ ὑμένες)为厚。《动物志》,卷六章三,于鸡雏胚胎发育所述"一个统涵胚体的胞膜"(胞衣),今称"羊膜"(amnion);又叙及另一邻近的膜,今称"尿膜"(allautois)。两膜随后联合,确相当于兽胎的胞衣。

② 常人目力于胚胎发育所最初可察见者,无论鸟兽,确为心脏;这在亚里士多德是多次胚胎解剖的实录,参看《动物志》,卷六章三,561ᵃ11;又《青年与老年》,章三。在理论上,他认为生物增长必需营养,心脏为血脉之本,即营养供应的总汇,必先于其他各部分出现。近代在显微镜下所见胚胎发育程序异于他的记录。拜尔《动物发展史》(1828)所述鸡卵孵化:开始后14—15小时见到了胚脊板,脊索、脊柱原基;第二天见到了颅腔和脊椎腔,胚腹板与消化腔,心脏与血液的次第发展。苏联,诗密特《动物胚胎学》(Г. А. Жмидт, "Эмьриология Животных," 1951)章十四,高等脊椎动物(羊膜动物)的发育:于鸟纲,以鸡雏为代表,第一日先见中胚层脊索,脑与脊髓共同原基;三十小时后(第二日初)见心脏搏动与卵黄囊血管系。于兽类,小型者如兔胚,受精后第五天见胚层分化,第六天"原条"出现,形成体腔中胚层,第八天出现神经板,渐发生脑与脊髓原基。第九天见卵黄囊血管系,胚体前端有头褶。第十天见心脏搏动。于大型者如牛犊:受精后,第十七天胚盘出现原条,第十九日出现神经板,第二十三天心脏开始收缩(中国李维恩等,1955年译本)。

预先订定的原理,若说这一原理是在发育后期,从外界进入胚胎,
这就不仅要被人质问,这究在何时进入,而且我们凭事实看来这也 10
总是不合的,循着胚胎的生长与活动,一部分一部分逐次由原体分
离而成形。这分明是预先安排有一个生长原理的①。——德谟克
里图②说动物胚胎先成外表而后分生内脏,所有那些执持这样推 15
论的人都是大错特错了的;他们好像是在闲谈石制或木制的动物。
诸如此类的事物全不含蕴生长原理,但诸动物却具有这一原理而
且是含蕴在自体之内的。——所以,心脏,于所有一切有血动物
的胚体,最先明晰地出现,因为这恰正是生体所有同质与异质两
类各个部分所凭依的原理(或起点),一自那动物生体开始需要 20
营养的时刻起,这一构造确乎该被称为它的原理(起点)。这里,
这动物③是在生长(增大),而一个动物的终极营养是血液或与
之可相比拟的事物,血管则是血液的容器,那么,心脏也当是这
些部分的原理(起点)。④——参看《动物研究》与《解剖图说⑤》这
是明显的。

　　因为胚体虽潜在地原是一动物却尚未完全,它必须从别处获 25

---

　　① 依此论,受精而开始生长以前,先已在母体生殖物料(卵子)内订定了胚体发
育程序。

　　② 参看第尔士《先苏克拉底》(Vorsokr.)68A,"德谟克里图残篇"145。

　　③ 贝刻尔本ὄν"现存事物";柏拉脱从 Y 抄本作 ζῷον"动物"。贝克认为应作ὄν;胚
胎此刻已独立而自行生长,故称之为一"现存事物"。

　　④ 这里的论辩是这样:心脏为血脉的起点。血脉周遍全身,输送血液,供为构成
并增大各部分的养料。所以,心脏实为动物生长与成形的第一原理,它必须先于其他
各部分而存在(参看735ᵃ22—26)。这就是740ᵃ5所称的"理论"。

　　⑤ 《动物志》,卷六章三等;《解剖图说》今失传。

取营养，于是，它就像草木之于土壤那样，依恃于子宫与母亲以吸
收养料，直待它竟得全备的阶段，而遽然成为一个可能自由运动的
生物。这样，自然先设计并制作了从心脏引出的两条血管，由这两
30　支血管枝分出许多较小的血管通入子宫①。这些血管就是所谓
"脐带"ὀμφαλός，脐带是血液的通道，于不同的诸动物可由一支或
多支的血管组成②。围裹着这些血管的有一皮质的鞘套［这就是
所谓脐带］③，作为那些软弱的血管的支持与保护。这些血管像植
物的根株那样密布于子宫之中，胚胎由此取得它的养料。幼动物
35　所以要久留于子宫的原因就在此，德谟克里图所说④为了模制胎
体使它各部分获致母体的型式，对于子体在子宫内发育的这种解
740ᵇ　释是谬误的。这于卵生动物是明显的。它们脱离了母体的子宫而
后发育也照样分化完成了它们的各个部分。

　　这里可以提出一个疑难。倘血为养料，而最先生成的心脏业
5　已内储有血⑤，若说养料的供应来自胚外，那么这些原始养料（心

---

　　①　卵黄囊血管比作"脐带"。这里所叙，血管组成的脐带为人及兽类（胎生动物）
的脐囊（umbilical vesicle）循环系统。照行文程序，亚里士多德把脐带看作胚胎发育开
始的营养体系。依现代胚胎学这是在胚体已发展到某一阶段的构制。兽胚初期，自卵
裂后胚泡营渗透性生长，其后子宫黏膜发生腺体分泌，"子宫乳"，经胚胎表层营养细胞
进入卵黄囊血管。兽胚经营养细胞层与子宫乳供应若干日后尿囊内胚层退化，结缔组
织形成"脐带"，尿囊动脉与静脉才穿入带内。以黑猩猩为例，这须在第二个月起才开
始转变营养构制由脐带通引母体血液对流。参看诗密特《动物胚胎学》。
　　②　参看 745ᵇ27 注。
　　③　似由上行复出误缮而成的赘语，从贝刻尔等删。
　　④　第尔士，《先苏克拉底》，68A，"德残"144。
　　⑤　从奥-文，以下删赘语 τὸ δ' αἷμα τροφή（"但血液为养料"）。依 Σ 译本"et san-
guis est ex extrinesco""而这血是由外来的"，则原文应是"τὸ δ' αἷμα...θύραθεν"。

脏内先在的第一份血液)从何而来？也许，说所有胚体养料全由外来，是不确实的。恰如植物种子中原就存在有些营养性质的事物——这事物其始作乳白色①——动物胚体的物质组合中也自始就有些多余物质可供胚体最初的营养。

于是，胚胎像草木由根部发展起来的那样方式，凭脐带而生长。〔或有如动物本身在脱离了母体子宫内②的营养供应之后〕③关于这些我当俟随后涉及时再行讨论。但胚体各个部分的分别形成实不按照有些人所揣拟的自然规律，他们认为物从其类（相似的事物聚于其所相似）④。人们倘依从这理论，除了其他许多扦格之处外，这里就引起这样的问题，胚胎发育时同质部分都将别于其余各个部分而团生在一块，例如骨与肌腱各归为一个部分，肉也统合成肉一个部分。动物构造每一部分生成的真正原因是雌（女）性分泌自然为那样的一个潜在动物，所有各个部分虽没有一个是现实，却统都潜在于内。还有，是作者（主动）与材料（被动者）相接触的情况，这是说其一为作者而以另一容受其作为，在适当的位置，逢适当的时刻，以适当的方式，主动者便径行施其作为而被动者也就接受这作为。于是，雌（女）性供应物质材料，雄（男）性便施展其运动原理。又，有如艺术作品是凭艺术家的工具制成，或说得较真切

① 柏拉脱注：这里所指事物当是有如豆的白色子叶。

② 原文 ἐν αὑτοῖς "自体内"，当属谬误；从柏拉脱校，"ἐν ταῖς ὑστέραις"。

③ 贝克揣此句为与下文 29—31 行有关的错简。

④ τὸ ὅμοιον πρὸς τὸ ὅμοιον "物以类聚"本为世间人事上俗谚。在生理及医学上用以说明胚胎发育，见于《希氏医学集成》，"儿童生理"(π. φύσις παιδίου)章十七（里编，卷七，496—498）。

一些，凭这些工具的运动，即艺术的操作制成，而艺术就是在另些
受制作物上所制成的形式，营养灵魂的功能就正是这样。这一灵
30　魂，有如随后对于成熟的动物与植物，凭热与冷为工具促之生长那
样[灵魂的活动就在运用热冷功能，而每一事物各依某一公式而致
其生成，]它在开始制成那自然产物也是这样的①。这成熟动物随
后所由以生长的物料原本就相同于当初构制其幼体的物料，施之于
35　成熟动物而使之生长的这功能，当然也相同于生殖开始时〈用以凝
定而为之构制〉的功能②。于是，这一主动功能倘说是营养灵魂，那
741^a　么营养灵魂也就是生殖灵魂了。这一部分的灵魂存在于一切动物
与植物，正是任何一个生物所统备的本性③，而其他部分的灵魂则有
些动物具备而另些不备。④　这里〈生殖灵魂〉于植物而言雌性不分离
于雄性，但于分有性别的诸动物而言，则雌性另还有所待于雄性⑤。

章五

5

可是，这里还可提出一个问题，雌性既然具有相同于雄性的这

---

　　①　柏拉脱注：这一节像一段混乱了的链索，每一链节无损，而是相互夹缠了，显得
难解。说简明些：艺术家应用他自身以外的物料，运用他的工具，制作一艺术品；以雕
像为例，他的艺术活动就表现于工具的操作之中，他循着他心中所有的一个形式而运
其斧凿，终而其所意想的形式现于此雕像。灵魂也用它自身以外的材料制作一自然产
物（动物）；它运用热与冷为工具，按照它内存的"某一公式"而行操作，终而这一公式在
那物料上实现而为某一动物。
　　②　从奥-文校补，增〈　〉。
　　③　参看《物理》，192^{b}21 以下。《宇宙》，301^{b}17 以下。
　　④　柏拉脱认为感觉与运动灵魂也应是动物所共备，这末一分句所言与其他章节
所说不符，加删[　]。
　　⑤　从柏校，改作 τὸ θῆλυ τοῦ ἄρρενος 译。若依通俗本及贝刻尔本 τοῦ θήλεος τὸ
ἄρρεν则应为"雄性有所待于雌性"。

一灵魂,而且胚体所需的物料又本是雌性的剩余分泌,她何不全由自己径行其生殖,何必有待于雄性呢? 推究其故,动物有别于植物者在于感觉;倘或潜在地或现实地,或偏称(局部)地或全称(整体)地还缺少着感觉灵魂,这就不可能有真正的颜面、手、肌肉或任何其他部分;这些虽或一一现示,也不过是一具尸体,或尸体的某些部分而已。这里,倘雄雌有别,而且雄性实具备制作感觉灵魂的功能,雌性就不可能单独生殖一个动物,因为这里所涉及的过程已必需把那雄性素质①涵蕴在内了。在这一问题中所见及的相当重大的疑难可由鸟类的生产风蛋为之揭示,这里显明了雌性动物,若无他性相助,生殖的进行只能抵达某一阶段。但这里仍还留有一个困惑之处;我们可用什么命意来称说风蛋是些活蛋? 既然这些蛋不会孵成活雏,这就不能像可得成雏的蛋那样说它是活的;但这些蛋也会腐坏,那么在未腐坏前它们就该有某种程度的生命,这也不能应用木石一样的命意说它们只是些木蛋或石蛋。于是,显然,它们该是潜在地具有某些灵魂(生命)。是哪一级类的灵魂? 这当然是最低级的灵魂,即营养灵魂,那是在一切动物与植物中一例存在的。它们何以不能制成各个部分而为一完善的动物? 因为动物的各个部分异于植物的各个部分,它们必须具备一个感觉灵魂。所以,雌性动物就有待于雄性的帮助,而我们上所涉及的动物(鸟类),雄性却正离立于雌性的。这理论确实符合于我们所考明的事例,倘雄鸟在某一期间踩上(交配)雌鸟,风蛋就转为可孵化的了。

---

① τὸ γὰρ εἰρημένον ἦν τὸ ἄρρεν εἶναι 这一"因为"分句颇为含糊,从柏拉脱意译,其中 ἄρρεν "雄性因素"字样出于 S 抄本,通俗本与贝刻尔本作 ἄρρεν "雄性"(或"雄动物")。

关于这些事情的原因，我们将随后再行详述①。

　　如果世间竟有一个种属的动物只见雌性而别无与之相分离的
雄性，这就可能由雌性自己〈不经交配〉②生殖幼动物。直到如今，
35　怎样也不曾发现过确可证信这种设想的事实，但鱼类中却有一
例③引起了我们的疑惑。名为红鮨④的群鱼从古来没有见到过雄
性，但所见雌鱼则就有些充盈着卵团。可是关于红鮨方面的情况，
741ᵇ　我们还不曾获得完全可靠的证据。又，鱼类中某些品种，如在停滞
的河泊之中所找到的鳗鳝⑤与鲱鲤属的某一品种，⑥既无雄性也没
雌性。但，动物首有雄雌之分，雌性就无论如何都不能单独进行完
善的生殖，若然单雌能遂行生殖，雄性便同虚设了，但自然绝不创
制任何虚设的事物。所以，凡属这样的动物，常是凭雄性来完成生

---

①　见于下文，730ᵇ5 以下；750ᵇ3 以下；757ᵇ1 以下。又，《动物志》，539ᵇ1 以下。

②　从 P 抄本增〈ἄνευ ὀχείας〉。

③　依哈克复司（Hackforth）校订，应为ἔνια"某些"例。

④　ἐρυθρίνος 红鮨（"红色鱼"）当为鮨属的安茜亚种（Serranus anthias）；参看《动物志》，538ᵃ21 及汉文译本 567ᵃ27 注。在伏里尼（Cavolini）于十八世纪下叶重新发现了鮨属鱼若干品种为雌雄同体（hermaphrodite）（参看古德里契《圆口类与鱼类》E. S. Goodrich, "Cyclostomas, and Fishes", 430 页）。

⑤　ἔγχελος 鳗鳝（常见欧洲海鳝）（Anguilla vulgaris），参看《动物志》，538ᵃ3—13，592ᵃ1—27。亚里士多德所揭出的这一问题，直到十九世纪末始露其端倪，到二十世纪初，丹麦司密特（J. Schmidt）才考明了海鳝远洋生殖洄游的实况，而阐释了在欧洲西海岸及地中海沿岸诸河流中所见幼鳝未能分辨雌雄的缘由。见于司密特"海鳝的繁殖场"（The Breeding Places of Eel）皇家学会哲学通报（B）二一一卷（1922 年）179—208页。参看《动物志》，汉文译本，538ᵃ9 注。

⑥　κεστρεύς"鲱鲤"，依亚里士多德生物各篇所述应为"头鲻"（Mugil capito, cuv.），但普通鲱鲤皆易识雌雄之别，这里所说的鲱鲤符合于《动物志》，504ᵇ32 及《构造》，696ᵃ5 所记，产于卑奥西亚（Boeotia）南海岸，邻近色斯比（Thespiae）的雪菲湖（Lake Siphae）中，只有两鳍的鳗鲡（Muraena）（裸耳属，Gymnotus）。

殖的工作，他或经精液（种子）或径自施展其自体的作为①，传递了
感觉灵魂。现在，幼体的各个部分原是潜存于那物质材料之中的，
所以运动（动变）原理一经传递到它们（各个部分），它们就像自动
机器（傀儡）中诸轮轴，一个跟着另一个运转起来那样，一部分接着
另一部分，一连串地发育起来了。有些自然学家（生理学家②）曾
经说到"同类相从"，这种理致应用在这里时，只能是这样的命意，
各个部分的集成不是位置的运动，它们各守原来的位置而只以素
质的演变为运动，——例如同型诸部分的软硬、颜色以及其他各种
差异；它们由兹而实现了先前原已潜在的一切。又，这里，最先生
成的必是第一原理：如已屡经叙明的，这于有血动物为心脏，于其
余诸动物为与心脏可相比拟的部分。心脏之为胚体最先生成的一
个部分，不仅显见于官感（实际观察），由生命的终极看来，也是当
然的；生命在消逝时，心脏在各个器官之中到最后才死灭。通例，
物之最后生成者，最先亡殁，而最先生成者，最后亡殁③；自然就这
样循行于一个来复的双轨，她常转回到所从来的起点，以为归宿。
生成的过程是从无到有，死坏的过程就又从有而复还于无。

---

①　指某些昆虫，参看卷一章十六。

②　φυσικοί "自然学家们"常指博物学者，即论涉"自然"（φύσις）万物的诸先哲，也
包括"生理诸家"（φυσιολόγοι），如希朴克拉底等。参看 740ᵇ14 注。

③　生物胚胎最先出现的器官表征，在死亡时最后消歇，其后现者则反之；这里所
揭示的通例在近代生物学中已得充分证实。可是，心脏之先生与后亡，两皆可疑，而且
在近代的胚胎观察、生理观察中，可说这是不确实的。亚里士多德于龟类死亡记载，他
知道心脏不必为最后消歇的一个部分。（《青与老》，468ᵇ15；《呼吸》，479ᵃ5。）Cor pri-
mum vivens ultimum moriens "心脏先生末死"之说，参看埃白斯坦因等在《医药与自然
通报》Ebstein et al. "Mitt. zur Gesch. der Medzin und Naturw"：xix(1920 年)，所载论
文，102,219,305 页。

章六

25　　　在这主要部分形成之后，如曾言及，其他各部分跟着发育；内部诸脏腑先于外表诸器官。较大的部分比之较小的部分，较早可得看见，虽则实际上其中有些较大部分未必先于生成。起初，躯体
30　中段以上诸部分一一分化出来，形状都特大；下体诸部分不但较小，也较不明晰①。所有躯体可区分为上下段的动物②，其胚体生长都循此例，唯昆虫为例外；凡蛆生动物的幼体发育时，它是向上段③生长的，它们，起初，上段较小。能为运动的动物界内只有软
35　体类（头足类）不存在上下体段的区分④。上述的通例也适用于植物，草木的根部比之芽茎就先从籽实萌发，这样，它们也是上段较下段为先行发育的⑤。

　　　使动物幼体各部分一一分化而形成的是"炁"，可是，这炁，不

----

①　亚里士多德这些观察和他所立关于动物生长中轴的通例，现代胚胎学认为是一个重要的发现。参看《构造》，iv，10，686^{b}22注。又，参看下文742^{a}33—36；《行进》，704^{a}29。又参看朱理安·赫胥黎（J. Huxley）与皮尔（G. R. de Beer），在《实验胚胎学纲要》（*Elements of Exp. Embryology*）一书中，契尔（C. M. Chill）关于"轴级度"（axial gradient）与生理主从理论的讨论。近代胚胎学于各部分生长先后迟速的问题追寻到胚胎发育原肠期所产生的"背唇"（dorsal lip），动物各部分随后的逐一形成与生长迟速可依当初背唇形成的情况推论。

②　依《行进》，705^{a}29以下，动物或植物上下身段的区别，不按照上天下地的相对位置，而本于营养的受纳与分输，凡口胃所在为上段，肠、臀以及肢脚等为下段，这样人的上下段符合于上天下地的位置，兽类以前身为上，后身与四肢为下；而草木则以根部之吸收肥料者为类于口胃而称上段，已吸收的养料输送到末梢，即枝叶，被称为下段。

③　指昆虫的头胸部。

④　头足类（鳝鱿）肠管折绕向头部，肛门在口边。参看720^{b}18；又《构造》684^{b}15等。

⑤　这与希朴克拉底学派的上下区分相反，参看库编《希氏医学集成》，卷一，406页。

是有些自然学①家所说的母亲的气，也不是胚体自身的气。这于 742ᵃ
鸟类、鱼类与虫类都是明显的。这些动物中某些（鸟）的胚体脱离
其母体而是从一卵中出生的，它们的各个部分在卵中分化；另些
（鱼与虫）全不呼吸，它们从一卵或从一蛆中出生。至于那些具有 5
呼吸功能而且在母体子宫中就分化有各个部分的诸动物（兽），肺
和其他在成肺以前发现的各个部分，于它们实行呼吸以前早就分
化而完成了。呼吸却要等到肺部完善而后才开始②。又，一切多
趾四脚兽类③，如狗、狮、狼、狐、胡狼（或灵猫）所诞兽婴目盲，要待
诞世以后才张开眼睑。显然，所有其他各个部分也该是这样的；量 10
性的分化而得其生成，也像质性那样，先就潜在，而随后实现，那使
之为量性实现的动因也相同于引发质性实现的动因，眼睑之不只
为一，而终成为二，就是这样。当然，气必存在，因为湿热物质原都
存在，"气"（炁）就施其活动于那些被动的物质④。 15

有些古代自然学家曾试欲叙明各个部分挨次出现的程序，但

---

① 依《希氏医学》"儿童生理"篇第十七章（里编卷七，496—498 页；库编卷一，383
页以下），肌肉凭关节间的炁而生长；（又，第十三，十五章），胚胎经脐带而得营养，并行
呼吸。

② 上句列举虫、鱼、鸟三类；这里增叙哺乳类；但照这句文义，实未能证明母体的
呼吸全无关于子宫内胚胎各部分的构成。希氏"儿童生理"篇（库编，卷一，419 页）曾言
及壳内鸟雏，透过壳层而行呼吸。福斯特与贝尔福，《胚胎学纲要》，1 页，卵壳疏松足够
渗透内外的空气，俾在整个孵化期间，让雏鸟呼吸，交换氧气与氧化炭。

③ 爬行纲及哺乳纲应都可称为多趾四脚兽，但亚里士多德的 πολυδχιδῇ τῶν
τετραπόδων 实际只指"歧脚食肉兽类"（Fissiped carnivora）。参看《动物志》，卷六，章卅三。

④ 柏注，胚胎得生命原热于精液，得水分（湿）于经血。依《成坏论》，卷二，
331ᵇ16，湿热生气（炁），故气（炁）存在于胚胎之中。贝克注，这里的 πνεῦμα 炁，异于生
物体外周遭的"气"（ἀήρ），而为内蕴于体中（σύμφυτον）的炁，具有特殊的动能（参看本书
"附录"若干名词汇释）。

他们于胚胎发育的实况都还没有充分认识。事物皆自然地各有其
程序；动物的各个部分，有如其他各物一样，也各有其所先。但"先
20　于"这词具有不止一个而是几个命意①。这里，于（甲）"某一目的
（终极）"与（乙）为了某一目的（终极）而存在的事物之间是有差别
的；后者循发育的程序而为之先于，前者则在实现而论，为之先于。
又，凡为了某一目的而存在（出现）的事物可区分为两项（乙，一）运
动的渊源与（乙，二）应用于那一目的的事物；于这两项，我意指
（乙，一）能施行生殖的事物与（乙，二）供作生殖事物应用的工具。
25　在这两者中，作者必然先于存在，例如教师当先于学徒；而那另一
项，即工具则为后，例如笛管当后于擅长吹笛的人，人们如果尚
未学会吹笛而先置备笛管，该是虚妄。于是，这里实有三项；第
一（甲）是目的，另些事物就为了这所谓"目的"而得存在（出现）；第
二（乙，一）是运动与生殖原理，所以凡能创作与能生殖的事物当是
30　为了那作品或子嗣，那么这一原理该是为了那目的而存在的；第三
（乙，二）是有用工具，即供应那目的所需要的事物。依这三项，胚
体必先有（乙，一）内涵"活动原理（功能）"的某一部分——我所说
的这一部分是最重要的一个构造，也是达到目的的最先一个部
35　分②——；其次，跟着应为（甲）动物个体，亦即"目的③"；第三，即末
项，为（乙，二）供应这个体（目的）各种用途（机能）的诸器官（工
742ᵇ　具）。所以，如果动物须具有内涵整个动物的原理和目的那样一个

---

①　参看《形上》卷五，章十一，又卷七，1035ᵇ2—35。
②　这里所隐括的实物为心脏；心脏必然先其他部分生成，这部分也是胚胎的最重
要部分。
③　当指动物身体上段，即头胸部。

部分,这一部分必然先予生成——这部分既先被认定是胚体的活动功能,而同时于整个胚体而言,又该是其目的的一个部分。这样一切有机构造,凡其性质在使另些构造得以生成的,必须先于其余诸构造而生成,它们为了另些事物而出现就有如第一原理为了某一目的而首先出现;所有其他为了另些事物而出现,但自己不具备第一原理那样性质的诸部分便当随后生成。这样,于那些为了另些事物而出现的诸部分,或另些事物都为了它而出现的那一部分,究属谁为先予,就真不易分辨。由于运动器官(肢脚)在发育程序中先于目的(整个动物)而出现,这于上列推论肇致了混乱,这些运动器官与各种机能相较不易辨其主次。可是,我们还得按照上所论列,来考察哪一部分跟着哪一部分挨次出现的程序;目的后于某些部分而先于另些部分。循此缘由,内涵第一原理的部分①首先生成,跟着是躯体的上半。所以在头面上的各个部分,在胚体的早期显得特大,而眼睛为尤甚,至于脐带以下的各个部分,如诸肢则短小;这就因为下体各部分是为了上体诸部分而后得其存在,它们既不属于目的②,也不能由它们而生成上体任何部分。

人们简捷地说"事情常是这样"而假想于胚胎发育各例中也以所常然者为起点(第一原理),但这些论旨既不算高明,他们也未能阐明其中应有的缘由。这样,亚白台拉的德谟克里图说:"[常然

---

① 心脏。

② 全节中,以胚体,即新生动物,为自然创生的"目的"。亚里士多德于动物构造认为头胸部内诸脏腑为动物的主体,故以心脏为动物整体中属于目的的一个部分(742^{a}35)。诸肢于动物全身而言,也是构成部分,但动物若截去其肢节仍能存活,故不属于动物主体部分,只是供应了动物以运动工具,使它的主体能移换位置,所以被列于第三项"工具"之中。

20 与]①无穷(无限)是没有起点的;但原因则为事情的起点,而永恒
便是无穷;所以,谁于这类事情求其原因实际就在为"无穷"寻觅
"起点"。可是,按照这一论旨,禁止我们寻觅事情的原因,则任何
永恒的真理将无可得证。但我们见到了许多永恒真理是各有其证
明的,不管所谓"永恒"αΐδιος 是指那些常然的事例或指那些永恒

25 存在的事物;三角形诸内角的和常等于两直角②或一方形的对角
线不可以其边长为计量③,各是一永恒真理,然而对于这些真理都
是能够说明原因而给予证明的。这里所说不为所有一切事情寻觅
起点(第一原理)本属名言,但应用之于任何常在事物或常遇事情,
这就不合适了,只有对于确乎是永恒诸事物的第一原理,这才相符

30 这一格致的方式,我们于获取第一原理的知识就不凭论证而依于
另一方式④。这里,凡"不动变事物"τοῖς ἀκινήτοις 其第一原理就
简捷地只是它的"怎是(什么)"τὸ τι ἐστιν⑤;但当我们涉及那些经
历生成过程而得其生成的诸事物⑥,它们就各具不止一个而为多
个的原理,而且各个原理随各各物类为别异,也不全相同。于这些

---

① 从柏拉脱与贝克删[ἀεὶ καὶ]。

② 参看《形上》,1051ᵃ25,1086ᵇ35。

③ 亚里士多德常用事例,见《形上》等。

④ 参看《形上》,997ᵃ7,1006ᵃ8;《解析后篇》90ᵇ24,72ᵇ20;《尼伦》1142ᵃ26。

⑤ 《物理》,198ᵃ16 以下:于"不动变事物"(ἀκίνητα),如数理诸题,终皆归结于原来的公式,这样,"何谓"(τὸ διὰ τί)皆回溯到"怎是(这是什么)",即事物的本义。如有不能论证的本义,这须凭直觉(直观)来认识。《尼伦》,1143ᵇ1:"于论证而言,νοῦς(心)由直观而认取不动变的原始定义(公式)。"

⑥ 有生成过程的事物皆当灭坏,这里的诸动物皆属动变而可灭坏事物,以相对于上述的不动变也不灭坏事物。永恒事物不待论证,但可灭坏的生物却必待论证。参看《形上》,卷十二,章一等。

多个原理,运动原理当然该是其中之一,所以〈在胚胎发展方面〉, ₃₅
如我们自始早经陈明,心脏,〈作为构制起点〉首先于一切有血动物
中形成,可相比拟于心脏的部分则首先于其他动物中形成。 743ᵃ

　　从心脏引出血管,其脉络遍布于全身,恰如这里墙上所示解剖
图①中的情况,各个部分既由血液的供应而得形成,就相从而位置
在这些血管的周遭。② 同质诸部分凭热与冷而形成,其中有些是 ₅
由冷为之凝定而固结起来的,另些则由热。两者的区别曾已在另
篇③中有所讨论,并陈明了那些种类的事物可为水火所溶化或融
熔,又那些种类则水不能溶,而火不能熔。于是,养料就从血管中
渗出,它们渗透管道的每一段落,就像未经焙烧的陶器漏水那样;
那么,肌肉或与之可相拟的部分就为寒冷所固凝,所以这也能用火 ₁₀
来使之消熔。但所有渗出的诸微粒中,凡土质太重的,只含细少的
水与热,当水经蒸发,热也在冷却时散失,就变得硬实而显见其土
性了,这么形成的部分,有如,趾(指)甲、角、蹄与喙,都可用火使之
软化,但都不为火所熔化,其中有些,如蛋壳,可溶于液体④。 ₁₅

　　筋⑤与骨是在水分干燥时由内热所成,所以骨似陶器,不为火
所消熔,它们在发育过程中,像陶坯之已被炉火烧结那样,业经内

――――――――――

　　① οἱ κάραβοι,从柏拉脱解释,为挂在亚里士多德讲堂墙上的人体或其他动物的
周身血脉"解剖图"。《希茜溪辞书》(*Hesychius*)释 κάραβοι 为塑制石膏或蜡模所用的模
型。参看《动物志》,515ᵃ35;《构造》,654ᵇ29。
　　② 从 S,Σ,删[ἐχ"从"]。
　　③ 《气象》(天象),卷四,章七至十;参看本书 762ᵇ31。
　　④ 柏注:应为〈某些〉液体",如醋酸。
　　⑤ νεῦρον 今作"神经"(neuron);亚里士多德当时尚未认识"神经"及其功用,实指
"筋"或"腱",其中包括有神经。

热为之焙炼过了。但这不是任何所遭遇的事物可由热制之成肉或
20 骨,只有某些天然地适合的事物才可得为之制成;也不能在任何所
在位置或任何所逢时刻①进行制作,这只能在天然地适合的位置
与时刻为之制成肉或骨。因为,除了得有那具备实现功能的动因
(作者)之外,凡潜在的事物就不能制成,而且那具备实现功能的作
25 者,也不能拾取任何所遇事物做成任何事物:木匠,除了得有木材
就不能制成木箱,倘无木匠,则虽有了木材,仍无由成为木箱。

　　存在于精液分泌中的热度与活力与实现功能,于品种与数量
而言,皆属充分而足以适应所有胚体构造的每一部分。这里,倘有
任何过分或短绌,则所孕成的产物就非健康,或躯体有所畸缺。在
30 子宫中的热效相似于在子宫外事物所受的热效,那些事物一经煮
熟而凝定,便较适于食用或较适于任何其他的效用(目的);所异的
只是:在后者,这由我们(烹饪者)加予比例适当的热量②而使之作
应有的动变,在前者则是雄性亲体的本质给予了这热量。至于那
35 些自发生成的诸动物而言,这动能与热量受之于一年中适当的季
节③,时季的温度正是它们所由繁殖的原因。

　　又,冷只是热的阙失④。自然兼用两者,冷热各具不同的功
能,各按自然所需,造致各不同的成果⑤。于胚胎发育中,我们见
743ᵇ 到各为了某些效果而某一部分则行冷却,另一部分则为加热,于

---

① 从 P 抄本增 οὔθ' ὅποτε ἔτυχεν(或任何所逢时刻)。

② τὴν τῆς θερμότητος συμμετρίαν"适当比例的热量",参看 767ᵃ17 以下。

③ 太阳热为一切生物发生的本原,参看《形上》,1071ᵃ15,又,本书 737ᵃ2。

④ στέρησις"阙失"释义,见《形上》,卷五,章二二。

⑤ ὥστε τὸ μὲν τοδὶ τὸ δὲ τοδὶ ποιεῖν 直译为"造致其一为这个,另一为那个"。

是，各个部分遂以形成：这里，肌肉制得柔软，筋腱则干实而有韧性，骨乃硬脆，自然赋予它们这些素质，其一义就在适应各各所必需，其另一义就在适应一终极原因（目的）。又，皮肤是由肌肉的干燥而形成的，有如烧煮时的物质，表面凝成一层所谓"老妇"①一样；这种物质不仅由于它处在表面，又因它本属胶性，而不能蒸发，于是就结起这样的表皮。这种表皮，于有血动物（脊椎动物）而言，多带有脂肪的油性，而于其他动物，由于它们的胶性厚重，所以无血动物（非脊椎动物）的外表毋宁是燥性的介壳或软骨。凡土性不很重的这些无血动物，皮层之下都积聚着脂肪，脂肪是有些凝胶性的，由此可见，皮肤是由这类凝胶性物质形成的。如所言明，于所有这些事物的形成，我们必须懂得它们有事属必需的含义，但也可以不出于必需而另是为了某一目的（作用）。

　　于是，躯体的上半，在发育过程中，先行分明了；过了若干时日，于有血动物们，下半也发展到它本型所应有的大小（长短）了。所有各个部分生成时，先示现其轮廓，随后而表见其色泽与柔硬，恰似自然是一位画家，在绘制一幅图画；画家在绘一动物②时，也先以线条为之素描，随后才着色。

　　因为感觉源始于心脏，所以这部分在动物整体中最先形成③，

---

①　γρᾶς"老妇"，指牛乳煮沸后的表面凝皮（scum，"皮膜"或浮渣）。

②　ζῷον"动物"：包括"人"在内；参看柏拉图，《共和国》，卷四，420c。

③　亚里士多德全未明了神经系功能；他认为感觉就是动物生命活动的表征，而生命则始于心脏，所以说感觉源于心脏。中国古医扁鹊为甲乙两人醉中置换了心脏，两人醒后，甲返乙家，乙返甲家。这寓言见于《列子》"汤问"篇。从这寓言中可知中国古代生理心理学也以感觉与记忆属之心脏。

为与这热性器官相衡,寒性形成了脑,由心脏热处所引出的血管就
在上端终止于脑部①。所以头上各个部分便挨次于心脏而开始发
展,而且形状都特大,超过其他各个部分,脑部从开始就是巨大而
30　作液状。

　　　关于动物的眼睛所见到的情况是一个疑难。于一切动物,无
论它们是走的(兽)或游的(鱼)或飞的(鸟),虽在开始发展时显得
很大,可是,日后逐渐缩小,它们在整个胚体各部分中实为最后才
35　完全成形的一个部分②。理由是这样:眼睛这感觉器官,有如其他
744ᵃ　诸感觉器官③是安置在某些管道上的。然而触觉与味觉器官却就
是动物的自体或自体某一部分④,嗅觉与听觉器官则是通连于
外界空气的一些管道,其中充满着内蕴的"生炁";⑤这些管道终止
5　于脑部附近的诸小血管,这些血管则是从心脏引来的。唯独眼睛
这感觉器官自有它本身的特殊构造。眼属凉性而作液状,不像其
他诸部分,终生位置就在原来的初生位置,它在妊娠期末大异于期
初的位置,它们起先只是潜在地为眼睛,随后才实现为真眼睛;但

---

①　心脑平衡作用:参看《动物志》,495ᵃ7 等,《构造》,卷二章七。在发育初期,脑
与心脏处于胚体两端,亚里士多德认为心脏热的平衡器官,自必后于被平衡的部分。
近代于胚胎发展,在显微镜中见到神经原基先于心脏出现。

②　许多动物直到诞世以后才张开眼睑,亚里士多德把眼睑作为全眼的一个部分,
故云眼为幼动物最后形成的器官。眼在胚胎中先大后小只是与其他部分相形之下
而云然,眼的成长缓慢,而其他各部分迅速增大,看来竟似缩小了。

③　τὰ ἄλλα"其他诸感觉器官"中,触官与味官实不能和鼻孔与听孔相并而说"安
置在管道之上"。另些抄本作 πολλὰ"许多感觉器官",也不妥帖。

④　全身都有触觉,只舌部主味觉。

⑤　συμφύτου πνεύματος"生炁",参看本书"附录"若干名词释义。嗅觉管道为鼻
孔,听觉管道为咽鼓管(Eustachian tube);依亚里士多德设想,这些管道中的"生炁"交
通于外界空气,经由血管传递其所感应于脑,转以达于心脏这感觉总枢。

眼恰是由若干管道引来的最精纯的一部分脑液,这些管道从眼部 10
通连到周绕于脑部的膜①。除了脑以外,头上其他部分只有眼睛
属于凉性而作液状,这可证实眼液出于脑液。所以,这部分就必须
先作巨型而后收缩。因为脑的发展正是这样的过程;起初,脑部巨 15
大而作液状,但经蒸发与调煮,这渐变干实而收缩:脑与眼②[与眼
睛的大小]的生成情况,两相类同。头部,由于内涵着脑,起初很
大,眼由于其中的储液,也显得巨大。可是由于它们所凭依的脑难 20
于凝定,眼睛却是一个最后完成的器官;脑须待发育后期才失其凉
性与液态,凡是具备脑③的动物都是这样,而于人类尤为明显。为
此故,〈人类的〉前额骨是最后完成的一块骨骼④;虽在诞后,婴儿 25
这一骨还是柔软的。这种情况于人类较它动物为显著的原因,

---

①　"这些管道"实际是"眼神经";亚里士多德可算是首先发现了眼神经,但他未能
于眼神经功能作成明确的解释。眼在发展中位置移换,并以眼组织为脑组织的分支,
这些观察,在胚胎学史上都是重要的记录。

②　σώματα"身",从柏拉脱校作ὄμματα"眼",以下 τὸ μέγαθος τὸ τῶν ὀμμάτων 应删,
故加[　]。关于脑的体积收缩问题,参看《构造》,卷二,656ᵇ13 注。

③　τῶν ἐχόντων"具有〈脑〉的",依 Σ 译本,habentibus magnum cerebrum 应为"具
有大脑的"。依亚里士多德解剖学,只于有血(脊椎)动物称之为"有脑"动物。于无血
(无脊椎)动物如头足类的脑,他称之为"拟脑"。脑属凉性而作液状,只是在胚体中的
现象;成年的动物脑浆甚为稠厚,或已作干凝状,参看《构造》,652ᵇ1。

④　τὸ βρέγμα 或译"前额"(sinciput),或以 bregma 为大脑盖骨,或以指头顶会合
点。大脑头盖骨中央有缝隙(sutures,颅骨合缝)(参看《动物志》,491ª31,516ª14;《构
造》,653ª34 等);这称为"前脑"(anterior fontanelle)的间隙被有一膜。动物如人婴生后
多月,两边的颅骨才延展而接合。原文称之为骨,所叙述者则为合缝间的膜。又,下文
专举"婴儿",与上句所举人类相应。这里,亚里士多德似乎认为只人类有颅骨合缝。
《动物志》,516ª17 举人为有合缝动物之例,狗为无合缝动物之例,则两类各有若干种动
物。现代比较解剖学:兽头盖皆有合缝,每块头骨的名称与人体解剖上所用名称相同,
只形状不同。

就在他们的脑最为稀湿而又最为巨大[1]。又,这也因为人心中的
热性最为纯净[2]。正是由此获得了良好的节制(淬炼),人类显有
30 高尚的理知,[3]人类确是最聪慧的动物。由于脑部的重量,婴儿
生后好久还不能控持他们自己的头颅;于必需活动的各个部分
都可作相似的说明,第一,运动原理(心脏)在日后才能控制上身
35 各个需要活动的器官,最后才能控制那些不直接与之相连的各
个部分,例如肢股。现在,眼睑就是这么一个部分。因为自然所
744ᵇ 作绝无虚妄,亦不赘余,显然她施行其创制时也必不迟不早,倘
有所迟早也就等于有所虚赘了。所以,这是必需的(必然的),眼
睑该在心脏能够运动它们的时刻才张开来。这样,脑既需经长
期调炼,动物的眼睛总是久后才得完成,又因为它们距离第一运
动原理(心脏)就有那么远,而且受到脑部凉性的影响又那么重,
5 待到心脏能使之活动,这须是最后完成的器官了。眼睑的性状
就是这样,所以它们的重量虽是这么小,我们在瞌睡或薄醉或任
何其他类似情态中,即便使劲也抬不起〈上〉眼睑。关于眼睛怎
样生成,何以生成,以及何故而最后才得充分发育,已讲得这么
10 多了。

　　其他每一部分都各从营养物料形成,最先,最纯净并经充分调

---

①　以体型大小为比例而言,人脑大于诸动物之脑;参看《构造》,653ᵃ28;《动物志》,494ᵇ28。

②　依柏拉脱,解为"热度最高"。但鸟类体温高于人类。

③　脑的冷性平衡或"淬炼"了的热度,冲动得到约束,故能因谨慎而见智慧。这里 φρονιμώτατον 兼有"最谨慎"与"最聪慧"两义。亚里士多德著作中类此以智慧关涉于脑部的章节不多见。

炼的养料①制为最宝贵而参与于主要原理②的那些部分,由此剩余
的较下劣的养料则制作那些为了辅从上述诸部分而后才成为必需
的诸部分。自然,像一位良好的管家,没有轻于抛弃任何有用事物 15
的习惯。这样,于家务管理中所可获得的食物,最好的部分给予自
由人们,较次的,即除却高级食品以外的余量则分配于仆从与奴隶
们,最低劣的就以喂饲家内所蓄的动物们③。恰似照顾世间人物 20
的生长而理知作成了这样的安排,自然于胚胎发育也那么用心周
至,她以最纯净的材料制成身上的肌肉与其他④感觉器官的本体,
而由此所剩余者为之造作骨、筋、发、毛,以及趾(指)甲与蹄和类此 25
诸部分;这些部分所以在末后出现,就因为它们须要等待自然有了
些剩余物料才挨次而获得供应。

于是,骨骼在各部分最初合成时由精液制作。当动物日渐生
长,则骨骼由相同于作为主要部分的自然养料为之滋养,也日渐生 30
长,但骨骼所吸取的只是这些养料的剩余。任何所在的养料都可
分为第一与第二两级,其一为"营养",这一级供应动物整体及各部
分使各得生成而具有其本质;其二为"增长",这一级促使它各得量 35
性的扩张。但关于这些当待以后另行详述⑤。筋腱循着与骨相同

————————

① 实指心脏中"最先"引出的血液,这部分血液先供应感觉诸器官的生成;"随后"
动物长成,最纯净而经充分调炼的血液则成为精液。

② τῆς κυριωτάτης ἀρχῆς "参与于主要原理的诸部分"指感觉器官。于人类而言,
感觉出于中级灵魂,于一般动物而言,这就是主要原理(灵魂)。

③ 家庭由自由人、奴隶或仆从与牲畜组成,参看《政治》,卷一章一等。

④ 肌肉为触官,故于另四官加"其他"。

⑤ 依《生殖》,735ª17 与《灵魂》,415ª25,"营养灵魂"主生成时的物料供应,也主生成
后增长中的营养。《灵魂》,416^b11:"滋养"(τρέφεσθαι)动物各部分使之生成的和使之"增
大"(αὐξάνεσθαι)的为相同的养料。这里与之相异,"营养性"养料和"增长性"养料两者对举。

745ª 的方式生成，所取材料也相同为籽液与营养剩余。趾（指）甲、毛
发、蹄、角、喙、雄鸟（雄鸡）的距，以及其他任何相似部分，则异于
筋骨，而是取给于随后的养料以形成的，这些只是增长性的养
料，实得之于母体，这就是说，在成胚以后，由胚外吸收这些养
5 料。为此故，骨骼这个部分的生长只以达到某一限度而止——
一切动物的体型各有其限度，所以骨骼的生长也各有其限度。
动物结构既本于骨骼而为大小，若这些可以常时不停地生长，那
么凡是具骼或具有可相比拟的部分[1]诸动物活得多久，便将扩张
到多大。何故它们不能常时尽增长其体型，须待后述。毛发与
10 骨相异，动物体上当毛发存在时，就常在增长，若逢疾病或年老
体衰，毛发长得更快[2]，虽动物年老营养剩余跟着枯乏，毛发也随
之稀疏，但在病困或衰耄中，各主要部分所消耗的养料已不多，
因此其剩余，可供毛发生长之用的反而增加了。于骨骼而言，情
15 况相反，它们与整个身体及其他部分一同与年俱耗[3]。毛发，实
际上，在死后仍继续生长；可是，在原无毛发之处，这不会在死后生
长毛发。[4]

　　关于牙齿，这里可提出一个疑问。齿的本质实际与骨相同，它

---

① 例如板鳃类的软骨、鱼刺、鲗骨、鱿剑，以及龟壳之类，参看《动物志》，卷三，
章七章八；《构造》，654ª20，655ª23 等。

② 奥-文注：此说不确。《动物志》，卷三，518ᵇ20—24；人患痨瘵，毛发生长旺盛
而且粗硬。近代学者说皮肤在发炎状态中，毛发会增加，参看达尔文《原人》，一卷
本，26 页；威尔孙《论健康的皮肤》（Erasmus Wilson，"On Healthy Skin"），105—106
页。

③ 脊柱在年老时缩短是由于诸脊椎间的联结组织萎缩之故，骨骼本体并不缩小。

④ 死后毛发继续生长，古代广传此说；柏拉脱认为不确，年老时毛发不会较少壮
时长得快。老人头发重新苗生者，间或有之（达尔文《变异》，第一版，卷二，327 页）。

们是由骨形成的，[①]但趾（指）甲、毛发、角、与类此诸部分则由皮 20
（肤）形成，所以它们的色泽随皮（肤）色而为变，凡皮（肤）色为白或
黑或其他种种颜色，它们也跟着各显示为相符的颜色。[②] 但牙齿
就不这样变色，凡有骨与齿的一切动物，[③]它们的齿部都是由骨衍
生的。于所有的骨骼之中，唯牙齿是终生不息地生长的，[④]证之齿 25
的直行伸长，互不接触的情况，这是显然的。它们这样不息地生长
的目的，在适应它们所特定的功用，诸齿倘不能常时生长，这便无可
补救其不断的磨损，而将迅归废坏；它们虽能这样生长着，有些吃得
很多而牙齿却不大的动物，其生长还抵不过磨损，一到老年，它们的 30
牙齿毕竟废坏了。自然在这方面也是安排得很好的，她使牙齿的废
坏配合在老年以至于死亡的时日。倘生命活到千年或万年，本生诸
齿确乎必须是很大的，而且须得生长好多套，若只一套，即便它们不
断生长，也必早行磨光，而不能胜任其工作了。现在已说明了牙齿 35
生长的极因（目的），牙齿的继续不息的生长固属事实，这种发育性 745ᵇ
质有异于骨骼。骨骼统在胚胎期间先行生成，没有哪一支骨是后生
的，但牙齿则有在动物诞生后才苗生的。因为牙齿与骨骼相触及，[⑤]
却不与它们结构成一合体，所以它们可在第一组脱落后，再生一组。 5

---

① 牙齿不由骨骼形成，而由黏膜形成（福斯特与贝尔福，《胚胎学纲要》，二版，421
页）。

② 柏注：这是确实的。

③ 这里实指除却鸟类以外的脊椎动物。

④ 齿的终身生长只有啮齿类的门牙和象的獠牙为确实，两者的上门牙皆不与下
门牙相抵触。

⑤ 牙根与上下颌骨不相接触；齿根落在齿槽内，齿颈为龈所拥持，齿冠外露。参看
波布林斯基《动物学简明教程》，汉文译本，下卷第二分册383页；张鋆，《解剖学》，233页。

可是牙齿是原由分配于骨骼的养料形成的,这样它们就本质相同[1],
虽在骨骼已全部形成之后,〈后生诸齿本质也属相同。〉

10   除了反乎自然的例外,其他动物都生而具齿或与齿可相比拟
的部分[2],它们脱离亲体而独立时较人类为完备;但人类,除了反
乎自然的例外[3],诞时无齿。何故而有些牙齿既经形成,又复蜕
落,另些却又不蜕落,将在后陈述。[4]

15   这是因为〈毛发、趾(指)甲等〉这样的诸部分由营养剩余形成,
所以人在所有动物中全身最为裸露,与其体型为比,趾(指)甲也是
最小的;他所有土质的营养剩余为量最少,而在一切动物的血液
中,土质物料是调炼得最少的,这样,人体中〈供应这些构造〉的这
种调炼不足的营养剩余也是最少的。

20   现在我们已叙明了每一部分怎样形成以及它们得以形成的各
个原因。

章七

于胎生动物,如前曾言及,胚体经由脐带获得营养。灵魂的营养
功能以及其他功能既已存在于诸动物的胚体,它即刻就像一支草木的
25 根那样展伸这支脐带入于子宫[5]。脐带由包被在一鞘套内的血管组
成,较大的如牛及类于牛的动物血管数较多,中型动物有二,最小的

----

① 张鋆《解剖学》,(人体)232 页,"齿为变形的骨质"。
② 实指鸟喙。
③ 婴儿生而有乳齿的例外不是很稀见的。
④ 卷五,章八。
⑤ 植物种子发育时,先生根株,以喻脐带。这里说胚体"即刻"(ευθύς)展伸其脐带,
实际上,哺乳动物的受精卵,贴在子宫壁,经子宫乳营养发育若干时日后才形成脐带。

有一支血管①。子宫是母体许多血管的末端,胚体就经由这脐带接受母体以血液形式所供应的营养。所有上下齿列不全的动物②以及所有那些上下齿列俱全而其子宫不由一支大血管穿透,却由许多紧靠在一起的血管通入者——所有这些动物的子宫之内都有所谓"胎盘"("绒毛叶窝")κοτυληδόνος③;〈脐带与这些窝相连而且密切地联结着;通过脐带的诸血管在胚体与子宫之间往复并分支为若干较小的血管,满布在子宫上面;胎盘就在这些分支血管的末梢。〉④窝(胎盘)的凸面贴向子宫,其凹窝这一面容受着胚体。子宫与胚体之间有胞衣和诸膜,⑤当胚胎长大而渐臻完成时,这些窝渐缩小,最后到胚胎业已完成时,终于消失。⑥ 自然输送血质的养料到子宫的这一部分以供应胚体,恰似她输送乳汁到乳房。又,当这些窝逐渐聚合起来,而并归为少数的几个时,窝体(肉阜)隆起,而且仿佛在发炎。⑦ 正当

30

35

746^a

5

---

① 于哺乳动物而言,脐带血管都是两支动脉与一支(于稀有的例为两支)静脉血管。福与贝,《胚胎学纲要》,348 页。这样,兽类脐血管不少于三支,参看《动物志》,卷七,586^b11—17。柏拉脱疑'εραχίστας"最小的"为 ἐσχάτας"末端"之误。

② "上下齿列不全的动物"指缺上门牙的反刍类,"上下齿列俱全动物"指反刍类以外诸兽。现胚胎学于群兽胎盘,经详细观察已析列为若干不同类型。这里下述的胎盘情况含糊地言及绒毛窝(或窝型胎盘 placenta cotyledonata),未能确言为何种属兽类的胎盘,希尔(Hill)描为马属胎盘。照格罗塞尔(Glosser)分类,反刍类为结缔绒膜胎盘(plac. syndesmo-chorialis);马,猪,等为上皮绒膜胎盘(Plac. epidermachorialis)。

③ 现代胚胎学中,以 κοτυληδόν(cotyledon)称"绒毛叶";亚里士多德用此字实指窝藏"绒毛"(villi)的胎盘。

④ 〈 〉内文见于 S 抄本。迦石拉丁译本保存有这两分句。

⑤ 这里所称胞衣为胞体外膜;另些膜当是羊膜与尿囊膜。

⑥ 人类妇女妊期胎盘血管增加,直到最后胎盘上其他组织几乎全归消失。但这里当是在记述某兽胎盘。

⑦ 希尔注释:窝体有隆起的肉阜,状似发炎都符合妊期实况,但所说诸窝聚合则不明。

胚体还较小，它能收受的养料还不多时，这些窝是多而明显的，但胚胎既经增长，这些窝便合并起来了。

10　　　但于上下齿列俱全而截除了角的（无角兽）①诸动物，大多数的子宫中无窝，脐带展伸而径抵于一支血管，这血管巨大，延透子宫。这样的动物有些一次产生一幼动物，有些一次不止产生一个，但这两类动物的脐带与子宫间情况相似。[这些情况的研究应借

15　助于《解剖学图说》与《动物研究》。]②幼动物在子宫内，倘为数有多个，就各系于一支脐带而各别伸达母体的血管；这些脐带挨次排列，沿着母体血管，像沿着一条运河那样。每一胚体涵包在各自的膜与胞衣之内。③

　　　有些人，④说胎婴在子宫内哺吸一些肉块或其他东西以为营

---

　　　① ϰολοβῶν"有所截除了的"的动物，这里指"无角"兽。依亚里士多德的生理物质平衡论，反刍类缺少上列门齿则生长有角；另类，既有上列门齿，便该缺角；齿角之生成相反，原理相通。他把"无角"例于"截肢"。

　　　② 《动物志》中，唯卷七，586ᵇ15—23 述及人类胎盘，但这一卷实为该书中一个伪卷。这句可能是后人撰入的，故从柏拉脱加 [ ]。

　　　③ 这一节的叙述似为一猪属胎盘。猪胎盘实际也有绒毛窝，但颇不发达，且无蜕膜（decidua），故亚里士多德记为"无窝"。但无论猪或其他任何动物都无"一支大血管穿透子宫"的情况。

　　　④ 德谟克里图曾有此说，见于普卢太赫《哲学家的安慰》（Plac. Phil）章五，16。医学家埃底奥（Aetius medicus）著作，v. 16（参看第尔士，《先苏残篇》68A，144）也说德谟克里图与爱璧鸠鲁皆有此说。孙索里诺《诞辰》（Censorinus "de Die Natali"）则谓此说出于第奥琪尼（Diogenes）与希朴（Hippo）。古医学家亦有此说，参看《希氏医学》《关于肌肉》（库编卷一，430 页，里编卷八，592 页）；《加仑全集》库编卷十九，166 页。加吕斯都人第奥克里（Diocles Carystius），在亚里士多德晚年入吕克昂学院为讲师，认为胎盘上级毛窝肉阜就是供应胚体哺食的养料。见惠尔曼《西西里医家残篇汇编》（Wellmann, "Fragmentsammlung der Sikelischen Ärzte"）第奥克里残编，27。耶格尔《加吕斯都的第奥克里》（Diocles von Karystus），166 页，认为这里的一节是在辩正第奥克里的错误。

养是错误的。若然如此,这在其他动物的子宫中应可见到相同情 20
况——这可凭解剖以行观察,——但我迄未发现这种情况。又,无
论其为飞禽或游鱼或走兽,所有胚体一律都有微薄的膜包含着,把
它们隔离于子宫并隔离于其中所成的液体;但膜内既没有上述那 25
些供应胚体哺取的事物,胚体也不可能透过任何的膜以哺取这类
营养。至于所有从卵中孵化的动物,这更明白,它们的胚雏都是在
脱离了母体子宫以后才发展的。

　　同品种的动物之间进行着自然的交配。可是,性质相接近 30
(亲缘密切)而形状不很相异的诸动物,倘体型颇为相仿并且妊期
相等,也相互杂交。于其他动物则杂交的实例是稀见的,但于狗与
狐与狼〈与胡狼〉①之间,确也发生有这样的交配;印度狗也是从狗
和某种类似狗的野兽杂交而育生的。② 相似的情况发生于色情 35
(勤于交配)的鸟类如鹧鸪与母鸡之间,这也是曾经实见的。③ 在 746ᵇ

————————————

　　① 别武赖夫从俾色麦克尔校订,按照威廉拉丁译本与斯高脱拉丁译本"狼"以下
(皆有 καί θῶς 字样,增 et comez,这与 774ᵇ17 相符。θῶς,依《动物志》汤伯逊 Thomp-
son)译文作 civet"灵猫"。这里既说体型与狼狗相似,当以柏拉脱所译 jackal"胡狼"为
是。

　　② 狗与狐或狼都可杂交,杂交后裔能互相配合,也能与亲系配合而传递其杂交
种。达尔文《变异》,卷一、21—24 页,说东西两半球大陆上狗与狼都在郊野间自然杂
交。许多种相近亲的鸟类在山林原野间自相杂交,黑松鸡与普通锦鸡(雌)间杂交尤
为流行。参看修歇得《在自然(野生)状态中的杂交种》(Suchet et "Des Hybrides à l'etat
sauvage"里尔 Lille,1896 年)。

　　《动物志》,卷八、607ᵃ4 记载"印度狗"为母犬与虎的杂交产物。奥-文认为这所谓
"印度狗"应即一"胡狼"。另些人认为这只是犬属中某些印度野犬,例如吉柏林(R.
Kipling)著作中的"红毛狗"之类,柏拉脱认为这一传说动物只是古图刻上的动物,有如
亚述里浮雕所示的形体伟巨,神情凶猛的棕色条纹大猎犬之类。

　　③ 古希腊人驯养鹧鸪与家鸡同一栏埘,亚里士多德这一记录,当属有据。关于
鹰属杂交,殊无佐证。

猛禽诸属（钩爪鸟类）中,品种不同的鹰据说会互相交配,其他另些
鸟属也有这样情况。居住于海洋的动物未曾察知值得注意的现
5 象,唯有所谓"角鲛魟"αἰρινοβάτοι据说是"角鲛"ῥίνης 与"魟"βάτον
相交配的产物。[①] 又,关于"利比亚常产生新异（怪异）的事物"这
一谚语,据说是因那里不同种动物时行杂交而流传下来的,那里缺
10 乏水源,动物们常汇集到少数有清泉绿渚的地方以求解渴,因此异
种邂逅,也往往而成眷属。[②]

　　　　由这样的交配而产生的动物,除骡以外,都能互相再交配并
15 能生产雄雌两性的后裔,但骡是唯一不能生育的杂种,它们或自相
交配,或与它种交配都不能成孕。何以某些个别雄性或个别雌性
不能生育的问题,在动物界中是普遍（通常）存在的,例如有些男人
20 与女人不育,其他动物的若干品种例如马与绵羊也有这样的情况,
但驴这一品种是普遍地全不生育的。于其他动物而言不育性的原
因有这么几种。（一）男人或女人倘在诞生时,用作交配的器官就
有缺陷或畸形者皆不育,这样的男人不生长胡须,而终身似阉人,
25 女人不生长阴毛;（二）这样的情况也可遭遇在诞生以后的岁月,
（1）有时由于营养过度——男人过度强壮,或女人过于肥胖,[③]则
籽液分泌便转用于身体营养,因而男人无精液,女人无月经;（2）另

---

　　① 鱼鲛魟前身似魟,尾如角鲛;但三者为种各别;参看《动物志》,566ᵃ27,540ᵇ11
注。这里所举"角鲛魟"之例虽不实;海洋中杂交现象颇不稀见;参看根瑟,《鱼类研究》
(Gunther, "Study of Fishes"),178 页。

　　② 参看《动物志》,卷八,606ᵇ18—。此说源始于希朴克拉底,参看《希氏医学》"风
水与舆地"（περὶ ἀέρων ὑδάτων τόπων）库编卷一,549 页。

　　③ 肥畜不适于配种,为流行于古今畜牧业中的意见。参看本书 725ᵇ34;《动物
志》,546ᵃ2 等。又,《希氏医学集成》,库编,卷一,475,560 页等。

有时，由于疾病之故，男人所泄精液冷湿，女人的经期分泌不良而 ₃₀
充溢着病态液体。两性的这样情况常是由于交配器官或相关部分
发生残阙之故，这些畸损，有些可得治疗，另些不能治愈；若畸残出
于胎期各器官生成的当初，这些人总是终身不育的，这样的婴儿长 ₃₅
大时女作男态，男作女态，前者不行经，后者的精液稀释而寒冷。 747ᵃ
所以这可算是一个合理的设想（方法），把男人的精液试之水中以
验其授孕功能，倘不能生育，这当是稀释而寒冷，必涣散而布于水
面，但如属能育，这必沉入水底，凡历经适度调炼的确乎当有热性， ₅
而那些稠厚固实（沉重）的精液才是历经适度调炼了的。[①] 他们用
子宫压定器试验妇女们从器内渗透的气息是否能自下上通而由口
内散发；[②]又用颜料涂在眼睑上，而后观察她们是否由此而口涎着 ₁₀
色。倘经上述的试验而不得预期的征象便诊为生理不正常，月经
分泌的通道有所阻碍而闭塞了。整个头部的眼睛区域被认为是最
切近地相连通于生殖分泌的，这可作为一个证明，在两性交配时， ₁₅
这[③]是唯一可以见到其变化的，凡纵欲至于过度了的人们，眼睛便
陷落而失神。推究其故，精液的性质相似于脑的性质，[④]它们的材
料都取自水性物质，精液的热性是在后获得的。又，籽液排泄（经

---

① 参看本书下文 765ᵇ2。

② 参看《希氏医学集成》，库编，卷一，468 页；卷三,6,7,747 页。上举书卷一中，记录有子宫压定器（或译子宫套）内药料的配方为许多芳香草剂，如没药，枫脂香等。照这一节看来，古希腊人婚前，男女都当作生育机能的医学检验。

③ "这"当指眼睛。参看奥维得，《恋爱艺术》(Ovid,"A. A.")，二,721 页；"眼睛看似颤动，闪着光彩"。

④ 这是古代人们的臆想，后代也有精液出于脊髓的想法，如莎士比亚就有"在她怀抱中消尽了丈夫的脊髓"这样的语句。参看柏拉图《蒂迈欧》(Timaeus) 91 A。又参看刚贝兹《希腊思想家》(Gomperz, "Gr. Thinkers")，卷一八,548 页。

20　血)来自横膈附近，自然的第一原理(心脏)就在这里，这样在阴私
处的活动便通达于胸部，而由胸廓内来的气息又可从呼气中觉
察到。

章八

于是，于人类和其他动物品种而言，如方才说明了的，这样的
25　缺憾只零散地偶可遭逢，但于骡族则是所有的骡全都不育。恩培
多克勒与德谟克里图对于这方面所作说明不算确当，前者颇为模
糊，后者较有理致。他们所作的说明各自意谓可以概括一切远亲
缘(不同品种或属类)的杂交。[1]　德谟克里图说，[2]骡族的生殖器
30　官[3]在母体子宫之中就已毁损了，因为这动物是由不同品种的亲
体孕育的。但我们发现其他动物虽也照样杂交，其子嗣却能生殖；
可是，如果德谟克里图所论真是对的，则所有进行杂交的子嗣该全
不生殖。恩培多克勒所举示的理由是这样，"籽液本属稀软，两种
不同籽液的混合，疏处与实处互相嵌合而趋于密实，这样由两软体
35　结成了一硬体，有如铜与锡合那样[4]"。这里，他于铜锡合物的例
747ᵇ　示既不足以指明适当的理由——我们在《集题》τοῖς προβλῆμασι

---

① 这里的本题为骡族不育。若凭骡族情况论证一切杂交子嗣都属不育，便超越
本题，而且不符于事实，除骡以外，有许多杂种能行繁殖。
② 第尔士，《先苏残篇》，68A，151 页。
③ πόρους"管道"，解作生殖器官。依 YZ 抄本 σπόρους 应为"所播种子"。
④ 见于第尔士，《先苏残篇》，31B92；参看 91，与 31A，82。铜锡皆软，合成"青铜"
则硬。χαλκός"铜"(自然铜或净铜)，亦以称黄铜(铜锌合金)；在后又以称青铜(铜锡合
金)。

中①曾已论及——一般而论,他又违离了可理解的前提。两物混
合时,例如酒与水,其疎处与密处是怎样嵌合的呢?这样的讲论实
际超于我们的理解;我们真难明了酒与水的空疎之处,这真离我们
的视觉与认识太远了。又,事实是这样,两马相配而生马,两驴相
配而生驴,马驴相配则可有公马-母驴和公驴-母马两式而皆生骡,
何以在那末一例上就会有那么样密实的事物发生,而其子嗣竟成
不育,在雄雌都是马与都是驴的前两例上所产子嗣却又能够繁殖
呢?雄马或雌马的籽液既说是两属软性,而马的两性杂交于驴的
两性,②依恩培多克勒说来,两式杂交的子嗣都属不育的原因,乃
是由于两种"软"籽液产生了某些"密实"③的事物了。④ 根据他两
软成硬的论断,公马和母马的子嗣也该不育。如果马只雄雌之一
与驴交者才为不育,这可说骡的不育性在于那一个性别的马生殖
液异于⑤驴的生殖液。可是,实际上,驴的生殖液(种子)和与之交
配〈而得骡的,马〉的生殖液(种子),以及同种而异性别的生殖液
(种子)并无差异〈依恩培多克勒所说它们原就都属软性〉。又,恩
培多克勒这一论证原本一律应用于雄骡与雌骡,但据说⑥雄骡⑦到

---

① 今所存《集题》这书中,未见此论题。

② 常见骡为公驴与母马所生;公马与母驴所生者较少,称"羸"(jennet)。

③ 原文ἔν τι"某一"事物,从柏校,作 πυκνόντι 翻译。

④ 747ᵇ19 这一分句,Σ 拉丁译本中无。

⑤ 原文ὅμοιον,"相似于",从柏校,作 ἀνόμοιον"相异于",这与 Σ 译本 non assimila-
tur 相符。

⑥ ὡς φάσιν"据说"以下这句,在辩论上确可抵恩培多克勒之瑕,但与亚里士多德
自己上文所说骡族全都不育的记录也不全符合。参看《动物志》,577ᵇ21—25。

⑦ 通俗本及贝刻尔本ὁ ἄρρην... μόνος"唯独雄性",依贝克,μόνος 校作 ἡμίονος 后,译
为"雄骡"。依柏拉脱校,移 μόνος 于下一分句"雌骡"下,"'唯独雌骡'才全然不育"。

25　了七岁是能行生殖的;①只有雌骡才全然不育,可是雌骡虽然终久
无嗣,其故只在她不能完成胚体的妊期发育,曾知有受了孕的一匹
雌骡。②

　　比之上述这些解释也许有一个名学(逻辑)论证为较可取。
30　我称这论证为属于名学(逻辑),是因为它既颇为笼统,这就愈远
于所关的各别实例了。这理论的概要是这样:由同品种的雄雌
作自然合配则产生与亲体同品种(形式)的雄雌子嗣,例如雄雌
稚狗就从雄雌狗产生。由异品种的亲体交配则产生一异品种的
35　幼体;这样,狗既有异于狮,则雄狗与母狮或雄狮与母狗所合生
748ᵃ　者当两异于双亲。承认了这样的假设,那么,现在所产的骡既雄
雌都有,而且它们雄雌之间无品种之异,又骡实嬗自与骡品种两异
的马和驴,所以骡就不可能再产任何事物了。理由就是这样:(一)
它们不能生产一匹"非骡",因为雄雌两方既同为骡族这就该生产
5　与之相同的骡;(二)它们又不能生产一匹"骡",因为骡这族原应是
形式与之相异的马和驴的产物。[这是先曾论定了的形式相异的
亲体应生一相异的动物。]③这里所陈述的名学(逻辑)论证既太广
泛,实属空虚。凡一切理论若不本于相关涉的个别原理(事例)总

────────────

　　①　这里的文义当是:曾闻有一匹七岁的雄骡授孕于一母马的特例;不是说所有雄
骡都能生殖。达尔文先时也曾相信骡能繁殖(《种原》,11,97,102 页)但到 1859 年后不
再执持此说。得格迈耶与桑徒兰,《马、驴、斑马、骡》(Tegetmeier and Sunderland,
"Horses, Asses, Zebras, Mules"),80 页,150 页;骡与蠃,无论骡族自相配,或与马配,
皆不育。公骡绝无生殖能力。

　　②　上引得-桑专著:据在热带的记录,牝骡与公马相配偶可受孕,但在妊娠初期就
流产。

　　③　赘句,从柏拉脱加[ ]。

是空虚的；这类理论似乎名实相关，实际却是不相关的。有如几何　10
论证必须本于几何原理，其他论证也都该这样；虚泛的论证似若言
之成理，实则空洞无物。这一不育性理论的基础是不确实的，因
为，如上曾言明，许多异种杂交所生动物互相配合时是能繁殖的。
所以我们必不可依循这样方式从事自然学术的研究，其他问题既
不能这样，自然问题也不能这样。较为适当的是我们应专意考虑
这里所关涉的马与驴两个品种所特有的实况而推求其故。实况是　15
这样：第一，这两动物，倘各与本种相交配，只各产一驹；第二，雌马
与雌驴虽各与其雄相媾合而不常能成孕，——育种家因此常在育
种时相继几度的使牡马交配于牝马。① 牝马与牝驴确实两皆经液
涩乏，②较任何其他四脚动物③为少，而且牝驴常不接受所授予的　20
致孕事物，她随即遗溺把精液与尿一同泄出，为此，人们在驴经交
配之后，跟着就加鞭扑。④ 又，驴是一种寒性动物，因为它不能耐
寒，所以在寒冷地区，如斯居泰与其邻近就很难见到驴，⑤伊培利
亚以北⑥克尔得族（北方诸族）之间也不产驴，因为这里也寒冷。　25
为此故，人们不让牝驴在春分或秋分就配于牡驴，必待夏至前后，

---

① 　通俗本及贝刻尔本下文[διὰ τὸ μὴ δύνασθαι συνεχῶς φέρειν]"因为牝马不能承
受持久的交配"，从柏拉脱删除。照原句文义，马与驴每胎只一驹，交配不能每回成孕，
皆属子嗣艰难征象，所以论证两者交配，较之它兽为易于加重其不育性。

② 　参看《动物志》，卷六，573ᵃ11；奥-文注引奴曼（Numann），"她们实际只分泌一
些淤湿物"。

③ 　这里的"四脚动物"只指兽类，不包括爬行与两栖纲。

④ 　参看《动物志》，卷六，577ᵃ22。加以鞭扑，使不遗溺。

⑤ 　参看希罗多德，《历史》，iv.28。

⑥ 　今比里尼山脉（Pyrenees）以北。其南为古之伊培里亚（Iberia）。

方使受精,俾驴驹可在暖季诞生,马与驴的妊娠期都是一年,[①]她

们的分娩季节就在隔年受孕的季节,这样,驴就不同于马的可在春

30 分或秋分成孕与产驹。于是驴这动物既如上述那样属于寒性,它

的精液必也属于寒性。这可有以下的证明,倘一〈公〉马骑上(配

于)一匹业经受孕于一〈公〉驴的雌〈马〉,[②]他不毁损那驴的妊娠,

35 但,如果第二回骑上(配合)的是一匹驴,他就可凭其精液的凉性毁

748ᵇ 损她先已接受于马的妊娠。[③] 这里,由于马性较热,它们若互相先

后配种时,生殖因素就为其中之一的热性所保全。驴的雄性精液

和雌性所供应的材料两皆寒冷,而马所供应的则两皆较热。现在,

5 或是,热入于冷,或是冷入于热,当两者这么混合起来,而获致的合

物是可得成胎而且保全的,所以这些动物相杂交时,是能生育的,

但它们所产生的动物却不复能产生完善的幼体,这些子嗣,便不再

是能生殖的了。[④]

又,一般而言,这些动物天性上各有趋于不育的倾向。驴具有

10 上已述及的一切不利之处,驴倘在易齿以后,[⑤]不随即生殖,它从

此便全不生殖;驴的体质原就是这么接近于不育的。马也颇为相

似;它也有天然的不育趋向,只要使它的生殖分泌稍变寒冷,这就

---

① 实际上马妊十一个月,驴妊十二个月,得-桑,《马、驴、斑马、骡》,2,14 页。

② 参看《动物志》,卷六,577ᵃ13,28。

③ 柏注,这一叙述当是由少数实例所得的结论。

④ 亚里士多德所作骡族不育性的解释,虽胜于前人一筹,也仍不充分。参看亚尔
克梅翁(Alcmaeon)《残篇》,3。

⑤ 参看《动物志》,577ᵃ18,驴与马生后三十个月第一组四齿脱落而另生。参看弗
洛宛尔《马》(Flower, "the Horse"),131 页。

绝不生育了；当它与驴的相应分泌混合时，这样的情况就造成
了。^① 驴在与本种相配时就已很接近于产生一匹具有不育性的子 15
嗣了；——驴驴相配，它们就只能艰难地获得孤单的一匹驴驹；这
样，当它，反乎自然，又加之以杂交的艰难，势必增加不育的趋向，
反乎自然的配合，于它就全足够使之失却生殖能力，骡的不育于是
成为必然的后果。

　　凡在其他动物分泌作经血的养料，于雌骡使用以增长她自体，20
因此我们也察见了雌骡体型高大。^② 但这类族的动物妊期需要一
年之久，倘她是能生育的，那么除了应有受孕机能之外还得供应胚
体以一年的营养，直到它诞世，可是这在一个没有经血的动物是不
可能的。而骡确实是全无经血的；她把营养的无用部分与膀胱分 25
泌一同泄出——为此故雄骡不像其他实蹄（奇蹄）动物那样嗅于雌
骡的阴私处而只嗅他自己的遗溺——营养的有用剩余，她就用之
于增大体型。^③ 所以雌骡有时偶也能受孕，我们在先曾闻知确有
此事，但她终究不能满足胚体全期的妊娠供应，而腹育之以至于 30
诞世。

　　又，雄骡有时可行生殖，这因为（甲）雄性天然地体质较雌性为

---

① 循748^b7句，应论证马驴杂交的子嗣（骡）有不育性；依这里的语句，马驴杂交
将不能成胎而生骡。读者当注意原句中"趋向于不育性"的体质这短语，不因这一句而
以辞害意。

② 牡驴与牝马所生骡确属高大。反之，牡马与牝驴所生赢便矮小。得-桑上述书
中，引及海士（Capt. Hayes）上尉语云："骡与赢的体型皆从母亲，相貌与性情皆从父
亲"。海士这些实证恰可为亚里士多德"母系供应物质原料，父系赋予形式与灵魂"之
说的注释。

③ 从柏校，加 τοῦ σώματος "体型"二字。

热，而且(乙)他不需贡献任何物质材料于两性生殖混合物(胚体)。

这样的产物是一匹"驮骡"γέννος，[①]也可说是一匹"侏骡"ἡμίονος

35 ἀνάτηροι；所谓"驮骡"("赢")也由马与驴〈的杂交〉产生，两者杂交

749ᵃ 的胚体，如在子宫中有病，就会诞作驮骡。[②] 驮骡实际上有如豕属

的所谓"后胎"(畸零豕)τά μετάχοιρα，这些也是由于猪胚在子宫中

受损伤而产生的；任何母豕都有可能产生这样的小猪。人类之有

"矮侏"οἱ πυγμαῖοι 本源与此相似，他们，有如驮骡和畸零豕那样，

5 在妊娠期间，部分或整体的发展曾受损伤或妨碍。

---

① 参看《动物志》，577ᵇ21。雄骡与雌马实不能成驹。

② 公马与母驴所生"赢"，体小，除不能生育外，实无其他疾患。今以 jennet"驮
骡"称"赢"，字源不出希腊 ginnus，而出于西班牙文，原指西班牙小马。οἱ πυγμαῖοι 矮侏
人为地中海南岸北非洲地区一民族，长不满三尺，见于荷马《伊利亚特》，iii，6，及希罗多
德《历史》，似属寓言。这里，柏拉脱以谓泛指矮人，喻于马或骡之矮小者。古希腊人的
观念，矮小也属畸形。

卷（Γ）三

章一

我们现在已叙述了骡的不育性问题，并已讲过了那些胎生动 10
物，包括外胎生与内胎生诸种类的生殖情况。有血卵生动物的生
殖，于某些范围以内相似于步行（有脚）动物，它们全都可总含在相
同的概括说明之中；但在某些范围以外，于其他方面，它们之间便
各种类互异，而且也与步行（有脚）动物①相异。由两性交配，雄性 15
射精、于雌性器官之中而行生殖，这是大家全相同的。但在卵生动
物之间，（1）鸟类，若不因疾病而有所损害，各产一完全的硬壳卵；
又，鸟卵都属两色。② （2）软骨鱼类（鲨类），如业经屡次言明，先是
内卵生的，它的卵从子宫的一个部分转移到另一部分，而后外胎 20
生；又，它们的卵是软壳的，只有一色。软骨鱼类中仅一种不先在
体内的卵中诞成苗鱼，这一品种就是所谓"蛙鱼"（鮟鱇）；③这一变

---

① "有血卵生动物"原应指鱼（游泳）类、鸟（飞行）类与蛇龟（爬行）类；亚里士多德
在这里除了外了爬行类，故举这名称，以与"步行动物"相对照，而步行动物在这里则专指
兽类，即哺乳类（有血胎生动物）。事实上以行动方式分类时，蛇龟也属步行动物。

② 蛋"白"与蛋"黄"两色，参看751ᵃ32。

③ βάτραχος"蛙"鱼，或海"蛙"，依《动物志》，620ᵇ11—28，505ᵇ4，565ᵇ34等节的形
态与胚胎记载，当是鮟鱇属（Lophius）的钓鱼鮟鱇（L. piscatorius）；欧洲人常俗称为"钓
蛙"或"钓者"或"海怪"。这属非软骨鱼而是硬骨鱼，产卵甚多，参看《动物志》，508ᵇ24
注；又参看根瑟《鱼类研究》，740页。

异的理由须待后述。① （3）所有其他卵生鱼都产内部一色的卵，但
这卵是不完全的，于完全卵在母体内所长成的阶段，这种卵在母体
25　外达成。

　　关于这些属类诸动物的子宫，相互间具有哪些差异以及所由
为异的原因已先经陈述。于胎生动物而言，有些的子宫在高处，邻
近躯体中段，另些则在低处，靠着会阴；前者的实例见于软骨鱼
30　类，②后者见于内胎生又外胎生动物，有如人与马与其他诸兽；于
卵生动物而言，这有时居低，例如卵生诸鱼，有时居高，例如诸鸟。

　　诸鸟会得自发地形成有些人称之为"风蛋"（ύπηνέμια），而另些
749ᵇ　人名谓"徐菲里亚"（ζεφυριά）③的胚体，生产风蛋的诸鸟都不能飞
翔而非钩爪，但产卵却特多，因为这样的鸟属储积着好多剩余营
养，至于猛禽诸属，所有这些分泌引用到翼翮或翼羽上了，它们的
5　本身便小而干热。④　于母鸡相应于经血，于公鸡相应于精液的分
泌都是营养剩余。既然翼翮与籽液两皆由营养剩余转成，自然就
不能同时兼顾两者使都得充分供应。也凭这同一理由，⑤猛禽（钩
10　爪鸟）既不能频行交配，产卵也不会像身重〈不善飞〉的以及身宽而
又能飞的如鸽鸠等，那么为数众多。不善飞的重身诸鸟，有如鸡、
鹧鸪等，分泌有巨量的这种剩余物质，于是它们的雄性便时常交

----

　① 　下文 754ª25—31。
　② 　参看上文 717ª2。
　③ 　参看本书下文 753ª22；又《动物志》，560ª5 及注。"徐菲里亚"意译为"东南风
所生"。
　④ 　μικρòν"小"，和《构造》，694ª8 相符；贝克译"紧"以与下文"宽"相对。θερμόν
"热"，依 Σ 拉丁文译本作 acutum"健锐"。
　⑤ 　下删 καί"与"字。

尾，而雌性就生产许多卵，这一类的诸鸟有些一时而产多卵，又有 15
些则隔时而产多窠的卵；举例言之，鸡、鹧鸪与里比亚鸵鸟①一窠
就产下许多卵，鸽族则一窠所产不多、但她们一窠又一窠的时时下
蛋。鸽族盖介于钩爪鸟与重身鸟之间，它们善飞如前者而体宽似 20
后者；于是，作为善飞鸟而言，剩余物质当别有应用，所以她们〈每
窠〉产卵数少，可是她们常下多窠的蛋，这就因为它们躯体壮硕，胃
囊暖热，调炼的功能很强，而且它们得食容易，至于诸猛禽则掠食
颇为艰险。② 25

　　小鸟也常行交尾，而甚为多产，③小草小木有时也是饶于籽实
的，在这里，凡其他生物所应用以增长躯体的事物，于它们便都成
为子体材料。亚得里亚鸡④就因为体小，营养转作蛋质，所以〈在
鸡族中〉产卵最多。又，普通家鸡（非斗鸡）比之于贵种鸡（斗鸡）， 30
产卵较多，普通鸡体较润泽，较宽松，而贵种鸡则较瘦紧较燥实，激
情与斗志正好取于后一型的体格。又，前一型诸鸟的下肢（腿）纤 750^a
弱也正有益于它们的勤于交尾而得以多产，这样的情况也见于人
类；这里，原应输供下肢的营养都留用以制成为籽液分泌了。自然
把一处所取得的赋给了另一处。钩爪鸟与此相反，由于剧烈运动 5

----

　　① 鸡与鹧鸪确属多产。鸵鸟多妻，他的群雌产卵聚于一窠，因此先前的观察家常
误计而夸大一头雌鸵鸟一期间的连续产卵数。但每一雌鸵鸟实际产卵数，也可达十枚
之多。

　　② 末一说明，颇中窍要，禽类产卵多少，除与营养丰啬相关外，又与生活的安逸或
艰厄为比例；猛禽日在攫拿搏击之中，自然而交配的次数甚少。参看培比，《鸟》（Bee-
be，"The Bird"），432—444 页。

　　③ 例如长尾雀一窠（一回）产卵可达十二枚。

　　④ 参看《动物志》，卷六，558^{b}17。汤伯逊，《希腊鸟谱》拟亚得里亚鸡（'Αλεκ. αἱ,
Αδριανιϰαί）源出于爪哇万丹鸡（Bantam）。

的习性,下肢强健,腿部粗壮,这样,它们便不常交尾,也不多产卵。
褐隼最为多产;在诸猛禽中,褐隼几乎是唯一要饮水的鸟,它以饮
10　取的水加之体内固有的湿度,故润泽而温热,利于蕴制生殖事物。
然这一品种还是不能下许多蛋的,最多止于〈一窠〉四枚。[①]

　　杜鹃虽非钩爪鸟,产卵稀少,由它的怯懦看来,杜鹃体质凉
冷,而凡善于生殖的动物该应温热而润泽。杜鹃的卑怯是著名的,
15　它下蛋于它鸟的巢中,任何种鸟都会驱逐它。[②]

　　鸽族中大都具有每窠产卵两枚的习性,它们既不只生一
蛋——除了杜鹃以外,它鸟都不只生一蛋,[③]而且虽是杜鹃,有时
也产两枚——可是也不多产,它们老是连下两卵,至多三卵,一般
20　总是两卵,这些数目(两与三)介于一与多之间。[④]

---

　　① κεγχρίς,同于 κέρχνη,依《希茜溪辞书》以其叫声粗拗取名,是鹰隼的小种,当
为 Falco tinnuculus,俗名 kestrel,中国称茶隼或褐隼。构造,形态及习性可参看《动物
志》有关章节;558ᵇ28,594ᵃ2。《皇家自然史》(Royal Nat. Hist.)卷四,189,196:"鹰目
诸鸟一窠中所有卵(或雏)绝少超过四枚,常是少于四枚"。柏拉脱注:"动物园中管理
员曾向我说道:鹰、鸢、雕等饮水绝少,虽经常供应予充分的浴用水量,它们在一个月中
饮水绝不超过一次;群隼也绝少饮水,与它猛禽习性无异。"参看怀埃德《色尔本自然史
与其掌故》(Gilbert White, "Nat. Hist. and Antiquities of Selborne"),书翰 53。

　　② 杜鹃羽毛似鹰,故亚里士多德此处申明其非钩爪,参看《动物志》,卷六,章七,
563ᵇ14—29。达尔文《物种起源》,第六版,213 页,杜鹃"在一窠内只产一卵,绝少例
外"。杜鹃产卵及育雏情况参看《动物志》,卷九,章二十九,618ᵃ8—30,及汉文译本
618ᵃ18 注,杜鹃属的郭公种每隔约七天产一卵,每一生殖季节共可有四至五卵。它产
卵于它鸟巢中,每巢确只入一枚。关于怯懦与体凉,参看《构造》,卷二,650ᵇ27。

　　③ 柏注,此说不确,例如海燕科的管鼻鹱(Fulmar petrel,冰岛鸥)"每回只下一
卵,可是众皆周知这种鸟在这世界上是最繁多的"(达尔文《物种起源》,第六版,52 页)。
还有其他另多种海鸥生殖情况与鹱相似。

　　④ 鸽隔日产卵每窠经常下两蛋;第一卵必孵为雄雏,第二卵必为雌雏。欧洲人于
一家有男女孩各一者称之为"鸽对"(pigeon pair)。

于生产许多卵的鸟类,它们的营养物质是引用于精液①的,这在事实上是明显的。大多数(草木)植物,倘结籽太多,它们自身便不复留储一些营养,因此到籽实成熟之时就枯萎了,一年生诸草本如荚科(诸豆)、谷类(禾黍)以及相似诸植物所表现的实况就正是这样。它们尽自身所有一切,消耗于累结籽实,这些种族正够繁盛。又,有些家禽(母鸡)在下蛋太多之后,有如在一日之内竟至连产两枚的,经过这样的力作,它们循至死亡。这些鸟与这些植物两都归于耗竭了,而耗竭正是由于剩余物质的分泌过旺之故。雌狮的后期不育(生产递减)原因也由于相似情况,她首次妊娠诞生五或六头狮儿,于是在次年为四儿,再则为三儿,挨着而至于一胎只是一儿,此后便全然不育,②显见她的剩余物质业已用尽,跟着年龄老大,生殖分泌也终于枯竭了。

我们现在已陈明了哪些鸟们会产风蛋,已陈明了何种鸟类为多产或稀产,以及产卵多少的原因。如前曾说明的,风蛋的发生原因在于一切动物的雌性各具有生殖用的物质,而鸟类却又异于有血胎生动物(兽类)不备经血分泌——一切有血胎生动物则或多或少地各有经血,有些或仅见到可以作为类属象征的微量。③ 相同

---

① 原文 τὸ σπέρμα "精液",柏拉脱揣为 τὰ ᾠά "诸卵"之误;Ｙ抄本作 σῶμα "身体"于此句内不合。

② 亚里士多德未目睹真狮,他的生物各篇中关于狮的记载皆出传闻,或取之于寓言。这里所述生产递减之说,重见于本卷章十,760ᵇ23,另见于《动物志》,卷六,章三十一。

③ ᾿επισημαίνειν,"作为象征",柏拉脱注,现代生物学称代表纲目演变的"退化器官"或"痕迹",为 rudiment。《构造》,卷四,689ᵇ5,称猿退化了的尾为兽尾"象征",或猴尾"象征"σημεῖον。这里他以鸟的"风蛋"类为兽(人)类经血象征,这不期而暗示经血中实有排出的未受精卵在内。

于鸟类这种情况也见于鱼类,在鱼类中[如在鸟类中],[①]未经授孕
10 的雌性也曾发现有一些胚体形成,[②]但由于她们体质较凉,这较不
明显。相应于胎生动物的经血排泄者,鸟类到了适当季节形成有
剩余物质的分泌,又由于它们靠近横膈的部位温热,这些〈生殖〉原
15 质于形状大小而言业已完成,但缺少了雄性的精液,便不能真实地
完成生殖,鸟类如此,鱼类也如此;这种生殖功能不完全的原因上
已说明。诸善飞鸟不产风蛋,它们不形成风蛋的原因恰相同于它
们产卵不多的原因;[③]猛禽(钩爪鸟)由于剩余物质微少,它们须待
20 雄性加以激发而后才能行剩液的分泌。[④] 凭同一理由风蛋产得为
数较多但体积较小,它们尚未完全,所以体积较小,既然较小,数量
就也增多了。[⑤] 由于它们较不成熟(调炼未善)作为食品是较不佳
25 美的,一切食品总以调煮好了的为更合适。

　　于是这已可充分了解鸟类的卵和鱼类的卵,倘无雄性都不能
臻于完善而行繁殖。至于鱼类中,虽然较不显著,也曾经见到,[⑥]
30 并无雄鱼与之相处,却也有发生胚体的——于河鱼中这些胚体尤

---

　　① 从奥-文及贝克删[καὶ τοῖς ὄρνισιν]。

　　② 本篇及《动物志》有多章言明鱼类,除内卵生-外胎生诸品种外,为体外受精。
这一节假设着鱼类在产卵前如鸟类那样行体内受精,实际上这是错了的。

　　③ 柏注:"善飞鸟"πτητικά 与"钩爪鸟"γαμφώνυχα 为类不全相同;这里上下两分句或
有阙文。贝克注:"钩爪鸟"可包括在善飞鸟之中,这样,下一分句举示善飞鸟类中的钩爪
鸟为例,文义可相承,其间当无阙文。但 735ᵃ33 说猛禽每产三卵,必有一个不成雏。

　　④ 通俗本作 σπέρματος"精液";从 PSYZ 抄本及奥-文校本作 τοῦ περιττώματος
"剩液的"。

　　⑤ 奥-文注:风蛋实际上为数既不更多,体积也不较小。

　　⑥ 通俗本、Σ 抄本为 ἰώραται περὶ τοὺς ἐρυθρίνους συμβαῖνον"于红鲭见到……发
生"。这里先在第杜本中俾色麦可尔即指明此节与红鲭(中性鱼)不相涉(参看《动物
志》,卷六,567ᵃ27)。各家译本皆从俾校,删[περὶ τοὺς ἐρυθρίνους]"于红鲭"三字。

多；人们曾注意到这些鱼从初就内含有卵，有关的情况曾记录在
《动物研究》之中。① 又，一般而言，于鸟类的实例上，母鸟倘不继续
交尾于雄鸟，则已受精卵也大多数不能成长。原因是这样，恰如女 35
人须得交配于男人俾引泄经血分泌——加了热的子宫会得引致液 751ᵃ
体，自行润泽，开放通道——鸟类的生理真也如此；相应于经血的剩
余物质在一时间只有少些泄注，所泄注的为量既微，不见外溢，而子
宫高处于横膈膜边，那点滴的剩液就全注在子宫之中。有如胎生动
物的胚胎由脐带所引来的液料遂行生长，卵体便由子宫流注的这些 5
液料滋长。雌鸟一经为雄鸟所踩（交配），她们就一直继续着，几乎
无间断地孕有籽卵，虽然只是些很小的籽卵。② 所以有些人常认为 10
风蛋只是前度授孕的后遗物，并非雌鸟独自生成。但这观念是错误
的，于小鸡和小鹅曾作充分的考察，确知它们没有经过授孕而发生
有籽卵。又，用为诱鸟（媒鸟）的雌鹧鸪，无论曾否妊娠，一经带到郊 15
野，在嗅到雄鸟的气息与听到雄鸟的呼声之后，凡未妊的立即怀卵，
凡已孕的立即下蛋。③ 发生这样情况的原因相同于在发情中的人类
和四脚兽类，这时刻他们偶尔瞥见妇女或雌兽或偶一轻微的接触， 20
便行泄精。这些鸟类性质本属淫荡而多产，它们正当在热情状态之
中，只需要微量的刺激，分泌便迅速发生，凡未经妊娠的随即形成风
蛋，而先已怀卵的，卵体便迅速长大，达于成熟。

---

① 见于《动物志》，567ᵃ30"虎鲥"（鲹鱼 φοξίνοι）在极幼小时便怀卵——人们几乎
说它在诞生时便已怀卵。

② 依上文论证，一经激发了，剩液就继续形成籽卵，但如果不继续时时激发，则所
流注的剩液量少，故籽卵形小。

③ 参看《动物志》，560ᵇ10 以下。奥-文注：这真是一个猎人撰著的故事。

25　　　在外卵生动物之中,鸟类产卵完全,鱼类所产不完全,如前曾言及,鱼卵在离体以后,既经增长才臻完全。理由是,鱼类富于繁殖能力,怀卵甚多,要让许多卵在母体内长到完全是不可能的,所以她们放出之于体外。外卵生鱼类的子宫(卵巢)靠近生殖管道,

30　因此,生产时鱼卵快速地泄出。

　　　鸟卵两色而一切鱼卵则都属一色。考察那两个部分,蛋白与蛋黄,各别的功能,我们可以明了所由区分为两色的原因。〈卵的〉

751ᵇ　物质实从血液中分泌得来,[一切无血动物都不产卵]①如前已屡经叙述,血液本是身体的原料。这里,卵的一部分较接近于将来成雏的"形式",这是温热部分;较富于土质的部分供应雏体以"物质",这是较远的部分。② 于是,在一切两色卵中,动物从蛋白——生命之源

5　存于热处——秉受生殖的本原(第一原理),而营养则得之于蛋黄。③这里,凡体质较热的动物,其本原所由发生的部分都分离于供为营

---

　　　① 亚里士多德生物著作中虽常称虫豸(无血动物)为"蛆蛀"动物,也常言及诸虫产卵;这些虫豸成卵的原料可得之于体内与血液相拟的体液。从贝刻尔及奥-文加[　]。

　　　② 亚里士多德生物学的基本观念是以灵魂(形式)与身体(物质)的会合为胚胎成因。这里他对举形式与物质而虚想了灵魂"形式"是处于气和火所成的蛋白之中,因此说"物质",蛋黄,远于这热原或生原部分。

　　　③ 鸟雏实际上从蛋黄表面的一个瘢点(胚盘)发展起来的。752ᵇ25 所述亚尔克梅翁认为蛋白是雏的乳料,雏则出于蛋黄较接近于实际。这一说见于希朴克拉底书中:"蛋黄化成为雏,蛋白滋养之而行生长"(库编本,卷一,420 页)。亚里士多德只在孵化第三日后见到雏鸡在蛋白蛋黄两层间的发展,未能证明胚原实际在蛋黄上的这个瘢点。哈维,《动物生殖之实验》(*Exercitationes de Gen.*) xvii, 找到了这"瘢点"(cicatricula),指说胚原("卵的第一原理")就在这里,而蛋黄与蛋白两皆供为胚胎的养料。这问题到拜尔在《动物发展史,注释和推论》中才有详明的阐释;胚在孵化开始第一天上午就从卵卵膜上与卵黄分离而独立,由卵黄摄取养料,蛋黄又从蛋白吸入养料("孵雏记录"的第一天)。(拜尔 Karl Ernest von Baer,1792—1829,俄罗斯胚胎学家。)

养的部分,其一为白,另一为黄,而且白净的部分常多于黄色的土质
部分;但体热较低而又较湿的动物则蛋黄为量较多并较稀湿。我们 10
在沼泽鸟类中所见的恰正如此,它们的体质比之陆地鸟类为较湿也
较冷,这些鸟类的卵内所谓"莱季索"①部分巨大而黄色较淡,这就因 15
为蛋白未尽从蛋黄中分离的缘故。至于卵生动物的体质既冷又湿
的有如鱼类那样的,我们便看到它们由于卵粒微小,而又内涵足量
的凉性土质,蛋白全不分离;所以一切鱼卵都属一色,这卵色比之于
习见的蛋黄则较白,比之于蛋白则较黄。鸟类则虽是风蛋,仍具备 20
这种色别,而一例包含有由以发起生命本原的和由以供应营养的两
个部分,只是两者都不完全,尚待雄性加之作用;倘在某一期间,雄
性为之授精,风蛋就可得孵雏。可是,色别与性别无关,这里不能是
蛋白来自雄鸟,蛋黄来自雌鸟;相反地,两者实皆得之于母体,只是 25
一部分为冷而另一部分则热。于是,综合一切实例而论,凡热部为
巨者,这就分离开来,若热部殊小,则不能分离,所以,如已言明,那
些热量不足的动物之卵就成为一色。雄性精液的作用仅在使它们 30
凝结而成定型;所以,鸟类的卵,其始白而细小,当它前进时,②更多
的血质物料不断地与之混合,这就成全黄的了;最后,在热部分离过
程中,蛋白的位置,有如水沸时那样,升腾而周绕于蛋黄,在各个方
向都作均等配布。因为白自然是水液而其中涵蕴有生命之热,③这 752ᵃ

---

① λέκιθος,"豆粒的内部",《希氏医学》与亚里士多德书中皆用这字指称"鸟卵的内
围部分",即蛋黄。

② 卵下行于输卵管中。

③ 亚里士多德于所谓"水沸",还没有明晰地认识为水恰当化气的热度。《呼吸》,
479ᵇ31:"当水经加热而充气时,这便沸腾起来"。这里,他设想,当雌鸟获得了雄鸟所授热
原,她所有白色部分就充气而膨胀,围绕于多土质而不能沸腾的黄色部分。

就分离开来,〈自行安排〉在外围四周,让蛋黄和土质部分留在内里。
又,倘我们把许多卵闭置在一膀胱或类似的事物之中,煮之于火上,
5　不让火热的传入较诸卵内蛋白与蛋黄的分离[1]为速,于是相同的过
程就会发生,所有黄部团聚于中央,白部在外围,许多蛋的全部聚合
物就像是单独一卵了。

10　　　这么,我们已陈述了何以有些卵为一色,而另些为两色的
缘由。

章二

鸟卵当初系属于子宫的一端正是雄性生原所在而由此离立的
部位,[2]两色卵的形状所以不对称,也不整圆,而其一端较尖的原
因就为那内涵生原的蛋白〈这部分〉[3]必须分离于其他部分。这里
15　该应蔽覆并保护这个生原,所以卵在这端较硬于下端(底部)。母
鸟下卵时尖端后于钝端而分娩[4]的缘由也正在此;所谓"生原"是
系属于子宫尖端的,这系属的一端自必后落。这于植物种子诸例

---

①　这一可疑的叙述也见于《动物志》,卷六,560ª30。

②　凭显微观察,雏鸟生原在卵黄表面的(胚盘)"瘢点"之中,瘢点不在尖端也不在
钝端而处于蛋黄的赤道上。蛋黄是卵的本体,蛋白与蛋壳是蛋黄脱离卵巢入于输卵管
后,由峡部腺体诸分泌形成的。参看伊万诺夫与托洛伊茨基,《农畜解剖与生理学》
(Анатомия и Физиология,"Сельскохозийственных Животных,"1951)汉文译本 294
页,关于鸡卵的章节。

③　从柏拉脱与贝克校订,〈τò〉τοῦ λευκοῦ,译为"蛋白〈这部分〉"。迦石拉丁文译
本,无"……的蛋白"τοῦ λευκοῦ 字样。

④　鸟类下蛋确是钝端在先。可参看牛顿,《鸟典》(Newton,"Dictionary of
Birds")。但这一事实,还有好些近代作家未曾明了,例如道尔顿,《生理学》(Dalton,
"Phisiology"),1871 年,第 5 版,仍认为鸡下蛋时尖端在先。这里所说钝端较软于尖端
也是确实的,雏鸟破壳皆在钝端。

中情况也相同,籽实的生原有时系属于小枝,有时于荚(或苞),有时于果被。① 这是明显的,于有荚植物而言,豆和相似诸籽实的两子叶②联结之处正是籽实系属于亲体之处,而籽实的生原也恰正在这里。

关于卵的生长,可以提出一个疑问,它在子宫(卵巢)中如何获致其扩充? 倘动物(活胎)经由脐带获致其营养,那么卵又经由什么引来营养呢? 它们,不能像蛆那样凭自己的机能进行扩充(生长)。③ 起初倘说它们有某些事物为之系属于子宫,那么当卵完成了之后这一事物如何着落呢? 不像〈胎生〉动物④那样连同脐带诞世,这事物不跟同卵下来;当卵既完全时,周围形成了壳。提出这一问题是适宜的,但提出这问题的人只是未曾注意到蛋壳在先为一软膜,它要到卵既完成之后才变得又硬又脆;这里安排得这么巧妙,当它分娩的一刻,这还是软的——如其不然,下蛋将引起创痛——但在刚离母体的瞬间,它立即着冷而硬化,其中水分原本很少,迅速蒸发,剩遗的只是土质部分。这里起初当诸卵还细小的期间,卵尖端软膜的某一部分相似于一支脐带,由此引伸着像一管道。于流产的小蛋,这可得明见,倘鸟被冷水所淋或因其他缘由而突然受寒,它下蛋过急,这种卵仍⑤显有血迹,并附有脐带样的小

---

① 荚科植物的籽豆芽胞系属于荚,幼苗由芽胞萌发就在两子叶联结处。籽实系属于"小枝"(或枝稍)者为坚果,例如栗;系属于"果被"者,例如苹果内部的小籽实。

② τὸ δίθυρον "双瓣",从柏拉脱作"两子叶"解。

③ 蛆的生长,参看卷二,732ᵃ32 以下,及本卷章九,758ᵇ13 以下与注释。

④ τοῖς ζῴοις "动物",从贝克校,应为 ζῳοτοκουμένοις "怀胎动物"或 ζῳοτόκοις "胎生动物"。上文 25 行"动物"当有相似缺误。

⑤ 这里有 ἔτι "仍"字,显见亚里士多德意中卵体为血液转成。

尾，穿透卵体，随同卵渐长大时，这个（小尾）①加甚了旋转并变得
渐小，②迨卵臻成熟，这一端便是那尖端。其下为分隔着蛋白与蛋
10 黄的膜。成卵后全蛋转为一独立个体，〈相应于〉脐带〈的这事物〉
自然不再出现了，这在如今就是蛋身的末端（尖端）。

　　下蛋的方式相反于胎生幼体的分娩方式；活胎诞时头在先，
以第一原理所在的部分为领导，③但产卵却好像是脚先出来；如上
15 所陈明，由于卵的第一原理所在之处系属着子宫，故头部在后。

　　雏鸟从卵中出世须经母鸟抱孵，助之调煮（化成），雏的发生起
于卵内一个部分，其余部分供应它生长至于成雏。自然不仅把这
生物的原质置入卵内，更又赋予其生长所需以足够的营养；因为母
20 鸟不在自体内怀育其子女至完善的阶段，于是她在卵中为它们预
储了养料。相当于胎生动物供应其稚儿的，泌出于乳房的所谓乳
汁，自然于鸟类就在卵内为之安排了养料。可是人们在这方面想
到的以及克罗顿的亚尔克梅翁所曾申述的，却和我所持的意见相
25 反。他们看见蛋白〈与乳汁〉颜色相似，就认为蛋白是幼雏孵化的
养料，但蛋白实非雏乳，蛋黄才是它的养料。

---

　　①　由上句的 αὐλος "管道" 转成这里的 στολος μικρὸν ὀμφαλῶδη "脐带样的小尾" 这
一事物，胚胎学家于此颇为迷惑。十六世纪末意大利解剖学家法白里济（Fabricius Hi-
eronymous）的实验认为亚里士多德所记是确实的，英国哈维也予以实证（参看哈维前
述著作中，"第三实验"），并解释"这一事物"为卵在脱离卵泡以前，系属于子宫的"卵
柄"（或卵脚，pedunculus）。这一解释于上文"管道"句是可符合的，但到流产蛋的"小
尾"句，这就不通了。奥-文认为这小尾是指两"系带"（chalazae）之一。柏拉脱解释从
"穿透"这词看来，这里当是说系带的后段由卵黄膜通过蛋白而到达卵尖端。
　　②　柏注：卵渐长，系带旋转愈甚，这是确实的；"渐小"则是不可解的。
　　③　生命第一原理所在，于婴儿或稚兽，为心脏。这里所说"头"为领导，其实义应
是"上身"先诞。

　　于是,如曾言及,雏鸟是由母鸟抱卵而出生的;[1]可是,如果季
节的温度相当,或卵的所在恰遭遇为一热处,那就无论鸟卵[2]或是 30
卵生四脚动物的卵,都可不经亲孵而获得足够的调煮(孵化)。所
有这些不孵卵的动物都下蛋于地上,让大地的温热蒸调它们的卵。
诸如产后仍还探望它们的卵而且孵在卵上的卵生四脚动物类
属,[3]实际不是真为抱卵而来,这毋宁是为了保护它们的子女。 35

　　这些四脚动物的卵之形成相同于鸟卵;它们同为硬壳而具两 753^a
色,也像鸟卵那样,在靠近横膈处发生,在其他各方面也内外两相
类似,所以考察它们的成卵的缘由自也相同。但这些四脚动物的
卵身命较强,凭自然气候的温度便能自行孵化,鸟卵却较易受损, 5
须得母鸟的护持。自然盖有心于赋予诸动物以各自"照顾其子嗣
的特感"(慈性):[4]于低级动物,对子女的爱惜就止于那发育不完
全的幼体之诞生;于另些,这延续至幼体发育到完全而后已;一切 10

---

　　① 有些鸟(亚里士多德所知的岛类中,鸵鸟便可举以为例)孵卵工作由雄鸟担任,
不由雌鸟。

　　② 《动物志》,卷六,559^{a}1。不善飞鸟如鹧鸪与鹌鹑便不在巢中而在地上产卵,以
杂物为之被覆。但这两品种的母鸟实际是会抱卵的。不孵卵的鸟如澳洲与新几内亚
的大足科诸鸟(Megapodidae)当非亚里士多德那时所能知悉。这一科中如丛林吐绶
(brush-turkey),搜集腐败茎叶汇成小堆后,产卵其中,腐殖质发热而卵渐以孵化,破壳
的雏鸟随即能飞行。这里所说不抱卵的鸟也许是指鸵鸟,当时欧亚间人们对于鸵鸟习
性犹未熟谙,例如《圣经》"约伯记",第三十九章,14 节:"鸵鸟遗其卵于地上,让尘土为
之加温"。

　　③ 盖指螈龟与鳄鱼,它们都把所产卵埋入沙中,有些便睡在沙上,另些则伺守于
附近;这些卵由日照于沙上所吸收的热量而行孵化,确无须亲体抱持。有些雄蛙也有
时时顾视其子卵的习性,爬行纲中某些品种的蛇确乎抱卵,但它们不属于"四脚动物"。

　　④ αἴσθησιν ἐπιμελητικήν "慈性",关于诸动物类属的慈性等差看《动物志》,
588^{b}3—589^{a}3。

较多智慧的动物则护持之直待其长成。至如那些最富智慧的有如
人和某些四脚兽，则婴儿与稚兽已到成年，双亲犹与之同处相媀，
时刻示其眷怜；我们也见到鸟类，产卵抱雏，继而喂饲之，引领之以
15 为栖翔，所以当母鸡产卵而不得孵雏时，往往病瘵，①好像某些天
赋给她的事物忽被剥夺了似的。

　　雏在卵中化成，晴天较速，②气候(节令)有助于孵化，因为调
制本是某种方式的热处理。③ 有如大地可用它的热度相助调煮，
20 抱蛋的母鸟所为相同，她把自己体内的热量融入④于卵中，由此我
们也可推想，蛋在热季较易于腐坏，所谓"尿蛋"(ούρια"乌里亚")⑤
就好像在阳光下渍起沉淀而发酸的酒——这就是它们腐坏的原
因——卵中的黄也是沉淀物质，酒淀积与蛋黄各都是些土质部分，
25 于酒，若有淀物与之相和，则浑，卵就相似地由于蛋黄(莱季索)弥
散而致毁败。

　　于是，多产的鸟类自然会发生不能化雏的腐朽蛋，因为要对许
多卵全给予各相适量的热确属不易，那么当有些所受较少了些时，
30 另些所得的热量就太多，依照通常的腐坏过程，这就发生浑浊。但
钩爪鸟(猛禽)虽产卵稀少，却也未尝没有相似的现象，它们常是两

------

① 奥-文注：此事属实。中国各品种的家鸡在生产一窠约二十枚卵后，常作孵卵
姿态，与以卵时即行抱蛋；如不与卵，常呈萎弱，减少进食，农家妇女称为"索孵"。近代
引入欧洲鸡种如来克亨种无此现象。

② 柏注：母鸡抱卵，无论晴雨，成雏出壳日期都属相同。

③ θερμότητι τίς"某种方式的热处理"；依奥-文描拟为 θερμότητος 本于"热性(热
度)"。

④ προσεγχεῖ融入。依 SY 抄本，προσέχει"按上"。

⑤ "尿蛋"，见于《动物志》560ᵃ5；夏季朽蛋称"尿"；春季朽蛋称"熏风"(参看上文
749ᵇ1)。

卵就有一个坏朽,若得三卵便老有一个不能成雏,①猛禽体质本属
热性,这么说来它们的热性使卵中的水分过度温蒸了。蛋白的性
质与蛋黄相反,黄在霜冷中凝结而于加热时液化,所以蛋黄为大地
所调煮或由于抱持的缘故便转为液体而供作雏体发育的养料。②
蛋黄受热或被烘炙,不即变硬,它虽为土质,性状却相同于腊之亦
为土质;所以,卵如受热太甚就水化而变腐朽,[如果它们不是出于
一种液体剩余。]③反之,蛋白遭逢霜冷,不会冻凝,它毋宁液化[液
化的理由前已陈明],④但在受热之后就会变硬。这样,卵经调煮
而雏体在内发育时,蛋白日益浓稠。⑤ 鸟雏就从这个形成而蛋黄
则转作养料,胚体构造的各个部分由此挨次发生而渐渐成长。白
与黄既如此性质相异,所以其间有膜为之隔离。有关胚体发生之
初,迨于成雏之刻,构造的各个部分间相互关系的细节以及各个膜囊
和脐带的详情,须从《动物研究》内所写的那些有关章节⑥习知;于
我们现今这一研究,明晰地了解以下这些实况就够了:当心脏先已
形成,大血管由此明显地引出时,两支脐带就由血管延展,其一抵

---

① 《动物志》,卷六章六 561ª3—562ᵇ2 引缪色奥诗谓"鸢产三卵而孵二,两雏而哺
一";据说鹰也如此。这类希腊传说,参看汤伯逊《希腊鸟谱》,5 页。

② 奥-文以所见于鸡蛋沸煮数分钟后的情况,讥笑这里蛋黄遇热而液化之说。实
际上在孵卵中,温度加至摄氏 38°时,蛋黄确开始液化,参看下文 753ᵇ25 注。

③ 这分句不可解,疑为错简,或内有缺漏。

④ 上文未见有此题的解释,参看卷二,章二,735ª32 以下,关于动物精液的相似
叙述。

⑤ 孵化过程中蛋白内水分经蛋壳微气孔蒸失一些,大部分经由卵黄供应了雏胚
生长,故渐缩渐稠。鸡卵在孵后第十六天只卵尖端仅存少许蛋白;至第十七以后,便
全不见蛋白了。

⑥ 参看《动物志》,卷六章三的孵雏记录。柏注:τ ῶν... γεγραμένων 也许不作"所
写的有关章节"解,而应是"所绘的图"。

　　于包围蛋黄的膜囊,另一抵于包围全胚的类似胞衣的另一膜囊;这
20　里的后一脐带分枝于卵壳膜的内部。① 胚体经由两脐带之一从蛋
　　黄吸收养料,蛋黄则因受热而逐渐液化,便逐渐胀大。② 由于营养
　　的原始性质为〈固体〉实物,所以须先使之成为液态,这才能被吸
25　收,这里的情况,恰如肥料之于草木;起始,胚体,无论它在一卵中
　　或在母亲的子宫之中,所经营的便正是一支植物的生活,它系属于
　　自身之外的某些事物,由以萌发而获得养料。

　　　　另一(第二)支脐带延展于那周绕的胞衣。我们该应懂得,于
30　卵内发育的诸动物而言,雏胚和蛋黄的关系相似于未离母体以前
　　的胎生动物的胚胎——卵生动物的胚体因为没有在母体内长达完
　　全成熟的阶段,没有受纳所应得的营养,它〈在离母体时,〉就从母
35　体带去一部分营养。③ 这样,雏与那最外层膜,即有血那个膜间的
754^{a}　关系,就相似于哺乳动物的活胎与子宫间的关系。④ 同时,蛋壳又

---

　　① 这里的叙述为胚雏第六至十天间情况。所说"大血管"为自心脏延至胚尾的背
主动脉。所说"脐带"其一为卵黄囊所由系属于胚体的"脐茎",另一为靠贴卵壳的尿囊
膜与胚体相接处的"尿囊蒂"(allantoic stalk)(参看福斯特与贝尔福,《胚胎学纲要》第
279 页)。《动物志》,卷六章三说由心脏引出两支血管,其一展布为卵黄脉,另一展布为
尿囊脉;那里说血管"像脐带",不径称之为"脐带"。

　　② 这里的观察可说是精细的;鸡卵孵化至第七天,蛋黄已转成稀液,蛋白转移入
于卵黄囊中,蛋黄看来就增大了。参看牛顿,《鸟典》,211 页。

　　③ 从母鸟带来的这"一部分"营养,亚里士多德以指蛋黄,而等同蛋黄于兽胚已成
为活胎后在亲体子宫内继续吸收至分娩为止的那部分营养。

　　④ 卵内被有血丝的最外层膜为尿囊膜,类之于兽纲的子宫是不切合的;尿囊在鸟
兽胚胎发育时的主要作用是为了幼体的呼吸。但亚里士多德这里拟想鸟兽胚胎,虽方
式大异而其间必有两相符应的过程和构制确是非常精警的。这些在比较胚胎学上所
预见的物种进化思想,到了近代就随处得到了较翔实的观察与说明,例如福-贝《胚胎学
纲要》,327 页:"这几乎是定案了,哺乳纲的祖先为其胚体带有巨大的蛋黄囊的〈卵生〉
动物,只是如今因为胚原由蛋黄供应的养料可从子宫壁上吸取,所以兽(人)胚的蛋黄
含量就减少了。"

统围着蛋黄,兼裹了可相拟于子宫的这个膜囊,这于胎生动物而言,好像它竟包含着胚胎本体和整个母体。[①] 在胎生动物方面,子宫位置于母体之内,但,现在,在卵生动物方面,事情颠倒了过来,好像这该说,母体在子宫之内,这里胚雏的养料所从来的蛋黄恰正相当于母体。[②] 卵生动物安排着这样的构制,推究其故,就由于它在母体内的期间未曾完成营养过程。

    胚雏日益长大,引向胞衣的脐带先行消失,[因为]雏鸟正要在这里出壳;[③]余剩的蛋黄和引向蛋黄膜的脐带则较晚消减。由于一经孵化,幼体就必须有养料,而其时雏鸟既不由母亲喂哺,又不能立即自行取食,于是剩余蛋黄连同它的脐带并纳入雏体,肌肉便在四周生长。[④]

    从全卵[⑤]中孵化幼动物的,无论为鸟或四脚类,凡其卵有硬壳者,方式和过程统都是这样。在较大型动物的孵化过程中,人们可得较明显地看到详细的节目;于较小的动物,其胚体既属微渺,细节便模糊不明了。

---

    ① 哈维(上述著作,"第三实验")也作类似叙述:"照实说来,一个卵就是一个外现的子宫;卵中就包含有一些物质,足可代替乳房。"

    ② 依上文尿囊膜类于子宫,而蛋黄类于母体,故云"母体在子宫之内(!)"

    ③ 雏鸟出壳先啄破尿囊膜("胞衣")。"因为"字样不可解,从柏拉脱,加[ ]。

    ④ 拜尔《动物发展史》"孵雏记录第三期":第十七天至十九天,蛋白渐尽,卵黄囊内容也渐消失。尿囊内尿沉淀增多,羊膜液减少。雏体前端转移,嘴靠向气室,腹膜向皮肤脐方向发展,体脐向皮肤脐靠近。卵黄管跟肠回入腹腔。到第十九天,剩余蛋黄由脐纳入腹腔。第二十至二十一天,水分全竭,卵黄囊[包括亚里士多德所说的脐带]也进入雏的腹腔。雏已充塞全卵,只剩一气室。脐迅速收缩而结瘢。雏体后端肛门点上移。最后皮肤脐与体脐接合而成雏。

    ⑤ 举明"全卵"(τῶν τελείων ᾠῶν)以与下三章叙述生产"不全卵"(ἀτελὲς ᾠόν)的鱼类相对照。

章三

　　群鱼之为类也属卵生。其中，凡子宫在下位，依前曾言明的缘
由，[①]生产不完全卵，但所谓"鲨"(σελάχη 软骨鱼类)却在体内产为

25 完全卵而后胎生之于体外，只一种、人们称之为"蛙"(βάτραχον 鮟
鱇)的，独为例外；[②]唯有这一品种生产完全卵于体外。它所以为
异的缘由在于它形体的特性，它的头大于其余部分者好多倍，而且
头上有棘，很粗糙。这就是它们当初不娩活鲕而在后也不让其小

30 鲕还进体内的缘由，鮟鱇鲕头的巨大与粗糙既使它们不得洄入，当
然也限止了在先不能外产。[③] 又，软骨鱼类的卵都是软壳——因
为它们体质较鸟类为凉，所以不能硬化并干结[④]卵的外围——唯

35 独蛙鱼(鮟鱇)卵硬化并干结，[⑤]俾卵在体外足以自为保护，其余诸
754ᵇ 鲨卵既属软湿性，它们就得内藏而凭借母体为之保护。

　　从卵中化生小鲕的方式，于那些外完成(外保护)的，〈如〉蛙鱼
卵与那些(内完成)内保护的，两都相同，其发生过程一部分相似于
鸟卵，一部分与之相异。第一，它们没有那一支引向处于保护壳内

---

　　① 见于卷一，718ᵇ8。
　　② 鮟鱇属实非软骨鱼，参看749ᵃ23注。软骨鱼(板鳃类)有些卵生，有些胎生，亚
里士多德以"内卵生-外胎生"为群鲨胚胎通例不算精确，参看《动物志》，564ᵇ18注。
《构造》，卷四章一，676ᵇ3注。
　　③ 《动物志》，565ᵇ24；狗鲨幼鱼可洄游入于母鱼子宫。这种古代渔民传说，不符
事实。贝克注：有些鲨类，小鲨在受惊时即泳进大鲨口腔，这情况可能是引起这种误传
的来由。
　　④ 依 PZ 及 Σ 抄本 σκληρύνειν καὶ ξηραίνειν"硬化并干结"。
　　⑤ 通俗本省"并干结"字样。

层的胞衣的第二脐带。① 它们（软骨鱼）既然由母鱼为之庇护,卵 5
就没有外壳,卵壳旨在使产卵后至孵化完成之间,鲕胚不至于受到
损伤,这于它们就毋庸的了。第二,这些鱼鲕的发生也在卵的极端
（表面）开始,但不同于鸟雏之起于卵原先所系属在子宫的那端,即
卵的尖端,雏鸟是在这一端发育的。鸟卵在完成（产出）之前,先已 10
离脱子宫,但大多数的软骨鱼类,虽不是一切软骨鱼类,全部如此,
方卵抵于成熟之顷,它仍系属于子宫。当胚鲕在卵的极端发育的
时候,恰如鸟类与其他动物先已脱离了子宫的诸卵那样,卵内物质
逐渐为胚体所吸收,最后只剩那由以获取供养而如今已得成鲕的 15
脐带还留系于子宫。② 于所有鲨类中,其卵先行脱离子宫的那些
种属,③化鲕情况也相似,诸鲨中确有些是在卵既成熟之顷随即产
之体外的。

　　这里可提出鸟雏与软骨鱼鲕的胚胎发育何以在这方面相异 20
的问题。解释这差异就在鸟卵白黄分离而鱼卵则为一色之故,
鱼卵中黄白是完全混合的,这样就没有任何事物足以妨碍生原
（第一原理）据其位置于相反的一端,④鱼卵在系属子宫的一端和

----

①　鱼卵发育具有卵黄囊,系属于囊蒂,即亚里士多德所说"第一脐带";鱼卵无尿
囊,也无所谓"第二脐带。"

②　这一节泛述外胎生的诸鲨,到这里,显见亚里士多德所解剖的胚胎样本实为下
文所举示的"光滑狗鲨"。

③　当指实非软骨鱼类的鲅鳒属。

④　现在已知雏胚不起于卵的尖端,鱼卵浑圆更无所谓这端那端,这里所立题旨既
不切实,所作论辩也无胜义。现代胚胎学:鱼卵都属端黄卵（telolecithal egg）,胚泡在动
物性极的卵质（ovoplasm）上,植物性极为卵黄。卵膜胶汁有内外两层,外层较密致,内
层软黏。精子洒上卵团后,各缘卵粒的胚孔透过卵膜进入卵内,到胚泡与卵核融合,遂
即孵化为鲕。稚鲕期（larval stage）腹部附着的脐囊还储着原来植物极的卵黄。

25　那相反的一端性状相同,而且这也不难①由通向子宫的管道,从
　　那〈处于远端的〉生原引出,以吸取养料。② 这于不脱离母体的卵
　　内是明显的,软骨鱼类中有些种属的卵始终系属于子宫,直到它
　　已下行而即将产生一活鲕的时刻,它仍联结着子宫;这些小鲕当
30　卵质业经消耗(被吸收)而自己能成活时,还凭脐带相连接于母
　　体。由此也可明了先在卵还包围着胚体时,胚体也就有若干管
　　道③〈通过卵〉而进抵子宫。我们这里说到的情况实见于"光滑狗
　　鲨"。④

35　　　　在这些方面,由于上述诸缘由,软骨鱼类的胚胎发展异于鸟
755ᵃ　类,但在其他方面的发展方式便与鸟类相同。它们有一支脐带相
　　似于鸟胚那样连接着蛋黄,——只是这些鱼卵既只是一色而不分
　　白黄,这脐带实际连接着整个卵——并由此获得营养,当这卵逐渐

----

①　从 Y 抄本 ῥᾴδιον 译"不难";通俗本及贝刻尔本 ῥᾷον"较易",与 Σ 抄本"leviter"
相符。

②　于胎生鲨卵孵化中,这些管道当是由胚泡(geminal vesicle)经过卵而抵子宫的
诸血管,相应于兽胚的脐带与鸟胚的尿囊蒂。

③　οἱ πόροι "诸管道"指血管。

④　γαλεός ὁ λεῖος "光滑狗鲨",参看《动物志》,565ᵇ2—17。依《动物志》,诸狗鲨都
是真鲨科的狗鲨属(Scyllium)与鼬鲨属(Mustelus),这里所称"光滑狗鲨",今名 Muste-
lus laevis 光滑鼬鲨。诸狗鲨出于胎生的实况,自亚里士多德以后,久不为世人所注意,
中古间率以鱼类全属卵生动物。十七世纪,尼哥劳·斯得诺(Nicolaus Steno, 1638—
1685),始重作了狗鲨胎生情况的记载。又两百年,德国约翰缪勒(Johannes Müller,
1801—1858)才重新发现"光滑鼬鲨"的生殖情况,著为"关于亚里士多德光滑鲨"
(Üeber den glatten Hai des Aristoteles),1840。这一旧事重明的经过见于《数学史、自
然学史与技术史档案》,卷十(1927 年),166—184 页,哈柏林(W. Haberling)文,附有缪
勒有关这事的书翰。这种鼬鲨的胚鲕由一胎盘系属之于子宫,胎盘构造的形式与功用
皆相似于兽类胎盘。

消耗时，又相似地周生肌肉，在脐带四围增长，逐渐长大起来。① 　5

产为内全成卵而行外胎生诸鱼的发展过程，就是这样。

章四

这些鱼②绝大多数为外卵生，除鮟鱇（蛙鱼）外皆产不完全卵；③鮟鱇卵所以独为异例的原因前已言明，④何以其他诸鱼都作 　10
不完全卵也已讲过了。⑤ 于这些鱼类，胚鲔从卵中发生的过程相
同于软骨而内卵生鱼类的胚体，只是这些卵外表较硬一些，初胚微
小，生长迅速。这些卵的生长相似于蛆，⑥蛆生动物所产的蛆其始
微小，自行增大，不假助于与亲体的任何联系。这种增长相似于酵 　15
的增长，酵也始生微小，而当其实质部分液化继以液质气化时就发
得巨大了。这种发展在卵⑦中受之于生命原热自然性质⑧的影响，
在酵中则受之于与酵相混合的生物液汁。⑨ 由于这一原因，这些 　20

---

① 胚鲔初离卵而浮游时，下身犹带有蛋黄囊的剩余；许多种属的鱼在若干日间，
腹壁才延展而被覆了这些遗物，挤之入胃肠；近代书籍如道尔顿，《生理学》5版，617页
的记载还像是亚里士多德这一节的翻译。

② "这些鱼"当指相对于软骨的鲨类之"其他诸鱼"，即硬骨鱼类(teleosteus)。

③ 上文鮟鱇都误作软骨鱼类，此节独以生殖方式为别而入于硬骨鱼类。

④ 754ᵃ26。

⑤ 卷一，718ᵇ8。

⑥ 关于"蛆"σκωληξ，参看758ᵃ31。

⑦ 贝刻尔本，ζ φοις"动物"，从柏拉脱揣改为φοίς"卵"。

⑧ ἡ τοῦ ψυχικοῦ θερμοῦ φύσις 依柏译解作"生命原热的自然本性"，依贝克译解
作"生命原热的自然物质"。

⑨ χυμός 这里所取字义与《动物志》，卷八，596ᵇ11 相同，为各种植物或动物汁。
常用字义为"味"素，希腊人习有九味。各种有机液(有味物)放置时，与酵母接触都可
发霉。

卵就必须增长——它们内含多余的发酵物质[①]——但这种增长也另有它的目的，因为这些动物孕有那么多的籽卵，要在子宫内完全长足实际是不可能的。所以当它们还很小的时候就从母体放出而

25 迅速地增长；[②]子宫狭小而卵多得不可胜数，这就体积渺小了，为免于族众危亡，这又必须迅速增大，如果，子鲔的生长全过程历经久长的时间，这就难免灭绝，即今它们虽那么迅速地增大，所产卵的大多数还是在孵化以前就毁灭了的。所以，鱼这族类特为多产

30 （多子），自然在数目的众多上挽救了它的危亡。有些鱼，如所谓"针"鱼(βελόνη)[③]由于卵团的体积庞大竟至于腹裂，针鱼（颚箴鱼）的卵本不算多，却为形殊巨，自然于数目（众多）上有所取偿时便移予了体积（巨大）。

关于这些卵的增长和它的原因的说明就是这么些。

章五

虽是胎生鱼如软骨类也先在体内生卵这事实足证这些鱼也[④]

---

① περιττώμα ζυμῶδες 依柏译作"多余的发酵物质"，依贝译可作"酵性分泌"。

② 鱼卵下在水中，后即渗入水分，在短时间内增大多倍。

③ "针"鱼诸名称，参看《动物志》，卷六章十三 567ᵇ25 及注。这里所指的鱼种当为颚针鱼目海龙科的"尖海龙"(Syngnathus acus)，中国俗称"杨枝鱼"。杨枝鱼肚下有一"骈体"(διάφυσις)，骈体分裂则诞生鱼苗，诞后开裂处重复愈合。这骈体（雄鱼的孵卵皮囊，brood-pouch）为胚胎学上一个特殊生殖方式，这到第十八世纪，意大利鱼学家加伏里尼(Cavolini)始得阐明。海龙科另一属，海马属(Hippocampus)的雄性也具孵卵皮囊，但这属多在暖海，亚里士多德当日盖未获见。

④ 柏脱脱鉴于这里的句间与章节间联系词前后不相承接，疑此节为另一页旧稿，为后世编纂者序次于第四章下。贝克揣此章论旨与上章若不相承，似有人持论以不完全卵当类作虫"蛆"，如蚕蠖等所由发育的子体，不能称为真卵，而蛆生诸虫往往（依亚里士多德动物学而言）无性别，不行交配而产多子。这一节论辩的进（接下页）

是卵生的,由此看来这是明显的,群鱼全类皆为卵生动物。可是,诸鱼虽具两性之别并因受孕^①而产卵,它们的籽卵若不经雄鱼洒浆(洒精)其上,便不能成熟。有些人误会了,认为除软骨诸鱼外,所有群鱼全属雌性,通常被别认作雄鱼的只是像那些植物,如油榄^②与野油榄,^③无花果树与公羊无花果树(野无花果树)^④一样,其一结果,另一不结果而已。他们意想鱼类情况相似,于此,只软骨鱼为例外,他们对于软骨鱼的确有性别则不作争论。可是,软骨鱼的雄性和其他卵生诸鱼的雄性在洒精器官^⑤方面实无差异,这是明白的,在恰当的季节都可由两者的雄性挤出籽液(鱼精)。

(接上页)行,在申明①鱼有性别而行交配,②所生卵虽不完全,却也是卵。循此假设,所有句间联系词都可有着落。本句举出胎生鱼为那些持论者所承认是有性别而生真卵于体内的,亚里士多德便以此例拟议卵为鱼类的一个特征,倘说胎生鱼(软骨鱼)类有此征,其他非胎生鱼(硬骨鱼)亦必有此征。

① 亚里士多德虽知鱼卵产后,雄鱼在体外洒精,仍设想发情期间的群鱼嬉水为雌雄交配。实际上只有少数外胎生鱼具有雄性外交接器官可得插入雌性生殖腔而行体内授精。

② ἐλαία为"南欧油树"(olea europaea),属木樨科。《圣经》汉文本旧新约中以其实似中国橄榄,译作"橄榄树",自后中国各书久沿此误;相关联的"橄榄油"、"橄榄枝",都是错了的。近年中国植物辞书发现此误,改用日文从拉丁语 oliva 或近代英法德语(olive)的音译作"阿列布"树。《动物志》屡见此树,《政治学》卷一,1259^a10,亦涉此树。汉文译者作"油树"或"油榄"。马坚(1963 年 5 月 8 日《光明日报·史学双周刊》261 号)拟依阿拉伯名 Zaytun 译作"榨橄",符合中国古代的传统译名,唐时段成式《酉阳杂俎》前集卷十八,作"齐暾"(李时珍《本草纲目》卷二十二,谷部,亦见此果名)。

③ κότινος(拉丁译名,oleaster"野油树"):古希腊奥令帕赛会优胜者所戴"花冠"即取此树的花叶制成。中国旧译"桂冠",符合于此树的"科属"名称。柏拉图斐得罗篇(Phaedrus)236B,举此树时,称为 ἀγριελαία"野油榄"。

④ 公羊无花果树,参看卷一,715^b25 注。

⑤ τὰ θορικά"洒精器官",在卷一,716^b17 称 πόρους...σπερματικός"储精管道",现代比较解剖学称"睾丸"。

15　雌性也各有一子宫。但若说鱼类全族都是雌性而有些^①则不育
　　[有如丛尾动物类中的群骡],^②那么不仅那些产卵的鱼应具子宫
　　(卵巢),另些不产卵的也应备有,只能后者的子宫比之前者该存在
　　有(某些所以不育的)差异。然而实况是这样,有些鱼具有洒精器
20　官而另些所备则为子宫(卵巢),这样的分别在各种属的卵生鱼类
　　都可见到,只有两个是例外,红鮨与康那鮨^③[它们某些有洒精器
　　官,而另些则有子宫]。^④　倘我们重视事实,有些思想家由此推论
　　所肇致的疑难是易于解释的。他们说得正确,^⑤凡实行交配的动
25　物都不产许多子体,这些由亲体生殖完全婴或完全卵的动物,没有
　　一个可与卵生鱼那么较比其多产的数量,鱼卵为数正是巨大。但
　　他们忽视了鱼卵相异于鸟卵的一个情况。鸟类与一切卵生四脚动
30　物以及任何卵生软骨鱼各产一完全卵,这卵不在体外增大,而鱼卵
　　则不完全,它们在体外完成其生长过程。又,这一情况也显示于软
　　体(头足)类与软甲(甲壳)类,^⑥而这些动物确实是见到在从事交
35　配的,它们的媾合历经久长时间,在这些实例中可以明察到其一为

---

① 即被认为是雄性的诸鱼。

② 依柏拉脱,由句末移此,依贝克加[　]。τῶν λοφούρων“丛尾动物”为马属,见于
《修伊达辞书》(Suidas)μώνυχα“奇蹄类”条。

③ 红鮨,参看卷二,741^a36 注。χάννα“康那”为鮨属加白里拉种(Serranus cabril-
la)。《动物志》,卷六,567^a27,举示红鮨与康那鮨为“雌雄同体鱼”(hermaphrodites),卷
四,538^a21 举示了三种鮨鱼。

④ 依奥-文加[　]。

⑤ 那些思想家的原论旨这里未充分引述,大意当是:兽、鸟与爬行类皆经交配而
行生殖,所产子嗣为数稀少。鱼产许多卵,所以鱼类当不是经交配而行生殖的。

⑥ 两者也产多卵,而放出于体外后,卵体也增大。

雄性而另一则具有一子宫,最后,倘说这种性能〈分别〉若不在　756ᵃ
〈这〉①全族中存在,恰恰类同于一切胎生动物皆有雌雄之分那样,
这就该是荒谬的了。作成那样论断的人们之愚昧在于对各种动物
交配和繁殖的一切不同方式间差异处有所不明,所以归纳了少数
实例,凭以推想整个族类就一律都该如此。　　　　　　　　　　5

　　还有,那些人们声称雌鱼吞食了雄鱼的精液而得受妊,也是
愚蠢的,当他们这么夸谈时,他们疏失了某些实事。雄鱼之有精和
雌鱼之怀卵,约略在每年的同一季节,正当雌鱼临将放卵的时日,
雄鱼的精液也愈是旺盛而稀释。而且恰如雄精与雌卵的同时充　10
盈,它们的洒精与放卵也是相应的,雌鱼既不一刻而尽下其卵,雄
鱼也不立时而尽洒其精。所有这些事实都是合乎理智的。恰如鸟
这类族,有些会不经受孕而产卵,但这些卵为数稀少,只是偶然发
生的,一般而论,产卵须得受孕,我们在鱼类,也发现相同的事实,　15
虽是较不显著。可是在这两类族,这些雌性自成的卵都是不孵化
的,凡有雄性存在的种属,必须经过雄性流注其精液于卵上而后才
能孵化。这里,于鸟类,因为鸟卵脱离雌体时业已是完全卵,这受
精过程必须于卵还在雌体之中时进行,至于鱼类所产既不是完全　20
卵,各种属的卵都在母体外增长而后完成,所以那些在体外的卵即
便已是曾经受孕的产物,②都得有雄精洒上,才得成活,而雄鱼确正
在这里使尽了它的精液。于是恰当雌鱼产卵的时刻,雄鱼籽浆也从　25
储精管下输,为量逐渐递减,这时雄鱼紧守着雌鱼,追随着放卵而行

---

　①　依柏拉脱,增〈τφ〉。
　②　贝克校,756ᵃ23—25各抄本多异文,原句或有误。参看上文755ᵇ4句及注。

洒精。

　　明察了这些情况,这可确言鱼有雄雌,全皆实行交配——唯几
个不分性别的品种①为例外——倘无雄性的精液,世上不得产生
30　这样的动物(鱼)。

　　　又,这些鱼类的媾合为时短促也是造成人们疏失而致谬误的
一因,鱼嬉匆遽,虽许多渔人也都失察,当然渔人们谁都不会怀抱
着求知的目的而从事于观察这类事情。然而鱼类的交配毕竟曾被
756ᵇ 看到,诸鱼[倘其尾部〈不〉②妨碍行事]③交配,相似于海豚们的方
式,雄雌两相并而泳进。④ 但海豚们相交较久而后解释,才各自游
散,这些鱼则一会儿就相离了。人们没有见到鱼嬉的景象,只见到
了它们咽下精液吞食籽卵的情况,虽是渔人也同声相和地重复这
5　简单的故事,⑤有如希罗多德这位神话家所述的,盛传于海外的奇
谈,老是说鱼鲡是母鱼吞咽了雄性精液而孕生的——全不思虑一
下,这样的繁殖方法是不可能的。应知由口腔内引的管道通至肠
10　中,不通子宫,凡纳入肠内的事物必然转作养料,在这里一切是都

---

　　①　指某些鮨属鱼,参看上文 755ᵇ22 注。
　　②　依柏校,加〈μή〉。
　　③　依柏校加[　],《动物志》,卷五章四,述鲨类交配方式一节中,540ᵇ10 有此子
句,这里泛言一般鱼类,当无须有此子句。但硬骨鱼类,雌鱼怀卵实不须先行交配,此
节误以内卵生而外胎生鱼的生殖过程叙作全鱼类的通例。硬骨鱼之外胎生者只偶见
于稀有品种。
　　④　海豚交配方式见于《动物志》,卷五章五,540ᵇ23。
　　⑤　希罗多德,《历史》,卷二,第93章:尼罗河鱼发情季节自江湖入海,雄在先,雌
在后;雄鱼洒精,雌鱼吞咽着,一同下泳。临产孕时自海洄游入江,雌在先,雄在后;雄
鱼吞咽雌鱼所放的卵。苗鱼都属雄鱼口边余生。亚里士多德素轻希罗多德史书内多
荒诞不经之说;这里特称之为 ὁ μυθολόγος。

经调煮（消化）了的；可是，子宫却显然内盈着卵团，这些卵究属由
何处进入的呢？

章六

　　关于鸟类生殖，也有相似的故事。有些人讲述大乌与彩鹮①
的雄雌鸟互在口腔相交配，而在四脚兽中则伶鼬从口腔分娩小鼬；15
阿那克萨哥拉就是这么说的，还有其他某些自然学家也这么说，这
些说法实是虚诞而太欠考虑。(1)关于鸟类，因为大乌的交尾是稀
见的，而人们常看到大乌交喙相亲——这是一切鸟族所统有的习
惯，于驯养的家鸦，这是明见的。——他们有所自蔽而作出了误妄
的推论。鸽族诸鸟也有同样的行为，但它们常被见到在行交配，所
以他们没有为鸽族传说同样的故事。大乌虽在先也曾被察见其媾
合，但这一族的鸟总不是多情热恋的，它们是节欲寡产的鸟类。可 25
是，真奇怪，这些理论家不自问一下，任何进入肠管的事物常被调
炼而成了养料，精液怎么能经由这样的肠管进入子宫。又，这些
鸟，与它鸟相似，具有子宫，子宫中靠近横膈的部分就可发现内涵
籽卵。(2)伶鼬也具有子宫，与其他四脚动物的子宫形式相似；胚 30
体可由什么通道到达口腔？因为伶鼬常衔着小鼬蹿来蹿去，这就
引起了这样的愚见，伶鼬的鼬团相似于在后我们另将述及的其他
多趾（歧脚）类，②鼬团是很小的，可以口含。 757ᵃ

---

　　① ῏Ισις 埃及彩鹮，属篦鹭科，其形态见于《动物志》卷九章廿七。希罗多德，《历
史》卷二第75,76两章所言彩鹮啄灭侵入埃及峡谷的飞蛇，为一神话动物，该书未言及
口腔交配。

　　② τὰ πολυσχιδὰ 多趾类，见于卷四，771ᵃ22。参看《构造》，688ᵃ4—13。

（3）那些人所作关于特罗古獭^①和鼷狗（獂）的愚说也是十足的欺人之谈。许多人说到鼷狗，^②而赫拉克里亚人希洛杜罗^③则说
5 到特罗古獭，两动物各有雄性与雌性两个生殖器官，并说到特罗古獭自体授精，而鼷狗则隔年轮番互行授精（骑交）。这是不确的，曾已实际观察过鼷狗只各具一个生殖器官，在某些地区，观察鼷狗的机会不是没有的。雄鼷狗的尾巴遮蔽着一线陷痕，形似雌性器官。
10 雄鼷狗与雌鼷狗本来都有这凹陷，但雄鼷狗被捕获的较多，^④人们偶尔发现这一形态，由此引出这一谬见。可是，于这些已说得够多了。

章七

15 涉及鱼类生殖，可以提出这一问题，何以软骨鱼既不见雌性放卵，也不见雄性洒精，而非胎生诸鱼则见到它们雌雄两性分别从事于放卵和洒精。推究其故，这在于软骨鱼全族类皆不生多量精液，

---

①　τροχός 原义"轮"或圆形物；作为动物名称，希见于古籍，依《里·斯字典》拟为獭属兽。

②　ὑαινα，"鼷狗"，（Crocuta），中国古称"獂"。《动物志》，卷六、章三十二，所载形态较详，参看汉文译本注。该章说雌鼷狗于雌性生殖器官外另有臭腺囊（glandular pouch），在肛门下，形状大小近似雄狗阴茎。该章所解剖者大约是一斑鼷狗（笑獂，Crocuta crocuta）。此节下文所记鼷狗形态，柏拉脱，依莍洛苑尔与吕台寇尔，《哺乳类》（Flower and Lydekker, "Mammals"）541 页考查，拟为一条纹鼷狗（缟獂）（C. striata）。

③　黑海南岸赫拉克里亚（Heraclea Pontica）为墨伽拉城邦的殖民城市，东离博斯福罗海峡约 170 公里。Ἡροδώρος"希洛杜罗"，两见于《动物志》，563^a7，615^a9，盛年约当公元前 400 年，所著《赫拉克里志》，内容甚富而庞杂，今不传。

④　柏拉脱注，英国动物学会捕猎鼷狗记录，雄雌性别为数约略相等。

而且雌鱼的子宫位近躯体中部。软骨鱼类所蕴生的籽体较少，[1]　20
于这方面，这一类的雄与雌性两异于另一类的雄与雌性。但卵生
鱼类则雌鱼既以巨数放卵，雄鱼也相应而大量洒精。它们所具备
的生殖浆超过交配所需要的分量，自然乐意扩增这浆，借以助使雌　25
性不曾先行妊熟的许多卵，在它们既已外产之后皆得成熟。在先
前的讲述以及我们近日的讨论中，屡曾言明，鸟卵是在体内完成
的，鱼卵则在体外完成。后者固然有些像蛆生动物的方式，那些动
物所生的蛆较之鱼卵又更不完全。于鸟类与鱼类，两者皆须由雄　30
性来使卵达于完全，唯前者要在体内完成，雄鸟便施之于体内，而
后者既在未完成时业已产出，雄鱼就施之于体外；两者的效果是相
同的。
　　　　　　　　　　　　　　　　　　　　　　　　　　　　　35

　　　于鸟类，〈倘母鸡的风蛋尚在子宫之内而经公鸡踩上（交　757ᵇ
尾）〉，[2]风蛋就成为可孵化的；至于那些先经一个品种的公鸡踩过
而怀妊的母鸡〈若随后有另一公鸡踩上，〉则所怀卵转成后种。[3]
又，倘卵滞于生长，那么，如果让前曾踩过的那同一公鸡在间隔一　5
时期后重行和这母鸡交尾，它会使诸卵迅速增大。可是，复交尾不
是在卵生长的任何时期都能生效，再授精须在卵体发生重大变改，
即蛋白分离于蛋黄之前进行。但于鱼卵而言，这样的期限是不存

---

　　①　γονήν"籽液"这里两用于雄雌性的生殖物质。全句的实义是板鳃类的雄雌生
殖分泌两皆少于硬骨鱼类。

　　②　从 Σ 拉丁译文抄本 quando femina coierit existentibus illis ovis in matrice 增
〈　〉内分句。

　　③　参看卷一，730ᵃ8。

10 在的,雄鱼总是赶紧地向卵团上洒精,使它们得以成活。因为这些卵不分为两色,所以,这里就异于鸟卵那样,而毋须有规定的期限。这事实是切符于我们所预想的,当白与黄互相分离的时刻,鸟卵中就已含有那来自雄性亲鸟的生原了,①雄鸟于生殖所作的贡献就是这个生原。

15 风蛋之行生殖只能抵达它们本身所可能发育的限度而止。要它们完成为一动物是不可能的,因为一动物须得具备感觉;②至于灵魂(生命)的营养机能则雌性像雄性那样也是所固有的,而且如屡曾言明,这实际是一切生物所统有的,由此申说,卵本身③所能

20 完成的只有如一枝植物的胚体,作为一动物而论,这就不完全了。若说鱼类中确有些品种具有不假效于雄鱼而行生殖的功能,又,若说鸟类中也有无雄性的品种,那么鸟卵也可像那些鱼种而生成活鸟;但,如前曾言明,这些特殊的鱼种的真相还是未经足够精确的

25 观察的。④ 按照现实,一切鸟类都有两性之别,这样,作植物而论,鸟卵是完全的,⑤但它不是一支植物,这就毕竟不是完全的;而且

27 它实际上什么都不会化成;它既不像一支真正的植物那样简单地着籽,又不曾像一动物那样做过交配。可是在白黄已分离后而行

---

① 亚里士多德假想寄托于精液的雄性生原,在既经交配的雌鸟当卵体分成白黄两部分时已存在在蛋白之中;此后再行交配,后来雄性精液不复能进入蛋白。现代胚胎学验明鸟卵受精实在卵体自卵巢入于输卵管以前,在左侧卵巢的伞部,于卵黄表面形成种胚。受精卵然后沿输卵管转移时,外包以蛋白,最后包以石灰质卵壳。关于雄性生原的作用参看下文767ᵇ17。

② 感觉灵魂出于雄性亲体,参看上文735ᵃ35。

③ αὐτοῦ "本身的",从柏拉脱校作 αὐτό "本身"。

④ 见于卷二,741ᵃ34—37。

⑤ 从柏拉脱,移这里一分句接合于这节的末句。

交配所产的鸟卵,所孵成的品种还属于原先交配的雄鸟;因为它们
业已含有了所需要的两项原理(灵魂),^①所以在第二次受精时,它　30
们不再改变了。

　　章八

　　软体动物(头足类)如乌贼(墨鱼)及其相似诸种属和软甲动物
(甲壳类),如蝲蛄(多棘虾)^②以及与之近亲诸种属也以相同方式
生殖其子体,它们也须经过交配而后产卵,这些动物的雄雌为偶尔　35
行媾合是常被见到的。所以,那些人说一切鱼类都是雌性,不经交　758^a
配而产卵,从这些动物的情况看来,也是显然无知识的。知道头足
类与甲壳类经交配而产卵,却设想鱼类乃不行交配直是一件怪
事;^③若说他们不知道那两者的交配,那又足征他们的不学无术
了。这些动物的媾合历时长久,有如昆虫的交尾,它们都是无血而　5
体质凉冷的,这就自然需要长久的时间。

　　于乌贼(墨鱼)与枪鰂(鱿鱼),因为它们的子宫分支而形似双
宫,卵团也显如双分,而八腕(章鱼)的卵则显如单团。^④　推究其　10
故,这是由于章鱼的子宫形圆,作球状,在充盈了卵团以后,分支处

---

　　①　雌性原已有"营养"灵魂(植物生命),加之来自雄性的"感觉"灵魂(动物生命),
而兼备两原理,这就可得生成而为一"动物"。

　　②　参看《构造》,683^b25,κάραβοι 多棘虾为亚里士多德甲壳类四目之一,相当于俗
所称蝲蛄。

　　③　鱼类在亚里士多德动物系统的自然阶梯上处于比头足类与甲壳类较高的等
级,而性别与交配生殖为较高级的胚胎学征象;人们今作相反的设想,故云 θαυμάστον
"怪事"。

　　④　参看卷一章三,717^a3—10 及注释;与上文相校,这里似乎于原有解剖记录有
所迷误了。

就隐约不明了。蝲蛄的子宫也是两分的。所有这些动物也产不完
全卵,其缘由与鱼类相同。于蝲蛄及与之相似诸种属,其雌性把所
15 产卵收容于自体而身为之护持,故雌性桡脚,为了护卵之故,较雄
性桡脚为大;头足类产卵则遗之于体外。其雄性在雌性〈所产
卵〉[1]上洒注它们的浆液(精液)有如雄鱼洒精于鱼卵上那样,卵团
就成为固结的凝胶体,[2]但于蝲蛄及与之相似诸种属不见有这样
20 的举动,因为蝲蛄卵(虾卵)藏在雌性体下,而且具有硬皮,向之洒
精自然是没有可能的。[3] 甲壳类与头足类这些卵两皆在产后,像
鱼卵那样增大(生长)。[4]

乌贼胚体在发育中,凭它的前身系属于卵,因为这动物的前部
(头颅)与后部(尾闾)列在同一方向,[5]唯有这一方式可能发育。
25 你须在《动物研究》中查看一张图片,图上示明小乌贼发育中的位
置和形态(构制)。[6]

章九

我们现在已讲过那些行走、飞翔与游泳的其他诸动物的生殖;
按照我们预订的讲授程序,[7]尚有节体(虫豸)类与函皮(介壳)类

---

① 从《动物志》,550ᵃ13,增〈 〉内字样。
② 参看动物志,卷五,550ᵃ13。
③ 甲壳类皆有外交接器官,行体内授精,实不洒精。虾卵为中黄卵(centrolecith-al egg)卵质与胚泡在中心,卵黄在外围,卵膜较鱼卵膜为硬。
④ 参看755ᵃ27 注。
⑤ 参看卷一章十五,720ᵇ17—20。
⑥ 参看《动物志》,卷五,550 ᵃ10—26及汉文译本附图。乌贼胚体发育时头部与漏斗孔附着于卵表,头部日长,卵体日缩;腕肢蜷曲在胚体周遭。
⑦ 卷二章四,737 ᵇ8—28(?)。

须待陈述。让我们先说节体动物（昆虫）。在先曾观察到这些动物，有些交配以行生殖，另些则由自发生成；另外，又曾观察到它们 30 生蛆，以及何由而生产这样的蛆。似乎一切动物都在某种程度上 先形成一个蛆，因为胚体在最不完全的阶段就类似蛆的性状；①一 切动物，虽是胎生和那些出产完全卵的动物也不例外，原始胚体在 35 未分化有各个构造之前先行扩充（生长）其体积；这里，蛆的性状恰 正是这样。过了这阶段之后，有些卵生动物便产作完全形态的卵， 另些则作不完全形态，在体外继续发育而达于完全，有如上已屡经 758ᵇ 叙述的鱼类。于内胎生动物，原始胚体的最初形成在某种意义上 也是蛋样的；在一纤薄的膜囊内储着浆液状物质，恰似一个除了外 壳的卵，所以人们称这一阶段早产的死胎为"流产"ἐκρύσεις。② 5

在节体动物（虫豸）中，那些确乎实行生殖的，出产一蛆 σκώληξ，那些出于自发生成而不出于交配的产物，其始生也出于这 样性质的一个生体。我所说前者产生一蛆也包括蠋（蚕或蠖）以及 蜘族的产出物，这些都该认作是一种形式的蛆。可是，由于它们的 10 圆形（球状），这类幼体的某些种属以及其他许多种属可能被推想 为卵的类似形式，但我们必不可凭形状以为断，也不可凭软与

---

① 虫类的籽体今也称卵。亚里士多德称之为 σκώληξ"斯库里克斯"（vermis 蛆）的，统指各种昆虫由卵孵出的幼虫。许多虫卵才离母体就成为能活动的幼虫，如蛆、孑孓、蜣螂、蚕、蠋、蠖、蛄蝼都是的。在亚里士多德当时看来这些都从母体直接娩出，故称昆虫为"蛆生动物"σκωληκοτοκεῖ。诸蛆生长期间形态浑朴，他类之于未具构造的初期鸟胚在母体内的生长。幼虫长足，结茧蛰居，他才类之于成卵；迨成虫具有六足四翅，经全变态而破茧飞出，亚里士多德视同鸟雏出壳。

② 参看《动物志》，卷七，583ᵇ12。这里以鸟兽胚胎相喻，所说膜囊当指胞衣，所说其中浆质当不是羊膜水（liquor amnii）而是胞衣的内涵物。

硬——有些种属所产物是硬的①——以为断,所以为蛆的实际是
15 它们的整体变化成一新生物的全身,这新生物不是从它们的某一
部分发展起来的。② 所有这些属于蛆性的产物,在生长进达它们
具足的形体,然后转成卵的一种式样,③包围它们的外皮硬化起
来,这期间它们躺着全然不动。于蜜蜂与胡蜂的蛆以及诸蠋(蛾蝶
幼虫),这情状是明显的。推究这缘由当在于它们超前了应有的孕
20 期而生产之故,从它们不完全的性状看来,正在增大其形体的蛆就
有如一枚软卵。④ 相似于此的还有其他一切从毛绒中,与类此诸
物中,以及从水中,⑤不经交配而产生的诸昆虫。所有这些虫类在
蛆态〈蠋或孑孓〉时期之后,它们便寂然不动,它们的外皮干结在身
体的周遭。随后,这外皮破裂,由此蜕出一个在它第三次演化⑥而
25 得以完成的动物,恰如雏鸟由破裂的蛋壳出世。大多数步行(非水

---

① 柏注,认为这分句系指758ᵃ20所说蝲蛄以及虾类所产卵为节体动物的硬卵实
例。但在亚里士多德生物分类中,虾蟹作甲壳动物,不入于节体动物类中。上文所说蜘
族,在亚里士多德分类的节体动物中与诸虫并列。那时尚未作昆虫纲与蜘形纲的区别。

② 这里所作蛆与卵的分别,确是甚为精湛的剖析,符合于现代胚胎学上卵细胞的
全裂(完全卵裂,holoblastic)与不完全卵裂(meroblastic)之别。前者整个卵内蛋黄少,
与卵质一同参加细胞分裂,发展而为动物幼体;后者蛋黄丰多,只其中一小部分参加细
胞分裂,发展为幼体,其余部分供作养料。

③ 以昆虫变态(发育)的蛹期喻为成卵,茧就相当于蛋壳;昆虫肢体在茧内分化成
形恰相似于雏鸟在蛋内的发展。还有,颇为巧合的,常俗所称"蚁卵"恰正是"蚁蛹"。

④ "软卵"指母鸟在卵巢至输卵管间的,尚未被覆着蛋白与蛋壳的卵。

⑤ 由毛绒中出生的昆虫,当指"衣蛾"(σης),参看《动物志》,557ᵇ2;从水中出生的
昆虫当指"蚊蚋"(ἐμπίδες),《动物志》,551ᵇ27—552ᵃ8,"蜉蝣"(ἐφήμερον),《动物志》,
552ᵇ18—23等。

⑥ τῆς τρίτης γενέσεως"它的第三次化生",这里指蛹期演变;这在近代昆虫学上,
以幼虫、蛹及成虫三态计,则蛹期为第二变态。下文759ᵃ3,τριγενῆ"三重性发育"当为
二重性发育。

居)的虫类具翼。①

　　另一点可以引起许多人为之惊异的事情实际上是十分自然
的。"蠋"(蚕或蠖)αἱ κάμπαι 起初进食,但过了蠋态时间以后,它们　30
不复进食,有些人称之为"蛹"χρυσαλλίδες 的,是寂然不动的。胡蜂
蛆与蜜蜂蛆的发展情况相同,只是它们在经历了这时间以后所生成
的,被称呼为"仙女"ώμφαι②。[而全没有这么样的事物。]一个〈鸟
的〉卵也有这样的素性,当它既已成卵,这就不再增大其形体,但在　35
初,它是生长的并吸收营养,直到〈白黄〉分化,达成为一完全的卵而
止。有些蛆(幼虫)自身内含有供作养料的物质,并由这些养料而得　759^a
以[这么样的]③扩充其形体,其实例可举示蜜蜂与胡蜂的蛆;④另些

----

　　① 758^b28,ὧν τὰ πλεῖστα πτερωτὰ τῶν πεζῶν ἐστίν,照柏拉脱译文,将 τῶν πεζῶν
"步行的"解作"非水居的"虫类。但柏注:水居昆虫类例如蜻蛉也一例是有翼的。这句
不符合于昆虫实况。贝克从 Σ 拉丁译文校订原句为"ὧν τὰ [πλεῖστα] πτερωτὰ τῶν πεζῶν
〈μείζω〉 ἐστίν""于这些动物,有翼的比那些步行的较大"。这样的叙述在这里也不切合
于上下文义。

　　② "水仙"或"仙女",指蜂蛹。柏拉脱揣想下文有多句缺漏,所缺的大意:蛆期与
虫期都进食而蛹期独不进食是可诧异的,但这实际上与鱼鸟胚体发展相似。鸟卵先在
母体内吸收养料而增大,成卵后即静止,化雏后,再进食而生长。鱼卵在海水中也是增
长的。昆虫所产幼体异于鸟卵而母体为之预储的供应。它"全没有这么样的事物",贝
克校订,认为"καὶ τοιοῦτον οὐδὲν ἔχουσιν",出于缮写错赘,加[　],删除了这一分句,上
下文义是较通顺的。

　　③ 依贝克 τοιοῦτον 加[　]。

　　④ 蜂蛆,例如蜜蜂幼虫贴附在每一蜂窝壁上,看似不做什么活动而日渐增大,实
际上却是工蜂时刻在挨窝地饲蜜并给水。而且照上文所订蛆(昆虫幼体)的定义就该
是整体地进行演化,它所由区别于卵的正在它个体内设有预储养料这样,这一分句实
与他素所持说相违。下文第十一章言及蛆的上部吸收下部转来的物质而生长。但,这
样的局部增张与局部萎缩,只能说是构造的改变,不能说是真正的生长。《动物志》,卷
五,章廿二,554^a28,说"蜜蜂每产一幼虫于窝内时,常附加以一滴蜜汁"。依此,亚里士
多德实于幼虫的受到喂饲,也稍有所知。

蛆则从自身之外获得养料,〈蝶或蛾的〉诸蠋(蚕或蟪)以及其他另些幼虫就是这样的。

于是,这里陈明了何以这些动物经历有三重性的发育过程,以及何故而它们在一度活动之后又归静息。又,这类动物中有些相似于鸟、兽和大多数的鱼类,由交配生成,另些,相似于某些植物,①自发生成。

章十

关于蜜蜂的繁殖是一个重大的谜。② 倘③鱼类中确有某些实例昭示着不经交配而产卵的生殖方式,那么凭有些现象看来,蜜蜂也很可能进行着这样的方式。群蜂的繁殖该当不外于这么些方式:(1)或如有些人所说,它们从别处搬来幼虫,若然如此,那么这些幼虫(蜂蛆)应或是出于自发生成或是它动物所生产,(2)或是由它们(群蜂)自己产生,(3)或是它们搬来一部分,又自产另一部分,这一方式也是有人主张的,他们说由别处搬取的幼虫只限于懒蜂(雄蜂)。又,(2)若说它们自行生殖则必有交配或不经交配的两途。苟取法于前者,这又该(甲)或是每一品种④各生殖其本种,

---

①　例如"槲寄生",见于卷一,715ᵇ28—716ª1。

②　参看《动物志》,卷五,章廿一,廿二;卷九章四十。亚里士多德于蜂类的繁殖之谜,穷思极索而竟未能阐明其真相。注意 760ᵇ31 所作结语。

③　贝刻尔本 ἐπεί "由于"或"因为"。从柏拉脱校订,改为 εἴπερ "倘……"所说某些鱼当仍指上文记载的鮨属。

④　亚里士多德所举蜜蜂三"品种":其一 μελίττη "蜜蜂",他有时称之为 ἐργατός "工蜂"(worker),实为同一个蜂群中的中性蜂,说得精到一些它们是卵巢未发育完善而不能生殖的雌性。其二 κηφήν "懒蜂"(drone),实为完全的雄性。其三,βασιλεύς "王蜂",实为发育完全而能行繁殖的雌蜂,也称"蜂后"(queen bee)。

（乙）或某一品种生殖其他品种（丙）或一品种与另一品种交配而行
生殖，——这里请举例以明吾意：（甲）（子）"工蜂"可与工蜂交而生　20
工蜂，（丑）懒蜂①也可自相交而生懒蜂，（寅）王蜂亦自相交而生王
蜂，（乙）或所有其他诸种全由一个品种，有如所谓"王蜂们"即"领
袖们"所生，（丙）或全由懒蜂与工蜂相配合而产生，因为有些人说
前者为雄，后者为雌，而另些人则说工蜂是雄，懒蜂是雌。

　　但，所有这些推想，若先凭蜜蜂的诸特性，再凭其他诸动物所　25
适用的较普遍的常例为之论衡，则上述各方式都是不可能的。②倘
说它们不自生产其幼虫而专从别处去搬取，那么，如果它们不去搬
走，蜜蜂就该在老蜜蜂搬去其子体（蜂胚）的原处③生长。倘搬来
的子体能育成新蜂群，则任令留存原处总也不至于就此灭亡而不　30

---

　　①　κηφήν 这字本义不明；在希西沃图诗篇中取喻这蜂的既不工作而耗食储蜜，用
以称呼贪吃懒做的闲人（如《作业与时令》，302 等）。以后拉丁诗人如魏尔琪诗中的 fu-
cus，也转作了"懒汉"的绰号。盎格罗萨克森的 dran，德文的 drohne，丹麦语的 drone
原先盖取义于蜂飞时的声响，俗语也用以指懒汉；故译"懒蜂"。

　　②　亚里士多德时代希腊与地中海东岸小亚细亚地区养蜂业甚盛；但当时的蜂箱
不像现在的那么灵便，可以时时开看其中生活和繁殖情况。而蜂类的生殖确又特异于
它虫。当时一般养蜂家都未能精确说明群蜂的胚胎发育真相。亚里士多德归纳了许
多分歧而不合实际的叙述，凭他习用的分析综榷方法，加以研究，只偶一触及窍要，许
多推论仍是迷误了的。现代业已成为普遍的常识的蜜蜂发生实况是这样：后蜂（雌蜂）
在未经受精时能行"孤雌生殖"（parthenogenesis）；这种卵孵化则得懒蜂（雄性）。经雄
蜂授精的后蜂所产卵，凭喂饲的食料之别或为工蜂或为后蜂。工蜂中有些"保姆蜂"
（nurse）咽食花粉而转化之为蜂乳（今俗称"王浆"，royal jelly），它们吐出这"乳"以哺饲
处于大窝中的蛆（幼虫），这幼虫就长成为"后"蜂。一般以蜜与花粉喂成的则统是性器
官发育不全的工蜂。受精卵也是可以孵出雄蜂的。"工"蜂的发育期为 21 日，"后"16
日，"雄"24 日。所以在亚里士多德所拟的许多可能方式中（2）（乙）最切近于实况。一
蜂群在丧失其"后"（"王蜂"）而群内又无可以育为继后的幼虫时，工蜂便能行孤雄生
殖，但所产卵只孵成雄蜂。这样蜂群无雌，总归灭亡。

　　③　从 PZ 抄本作 ἐν τοῖς τόποις ἐξ ὦν。

复繁殖吧？无论那些子体是从花卉中自发生成或由另些动物诞生
了它们，在原处正该与在新巢中一样的发育。又，倘说这些子体
（蜂胚）实出于其他某种动物，则那一动物实该生产本种子体，[①]不
35　应生产蜜蜂子体。又，或说它们该是在采集〈花〉蜜，[②]这才是合理
的，因为这正是它们的食料；[③]但那些所谓子体既非它们的宗嗣，
又不是本群的食料，若说它们会收取这样的事物，这正是古怪。它
们这么忙碌着，抱有什么目的？一切动物固皆不惮烦劳于育幼的
759ᵇ　工作，它们所由效其辛勤的，都各各形肖是它们自己的儿女。[④]

　　　可是若设想蜜蜂（工蜂）为雌性，懒蜂为雄性，这又是不合理
的，因为自然于任何雌性例不赋予作战的武器[⑤]，而懒蜂却无刺，
所有蜜蜂（工蜂）则皆有刺。相反的意见认为蜜蜂（工蜂）是雄，懒
5　蜂是雌也不合理，因为诸动物的雄性不习于保育儿女的工作，而蜜
蜂（工蜂）们却正在做这些事情。[⑥]又，一般地，由于懒蜂幼虫虽在
内无成熟懒蜂的蜂群中也见到它发生，而蜜蜂（工蜂）则在该群内
如无王蜂便不会发生[⑦]——有些人说蜂群中只有懒蜂蛆是从外面

---

①　"同种相生"συγγενής，参看《动物志》，539ª26 等章节；"亲子相肖"όμοιότη 参看
本书 721ᵇ20—35 等章节。

②　原文 τὸ μέλι"蜂蜜"（mel），严格地说，应是采集 νεκτάρ"花蜜"（nectar），花蜜在
工蜂的蜜囊中转化为蜂蜜。

③　SY 抄本无"因为……"分句。

④　形肖儿女应指本生儿女。动物中只有某些蚁群为例外。有些蚁群确已习于掠
取它蚁群的蛹，培育之以为本群的工蚁（蚁奴）。

⑤　这些常例也不能成立为动物界的普遍规律；现代昆虫学就已知许多种属雌性
具有攻击武器，也知有许多雄性虫豸担当着饲育幼虫工作。

⑥　希西沃图，《作业与时令》302，尝称懒蜂为 κόλουροι"截尾蜂"（"除了刺的"）。

⑦　工蜂在失王（后）的蜂群内能行孤雌生殖而产雄蜂，但不能产出工蜂与雌蜂，这
里的观察记录在古代养蜂业而论，是很精细的。

搬来的凭据就是这一情况——这样,它们显然不①是交配的产物, 10
或(2,甲,子)蜜蜂与蜜蜂,或懒蜂与懒蜂相交,或(2,丙)蜜蜂与懒
蜂相交都不合是懒蜂的来源。说它们在诸蜂中(1)独由外面输入
懒蜂幼虫,照曾已讲过的理由,也是不可能的;而且在全族中,单举
某一种施行某一生殖方式,却说另两种不行相似的方式,又是不通 15
的。这里,又,要说蜜蜂之间有些是雄种,另些是雌种也是不可能
的,动物诸种内的性别是具有分明的差异的。而且若然如此,它们
就会得相配而产生蜜蜂自己的品种了,然而照人们②所说,蜂群中
如无领袖蜂("王"),蜜蜂(工)蛆(子体)是绝不会产生的。关于蜜
蜂的自相配或与懒蜂相配,即一个种单独的相配或种间互配这两 20
设想,这里也有一个反对的论证:它们之间倘确有性别存在,便应
常被看到交尾的情况,然而直到如今,谁都没有见过它们在媾
合。③ 于是,若说它们(诸蜂)是交配产物,那么,仅可有的方式只
能是(2,甲,寅)王蜂相配而生诸蜂。④ 但于懒蜂而言则虽无领袖 25
蜂存在,也曾见到了它们的出生,而这些幼虫又不可能是诸蜜蜂

---

① 从 Z 抄本校补 οὐκ。

② 当即 760ª3 所说的养蜂者。

③ 在作蜜蜂生殖可能诸方式的设想中,竟没有提及王蜂(后)与懒蜂的交配,以及
王蜂(后)与工蜂的交配这两项。柏拉脱揣想亚里士多德因鉴于蜂群中若无懒蜂,蜂蛆
仍可不断产出,故断定懒蜂无与于生殖。鉴于蜂群中工蜂甚多而从不曾见到它们与谁
交配,故又断定工蜂也无与于除了懒蜂以外的诸蜂的生殖。这里所说工蜂与工蜂,工
蜂与懒蜂之不相交配,当然是确实的。后蜂与懒蜂的交尾,在后蜂的生平只做一次,这
是在分封飞行时,于空中进行的,所以不为当时的养蜂家所察见;《动物志》,卷九章四
十,625ᵇ7—11记载了"分封飞行",(swarm flight)竟不曾了解这也是蜂群的"婚礼飞
行"(marriage flight)。

④ 蜂后产卵真相参看 759ª26 注。本章关于蜜蜂生殖问题发生许多周折的关键,
全在古初养蜂家对于蜂群的分封飞行时蜂后与雄蜂交配的失察。

（工蜂）从别处搬来，也不会是诸蜜蜂（工蜂）自相交配的产物。于
是，这里仅可有的方式只能取例于某些鱼种，诸蜜蜂（工蜂）该是不
30　经交配而产生了懒蜂，诸工蜂于生殖功能而言确乎是雌性，但伴同
其雌性，却又有如植物的情况，兼含着雄性因素。所以，它们也具
备有防卫的工具（尾刺），为此故，我们于这种不存在分离的雄性的
动物就不该称它是雄蜂了。于是，懒蜂正应是非交配产物的一个
35　实例了。可是，若然确认这是真的，那么，蜜蜂（工蜂）与王蜂也该
760ᵃ　取相同的方式，也该可不经交配而出生。现在，如果蜜蜂幼虫曾当
王蜂不存在时，于蜂群中发现，这就必然是由诸蜜蜂（工蜂）不经交
配而产生的了，但事实上，那些从事于管养这些动物的人们却否认
有这样的情形，那么，这还该是王蜂生殖了它们的本品，又生殖了
蜜蜂（工蜂）。

5　　　蜜蜂原是动物界中一个特殊的异乎寻常的品种，它们的生殖
也显见是特殊的。蜜蜂不经交配而行生殖这事犹可援例于其他动
物，至于它们所产竟不是同品（种）的幼体，这就正是独特，试观〈不
经交配而行生殖的它动物，如〉红鲭所产固仍为红鲭，康那鲭所产
10　固仍为康那鲭。① 推究起来，蜜蜂的生殖方式是不相似于诸蝇以
及相类诸种属的，它们由领袖们行其繁殖，而这些领袖于品相异却
又是和它们为相亲近的同一个种。所以它们的生殖方式安排有一
个比例系列②。〔领袖蜂于体型大小而言相似于懒蜂，于具有尾刺

---

①　见于卷二，740ᵃ36，本卷755ᵇ21。
②　关于王蜂（雌）、工蜂（中性）与懒蜂（雄）生产数的这一"比例系列"ἀναλογία见
于下文27—33行。13—26行间似乎有人插入若干语句重复的注释，而晦蔽了议论的
进行，从奥-文与贝克加〔　〕。

则相似于蜜蜂（工蜂）；也就是这样，蜜蜂以尾刺肖其领袖，而懒蜂 15
以体型肖其领袖。]这里，本品各常生本品，全群将都是领袖蜂，但
这就不可能维持蜂群各品间的比数了①；因此它们该作某些错综。
于是，蜜蜂（工蜂）便肖似（同化）了王蜂的[生殖]功能②，懒蜂则肖
似（同化）了王蜂的体型。[倘懒蜂竟也具刺，它们也将成为领袖。
但照现今的实况③，关于蜂胚的迷惑有些部分可得解释了④，领袖 20
蜂原来就兼似那两品，相似于工蜂而有刺，相似于懒蜂而体大。]但
领袖蜂也必须是从某些蜂产生的。这，既不从蜜蜂（工蜂）也不从 25
懒蜂产生，就必然是由它们的本品产生的了。于是蜜蜂的生殖方 27
式就该是这样的：领袖生产它们的本品，但也生产那另外的一品，
即蜜蜂（工蜂）；跟着，蜜蜂相应地只生产另外的一品即懒蜂，而不
再生产它们的本品，〈按照比例系列〉这是不容许的了。自然总是 30
为万物立其秩序，遵循自然的常规，于是，懒蜂相应地，虽欲生产其
本品，也是必不容许的了。我们所发现的实况恰正就是这样，懒蜂
自己固然是出于生殖，而本身竟无所生殖；这种生殖方式的比例系
列就在到达了第三项时而终止。自然安排得这样良好，让蜜蜂三品 35
常得延续其存在，哪一品都不至于亡灭，虽然它们不都能行生殖。 760ᵇ

又，蜂群在晴季采蜜增多，懒蜂幼虫的出生也多，但在雨季则
可见到普通蜜蜂的幼虫为数旺盛⑤，这一事实也是合乎自然的。

---

① 如果王蜂专生王蜂则蜂群便无工蜂，那么原可由工蜂生殖的懒蜂也不会有了。
② δύναμιν "功能"指防御用的尾刺，不指生殖功能，从贝克删[καὶ τῷ τίκτειν]。
③ 这里疑有阙文。
④ 原文 λείπεται "仍旧遗留着"，从柏校，改为 λέλυται。
⑤ 雨季蜂群不能外出采蜜；窠内储蜜消减时，工蜂常咬杀雄蜂及雄蜂幼虫，借以
节省食粮，相形之下，工蜂幼虫转觉盛旺了。

5　水湿使领袖蜂的体内形成更多的剩余物质（生殖原料），而这在群
蜂便须待之晴天，因为它们体型较小①，所以比之领袖们更需要晴
暖。这也是适当的，诸王，如所造就②，本是旨在生殖，该应留居窠
内③，免于觅取一切供应事物的辛勤。它们躯体特大也是该应的，
10　事实上它们的躯体是按怀孕的目的构制起来的。懒蜂缺少外出觅
食时准备作战的武器，而且它们体态松缓，这自然就得闲着了。但
蜜蜂的体型介于其他两品之间④，这是有利于操劳的，它们作为工
蜂，不但养育了全群的幼虫而且还供奉着它们的父亲。⑤〈以下两
15　事〉与我们所作生殖方式的推论相符契，（一）蜜蜂（工蜂）们侍奉它
们的王，因为它们原是诸王的子嗣，——若说这不是事实，把它们
戴作领袖就不合理了，——（二）它们不让诸王参加劳作也出于尊
20　敬父辈的缘故，懒蜂是它们的产物便得受它们的惩罚，于游荡而不
从业的子女加以惩罚毋宁是正直的。事实上，领袖蜂为数稀少而
产生为数巨大的群蜂，盖相似于狮属方面所见的生殖情况，狮先产
五子，嗣后每胎减数，末胎只娩一狮而随后就不育了。⑥这样，领
25　袖蜂先产多数的工蜂，随后才生少数几个本品；王窠都在最后建

---

①　从 P 抄本，ἐλάττω γὰρ ὄντα.

②　依通俗本，ὥσπερ πεποιημένους "如所造就"这短语，柏拉脱认为应删除。

③　"旨在……一窠内"，依 P 抄本 ἐπὶ τῇ τεκνώσει ἔσω μένειν 译。

④　柏注：人类中身手最健的良好工人总是体态既不宽肥而也非矮小的身材；依
此而论，这里所说中间体型强于劳动，当是有所本的。但于蜜蜂群而言，他已在上文陈
明工蜂比王蜂和懒蜂皆为较小；那么这一句该是抄本有错误。贝克于这全句加[]。

⑤　柏注：蜂后能行孤雌生殖，在亚里士多德看来，这类于植物的一本而兼备雌雄
两性，故可称母，也可称父。

⑥　参看上文 750ᵃ32。

置，为数是稀少的①；于是王蜂的幼虫较之工蜂的幼虫就为数较 760ᵃ
少了，但自然在数量上有所删选的，她补偿之于形（体型）这方 26
面。

关于蜜蜂的繁殖，凭理论为之推想，更从所征信的事实以为佐 760ᵇ
证，所昭示的真相就是这样。可是，蜂群生活的实况是尚未充分明 26
察的；后之来者，将益穷究它们的事情，真理苟托之于推想（理论）， 30
毋宁归重于观感②，理论只有在它们符合于观察所得的众例时才
能成立。③

[另一事实可以举为蜜蜂是未经交配的产物之征象：蜜蜂幼 35
虫在各窝中显见是细小的，而凡由交配而行生殖的诸昆虫，其亲虫 761ᵃ
皆媾合（交尾）甚久而后随即产出蛆性的子体，这些子体形状是相
当大的。]④

关于与蜜蜂为近亲的诸动物，如安司利尼（黄蜂）与胡蜂⑤的
生殖，所知一切实例都在某种程度上相似，但像蜜蜂族那样的特殊 5

---

① 从贝克校，把760ᵃ26行移接于此。蜂群分封后，工蜂造巢确先构许多工蜂
窝与若干雄蜂窝，然后筑一个或几个较大的窝。后蜂产在这大窝的卵，初不异于它
卵，但经保姆蜂喂以蜂乳后，育成的新蜂后，体型不啻倍于工蜂。

② 这一节的论辩盖针对着柏拉图学院的意式（理念）论者而作的。柏拉图重"理
想"或"理论"，论事辄以理想为优先，而以"感觉"为次要。

③ 奥-文校译本以显著的重体字模排印这一节。柏拉脱注：在学术的启蒙时代那
些冒充的亚氏学者常因维护亚里士多德议论及记载而拒不承认许多科学上的新发现，
说这些新说违背他的遗教。实际上他们该重温这一节告诫，亚里士多德复生，应不取
他们的拥护。而且他们也该重读亚里士多德的著作。好些新事，他们认为违背他的论
著，经仔细检点往往是实不相忤。

④ 从贝克加[　]。

⑤ ἀνθρηνῶν καὶ σφηκῶν"黄蜂与胡蜂"，关于这两名称所涉及的诸种属，参看《动物
志》，卷九章四十一，627ᵇ23—24注，628ᵃ30注，章四十二，628ᵇ31注。

方式,它们却是没有的①;它们原就没有蜜蜂的神性,照我们想来,生殖方式自然也必相异于蜜蜂。这些种属由所谓"母蜂"αἱ μήτραι
生产幼虫,②并由母蜂造作蜂窠的最初部分;但它们是经交配而行
10　生殖的,它们的媾合是常被看到的。关于这些种属间相互的差异以及与蜜蜂间的差异必须借助于《动物研究》中的有关记录加以考察。③

章十一

　　讲过了一切虫豸的生殖之后,我们应陈述介壳(函皮)类的生殖了。它们的方式也是与其他各类部分相似而又部分不相似的。
15　这同我们的意想是符合的。介壳类比于动物而言它们近似植物,比于植物而言则又近似动物,从一方面看来它们是由精液生成的,但从另一方面看来,这却不是的,而且它们有一式是自发生成而另一式则为本种孳生,它们各种属有些取径于后式,另些取径于前
20　式。由于它们的性质相应着植物的性质,所以在陆地上只有少数几种介壳类属,例如陆蜗与任何其他与蜗相似的稀罕种属,有些地方或且全无介壳动物;但在海洋中以及与之相似的水域中,各种介壳动物,形形色色,可真繁多了。但植物界在海洋和海洋的区域中,只有少数代表种属,或者几乎可说没有;所有草木都生长在陆
25　地。植物和介壳类(螺贝)是可以相喻(作比)的;它们之间的比例

---

①　亚里士多德大概以蜜蜂蜂后的孤雌生殖为它蜂所不可有的特殊现象。实际,胡蜂科及其他许多种动物在某些境况中都能行孤雌生殖。

②　参看《动物志》,628ª30。

③　见于《动物志》,卷九,章四十一,四十二。

关系在于：液体比固体，亦即水比土，为较富于促发生命的功能①，
螺贝与草木之间的性质就与此相符应，所以介壳之为物，它们相关
于水者恰如草木之于土，这样，人们可以说植物就是陆生的蚝蛎而 30
蚝蛎则为水生的草木。②

　　也由于这样一些原因，在水中的介壳类比之在陆上的，在形
式上较富于变化。水的性质比之于土较富于适应的功能，而其中 35
也不怎么缺少实质，这对于海洋生物来说尤为确切，至于淡水，虽 761ᵇ
然味甘而可怡养，却内涵较少的实质。于是，无血而非热性的动物
就不会在湖泊中，也不会在冲淡了的微盐水域发生，或仅能偶尔发
生，但到了礁湖（海湾）内以及入海的河口③，如螺贝，如鳝鲗，如虾
蟹，全部无血而属凉性的这些动物就发生了。这些动物寻取太阳 5
的温暖同时也愿得有食料；这里，海域不仅有水而且较之江河湖泊
内涵更多的实质，又还具有热性；海于世界的各个部分，水与气与

_____

　　① 761ᵃ28，761ᵇ3—8 所说液体与海水富于促发生命的功能，这种设想由来甚古。
亚那克雪曼德（Anaximander）尝谓人类源出于鱼类（参看普卢太赫，《会语》Plutarch，
"Symp."viii，8，4，730E）。生命先从海中或水中发生而后及于陆地，这在近代的古生
物学上可算是肯定的了。近代比较解剖学与比较胚胎学也注意到海生脊椎动物与陆
生脊椎动物的血清，经化学分析所得的成分两皆甚为接近于海水的成分（含盐量）。
　　② 贝克注释：亚里士多德心中所揣想的生物-物理体系为（一）土-植物，（二）水-介
壳（螺贝），（三）气-陆生动物。依 761ᵇ16—23，还可有（四）火-月生动物。但亚里士多德
自己于火性动物，如《动物志》，卷五章十九的"火中蝶螈"并不确信其存在，下文的月中
生物显然只是一种悬想。但这第四界生物于这一章的论旨，实非重要。这里所举"比
例关系"可列为：
　　介壳类：水＝植物：土；
　　或介壳类：植物＝水：土。
　　③ 《动物志》，卷八章十三：说河口浅海，盐水冲淡之处，以及黑海因容受四面流入
的淡水而减少了盐分之处，皆有利于水族的繁殖，于介壳类尤甚。与此节所说有异。

土①,都参有一份,所以它于相关这些元素而分别产生的各类(一

10　切)生物②也各参有一份。植物原属土界,水族原属水界,陆上诸
动物原属气界,但芸芸众生既于〈物质各元素〉为量的或多或少,
又,于〈所在地区〉的或近或远③,演化而为难以点数的变异与令人

15　惊奇的差别。第四界的生物固应是相应于火元素序列的某些动
物,但这关涉到宇宙原质的第四项者该不能在这大地各个区域中
来寻求。火,永不曾显示它固有的本体,它所表现的形态常依附于
其他的元素,凡事物一经燃烧(着火),出现于当前的总是气或焰或

20　土(灰)④。这么一界的动物必须进而索之于月中,因为月亮正当
是远处于离地的第四轮天(序列)之上。⑤ 可是这些事物的研究当

---

①　海水内含有气,海水的较热于淡水,是为有"热气"进入之故;海水较重于淡水
是为有土质物含溶在内之故。关于古希腊这些物理-化学观念,可参看刚贝兹《希腊思
想家》卷一,534(英译本 Gomperz, "Gr. Thinkers")。

②　从柏,删去 ἐν τοῖς τόποις ζῴων"在这些区域的动物"字样。
海中生物,如藻属土界,鱼属水界,肺呼吸的鲸类属气界,所以说统涵三界生物。
依亚里士多德生物学陆地上与江湖中只各有两界;但淡水中实也有淡水鲸。

③　"或多或少"为"量",但这里指每一元素的多少,也指所含元素的多少,故兼
"质"与"量"之变。质与量为本体论十范畴之二与三;所在("处")为第六范畴。参看
《形上》,卷七,章一,章十。

④　古希腊人以火与地(土)、水、风(气)同列为物宇宙的四元素(四大)。亚里士多
德这里说到了"烟原"实在土、气、水另三元素之中,业已接触到着火的真相。但于这百
姓日用的事物之进一步理解,还得等待很久。看看《构造》,649ᵃ22 一;《生灭》,331ᵇ25;
《气象》,卷一,章三与四;本书《附录》,若干名词释义,释元素。

⑤　古希腊天文学以地球为宇宙中心,恒星、五行星、日、月依离地远近挨次运行于
八重天球(轮天);地球底层为土质实心球体,周遭为大海,即水层,其上为气层(近代地
球物理学"石圈"lithosphere、"水圈"hydrosphere、"气圈"atmosphere 的区分与此相合
符)。希腊思想家另设想气层之上(外)还有有火层,他们先立了四大的观念,必得为那
另一元素找到着落,这么火就被安置在地球上的第三圈(轮天),挨次于更上的月轮天
(第四轮天)之下。(接下页)

属之于另一论题。

　　回到介壳类的本题,有些螺贝是自发生成的,有些从自身分泌一些具有生殖功能的事物,但这些事物有时也能自发生成。如欲 25
明了介壳动物的生殖,我们须得理解植物方面的情况;有些草木萌于种子,有些剪枝插接或压条以行繁殖,又有些例如葱蒜之属,其球茎部分会得出芽。贻贝的生产就取法于植物繁殖的末一方式,小贻贝常从亲贝的体旁苗长,但启里克斯(法螺或峨螺)、紫骨螺以 30
及那些据说能“做蜂窠”ϰηριάζειν 的诸种属则泄出成团的黏湿浆体,这些浆体好像是由一些精液(生殖原质)发育起来的。[①]可是,我们必不可把这些事物认作真正的精液,这些动物的繁殖法还是 35
参照着上述植物所行的方式进行的。[②]所以在一处一时,这些动物 762ᵃ
如果有一个发生,跟着就会出产许多。所有这些生物既然〈虽全无亲体亦〉能自发生成,于是,若已有些一旦先行存在于此处,便相应而可得大量的繁衍了。这是合乎自然的,原始的〈那些本螺〉总得

　　(接上页)本书 737ᵃ1 已确言火不能直接造作生物。这一节亦庄亦谐,是寓言,也是学术的论说。水属胜于土属,螺贝胜于草木。气属胜于水属,鸟兽(呼吸空气)胜于鱼虾(呼吸海水或河水)。挨次而益善则火属又必胜于气属。今世上(地球上)既不见有火生或火质动物,那么试问之天上的明月吧。

　　① “做蜂窠”实际就是峨螺、紫骨螺等在产卵。(参看《动物志》,卷五章十五。)若十分仔细地检察这“蜂窠”,可得见其中的籽卵,但在没有光学工具为佐的古人,这是容易失察的。亚里士多德还毕竟推想它是有关繁殖的事物。十八世纪的自然学家仍有误把这“蜂窠”当作另一品种的动物而为之题取了新的名称。(参看渥格尔《构造》译本,1882 年,绪言,xxviii 页。)

　　ϰῆρυξ(ceryx“启里克斯”),“响螺”或“法螺”(trumpet shell)属梭尾螺科(Tritoni-dae)。柏拉脱译作“峨螺”(whelk)属峨螺科(Buccinidae)。

　　② 植物可不假籽实而以草木本体的一部分,剪枝或球茎或根茎的侧出芽行繁殖,相喻螺贝的生殖物质只是其本体的某一部分或营养剩余,尚未经调炼为籽液。

5　各有些剩余营养分泌,这些分泌从它们各个本体滋出时,——新生物也随即从中发芽了。又,因为营养与营养剩余具有相似的功能①,那些造窠介壳动物〈所造作的蜂窠〉②就恰相似于植物的剪枝或根茎的侧出新芽③,这样,这是合乎自然的,同种(形状相同)的一新动物也正该从那营养剩余发生〈像从精液发生一样〉。

10　　　所有那些不"出芽"或"做蜂窠"的介壳动物都由自发生成。凡自发生成的事物,无论在土中或水中,其生成显然与腐化和雨水④的混合相关。因为在那事物的形成过程中,甘美的素质分离而入于那新生的事物之中,剩遗的杂质便归于腐化状态。任何事物(生物)都不会由腐化生成,而须由调炼形成⑤;腐化与腐化了的

15　事物只是那调炼成了的事物之剩遗。一事物之出于某一事物统都不会由那某一事物的整体生成,生成过程原不异于一艺术品的制作;倘生成是整体全部的转化,艺术将无所作为,但生成既实不如此,所以在艺术这方面,其功用就在删削无益或不良的物料,于生

20　物这方面,自然也施行着同样的功用。⑥

　　　动物与植物在水中与土中生成,这因为土中有水,水中又有

----

① 其义谓营养能增广峨螺肉体,则营养剩余也该能造就一新峨螺肉体。

② 从柏校,加〈τό〉。

③ 从柏校,改 οὐσίαν 为〈τὴν παρα〉φύσιν。

④ 雨水有促进自发生成的功能,见于《动物志》,卷六,520ª10 等章节。

⑤ 古代自然学家往往以某些虫豸为生于腐土,某些螺贝生于污泥。"腐草化萤"等说,也久传于中国。

⑥ 一动物是选择了某些物质,吸收之为营养而后得以成全的;孵化就不是整个卵转成一雏鸟,只其中一部分作转化。一块大理石必须凿削去若干部分才能刻成雕像。自发生成过程中,由雨水溶取土质及水质中的甘美部分,而纳入那一生成物,让坏恶部分残留着,这些遗弃物便腐化了。这里在辩正古代自然学家腐生论的谬误。

气,而在一切气中就存在着"生命原热"θερμότητα ψυχικήν,所以一
切事物,在这一意义上看来,无不充盈有灵魂(生命)。于是,任何
时刻任何事物一经涵蕴了这气与生命原热,便迅速地形成为生物。
当生命热这样纳入于事物之中以后,实质液体①就被加温,由此老 25
是上泛起一些泡沫。所生成的生物品种之或为较贵或为较贱,要
以所纳入的"灵魂要素"(生命原理 τῆς ἀρχῆς τῆς ψυχικῆς)的高下为
凭;这品种也得随生殖所由实现的介体以及内涵的物料而为等差。
这里,于海洋中,土质物料是大量存在的,介壳动物就因之而凝聚
这类物料,合成介壳的生命形式,土质在它们体周硬化而团结起 30
来,相当于它动物的骨与角——介壳和骨与角都不为火所熔
化——而内涵生命的本体则被包裹在壳内。

　　这类动物中只有蜗族常被见到在交配,但迄今为止尚未得充
分的观察,我们还未能确断它们的繁殖是否出于这些媾合。 35

　　我们倘乐于遵循研究学术的正途,这里该询明,在这类动物 762ᵇ
中,相应于"物质要素"(原理 τὴν ὑλικὴν ἀρχήν)的形体是怎样生成
的。〈于交配而行生殖的动物而言,〉物质要素寓于各种属雌性的
剩余分泌之中,来自雄性的〈灵魂(生命)〉要素(原理)一旦激动了
这出于母亲的潜在形体,这就发育起来而成就为那完善的新动物。 5
但这里,〈于自发生成诸动物而言,〉相应于这物质要素(潜在形体)
的将何所着落,而相应于那雄性要素的动因又该是什么,并将从何
处而引致?我们必须知道,虽是能生殖的诸动物,须得有吸收了的

---

　　① σωματικῶν ὑγρῶν"实质液体"指海水这类事物,内含多种土质,(761ᵇ9,
762ᵃ27);依现代化学,这就是一些"溶液",液内溶存有某些化合物。

营养而后,其体热才可制成剩余,而行调煮并分泌以为妊娠的开
10　始。于植物,这方面的情况相似,所异的只是草木——某些动物也
如此——无所待于雄性要素,因为〈与雌性要素〉已经一同混合在
它们的体内,至于大多数的动物则剩余营养分泌必须等待那雄性
要素。又,〈前〉一类生物的养料是土与水,另(后)一类则是土与水
的较复杂的组合物,所以〈大多数〉动物凭其体热作用于它们的营
15　养剩余所得的产物,于某些动物而言相应地当由所在环境暖季的
自然热协同着海水中的自然热一起调煮海水中的土质而使之生
成。灵魂要素的这一部分或得之于水中所含〈炁〉或从大气内分离
出来的〈炁〉,①用以构制胚体并致动于胚体(激使发育)。这里,凡
20　自发生成的草木,它们的成形方式是一样的;它们从某些事物的一
个部分发生,②其中某些事物作为植物的〈生命〉要素,某些事物则
为那新芽最初的营养③。……另些动物是以一蛆的形成产出的,
不仅那些不由亲体生殖的无血动物为蛆生,甚至某些有血动物,如
鲕鲤族某一品种与某些河鱼以及鳗鳝这一族也都有蛆。④ 所有列
25　举的这些动物虽只赋有少量的血,总还是有血动物,各具有内充血

---

①　具有性别的动物之妊娠或胚体曾被释为"两性性原体的混成物"于自发生成的
胚体,这里以未能详明的"水土"或水土组合物喻于雌性物体,以充塞于宇宙之内的
"炁"πνεύματι喻于雄性要素。作为生命动因的太阳热当由这炁含收而纳入于潜在生
体。

②　例如715ᵇ27所述"槲寄生"苗生于槲(或橡)的一部分(枝节),而吸收这枝节中
一部分的养料。

③　依文义承接,以下应述自发生成诸动物的相应事项,但下文却是不相应事项。
而且下句以 τὰ δὲ…"另些动物……"的后分句开始,不见 τὰ μὲν…"某些动物……"的
前分句;显然这里有较长的阙文。

④　参看卷二章五,741ᵇ1注。

液的一个心脏以为它们躯体构造的起点；而鳗鳝躯体所由发育而
成的所谓"地肠"便具有一个蛆的性质。①

于是，人们可以设想，关于人与四脚兽的源始，倘如有些人②
所说，它们真的出于"土生"γη-γενεῖς，那么它们的生成当取径于两 30
途之一途：或先造形为一蛆而后生成，或别由卵中孵化。它们就必
须（一）或是自身具足生长所需的物料——蛆就是这样的一个胚
体——，（二）或是从别处获得其养料，而供应若不由自身，则这当
是（1）或由母体③，（2）或由附丽于胚体的部分④。倘前一方式（一 35
或二，1）为不可能——这我意指营养自大地流入胚体，有如，于［其
他］⑤动物中由母体流入那样为不可能，——那么它们就只能（二，763ᵃ
2）从胚体的某些构制，获得这样的生殖，我们就说它是由一个卵发
展起来的。于是这就明白了，若说一切动物正有那么样的一个源
始，则合理的设想就该当初是一个蛆或一个卵，两者必居其一。但 5

───────────────

① 《动物志》，卷六章十五，570ᵃ15 言及在湿地或污泥中生成的"地肠"（γῆς
ἔντερον）蜕化而成鳗鳝。贝克注，这些泥蠕虫应为戈尔第（Gordius）圆蠕虫，实非鳗鳝幼
体。参看《构造》卷一章五 645ᵇ9 注，亚里士多德认为虫豸无红血，而有些蠕虫有红血，
故揣之为鳗鳝的幼体。

② 希腊古传有生物土生，人类土生之说。阿那克雪曼德说动物始于海涂污泥。
希罗多德《历史》，卷八，55，言及埃勒契色鸟（Erechtheus）为大地所生。恩培多克勒谓
最初自然（生物）形体由土发生，内含水火（第尔士《先苏克拉底诸哲残篇》，31B62,2,
B57,96,98）。参看本书 722ᵇ20 以下。柏拉图，《政治家》（Politicus），269B，也提及古传
有人类土生之说。参看亚里士多德《政治学》。

③ 其实例为胎生动物。

④ 例为卵生动物。柏拉脱认为这一节显见亚里士多德比较胚胎学欲从较低等的
动物溯寻诸物发展的源流，为进化论上极重要的文章，而这一节却一向很少为人所
注意。

⑤ 通俗本及贝刻尔本都有 ἄλλοις，从 PZ 抄本及柏译本删。

设想一切动物源出于卵却是两理中较欠于理的一途,因为我们在〈自然生成的〉①任何动物中都未见有这样的生殖方式,而另一个蛆式却在上述的有血动物②,也在无血动物中,实际察见了。有些

10　昆虫是这样生殖的,我们正讨论着的螺贝又是这样的;它们都不从某个事物的一部分发育,相异于卵生动物;它们都像一个蛆那样生长。蛆的生长是向上身,即第一原理所在的发展过程,下身则为上身供其养料。这与卵生动物的发育固也有相似之处,但后者在消

15　耗尽了整个卵之后才得孵生,而,于蛆,当上身取资于下身物料而为生长时,下身的构造就凭其余存的物料分化(发育)。养料储于下部原是合理的,一切动物〈不仅在早期〉也在发展的后期,都在躯体的中段(横膈或腰部或与之相当的部位)以下吸收养料。蛆的这

20　种生长方式在蜜蜂与其相类诸种属的实例上是明显的,其始它们的上身巨大,下身是较小的。介壳动物的生长详情与此相似。这于螺族的介壳螺纹③看来是明显的,螺在生长之中,螺纹总是在前部,即它的所谓"头部",愈长愈大。④

我们现在已经相当充分地叙述了这些以及其他的自发生成动

25　物的胚体发育形式。凭这里所说明的事实,一切⑤介壳动物皆出于自发生成是明白的了。船边沾着的泡沫污泥腐化时,介壳动物

---

① 从柏拉脱注释增〈 〉。

② 见于762ᵇ24。

③ 贝刻尔本 ἐν ταῖς ἑλίκαις "于介壳螺纹内",删 ἐν "内"字。

④ 通俗本及贝本 πλείους "愈多",当属谬误,从柏校作 μείζους "愈大"。螺族扩大其螺壳时,原尖端实际上就脱空了的;故壳体作锥形而壳纹若螺旋。又蜗螺行动时负其壳于背部,壳的尖顶向后,故称向前的壳口为"头部"。

⑤ 依761ᵇ25,介壳类应有些为自发生成,另些能行生殖。"一切"字样不合。

就着生于这所在。① 原先没有那称为"礁湖砺"②这种介壳动物的海滩,当这区域因缺水而转成泥涂时,这便会苗生。曾有一艘军舰在路得岛海上抛锚时,投弃了若干陶罐于水中,过些日子,污泥溷 ³⁰积在这些陶罐的周遭,人们就在罐中发现有蛎族。这里有另一事例足证这些动物本身不泄注任何生殖性事物;曾有某些契奥岛人 763ᵇ从累斯波岛的比拉礁湖③携带了若干蚝蛎移置之于浪潮相激的④海峡间,隔一时期后,它们虽是长得好大了,却为数并不更多。常俗所云蚝蛎的"卵体",相似于有血动物的脂肪,只表征这动物的身体健硕,是没有生殖作用的。⑤ 所以蚝蛎在这期间⑥确为腴美。下 ⁵述情况可以说明这一事物实际上不是真卵:在某些介壳类,如海瑶(玉珧)、法螺(或峨螺)与紫骨螺是时常见到内含有这样的卵体的,只是有时较大,有时较小⑦;于另些,如海扇、贻贝与所谓礁湖蛎,

---

① 柏拉脱揣为别是甲壳类的藤壶(barnacles),并非软体动物的螺族。

② 参看《动物志》,547ᵇ11;λιμνόστρεα"礁湖蛎",汤伯逊拟为"蜗蛎"(Ostrea cochlear)。贝克也因柏拉脱注而疑为藤壶。《动物志》,"藤壶"βάλανος 另与海鞘 τηθύα 列叙(535ᵃ25)。

③ Πύρρας τῆς ἐν Λεοβῳ"累斯波岛的比拉礁湖",在地中海东岸,米细亚地区海域,为亚里士多德中年最勤恳地研究生物的地区。下文的海峡 τῆς θαλάττης εὑριπώδεις 未知何处,疑为与累斯波岛相对的希腊帖撒利岸边的比拉海峡 Εὑρίπως τῶν Πυρραίων,这海峡屡见于《动物志》,也是亚里士多德收集水族标本的熟习地区。

④ 贝本 ὁμοίους"相似的";迦石译本 luto similia"污泥似的",则原文迨为 βιρβορώδεις;这两字与此句文义皆不合。Z抄本作 ὁμόρους"相邻的";柏拉脱因之校作 ὁμόρρους"浪潮相激(会合)的"。

⑤ 这些卵体,即下文所说春季可见的"卵体",实际上确是蚝蛎的卵巢与卵体。

⑥ 这期间为春季与秋季,参看《构造》,卷四,680ᵃ28。

⑦ 这些终年常见螺贝的"似卵体"实为闭壳肌的肉柱。参看《构造》,680ᵃ25,《动物志》,529ᵇ,1,12。

10 则不是时常而只有春季才可见到这些卵体，季节过后，这些卵体消
减，最后全不见了；这可证明春季有利于它们的生活，这时正长得
健硕。又，于其他介壳动物，如海鞘①，这些事物就全没有的。关
15 于末一族所涉的海鞘们的详情，以及它们发生的所在，需从《动物
研究》中查明。

---

① 　参看《动物志》，531ᵃ9—31 等节。海鞘，今不入软体动物门腹足纲；它们外裹
的被囊，异于介壳，另作脊索动物被囊亚门，海鞘纲。参看《动物志》汉文译本，动物名
称分类索引(七)。

卷（Δ）四

章一

现在，我们于所有动物诸类的生殖讲明了它们的共通情况，也 [20]
讲明了它们之间不同的各别情况。但，因为最完善的诸动物具有
"雄与雌"的别异，而且我们又言明性别为一切生物，无论动物或植
物的第一原理①，只是其中有些的性别已分离开来，另些则未经分
离，所以我们必须在这里先行论述性的成因（源始）。性别之为生
理本原实见于动物胚胎的早期，当一动物尚未完成其本族的形态 [25]
时，雄与雌的两态已分明构制起来了。②

可是，于一胚胎，当我们在官感上犹未能明识的时刻，竟怎么
而构制之或则成雄或则为雌？又，这种性别的分化究属是在母体
内进行抑或竟还更早就有所制作呢？这些直是引起了争议的问 [30]
题。有些自然学家（生理学家），如阿那克萨哥拉以及其他，就说性
别实始于种子的胚芽（胚子），他们说这性胚来自雄性动物而雌动

① 见卷一，716^{b}10。

② 参看766^{a}30—^{b}3。这在亚里士多德时代，只是根据某些或相关或实不相关的
征象所作的假想。近代胚胎学在显微镜下才检明孵化中第五天的雏鸡之性器官形状；
在这时期胚之将成为鸟形是完全看不出来的。这样，古希腊人的设想显得颇为中肯。

物只供应着让这籽芽发育的田地①，雄性子嗣出于右侧〈睾丸〉，雌
764ᵃ 性女嗣则出于左侧〈睾丸〉。[又，雄性胚体处于雌动物的右侧子
宫，雌性胚体则处于左侧。②]另些人，如恩培多克勒却认为性别分
化开始于子宫之中；他说，雄或雌的性别决定于所进入的子宫之或
为热或为冷，而子宫之为冷热则原于月经之或为较冷或为较热，即
5 "或较陈旧或较新鲜"。③亚白台拉的德谟克里图又说，性分化是在
母体内进行的；可是，一胚胎之为雌与另一胚胎之成雄不由于热与
冷，所由以决定性别的，出于籽液的一个部分〈不在全部籽液〉，胚
胎之为雄雌，依随于这个具有决定雄雌别功能的部分来自双亲那
10 一方的籽液作胚体的主导（优性）以为断。④这是较好的一个理论。
恩培多克勒看到雄性阴私与雌性子宫实际相异，认明了整个性
器官有关部分统必存在有巨大的差别，而犹设想性别只渊源于

---

① 生物传统专注于雄性的观念，盖盛行于古希腊；埃斯契卢剧本《降福女神》
（*Eumenides*），658，就见有这样的台词。相似的观念也流传于埃及等诸民族。亚里士
多德所持遗传思想介于这些俗传与诸古医家之间。参看尼特亨《胚胎学史》，25 页以
下。

② 这一句所说越出上句的论点，从贝克加[]。参看 765ᵃ22。

③ ἤ παλαιοτέραν ἤ προσφατωτέραν "或较陈旧或较新鲜"，造语殊觉古怪，似引用了
恩培多克勒的原文，恩常措含糊的辞语，以自神其意。柏拉脱释为：妊娠恰在行经之顷
或之后则生男儿，若在行经之后若干时日，则经血已转陈旧，便育女儿。

④ 德谟克里图持说盖相仿于希朴克拉底，设想雌雄种子（生殖分泌）内涵与双亲
各部分的每一构造相关的"诸"原子（atoms），这样的遗传原子，近世达尔文所拟泛生论
（pangenesis）中假设的"胚芽"（gemmules）与之相近。凭遗传原子的设想，德谟克里图
可得解释子女们何以某一容貌似父而另一部分似母的实况，如说这孩子成胚时的手的
遗传原子得之于父亲的手，故其手似父手。性别或性器官的异状也可作同样的解释，
男女籽体中各含有相应的原子，如阴茎原子为胚胎的主导，则成男性器官，如子宫原子
为主导则为女性器官。二十世纪遗传学见到了"染色体"（Chromosomes）后，所作雄雌
性别成因的推测还像是德谟克里图的余响。

冷热之差,这毋宁是疏阔的(轻率的)。试设想两个业已具型的胚
体,其一备有雌性一切构造,另一备有雄性一切构造;又设想这两 15
生体各被置入一个可以炉灶为喻的子宫,前者入于一个热灶,后者
入于一个冷灶,于是,按照恩培多克勒的虚想,那个本无子宫的胚
体会将转成为一雌动物而那本有子宫的却将转成为一雄动物。但
这是不可能的。所以,德谟克里图的理论于上两说中实为较佳, 20
他寻究到性别分化在生殖中的渊源所自,至少在这方面讲来他
是努力于阐明真相的;至于他是否已讲得尽善尽美,那自当别
论。

又,倘热与冷确是①这些部分〈即睾丸与子宫,主要的性别构
造〉②所以异构的原因(原理),那么支持恩培多克勒观念的人们应 25
该于此有所陈述;性别就本于这些器官之别,解释性别就该解释这
些器官的来源③。于是,你若本之温度(热与冷)原理进行性别的
说明,你的论证也就该显示这些〈主要〉部分的构制过程,并必须指
明当这动物为冷时,所称为子宫的这个部分就此形成,而当它为热 30
时则不形成子宫。于用作交媾的部分(外交接器官)既然也如前所
曾言,具有两相应的差异,也该作同样的说明。

又,雄雌双胞常在子宫的同一部位发现;这现象我们在所有胎 35

---

① 通俗本,贝本 κἄν ἦ "又,如当作……",依柏校,从 PSYZ 抄本,κἄν εἰ "又,倘确
是……"

② 参看 716ᵃ25—ᵇ3;764ᵃ31。

③ 这一节论恩培多克勒以冷热决定性别,却没有说清楚器官是否也因冷热而
分化。但通常言语中,离性器官的差异外,无可谓性别。所以柏拉脱等都认为这一节
的评议只是吹毛求疵。

生动物——兼及陆上的群兽与水中的诸鱼①的解剖中,曾经充分

764^b 地观察到了。现在,如果恩培多克勒未曾见到这一现象,那么他误

主于温度原理只是自然而然的;但他若曾见及,而仍还设想〈母体〉

子宫的或热或冷为性别成因这真是古怪的了,照他的论点这些胚体

只能或都是雄或都是雌,然而我们却明察到事实与他的设想不符。

5   又,他说,胚胎诸部分(构造)是"剖开"的,有些剖片在雄性亲

体,另些在雌性亲体之中,为此故,两性都有互求交配的欲望。②

若然如此,性器官的本体③〈睾丸与子宫〉,像其他诸构造那样也该

是各各分开的,而且它们在胚胎中的合成便无须借助于[籽液

的]④或冷或热(温度)了。详尽地讨论〈恩培多克勒所陈述的〉这

10 样一个旨意也许费时太多,这种旨意完全是随心所欲的幻想。⑤

如果关于籽液(精液)的实况有符于我们业经确切地叙明的情状,

如果说(精液)实不来自雄性亲体的全身而且这一雄性分泌原不供

---

①　这里当指哺乳兽类与软骨鱼类。柏拉脱揣亚里士多德所作胚胎解剖取资于猪
胎(参看 746^a18 注)与"光滑狗鲨"(参看 754^b33 注)。这一节的 διδυμα "双胞",盖兼"多
胞"而言,例如一个母彘孕有八个或十个猪胚,有些为雄,有些为雌,因为只举一雄一雌
就够提供为这里的论证,于是称之为"双胞"。

②　参看 722^b12,764^b17。恩培多克勒解释子女之兼类双亲,假想在亲体未交配前
已有微小的具形而"剖开"(διεσπάσθαι)的子女实体,分别存在于双亲体中。这看来像是古
怪的或有些滑稽,但近代胚胎学理论如"配子"(gametes)的想法还是与之相类似的。

③　τὸ μέγεθος 通常作"容积"(长短、大小等)解,此处作 σῶμα "身体"(物质实体)
解,其例见于本书 765^a13,以及《生灭》,321^b16 等。亚里士多德相反于恩培多克勒的观
念,亲体只能是胚胎的生殖原因或原理,不能预制其胚胎实体。

④　τοῦ σπέρματος "籽液的",从柏校,由下句内移此;但这短语在下句全不通,在
本句也不合,故加[ ]。

⑤　πλασμοτώδη "属于可塑性的",亚里士多德认为恩培多克勒的理论不是根据精
液与经血的实况推想起来的,是有如抟泥抟腊而制模的人们,随心所欲地捏造成功的。

应胚体以任何物质,那么我们的主张就必须反对恩培多克勒与德谟克里图两家之说以及任何执持相同论旨的其他各家。① 事实上,(甲)说[种子的]②本体"剖开着"存在,一部分留置于雌性亲体,另部分于雄性,如恩培多克勒所云:"诸肢的本原是剖开的,部分存在于男人……"③:这是不可能的。(乙)说一个装配起来的〈胚胎〉整体由双亲各取若干部分,而两方各部分的综合,随那一方的部分(器官或构造)强于(胜于)对方相应的部分而后决定其为雄或雌,这也是不可能的。④

又,较广泛的看来,说胚胎之所以为雌(女)性是由于较强的一个部分占优了之故,固然较善于全不思索而专主于温度之说;可是,由于外交接器官的形式依随内部性器官而作相应的转变,我们当要求于这一事实有所解答,何以这两部分〈阴茎与睾丸或相应的阴道与子宫〉总是在一起共生⑤。若说这是由于它们部位相贴近

① 恩培多克勒、德谟克里图、希朴克拉底以及后起的承学之士,于胚胎学虽各有所持而同为泛论者,统皆认为雄性亲体于胚胎也作物质供应;这与亚里士多德以雄性只供"生命之原"(灵魂)的理论根本相异。

② τοῦ σπέρματος 两字或删;或解作"胚胎的",如765ᵃ2 示例。

③ (甲)句驳恩说。引恩语,所缺漏的盖为:"籽液,部分存在于女人的籽液"数字。

④ (乙)句驳德说。德谟克里图想象两性的生殖物体为各肖其本身的微小的原子构造,雄雌两个生殖物体媾合后,若颜面诸原子雄性为胜,则雌性原子隐消,而胚胎发育后貌似父亲,若性器官原子雌性为胜则雄性原子隐消,而胚胎发育后的私处同于母亲,这样就有男貌的女人,反之也可有娟美的男子。近世生殖细胞或遗传因子(genes)等新论固然远较往时为精详,在思想途径上论,还当是德谟克里图陈语的翻版。

⑤ 沿上节末句,这一节继续辩难于德说。依德谟克里图相同部分的雄雌原子相胜之例,子女以鼻类其父,眼以母亲,那也该可以一个胚体内有睾丸而外作阴道,或相反而有阴茎与子宫的配合。但这不合事实。若说性器官内外两部分相贴近。故其构造必然相符应。那么人体或其他动物体的各个部分莫不挨次相贴近,苟有某一部分已为雌或雄性原子所取胜,那么胚体全身都该如母,或全身都该似父,世间便不应有鼻眼不同肖的实例。

之故，那么其他各个部分也该挨次而符应其性别，每一尚未决定其
优劣（强弱）谁主的部分总是挨近着一个先行决定了优劣有主的部
分的；这样子女（幼动物）就不仅该是或雌或雄，还得于性构造以外
的任何部分无不相应地或全肖其母或全肖其父。

　　此外，设想这些部分（性器官）该作为隔离的构造而生成，整个
身体无须与作相应的演变，这实是荒谬的。首先举血管而论，以血
脉为一构造的基型（模架）①绕之贴生全身的肌肉；要说这些血管该
凭子宫这部分为转变而具备某些素质（情状）②，这是不合理的，毋宁
子宫该凭那些血管而获致其相应的素质（情状）。这里固然各都是
某种血液的容受器③，但血脉总是先于那另一容器（子宫）；动因（致
动原理）必须先于被动的事物，它所以能成为生殖（胚胎发育）的原
因，正由于他本身具备某种主动素质（功能）。④ 所以两性间这部分
构造的相互差别只是相应而来⑤的附属现象；胚胎的第一原理以及
发育而或为雄或为雌的原因实不在此，而该是另一些事物⑥；这是必

---

　　① 参看 743ª2；《动物志》，515ª35。

　　② 血管行至性器官部分时，雌雄动物的脉络因子宫与睾丸形状相异而亦异。但照
亚里士多德的胚胎发展记录血管先成，下体的完成在后，所以说血管有待于子宫是不合
理的。

　　③ 子宫内储经血，血管内储周流的普通血液，故云同为某种血液容器。

　　④ 这里举出的胚胎动因是指"心脏"，亚里士多德于胚胎发育见心脏形成先于其
他部分，故以心为发育起点，由心脏而引伸血脉逐渐见到各部分随血管所到之处而长成，
子宫实是在胚胎发育的后期才能目见。这样血脉对后成的诸部分而言应为先，为主
动；子宫的本质应依从于血脉，不应是血脉依从于子宫。

　　⑤ συμβαίνει，"相应而来"的即"属性"，相对于下文，出于"本性"的第一原理。

　　⑥ 亚推衍德谟克里图的原子成胚说为性器官决定性别的结论，而后提出因果先
后问题，指明循循之说将得颠倒的结论。柏拉脱举斑马为例，斑马的条纹与其性器官，
构造同为一个生命有机原始体逐步发育的后果，无论其为一雄马或一雌马，两者都不
能作这一动物的先因。在近代遗传论中，两者都由前代生殖细胞递遗之于后代。

30

35

765ª

然如此的,即使雄性或雌性两不分泌什么籽液,而胚胎①的形成过程循从于你所想望的任何方式,这也得如此。②

我们用以检察恩培多克勒与德谟克里图的辩论也可引来批驳那些人们的"雄生于右,雌生于左"之说。③如果雄性于胚体的物质实无所贡献,那么这一观念就全无着落。倘依他们所说,雄(男)性确供应这么样的某些物质,我们当质之以先前批驳恩培多克勒理论,即"雄雌之分本于子宫热冷相异"之说时所作的质询。他们以"右与左"来说明性别成因和恩培多克勒的错误相同,虽则他们看到了雄雌之为别实际通澈于一切有关性态的构造;说胚胎只能是来从左方的形成为子宫实体,凡出于右方的就不能形成。这其故何在呢? 如果一个来自左方〈睾丸〉的胚体不曾具备这一部分(子宫),这将成为一无子宫的雌性,相应地,这也绝不能避免发生一个无子宫的雄性胚胎。[此外,如前曾言及,子宫右侧曾见到一雌性胚胎,左侧曾见到一雄性,又或在同一部位同时见到两个异性胚胎,而且,这不仅一次,直是屡次见到了。]④

————————————

① τὸ σπέρμα 从奥-文校改为 τὸ κύημα(胚胎)。

② 虽亚里士多德放弃所说精液与经血在生殖过程中的功能,而听从他们的旨意,生殖的基本原理总不可求之于后成的诸器官。

③ 阿那克萨哥拉之说,见于 763ᵇ33。

④ 似为后人的边注混入了正文,从贝克加[ ]。以下当为错简或缮写错误,删21—22 行:"或雄性胚体在右侧而雌性在左;雄性与雌性两个胚体同时在右侧形成也不是少见的。"

这一节所提出的质询,实际只能适用于恩培多克勒与巴曼尼德(Parmenides)性别"决于子宫右暖左凉"之说;对于阿那克萨哥拉"出于睾丸左右"之说是没有充分理由的。

《希氏医学集成》,"要理"篇也说胚胎男(雄)右女(雌)左为较常见的。又《加仑全集》,库编,卷四,633 页,申述雄性(男胎)位于子宫右侧,雌性(女胎)位于左侧,雌性在右侧之例是稀见的。柏拉脱注:二十世纪的作者尚有相似的理论,认右侧卵巢的卵子育成男婴,左侧的成女婴。

　　更有些人，为类似于这些哲学家的这一名理所动，遽然宣称男

人如将右方或左方的睾丸结扎而行交配，这就相应而可得男孩或

25　女孩，至少里乌芳尼①曾经这样申述过了的。又有些人就不顾真

实，凭可能的情况预言行将出现的事项，在确见一事项被证明之

前，便擅自作好了论断，竟说这于那些阉割了这一个睾丸的人也可

30　得同样的结果。他们还没有知道动物的这些部分无关于所生殖的

宁成为这一性别而不成为那一性别；许多动物具有性别，并产生有

雄与雌的两类子嗣，都不备睾丸，例如无脚动物——这我指鱼类与

蛇类诸族，②——这就是上述情况的一个证据。

35　　　这里或设想热与冷为雄与雌的原因，或设想性别源出于③右

765ᵇ　与左，这些本论原也并非全无理由；因为身体的右侧较左为热④，

而调炼过的精液较未调炼的为热；又调炼过的是较浓稠的，而较浓

稠的便较富于生殖能力〈亦即较富于成孕为男胎的功能〉。⑤　可

5　是，发挥这样的议论来追求一个因果（起讫），直自绕了太长的路途

了；凡责实寻因，我们务从尽可能切近的基本（先行）原因上追求。

　　　我们在先另已讲述了动物的全身构造和每个部分⑥，说明了

每一部分的实况，以及何所为而具有各个部分的缘故．然而那些

---

①　Λεωφάνης 里乌芳尼这姓名见于色乌弗拉斯托的《植物原理（原因）》（De Caus，
Plant.）iv，11．依第五世纪医学家，埃底奥《安慰篇》（Aetius "Placita"）v，7，5（"颂词"
Doxogr.，420ª7），里乌芳尼生世在阿那克萨哥拉（Anaxagoras，公元前 500—前 428）与
留基坡（Leucippus）之间．

②　参看卷一，716ᵇ14 以下，并注释．

③　较明确些，这里应增〈两亲或两亲之任何一亲的〉．

④　这是亚里士多德素所持论．

⑤　参看 749ª5 以下．

⑥　《构造》，及本书卷一．

讲述尚有未尽之处,这里要讲到(一)雄雌之别在于它们具有与不 10
具有某种功能。雄性能调煮血液以为精液,并能在所形成的精液
中附加以"形式原理"而后分泌并注泄这一精液,——这里所谓"原
理",不是指称那由以生成为与亲体相肖的后嗣之"物质原理",我
只以此指称那具有主动功能的,或能致动于其自身或能致动于它
身的^①第一动因,至于雌性,实际上是受纳精液的,它就不能为自 15
己形成精液而行分泌与注泄。(二)又,一切调煮工作都凭热度。
假定上述两事为确实,雄性动物必须是较雌性为热。正因为她冷
而功能有缺,故雌(女)性在她身体的某些区域较富于血液,这种充
血现象所证实的恰与有些人所推测的正相反,那些人意谓经血的 20
排泄是雌(女)较雄(男)性为热的缘故。血液确乎是热的,凡血多
的动物应较血少的为热。他们老是想定了一切其色如血的液状物
质就统是同样的血,而排出血液当然就是血多和热多的征象,他们
就不想到那些营养优良的^②(动物)人们可有为量较少而为质较净
的分泌。^③ 实际上他们把这一剩余分泌等同于肠内的剩余分泌 25
了,由此臆忖其量较多,便明示体质较热,然而这里的事实恰正相
反。这里可取果实的发生作比较研究;草木的初阶段营养是丰盛
的,但从吸收这些初阶段营养而衍生的有用产物是细小的,最后所

---

① 这一习用术语,可参看《形上》,卷五章十二,释功能(潜能)的第一命意
(1019^a20)。柏拉脱举示其实例云:心脏为致动于胚胎自身的一个动因,精液则为致动
它身的一个动因。

② ἐξ ἁπάσης γίνεται τῆς τροφῆς"由充分食料而行生长的";依别忒赖夫校,"生长"
改 ἐκκρίνει"选择",译文应为"优选于营养的"即"营养优良的"。

③ 男人能调煮食料为血液,更调煮血液为精液,这终极剩余的分泌为量甚小。女
人的调煮能力只达到接近这末一阶段而止于经血,虽剩余的量较多,总还缺乏热度。

30 结的果比之于初阶段产物,于量而言,真渺不足道。于动物体而
言,也是这样,全身诸构造容受食料,制成营养,由全部营养所得终
阶段事物是很细小的。于某些生物(动物)的血液,于又一些生物
(植物)的可与血相拟的事物,就是这样。①

35 现在,(1)由于一性能转化剩余分泌达成一纯净的形式,另一
766ᵃ 性则不能,而(2)于一生物构造中,每一种功能,无论这种功能所成
就的或较高或较低,②必相应地具有某一器官,并且(3)两性于此
正相对应——于"能与无能"τοῦ δυνατοῦ χαὶ τοῦ ἀδυνάτου 方面不
止一个命意上而在多个命意上③相对应——所以④,雄性与雌性
5 两都该有〈相对应的〉性器官。于是,其一配置了子宫,另一配置了
雄性器官。⑤

又,自然为使每一个体各尽其善,故同时各赋予以功能和行此
功能的器官。所以,躯体的每一区域(部分)总是与其分泌和功能
一起生成的,例如视觉的功能;肠管与膀胱也同样与形成(粪和尿)
10 排泄的功能一起生成。又,〈第一〉因为一器官由以生成的事物与

---

① 这里的"譬喻",τὸ ἀνάλογον(可相拟的事物),不明。柏注,以叶喻血,以果喻精
液。草木初生,其先绿叶葳蕤,其后叶萎果熟,营养初阶段的叶与终阶段的果相比,为
量悬殊。雄性精液虽少却相当于大量的血液,妇女虽经血旺盛,犹似无果而多叶的草
木,实不是多热能的。

② 相应而为雄性或雌性。

③ "能"(δύναμις)有五义,参看《形上》,卷五章十二,这里取第一与第三义。"无
能"(ἀδυναμία),也相应而有五义。

④ 这里的句间连接词原为 γὰρ,其下应承接而为申述句。奥-文依有些抄本,作
οὖν"于是……"从柏拉脱译文改为结句,用"所以……",综合以上的议论。

⑤ περίνεος,依《动物志》,493ᵇ9,应为"腿与尻间相接的部分",即会阴;这里和上
文,716ᵃ32,同指外交接器官。

由以扩充(长大)的事物相同,即与之相适应的营养,每一个部分都
是由它所能吸纳的那么一类物料与其那么一些剩余所构成的。①
又,第二,器官的生成,在某一含义上,出于相对反的器官。第三,
除此以外我们必须懂得,若说一物灭失于此则变入于彼,而彼即先
此的对反(对成);那么,一事物倘不受作者所制定的某一方式,它 15
就必然变入于相对反的方式②。说明了这些前提,现在于一胚胎
之何以成雌与另一胚胎何以为雄也许较为清楚了。当第一原理③
的致动功能不足,由于热度有缺不能调煮营养使成应有的正当形
式,原作者既于此而有所亡失,那么原在受其制作的事物就必须变
入于其对反了。④ 现在,要是两性存在以及其一为雌而另一成雄, 20
那么雌性胚胎便是雄性的对反。又因两者之间功能相异,则器官
亦须相异,于是这胚胎便变入于〈具有子宫的〉⑤这样一个形态的
生物了。又,动物的一个主要部分如有所变改,它的整个构造是会
受到重大影响而随之变改其全形式的。这可从阉竖的例有所窥
见,宦侍虽只阉割了一个部分,却于原样改变了这么多,从全貌看 25
来他已切近于一女式了。推究其故,可知身体的某些部分实为整
个构造的机要(领先)部分,当一个机要(领先)部分受到什么影响,
它的许多辅从部分就必须跟着变改。
30

---

① 例如骨的生成及其增长皆吸取骨质养料。关于动物体各部分分别受纳不同级
的营养剩余,参看 744ᵇ32 以下。

② 参看 766ᵇ15,768ª1。苟不变入于彼相对反方式,它就于此而灭失。

③ 指心脏。

④ 对反四式参看《形上》,卷五章十等。本节论旨参看以下各章节,和《希氏医学》
"医疗"篇(π. διαίτης),i,25。

⑤ 依柏拉脱,增〈〉。

于是，倘（1）雄性素质实为原理与原因，而（2）雄性之为雄性有所凭于某种功能，雌性之为雌性则有所凭于一种阙能，又，（3）功能与阙能的要义在于能或不能调煮营养剩余，即有血动物的所谓血
35 液与另些动物的与血可相拟的事物，达成它的终极阶段，而（4）这种功能的来源就在于第一原理和那涵存着自然热原的部分——那么，于有血动物而论，这必须形成一个心脏并由心脏的热原决定这
766ᵇ 动物之为雄或雌，于另些〈无血而也〉具有性别的动物，则必须形成那可与心脏相比拟的部分。[①]

　　于是，这才有了雄雌性的第一原理与原因，躯体的部分正是这原理与原因寄托的所在。但一胚胎确定地成为一雌或一雄动物
5 却应待之于具备了那雌雄所以为别的各部分的时候，因为人们不能随意指示任何部分而判称那动物为雌为雄，恰似人们也不能指示任何随意的部分说那动物可得凭之以为视听。

　　把我们以上的论旨，简综而复述一下，作为胚体基本的精液是营养的终极分泌——所说"终极"ἔσχατον 我意指那流行到全身每
10 一部分的分泌，子嗣之所由逼肖其亲体者，也正由于这事物。[②]这里我们或说精液（种子）来从全身各部，或说流向全身各部，并无分

---

　　① 参看 763ᵇ27 注。这一节肯定以心脏为性别所由决定的原始部分，解答了 716ᵃ28，764ᵇ36，768ᵃ28 等节性构造（器官）似为性别基础的疑问。以生命热原寄于心脏，而以心脏强弱，热原多少，能不能调炼血液使成精液为胚胎两性分化的源始，这在近代人看来像是荒谬的。柏拉脱认为这些古朴的章节把性原推进到性器官未显见以前的胚体初期，应视为亚里士多德分析法的重大成就。直到十九世纪末胚胎学者迄未超过他的推论；要到二十世纪初才有人将性别原理又推进了一步，而寻求之于"生殖细胞"之中。

　　② 亚里士多德以心脏为一胚体生命的起点；在他看来除了心脏发生在先外，又以血液出于心脏而周流全身，全身各部分皆依血液而得制成。及既为一成年（接下页）

歧,但照后一说法自较妥当。①重要的分别却在雄性精液与雌性的
相应分泌的差异,其一(雄性)分泌内涵有这么一种原理,它能致动
[也于动物中]②并完全调煮那终极营养,至于(另一)雌性分泌只
含有物质。③于是,倘〈雄性因素〉占胜,这就引致了〈雌性因素,即
物质〉,但这倘为雌性因素所胜则变入于其对反形式,或就此消失。　　　15
但雌性为雄性之对,雌性由于血液营养的凉冷,与缺乏调煮能力所
以成其为雌。④自然依两性各别所能领受的情况配给以各别的分
泌。现在籽液之为分泌于有血动物较热的那一性,即雄性中,是为
量不多的,所以雄性动物于这分泌的容受器官只是一些管道。⑤但　　　20
雌性既缺乏调炼能力而具有大量的血样物质,它就无法使之成为
精液。所以它们必须有一个足以容受这些物质的部分,这部分又

――――――――――――

(接上页)动物,集合周流全身的血液剩余,调以为精液,精液便含有能够构成每一部分
的要素,迨后递传而生成下一代子嗣时,先前能形成亲体手部的要素,就发展为胚胎而
使子手如亲手,生殖器官也如此。

　　① 卷一,721ᵇ13―725ᵃ21曾考察过"精液来自全身各部分",这一个希朴克拉底
学派的理论,上文论为是不可能的。这里于"亲子相肖"的遗传问题上,转而认为这与
精液中的生命要素"流向全身各部分"之说,同样可作有效解释。但仍以他自己所主的
后一说为较佳。

　　② 从别忒赖夫,删[καὶ ἐν τῷ ζῴῳ];奥-文揣为 ἐν τῷ θήλει"于雌性分泌"之误。

　　③ 这一句,各抄本原文都费解,当有谬误;末一分句从奥-文所校 τὸ δὲ τοῦ θήλεος
ὕλην μόνον 译。依贝克校,从 Σ 抄本拉丁译文,合句宜为:"这么一种原理它能致动,完
全调煮好那终极营养,并使之进入雌性子宫,在那里雌性便开始凭以形成胚胎"。参看
765ᵇ10以下。

　　④ 柏拉脱注:这里用近代语讲,是以成胚为双亲生殖细胞的混合与争胜,雄胜则
全胚凭雌性物质作雄性发育。若雌胜,整个混合物便转成雌胚而发育为一雌动物。若
雌胜而胚体物质不能相应而成雌,便归消灭。这里亚里士多德自觉或不自觉地假定了
在两性生殖物质未混合前,就分别其一为雄胚,另一为雌胚。出于未受精雌体孤雌生
殖的子体,如蜜蜂蛆,常有雄性幼虫。只轮虫、蚜虫等孤雌生殖的后裔常多雌性幼虫。

　　⑤参看765ᵇ3。

25　必须异于雄性管道,备有相当的容积。① 子宫所以成为这样的性
状,其故就在此,而凭这部分,雌动物就别异于雄的了。

章二

我们已于此陈明了其一成雄和另一为雌的缘由。观察到的事
例证实了我们上所述的理论②。年轻的③(人或动物)以及那些临
30　近老年的,比之于正当盛壮的所生产常较多(女)雌嗣;年轻的生命
之热尚未长足,而临老,这又渐衰歇了。又,那些较润泽又较苗条
的(娟秀的)也多生女。还有,稀湿的精液比之浓稠的为容易成女。
这里所有征象都表明了他们于自然热有所欠缺。

35　　又,交配倘在吹着北风时实行,比之于南风时较多产男
767^a　(雄)④。在南风中,动物发生较多的分泌,而分泌太多,这就较难
调炼了;所以这时的雄性精液较稀释,月经分泌也是这样。

经血在自然运转的轨迹中,毋宁发生于月行亏昃期间⑤,也由
于相同的原因。每个月份的这一期间是较冷而且较湿的,因为月
5　行的〈盈圆与〉亏昃对于月份的影响就有如日行在全年中肇致夏季
与冬季那样。〔这不是由于月亮在赤道上的运转,但因盈时光明,

---

① 参看 738^b35。

② 可是以下所列举的事实只是一些常俗的传说,实不足提供为一理论的佐证。

③ 这里的原词为中性,像是兼指男女或雄雌动物;但依亚里士多德习常的持论,
这里盖指男子(雄性动物)。

④ 依 Σ 译文,以下应有"因为体受南风嘘拂时较湿"一句话。参看《动物志》,
573^b34。关于南风对人类生理影响,参看《希氏医学》,里编卷二,"风水与舆地"篇章
三;又"癫痫"篇(de Morb. sacr.)章十三。

⑤ 柏注:这是出于虚拟的。参看下文 777^b24 以下。

所以较热,亏时光暗,所以较凉。][①]

牧羊人们也言及,不仅交配时若当北风或南风,所产羔便各别而为雄或雌,即便在交配时它们若面向北方或南方也会发生那样的差别[②];这么一回小事有时就改变了大局,照他们的谈论,这会引起温凉之异并由是进而影响生殖。

关于生殖雄性后裔与雌性后裔的原因,在对雄雌亲体作比较研究时,获有上述的一些通例。可是,同时,两性若欲有所生殖,其间必须有某种平衡(匀称)[③],一切生成的事物,都像艺术制品或自然产物皆内蕴有适当的比例。现在,如果热太多了,这就烘干液体;倘真不够热,这就不能使之凝固;所以于艺术制品或自然产物我们总在两极端间取其中道。如其不然,那么譬之烹饪:火过旺就烧焦了肉,如果太小,这又煮不熟了,过与不及就两归失败。于雄雌因素的混合,这样,也就该匀称(具有适当的比例)。为此故,这常见到好多男女相配而未能生育,迨经离婚,另行嫁娶,却两能生育了[④]。关于生育与不育性,以及专生男嗣或专生女嗣的实例,有时在年轻期间,有时在年老期间,一律都可见到这种相对应的情况。

一地区(国度),于这方面,也相异于别的地区(国度),一水与别水(河川井泉)也相异,这些都出于相同的缘由。身体凭周遭的

---

① Σ 译本无此句,从贝克,作为赘语,加[]。
② 《动物志》,574ª2 以下,有相似一节。
③ συμμετρία "匀称"或 "适当的比例",上文见于 723ª30,下文见于 772ª17。《形上》,卷十三章四,1078ᵇ1,以秩序、匀称与明确为形式美的三原则。
④ 参看《动物志》,卷七章六。

空气的涵养（调理）和进入体内的食物，其中尤多的是水，获得营养
和相应的健康情况，而成为这样或那样的一种体质；一切食料无不
含水，虽是固体内也进入有水，而人们消耗的水量实超过任何其他
35　的事物。所以硬水致人于不育，而冷水则使人专生女婴。①

章三

以下这一组的实例必须是出于相同的缘由。（一）有些子女相
767ᵇ　似其双亲，而另些却不相似；有些于全身而言和各部分而言，都肖
其父，另些则似其母。男裔与女裔之于父和母总以同性相肖者为
多，女肖于父，男似其母者较少。（二）他们酷似其双亲又较所似于
祖辈者为多，所似于祖辈者，又较〈非祖先的〉任何偶相遇的人为
5　多②。（三）又有些虽于其亲属都不相肖，无论如何总还像一个人
样，但另些竟不像一个人样而只是一个怪物（畸形产物）。这里，在
〈严格的〉某种命意上讲，凡与亲体不相肖的男女实际就已是一个
畸形产物；在这些实例上，自然就已行向脱离其本式的路途了③。
后裔之不为男（雄）性而作女（雌）性，实际就是初步的违离；但，这
10　还是合乎自然而势所必然的，若不是这样，凡分有两性的动物将无
以保存其种族；而且在两性生殖因素相混合中，男（雄）性既然可因
年轻或年老或其他类此的缘由，有时未能胜于女（雌）性而为女

---

①　本节参看《希氏医学》，里编卷二，12 以下"风水与舆地"篇，1 至 8 章；"医疗"
篇，ii,37—39。

②　参看《动物志》，卷七章六，585ᵇ36—586ª5。

③　亚里士多德以男人为人类本式，女人虽在传种接代的动物终极目的而论，为事
属必需，但在本式上论，已属初步的畸变。

（雌）性所占，那么动物产生雌（女）裔便是事属必需的了①。怪胎
（畸形），虽于极因而言事非必需，第在属性而言，这也必然会跟着 15
发生的。溯其源始，我们当正视这样的情况。倘精液（雄性生殖分
泌）在经血（雌性分泌）中得行其适当调炼，由雄性因素所传递的活
动将使胚体凝成为与雄性相似的形式——我们说这是"精液"，或
说这是那个"活动"使胚体每一部分生长起来，这并无重要区别，说
"使之生长"，或说"使之凝成"，这也没多大的区别，两者所为活动
的公式都属相同。——这么，如果这一活动占胜，胚胎将成为雄 20
（男）而非雌（女），似父而不似母；如竟不胜，胚体就该缺少于那一
应胜而未占的机能。所云各个的机能 δύναμιν 是这样。凡行生殖
的动物不仅是"雄性"ἄρρεν，还应是"一个别的雄性"（"具有那么些
个体征象的一个雄性"）τοῖον ἄρρεν，例如哥里斯可或苏克拉底，他
就不仅是哥里斯可，又还得是一个人②。这样，作为一个生殖者的 25
父体诸特征，无论其某些于他（所生者）为较亲近，其另些为较疏
远，总是以生殖者的本质为凭而无关于他的附带属性，例如这父亲
为一学术之士或为某人某人的邻居之类辅从事项③。于生殖中，

---

①　这里动物之"必需"有雌性，分举了两义：（甲）以种族生存为言，是凭"极因"而
为必需，女性虽于人类本式，各雌动物虽于各该动物本式有异，而逊于男或雄性，这差
异只是局部的，于一动物整体而言式因必同于极因。（乙）于精液与经血之相胜而言是
凭物因，也就是凭"属性"而为必需。

②　沿着上一分句的文义，下一分句中，以人喻普遍的雄性，以哥里斯可喻特殊的
某一雄性，那么下一分句的构造应颠倒过来。"他就不仅是人，还是一个哥里斯可"。

③　由于生殖者的性状，即父亲之为父亲的性状，亦即"由己"（καθαύτο）本质；由于
偶然的，即辅从的性状（κατὰ συμβεβηκός）亦即"属性"。人们作为父亲，各有较别致的个
人表征，例如蓝眼或棕色睛；他也必有较远的宗族特征，以及更广泛的、人类形态。至
于他或为一学术之士则不在生殖和遗传问题上发生有效作用。

30　凡各别而专有的特征,比之较广泛而普遍的诸特征,总是更为有
效。哥里斯可既是一人又为一动物,但他的人格^①于他的个体生
存而言实较其动物格为更切近。在生殖中,个体与族类之征两皆
有效,但个体于两者之中实更着力,因为唯有个体才是真正的存

35　在^②。子嗣^③固然是承受了某些(品种与族类)素质而诞生的,但^④
他又是一个个体,而这独立的个体才是真正的存在。所以,涵存于
精液之中的有效动因突出于所有这些(个体和品种与族类)事物的
功能;潜在地,这是出于较远的祖辈的功能,而那较贴近和较专门

768^a　的动因^⑤则常来自个体——至于所说"个体",我就指哥里斯可或
苏克拉底。现在由于事物凡脱离其本式者不作任何随意的变化而
应行变入于对成,因此,在生殖中,于那个体机能而言,倘有未为生
殖动因(雄性因素)所占胜者,其成胚事物必然变入于其对反的方

5　式^⑥。于是那作为雄性活动的个体机能倘竟不克占胜,胚体就得
变成雌性而产女婴;于哥里斯可或苏克拉底而竟然如此,则他所生
的就当不肖似其父而肖似其母了。父与母作为普通名词是相对
的,作为个别的父亲与个别的母亲,也就得是这样相对的。于挨次

---

① 通俗本 ὁ ἄνθρωπος 阳性冠词,校作中性 τὸ ἄνθ. 而译为"人格"。

② 柏拉图认为个人只凭其为族类之一得其生存(存在),故人的"形式"(意式)重
于"个别"的人。亚里士多德反之;族类只凭若干个体而得组成,个体为存在(实是)之
本,即唯个体为真正的存在,则作为生殖的父亲便当重视个别特征,挨次而为人类表
征,又次而为动物的一般生态。参看 731^b34。关于 ὀυσία"存在"(实是)定义,参看《范
畴》,2^a11。

③ καὶ γὰρ 从 P 抄本改 καὶ τὸ γιγνόμενον"所生者"(即子嗣)。

④ ἀλλὰ"但";依腊克亨(Rackham)校订"ἅμα δὲ"……而同时"。

⑤ καὶ ἐγγύτερον"与较贴近的"从柏校为 τοῦ ἐγγ."较贴近的……动因"。

⑥ 参看 766^a15 以下。

诸功能,适用相似的道理,后嗣于父系和母系两方的(遗传)特征相
肖,老是接近近祖而远于远祖。　　　　　　　　　　　　　　　10

在精液(籽液)中,有些动因是现实地存在的,另些是潜在的;
本乎父亲以及普遍形式为人与动物者为现实动因,发于雌(女)性
以及较远的祖辈者为潜在动因①。那么,雄性精液与其有效因素,
(甲)当他脱离其本式时便变入于其对成;但(乙)当那成胚的活动　　15
递衍(消逊)而转入于与之贴近的因素时,于是(子)如所递衍的出
于雄亲因素的活动,则可凭一很轻微的变异而转入于他的父亲(所
生者的祖父),挨次的实例则转入于他的祖父;(丑)就循这一途径
[不仅行于雄性(父系),也行于雌性(母系),]②雌性因素的活动也　　20
可变入于其母亲,而且若不入于母亲,更可变入于祖母;(丙)(子、
丑)相似地这种递衍也行于较疏远的祖辈③。

(一)不管他们谁占胜或谁被胜,雄性与各个父亲的表征大都
是自然而然地连同发展的。这两项功能间的差别是很微小的,两者
不难于同时表现,苏克拉底总归是一个具有某些表征的个别男人④。

---

① 精液既出于父亲而为雄性,表现为父亲诸特征的雄性活动因素当然是现实地存
在的。父亲又原属于人与动物的族类,人的表征与动物的表征跟着也该现实地存在有活
动因素。但当精液不能将雄性因素传递于胚体时,胚体便由此阙失而成雌性,故云雌性
表征的动因只潜存于精液之中。胚体有时也表现有某一祖辈的特征,这特征既不属于父
亲,而属于父亲的列宗,那么在父亲的精液中也只能潜在,须待父亲自己的活动因素有某
些相应的阙失时,然后祖辈的相应因素才能出现。

② 从奥-文与贝克加[　]。

③ 自祖父、祖母与外祖父母溯于更远的父系与母系亲属。

④ ἀνὴρ τοιόσδε τις 直译为"如此如此的某个男人",τοιόσδε"如此如此"见《形上》,
1060ᵇ31,等同于"普遍"。τις"某个"见于《范畴》,2ᵃ11,所举例如某个人和某匹马指"个
体"或"特殊"。这里详明地译意应为苏克拉底总归同时具有男人的普遍表征与他自己的
个别表征。苏克拉底试拟之为一个塌鼻的男人,那么他作为父亲而且占胜于与(接下页)

25 所以大多数的(1)男孩肖父,(2)女儿似母①。于后一情况而言,这对本式的违离是在两条线路上②同时进行的,而变化就入于两个相符应的对成;相对于雄性者为雌性,相对于各别的父亲为各别的母亲。

　　(二) 但,如果雄性因素所做活动占优而苏克拉底的个体因素

30 之活动却不胜,或颠倒了这两项活动的胜负,则其结果当产生(1)似母的男孩和(2)似父的女儿。

　　(三) 倘这活动更有所递衍,(1)如或雄性功能虽得保存而来自苏克拉底的个体活动却递衍而复于苏克拉底的父亲,于是所生儿将为男而状类祖父,或[凭相同的原则而]③类于父系方面其他某些更

35 远的祖辈;(2)如或雄性因素被占胜了,所生儿将为女而绝大多数的

768ᵇ 女貌似其母亲,但来自母亲的活动倘有所递衍,则她将相似于母亲的母亲,或[凭相同的原则而]类于母系方面其他某些更远的祖辈④。

　　相同的道理也适用于各个部分,往往一生体的各个部分有些像爷,另些像娘,而又另些则像某些较远的祖辈。如屡曾言及,涵存于

5 精液之中,其功能可凝成一生体各个部分的活动因素,有些是实在而另些为潜在。但,我们不仅该牢记方才提到的实在与潜在活动的通例,还得明识另两项通例:其一谓一事物若被战胜则转入于其对

(接上页)之相配的,作为母亲的女性时,所生婴儿当为一塌鼻的男儿。我们皆自然地认为这一普遍性与那一个别性征象是并行的。

　　① 子女于父母既各类同于其性别,便各肖似其容貌、性情等;这在达尔文的《变异》,初版,卷二,72页,举有好多的实例。

　　② 雄性变入于雌性与某父变入于某母这两条递衍路线,其一为普遍对成,另一为特殊对成。

　　③ PS抄本无 κατὰ τοῦτον τὸν λόγον "凭这样的原则或公式",从贝克加[ ]。

　　④ 这里三节与上两节的分析平行相承而不全相符:(一,2)同于上节的(甲);(三,1)同于上节的(乙,子)与(丙,子),(三,2)同于上节的(乙,丑)与(丙,丑)。

反,其二谓一事物若有所递衍则当演化于与之相通连的邻近的活动——苟所递衍者犹轻则所演化为近,苟较重,则所演化亦遂益远。 10
(四)末后,诸活动既演变到这么凌乱,生体竟然于自家任何亲属全无似处而所保存的只是族类(品种)的共通征象了。于他或她仅是一“人”。推究其故,一切共性实密结于个体的别性之中:这里,以“苏克拉底这父亲”和那母亲,不管她究属是谁,为特殊事项而表达 15
了“人这种族”的普遍事项。

这些活动何以会递衍的缘由是这样。作者本身是可以为被作者所作用的;切削者为被切削者所作用而失其锋锐,终成钝物,加热者为被烧煮者所冷却,一般而论,凡动因(效因)——除万物的第一动因以外——自身无不受到相应的反动;例如推移它物的,自身也必有感于那所推的反应,压迫它物的,自身也必有感于那所压迫的 20
反应。有时作者还为被作者(致动者为被动者)反施了更大的作用(活动),有如加热于其他某些事物的竟反被冷却了,致冷于其他某些事物的竟反被温暖了,有时反作用就全不发生,有时又作用小于所受的反作用①。这一论题曾已在一篇关于《作用与反作用》περὶ
τοῦ ποιεῖν καὶ πάσχειν 的专著中②研究过了,在那一篇内订定了事物 25
发生作用与反作用的类别。现在,或由于致动者与调煮者缺少能力或由于被调煮而应行凝成为各个部分的事物太冷或为量太多,精液未能施其操持,而被动者(受作用者)就脱离其本式。那么,致动者于被动者或只操持了一个部分,却放弃了另一个部分,于胚体便形 30

---

①　作用与反作用应相等;倘两者不相符应,当是受别的条件影响,这里造语似有
漏失。

②　这专篇今不传。

成为多式的生物①,有如那些吃得这么丰裕的运动员(体育家)所发育的样式。运动员们因为未操持那大量食品所发生的体质影响,他们的体型各部分的增长与配置失却了匀称的形式;于是他们的四肢作不规则的发育竟长得这么粗壮,几乎真的全不像他们原先的体态

35　了②。相似于此的还有一种称为萨底耳症的疾病③〔染上这种病患的人,由于若干未经调炼的流液(体液)与气(风)渗入于面部,颜面直变成萨底耳(山羊神)那个怪样〕④。

769ᵃ　　我们这样已阐明了所有这些现象的原因,(Ⅰ)何故而产生雌(女)性与雄(男)性幼体,(Ⅱ)何故而有些子女肖其双亲,女从于女(母)而男从于男(父),另些却反行其道,女貌类父而男状似母,又,广泛地

5　说来,何故而有些人像他们的祖辈,另些人于列祖全都不像,而且所有这些情况可表现之于全身,也可各个部分分别表现。

　　可是,有些自然学家(生理学家)于这些现象揭示了不同的理论,以解释儿童相似或不相似于双亲的问题。他们提供有两项缘

10　由。(壹)有些人说,来自双亲,因之以合成为幼体的籽液孰多,所生的儿童就较相像于那一亲体,他们假定了籽液来自双亲各人的每一

---

①　πολύμορφον"多式"或"复式"谓那人一部分像父亲,其余各部分各别地像其他亲属,甚或有些部分,一无所似。

②　参看《政治学》,1302ᵇ35,论四肢发展应求匀称。运动员的肢体某些部分过度发展,参看色诺芬《苏克拉底会语》(Symposium)ii,17。又,参看《加仑全集》,库编,卷一,32页。柏拉脱注,近世于日本角力家(摔跤家)就往往视为"怪物"。

③　σατυρισμός(或 σατυρίασις),见于《加仑全集》,库编卷七,728页者,似为橡皮病或象腿病(elephantiasis)的初期现象。另见于亚勒泰阿(Aretaeus)医书者为生殖器肿胀病,见于希氏医书者为耳腺肿胀病;都与此节不符。

④　似为混入正文的边注,从贝克删除。若依 Σ 译文应为"由于食料内未消化物所发生的气,渗入人们的肢中之故"。

个部分,认为这一条例适用于儿童的全身兼也适用于每一个部分,他们又说如果来自双方的籽液相等,那么儿童便两皆不像。但这一假设苟属虚伪(实际上,这是虚伪的),倘籽液不来自亲体的全身,这就显然,上述的缘由不能解释相似与不相似的问题。又,依据这项 15 缘由,他们难于阐明女儿像爷男孩像娘的事例。(甲)按照以籽液性别强弱为断的那些人们如恩培多克勒或德谟克里图的理论①,子女们就不可能有性状的异构。(乙)按照以来自雄亲与雌亲的籽液多 20 少为断的人们②,解释了儿童何以其一为男,另一为女的问题,却解释不了何以女儿像爷男孩像母的问题,因为来自两方的籽液同时而为"较多"是不可能的③。又,一个儿童[大多数]④相似于其祖父或更远的祖辈,其故何在呢?成为幼体的籽液无论如何是全没有来自他们(祖辈)的。 25

　　(贰)但由那些人们揭示以解释相似问题的另一尚待讨论的缘由,对于这方面和其他诸方面都说得较佳。他们说籽液 τὴν γονὴν 虽只一份,实际上这是许多因素的一个"综合籽体"πανσπερμίαν;情况相 30 似于人们把许多汁混成一综合液体,于是,倘从中引取诸汁时,这可能于每一种汁不取相等的原量而有时于某些多取,又有时却于另些多取一些,更有时而竟专取某一汁,全不取另一汁,他们说许多因素 35

---

　　① 见于上文 764ᵃ—765ᵃ。
　　② 甲例已明举两人,乙例未实指其人;阿尔克梅翁曾有此说,见于第尔士编《先苏残篇》,24A,14。
　　③ 按照以籽液多少论事的条例,一男孩之之为雄性由于其父籽液较多;状貌有似母亲,由于其母籽液较多。若说当其成胚之时两方所会合的籽液皆为"较多",那是"不可能的",也可说是"荒谬"的。
　　④ ὡς ἐπὶ τὸ πολὺ "大多数"或"大体上",于此处不合,从贝克校加[　]。

769ᵇ 合成的生殖液恰正如此,凡于某亲的综合籽体所传受愈多,则儿童与之相似也愈甚。这一理论固然在好些方面近乎寓言而不免是隐晦的。可是,于所谓综合籽体,他们如愿意看作是潜在,不指以为现实的存在,那么其旨就较妥善了;这不能现实地存在,但这确可凭其潜能而行施那些作为①。

5 　总之,我们若单举一个缘由,这就不容易解释所有的种种情况:(一)雄性与雌性的分别,(二)何以雌性子嗣时而貌似其父,雄性子嗣乃像母亲,(三)以及肖于远祖,还有些(四)子嗣不像任何亲属,但10 犹不失其为人样,然而(五)由这途径递衍不已,则最后竟尔失却人样,终成为所谓"怪物"τέρατα 的那一类畸形生物。

　继续以上的那些论辩之后,这里还该于这样的一些"怪物"说明其缘由。如果〈精液〉所传的活动有所递衍而未能控制〈母体所供的〉物质原料,那么最后所能操存的就只有那最普遍的底层,亦即15 "动物"τὸ ζῷον 了②。于是人们说:这小孩的头是一只公羊或牡牛的头,相似地于别的(畸形)产物说,这牛犊具有一个小孩的头或一绵羊具有一牝牛的头。所有这些怪物都是由上述的缘由而形成的;说它们是上列诸动物皆一无是处;它们实只某些方面有些相像而已,

① 这里,似乎这些综合籽体论者(panspermatists)认为自全身各部分来的种原各独立存在于生殖液("综合籽体")之中。亚里士多德于本书卷一章十八中,已说明这是不可能的。照二十世纪初的生殖细胞理论,其中确不该有来自体细胞的胚芽。但生殖细胞具有广泛的成形功能,它可发育为种种不同的型式。这与亚里士多德所修正的综合籽体非现实而具有潜能之议是相符契的。于是,一个受精的生殖细胞所发育而成的幼体,其全身各个部分可有种种组合方式,分别肖似于许多亲属,但它自身实不带有双亲各部分的什么"胚芽"。

② 倘成胚的动因未能致使发育至一人种形式时,它应可获得一个较普遍的动物形式,按照现代进化论而言,它可以成为胚胎初期的兽式,或更原始的蛙式或鱼式。

可是这种似处，虽在非畸形产物间也是常可互相比仿的。譬如滑稽 20
家们就往往将某些不娟美的人比之于喷火的山羊或抵角的公绵羊；
某一相士把所有人面类别之于两或三种动物的面相，而且他的议论
常能歆动听众。然而，这么样的怪物形式——我意指一动物的某部
分装配上另一动物——实属不可能的，因为人、绵羊、狗与牛等的妊
期相差甚大，每一动物的本式若不到适当的日期是发展不起来的。 25

这些是人们时常谈论的若干畸形生物的情状之一类，另一类的
畸形是它们全身上某些部分的骈生，有些怪胎，生有多足或几个头。

产生怪物（畸形）的原因甚相似而且逼近于动物肢体的任何部 30
分残缺所由产生的缘由，怪胎实际上还是残缺的一种表现。

章四

德谟克里图说，怪胎的生成起因于两份精液先后注入，隔一时
间相会合于子宫之中，后者增益①于前者，由是胚胎的诸部分长合在
一起而互相混成了。［但，他说，于鸟类而言，既然交尾为时甚暂，所 35
以鸟卵与其颜色常相混杂。］②但，如果一次交配，一次泄精，能产生 770^a
几个幼体竟是事实，而且这确乎是明显的事实，那么采取迂回途径，
毋宁返循短直的通道了，按照德谟克里图的理论，若遇这样的情况，
既然精液是同时一次注入，不是〈先后〉分别注入雌体，这就该绝无 5

---

① 这一句内 πίπτειν（"落入"或"注入"），与 ἐπελθοῦσαν（"冲向"）盖为错字，从第尔士，
《先苏》，"德谟克里图残篇"，68A 146，改为 συμπίπτειν"会合注入"，ἐξελθοῦσαν"加强"或"增
益"。这里，德谟克里图所解释的怪胎限于"骈式怪胎"（monstra per excessum），即双头儿
等。

② 柏拉脱认为这句胡乱，当有误。贝克忖为后人对于 770^{a}15 一句所作边注，混入
了这里的正文。

畸形产物①。

　　这里我们倘有必要把原因归之于雄性精液,我们将在这一方面寻求其事理,但现在我们毋宁尽力于设想这原因实在〈雌性所供应的〉原料之中,并在形成期间的胚体之中,这些怪胎何以在只产一幼体的动物之中甚为稀见,而在多产动物之中就较多,至于鸟类则在一切动物中怪胎最多,鸟类之中则家鸡尤甚②,其故也正在此。这种鸟既像鸽族那样时常下蛋,又且同时而怀多胚,终年不息地遂行交配,所以特产多雏。由兹,它们就有许多双黄蛋,两胚密接而长合在一块③,有如多籽诸果木中常见的成例那样④。在这样的双黄蛋中,倘蛋黄间有膜相隔,两双独立而并无任何畸形的雏鸡可得由之

---

　　① 以猪为例,它们一次交配便产好多猪仔。这里,精液是在一时间、一次注入母猪子宫的。依德谟克里图先后注入而后生怪胎之议,这许多仔猪就全应是良好的形态。但畸形小猪是确已见到了的。所以应该另觅简捷的道理来阐明怪胎成因。

　　② 依弗洛克(Vrolik),畸形动物于较高级动物中,比之较低级者为较常见,哺乳兽类的怪胎比鸟类的怪胎为多;骈体人尤为习见(托特,Todd,R.B,1809—1860,《解剖与生理通书》,Cycl. *Anat. and Physiol.*,卷四,946页)。但圣提莱尔所言异于弗洛里克:腿有两套这样的畸形,"在人与哺乳诸兽中是稀见的,但在鸟类中,这却是常有的,家禽中尤多"(伊雪杜尔·圣提莱尔,St. Hilaire,I,Geoffroy,1805—1861,《畸形通论》,*Traité de Tératologie*,卷三,264页)。圣提莱尔在鹅、鸭与鸽属中都见到了复式下肢的怪样。亚里士多德在这里所提示的就正是这些实例。他还言及有双套羽翼的怪样;这可参看牛顿,《鸟典》,588页:"超于常数的羽翼是曾经见到的,但很稀有,凡有两套的翼就必有两套的腿,这种畸形鸟就具八肢"。

　　③ 依近代生物学及胚胎学,这一解释是不合的。达尔文说:双体怪胎在昔认为是原有两个独立胚胎先在各别的蛋黄膜中发育,后经合而形成的;但如今大家相信这种畸形产物原出一团胚体,经自发地枝分为两半,而形成了骈肢(达尔文,《变异》,初版,卷二,340,引卡本特 Carpenter)。

　　④ περικαρπίον 依里·斯字典,解作"果实成熟例"。这字见于《集题》卷廿,章廿五者所举成例为胡瓜近根部者较苦,近梢部者较甜;橡实反之,近根部者较甜。又一成例为油树果与橡实,树愈老则所结实渐苦。这些成例于这里很难作相应解释。

孵出；倘两黄相接，中无间隔①，则所产雏就成怪物，或一头一身而具四翼四脚了；这里，因为雏的上身先行从蛋白形成②，它的养料是从〈蛋白和〉蛋黄中来的，至于下身则在后才形成，它的养料是单独的，又是不可分的③。

也曾观察到具有两个头的一条蛇④，缘由是相同的，蛇类为多产的卵生动物。可是，因为蛇类子宫细长，许多的蛇卵在子宫内作一线（单行）排列之故，畸形蛇是较少见的⑤。

蜜蜂与胡蜂，由于它们把幼虫育在分离的窝中之故，未尝发现过这一类属的怪样⑥。

---

①　当指卵黄膜。

②　雏鸟从蛋白中形成之误，已见于卷三，751ᵇ7 注。

③　μίαν καὶ ἀδιόριστον"单独而不可分割的"为亚里士多德一习用语，这里费解，贝克释为"统一与均匀"也未见通顺，而且均匀不合原字义。双黄蛋是由两个独立的蛋黄，偶尔同时含入一个蛋白层而形成的；两黄皆各有其胚盘（blastoderm），孵化时可各自发育而共得两雏。这里所说两黄皆无分隔的膜，实际就不成为两黄，这不是由解剖与胚胎学实验得来的记载，只是凭所见四脚四翼的怪雏，推想而虚拟的。多脚多翼与"骈趾"相类，这种畸形可由单独一个胚盘，一个蛋黄育生。依达来斯忒《怪胎的人工育成》，1877（Dareste，"Production artificielle des Monstrousités"），一蛋黄也可具有两个胚盘，但这在亚里士多德思想中绝不会念及此事。这里所虚拟起来的理论是这样：雏胚先由蛋白内长成头胸部，这时由蛋白与黄吸收养料，因蛋白只一个，故头胸无双套；在后形成下身各部分时是专从双蛋黄吸取养料的，因蛋黄为两个各自独立的部分，所以这雏下身便长出双套的肢翼。

④　圣提莱尔说两头畸形，于蛇类中特多（上举著作，卷三，185，192 页）。贝武孙《研究变异诸题材》（Bateson，"Materials for the study of Variations"）1894 年著，561 页：蛇类的骈体几乎全数表现在头部，或整个头或头的某些部分，一共记载有约二十个实例。这些畸形蛇，有的已长得相当大，该已生活了相当久的时间了。

⑤　在亚里士多德意想中，与蛇相比的当是家禽，鸟类卵巢中许多卵围列着，挤作一团，就较易并合而成骈体。

⑥　柏注：怪虫实际也是有的。

30 　　但在家禽方面,情况相反,从家禽的多生怪雏看来这是显然的,我们必须把这样的现象归原于生殖材料。于其他动物而论,凡后嗣生产得多的,怪胎也就较多,这些都出于相同的缘由①。所以,于人类,这是较难遭遇的,大多数的人一回只产一儿,所产儿是完善的,

35 然而在妇女们能一次而怀多胎的地区,有如在埃及,怪样的畸人也

770ᵇ 毕竟较为习见了②。绵羊与山羊由于产羔数多,畸形也较多。这通例于歧脚类诸动物更为适用,这类动物生产许多不完善的稚兽——[例如狗]这些稚兽初生时大都是盲的。何以发生这样的情况③以及它们何以生产许多幼体,须待在后陈述④,但这里该注意到自然对它

5 们的生殖过程的安排是内涵有发生怪胎趋向的;它们所诞生的兽婴既不完全,在出世的时刻还不似其亲体,而畸形产物也当是属于"不似亲体"这一类型的,所以这种偶发产物就常见于具有这样性质的诸动物间⑤。所谓"米太夸拉"(后胎 μετάχοιρα)⑥的特为常见,也由于同样的原因,"不及"或"超过",两者都成为引起某些怪样的条件。

10 怪胎属于反乎自然诸事物的一个类型,但这还只是反于自然的常施

---

　　① 凡多产的动物,例如雌鸡皆饶于生殖原料,雌鸡卵巢内的胚原为数既多,又挤作一团,因此就在成卵过程中发生混乱情形;这种混乱了的卵体,在后孵化时就得怪雏。

　　② 参看《动物志》,584ᵇ7, 31,埃及妇女多产双胞,甚或三胞至四胞。又,《希氏医学》,里编卷二,54页"风水与舆地",章十二,也说埃及与利比亚的家畜与家禽皆特为多产。

　　③ 见于下文,本卷章六。

　　④ 见于本章771ᵃ18以下。

　　⑤ 亚里士多德以诞世时不开眼的兽婴为"未完全婴";依他的记录,熊、狐、狗等产这类幼体的动物们也特多残缺性怪胎。

　　⑥ μετάχοιρον,于《动物志》中,专指一窝中残缺或特为矮小的"畸零豕儿"(afterpig),本书749ᵃ2也以指称在母猪子宫内未得良好发育的猪仔。母猪因产仔较它兽为多,这类失调的幼体也特多。这里以"后胎"这字通称一般特殊矮小或失态的兽婴。

功能,未必反于自然的一切功能;自然既属永恒,而且一切施为都是
势所必然(必需)的,世上绝无全然反于自然的事物,我们只是当某
些事物若循乎常例应行按照某种方式出现而今却以另一方式遭逢
时,就称为反乎自然。实际上怪胎诸例固然有违于动物界的现行规
范,若试详究其蕴,也不全出偶然,而还是循从于某些可捉摸的方式
的;当合乎自然的式因(本因)未能操持自然的物因(原料)时,便发 15
生怪样,然而由这样的观点看来,怪胎也不很可怪的了,虽是反乎自
然的事物在某种命意上仍旧是合于自然的[①]。所以人们所称为怪胎
的诸事物就未必较之于果木方面所习见的一些现象为更可惊异:举
例以明之,有一种葡萄藤,有些人称之为"烟灰葡萄"κάπνεον[②];倘这
品种竟结成为黑色葡萄,他们并不惊为怪异,因为这一品种发生这 20
样的变异是常常有的[③]。这一品种的本质就介于白黑葡萄之间;因
此由灰转黑就不算是一个剧烈的变化,也因此,可说这个未必反乎
自然至少这并不是一事物(本性)改换为另一事物(本性)。 25

多产诸动物会发生这相同的现象(残缺怪胎),因为许多胚体挤
在一起,互相搅乱了精液所传递的生殖活动,并互相妨碍,卒至不能
抵成为完善的形式。

---

① 柏拉脱描拟这一句的实义:凡动因(雄性精液)足以操持物因(雌性生殖物料)者
产生正常幼体;凡失于操持者则产生非正常幼体。所云"失于操持"可能是偶尔的,也可
能循于"失持"的某种自然条理;倘人们能究明这类条理,那么一儿女之得兔唇者就可推
知其来由,而世上也可自为操持以使发生或不发生兔唇了。

② 另见于色乌弗拉斯托《植物志》,卷二,3,2,和卷五,3,1;这章节中记明神巫们曾
告诉叩询神兆的人,说,这样的品种变异不算是"怪物"。

③ 达尔文《变异》,初版,卷一,375 页,记有相似诸例。参看曼德维尔《旅行记》
(Mandeville's Travels)卷四,说,"居鲁士的葡萄藤所结实,其先色红,后年转白。"

关于(一)多产性生殖与一幼体而具有超数构造的〈骈枝性〉怪
30 胎之间,和(二)少产动物或单产动物与残缺性怪胎之间存在有一个
疑难。有时动物生而具有超数的趾(指)①,有时只有一趾(指)②,于
其他诸部分亦然,它们都可能或有所增多或有所缺少(残损)。又,
动物会有双套的生殖器官,其一雄性,另一雌性;这曾闻之于人类,
而在山羊中为尤多③。有所谓"雄雌羊"τραγαίνας 者,就由于它两备
35 雄性和雌性生殖器官而获得了这样的名称。还有一例,一只山羊羔
771ᵃ 诞时腿上别长有一只角④。内脏各部分也发现有变改和短缺的,动
物或全没有某一内脏,或某部分处于不发育状态,或为数太多,或不
在原位而构制在别处⑤。在动物中从来没有发现过生而无心脏的,
5 但确乎有无脾,或两脾,或一肾的;又,全无肝脏的例也是从来没有
的,但在有些动物中发现有肝脏长得不完全的。所有这些现象都曾
在生长完成了的活动物中检察到了⑥。本应具备胆囊的动物也曾发

---

① 骈指(趾)(polydactylism),参看达尔文《变异》,卷二,12 页。
② 合指(趾)(syndactylism),也称"鳌指(趾)",这种畸样可有两式,其一如豕的偶蹄
未经明析地分离开来,形似合蹄。另一如有些动物的趾不足原数,或皮肉内两个趾的骨
节合在一处,在外表上就只见一趾了。
③ 圣提莱尔,上述著作,卷二,166 页,论及有角反刍类说:这类诸种属于雌雄同体
这种畸形产物,比之任何其他动物类属为较常见,所见畸式也更多变异。亚里士多德老
早就注意到山羊群内常见有具备雄雌生殖器官的怪胎。
④ 圣提莱尔,上述著作,卷三,272 页,记载有一怪鸭,头上生小脚,三趾,有蹼。亚
里士多德所说脚生角,同头上生脚这类怪异是畸形例中较稀见的。也许他所记并非真
角,只是些突出的角样组织。但爱拉斯谟·威尔逊《论健康的皮肤》(Erasmus Wilson,
"On Healthy Skin")346 页,也曾叙述有一异例,在皮肉上苗生了与真角相同的组织。
⑤ 这些畸形是颇为常见的。
⑥ 古代于动物内脏怪异的记录大多得之于祠庙中的牺牲处理,这些供作牺牲的动
物都是长达成年的壮兽,原是无病而活着的。足见若干内脏形式与位置的变异不害于生
理的正常活动。下文言及方生幼兽有内脏各部分的剧烈变异,那些就不易存活了。

现过阙失了这内脏的①；另又检到了有超过一个胆囊的。曾知若干
内脏换位的实例，肝处于左，脾则在右侧。如上已言明，这些现象曾 10
在业已长到成年了的诸动物中看到了；至于方生的幼动物则种种的
剧烈的脏腑混乱情况都是有的。凡只稍微违离于自然规范的，一般
可得存活；若有关生命的主要部分反乎自然状态，那些违离自然太
远了的就不得存活。

　　于是，对所有这些畸形实例存在的疑难是这样：（二）生产单独 15
幼体和发生部分（器官）残缺，是否出于同一个原因，而且那另一类
（一）生产多个幼体和发生部分（器官）骈枝，是否也出于同一个原
因？

　　何以有些动物一回就产多子而另些却只产一子，看来似乎是
够可诧异的。只产一子的都是最大的动物，例如象、骆驼、马与其 20
他实蹄动物（奇蹄类）；这些动物，有的较其他一切动物为大，另些
则是体型相当伟巨的。但狗、狼和几乎所有的一切多趾（歧脚）
兽②皆产多子，这一门类中，虽是那些小型的如鼠族也一回就产多
个小鼠。至于偶蹄（双趾）动物则又生产少数几个婴儿，唯猪为例 25
外，偶蹄的猪却属于多产的级类。这看来正可诧异，因为我们直想
大型动物能分泌③较多精液，该生殖较多子嗣。但，恰恰我们所引
为惊奇的，实际上不该惊奇；正由于它们体型庞大，这样的动物既
把养料供应于增长身躯，就不产多子。但于较小的动物，自然从体 30

---

①　参看《构造》，卷四，章二。
②　亚里士多德的"多趾歧脚动物"πολυσχιδη，约略相当于今食肉（Carnivora）、齙
齿（Rodenta）与食蚁（食虫 Insectivora）诸兽。
③　贝本 φέρειν "持有"或"携带"，从 P 抄本 ἐκκρίνειν "分泌"。

积取出的余物,把它移增之于精液了。而且,按照比例,于体积较
大的动物之生殖自必消耗较多的精液,于体积较小的,较少的精
液。所以许多小兽可以同一回分娩,但要许多大兽婴同时诞生是
35 不容易的。[而于那些中体型的,自然安排它们孕育中数的子嗣。
771ᵇ 我先曾说明了,何以有些动物大,有些较小,又有些介于两者之
间。]①关于怀妊的子数,凭大多数而论,实蹄(一趾)者产一子,偶
蹄(双趾)者少数几子,歧脚(多趾)者多子——原因就是这样:它们
5 的体积,大略相应于子数的多寡。可是,这不是全然合符的;因此,
所产子数的为寡或多的缘由,主于体型的为大或小,而不在于脚趾
的为一或二或多那样的类别。作为佐证,这里可举示些实例,像是
最大的动物,却又是多趾的,骆驼是次大的动物则是偶蹄。又,
10 体大者少产,体小者多产,这不仅行走于地上的动物如此,飞空泳
水诸类属亦然如此,理由是相同的,相似地,最大的树木也不是植
物中结果最多的。

　　于是,我们已阐明了何以有些动物自然地生产多子,有些只产
少数,又另些只产一子②;对这里所提示的疑难,凭充分的理解③,
15 毋宁专属于多产诸动物这方面,这些动物常见它们单独一度交配,
就妊娠了许多幼体,这确可诧异,是否雄性精液所以贡献于〈雌性〉
原料者是本身混合于雌性籽液之中而成了胚体的一个部分,抑或,
依照我们所说,雄性精液本身实际不是胚体的一部分原料,它只是

---

① Σ拉丁译本的抄本没有这两句,贝克,加[ ]。
② 通俗本缺漏末一分句,从 P 抄本增 τὰ δὲ μονοτόκα。
③ 从 P 抄本增 εὐλόγως "充分理解"。

聚合雌体中的原料，即生殖分泌，使之凝结而成形为胚体①，有如 20
无花果汁对于乳液所施的作用②，暂不先决定上两设想的是非，我
们还得考查，多产动物何以不形成一个体型相当大的单独幼体，
〈却老是由那些剩余物质育成多个子嗣。〉③［于相应的平行实例
上，如要凝结大量的乳液，无花果汁须与适量相应，乳愈多也就加 25
入愈多的果汁，所凝成的乳酪也相应地增加了那么多。］④这里，你
倘凭子宫有若干区域而杯状窝（胎盘）就不止一个为设想，这是由
于子宫的各个区域分别引入了精液，所以在各窝形成不止一个的
幼体，那么这种设想现在已毋庸提出了。因为在子宫的同一区域 30
常可有两个胚一同形成，于多产动物的子宫充满着胚体时可以见
到诸胚成排地挨着⑤。在解剖时看来这是明白的。真相毋宁是这
样。当动物完成其生长过程时，它们向上与向下的扩伸都达到了
一定的某种限度后，谁都不能超过它们各别的体型限度而继续增
长，动物间就得凭各别的定限计论体型的谁高谁矮，也在这样的定 35
限之内，人与人，或任何其他动物相互间，比较谁大谁小。同样，每 772ᵃ
个动物所由形成的生殖物质也不会没有容积的限度，制使不得或
增或减，而于数量上这也不会是任意地为多为少。于是，如果一动
物当时既循自然的前因而所作雌性生殖分泌超过一个子嗣所需的

---

①　参看 767ᵇ17，772ᵇ32。

②　参看 737ᵃ15。

③　从贝克，依 Σ 译文 Sed generatur in illa materia et superfluitate multi filii 增〈 〉
内语。

④　这一句不见于 Σ 译文。考其文义，似为中古抄本上，后人对 772ᵃ22 一节的
注释，在这里与上下文不叶。从贝克加［］。

⑤　大概亚里士多德实际解剖过的并据以论辩的，当是猪属胚胎。

5　成胎数量,那么随后由这数量所实际形成的子嗣就必不止一个,而
　是各依其种族的体型,得有各如其限数的子嗣;雄性的精液,或寓
　托于精液之中的功能,也不会擅自形成较多或较少于自然所预定
　的子嗣数目。相似地,如果雄性泄注比定额所需较多的精液,如或
10　精液是分为若干份时,于每一份中赋予较多的功能,这些超量或超
　能,无论它所超是尽多,总不能使任何产物形成为体更大〈或数更
　多〉①;反之,这样的逾量将烘干雌性物料而破坏生殖②。同样,火
　不能继续加炽而按照其所增加的,比例地使水尽增热度,〈水所能
　受的〉热度就有一个定限;当这热度定限既经抵达,而火还继续加
15　炽,水就不再增高热度而宁自行蒸发,最后水全消失,这就干竭了。
　这里既然雌性分泌和从雄性来的分泌——我专指那些雄性泄注有
　精液的诸动物——必需相互间具有某些比例(平衡)③,那么,凡生
20　产许多幼体的动物就该是这样的情况:雄性所泄精液从当初开始
　的时刻就把其中的功能分为若干份,俾可形成几个胚体,而雌性所
　供应的原料也就有那么多,同数的几个胚体可得凭以受形。我们
　前述的凝酪譬喻④,在这里就不再符适,因为精液的热能所形成的
25　事物不仅限有定量,更限有定质,而凝酪所关的无花果汁与凝乳素
　只与定量相涉⑤。于这些动物何以不合成一个〈较大的〉胚胎而形
　成为多数的胚胎,其原因恰正如此;每一胚胎都不能凭你随意所拟

---

① 每一动物所产幼体,于数量及体型大小都不会超越它所隶品种的常数和常态。
② 参看729ᵃ18。
③ 参看723ᵃ30,757ᵃ16。
④ 见于737ᵃ15。
⑤ 参看本章上文,771ᵇ24。贝克于这句加[　]。

的分量而形成,无论是太多或太少,两皆不得有所生成,因为自然
于那施其作用于物料的热能和承受这种作用的物料上,相似地两
各设有了定限①。

　　凭同样的原理,于那些只产一子的大型动物,虽所分泌殊多,总不
能形成多胚;于它们,凡生殖物料和施其作用于这物料上的分泌也两
各设有了定量。于是,它们缘上述的理由,分泌这些事物时也不会为
量太多,它们所分泌的就自然而然地恰够单独的一个胚胎,由之而得
以形成。如果所分泌的竟尔逾量,于是出生双胞胎。所以,这类超
产的事例是较不利(不祥)的,因为它们反乎常例和普遍法则。

　　人类,于产子数三个不同级类,都可归属,他〈常〉产一子,而有
时一举多胎或(少)两胎②,但依自然,他几乎通常是一回育一儿
的。凭他身体的润泽与温热而论,他是可能多产的[因为他的精液
(种子)天然是液态而温热的]③,但因其体型,他产少数子女或产
一儿。为此故,人类的妊娠期无定规,这在动物界中是独异的;诸
动物的妊期全守定规,人类却有几个不同妊期,试看婴儿有七个月
诞生的,有十个月诞生的,又有介乎七个与十个月之间的,而且虽
是八月婴较其他诸婴为难于存活,然而也毕竟是能存活的④。由
上述的情况我们可以检察其缘由,这一论题在《集题》中业经研究

---

　　① 卷一章廿一,申述生殖理论,于730ᵃ23,涉及卵生鱼类的生殖说雄鱼精液有定
性,而无定量。此节加详,于雄性精液中所寓成形功能也予以定量。

　　② 参看《动物志》卷七章四,584ᵇ26—36,人类有单胞、双胞、三胞与四胞者。最多
的五胞为限。这些记录,经两千余年来,已证为确实。

　　③ 从柏拉脱,删。

　　④ 参看《动物志》,卷七,584ᵃ34—ᵇ25。又参看《希氏医学》,"七月婴"(de Sept.
P.)"八月婴"(de Oct. P.)诸篇。

10 过了①。我们于这些问题作这么些解释,当已足够明白了。

　　　各个部分(构造)会得反乎自然而生长倍数的骈枝的原因相同于产生双胞(双胚)的原因。如果胚体在任何时机,于任何部分
15 聚集②了超过该部分本然所需的物料,由此而发生的骈枝就老早在胚体中预备着了。其结果,于是,或它全身的一个部分,例如一指(趾)或手或足或任何其他的躯体末梢或肢节,较大于其他部分;又或胚胎如果有所歧分,那么有如河流中的旋涡那样,形成那些超
20 数的部分;在涡流中的这些水是循着某种运动③前进的,倘于行进中为任何事物所冲击,一个旋涡便分辟成两个,各保持着原来的运动方式;这里的胚胎也遭逢了相同的情况④。这些反常(畸形)的部分一般是和它相似的部分骈生于相邻近的位置,但有时由于胚胎中所进行的活动以及原所聚集的物料有返归所从来的原处的那
25 种趋向,于是这超数的骈枝构造苗长在和它尚保持其所相似的部分远隔了的位置,即其超余物料所由来的本处⑤。

----

　　① 今所传《集题》中,未见这一论题。

　　② 柏拉脱揄 πλείω ὕλην συστίση,胚体……"聚集了超额物料"为 πλείων ὕλη συστῇ "超额物料聚集于"胚体之误。

　　③ 雄性精液的生殖功能被理解为一种运动(活动),参看卷一章二十一,二十二,及本卷,767ᵇ18 等。

　　④ 倘一涡流左旋而下一溪,中流遇一立杆,这涡流便分离为两较小的旋涡,仍作左旋而下行。以此喻胚胎中的生理活动:如原将成为小指的诸细胞偶然而被分离,则形成为两小指的原基,而作同样的发育过程,于是,而有两个骈生小指。看看《说梦》,461ᵃ8。汤姆逊《遗传论》(J. A. Thomson, "Heredity"),270 页:"那些常在的旋涡式特殊细胞,我们所谓'胚原细胞'自行复裂而为繁殖";他所取隐喻实出此章。

　　⑤ 用作指料的物质倘集取过量,这就可能生成骈指。这原料若取于相近部分,那么骈指与原指当在相邻接位置。倘这原料当初来自腕关节间;那么这骈指就可能着生于腕关节间;但当它发育为指原基时却是与诸指同受着成指功能的作用,因(接下页)

于某些畸形事例中,我们发现有双套生殖器的一例[一器官为雄性,另一为^①雌]。凡遇这样的骈式,那双套常是其一有用另一无用^②,因为这种畸形构造既然反乎自然,就常不能获得充分的营养供应;那无用的一个像赘疣那样附着身体上^③——赘疣固然是反乎自然的后生组织,但既着生在本体,也就可获得一些养料。倘〈雄性〉成形机能(作者)占胜,那骈生两器官应属同性;倘全被〈雌性〉占胜,两器官亦属同性;但如果这在这里占胜,又在那里被占胜,那么便当是其一雄性,另一雌性。这里所内涵的原因,无论于整个动物的为雄为雌或于其部分(生殖器官)的为雄为雌,都是一样的^④。

我们倘遇见有如肢体末梢这样的部分,左肢或右肢上的指或趾有所缺失的实例时,我们可以取鉴于整个胚胎的流产情况,引出同样的理由^⑤作为部分缺陷的解释[胚胎的流产是常可遭逢的]。

超逾(骈枝)构造之相异于多产的情况有如上所陈述^⑥;怪

(接上页)此形式上还保持为指状。把器官或组织原基看作是可流动的,达尔文于他的"胚芽"(gemmules)也曾作此设想。

①　依下文看,[　]内语,当是后人误加。

②　τὸ μὲν κύριον τὸ δ' ἄκυρον 直译"其一为主,另一非主"。

③　圣提莱尔,上述著作,卷一,731 页:"有些作家报述有人具两个外交接器官的诸例,其双官并列者较多,另还有一茎附加于另一茎之上的,但这是稀见的"。亚里士多德似已先见到了这类实例。柏注:至于雌性器官,若说双套子宫,似乎只能是一子宫的两半,其一较小,另一较大。

④　参看 768^b3。

⑤　通俗本及贝刻尔本 ὅμοιον γὰρ κ'ἂν ὅλως "相似于整个胚胎的流产情况",从奥-文,柏拉脱与贝克,依 P 抄本 αἰτίαν ἥνπερ καὶ ἐὰν ὅλον 译,"其理由相同于整个胚胎的流产。"

⑥　骈枝部分起于一个胚体某部分聚集了超额物料之故;多产则为雌性的丰富原料分作若干份,与雄性精液中分作若干份的成形功能相合符,而分别创生为如数的若干胚体。

胎①之与这些骈枝构造相异，则在于其中大多数是合生胚体。有
些怪胎，可是，又作以下的式样，它的畸异处在较大与较重要的部
分（脏腑），例如有些怪胎具有两脾，或多肾。还有，制成胚胎的活
动若旁行而生殖原料或移换了位置，有些部分可以因而迁移。我
们在生理本原上着想，必须决定畸形动物究属是由一胚长成或由
几胚并合长成的，这样，倘说心脏就是这样（生理本原）的一个部
分，那么，凡具一个心脏的就将是一个动物，而其超数的部分只能
当作是骈枝，但那些畸形生物如果不止一个心脏则它们就该是两
个动物，由于成胚过程中的一时混乱，而并生起来的②。

　　这也是常可遇到的，许多动物虽看来似无缺失而且生长已臻
完善（已达成年），它们体内有些管道却并合在一起或另些管道偏
离了正常的通路。这样，有些妇女在临当成年，子宫口尚是紧闭
的，因此在月经来到时就引起了痛苦，直待经血能自行冲破这管
道，或医师为之排除了那障碍，痛楚才得停息；遇到这些病例，如果
冲激发生过度剧烈或竟无法突破这管道口，有些就终于死亡。另
一方面，有些儿童阴茎的根部与泌尿的管道不相接合，尿道终止于

----

　　① τὰ τέρατα，上文都用以统称各式怪胎，下句则指骈式怪胎；这句特异，用以专称
"合生"（συμφύσις）怪胎，而与"骈枝"怪胎相对举。贝克凭这句的字义别异，认为非亚里
士多德原文，而可能是后世所作下文，773ᵃ13句的边注。
　　近世合生畸形的实例有"暹罗双胞儿"（the Siamese twin，1811—1874）颇为著名，
这实际是两个完全的男人，但有肉质韧带左右相连接于腰间剑状软骨间（cartilagi xi-
phoidii）。
　　② 近代已记录有双心的怪胎，证明双心畸形也是可能有的，参看巴努姆《畸形发
生研究》（Panum，"Untersuchung über die Entstehungen der Missbildungen"，1860），
81页。但，异于亚里士多德"合生"的设想，近代胚胎学认为具双器官的或双构制的怪
物都是一个生殖细胞分裂而成的。

阴茎的下边,这样当他遗溺时就得蹲下;如果睾丸囊上缩,远处看
来,他们就像是具有男性与女性的两套生殖器官了①。于绵羊和　25
某些其他动物,干硬食物〈的剩废排泄〉②通道,也曾有阻塞不通的
实例;于贝林索,曾有一母牛,通过尿囊,像过滤那样排出微细物
质,当人们为之割开肛门时,肛门迅速地重复愈合,人们设法使它
保持开通。③

　　现在我们已讲明了生殖方面的少产与多产论题,以及器官或　30
内脏的超数骈枝或残缺不全,并也讲到了怪胎(畸形)论题。

章五

　　复妊娠④于有些动物是全不会发生的,但于另些动物确能复孕;
于后一类动物中,有些能将后孕的胚胎怀育直到成婴而娩出,另些　35
则只偶尔可能如此。那些一回只产一子的动物是不会复妊的,实蹄　773ᵇ
类以及较这类更巨大的动物所以不见有复妊,是由于它们体型巨
大,雌性分泌全都在单独一个胚胎上用尽了。所有这些不复妊动物

――――――――――――

　　①　圣提莱尔,上述著作,卷一 607 页:"尿道错出症"(hypospadia)是输尿管在阴
茎下边错出开孔的奇异构造。这样的男童在会阴部分的罅隙看来像女性窒道。

　　②　从贝克依 Σ 抄本有 superfluitalis,增〈περιττώματος〉。

　　③　托特《解剖学与生理学全书》卷一,182 页记载有这种称为"肛门闭锁"(atresia
ani)的先天畸形症。所记的实例:肛门是没有的,直肠开口于雄性的尿道或雌性的窒
道,粪便由以排泄。……这类畸形动物也可按照这样的别异装置延续其生命。同书也
讲到医师为行手术,开辟肛门,但不久复归闭塞。

　　④　"复妊"(ἐπικύησις)有两类:同时所泌卵子先后受精或卵子先后成熟而先后受精,
因此先后成孕。今于两类分别称前者为"复受精"(superfecundation),后者为"复妊娠"
(superfoetation)。亚里士多德所说复妊实指后一类,《动物志》,542ᵇ32 与 585ᵃ5 记有兔属
多能复妊;人类偶有复妊(参看本章下文)。柏来费尔《助产术》,第 6 版,卷一,189 页,记
有妇女复妊特例。

皆有巨大的身体,而一动物若本身巨大,它的胎婴也当是照比例巨
5 大的,例如象胎就大等一犊。至于那些一回能产多子的动物就会发
生复妊,因为一回受孕便超过一子的多胎妊娠原本就类于——相继
的(先后受孕)复妊。于所有大型动物中,人类,能将后孕胎体——
10 如果第二回的受精紧接于第一回之后——怀育至于分娩^①,这样的
实况先前业已观察到了。〈人类产生双胞的〉缘由就如前所述及,虽
只一次交配,他所泄精液超过形成一个胚胎的足量,这一次的泄液
就分为两份而生成两婴,其一后于另一而诞世。可是,先成胚胎若
15 已生长到相当的体积,又行媾合,复妊有时偶也会发生,但这是很难
得的,因为在妊期中妇女的子宫一般是闭紧的。倘复妊竟然发
生——这也是曾经遇见的——这母亲不能把第二胚胎怀育成婴,而
是像在所谓"流产"那样的状态中,摒出^②这未完成的胎体。在这里,
20 恰也像在只产一子的诸动物那样,由于胚胎的体型巨大,所有雌性
的分泌全部耗用于先行形成的胚胎了。生产不止一子的诸动物,在
这方面是相类的;唯一相异之处只在前者是当初即刻发生这种情
况,而在后者则待之于胚胎长达某样的体积以后才发生,到了这时
25 期它们就处于与那些只产一子的诸动物相同的境况之中了^③。相似
地——由于人类天然能产多子,又由于子宫容积与女性分泌量于一
胚胎所需为有余而于供应第二个胚胎使之成婴则犹有所不足^④——

① 现代产科实证了人类确有极少数的复妊实例,人类复妊必须在第一回授精成孕
的三个月内。

② 贝本 ἐκπίπτει "落下";P 抄本 ἐκπέμπει "送出"或"摒出"。

③ 从下文看,这里实际在以妇女的不能承担复妊比照于牝马的不生双驹。但这里
所作解释与妇女可有双胞和人类偶也有复妊之例不协。

④ 这也与妇女可生双胞的实例不协。

所以妇女与牝马为诸动物中唯有的两个于妊娠期间许可雄（男）性
仍行交配的动物，这于妇女，其理由已见于上述，于牝马则是由于它
们原既有不育性①，又由于它们的子宫容积于一驹而言绰乎有余而
于复妊所成第二驹胚而言这就太小了，没法育之为一完全的小驹。
又，牝马有自然乐就交配的趋向，因为它的情况类同于妇女中的不
育者；这一些不育妇女是没有月经的——经血排泄相符应于雄性在
交配中的泄注——而牝马则甚为稀少。于所有胎生动物，其中凡属
不育的雌性都有这样的趋向，它们像雄性那样精液只储备〈于睾丸
之中〉②，却不行输出。于妇女方面，经血的排泄类似精液的泄注，而
如前曾陈明，这却是未经调炼好的精液。所以，那些于交配原无节
制的妇女们，在生育了许多子女之后，这样的欲念就歇息了，这就由
于生殖物质（籽液）一旦涸竭，她们就不复想做这种活动了。又，于
鸟类中，雌鸟性欲不像雄鸟那么旺盛，这是由于雌鸟子宫高处于体
中段之故；至于雄鸟，情况不同，它们的睾丸是紧系于体内〈下部〉③
的；任何这样的动物④，倘都自然地内储许多精液，这就常时企求交
配。这样，以亢进性欲而言，于雌动物当须子宫低下，于雄动物当须
睾丸向上紧缩⑤。

现在已说明了复妊何以在某些动物全不发现，何以在另些发
生复妊的动物中，有时能将后成胚体育至分娩而有时却不能，以及

---

① 参看卷二章七，746^b13—747^a23；章八，748^a14—23，^b8—15。

② 参看717^b25，718^a6以下。

③ 参看717^b10以下。

④ τὸ τῶν τοιούτων ὀρνίθων "这样的鸟类之睾丸"，从柏拉脱校 τὸ 为 τι，又从贝克删 ὀρνίθων "鸟类"，译为"任何这样的动物"。

⑤ 柏注：这里亚里士多德未再说明这种构造何以会促进性欲，大概只是照实际观察，做成了这样的记录。

15 何以这些动物有些成为性欲旺盛动物,而另些则不成为旺盛的。

于发生复妊诸动物中,有些虽先后受孕已中隔好长一段时间,也能把先后胚胎一并怀育到分娩,如果(甲)它们原属饶于籽液的品种①,(乙)如果它们的身体不是大型的,(丙)又如果它们是原属
20 多产的。(丙)唯其为多产,故子宫必然宽大,(甲)唯其为饶于籽液的品种,生殖分泌必然富裕,(乙)又唯其体型不大而又有多余的分泌超逾胚体所需要的养料,所以它们不仅能形成多数胚体,更还能怀育那在后复妊的胚体,直到成婴而诞生。又,这些动物的子宫,
25 在妊期中,因为还遗留有若干未尽泄出的剩余分泌,是不行闭锁的,这情况,在先虽于妇女也曾发生,有些妇女当整个怀孕期间一直见到有经血排出。可是,这于妇女是反乎自然的,这样,胚胎是受到损害的;但于那些体质从初就适应着复妊构造的诸动物,这是
30 合乎自然的。毛脚族(野兔)②就是这样的实例。这些动物,由于(乙)体型不大,(丙)多产——因为它们具有多趾而多趾(歧脚)动物例为多产兽类——(甲)又且饶于籽液,就实行复妊。这可引它

---

① σπερματικόν 依柏拉脱解作"饶于籽液的",这品种的动物,雄性能调炼成丰富的精液,雌性则具有大量的经血。

② 参看《动物志》,542ᵇ31、585ª6。

依色诺芬《狩猎》(Xen. "Cyn."),v. 22—24,希腊人当时所知 τῶν δασυπόδων "粗毛脚族"(兔科,兔属,Lepus)有一大一小两种。柏拉脱考这大种应为当时中欧与英格兰等地所通有的褐毛兔;小种为地中海附近地区特有的小兔,盛壮时不超过五或六磅重量。两者皆欧洲人所称"野兔",即"畏蒽兔"(L. timidus)的变种。当时繁生于欧洲本部的"欧洲野兔"(L. europaeus)与"畏蒽兔",尚未传殖到古希腊地区。古希腊也未见欧洲的"家兔",即"多窟兔"(L. cuniculus),这品种尚未南过意大利地区。但另说,家兔原出南欧与北非洲的一种野生兔,那么"多窟"种应先中欧而传布于古希腊。

关于兔属的复妊,参看色诺芬《狩猎》v. 13。孙得凡尔《亚氏动物品种》(Sundevall, "Thierarten des A."),56 页,"野兔实不像著者所信,依例皆行复妊,这方面还有待更精详的研究"。

们的多毛性状为证,它们的毛为量特别超逾,诸动物中唯独野兔脚 35
底和下颌内有毛①。这里,多毛性是富于营养剩物的一个征象,即 774ᵇ
便于人类而言,多毛的也炽于性欲,比之光滑的(少毛的)具有更多
籽液。于野兔,这是常见的,有些胚胎尚未完成而另些已分娩为小
兔了。

章六

有些胎生动物生产完全婴;另些生产不完全婴;奇蹄(实蹄)与 5
偶蹄兽婴完全,大多数的多趾兽婴不完全。因为奇蹄兽一回只产
一子,偶蹄兽一般地只产一子或两子,所以两都不难将所孕少数的
胚体怀育至于完成。一切多趾兽之怀胎不俟其完成者,皆产多子。
所以它们虽在成胎之初能供应诸胚体的营养②,待诸胚体渐长,达 10
到了相当大的容积时,它们可就难于完成那全胎的过程了。这样
它们就娩生不完全婴,有如那些动物所产的蛆一样,有些兽婴当其
诞生之顷几乎是全不成形的,其实例可举狐、熊、狮以及其余产子
情况相似的若干品种;所有这些的稚兽,不仅上已叙明的那些,还 15
有狗、狼和灵猫,实际上全是目盲的。唯独猪是产仔既多又皆完
全,这样我们在这一品种上发现了错杂的两事,(甲)它生产多子如
多趾兽,(乙)但本身却是偶蹄或奇蹄兽——奇蹄的野羴确乎是有
的③。于是,它们生产多仔,因为原可供应为增长体型的养料转变 20

---

① 参看《动物志》,卷三,519ª23。莆洛宛尔与吕台寇尔,《哺乳类》,492 页;所有
兔属诸品种确是全部能复妊。

② 通俗本与贝本ἐκτρέφειν"喂育"(乳儿),从柏校作τρέφειν"供应……营养"。

③ 《动物志》,卷二,499ᵇ12 记载,伊利里的贝雄尼亚(Paeonia)以及另些(接下页)

成了生殖分泌，——若把猪当作奇蹄类别，它们的体型就不算大
型，而猪通常多是偶蹄，只是依所见的实况，宜也有趋向于转变为
奇蹄的性质。为此故，猪属有时只产一仔，有时为二，但一般都产
25 许多仔，并且是在分娩以前怀育达到了完善形态的，这像是一块沃
土，内含可以充分供应草木的丰饶的养料。

有些鸟属的雏，在出壳时也未经孵化完全，而是目盲的；生产许
多卵的所有诸小鸟，如鸦（与山鹊①）、樫鸟（蓝鹊）、雀、燕以及那些产
30 卵虽少而没有为诸雏预储丰富养料的②诸小鸟，如斑鸠、雉鸠与家
鸽③，全都是这样的④。所以燕雏幼时倘眼被弄瞎，它能恢复视觉，
因为当你加以损伤的时刻，这生物还没有发育完毕，而是在发育之
中，因此它的眼又重新萌发而生长起来了。⑤一般而论，幼体尚未完

（接上页）地区存在有奇蹄野彘。照这里的下句文义，亚里士多德认为奇蹄是偶蹄的进
化。依马属的进化史看来，这是确实的。但近代生物记录认为偶蹄豕诸品种有时出生
单蹄小豕只是不正常的变异（奥-文）。参看达尔文，《变异》，第一版，卷一，75 页。

① κορώνη 鸦，常见于希腊者为老鸦（Corvus corone 哥罗尼鸦）与山鹊（C. frugilegus
采果鸦）；参看汤伯逊，《希腊鸟谱》，97 页。

② 依亚里士多德对于鸟卵的解剖说明，当是蛋黄较小的卵。

③ περισταρά 通常指鸽科（Columbidae）诸鸟，今与斑鸠、雉鸠并举，当取种名或属
名，专指家鸽。φάττα "斑鸠" 与 τρυγών "雉鸠" 等译名，可参看《动物志》有关章节的注
释。

④ 现代鸟纲胚胎学分类有 "雏期巢哺"（nidicolae）与 "雏期巢飞"（nidifugae）之别。
前者孵化时目盲，在巢中哺喂若干日后才能张目并学习飞行。后者孵化出壳后自行走
动或飞翔，这些雏目不盲。这里所列雏期目盲诸种属都是正确的。诸小鸟几乎全属
"巢哺"，大鸟中枭族也属巢哺。参看牛顿，《鸟典》nidicolae，nidifugae，两条。

⑤ 芮第（Franesco Redi，1626？—1697）《小集》（Opuscula），第二部，1729 年辑，
16 页，自谓曾于多种鸟雏行此实验，证明亚里士多德所述为确凿："倘用针或钻，以敏捷
动作挖去燕雏眼睛或其他任何种小鸟睛，随后它们各能恢复视觉。"柏拉脱以此事为可
疑，函质之哥伦比亚大学教授摩根（Prof. Morgan），得函覆说："倘所云雏眼被'弄瞎'
是指加以损伤，这可能痊愈而重明，倘'弄瞎'是指眼被挖掉，这就不能再生"。（接下页）

成便行生产,当由于营养不继之故,凡诞为不完全雏或婴或稚兽 ³⁵
的,总是出生太早了的。这在七月婴也是显然的,因七月的胎期尚 775ᵃ
未成全婴,常有些管道,例如耳与鼻孔等在分娩时竟还没有开通,
但在后渐长,这些器官也就开通起来,许多这样的婴儿是存活的。

　　于人类,男性生而残缺的常比女性为多①,但于其他诸动物则 ⁵
不然。推究其故,这当由于男性比之女性特优于自然热,因此男胎
较女胎为多活动,活动既较多,也就较易受损;凡幼嫩的生体总是
软弱的,原来就很易受损。也由于同样的原因,于人类②女胎不能
与男胎〈于〉相等〈期间〉完成,〈但于其他动物而论,雄雌胎的妊期 ¹⁰
是相等的③,因为它们的雌性不弱(劣)于雄性④,它们的胚体发育
就不较滞缓。〉⑤女胎虽在母体内需要较长的发育时间,但在诞生

(接上页)据此,这里所说“损伤”是精到的;所说重新萌发(βλαστάνουσιν ἐξ ἀρχῆς)是夸
大了的。

　　贝克注:亚里士多德所云“弄瞎”原无挖去眼睛的命意;凡较挖去全睛为轻的损伤,
照近代有名的“沃尔夫晶体再生”实验(Wolffian lens regeneration),都是能够再生的。
把两栖类的眼中晶体切除,一个新晶体不久就从虹膜边生长起来。这种实验,可以连
续多次施行。若云晶体可不从晶体残余恢复起来而从邻近构造为之补充,则这里所说
“重新萌发”也不算为失实了。

　　亚里士多德认知鸟雏器官再生必须在胚胎发育期间,不能求之于发育完全之后,
这是很精审的。参看达尔文,《变异》,第一版,卷二,第 15 页。但《动物志》,508ᵇ4,记
蛇眼与蜥尾再生,未言明年龄限止。近世实验生物学于蚖眼、蚖尾、蚖脚等再生实验确
能行之于蚖的壮年期。

　　① 据弗洛里克,情况恰应相反:“胎期发育有所损碍时,以后所产的残缺婴儿常
以女性为多”(托特《全书》,卷四,495 页)。

　　② ἐν ταῖς γυναιξὶν“于妇女而言”,从柏校为 ἐν τοῖς ἀνθρώποις 译。现代产科学认
为男女妊期同为 280 日。

　　③ Σ 抄本,similiter“同样的”,解作“妊期相等”。

　　④ 参看下文 775ᵃ30,776ᵃ10;《动物志》,卷七,583ᵇ16—27。

　　⑤ 依施耐得(Schneider)校订,《动物志》,iv,443,从威廉拉丁译文增补〈 〉内逸
文。Σ 抄本译文也有这一句。

以后却于各方面都比男性速于长成；明白的实例我可举示发情期、
15　壮盛期与衰老期。既然女人体质较弱较凉于男人，我们就该把女
性看作是一种自然的欠缺①。因此，当她在母体内时，缘于她的凉
性而滞于发育——发育就是调煮，调煮本于热度，较热的就较易调
煮；——但一经娩后，缘于她的弱质，这就迅速达于成熟并转入老
20　年期了。凡较弱（较劣）的事物皆较速地抵于完成，亦即较速地达
到目的（毕其终生），这于一切艺术制作为然，于一切自然产物亦
然。凭上所举示同样的理由，于人类，双胞若其一为男，而另一为
女，便不容易存活，但于其他动物而言，这就全不如此；男女性胚胎
25　发育期间既不相等，如今要他们一起进行等期的发育当是反乎自
然的，那女胎将嫌太早时，男胎该觉太迟了②；可是这于其他动物
而言，雄雌双胞是不反乎自然的。在妊娠方面，于人类和其他动物
之间还有一个差异，诸动物在这期间内，大多数的日月，体质较不
30　孕时为健壮，而大多数的妇女则在怀孕的岁月感觉着不舒适的。
这些情况可在人类妇女生活中求得一些解释，因为妇女们坐作并
坐憩，是安静的，她们就富于剩余物质，在妇女须行劳作生活的民
族里，妊娠时的不舒适感觉就不那么显著，在这些民族中以及在其
35　他民族中，凡常习于操劳的妇女，产儿是容易的，因为劳动消耗了
那些剩余物质；但那些安坐的妇女们在妊期既无月经又不操劳，于

---

①　参看上文，767ᵇ8。
②　参看《动物志》，卷七，583ᵇ23。人类男女胎期不等，女婴妊娠较长之说，中国也
久传于民间。近代产科学已证其不实。人类双胞分两类：真双胎系一卵一精子的结
合，所分孕两婴必然同性。假双胎，系两个卵子与两个精子同时结合，这可能成为一男
一女。假双胎虽稀有，但是确曾见到了的。

剩余物质就积累得很多了;所以她苦于分娩期的阵痛①。只有操 775^b
劳可使她们习练于进气,而产儿的或易或难,有赖于进气②。于
是,对于妇女与其他动物在妊娠这方面的差异,可凭这些缘由有所
说明,但最重要的原因还在这里:有些动物,相应于妇女月经的分 5
泌是为量微小的,又有些就全不见有经血,但这于妇女却较多于任
何其他动物,这样,当这种排泄因怀孕而停止时,她们就不舒适
了。——试看她们未孕的时候,倘月经不如期发生就深感苦
恼——;又,她们,依常例,在受孕之初是比较更烦躁的,因为胚胎
这时真能遏阻了月经排泄,但它起始尚小,究不足以消受这些分泌 10
的多少实量;随后它才颇能收纳营养了,于是母亲的烦躁也跟着减
轻。反之,于其他动物而言,这种剩余物质只有少量,这正符合
胚胎生长的需要,由于这些有碍营养系统的分泌得有胚胎为之 15
消受,母亲的体质转而更胜于常日了③。水生动物和鸟类于这方
面的情况相同④。如果胚体已渐长大,这时母体竟然有失健康,
这当是母体剩余物质不够供应胚胎生长所需之故。[少数妇女 20
曾见到在妊期中较常时为健;这些妇女当是体内原只有少量剩
余物质,这些剩物就恰正和供作胚胎的营养一起为胚胎所吸收
了。]

---

① 参看《动物志》,卷七章九,586^{b}26—587^{a}5。
② 奥-文注:"进气无益于助产,或真有所助,也是为助甚微的"。照《睡与醒》,
456^{a}16,"进气发生(增强)力量"。参看《行动》,703^{a}18;《构造》,659^{b}18,667^{a}29。
③ 柏注:这里所说胚胎消受了营养剩物,母亲因而加健,其义颇难理解。
④ 水生动物如头足类与介壳类(参看本书,卷一,727^{b}2)与鸟类(参看《动物
志》,卷六,564^{a}3)都在怀卵期(鸟类并于哺雏期)体质特为健旺。

章七

25　　　我们该讲到在妇女中,当其孕期,绝少遭遇而还是有时会得发生的所谓"子宫肉团"μύλης。[①] 她们生产那被称为"肉团"的这事物;先前曾有一妇,在与丈夫交配之后,认为是已受孕,起初她的腹部胀大,其他一切情况也是正常的,但当应行分娩的日期到来,她

30　既不产儿,腹部就不缩小,这样继续了三或四年,直到一朝染着痢疾,剧烈下泄,迨有生命危险的时刻,她娩出了一团肉质,那就是所谓"子宫肉团[②]"。而且,这种情况可能继续下去直到老年与死日[③]。这样的肉块从体内排除出来时,已变得有这么坚硬,虽用铁

35　器也难于把它切开[④]。关于这一现象的原因我们曾在《集题》中讲

776ᵃ　过[⑤];胚胎在子宫中的遭遇盖相同于烤肉时的半煮状态,这肉团的硬性不由于过热而毋宁是因为母亲体热不足之故。她们的体质似乎欠缺些功能,不足以在生殖过程的终了,施展最后的作为,而使

5　成完善的婴儿。所以,这样的肉团一直留着在体内至于老年,或任

---

　　① 胎体在孕中夭亡而未经娩出,一部分胎盘可继续得到营养供应,并有所生长,这就形成那全无眉目的一块"肉团"("mola")。这种死胎在最后产出时就是一团紧实的肉质物(柏来费尔,《助产术》,第 6 版,卷一,286 页)。

　　② 勃拉克尔(G. Blacker)注:真正的"子宫肉团"(uterine mole)的病例记录,最长期间约十八个月。但子宫外肉团(extra-uterine mole)可以留在妇体内许多年。

　　③ 贝克注:子宫中,"水泡肉团"(hydatic mole)、蜕膜瘤(deciduonia)等都是子宫壁上的肿瘤,这些肿瘤可自然发生,也可作为实验,用机械方法予以刺激,引起所需要的腺性活动而人工造成。这里把这类子宫病症,误作了"肉团"(死胎)。

　　④ 勃拉克尔注:子宫外肉团,或其他性质类似的组织可能钙化而坚硬如石块。还有"钙化纤维束"(calcified fibroid)也可能被混误作"子宫肉团"。

　　⑤ 现存《集题》抄本中无此论题。

何颇为长久的岁月,因为这既尚待完成,而又不是一个外来物体[①]。硬性的由来,有如半熟的肉,是出于调煮不足之故,表熟里硬的块肴正是欠于烹煮的制品。

何以这种现象不见于其他动物,可正是一个疑难——若肉团确也曾在其他动物中发生,只是全未被人们观察到,自然这就不成其为疑难了。我们寻求其中的理由,必须设想于诸动物中,唯独妇女会发生子宫病症,也唯独妇女具有超余的未能调熟的大量经血;于是,当胚胎由一些难为调煮的液质形成时,所称为肉团的事物就发生了,这就自然地只会见之于妇女,或无论如何,总该是妇女于此较其他动物发生的较多。

章八

所有一切内胎生动物的雌(女)性都在临当分娩时期形成有乳,这时的乳(甲)具有可〈饮〉用的品质[②]。自然为产后的幼动物制作这种营养,她到了这时候既绝不会没有乳汁,也不会泌出超量;若不遭遇反乎自然的机会,我们所见的诸实例就恰正如此。于其他动物,妊期既全有定时,乳汁也必按时调炼完成,但于人类而言,她们就不止一个妊期[③],这样乳汁就该在最先(最短)的妊期末了就准备好;所以,妇乳在七个月以前尚不适饮用,而在此之后就

---

① 如已完成,这就分娩出来;倘属外来物体,子宫机能必予摒除,因原属本生的胎体而尚未完成,故得久留于母体之内。

② χρήσιμον"有用"(有利)与 ἐξ ἀνάγκης 必需(势所必然)为亚里士多德常相连用的术语,这里"有用"句用的 μέν 与下文 25 行中的 δέ 相呼应;两词相隔过远故标为(甲)与(乙),以代"其一"与"另一"。

③ 参看上文 772ᵇ5 以下;《动物志》,584ᵃ33。

25　成为可〈饮〉用的了。乳汁直待妊娠终了期间才得调成正合我们的
　　预想，也（乙）出于势所必然（必需）的原因。在孕时这类剩余物质
　　一有所分泌就消耗于胚胎的发育；养料当是一切物质中最甘芬而调
30　煮得最完美的部分，现在既然这些要素都被吸收，剩余的就必然只
　　是些苦味和劣质事物了①。当胚胎临近于完成，剩余物质的遗量便
　　增加起来，〔胚体所消耗的剩余物质在这时减少了②；〕而且由于胚胎
　　所减少了吸取的部分原是较易调炼的部分，这遗量也较先前为甘芬
　　了。这时营养物料不再用于胚胎的成型过程，仅须在生长（增大）过
35　程上稍有所消耗③，这时于胎婴的范型而论业已铸定，因为他已达到
776ᵇ　了终极（完成）——在一个命意上说来虽是一胚胎也自有它的终极
　　（完成）④。于是，它就脱离母体，并变换它的发育方式，现在，凡它所
　　应有的，他已一一具备；自此而后，他不再取得各个不属于他的（他
5　所不应有的）事物了；就在这时节，乳汁转成为可〈饮〉用的了。

　　　　乳汁按照生物构造的原来体制聚集于上身与乳房。在横膈或
　　躯体中段以上的部分本是动物的主要部分，以下的部分则为有关
　　营养和剩余物质（排泄物）的部分，下部的作用就在储藏足够的养
10　料俾它们可得自一处自如地移向另一处。凭这论文的先前章节⑤

---

　　①　参看《构造》，676ᵃ35。
　　②　复述上句中已见语意，从俾色麦可尔校订，加〔　〕。
　　③　人类胚胎在诞前若干日各个部分（整体构造）业已分化完成，由此至诞时只是一
　　个生长过程，类于在母体以外的发育。人类七月婴与八月婴皆不残缺，那么在母体内由
　　成型过程转入生长过程迨已两个月，而后出世。
　　④　一动物长到成年时，习称为“发育完成”；若把发育过程分作两阶段，那么在母体
　　内与母体外就各有一发育程序，前一以成婴为完全，后一以成兽（成人）为完全。νήημα
　　τέλειον“完善的幼体”与ζῷον τέλειον“完善的动物”之别，参看卷二，737ᵇ9。
　　⑤　参看738ᵇ12—，747ᵃ20。

所提示的缘由，生殖分泌也出于上身这部分。雄性精液和雌性经
血两皆属于血液本质，而血液与血管则源始于心脏，心脏就在身体
的上段。所以这类分泌的变换必须先显见于上身①。两性的声腔
在他们开始结籽②的时候变化，其故也在此——因为声腔的第一 15
原理正在那一部分，动因有所变化，它也得跟着变化③。同时乳房
这区域虽在男性也显见隆起，而女性更甚，雌性乳房诸部分，由于
向下泌出那么多的物料，已转成空洞的海绵状了。这现象不仅妇 20
女是如此，于那些乳房（奶头）下坠的诸动物也如此。

对于那些习知各种属动物〈生理〉的人们④，声腔与乳部的这
种变化虽在其他诸动物也是明见的，但于人类，这尤为显著。其故
当在人类以体型大小为比例，较之其他诸动物，两性都有最大量的 25
生殖分泌，[这些我指妇女的经血和男子的精液⑤。]所以，当胚胎
不再吸取上述的营养分泌，但犹滞不脱离母体的时候⑥，所有剩余
物质就必然要积聚在所有那些空洞部分了，这些部分都安排着相
同的管道⑦。于各种动物，乳房所以形成在这样的一个位置上是 30

---

　　① 亚里士多德认为生殖分泌虽在下体注泄，其来源既出于血液的精制，应本之于
处在上身的心脏；凡与生殖能力有关的征象的衍变，如泌乳、破声等应求之于上身。
　　② σπέρμα φέρειν“结籽”，原为植物用语，这里以隐喻动物两性的生殖分泌之开
始。照亚里士多德生理学只能适合于雄性，而不符于雌性；在其他章节中，他不以经血
为内含“种子”(σπέρμα)的分泌。
　　③ 以心脏为生体之中心，为生理的动因，参看763ᵇ27，766ᵃ30以下，787ᵇ15等。
　　④ 当指牧人之于群羊，马夫之于群马，以及其他类此的人和兽。
　　⑤ Σ抄本译文无此赘语。
　　⑥ 孕期末段，产前。
　　⑦ 管道当指血管，胚胎获得营养的管道，指子宫诸血管；婴儿获得营养（接下页）

有双重理由的,这既是最好的又是必需的位置。

于是,在这里(乳房中),供作动物(婴儿或婴兽)营养的事物现
35 在①形成了,并已完全调炼好。至于它如何为之调炼的缘由,我们
777ᵃ 可取资于上已叙述的事项②,或也可作相反的解释,如说这时胎体
既已长得较大了,就吸取更多营养,因此剩余较少,而较少的余物
也就可较快地调炼完成。

乳汁具有与形成每一动物〈胚胎〉的分泌相同的性质,这是明
5 显的,并曾已先行说过了③。供作营养的这种物料和自然在生殖
过程中用以创制那动物的物料是一样的。现在,于有血动物而言,
这就是血液,而乳汁即调炼过的血液——不是腐败了的血液;恩培
多克勒,当他写下乳汁怎样形成的诗句时,该或是误会了事实或是
10 错取了一个愚拙的隐喻:“在第八个月的第十天产生乳汁,一种白
色的脓液④;”腐坏与调炼是相反的事情,而脓为腐坏了的产物,乳
却是经过调炼的成品。妇女在哺乳其婴儿的期间,按照自然,就不
发生经血,也不会受孕⑤;如果她竟又受孕,乳汁也就涸竭了。这
15 就因为乳与经血的性质相同之故,自然不能那么丰富,让两者同时

(接上页)的管道,指乳房诸血管。各部分血管各有段落与名称,但希腊古医家每认为
这两部分血管相同。例如《希氏医学》(里编卷七,512页)就称 τείνουσι ἐς τοὺς μαζοὺς
καὶ ἐς τὰς μήτρας φλέβα“延伸入乳房与子宫的诸血管”为 τῶν αὐτέων φλεβῶν...“相同
的血管”。

①指分娩的时刻,承接上文 29 行注文所说的孕期末段。
②参看 776ᵃ32,临产前,胎体取于母体的养料减少。
③见于上文 739ᵇ26,744ᵇ35。
④参看第尔士,《先苏残篇》,31B,68。
⑤虽然也未尝没有例外。

供应;倘分泌在一个方向引出了,在另一方向的分泌就必须停止,除了遭逢〈某种〉强力才发生反乎绝大多数情况的例外。但这种例外情况事实上是反乎自然的了,凡事物大率循于常例而也未尝没有例外,那么绝大多数如此的就是合乎自然的。 20

幼动物诞生的时刻也是有良好安排的。当胚胎长大,来自脐带的养料已不够他(它)那么大的体型,于是,[同时]①,乳汁转成可〈供应新生婴儿(稚兽)〉②饮用的了,这时像被覆一样包裹着血 25 管的所谓脐带,由于养料不再从此引出,便萎缩了,凭这些原因,也就在这时刻,幼动物进入了现世。

章九

一切动物的天然分娩方式是头部在先,因为脐带以上的部分较重于以下的部分。婴体悬垂于带上,好像在一天秤之上,较大的 30 部分即较重的一端,自然是下倾的③。

章十

各种动物的妊期,事实上,依大多数而言,随诸动物寿命的长短为比例而定其长短。这符合于我们的预想,较长寿命④诸动物的胚胎发展该有较长的妊期是合理的。可是寿命不是妊期的原 35

---

① 贝本 ἀλλὰ,依柏拉脱,改 ἅμα"同时";从奥-文加[ ]。

② 〈 〉内译文从奥-文揣校 τὴν τοῦ γινομένου τροφήν。Σ 抄本无此短语,从贝克加[ ]。

③ Z 抄本以下,约有十一二字的空行。这一章也许下有逸文。

④ 贝本 χρονίων"长寿命";从 P 抄本,χρονιωτέρων"较长寿命"。

777ᵇ 因，妊期只是大多数偶尔（在属性上）符契于寿命；虽则较大而且较
完善的有血动物确乎生存长久，但较大诸动物并不全属长寿。人
类寿命比之任何我们所已详悉的动物为较长，唯象为例外①，然而
人类却较丛尾诸动物②和其他多种动物的体型为小。于任何动

5 物，长寿真因在于与周遭空气能相调和而为适应③以及其他与相
协辅的生理性状"④，有关这些我们将在后另述⑤，至于妊期长短的
真因却在动物体型的大小⑥。要求一个巨大的物体在短期间内完

10 成，无论它们是些动物，或竟说是任何其他事物，总是不容易的。
所以，马和与马相近的诸动物，虽生世较人类为促，怀育它们的胎
驹却较人类为长；马属的妊期是一年⑦，但人类则至多为十个月⑧。
凭同样的理由，象的妊期也是长的；由于它们体型特大，象怀胎

---

　　①　以胎生动物，即兽类，而言寿命，亚里士多德说象寿较长于人类是确实的；凡其
他已详悉其生活习性的诸兽类都短于人寿。鲸类寿命迄今尚不详悉。柏拉脱注，疑亚
里士多德所隐涉的尚不详悉的寿长动物为世传的鹿属。但《动物志》，卷六章二十九，
578ᵃ25，凭鹿的妊期及其他生理推论，已确言鹿寿不会特长。

　　②　"丛尾动物"，见于 755ᵇ19，参看《动物志》，491ᵃ1 等。

　　③　空气及其寒温（即气候）为人生健康之本，参看 767ᵃ31 与下文 777ᵇ28；又参看
《希氏医学》，"风水与舆地"，章一至六，"关于医疗"I,32。亚里士多德的呼吸理论主于
调和寒温。其生理学以心脏主热，脑主冷；热为生命之源，但不能太过，必须有脑为之
节制。人脑最大，人心最热，其间节制的功能也最大。这里的调和字义兼及空气呼吸
与心脑调和而言。（参看《构造》，卷二章七，652ᵃ25—653ᵇ7；《动物志》，589ᵃ10—ᵇ28；以
及《呼吸》篇）。

　　④　συμπτώματα φυσικά "相协辅的生理性状"，盖指肝脏情况。参看《构造》，卷四，
677ᵃ35，说肝脏有关于寿命长短；又《寿命》，章五，466ᵃ15 以下。

　　⑤　盖指现存的《寿命长短》篇（De long. et brev. Vit.）。

　　⑥　大略相符，而不依精确比例。

　　⑦　参看卷二，748ᵃ30 注。

　　⑧　略相符于太阴月数，依阳历月数只九个半月。

两年①。　　　　　　　　　　　　　　　　　　　　　　　　　　　15

　　如所预想，我们发现，于所有一切动物，其妊期或胚胎发育期
与寿命各都有可凭自然周期②为之计量的归趋。所谓〈自然〉"周
期"περίοδον 我以指一昼夜，一月，一年以及引用这些单位来计算
的〈更长的〉时间；我也以指月行的周期，即月盈与月亏的运转循　　20
环，以及在这运转轨迹间的"折半时节"αἱ διχοτομίαι③因为这些联
运④的动点正是太阴与太阳相处在某些交角之上的定位，而月份
就是日月两者共通的〈交会〉周期⑤。

　　月亮之为〈生命〉一原理（原因）本于她与太阳的联系并分有了　　25
他的光照，事实上就有如另一轻弱的太阳⑥，所以她于一切创生和
发育都有所贡献。热与冷的变化达到某种适当比例⑦这就创生事
物，超过了某种比例这就使之灭亡，而星体（太阳和太阴）的运行为

---

　　①　象的妊期约为二十一个月。《动物志》，578ª18—21：人们都未见到象的交配，
故于其妊期所言不一，或云两年半，或云三年。薛·缪，《世界哺乳动物志》，非洲象寿
100 至 120 年。杜亚泉，《动物学大辞典》，印度象三十岁成年产子，至九十岁平均产六
子。寿百年至二百年。谭邦杰《哺乳类动物园图鉴》亚洲象妊期 540—600 天。

　　②　依 P 抄本，περιόδοις ὅλαις"为完全周期"。

　　③　διχοτομία"折半"时节，见于色乌弗拉斯托，《季候》（De Signis temp.）章六：气
象随四季各月的变化，而变化动点可折半以求，如月之半以求盈亏，半之又半则月初八
又为消长之机。以半月为节，类似中国以二十四节计四季气象演变。

　　④　συμβάλλει"联运"或"合轨"或"交会"，字另见于《气象》（天象），345ᵇ6 与
376ᵇ27。

　　⑤　月球绕地球运转若在恒星天球上，推求本月月行回复上月的原位置，所需时间
约为 27 日 8 小时，今称此周期为"恒星月"（Sidereal period）。中国旧历以月受光照而
反映于地球之盈亏，计月行周期，则本月圆时与上月圆时，约距 29 日 13 小时，今称"交
会月"（synodic period）。交会月确可称日月的"共通周期"（κοινὴ περίοδος）。

　　⑥　此语另见于色乌弗拉斯托，《风》（de Ventis），章十七，《季候》，章五。

　　⑦　参看《物理》，246ᵇ4。

30　这生灭过程制定了它萌始与息止的限度①。恰如我们观于沧海和一切的水泽，随风飚的或动或息而或作波涛或归平静，更进而察见那气和风的动息又相应于日与月的运行周期②，就这样由这些气（即风与水）发生而又生活于这些（气与水）之中的那些事物③，也

35　正该相从（依赖）于日月的轨迹了。这当是合理的，凡次要的周期

778ᵃ　该附随于较重要的周期。因为④，在某一命意上，风〈和雨〉也有它的寿命和生灭（动息）。

　　　至于这些天体（日、月）的运转（轨道），它们也许有待于另些原理⑤。

5　　　于是，俾诸动物的创生和终了，凭这些较高的周期为之计量，盖为自然的意旨，但她并没有限使严守精确的岁月定数，世间既还有许多原理妨碍着自然所订的生灭过程，而且一切物质的制品原也不易全纳入一成不变的定律，正尔常可见到事物违失了自然。

10　　　现在我们已各别地并统概地讲明了动物在母体内的营养，和它们诞生到世间的情由。

---

①　参看《气象》，339ᵃ21。

②　参看本书738ᵃ20；《气象》，359ᵇ26以下。又，色乌弗拉斯托，《风》，章十七等。

③　动植物由四元素组成，"这些"凭日月光照而造成生物所居世界的气候的"风与水"，也是动植物的组成元素，故云"由这些发生"。飞空行陆的动物皆呼吸于气中，游泳的动物皆呼吸于水中，故云"生活于这些之中"。水陆生的植物亦然。

④　柏注："因为"所承的辞意是："所以植物和动物的生命周期该附随于风〈雨〉周期（气候周期），因为……"

⑤　参看《宇宙》，卷一，卷二，《形上》，卷十二，章七章八。

卷(E)五

章一

现在我们必须研究诸动物各部分所凭以为差异的诸禀赋[1]。这里我意指这些部分的性状之演变,有如眼睛的蓝与黑,声音的高亢(尖锐)与深沉,以及皮肤或毛发与羽翼[2]的颜色之别。这类禀赋,有些于某一动物品种有时就全作划一的性状,而于另些动物却发生无规则的情形,于人这动物实例,其错杂尤甚[3]。又,在生命的各个期间,一切动物于这类性状的变化,有某些相似之处,但也有另些相反之处,例如于声腔和毛(发)色[4],有些动物直到老耄,毛色未见转为灰白,而人们的毛发在这方面的感受就较深于任何其他动物。这类禀赋,有些在诞生后立即显见,而另些却待年事渐长,或直待老了,然后著明。

778ᵃ

20

25

---

① 本卷所述动物若干部分的生理情状大都为次级性征(secondary sex characteristics),故汇在比较胚胎学这一篇论文内。古代学者常有人疑虑到这一卷应归属《动物之构造》,参看圣提莱尔《生殖》这本书的法文译本上册,cclix 页以下的议论。

② 通俗本……ἡ σώματος καὶ τριχῶν ἢ ἤ πτερῶν "身体与毛发或羽翼的……",依贝刻尔校订,应删"身体"字样。从柏拉脱校 ἤ(或)和 καὶ(与)换置;身体应改"皮肤"δέρματος。

③ 例如所有各地的狮,毛皆黄褐;而各地人种的发色却有甚多变异。

④ 例如于视觉而论,一切动物皆老而渐眊;但不必在过了发情期入于成年时皆有声腔自尖锐入于深沉之变,衰老而毛发渐渐灰白也不是一切动物相似的。

　　现在①，我们应当不再②假想这些事项，以及所有这些现象的
实际原因，都属相同。任何事物，若既不是自然在整个动物界所普
施的功用而且又不是各别品种的特征，那么，这些事物就没有一个
是有所为（为了任何目的）而如此发育的，也没有一个真可如此而
成就其所是（成就为一固定性状）③。举例言之，眼睛是为了一个
目的（极因）而生的，但这里真有所为的并不是〈眼睛的〉蓝色，苟色
泽恰正是这动物品种的特征，这自当别论④。事实上，于有些例
中，这类属性无关于动物所由存在的实是（定义），我们有鉴于这些
事物率因势所必需而得以生成，该应于物质上和它们所由活动的
本源上推求其原因⑤。有如我们在这一论文的开始诸章节中先曾

---

　　① 贝刻尔本，别反承接词 δὲ 柏拉脱校作时序承接词 δή“现在”，或“于是”。

　　② 亚里士多德生物学所说“原因”，通于“原理”，于我们近代术语也通于“规律”
或“原则”。“不再”，承上数卷多述动物诸种属或纲目或整个动物界的许多共通规律而
言。依胚胎发展规律，每一鸡雏各生有心脏，肝脏，两腿两翼……，若有四腿便出于偶
然而违失规律，成为一畸形之雏。现在，讲到眼睛的或蓝或棕，这就“不再”依循动物种
属的发生规律，而因各个体以为别异了。

　　③ 柏拉脱阐释这一句，亚里士多德分别了动物界有关种属或纲目或门类的表征
与一品种内个体的表征是非常精湛的，这里是少数特刎令人惊佩的诸章节之一。门
类、纲目、种属各级表征皆有目的，因而是固定了的；在变异中的表征未即固定，只能是
个别的无目的的表征。前者达尔文与华莱斯（A. R. Wallace, 1823—1913）据以揭发
动物进化的底蕴，后者孟得尔（G. J. Mendel, 1822—1884）取为研究遗传的素材。

　　贝克注，综合近代遗传研究的许多新发现，遗传因子（genes）于个体表征（如眼之
或蓝或棕）、品种表征（如羽毛之或红或黑）以至于门类表征（如或具肝脏，或只有肝胰）
怎样作分别的操持，迄犹未能明了其机制，所以我们在这里还不能全无疑义；但动物诸
性状有主次的分级则必然是确实的。

　　④ 例如狮眼常作棕褐色，于是我们就说这颜色与其毛皮一样是狮的保护色。但
当我们发现人的眼睛可以是或蓝或棕或黑，我们就不能说这是自然所施的功用，也说
不上这些颜色的差异，目的或功用何在。

　　⑤ 一匹马之为马是由于自然有所施为于马的“物质”如肌肉等等，安排之作马的“形
式”（那是马的实是，也是马的定义或本性），于是实践了成马的“目的”（极因）。（接下页）

讲过了的①，当讨论到有秩序而又明确的自然诸产物，我们必不可
说每个产物，由于它是这样生成（演化）的，所以具有这种禀赋（性
状），我们毋宁该说它们演化至于如此，是由于它们原属如此，因为
演化的过程循从于实是，并也是为了成实（达到这目的）这才行演
化，过程不得是实是本身的先导。

可是，古代的自然学家们主于相反的观念。他们未曾见到原
因是为数颇多的；他们仅见到物因与动因，而且有时竟连这两因也
没有明析，对于式因（本因）和极因（目的）当然就全不察知了。

于是万物各为了某些事物（为一目的）而存在，所有包含在每
一动物的定义（实是）中的一切事物，或作为达到目的手段或它们
也各有其目的，都是由于这一原因（极因）和其他诸因而生成的②。
但，当我们论到那些不包含在上述定义之内而生成的诸性状③，这
就必须在动变中或生成过程中求其径迹，因为那些表征事物所由
为别的差异只在那动物形成时才发生。举例言之，某一动物必须

（接上页）于动物实例上式因与极因相同，两皆本于自然的施为。自然不绝对操纵物
质，任令发生一些违离的事件，于是而有不符种属的诸变异。动因（于一动物而论，即
雄性精液）也有时而未能履行自然所赋予的作用，有许多变异就来自动因的误失。亚
里士多德称这两者的衍生变异为"势所必然"（出于必需），即由物因占了优势。

①　κατ᾽ ἀρχὰς ἐν τοῖς πρώτοις λόγοις "这一论文的开始诸章节"，可能是指《构
造》，卷一章一中若干节（参看 640ᵃ10 前后）。

②　譬如，一马，其所以为马（实是或定义）同于其生成为马的目的（极因）；构成为
马的诸事物如四个实蹄是包涵在马的实是之中的，倘无四蹄这就不成其为一马了，我
们可说四蹄是成马的手段，也可说四蹄本身就属于目的的一个部分，眼也如此。这些
事物的生成，不仅有符于极因，也必须各有某量的物料，经由某种胚胎发生的活动，而
得成就其各自的形式，所以它们也各统备物因，动因与式因。

③　譬如人眼之或蓝或棕，马毛之或白或褐，这就不包涵在马的实是或公式之内，
这不是成马的手段，这些色泽的差异，也不见其有何目的。

有眼,因为眼这事物在这样("普遍")一个品种的动物原是包含于
它的定义之中的,至于它遂将具有一"特殊"表征("这个"颜色)的
眼,在一个命意上,原也事属必需,但在另一命意上便异乎方才涉
20 及的含义,而是在这眼的构成之自然过程中,作用或受作用于这样
或那样的遭遇而衍生的①。

　　在作出了这些析辩之后,让我们继续循序而讲述挨次诸事项。
一切动物的幼体,尤其是那些诞生时不完全的幼体②(子女),当它
才生下来总是习于睡眠的,胚胎在母体内一自最初获有感觉起③,
25 就尽是睡着的。但关于发育的最初期,这里有一个疑难,于诸动
物,究属是始于醒态抑或始于眠态。既然诸动物显然年龄愈增,醒
时愈多,那么设想它们在发育的最初期为眠态应是合理的。又,从
"非是(无是)"变成"是"应须经过一个间态。睡眠的性质似乎就正
在这样的一种状态,好像处于生与未生的边界,一个睡着的生物既
30 不能说它全不存在,可是也不能说它确实存在。从感觉上着想④,
〈动物〉生命特重于醒态。反之,若说作为动物这就必须具有感觉,
而且正在它具有了感觉这才开始称之为一动物,那么我们于动物

————————————

　　① 依 728ᵃ1,出于物因与动因的演变并称之为势所必然("必需");这里稍变其论
议。人眼之或为蓝色或为棕色,无关其为"人"的宏旨。在生成过程中固然也"必需"有
相应的物质和活动为之作用,但它未经自然赋予若何的规律,任凭"这样那样"("偶
然")的活动为之作用和受作用,随之而遂蓝遂棕,既不据法式,也毫无目的。

　　② 原文 ἀτελῶν"不完全幼体",语有缺漏,依 Σ 抄本,et maxima filii qui pariuntur
incompleti("尤其是那些诞生不完全的幼体"),从贝克校,原文应为 ἀτελῆ τικτόντων。

　　③ 依卷二,743ᵇ25,感觉源于心脏,那么亚里士多德盖认为胚胎见有心脏形成时
就开始有感觉。

　　④ 动物所以别于植物者,就在它具有感觉;在睡眠中虽暂息感觉,但对植物而言,
动物仍未失落感觉,所以说动物主于醒态。

的初态就不能设想为睡着的了，这只能是类似睡眠的某种状态，有
如我们在植物方面所见的情况，在这时期动物生命实际上等于一 ³⁵
植物生命①。但说植物会睡眠是不可能的，凡睡眠总得会醒来，而 ⁷⁷⁹ᵃ
植物所处的那一类似睡眠状态是不会苏醒的。

于是，胚胎期动物的大部分时间必须处于睡眠状态，当是由于 ⁵
生长在上身进行②，上身因此而较重之故——我们曾已在另篇说明
了这样的情况（沉重）是入睡的原因③。然而它们虽在子宫中还是发
现有醒着的时候——这在解剖中以及在卵生动物中④是明白
的，——可是它们一会儿［睡着］重又入睡了⑤。它们在诞后仍还消 ¹⁰
磨大部分时间在睡眠之中的缘由也是如此（由于上身沉重之故）。

婴儿醒着时不笑，但当其入睡，他们又哭又笑⑥。诸动物虽在睡
中仍有感觉，不仅它们会做所谓"梦"ἐνύπνια⑦，另外，不经做梦⑧有些 ¹⁵
人会在睡中起身。确有某些人正在熟睡时起来行走，有如醒着的人
们⑨那样；他们虽不清醒，却于所遭逢的诸事物有所知觉，可是这知
觉异于做梦。这样于婴儿可拟想之为具有感觉，由于（胎期）先前的

---

① 参看卷二，736ᵇ13。

② 参看《构造》，680ᵇ2 以下；本书 741ᵇ28 以下等。

③ 以头部沉重为致睡之因，参看《睡与醒》，455ᵇ28，456ᵇ17 以下；《构造》，653ᵃ10 以下。

④ 柏注：哺乳类母兽在产前宰杀所解出的仔兽可见有醒着（具感觉而能动）；卵生
动物的卵在孵化未成全雏时，解使出壳所见情况也如此。

⑤ καθεύδουσι καὶ καταφέρονται 前一字，俗语"睡眠"，后一字医师术语"入睡"，两字当
有一字为赘余。

⑥ 参看《动物志》，卷七，587ᵇ6—11。

⑦ 胎生动物都会做梦，见于《动物志》，卷四章十，536ᵇ29，特举示了马、狗、牛、绵羊、
山羊。

⑧ 今称"梦游病"，现代病理学仍把这情况看作是在"做梦"。

⑨ 依 PZ 抄本无 οἱ 字样，译文可删"人们"。

20　素习而生活于他们的眠态之中，这样的睡眠实际是一种不识不知的
　　醒态。日月迈往，他们的生长转移到下身①，他们就时时醒来，大部
　　分时间又消磨在醒态中了。儿童当初继续于眠态中者，较其他动物
25　为甚，因为他们比之任何其他诞成全婴的诸动物，在生时是一最不
　　完全的幼体②，而且他们继续于上身的生长期也较长。

　　　　所有儿童的眼睛在诞生后立即呈现为蓝色③；随后他们变入
　　于他们终身所特有的本色。但于其他动物而论，不见有这样的变
30　化。推究其故，这当由于其他动物每一品种较普遍地只有一种眼
　　色，例如牛具两黑（深暗）眼，所有绵羊的睛都属水酒色（灰黄
　　色）④，又另些动物全族作蓝睛或灰色⑤睛（淡蓝睛）；还有些品种
　　作山羊色（黄色）⑥睛，例如山羊就大多数同作此色，迨于人类的眼
35　睛，却呈现有多样色别，他们有蓝的，有灰的，或是黑的⑦，又另些
779ᵇ　是山羊色（黄色）睛。所以，其他诸品种的动物各个个体不相异于

---

　　①　婴儿头特大，儿童上身与下身的比例也较大，关于生长的轴级度，参看741ᵇ30注。
　　②　以兽类而论，歧脚类如狗的乳儿不开眼为不完全婴，人类的婴儿诞时开眼为全
婴。但婴儿至成年期，即自不匀称的体型发展至人种本型，为时特长；故一婴儿与一马驹
相比，则婴儿又是颇不完全的了。
　　③　奥-文注，有时也有棕色睛的婴儿；但正常的，虽是黑种人诞时也属蓝眼。
　　④　ὑδαρής“水色”，通俗指掺了水的酒所呈的灰黄色。
　　⑤　χαροπός 在古诗文中指人或动物眼睛的明亮情状（睛采）；随后用以指淡蓝或灰
色。
　　⑥　αἰγωπός 奥-文认为“山羊色”是不可解的。汤伯逊，《动物志》，492ª1解作淡绿色。
柏拉脱认为这可凭仔细观察山羊的眼睛以确定这字所指色彩，山羊眼睛，深者作棕黄
色，浅者作淡黄色，因此，柏拉脱译作黄色。人睛也常有黄色的，与下文所涉及者相符。
许得逊，《在巴大根尼亚的闲日》（Hudson, “Idle Days in Patagonia”），205页，“相似于绵羊
虹膜的黄色”。劳伦斯，《生理学讲稿》（Lawrence, “Lectures on Physiology”）1822年，279
页，称羊眼作黯淡的橘（橙黄）色。
　　⑦　μελανόφθαλμοι“黑眼”柏译 dark-eyed（眼色深暗）；他根据劳伦斯，《生理学讲稿》，
280页，认为“乌黑的眼睛”虽熟见于古今诗篇之中，实际上眼珠没有真正乌黑（接下页）

〈眼〉色,自身〈自幼至老各期间〉也不相为别,因为它们在本质上就只一种,不是多种颜色。于其他诸动物中,马的眼睛异色最多,有些马实际上具有"异色睛"ἑτερογλαυκά^①;这一征象在任何其他动物是没有见过的,唯人类眼睛(双睛)有时也作异色。

于是,于其他诸动物,我们若以它们新生时和年龄较大时相比量,何以不见有什么可注意的变异而于儿童却便见到这样的变异呢?照我们的考察,这里恰该有这么一个充分的原因:在前者,那有关的部分就原只一色而在后者却有数色。儿童们的眼睛所以不作它色而仅为蓝色,就由于这部分在一新生婴孩是较弱之故,而蓝色当是柔弱的一种表征。

于眼睛的差异,何以有些是蓝色,有些是灰,有些是黄,又有些黑(深暗),我们也必须求得一通达的解释。照恩培多克勒所说,设想睛蓝者属火性,而黑眼中则水多于火,借以说明蓝睛由于其组成缺水之故,而于白昼视觉不敏,相应的黑眼由于缺火之故,不利于夜间^②——我们倘断然假定视觉器官在一切实例上都有关于水而无

(接上页)的,虽黑人的眼也不乌黑。下亚里士多德实际将眼色的差异作成浅深之分而喻以海水之浅者为蓝,深者为黑。这样,眼睛的色别就可于虹膜基质(stroma iridis)中有无颜料来研究这一问题。朱勒,《眼科学术与操作(治理)》(Juler, "Ophthalmic Science and Practice"),第三版,172页,如果葡萄膜(Uvea),即眼球虹膜后的色素层,与基质两皆有色素,则成深色睛,倘只葡萄膜有色素,则成浅色睛。倘虹膜与网膜皆无色素,则为白性型(albino生而肤发皆白的人)的淡红眼。

① Heteroglaucoi原意"异蓝"睛,实指双睛异色,一浅(蓝)一深(黑);这种眼睛偶见于人与马;奥-文说狗也有此。亚里士多德这里盖认为一个体双睛而具异色,较一品种间两个体睛色相异,为更富于色变的表征。

② 柏拉脱为检查这一记载是否确实,协同斯比尔曼(Spearman)医师做了一些实验;发现浅色眼于光亮不足处较深色眼为敏锐;而深色眼在明亮处并不胜于浅色眼。实际上浅色眼无论在白昼或夜间两皆较佳。

20 关于火①,那么恩培多克勒所说实不是良好的设想。倘事实真像先

前在《有关感觉》περὶ τὰς αἰσθήσεις 的论文中②和比该篇更早的《有关

灵魂》περὶ ψυχῆς 的论文中③所陈述的——这一感觉器官是由水组

成的——又,如果我们所论眼睛不由气或火而由水组成的缘由为确

实,我们就该假定水是上述诸色别的原因,这样,关于颜色问题可能

25 作出另一解释。有些眼内含太多的液体以致难于适应〈视觉〉活动

(光线效应),另些内含太少,又另些则为适量。那些含液(水)太多

的眼睛所以深暗(黑色)之故,就因为液体太多,便不透明了,而那些

30 含液量少的就成为蓝色(浅淡);——我们在海中看到透明水区显作

浅蓝,较不透明的水区为灰黄而那测不到底的区域则由于深度而是

暗黑或深蓝的。④当我们计虑到眼睛的这些差别,实际上只是其中

35 〈液体含量〉或多或少的差别。

780ᵃ   我们又该设想这同一原因也足够解释蓝眼于白昼,黑眼于夜晚

视觉不敏的情况。由于少水之故,蓝眼,在它们的液体方面以及透

明方面是被光与可见事物激动太甚了,但原本于这部分的活动而起

的视觉,不在乎这部分之为液状而有赖于这部分的透明性⑤。黑(深

---

①　参看《灵魂》,425ᵃ4;《感觉》,438ᵃ5,13—ᵇ5。

②　见于今所传《感觉》,章二。

③　见于今所传《灵魂》卷三,425ᵃ4。

④　中国古航海者常称浅海为绿水洋,深海为黑水洋;但如黄海由于长江入海的泥
沙而作黄色,无关深浅。柏拉脱忖亚里士多德所叙为立于沙滩或碛岸而望海的景象,其
近处清波,浪作淡蓝或绿色,稍远而色较沉暗,即所云水黄色或青灰色,迨远处深水则映
为深蓝。

⑤　亚里士多德认为视觉类于可见事物映于透明液体(如水中)的现象。印象之清
晰有赖于液体的透明性,但光线扰动液面,有荡成波澜的作用,而混乱了所映印象。在白
昼阳光太强时,这种剧烈扰动于液层浅的眼更甚,于液层深的影响较小,故黑(深暗)眼利
于白昼。夜间光弱,扰动减小,蓝眼(浅色)透明度高,故能敏感。

暗)眼由于其中液量够多是被激动得较少的。就这样,他们在昏暗 5
中视觉就较逊,因为夜里光亮不足;同时液体一般在夜晚较难波
动①。倘眼睛要获得最好的视效,它既不可全然不受激动,可是在那
液体的透明性方面也不能被激动得太剧烈,太强的激动便破坏那柔
弱的透明性。所以,从强烈的颜色转换时,或从阳光中进入暗室,人 10
们就什么都看不见了,因为那方才在眼中被激起的活动实在强烈,
这就阻遏(干扰)了由外边〈另些物象〉来的光色,而且,一般地,无论
其人视觉为强或弱,两都不能正视耀光的事物,因为受光的眼液被
激动得太剧烈了。 15

　　同样的缘由②也显见于两种视觉各异的染病记录。蓝眼较易
感染"内障"③,但黑眼所易染者则是所谓"夜盲"症④。这里,内障是
眼睛的一种⑤干枯现象,所以犯此症者,年老的较⑥多;因为这一部
分和全身其他部分一样,渐老则愈竭;但夜盲症却出于液体过多(稀 20
释过甚)之故,这样,犯此病者年轻的较多,因为他们的脑部较
稀释⑦。

---

　　① 这一分句的实义不明。参看《梦占》,464ª14。
　　② 当指上文的视觉本于"透明液体"之说。
　　③ γλαύκωμα,glaucoma 近代眼科医学用以称"绿内障"(玻璃球不透明症之一)。在
这一节内,这是不符合的。从柏拉脱译文 cataract 作"内障"。
　　④ νυκτάλωπια,nyctalopia 在近代眼科中谓"昼盲夜明"症。在这一节,其实义恰相
反,应指"夜盲"症。希朴克拉底全集中"病征预断"篇(Prorrhesticus),ii,33(里编,卷九,64
页):νυκτάλωπες 为"夜能见物的人们"ὁι τῆς νυκτὸς ὁρῶντες,那么原应指"昼盲"者,但这篇
的另一抄本作……ὠχ ὁρῶντες"夜不能见物的人们"。其后医学名著如加仑、巴拉第奥
(Palladius)、埃底奥(Aetius)诸家之作,皆用此词称"夜盲"症(night-blindness)。
　　⑤ 从奥-文删 μαλλον"较"字。
　　⑥ 依 Z 抄本,这里也无"较"字。
　　⑦ 新生婴孩与幼儿的眼睛作蓝色,其原因在于液体量少(779ᵇ28—29,(接下页)

　　液体既不太多也不太少的中间性眼睛，视觉最为良好，这样就不会因液少而为颜色①所扰乱，以致妨碍活动（映象），也不会因太多
25　而使活动（映象）发生困难。

　　视觉敏锐或眊钝的原因不仅在于上述的事项，另还相关于那个称为 κόρη"瞳子"（瞳孔）上的皮（表层）②的性状。这表层应该透明，而凡属透明的就必须是（甲）薄的，而且（乙）是白的③，（丙）又是平
30　的，（甲）唯薄，故外来的活动可得透入而穿过，（丙）唯平，故不至于有皱缩而在液面之后遮为阴影——于老人们目光不敏锐的诸缘由，这也是其中之一，年既老迈，目表层相似于他全身其他的皮肤，目表层都起了皱纹而变得较前为厚了，——（乙）唯白〈故能透明〉，因为黑是不透明的，"黑"之为义恰就是它的照不澈性质，所以灯笼的笼
35　罩倘用黑皮制成，灯光便不能外射了。于是，于老年人以及感染眼
780ᵇ　病的人们，视觉所以不敏锐的缘由就是这些，但儿童的眼睛所以当初作蓝色〈而视觉也滞弱〉的原因，则是液体量小之故。

　　何以人们特殊地，诸马偶然地具有异色眼之故，相同于毛发老
5　而花白这一事实，独见于人们，而马则为其他诸动物中唯一可以辨认这种现象的动物④。花白（灰白）是脑中液体衰弱之征，眼的蓝

————————————————————

（接上页）780ᵇ1）并为柔弱之征（779ᵇ11）。780ᵇ7 解释柔弱为缺乏调煮液体的能力，780ᵇ8，以液体的稀释性相符应于量少，这样，即便稀释液的容量不少，也只相当于少量的浓缩液了。

　　①　可见事物的各种不同颜色能刺激眼睛内液体而成印象，在柏拉图与亚里士多德的视觉理论中，各种颜色相当于后世所云各种"光线"。

　　②　实际上是指角膜，或毋宁是瞳孔当前那一部分角膜。

　　③　λευκόν"白的"，有时直作"透明的"解。这里，照下文应取与"黑"相对的"白"义。但白物实际未必皆为透明。

　　④　老狗的毛也转灰白。海狮（sea-lion）生于巴太根尼亚的品种，颈肩间（接下页）

色与此相同,这些都是由于缺乏正常的生理调炼能力之征;因液体
为量过少或过多而成为过度稀释或过度稠厚,而皆肇致相同的效
应①。任何时候,自然倘未能确切使两眼相符契,她调炼了一眼的液 10
体,未调炼其另一,竟不是两同调炼或两不调炼②,其结果便成为"双
睛异色"ἑτερόγλαυκια。

　　有些动物眼锐另些眼钝,其故不只是单一的而是双重的。ὀξὺ
"敏锐"这词原就充分地具有双重命意——于听觉与视觉这也相 15
似,——视觉敏锐的一义是能见远距离事物的能力,另一义是对于
所见事物作成尽可能精确辨析的能力。同一个体不必然联备这两
种功能。同一个人,如果他以手遮眼或从一管筒外窥,虽于颜色之 20
别并不会辨认得更多或较少,却可因而看得远些;事实上,人们倘降
落深坑或下于井中,有时便〈于白昼〉见到星辰。于是,任何人倘其
眉高,笼罩着眼,但他瞳孔中液体倘属不净,也不适合于来自外物的
活动(映照),而且表皮(角膜)倘又不薄,那么这动物将不能精确地 25
辨别物象(颜色)的差异,而将能在远距离认见事物——恰如他
就在近处观看那样——胜过那些眼液与被膜皆净而眼上没有突
出的眉毛的人们。所谓视觉敏锐,在辨析〈颜色(物象)〉差异的
命意上来讲,其故在于眼睛自身;有如在一洁白的衣服上,虽细 30
微的沾污即可显见,同样,在净纯的视觉(眼质)上虽细微的活动也

(接上页)被有狮鬣状的皱毛块,也在老时颜色衰变。海狮非亚里士多德所知,老狗则应
是他所习知的。

　　① 784ᵇ5,说脑液之入于发中者太多,则发转灰白;这里与发白相对举的睛蓝,便是
由脑液入眼中者太少之故。

　　② 如于由脑部来的眼液两加调炼便得两黑眼,如两失调炼则得两蓝眼。

明白而会得肇致感应。但远处见物的原因却在于眼睛的位置，这
位置也相关于来自远处事物通过透明介体到达眼睛的活动。凡眼
35　睛外突的诸动物视觉都不能及远①这一事实可举为证明；另一方
781ª　面，凡它们的眼睛陷在头部的深处者，由于活动（物象）不经在空间
分散而直入眼中，这就能在远距离见物。这里，无论我们依照某些
人的主张②，说能见是由于"〈从眼睛〉发出的视线"——按照这种
5　观念，倘眼上没有一些突出的掩蔽物，视线就必然分散而将是只有
少许落到所视事物上面，这样在远距离的事物便不全看得怎样清
晰了，——或依我们自己来说，能见是由于"从物象来的活动"，这
两观念对于上述论证实际两不别异；因为凭内发的视线和外来的
10　活动恰以相似的方式使动物能见③。于是，在理论上说来，倘竟有
一延伸不断的长管从视觉所在处直通于事物，在远处的那些事物
将可看得最清楚了，这样，所有从那事物来的活动将全不分散；若
说这是不可能的，那么这管总是延伸④得愈长，那远处的事物就可
看得愈精审。

15　　　关于眼睛诸别异的原因，于此就举示这一些。

---

①　奥-文注，突眼不常是近视的。柏拉脱注：朱勒《眼科学术与其操作（治理）》，
492 页说，水晶球突出为"近视"（myopia）之征。突睛在接受物象时，物象焦点可能着
在网膜前面一些，这就比较容易发生近视症。
②　柏拉图解释视觉为：从眼中发出的光线（视线）相值物象的光线（色线）而成视
象。见于《蒂迈欧》45B。恩培多克勒也有相似理论。
③　照柏拉图说，光线自眼外射，所成物象将在空间，空间物象如何还入眼中，迄
未见有所说明；所以这理论没有亚里士多德从物象外来的色线入于眼中而成印象的设
想为圆通。可是，在这里所提出的高眉深眼有聚光作用，对于加强视觉而论却于两种
观念无大差别。
④　贝本 ἀπέχῃ"遏制"；从柏校，作 ἐπέχῃ"延伸"。

章二

听觉与嗅觉的含义也相同:(甲)说要听得与嗅得精确的一个命意就在乎对于所听所嗅的事物,获得尽可能细微的一切声音和气息的分别,(乙)另一命意则在于听得远和嗅得远。(甲)有如视觉,这里的功能有赖于感觉器官,倘这两器官本身和它们各自周遭的膜确属纯净①,这就能作良好的听嗅辨别。② 〔一切感觉器官的管道,如前曾在《有关感觉》的论文③中述及,都通向心脏或于那些无心脏动物而言,通向可与心脏相比拟的部分。既然听觉器官属于气,于是④,听觉管道,于有些动物,终止在"精焄"τὸ πνεῦμα τὸ συμφύτον⑤ 鼓动心脏的脉搏那一端,于另些则在引起呼吸的那一端⑥;为此故我们既能懂得自己所口说的而又能复述所耳闻的声音,这里经由这感觉器官所引入的活动正相应而又相合于凭声音所鼓起的活动,两者恰真像是同一个印本,所以你凡有所闻,就能复述。又,我们在呵欠或呼气时,听觉逊于在吸气时,因为听觉器官的起端⑦就安置

---

① 《灵魂》,卷二,420ᵃ13;倘耳中包含空气的膜有所损坏,我们就不能听到声音,恰如眼睛瞳孔上的表皮若有所损坏就不能见到物象。

② 以下这一节(781ᵃ2—ᵇ16),文句有阙漏,题旨旁涉于感觉器官的内部机制,与这里上下文不相承,从贝克加〔 〕。

③ 现所传存的《感觉》篇中,不见这样的章节。参看《构造》,卷二,656ᵇ17。

④ 见于《灵魂》,卷二章八。

⑤ 参看744ᵃ5注。

⑥ "呼吸",从 SY 抄本与贝刻尔校本;Z 抄本无"吸气"καὶ εἰσπνοήν,只有"呼气"ἀναπνοήν字样。依亚里士多德生物学,无心脏动物既不吸气也不呼气;这节文字实非亚里士多德原文。参看《呼吸》,廿一,廿二章。

⑦ τὴν ἀρχὴν"起端",SY 抄本与亚尔杜印本作 τελευτὴν"终端"。

在与呼吸有关的部分,这呼吸器官在司呼气的一刻,听觉器官是被
扰动了的①——气被驱促着吐纳时,司气器官本身也得作相应的活
35 动(缩胀)②。在雨季与潮湿气候可遭逢相同的情形。……又,因为
781ᵇ 两耳的起端靠近呼吸的区域,它们显得内充有空气。③……于是,审
辨声音与气息(香臭)④的精确度有赖于感觉器官和覆蔽其上的膜层
5 之纯净度,有如在视觉方面那样,必须这些部分纯洁,而后一切声音
和气息的活动才能获致明晰的反映。]

　　所依以决定在远距离上能感觉和不能感觉⑤的事物,于听觉
与嗅觉方面相同于视觉。凡能在远距离有所感觉的动物,按照它
们所具的管道说来,总是与那相关的器官深入内部而又突出在其
10 前边。所以一切动物,凡它们的鼻孔伸长者,例如拉根尼亚(斯巴
达)猎犬⑥,都属善嗅,因为感觉(嗅觉)在这器官的上部⑦,由远处
来到的(气息)活动⑧可得凭此而不致分散,径入受感应的所在,这
恰相似于人们用手遮掩着眼沿凭以改善了有关视觉的诸活动。

---

　　① 呼吸如有所影响于听觉,应吐纳相同,不应呼气独有碍听觉。照上文的辞意,这
里只能说吸气时,耳内也当充气,气充则聪。
　　② 依 Σ 译本,应删除这一行。
　　③ 这里文义错乱,似上下都有阙文。说两耳靠近司呼吸的区域也是费解的。
　　④ 上文迄未叙述香臭与嗅觉器官,疑有阙文。
　　⑤ 若依 Z 抄本,可删 τὰ δὲ μὴ αἰσθήνεσθαι"和不能感觉"数字。
　　⑥ 斯巴达猎犬,参看《动物志》,574ª16。著名的英格兰猠(grey-hound)在诸猎犬
中鼻孔最长,但嗅觉不灵,它视觉敏锐而且捷足,故成为猎犬良种。亚里士多德若知有
此犬,他这长管道理论当须加以修补。
　　⑦ 人类鼻孔的嗅觉部分是在"上"端,于狗及其他动物,这"上"相当于"后"。
　　⑧ 贝本 πόρρωθεν"从远处来的",说明感觉器官部位,依柏拉脱移下,用以说明
"活动"。

于诸动物之具有长耳并且长长地突出像一房屋上的檐板[①] 15
者,有如某些四脚动物就内构有长长的螺旋管道,这些动物也相似
地善听;这样的构造能从远处收集〈声音〉活动而通入之于声感
所在。

关于远距离感觉方面,这可以说,人类在所有诸动物中,以体
型大小为比,是最低劣的,但,于所感觉诸物的素质差异作明细的
审辨,在这一方面他们却是一切动物中最优胜的。推究其故,人类 20
的感觉器官肉体物质最少,土质也最少,是特为纯洁的,而且他在
一切动物中,以体型而论,原本就是皮肤最薄[②]的。

自然的技巧见于海豹的制作者,也是可赞美的,海豹虽属胎生 25
四脚兽,却无耳朵而只有听孔。这样的制作所以使它适应于水中
的生活;这里,耳朵原是附加于听道,俾能在空气中持收远距离来
的活动(声响);那么对于海豹,耳朵是无用的,而且因为容受一些
海水在耳朵之中,这还将引致相反的效果。[③] 30

我们现在已讲明了视觉、听觉与嗅觉。

---

① “屋檐”喻,见于《构造》,658ᵇ16,以譬眉毛。
② 因为人类皮肤最薄,由此可推想他的感觉器官诸膜也必最薄。本节文句像是通指一切感觉而言。但末句“感觉器官”(αἰσθητηρίον)单数,承接前节,应专指听觉而言。
③ 依《动物志》,492ᵃ26,566ᵇ27—567ᵃ14 等所叙海豹情状,为僧海豹(Phocamonachus)与犊海豹(Phoca foetida),这些品种是地中海与黑海可得见到的温带无耳朵海豹。这些种属听孔外有小瓣,可随意开闭,鼻孔也有同形小瓣。鲸类与海豹属耳朵(外耳)退化或消失,盖由于便利游泳之故。依这里末一句,亚里士多德所想到的是耳大则进水多,迨其上陆后耳中积水有碍听觉。近代所知寒带诸海中海豹科如海象(Macrorrhinus proboscidea,长鼻海象)、海狮(Ontaria jubata 项鬣海狮),渔人常称之为“有耳海豹”。

章三

　　至于毛发,人类在不同的年龄自身作相异的生长,和其他一
切有毛动物诸品种相较也是有异的。有毛动物几乎包括所有的内
35　胎生动物①,因为即便是像陆上刺猬(篱獾)那样的动物②以及任何
782ᵃ　其他胎生动物与之相类的诸品种,其外被都属棘刺,这还得认为是
毛发的一个别式。③　毛发的别异有软硬、长短、卷直、密稀(多少)、
5　各种不同性状,另还有白与黑与介乎其间的颜色之别。动物于这
些性状中的某几种也随它们自幼至老的年龄增长而有所不同。这
于人类尤为明显,年龄愈大时,发长得愈粗糙④,有些人而且秃了
10　前额;儿童确乎是没有秃头的,妇女也不,但男人上了年纪就会秃
发。人类衰老时头发也会转成花白,但这在任何其他动物是实际
上看不到的,虽马较之它兽稍可发现这样的征象。人发秃者见于
前头,但转花白的则先在两鬓;没有人先秃两鬓或后头的。这样的
15　诸演变,有一些也可在一切无毛发而具有与毛发可相比拟的如鸟
羽与鱼鳞方面见到相应的情况。

　　自然何以要为有毛诸动物普遍地为之制作毛发,曾在《有关动
20　物诸部分的原因》中 ἐν ταῖς αἰτίαις ταῖς περὶ τὰ μέρη τῶν ζῴων 先

---

　　①　唯鲸类除外,参看 718ᵇ30 注。
　　②　"刺猬"前加"陆上"字样,因在希腊文中,海胆亦名刺猬 ἐχῖνος。
　　③　近代著作如茀洛苑尔与吕台寇尔《哺乳类》,17 页,也说:"这样的毛发作多种
不同的形式……刺猬和豪猪的棘就是这同一构造的演变"。
　　④　威尔逊,《论健康的皮肤》,第二版 87 页,"一般而论,儿童的头发较成人们的为
细软"。

予陈述①；照我们现在这一研究的宗旨，当说明每一种特殊的毛发发生于怎样的境况，以及发生那种毛发所必须有的诸原因。这里，毛发之粗细的主要原因在于皮，有些动物皮厚，另些皮薄，有些皮松，另些皮紧。② 所含存液体的性质有异也是一个相辅（次要）的 **25**原因，有些动物皮内多脂，另些多水。一般而论，皮的底质属土性；皮位置于身体的表层，既然水分在这里蒸发出去，这就转为干实的土质物了。③ 现在，毛发或与之可相比拟的诸事物④实不由肌肉而是由皮肤生成的。〔水分蒸发并嘘散，于是厚皮上苗长粗毛，薄皮 **30**上苗长细毛，〕⑤于是，皮若较松而又较厚，由于其中富有土质而又 **35**有大孔隙，毛发便粗壮，但皮若较紧，则由于其中孔隙狭窄，毛发便 **782ᵇ**纤美。⑥ 又，其中液体如属水质，这干得迅速，毛发就不会长大，但如属脂质，情况便该相反，因为脂肪是不易干燥的。所以，皮较厚的诸动物，凭上述原因，作为通例，是毛发较粗的；可是皮最厚的其 **5**毛却未必加粗于其他厚皮诸动物，这情况显见于猪族与牛和象以及其他许多种族的〈皮毛〉比较研究。⑦ 又，凭相同的缘由，人的头发最为粗实（茂盛），因为他这区域的皮最厚，并处于最润湿的部分 **10**

---

① 《构造》卷二，658ᵃ18，说明毛发的作用在为动物身体作掩被或保护。
② 毛发的变异相于皮肤的变异，参看达尔文：《变异》，第一版，卷二，327 页。
③ 威尔逊，《论健康的皮肤》，6 页，深层细胞逐步渐渐向上推移于表面，便因蒸发而失去其中的水分，由兹转成干实平坦，而又极薄的覆盖。
④ 指鸟羽与鱼鳞。
⑤ 辞义不明达，且与下文不相承接，从柏拉脱加〔　〕。
⑥ 下文 783ᵃ2 所言稍异。
⑦ 柏拉脱解释这一不甚明达的语句："虽厚皮动物一般地比薄皮动物的毛发较粗，但厚皮类相互间却不作相应的毛皮比例。这样，象皮虽厚于猪皮，猪鬣却较象毛为粗。"

之上,①而且有很多孔隙。

　　毛发之为长或短的原因在于蒸发中的液体是否容易干竭。于
此,应分别为量与质两方面来说明;这液体如果为量颇多,这就不
15　易干枯,倘属脂质,这也不易。为此故,于人类而言,头发最长,因
为脑本凉而液性,供应着大量的水分。

　　毛发之成为直或鬈,②其故在于所散发的蒸气。倘所散发者属
20　烟性,这是热而干的,这样就使毛发卷曲,因为土性部分向下,热性
部分向上,受到这种双重的活动,毛发就扭转了。③ 毛发原本柔弱,
易于被弯曲,这样被扭转后就造成了毛发的所谓卷曲性状。这可能
是鬈发(鬈毛)的一个原因,但这也可能是由于毛发内水少土多之
25　故,当它为周遭的空气所吹燥了以后,就这样旋转成圈圈了。凡原
是直的,若其中水分被蒸发了,这就会弯曲而缩挢,有如一毛发被置火
30　上燃着时就可见到这样的情况;于是,鬈曲性状将是由于周遭的热度
肇致了缺水情况所引起的一种皱缩现象。鬈毛发较直毛发为硬这一
事实可以征信于此,凡干的都是硬的。又,凡内含充分水分的诸动物
35　都为直毛;在直毛中水像溪流那样进行,不是点滴地注入的。为此故,
783ᵃ　在滂都海(黑海)上的斯居泰人以及色雷基人是直发的,因为他们本身
和周遭的空气两皆润湿,而埃济俄伯人(亚比西尼亚人)以及在诸热地
的人们则为鬈发,因为他们的脑和周遭的空气两皆干燥。

---

　　① 　最润湿者应指脑;从 Z 抄本及柏拉脱改 ἐν"之内"为 ἐπί"之上"。

　　② 　关于这一论题以及卷五中其他诸论题,可参看第勒,《游方医师与因缘学》(H. Diller,"Wanderarzet und Aitiologie"),50,115 等页。

　　③ 　生物散发出或呼出的事物有两类,其一焰性,为气与土的组合物,性热而干;另一水性,性凉而湿。详见《感觉》,443ᵃ21 以下,《气象》,360ᵃ22 以下。参看下文,784ᵇ10。

　　可是,有些厚皮动物,照前述的原因①,具有细毛,因为肤孔愈
细,毛也必愈细。绵羊族,因此而生长有这样的毛。〔羊毳实际上　5
是一簇许多的毛。〕

　　有些动物,它们的毛软,可是,不怎么细,例如兔族的毛较之
绵羊毛就是这样的;于这类动物,毛苗在皮的表层,不植根于深处,
所以这些毛不长,很像麻布上括下的毳毛,虽软却不长(太短),不　10
能用之于纺织。

　　绵羊在寒冷气候中的情况与人相反;斯居泰人的发软,但萨罗
马希亚②绵羊毛硬。所有野生动物的情况也是这样,其理由相同。
在寒冷中热被挤出时,水分也是跟着蒸发了的,于是它们既干枯也　15
就凝固了,毛和皮两者都成为土样而且硬实。于野动物而论,其被
毛所以为硬的原因,就为它们是露生于寒冷中之故,于其他诸动物
而论,其毛性各本于它们所在的气候情况。用作治疗尿滴沥病的
药剂的海刺猬(海胆)③情况也可举为一证。这些生物自身虽小,　20
却具有又大又硬的棘刺,因为它们生活所在的海,由于其深度,是
寒冷的——海胆是曾在六十㖊④或竟更深的海底找到了的⑤。它

_____

　　①　参看上文,782ᵇ1。
　　②　Σαυροματία 萨罗马希亚(或拼音为 Σαρματία 沙尔马希亚),另见于希罗多德,
《历史》,iv,21,110;与斯脱累波,《地理》(Strabo, "Geographica"),312 页。沙尔马希亚
人(Sarmatiae)所居地在今维斯都拉河(Vistula)与顿河(Don)之间,即波兰与乌克兰等
地区。黑海北域古称"沙尔马希海"(Mare Sarmaticus)。
　　③　参看《动物志》,卷四,530ᵇ7—10。用海胆卵作利尿剂,见于《希氏医学》,库编,
卷一,682 页;第奥斯戈里特,《药物志》(Diosc., "Materia Med."),卷一,167 页。
　　④　ὀργνία 两臂横伸,以指尖间的距离,量物长度,希腊定制,合今六英尺一英寸;
中国俗称"一托";从英译 fathom 作"㖊"。
　　⑤　柏拉脱注,今常见食用海胆大如柑橘,多生活于浅滩,不及六十㖊深处。这里
所记,未知是何品种。

们的棘所以特大是由于身体的生长主要引向了诸棘的增长,它们
25 热量微弱,不能熟煮养料,所以具有大量剩余物质,凡棘刺、毛发以
及类此诸事物都是从剩余物质形成的;它们都凭寒冷的凝结作用
而获得硬性并且石化了。于植物界也发现相同的情况,凡生长在
30 向北地区的草木都比在向南地区的,生长在当风处的草木都比在
有所荫蔽处的为较硬,较富土质而有石性,因为这些地方较阴寒,
它们的水分发散了去。

35 　　硬化,这里,是从热与冷引起的,因为两者都能使水分蒸发;热
783ᵇ 由己(凭本性),而冷则附从地(凭属性)而行蒸发——于冷而言,事
物中的水分是和热一同脱失了的,那里既已无热,也就无水
分①——但冷不仅硬化事物,又会使之凝结,至于热则消释一事物
的稠度②。

　　本于同样的理由,诸动物年龄渐高时,凡有毛发之伦,其毛发
5 便渐硬,凡羽族与鳞族则其羽和鳞渐硬。它们愈老,皮就愈硬愈
厚,因此毛发羽鳞也随水分的干竭而愈硬了;由于失热而水分跟着
消灭之故,"老年"(γηρας "年纪")恰如这字的本义,属于"土性"
(γεηρόν "上了年纪")③。

10 　　人类的秃发比于任何其他动物是特为显著的,但这样的情况
还当是生物界的一种普遍习性,因为在植物方面有些常绿,而另些

---

① 关于营养物料中水与热两者的作用及其消长,可参看《构造》,652ᵇ8—653ᵇ18
等。

② 765ᵇ1 以下所言相异。

③ 皮内水少则相形而多土,参看 782ᵃ29。

也落叶,鸟类之冬蛰者也要蜕毛(脱毳)①。那些本乎他们的属性
演变而发秃的人们②之情况与此相似。一切植物都一时一时地逐
步脱换叶片,那些有羽毛和毛发的动物的羽毛和毛发也是这样更 15
新的;所谓"秃发"φαλακροῦσθαι 与"落叶"φυλλοβολεῖν⟨与"脱毳"
πτερορρυεῖν⟩③所示的情况,是说所有的毛发与叶片与羽毳都各在
一时尽行脱落了。发生这情况的原因在于缺乏温热的水分,尤重
要的是油质液体,油性植物所以较多常绿就因为富于温热的液体 20
之故——可是于植物这方面的现象,我们必须留待另处④陈述其
原因,落叶另还有其他的缘由。于植物,木叶凋落于冬季,因为自
夏入冬直是植物生命中较重要的季节变化。于冬蛰而脱的鸟类而
言,它们在本质上,比之人类,热和水都较少些。于后者(人类),头 25
发秃于全人生中相当于夏(秋)冬间的时期。谁都不会在能行性交
以前成为秃头,而到了这时期,那些过度遂行其性欲的人们自然也
发生了落发的现象,因为脑自然地是全身最冷的部分,而媾配使男
人寒冷,他于此失却自然的净热。这样,我们自当推想脑部于此处 30
从初就受到影响;凡在秤上的事物倘属细弱而贫乏⑤,那么一点子

---

① 《动物志》,卷六章九,564ᵇ1 言及孔雀,卷八章十六言及燕之脱毛;该章列举隐
蛰的鸟类除孔雀与燕之外有鹳、鸫、雉鸠与鹎。古希腊人于群鸟冬蛰而脱之说当是通
俗的信念;参看亚里斯托芬,《群鸟》(Aristoph.,"Avibus")105。鸟类实际上不作真正
的隐蛰(冬眠或夏眠),只是有些鸟在换毛时,潜隐若干日。直至十八世纪自然学家犹
信燕有冬蛰岩穴者,参看怀埃脱,《色尔本自然史与掌故》。
② 于"人们"附加"属性演变"短语,俾女人、儿童与宦者得以除外。
③ φυλλορροεῖν,从别忒赖夫与贝克,改正为 φυλλοβολεῖν。以下从奥-文增⟨καὶ
πτερροεῖν⟩"与脱毛"字样,诸抄本多阙。
④ 这一植物著作今不传。
⑤ 这里因脑的冷性而称为"细弱与贫乏"。

原因(轻微的动势)就使它下倾(失却平衡)。现在,我们若认明这
些情况,(甲)脑自身只有微弱的热量,(乙)脑周遭的皮所有热量又
35　必更少于脑,以及(丙)头发既最远离于脑部也必相应地其热量更
少于头皮,我们就应合理地推想那些饶于精液的人类发秃当在这
784ᵃ　一年龄(时期)见到(发生)。头前部独为〈先〉秃以及人类,何以是
唯一会得秃头的动物,道理是相同的;因为脑位置于前额内①,故
前头〈先〉秃,因为人类的脑最大最湿,其容量与水分远远超过其他
动物的脑,所以他独会秃发。妇女不秃,因为她们的体质类似儿
5　童,俩都不能发生精液。阉人的发不会秃②,因为他们已转变为女
性体质。至于在人生后期苗生的毛,则阉人们或不复苗生,或竟已
苗生者,便得重行脱落,③唯阴毛除外;因为女人也有阴毛而不苗
10　其他后生毛,那么这样的畸形就征知他们自男性变成为女性了。

　　虽隐蛰的诸动物,脱落处的羽或毛会重生,落了叶的树木,枝头
会再行绿茂,而凡秃了毛发的却不会重生。推究其故,这里可找到
它们的缘由:于树木和羽族或毛族的生活,变化攸关于年龄者不如
15　一年四季的代迁,寒来暑往,正是它们生活的关键,所以它们跟着季
节变换而相应地苗长或脱落其叶片或羽或毛。但人生的冬夏与春秋
却在年龄上特为分明,因为他们的年龄诸季节是一去不返(不转变)④

---

① 这一叙述,另见于《动物志》,494ᵇ25 等;《构造》,656ᵇ12。
② 参看《希氏医学》,库编,卷一,400 页。
③ 这里的后生毛指胡须。在成年后行阉割者,已苗的胡须将脱落。
④ 以儿童、青年、壮年、老年期为全人生的四季。在壮年或老年期秃发别于树
木及鸟兽在冬令的落叶和脱毛,后者随季节的循环,入春而枝叶又发,毛羽更新,前者
则岁月迈往,老年“不复转变”(οὐ μεταβάλλουσιν)为壮年,壮年不复重返于青春,故出于
生命季节的秃发也不能“转变”(重发)。

的,所以,虽每年的季节于肇致相关诸植物和诸动物的生态变化, 20
于人类固尔相似,然而凭他们全生命的季节所引的生态变化,这就
不能复返(再转变)的了。

我们现在于毛发的诸性状(演变)已讲了好多。

章四

至于被毛的各种颜色,以及它们的或为全身一色,或为全身多
色,这在其他诸动物而论,其原因本于皮的性状。但于人而言,其 25
原因就不在于此,唯因病不因年龄而发变灰白者为例外,试看所谓
"白肤"λεύκη(癞)病①,毛发跟着皮肤变白,反之,如果毛发成白,这
白性就不侵犯(沾染)皮肤。这就因为毛发由皮肤苗生之故;于是,
皮若有病而变白,毛发也跟着染病,花白(衰白)就是毛发的病变。 30
但由于年龄增长而引起的毛发之花白,其故却在于衰弱和体热不
足。身体既渐消其壮盛,我们随生年的诸季节而日深于凉冷之感,
至耄老而尤甚,凄寒与干瘪就成为这期间的征象②。我们必须记 35
着进入身躯每一部分的营养是由相当于那一部分的热度调炼了 784ᵇ
的;倘热有所不足,那一部分就因之而功能减逊,疾病或伤损就跟
着来到这部分。我们将在《有关生长与营养》περὶ αὐξήσεως καὶ
τροφῆς 的论文③中详述其诸原因。于是,人的毛发在任何时候倘

---

① λεύκη "白肤"病,见于希罗多德,《历史》,i,138 者,即"癞"病(λέπρη)。参看《希
氏医书》,"病征预断",114。又参看《集题》,卷十章四,891ᵃ26。

② 参看本篇 783ᵇ7;又《寿命》,466ᵃ21;但《希氏医书》,(里编,vi,512)"医疗"篇 I,
33 说,老年人"既凉又湿"。

③ 该篇今逸。参看《构造》卷二章三,650ᵇ10 注。

5 自然热不足而进入的水分（液体）太多，自身所有热量未能调熟这
些液体，那么这就将被周遭的热空气所熏，而致于腐败。腐败全是
由热引起的，但，如在别篇中曾已叙明的，这由于外热，不由内
热。① 又，水、土和所有这类物体都有时而腐化，土质气也有这么
10 的腐化产物，例如所谓“白霉”ὁ εὐρώς；白霉实际就是“土质气的腐
化”σαπρότης γεώδους ἀτμίδος②。毛发中的液体因为不曾调炼好，
也就这样腐化，而形成所谓“衰白”πολία。这衰变之作白色也相似
于发霉，白霉实际上就是诸腐朽物中唯一作白色的。这因为其中
15 含有好多的气，一切土质气皆相当于浓重的空气③。霉，实际上是
“霜”πάχνη 的对体；倘上升气体遭遇冷冻，这便凝而为霜，如果发
生腐坏，这就成霉。所以两者都着在事物的表面，因为气总是趋向
外表的。这样，喜剧诗人们于诙谐中直呼花白的髭发为老年的白
20 霉与寒霜，恰可算是曼妙的隐喻。对于发的衰白来说，其一同属，
另一同种；两者都是气体，则霜白之为属相同，两者都是腐化所成，
则霉白之为种相同④。这里可取证于以下的事实：人们由于疾病
而苦生白发是时常可得见到的，随后病愈复健，黑发又替换了白

---

① 见于《气象》（天象），卷四，379ᵃ18。“内热”也称“自然热”，凡合乎自然的热都
不会引起腐坏。

② “土质气”相当于“烟样物质”（ἡ καπνώδης）。近代医学习知病菌可致发秃，但发
白，除由于头皮患癞者以外，无关霉菌。这里对白霉的推论看来是离奇的，但在未有显
微镜以前，于发霉现象确是令人迷惑的。

③ 柏注，水汽、霜雪、泡沫之类的成为白色，确是因内含微量空气之故。

④ 发白与霉白同出于土质气，霜白出于水汽，三者同为气“属”。气属有腐化与非
腐化两种；发白与霉白同为腐化“种”，霜白则于种不同，为非腐化之白。

发①。于疾病中全②身既缺乏自然热③，[另些]④各个部分，虽最小 25
的构造也同感衰弱；又，体内形成了许多剩余物质而所有有关部分
都沾染着病患，于是肌肉内营养的失调就引起毛发的白变。但人
们当健康恢复，体力重增的时候，生理一变，好像衰老顿释，又回到 30
了青春；于是他们的生态也相应地更换⑤。确乎我们正可说，疾病
使人老衰而老衰恰就是自然的疾病；总之，有些病症所引起的后果
就类似老年期的征象。 35

　人们毛发的变改总是先白鬓额，因后头无脑，那里就空无液 785^a
体⑥，前头⑦则含有颇多的液体⑧；凡量大的事物就不易腐坏⑨，而
鬓额上的毛发内液既不绝少而必能调煮，也不绝多而至于必不腐
坏，因为头部这一区域处于两个极端之间，便既不必调熟也未必不
腐坏。于人类，白发的原因现在已说明了。 5

章五

　毛发随年龄的变化，于其他诸动物何以不显著地见到的理由

---

①　白发回复本色，参看威尔逊，《论健康的皮肤》，122页，所举诸实例。
②　通俗本ἄλλο"另"，从亚尔杜印本（依奥-文校订）作ὅλον"全"。
③　亚里士多德当熟知病人体温升高现象，而此节显称之为缺乏"自然热"，可见
"自然热"异于常俗事物上所示热度。
④　从别试赖夫校删[ ]。
⑤　由白发恢复为黑发或其他本色的毛发。
⑥　参看上文，784^a2。
⑦　τὸ βρέγμα 照 744^a24，应为头骨合缝处。这里指头顶前部。
⑧　βρέγμα 字根从 βρέχω"使湿"；这里处于脑上，儿期，头骨未合缝，脑液由此蒸
发，所以既软又湿。
⑨　例如潭水易朽，而湖海不腐。

相同于业已说明了的有关秃发方面的理由;诸动物的脑皆比人脑
10 为小并〈较少〉[1]液性,所以应须用为调煮的热量全不会感到不足。
在我们所知的诸动物中,这于马最为明显,因为,以体型大小为比,
马在脑周遭的骨与其他诸动物的这骨相衡是较薄的。击中在这部
位,对于马是致命的,这可举示为薄弱之征,故荷马也曾讲到这一
15 事实。

　　在马脑壳上,项鬃开始着生的部位,

　　在那里,他受到沉重的致命的打击[2]。

由于骨薄,在这里的毛容易获得自脑流来的液体,迨其年老,这部
20 分鬃毛就转衰白了。红鬃较黑鬃白得早些,鬃毛的红色也是柔弱
的一征,而凡柔弱的就衰老得早些[3]。

　　可是,据说,玄鹤(灰色鹤)于年老时,羽毛颜色转黑(较暗)。[4]
推究这种演变的原因,当在于玄鹤的羽毛自然地比它鸟为较湿[5],
25 这该是可证明的,迨它们年龄日增,羽毛中的液体就嫌太多,以至
易于腐坏。[6]

---

① 依贝刻尔本,描加〈ἥττον〉;PSYZ诸抄本皆无此字,照784ᵃ4,该有这一字。
② 马的头盖骨实不较它兽为薄。阿格尼·克逻克,《荷马诗通俗研究》(Agnes
Clerke, "Familiar Studies in Homer"),114页,解释涅斯托(Nestor)的马所以在这部位
被击致死的原因说:"马的头盖骨终止于最前面几缕项鬃着生之处,武器在这部位就容
易戳入脑中,巴哩(Paris)从涅斯托马后剌出的标枪对于这里更易于深入"。荷马原句
见《伊里埃特》,卷八,83—84。
③ 参看775ᵃ19以下。
④ 柏注,这里可能实指鹭而误为鹤。依牛顿,《鸟典》,418页,鹭鹚们只在壮年时
背上羽毛为漂亮的铅灰色。但鹭鹚的胸毛却老而愈白。
⑤ 贝刻尔与奥-文校本作 λευκοτέρον "较白",柏拉脱与贝克作 ὑγροτέρον "较湿"。
⑥ 贝本 εὐσηπτότερον "较易腐坏",从柏校作 εὕσηπτον "易于腐坏"。

于是，毛发的衰白由于(甲)一种腐化作用，而(乙)不是像有些人所设想的，一个凋枯过程。(甲)事实可举作前一项的①证明：有帽或其他被覆物为之保护的头发，白得早些，因为风防止腐坏，而保护物则挡去了风。又，混合油与水为涂膏有益于毛发。虽水使 ③⁰物着凉，但和在其中的油能防止毛发的速于干燥，膏内的水则是容易蒸发的(乙)白毛发的演变异乎凋枯过程，凭灰白发初生时看就已是灰白的这一事实，可知毛发之为白异乎草枯之为白②，凡新生的总不会作凋萎的状态。又，许多毛发从上尖端白起，因为在远极一端必然热量最少，而是最弱小的。　　　　　　　　　　　　³⁵

其他动物的被毛若为白色，这是出于它们天然的本色，不是这 785ᵇ样的属性演变。于其他动物而论，毛色之异的原因，在于它们的皮色；倘毛色为白，这动物当是白皮，如为黑色，则是黑皮，倘它们具有多种颜色的毛混成了花斑样，那么检察它们的皮亦必一部分白 ⁵一部分黑。但于人类而论，发色便不因于皮色，虽是白皮肤的人们也可有乌黑的发。这由于人类在一切动物中，以体型大小为比，其皮最薄，所以这种皮实无转变毛发颜色的能力；反之，人的皮肤既属柔弱，自身会得变色，一经日晒风吹，它们就变为暗黑的了，而苗 ¹⁰长在其上的毛发却绝不跟着变化。但其他诸动物的皮，由于其厚度，具有供作植物生长的土壤那样性能，苗在这样的皮层的各种毛就跟着皮色而为异别，而这皮则虽经风吹日晒绝不变色。　　　　　¹⁵

---

① 从奥-文与贝克，可删"前一项的"[τοῦ προτέρου ῥηθέντος]，Σ 抄本无此短语。

② 柏拉脱解释这一句的实义：人若剃去一茎白发，重生者仍为一茎白发；但人若摘去草上一片枯叶，那梗上会重生一片绿叶。

章六

诸动物有些是一色的——"一色"是指一种动物所有各个个体
皆属一色,例如所有的狮全是黄褐色的;这样的情况于诸鸟、诸鱼,
以及其他各类动物也相似地存在;另些品种虽有多色,却还各是全
20 色的——这里是说一个个体的全身通现相同的色泽,例如一公牛,
或通体是白,或通体是黑;又另些是杂色(花斑)的。这末一词涵盖
两方面的命意,有时整个品种皆属花斑,例如豹与孔雀,和某些鱼,
如所称为"司来太"鲱的那一品种[①];有时整个品种不统是杂色,但
25 在同一品种内却可找到身具杂色的个体,例如牛和山羊,与群鸟中
的鸽;鸟类中还有其他品种也可引用这形容词为之叙述。多
色——全色动物比之一色动物较多变异,可变入于同种的另一个
体的颜色,例如黑的变为白的,或白的变为黑的,又可变入于两个
30 体的混合色[②]。因为这动物,以整个品种而论,原就不止一色,所
以容易在那两个方向活动,既互变其颜色者较多,又变入于花斑者
亦多。一色动物情况相反,它们除了遭遇演变外,不改换颜色,而
演变是稀遇的;但这样的稀有演变毕竟是有的,自今以前,就曾在
35 鹧鸪、大乌、鸫雀与熊各族中见到了白色的[③]。当发育的过程有所

---

① θρατται 司来太,曾见于《动物志》,621ᵇ16,拟为鲱鲤的一个品种;参看《亚氏残
篇》(285),1528ᵃ40。

② 例如一白牛可生一黑犊或一黑白交杂的花斑牛。

③ 这里所举白鹧鸪、白乌、白雀、白熊皆为"白化"(albinism)实例,"白化"为由于
缺乏色素而起的品种演变。一犊之为白,亦缺色素,但既本有白牛,故此犊非"白化"。
但亚里士多德当时所能见到的熊是棕色,北极区的白熊非所曾见;所以他所举"白熊"
确属棕熊的偶然演变。

偏拗时,这种演变是会发生的,凡微小的事物是易于毁损也易于变动的,而事物当发育中总是微小的,①所有这些演变都是在微小处开始的。 786^a

于那些本性上是个体全色②品种多色的诸动物中,改换颜色的例特多发现。这是由于它们所饮的水有异之故,热水使毛白,冷 5
水使毛黑,这一效应在植物方面也发现了。凡热的饮料,其中气多于水,而含存在内的耀光的气,是成为白色的本原,例如泡沫之为白就是这样的③。于是,因为某些演变而为白的表皮异乎本性为 10
白的表皮,相似地,因为疾病或年老而毛发之之为白色,异乎本性为白的毛发,前后两白色的缘由是不同的;后者凭自然热而为白,前者则凭外热而为白。一切事物的白性都得之于锢闭其中的蒸发气。所以,于一切非一色动物而言,它们整个肚皮总是比较白 15
些④。实际上一切白色动物,都凭这相同的原因,体较热,味较佳;热足则能行调煮,它们的养料既被调熟,它们的肉味也就好些。这同一原因也适用于那些一色动物,但其色限于或黑或白。热与冷是皮肤与毛发性状的本原,每一部分各有与之相符合的专有的 20

---

① 参看 775^a9。

② 从亚尔杜印本,Z² 抄本,及奥-文以来诸家校订为 ὁλόχροα "全色";Z¹ 抄本与通俗本作 μονόχροα "一色"。

③ 参看 735^b8—736^a20。依现代物理学,热水较冷水含气量较少。亚里士多德见于沸水多气泡,推想热水内多气。

④ 动物腹白应为保护色。如鱼鸟腹白,自下向上看时,远处便不易认见,隐蔽自身可以避敌,也有利于攫食它动物。参看培比,《鸟》(Beebe,"The Birds"),299 页,所述柴伊尔(A. Thayer)于鸟类方面有关此事诸实验。相反地特别如象腹背同色,是无须畏惧它兽的动物,它的食料为草木,也不必自求荫蔽。另一特例南非与印度的食蜜鼬(Mellivora ratel),背灰腹黑是一夜间生活动物。

热性。①

　　一色动物的舌色与杂色动物相比较是不同的,又一色动物之
间互相比较舌色也有所异,例如白色(浅色)与黑色(深色)动物的
舌分别为白色与黑色②。原因还如上述,杂色动物的表皮为杂色
25　而白毛与黑毛动物的表皮则相应而为白与黑。这里,我们必须把
舌看作外表诸构造之一,不管它实际上掩蔽在口中,而直当它是手
或足那样着想;既然杂色动物的表皮不是通体一色,那么舌色也就
因此而该为花斑了。

30　　有些鸟和有些野生四脚动物年年随季节推移而变换它们的颜
色。有如人类随年龄推移而变色,它们按照每年四季的迁改而也
有所变换,因为对于它们,四季差异比之年龄差异实具有更大的影
响③。

35　　一般而言,凡全食性动物,其食料愈杂则体色也愈杂,这恰与
786ᵇ　理想符合④;所以,蜜蜂比之黄蜂与胡蜂颜色较为整齐。若色变之
本确在食料⑤,我们该设想多样性的食物将增加各种不同的生理

---

①　参看 784ª34,ᵇ6,27。

②　达尔文,《变异》,卷二,325 页:"人人知道皮色与毛色常随而为变异;所以魏
尔琪劝告牧羊人们检查公羊的口腔,看看它的舌是否色黑,免得将来的羊羔失却白净
的毛色。"

③　这里,亚里士多德把动物季节变色归因于气候寒暖(参看 783ᵇ15 以下),是不
周到的。《动物志》,卷二章十一,记避役变色为适应环境的保护变色,卷八章三十
(607ᵇ15,23)鱼类变色和卷九章四十九(632ᵇ14—19)鸟类变色,为发情季节的婚装。有
关动物色变的真原因没有在这里综合说明。

④　柏注:下述蜂类实例是正确的,但动物一般而论,不合有此规律。

⑤　柏注:狮、豹、虎、北极熊(白熊)的毛色皆所以荫蔽其身体于蹲伏之中,俾得以
接近其捕猎的动物;这样,食物与体色的关系只能是间接的。这里直接以色异归之于
食异,是一个匆遽的推论。

发育活动,也增加营养剩余的品类,由是而生长成杂色的毛发与羽毳与皮肤。

于颜色和毛发已说得这么多了。 5

章七

至于声音,有些动物深沉,另些尖亢,又另些在两极端间得有适当的比例而声调恰好。又,某些动物声音高大,另些低小,而且声音还有滑润与粗拗之别,圆啭与不圆啭之别。我们须于这些别异各研究其原因。

于是,我们必须设想深沉音与尖吭音所本的原因实相同于它们由青春期转为老年期生理变化所由发生的原因。所有其他诸动物都在幼年期声音较尖亢,唯,于牛族,却是犊声较深沉①。我们 15 在雄雌之间也发现有相同的别异;动物的其他诸种族都是雌声较雄声为尖亢,——这于人类特为显著,因为自然赋予人类以发音的最高功能,让他们独能运用言语,而声音固是言语的素材——但,于牛族,情况恰相反,母牛声调较公牛为深沉②。 20

现在,动物为什么作用而具备有声音以及“声音”φωνή 与“声响”ψόφος 一般的含义,曾已部分地在《关于感觉》的论文中,部分地在《关于灵魂》的论文中陈述过了③。但是由于低音有赖于空气 25

---

① 参看《动物志》,卷五,545ᵃ19。
② 参看《动物志》,卷四,538ᵇ14。怀埃特,《色尔本自然史》,第74札,“公牛们虽在近唤低呻时音沉而作响巨大;正当怒吽,却作尖声”。至于母牛,“吽时则声调粗豪”。
③ 《灵魂》,卷二章八,419ᵇ3—420ᵇ23;《感觉》,440ᵇ27,446ᵇ5以下。

运动的缓慢，高音有赖于空气运动的迅速，这里存在有一个疑
难①，那为慢或速的原因究属在运动者抑或在被运动者呢，怎样才
能辨明。因为有些人说凡事物量多则运动缓慢，量少则迅速，有些
30 动物发声深沉另些尖亢的原因，应在空气的容量。以某一程度为
限，这是说对了的——深重的声音得之于某量的在运动中的空气，
作为一普遍理论似乎是说得恰当的，——但不完全对，若说这全属
真实，那么一动物而一时兼作低小（柔和）与深沉（凝重），或兼作洪
35 大（高嘹）②与尖亢（清脆）音调，将是（不可能）不容易的了。又，深
787ᵃ 沉似乎属于较尊贵的性质，在歌咏时重音节较高音节为佳，深沉的
声调出于一种优越的性能，佳处就在这种优越。但，这里，在声音
而言，深沉与尖亢有别于弘大与低小，而有些声脆的动物却兼能洪
亮，相似地有些声柔的动物兼能沉着，于其声调介乎这些极端之间
5 的动物也有类同的情况。那么，于这些，即所谓弘大与低小的声
音，除了归因于在运动中的气量之多少而外，我们还可另作怎样的
解释？于是，依照前拟的音别理论，同一动物将是声音沉着可兼洪
亮，而同一动物若其声音清脆（尖亢）就不会又作洪亮；但这是虚谬
10 的。疑难在于“大”与“小”和“多”与“少”这些字有时被取用了绝对
含义，有时被应用于两事物间的相对含义。一动物之是否具有
“大”（洪亮）声，依赖于被运动的空气为量“绝对地”是多，其是否具
有“小”（低柔）声，依赖于被运动的空气为量绝对地是少；但它们是

---

① 通俗本有承转词 δέ；从柏拉脱，海杜克（Hayduck）等，依 Y 抄本删除。从忒
赖夫，依 Oᵇ 抄本，校作时态承接词 δή。

② 通俗本 βαρύ“深沉”当误；依奥-文从 Σ 拉丁本 magne 校作 μέγα“弘大”。

否具有深沉声或尖亢声却依赖于空气运动间两相对的差异。[①]　倘 15
被运动的物量超乎使之运动者的力量,这样所鼓发的空气必缓慢
地前进,如属相反,这就迅速地前进。于是强壮者由于它们力量充
沛,有时运动许多空气而使之作缓慢行进〈因此其声既洪大,又兼
深沉〉,有时它们全力操持气流使作迅速运动〈因此其声既洪大,又 20
复高亢〉。本于相同的原理,柔弱者尽力运动多量的空气而只能鼓
之作缓慢行进〈因此其声沉着而低和〉,它们或鼓作迅速的运动,既
然力量弱小,空气的为量殊微〈因此其声清脆而低弱〉。

于是,凭这些缘由我们就可了解下列这些对反的情况:(甲)
既不是一切年轻动物尽属尖亢音,也不尽属深沉音,一切较年长的 25
动物也不是这样,还有两性的声音也不是这样全属对反;(乙)又,
不仅是病体发音尖锐,即使那些健康的动物也会有亢声;(丙)又,
人们入于晚年,声调转于尖亢,虽衰老与青年是相对反的。

大多数年轻动物,于是,以及大多数雌动物只鼓动小量的空
气,因为它们缺乏能力,所以其声尖亢(清脆),小量空气这时被鼓 30
作迅速运动,当这运动成为声音时,凡迅速的就尖亢。但于犊牛和
母牛,其一由于年轻,另一由于雌性之故,那鼓动空气的部分(构
造)[②]是不强壮的;当它们鼓起大量空气为慢运动时就发出那么的
深沉[③]声音;凡被带着作缓行的总是沉重的,而这时是多量的空气 787ᵇ

---

①　ἐν τῷ πρὸς ἄλληλα 这相对的两者,依下文,便是动物发音的声带和被声带鼓动
的空气。

②　指气管。

③　βαρύς 字义双关,(一)"深",(二)重;这里被分别应用于声音的深沉和物体的
沉重。

慢慢地被鼓动着的。这些动物鼓起好多空气做运动,另些动物却只鼓动小量,这因为那呼气开始所经的储器(气管),于前者(犊与母牛)具有一个巨大的开口,而余者在这里对呼气有较好的控制。

5 当它们年龄渐长,这鼓动空气的部分,各已增强,这么就变入于相对反的腔调①,凡其声尖亢的动物转变而较以往为深沉了,凡其声深沉的则较以往为尖亢了,所以公牛较犊和母牛的声音为锐。这10 里,一切动物的力量本于它们的筋腱,凡在生命的盛壮期,于关节和筋腱总是较强,在年轻的时期则总是较弱;又在年轻时期,筋腱还是不够紧张的,而于那些现今已入老耄的动物,这又松弛了,所以童艾和老衰两时期,于运动而论,都是弱小而低能的。又,公牛15 是特富于筋腱的,〔虽心脏亦然,〕②所以它们凭以鼓起空气的部分(气管)是在紧张状态,有如一条紧绷着的筋样的弦。〔公牛的心脏也有富于筋腱的性状,可证之于有些公牛的心脏中确曾找到有一骨的事实③,骨自然地与筋腱的性质相关联。④〕

20   一切动物在被阉割后变入于雌性性格而发音转作雌声,因为有关声音原理的筋腱力量这时已松弛了。为阉割所弛放了的原情况,相似于人们伸张一根弦索,并系着一些重物而使之紧张的情况,妇女们在织机上所施为的恰正是这情况的实例,她们为要伸长25 经线,在末端挂上所谓"经线石"τὰς λαιὰς。⑤ 睾丸之系属于输精

①   参看 766ª17,768ª15 以下。
②   别式赖夫删〔καὶ ἡ καρδία〕。但 Σ 译本也有 et cordis 字样;那么这数字和 18—19 行加〔〕句,可能是本文所原有。
③   参看《构造》,卷三,666ᵇ19 并注。
④   参看上文 744ᵇ25,36 以下。
⑤   见于卷一,717ª36 以下。

管道,输精管道之系属于血管,就是这样的方式,而血管所由发始
的心脏便靠近在发声器官的部位①。于是,当年岁增益,正当输精
管道到了能够泌精的时候,发声器官也跟着改变。这器官既有所
改变,声音也就变了,雄性变得较为显著,而雌性实也作相应变化,   30
只是不那么显明,因此,人们听到男童破声而音调不平顺时,便称
之为"牡山羊叫"τραγίζειν。② 从此以后,在生命的后继期中,声音   788^a
就入于深沉或清脆了。如果睾丸被割除,有如弦索或经线上的重
物被取去了,诸管道原来的紧张状态就得以弛解;这些部分既经弛
解,发声器官以相同的比例跟着松弛。这就是阉割动物何以于声   5
音和相貌上一般地转变为雌(女)性性格的原因;身体所由紧张的
本原从此已归于松弛了。睾丸自身不是有些人所拟想的许多重要
生理的结节③,但它本身虽非重大,但性原理却依赖着睾丸的变   10
化,所以仅是一微小的更改,重大的变化就跟着发生了。凡诸本
"原"虽为体微小,总是功能巨大的;这,实际上,真是"原"的实义,
凡为"原"者,它事物皆依以为因,而自身无所赖于任何其他更高的   15
事物以为之因。

对于有些动物形成为具有深沉音那样的性状,另些则为尖亢
音,它们居处的热与冷也是一个因素。因为热呼吸既稠厚,肇致沉
重性,冷呼吸稀薄④,所肇致者相反。这在吹箫时是明显的,倘吹   20

---

① 参看上文 776^b17,781^a27。

② 参看《动物志》,卷七章一,叙述男女抵达成年期的生理情况(581^a21)。

③ σύνναμα 从柏拉脱,解作许多事物所纠集的"结节"。

④ 今物理学家证为相反:气热应稀,即密度低;气冷应稠,即密度高。

者的呼吸较热，亦即于呼气如作"啊"声，音响便较深沉①。

　　声音粗拗与滑润以及一切类似的差别之原因，在于声音传经的部分（器官）是毛糙或平滑，或是否大体上平整。这是明显的，倘25 气管上聚有液体以致毛糙②，或由任何演变③而致毛糙，于是声调也就不平整了。

　　圆啭④有赖于器官的软硬，因为软物能受调理，相应而作任何30 形式，硬物就不受调理，这样，软柔的发声器官能发高大音或低小音，也相符地能发尖亢音或深沉音，因为它易于节制呼吸，要大就大，要小就小，都是容易的。但硬性的就难为节制了。

788ᵇ　　所有关于声音的这些事理，先在《感觉》篇与《灵魂》篇中未经尽述的，这里已讲得够多了。

章八

　　关于牙齿，先前曾已说明⑤，所由存在的目的，对于一切动物5 而言，不是单一的，也不相同，这于有些动物旨在营养，于另些则也为战斗，也为声音言语。可是，我们必须认定，在研究生殖〈与发育〉问题时，考虑到何以门牙先苗，臼齿后成，以及何以臼齿不蜕而

---

①　αἰάζοντες，发音作 Ah!，如呵气声。柏注，引克拉克（H. T. Clarke）："任何管乐不能听出冷热气之别"。此节所论，若为歌唱，则可作如此解释：较热的呼气出于胸腔，所发者为胸音（chest-note）；较不热者出于喉头，所发音为喉音（head-note）；胸音较喉音为沉着。

②　当指伤风咳嗽，喉头有痰液。

③　例如喉痛（喉炎）。

④　鲍尼兹增〈καὶ τῆς ἀκαμψίας〉"或不圆啭"数字。

⑤　见于《构造》，卷二章九，655ᵇ8，又参看卷三章一，661ª34 以下。

门齿则落后复生诸事理，不算越出本题。

德谟克里图说到过这些问题，但说得不算好，他还没有考明所
有一切实例，就论定了普遍的事理（原因）。他说初生齿所以要蜕
落是由它们生成过早之故；动物实际上要到壮盛期才"合乎自然
地"κατὰ φύσιν"生长起来"（"自然化"φύεσθαι），① 他以婴期的哺乳
生活为证，指示初生齿苗得太早的事理。可是，猪也哺乳，但不易
齿②；还有，一切具有锯齿列（肉食齿列）的动物都哺乳，而其中有
些，例如狮，③除易犬齿外，其他齿牙皆不蜕换。④ 由于他未经悉考
一切事例的实况而遽作普遍论断，于是肇致这一错误；我们就该遍
察一切实例，谁要作出任何普遍叙述，他必须能概括所有各个
事例。

现在，我们假定——我们的假定都是以我们所实见诸事例为
依据的——自然永不错失而且尽所可能，于每一事物上永不作任
何无益（无用）的部分。倘一动物在哺乳期过后要想获得营养，它
就必须具备处理食料的工具。现在，若依德谟克里图之说，让这工
具在它们抵达成年期后为之设置，那么自然将有失于某些她可能
为之安排的事项了。而且这样的安排竟该是反乎自然的了，因为
照德谟克里图，初生齿的形成是出于强迫的，凡事出强迫皆违反自

---

① 哺乳期不须有齿；这里用 φύεσθαι 这双关字说明乳齿为不合自然。

② 猪与其他哺乳兽相同，也要易齿。参看《动物志》，501^b4。

③ 狮，诸乳齿皆蜕而重生。《动物志》，501^a18 释食肉兽的齿牙上颌与下颌锐出
相交错为"锯齿列动物"。

④ 所有兽类皆不单易犬齿；凡易齿，皆尽易乳齿。参看《动物志》，579^b11。

30 然①。从这些,以及其他相似的研究来审辨德谟克里图的观念,这显然是不正确的了。

现在,这些锐齿先于平广齿而发育,推究其故,第一,是由于它们作用(功能)较早——平广齿用于压碎,其他齿用于割裂,而割

789ᵃ 裂自应先于压榨,——第二,是由于较小的自然地比较大的先行发育,即便两者同时苗生,较小的也该长成得较快,而这些牙齿比之臼齿是体积较小的,因为颌骨在生长臼齿的部分宽平而向开口处却狭窄。这样,成齿的养料从颌的较宽部分必泌出较多而从较狭部分必较少。

5 哺乳生活于牙齿的形成本属无关,但乳的热量使它们较快地出现了②。这一事实的证据可就在哺乳中的诸动物身上寻取,那些哺饮较热乳汁的幼体苗牙较快③,热是有利于生长的。

它们都在形成了之后蜕落,(一)部分地,因为这样的安排较

10 佳——凡尖锐的都速于磨钝,须得更新的齿列继续工作,〔而平广齿不会磨钝,只是日久之后逐渐蚀损而磨得光滑〕。(二)部分地,它们所以要蜕落也由于势所必需,因为臼齿根部固着在颌的宽平

15 处,那里的骨质是强壮的,门牙的根部却在纤薄的部分,所以它们是弱小而易于动摇的。它们能再度苗长是因为落牙正当其骨骼还在生长过程之中,那动物正还年轻,处于成齿的期间。这一事实的

---

① 照上文,788ᵇ14,德谟克里图认为乳齿"反乎自然"。亚里士多德的辩论①:倘动物不生乳齿而待之成年,则断乳后到成年期将无以咀嚼食物;乳齿也是合乎自然的。②反自然而生成的当是为事势所迫的,这种产物常是畸形组织;但乳齿实际上是正常的牙齿。

② 这里似与德谟克里图所作解释相似,但实际有异,其论辩见于789ᵇ3—15。

③ 这里,不知所实指者究为哪些哺乳兽属。

证据可就在诸牙齿上寻取，平广齿就需长时间而后生成，最后一枚
臼齿约到二十岁前后才突出于龈间；事实上，有些例，末生齿曾到 20
很老大的年龄才长成。这就因为颌骨的宽处富于养料，而其前端 789ᵇ
既薄弱，迅即达到完全了的阶段，随后养料只够维持它本体的存
在，少有另供生成的剩余了。

　　德谟克里图，可是，忽略了极因，把自然的一切施为统都归之
于势所必然（必需）。这里，它们皆有所必需是确实的，但它们还各 5
持有一个目的，各求达于至善的境界（功能）。那么，牙齿就照德谟
克里图所说的那样无所阻拦而形成而蜕落了；① 但这实不本于这
样的因果，而本于各自的极因（目的）；至于以必需为归趋而指证的
诸原因，则该涵存有动因或工具和物因的命意。那么，这是合理 10
的，自然假"精凭"为工具② 施行她的制作。类乎工艺中某些器具
可作多方面的用途，例如冶铸中铁匠的锤与镫，自然所成的诸生物
中的精凭也这样具有多方面的功能。但，若说"必需"为唯一的原
因，这就像是见到水肿病人经由管针放水时，我们竟推想所以放水 15
的原因只在管针所刺出的创口，而其目的不在恢复健康了。

　　现在我们已讲述了有关牙齿的事理，说明了何以有些蜕落而
再生，另些则不行蜕换，以及它们为何形成的普遍原因。我们也涉
及了若干部分的其他演变，那些演变无关于任何目的，而只是由于 20
事势所必需（物因）或是可凭动因为之解释的。

----

　　① 德谟克里图乳齿不合自然之说为"机械性的必需"论，参看 788ᵇ14，27，两句，
和《形上》，卷五，章五。
　　② 参看 741ᵇ37，742ᵃ16 等节。

索　引

《生殖》715ª—789ᵇ 页，省作 15ª—89ᵇ。

一、动物分类名词

῎Ανθρωποι, οἱ	the human kind	人类	见于"动物名称"（品种叙述）。
ἀπόδα καὶ πεζά	footless and footed animals.	无脚与有脚（步行）动物	步行动物（兽，爬行类等），18ª35，46ª24，49ª15，58ª26，61ᵇ4，71ᵇ11。无脚动物（龟，蛇，鲸等），17ᵇ15，32ᵇ1，25，65ᵇ35。
ἀναίμα καὶ ἔναιμα	sanguinea and non-sanguinea	有血与无血动物（相当于脊椎与无脊椎动物）	有血动物，26ᵇ5，63ª10；心脏，42ª35，性别 15ª20；幼体形成，31ª15，卵生或胎生，32ª25，ᵇ10；各类属子宫与睾丸构造不相同，16ᵇ10 等。营养，26ᵇ5。子嗣，15ª20。 无血动物，20ᵇ5，33ᵇ20，39ª5 等。
῎Εντόμα	insects	节体动物，昆虫，虫豸	15ᵇ5，63ª10；交配，20ᵇ5，21ª3—26，29ᵇ25，31ª15，38ᵇ15，雌虫尾伸向雄体的交配方式，21ª15，23ᵇ20，交配时间，58ª5，产蛆，亦称"蛆生动物"（σκωληκοτοκοῦντα, vermipara），33ª25，ᵇ10，58ª26—61ª12；自蛆至成虫的发育过程（变态），58ᵇ30。有些虫豸自

发生成，参看"自发生成"。

ἐνύδρα καὶ πεδά the water and land 水生与陆地动 18ᵇ30,61ᵇ15 等。
animals 物

Ζῳοτόκα vivipara 胎生动物（哺 32ᵃ10, 30,ᵇ30, 33ᵇ30；有
乳纲） 些有经血，26ᵃ25，子宫，
19ᵇ15 等，睾丸，16ᵃ25，
17ᵇ25 等；胎盘，45ᵇ30,71ᵇ30，幼体经由脐带营养而发育，
45ᵇ25，胞衣，39ᵇ35。产婴方式，52ᵇ15；有些产完全婴有些
产不完全婴，74ᵇ5。哺乳，33ᵇ30,89ᵃ5。

ζῳοτ. τετράποδα viviparous 胎生四脚动物 交接器官，17ᵇ15 等，子
quadrupeds （兽类） 宫，18ᵇ5，睾丸，18ᵃ10 等。
繁殖，37ᵇ26—49ᵃ5；交配，
18ᵃ5,20ᵇ10。奇蹄（实蹄）
动物（μὼνυχα），48ᵇ25,71ᵃ20,74ᵇ5 等；丛尾动物（马属），
55ᵇ20,77ᵇ5 等。偶蹄动物（διχηλά），反刍类或上颌无门牙
动物，45ᵇ30,71ᵃ25,74ᵇ5 等。歧脚（多趾）兽，56ᵇ30,70ᵃ35，
74ᵃ35,ᵇ5；产子多，糯兽目盲，42ᵃ10,71ᵃ25。

Ἰχθύες fishes 鱼类 亦称"有鳞动物"（λεπι
δωτά），33ᵃ10,30；游泳动
物，46ᵃ25,58ᵃ25。繁殖方式：产不完全卵，33ᵃ10,55ᵃ8—
35,ᵇ30,57ᵃ14—35；除软骨类外，无性别之说不确，55ᵇ1—
56ᵃ6；鱼卵产后须经雄性洒精（体外受精）而后能化生小
鲕，30ᵃ20,56ᵃ7—ᵇ13,57ᵃ20,ᵇ5。雌鱼子宫（卵巢），57ᵃ20；
雄鱼输精管，16ᵇ5,17ᵃ20。鱼卵为类特多，55ᵇ27。
有不经交配而产卵的鱼（不经洒精而能孵化）59ᵃ10。

Κητώδη cetacea 鲸类 内胎生，32ᵇ30；诞生活幼
体，18ᵇ30。

Μαλακία cephalopoda 软体动物，头足 腕足，20ᵇ15, 35，外套，
类 20ᵇ30；形体特异，无上下
之分，41ᵇ35。子宫，17ᵃ5；

交配，20^b5，15—38，55^b35，57^b35；腕交接，20^b30。繁殖，
58^a7—22；卵不完全，20^b20，32^a10，33^a30，58^a25；雄性受精
20^b25，58^a20。产卵季节最腴硕，27^b5。

| μαλακόστρακα | crustacea | 软甲动物，甲壳类 | 繁殖，57^b32—58^a6；交配，20^b5—15，55^b35，57^b35；子宫，17^a5；产不完全卵， |

32^b10，33^a30；产卵季节腴硕，27^b5。

| μονόχροα | unicolored animals | 通体一色动物 | 全品种"通体一色"动物与"全品种多色而各个体一色"动物 πολύχροα-ὁλόχροα，及"通体杂色"动物 ποικίλα 并 |

举；85^b17—86^b5。

| Ὀρνίθες | birds | 鸟类 | 亦称羽毛动物或飞行动物，46^a24，58^a26；繁殖， |

49^a10—54^a21，56^b15；均有性别，57^b24；卵的生成与产卵，
52^a10—^b16；雌鸟无经血，50^b5；雄鸟输精管道，16^b20，睾
丸，17^b10，受精，30^a4—17。产完全卵，18^b15，55^b30；卵数，
49^b1—26；雏的孵化，53^b9—54^a15；出壳雏完全或不完全，
74^b30。风蛋，37^a30，50^b5 等；畸形雏，70^a10 等。隐蛰与毨
毛，83^b15 等。

泽禽（λιμναῖα），51^b15 等，陆鸟（πεζενόντα）51^b15 等；善
飞鸟（πτητικά），49^a20，50^a20；重身鸟（βαρεῖα），49^a10 等；色
情鸟（ὀχευτικά），46^b5；钩爪鸟（猛禽）（γαμψωνυχά）46^b5，
49^a20，^b25，50^a5，^b20；鸽族（περιστερώδη），49^b20，56^b25，
70^a15，74^b30。

| ὀστρακόδερμα | Testacea | 函皮动物，介壳类 | 无性别，似植物，为动植间体，15^b15，31^b10，61^a12—32；行"出芽"或"做蜂窠" |

生殖，61^b24—62^a9，或自发生成，62^a10—32；自发生成实
例，63^a24—^b17；发育过程类于蛆生动物，63^a20。凉性，
61^b5。见到蜗族 στρομβώδη 在行交配，62^a35。

ὀφίωδες	serpents	蛇类	无睾丸,输精管似鱼,17ª20,

ᵇ20,18ª20,65ª35;交配器官构造,17ª15,18ª17—33。畸形蛇,70ª25。

Παμφαγά	omnivora	全食性动物	杂食性动物皮毛多杂色,

86ª35。

Σελαχῶδες,	selaches, cartilag- inous fish	鲨类,软骨鱼 类	为"胎生"鱼类(ώοτοκοῦσι τῶν ἰχθεῶν),37ᵇ25,49ª20,

35。繁殖方式(内卵生外胎生),33ª10,54ª22—55ª8;雌鲨怀卵,雄鱼受精,57ª20,产完全卵于体内,54ª25;产鮞数少,57ª22;幼鲨凭脐带连于母体,54ᵇ35。

οκωληκοτοκοῦο- ντα	vermipara	蛆生动物	见于"节体动物(虫豸)"。

στρομβῶδη	turbinata	螺形族	交配生殖,62ª35。螺壳生 长向前"头部"增大,63ª20。

Ὠοτοκά, (ῳοτοκοῦντα)	ovipara	卵生动物	子宫及其位置,18ᵇ5,19ᵇ15, 20ª25。产卵完全或不完全, 18ᵇ7—27,55ᵇ30;鸟,鱼,爬

行类等"有血卵生动物"之生殖,30ª15,32ᵇ5,49ª15,52ª10,ᵇ35 等。

ῳοτοκήσαντα ἐν αὐτοῖς, ζῳοτοκες ἐκτός	ovo-vivi-para	卵胎生动物	内卵生—外胎生,19ª10, 20ª20,32ª35 等。参看"鲨 类"。

ῳοτοκοῦντα τετράποδα	oviparous quadrupeds	卵生四脚动物	输精管,16ᵇ20,睾丸,17ᵇ10, 子宫,18ᵇ5;产完全卵 18ᵇ15, 32ᵇ5,33ª10;不菢卵,52ᵇ35;

幼体孵化同族鸟雏,54ª17。"棱甲动物"(τὰ φωλιδῶτα),精管与睾丸,16ᵇ25,19ᵇ10。

二、动物名称（品种叙述）

本书内所说动物品种，常相当于今之科属或更大的类名。

Ἄιξ, (τράγος)	goat	山羊	毛色 85^{b}25。怪胎, 70^{b}35。肥雄羊的不育性, 25^{b}35。

αλέκτωρ, ὁ　(fowl)cock, hen　（家鸡）公鸡，受精与遗传, 57^{a}5；杂交
ἀλεκτορίς, ἡ 　　　　　　 母鸡　的种性递嬗, 38^{b}30。母
鸡怀卵, 51^{a}5；杂交, 38^{b}30,
46^{b}5；多产 49^{a}15，有"风蛋"或杭蛋, 30^{a}5, 53^{a}25；以其体热
孵雏 53^{a}5。雏鸡的孵化（发育）, 53^{a}8—54^{a}15。斗鸡 (ἀλ.
τῶν γενναίων), 49^{b}30。亚得里亚鸡 ('Αδριάναι ἀλεκτορίδες)
产卵最多, 49^{b}30。

ἀλώπεξ	fox	狐	与狗杂交, 38^{b}30, 46^{a}35。婴狐目盲, 42^{a}10, 74^{b}15。

ἀνθρηνή	anthrene, hornet	安司利尼蜂，黄蜂	繁殖, 61^{a}5。杂色, 86^{b}1。

ἄνθρωπος (ὁ　man, (man and 人(男人与女人)胎生, 32^{a}30；精液与经
ἀνήρ καὶ 　woman)　　　　　　 血，见于胚胎学名词。人
ἡ γυνή) 　　　　　　　　　　 类富于精液与经血而少
毛发与牙、角 28^{b}5—22；
83^{b}35；妊期十个月, 77^{b}14，每产一婴或两或更多, 72^{b}5。男
女婴的成因, 63^{b}30, 64^{a}5, 65^{a}25, 66^{b}30 等。胖人生育较少,
26^{a}5。妇女为弱男，月经为调炼未熟的精液, 27^{a}35, 28^{a}16—
30；妇女似儿童, 84^{a}5。

人类皮肤纤薄, 81^{b}25；眼睛有多种颜色, 78^{a}20，双睛异
色, 79^{b}10；远距离感觉逊于其他兽类，感觉器官诸膜纯良，
特能精审, 81^{b}20；独能言语, 86^{b}20；人脑最大最稀温 84^{a}3
等。独具理知, 36^{b}10, 25。37^{a}10；除象外，人寿最长, 77^{b}3；
"人生四季"，看"生命，生活"（索引三）。须发随年龄而变，

81^{b}33，85^{a}10。

人与兽的"土生"传说，62^{b}30；侏儒，矮人 οἱ πυγμαῖοι 49^{a}5。

ἄρκτος	bear	熊	乳熊目盲，74^{b}15。白化，85^{b}35。
ἀττέλαβος，ἄ-κρις	locust, acris	蝗，蟗螽	蝗由蝗生，21^{a}5；卵巢，21^{a}25。
Βάλανος	barnacle, acorn shell	藤壶	15^{b}17，63^{a}28（参看注释）。
βάτος	batus, ray	魟，鳐	46^{b}5。
βάτραχος	batrachus, "fishing-frog"	鮟鱇（钓鱼蛙）	所谓"蛙"鱼，49^{b}20，54^{a}25，55^{b}30；鮟鱇的生殖方式（产完全卵于体外），54^{a}25—35，^{b}18。
βελόνη	belone	"针"鱼，尖海龙	卵数少而大（生理物质平衡），裂腹生产，55^{a}31—35。
βόες，οἱ（ταῦρος，ὁ βοῦς，ἡ βοῦς）	cattle（bull, ox, cow）	牛群（公牛，母牛）	内胎生，32^{a}30；公牛阉后即行交配，仍能受孕，17^{b}5。母牛与胎犊间脐带内血管，45^{b}30。公牛富于筋腱，87^{b}15；公牛母牛哞声差异，86^{b}25，87^{a}10。牛皮厚，毛不粗，82^{b}7；黑眼，79^{a}35。全品种数色，各个体通身一色，85^{b}20。
"οἱ βόες"	"ox-rays"	牛魟	16^{b}30。
Γαλεός ὁ λεῖος	dog-fish	光滑狗鲨	（光滑鼬鲨，mustelus laevis）内卵生外胎生，54^{b}30。
γαλῆ	weasel	伶鼬，	鼬由口诞之说不确，

	(marten)	（貂）	56ᵇ20；常衔小鼬行动，57ᵃ5。
γέρανος	crane	鹤，玄鹤	年老而毛羽转黑，85ᵃ25。
γῆς ἔντερον	earth's gut	"地肠"	（"马毛蠕虫"，horse-hair worm)62ᵇ25。
γίννος	ginnus	駃騠	48ᵇ35(jennet)。
Δασύπους	hare	野兔	脚底与颌内有毛，74ᵃ35。复妊，74ᵃ35。
δολφίνος	dolphin	海豚	胎生，18ᵇ30,32ᵃ30。睾丸位置，19ᵇ10,20ᵃ35；输精管，16ᵇ25,20ᵃ35；外交接器，16ᵇ25。交配，56ᵇ5。
Ἐγχέλος	eel	鳗鲡	41ᵇ1,62ᵇ25。
ἐλεφάς	elephant	象	妊期两年，77ᵇ15；每胎一婴，71ᵃ20。精液，36ᵃ5,睾丸，19ᵃ20。毛82ᵇ10,厚皮82ᵇ10。寿长77ᵇ5。
ἐμπίς	empis,gnat, midge	蚋	自发生成，21ᵃ5。
ἐρυθρίνος	erythrinus	红鲐	无性别（雌雄同体的鲐属serranus)55ᵇ25,60ᵃ10；永未见有雄鱼,雌鱼常怀卵,41ᵃ35。
ἔχιδνα	viper, adder.	蝮蛇	内卵生外胎生，18ᵇ35,32ᵇ22。
ἐχίνος	hedge hog	刺猬，篱獾	睾丸位置，19ᵇ15,交配，17ᵇ30；棘为毛发之别式，81ᵇ35。
ἐχίνος	sea-urchin	"海猬"，海胆	83ᵃ25。
Ἡμίονος, ὄρευς	hemionus, mule	"半驴"，骡	马驴杂交的产物，无生殖能力，46ᵇ15,47ᵃ24—48ᵇ32 55ᵇ20。雌骡偶曾有受孕者,47ᵇ30。

Θράτται	"thratai"	司来太鱼	（为鲱鱼诸品种之一）85^{b}25。
θώς	civet, or jackal	灵猫或胡狼	42^{a}10,46^{a}30,74^{b}15。
Ἴβις	ibis	彩鹳	56^{b}15。
ἱέραξ	hawk	鹰	杂交,46^{b}5。
ἵππος	horse	马	胎生,18^{b}30,49^{a}30。生殖液,47^{b}20;子宫73^{b}25。

妊期一年,48^{a}30,77^{b}10;每胎一驹,71^{a}20,73^{b}30。马有不育趋向,46^{b}20,48^{a}20,73^{b}25;与驴杂交,47^{b}20。马眼多异色,79^{b}5;双睛异色,80^{b}5。马毛,老而灰白,82^{a}10。颅骨薄弱,85^{a}10。参看"胎生四脚动物","奇蹄类"。

Κάμηλος	camel	骆驼	单产,71^{a}20。
κάμπαι, αἱ	caterpillars	蚕或蠋（蝶,蛾幼虫）	似蛆,58^{b}10,20;进食而增大,58^{b}30,59^{a}2;化蛹,58^{b}3。
κάνθαρις	cantharis	康柴里虫	（蚜或蚜蟊）21^{a}5。
κάραβοις	carabus	蝲蛄,多棘虾	交配与产卵,57^{b}35;卵的发育,58^{a}25;虾卵有壳,雌虾持卵,58^{a}20。卵巢,58^{a}10。
κέγχρις	kestrel	隼	饮水,50^{a}9;每回产四卵,50^{a}5—11。
κεστρεός	cestreus	鲱鲤	某一品种无性别,而由蛆生,41^{b}1,62^{b}20。
κήρυξ	ceryx, whelk	启里克斯	（法螺）生殖方式,"做蜂窠",61^{b}30,63^{b}10。
κῆτος	cetus, whale	须鲸	内胎生,18^{b}30,32^{a}30。参看"鲸类"。
κίττα	jay	樫鸟	（蓝鹊）产卵多,初生雏目盲,74^{b}30。
κόγχας, οἱ	mussels	贻贝,蛤	繁殖,"出芽"方式,61^{b}30;

30,^b10;交配生殖抑孤雌生殖 59^b5,25。蛆与蛹(幼虫发育),58^b20,59^a5,63^a20。

以花蜜为食料,59^a35;晴天多蜜,60^b5;王蜂体大,专司繁殖,60^b10;工蜂侍奉蜂王,饲育幼虫,60^b15;懒蜂无尾刺,不出觅食,60^b5—22。蜂无畸形,70^a25。

μύρμηκος	ant	蚁	蚁由蚁生(非自发生成),21^a5。
μυῖα	musca, fly	蝇	自发生成,21^a5,23^b5,60^a10
μυός	mouse	鼠	多产,71^a20。
Ὄνος	ass	驴	体质凉性,有不育趋向,48^a25,^b15;驴驹须在暖季生产,48^a30;妊期,48^a30。驴马杂交,47^b10—24,48^a15—49^a5。易齿,48^b10。
ὄστρεον	ostrea, oyster.	蚝蛎	为动植间体,61^a30。腴美季节,63^b10,30。
ὄφις	snake	蛇	见于"蛇类"。索引一。某种蛇的两头畸形,70^a20。
Πάρδαλις	leopard	豹	通体花斑,85^b25
πέρδιξ	partridge	鹧鸪	杂交,38^a30,46^b5;多产,49^b15。白化,85^b35。被用作媒鸟(诱鸟,παλευτρία)以行猎,51^a14。
περιστερά	pigeon	鸽	见于"鸽族"。年产多窠,每窠产二卵,50^a20,善飞多产,49^b20。雏鸽出壳时目盲,74^b30。毛色,85^b25。
πίννα	pinna	海珧	所谓"卵"(卵巢),63^b5。
πολύπους	octapod, poulps	章鱼,蛸鳟	卵巢,17^a5,卵,58^a5;交配(腕交接)20^b30—37。
πορφύρα	purpura, murex	紫骨螺	繁殖,"做蜂窠",61^b30,

῞γαινα	hyena	鬣狗,猿	生殖器官的异样构造,57ᵃ5。
ὕς, σῦς	pig, swine	猪,豕,彘,	产仔多,猪仔完全,74ᵇ20。不易齿,88ᵇ20。生殖器官,16ᵇ30。野豕皮毛粗厚,82ᵇ10。奇蹄猪,74ᵇ20。
Φαλάγγια	pbalangium	毒蜘	同种相生,21ᵃ5（蛛由蛛生）。产蛆,58ᵇ10。
φάλαινα	whale	须鲸	胎生,18ᵇ30,32ᵇ25。
φάσσα	ring-dove, cushat	环鸽,斑鸠	初出壳雏,目盲,74ᵇ30。
φώκη	seal	海豹	无耳朵,有听孔,81ᵇ20。
Ψυλλός	flea	蚤虱	自发生成,21ᵃ5,23ᵇ5。
Χάννα	channa	康那鮨	生殖器官异于它鱼,55ᵇ20;同种相生60ᵃ10。
χελιδών	swallow	燕	出壳时目盲,74ᵇ30。雏燕眼可再生,74ᵇ35。
χελώνη	tortoise	龟	卵生,32ᵇ5;睾丸与输精管,16ᵇ25。有膀胱,20ᵃ5。
χηνός	goose	鹅	雏鹅,51ᵃ15。

三、胚胎学及生理、心理、生态学名词

| ᾽Αγονιαν, | sterity, barren- | 不育性 | 丧失生殖能力,28ᵃ13, |
| ἀτοκίαν | ness | | 46ᵇ12—48ᵇ32;人,绵羊, |

马等偶有些具有不育性,骡全皆不育,32ᵃ10,40ᵇ15,46ᵇ20,48ᵃ30,ᵇ8—15;马与驴原有少产或不育趋向,48ᵇ10;胖人与胖动物多不育,27ᵃ35,46ᵇ30;妇女与牝马性欲旺盛,73ᵇ26—74ᵃ5。饮冷水者多产雌,饮硬水者不育,67ᵃ35。

αἰσθήσις sensation, percep- 感觉　　　　　动物必有感觉，31ᵇ5，
tion　　　　　　　　41ᵃ10，78ᵇ25；心脏为诸感
觉中心，43ᵇ25；远距离感觉与精细感觉，80ᵃ15，81ᵃ15。
理论本于观察(感觉)所得的事例，60ᵇ30；"知识"γνῶσις
本于"感觉"，31ᵃ30。

ἀκοή，听觉，耳管深长可远听，耳膜纯良，善审音，44ᵃ5，
81ᵃ15—ᵇ29；耳朵的收音功用，81ᵃ25；发声时鼓动空气，
听声时受空气鼓动，皆有赖于"精炁"，81ᵃ25。

ὄψις，视觉 视觉器官由水组成，眼液纯良，角膜纤薄者视
觉良好，79ᵇ20，80ᵃ25，ᵇ25。视觉与视觉对象，79ᵇ14，
80ᵇ25，81ᵃ5。视觉敏锐两义：见远与辨微，79ᵃ34—
81ᵃ14。

ὄσφρησις 嗅觉 鼻管深长可以远嗅，鼻膜纯良擅辨香臭，
44ᵃ5，81ᵃ15—ᵇ29。

γεύσις 味觉 味觉为触觉的衍变，为动物所通备，31ᵇ1，
44ᵃ1。ἀφη 触觉，凡动物必有触觉，31ᵇ1，身体各部分皆有
触觉 44ᵃ1。αἴσθησις ἐπιμελητική"慈性"(保育感觉)，53ᵃ5。

ἀναγενέσις regeneration 再生　　　　　燕雏眼睛损坏可以再生，
74ᵇ32。

ἀναπνεύσις respiration, 呼吸　　　　　47ᵃ25，81ᵃ5，88ᵃ20。
breathing

Ἀνατσμῶν，τῶν 《Dissections》 《解配图说》 引　及，19ᵃ10，40ᵃ20，
46ᵃ15，64ᵃ35，79ᵃ5。

ἄρρεν καὶ τὸ the male and 性别，　　　雄(男)性与雌(女)性定
θῆλυ，τὸ the female, sex 雄与雌　义，16ᵃ15；为动物生理本
原，16ᵃ2—ᵇ13，63ᵇ25；植
物不分性别，41ᵃ3，62ᵇ10；性器官差别与体质差别，64ᵃ10。
凡能行动的动物，适应物质条件，分离为两性，雄为式因与
动因，雌作物因，配合而行生殖(以各种动物示例)30ᵇ32—
31ᵇ13，18—32ᵃ12，38ᵇ20，41ᵃ4，56ᵃ20 等；烹饪喻生殖过程

中雄雌功能,67ᵃ21。[雌雄同体,鮨属鱼,70ᵇ35。]

　　阿那克萨哥拉的胚胎性别原理在睾丸左右之说63ᵇ28—64ᵃ1;恩培多克拉的子宫冷暖说,64ᵃ5;德谟克里图的雄雌性原子说,64ᵃ5—10,20。批驳诸家之说,64ᵃ13—65ᵇ20;里乌芳尼也作臆断,65ᵃ21—34。亚里士多德的胚胎性别理论,本于调炼精液能力的强弱,原于心脏,因适应强弱不同的性能,才构制相异的性器官,65ᵃ35—66ᵇ26;胚胎性别决于双亲间生命原热的平衡(匀称),66ᵇ27—67ᵃ35。性器官概述,16ᵃ18—17ᵃ13。

　　雄性(男性)为作者,为动因,29ᵇ10,40ᵇ30,57ᵃ15,62ᵃ15;雄性器官,16ᵇ33—17ᵃ12;雄性生殖分泌的功能,27ᵃ5,有赖于雌性,41ᵃ5;施展生殖功能的两式,38ᵃ9—27,39ᵃ13—20;陶工喻雄虫,30ᵇ30。有些专生雄(男),有些专生雌(女),67ᵃ25;雄性胎儿多活动,75ᵃ7。

　　雌性(女性)为受作者,只具物质,不能单独遂行生殖,但生殖需有物料,故必在雌体内完成,29ᵇ10,30ᵃ23—ᵇ32,40ᵃ25,41ᵃ5,62ᵃ15;雌性器官,16ᵇ33—17ᵃ12;生殖分泌,见于"经血"题。交配时两性分泌须得适当比例,72ᵃ15。妇女为弱男,27ᵃ35;其他兽类雌性不必弱于雄性,75ᵃ11。雌动物为一残阙的雄动物,37ᵃ25—30。

ἀρχή　principle, vital 〈第一〉原理,性别为生殖第一原理,principle, origin 生理本原,起 16ᵇ10,24ᵇ15,40ᵃ5,63ᵇ25。

点　心脏为胚胎起点,39ᵇ35—40ᵃ24,亦为动物生理本原,73ᵃ10 等。卵与籽实的生原,52ᵃ10—25;鸟卵中雄性生原,57ᵇ10。运动原理(动因),32ᵃ5,34ᵃ25,35ᵃ25,42ᵃ35 等。

ἄφρος　foam, froth 泡沫 水气泡沫,23ᵇ1,35ᵇ10—38,60ᵇ10,62ᵃ20,63ᵇ25,精液为水气泡沫,35ᵇ25,36ᵃ20。油气泡沫 35ᵇ14—37;油水合剂,85ᵃ30。

αὐξηθὴσις   growth   生长   生殖与胚体生长的物料与功能,40^b35;成婴与成兽或成人或成年动物,$37^b9,76^a35$。轴级度生长(胚胎及幼体发育先上身后下身),$41^b25—37$。

αὐτόματα, τά   the automata   自发生成诸动物   蚤虱,蚊蚋,蝇,蚌蛑,某些螺贝,衣蛾,蜉蝣等,$21^a10,23^b5,31^b10,43^a35,58^b25,63^a24—^b19$。

Βίος, ὁ (τὸ ζῆν)   life   生命,生活   自生存,生殖,感觉,行动,至于知识与智慧表现诸动物生命的级进,$31^a24—^b14$;动物寿命(生命全期)以"自然周期"(年,月,日)为计量,$77^b20,78^a5$;诸动物寿命长短与妊期长短之关系,与体型大小的关系,$77^a32—^b15$。"长寿"(μακρόβιον)在于能够适应气候等自然条件,77^b8。

"生命(生理)分期"(αἱ ἡλικίαι)(一)幼年(儿童期)(二)青年(发情期)(三)盛壮期,(四)老年,$25^b20,66^b30,67^b15,75^a15,83^b1,84^a30,87^b5$。人类童期(τὸ πρωιότης)较诸动物为长,$75^a15,79^a25,80^b1$;青年期(ἥβη),$39^a25,86^a15,87^b10$;壮盛期,ἀκμή,$28^b23—32,86^b15$;老年(τὸ γῆρας),$45^a15,78^a25,80^a35,86^a15$。人发随年龄而为变,较其他有毛动物为显著,$75^a15,81^b33,85^a10$;鱼老鳞硬,鸟老羽硬$83^b5$;人老,发白或秃,$82^a10,83^b5,25,84^a20,86^a30$;老年目眊,$80^a35$。人生的四季,往而不复。$84^a20$。

Γάλα   milk   乳   为婴儿与穉兽的养料,$21^a25,37^a15,52^b25,71^b25$;乳之形成,$76^a15—^b4,77^a10$;性质与经血相近,$39^b25,76^b10,77^a15$;乳房 $76^a15—77^a28$。

γενέσις   generation, reproduction, propagation   生殖,繁殖,传种   动物终身的宗旨在于繁殖,$17^a20,18^b9,31^a25,^b5$;因生殖而必死的个体得在

品种中永存，31ᵇ19—32ᵃ12。生殖诸方式，18ᵃ34—19ᵃ30,20ᵃ13—22；与动物分类，32ᵃ25—33ᵇ22。

（一）内外胎生，18ᵇ30,19ᵃ13—25,32ᵃ35；胎生为较完善动物，体质温湿，具肺，32ᵇ35。（二）内卵生外胎生，18ᵇ33—19ᵃ12,32ᵃ35,49ᵃ20,54ᵃ21—55ᵃ6。（三）卵生，18ᵇ3—28,32ᵇ5,49ᵃ15；卵生动物之体质较温燥者（鸟与爬行类）产完全卵，33ᵃ5，较冷湿者（硬骨鱼）产不完全卵，33ᵃ30。（四）"出芽"为介壳类生殖方式之一，62ᵃ5,10。（五）"自发生成"，不由交配，而由腐物，泥土，毛绒及水中，自发生成，15ᵃ25,21ᵇ5,23ᵇ5,31ᵇ10,58ᵃ23；由泡沫污泥自发生成为介壳类又一生殖方式。纠正"腐生"论，62ᵃ15。自发生命受之于大气或水气，凭太阳热为发生，62ᵃ35—ᵇ27。（（一）至（三）为经由交配的亲体产物，（四）为不经交配的亲体产物，（五）为无亲体产物。）参看"分类名词"相关题。

[孤雌生殖，parthenogenesis]依16ᵇ2—15,41ᵇ3,等，孤雌不能生殖，但蜜蜂与鲒属鱼为例外，41ᵇ35,55ᵇ25,59ᵃ27—ᵇ8及注，60ᵃ10。

"生殖的物质"（ὕλης τὴν γενέσις）：来自雌动物，38ᵇ15,50ᵇ5,62ᵇ2等。参看"雌性"，"经血"题。精液于胚胎是否也作物质供应，37ᵃ10。"所由生"（τῶν γεννώντων，亲体）：一切动物均出于亲体的精液（种子），21ᵇ6,34ᵇ2；出于双亲生殖分泌的结合，24ᵇ15。"所生"，（τῶν γωννωμένων）或子嗣（τῶν τεκνωσάντων）：子体本于雄性精液，24ᵃ35等；雌性分泌供应物质，27ᵃ25等；肖似双亲，具有亲体的各个部分，22ᵃ5,26ᵇ15等（详见"相肖"题）。诸动物各辛勤地抚育其子女（幼体），59ᵃ37。

| γενέσις αὐτοματός, ἡ | spontaneous generation | 自发生成 | 15ᵇ25,62ᵃ10—ᵇ27；与交配生成动物对举，15ᵃ19—ᵇ30；不由亲体而 |

δυσεντρία　　　　dysentery　　　　泻痢　　　　75^{b}30。

διάρροια　　　　"diarrhoea"　　　肠出血　　　28^{a}20(肠下垂,28^{a}15。)

'Εγρηγδρσις　　wakefulness　　　醒　　　　生命见于醒态,78^{b}35;动
　　　　　　　　　　　　　　　　　　　　　　　　物自胚胎起,醒态与年龄
　　　　　　　　　　　　　　　　　　　　　　　　俱增,78^{b}25。

ἐκτομή　　　　castration　　　　阉割　　　　16^{b}5,17^{b}1,87^{b}20;经阉割
　　　　　　　　　　　　　　　　　　　　　　　　了睪丸的人(阉人 εὐνο-
ῦχος),65^{a}28,不生胡须,46^{b}25,不秃,84^{a}10,形态类于女
人,66^{a}25。

ἐκτρώσις,　　　abortion, efflux　流产　　　58^{b}5,73^{a}1,^{b}20。

ἐκρύσις　　　　embryo, foetus,　胚,胚胎(有时 胚体为雄雌生殖分泌的

ἐμβρύο,　　　　　fetation　　　　指 鱼 鸟 的 卵 结合,28^{b}34;胚体如何生

κυήματος　　　　　　　　　　　体)　　　　成,30^{a}30,33^{b}23—35^{a}28;

"结胎"(συνίστη,凝定物料以成某一形式),19^{b}30,28^{b}35,
29^{a}10,31^{b}16,37^{b}34,39^{b}20,72^{a}25 等;"刀剑"(ξίφος)铸造过
程的四因喻胚胎四因,35^{a}1;涵持灵魂的"精炁"为成胎的
机括,37^{a}8—35。

　　母体中的胚胎生长,39^{b}21—41^{a}5;包被在膜与胞衣之
内,46^{a}20 等,吸收营养,51^{a}5,53^{b}25,76^{b}30,类似植物生命,
36^{b}15,35;处于睡眠状态,79^{a}5,诞生,29^{b}30,37^{b}10 等。

　　辨析胚胎各部分系预制(先成论),抑或逐渐发育完成
(后生论),论精液与经血的性能,33^{b}23—36^{a}20;各部分生
成的程序,41^{b}15—45^{a}22;先素描后着色,以绘画喻胚胎各
部分 的 逐渐 分化,43^{b}20;完成 为 一 独立 的 生体,
42^{a}17—^{b}17。相似微分论不符于胚胎生长的实况,40^{a}15。
胎体诞生时或为完全,或不完全(目盲),74^{b}5—75^{a}4。

　　哺乳动物的活胎,19^{a}20,24^{a}20,51^{a}10 等。各动物胎
型大小略相关于其体型大小,73^{b}5。未有雄鱼的雌鱼胚体
(卵团)50^{a}25。

ἐνύπνια　　　　dream　　　　　梦　　　　79^{a}15。

ἐπιγενήσις　　　epigenesis　　　"后生说"　　　　"先成论"（preformation）
　　　　　　　　　　　　　　　　　　　　　　　与后生说，33ᵇ20—35ᵃ28。

ἐπίκτητα　　　　acquired　　　　习得表征，后　　与先天（诞生）诸征对举，
　　　　　　　　characteristics　成诸征　　　　21ᵇ30；精液的热性后成，
　　　　　　　　　　　　　　　　　　　　　　　47ᵃ15。

ἐπικύησις　　　superfoetation　复妊　　　　　73ᵃ33—74ᵇ4；野兔常复
　　　　　　　　　　　　　　　　　　　　　　　妊，74ᵃ35。复妊三条件，
　　　　　　　　　　　　　　　　　　　　　　　74ᵇ20。

εὐρώς　　　　　mould　　　　　白霉　　　　　84ᵇ10，为"霜"（πάχνη）的
　　　　　　　　　　　　　　　　　　　　　　　对体，84ᵇ20。

Ζῷον, τὸ　　　the animal　　　动物（有生命　动物异于植物，不但能繁
(τὸ ψῦχόν)　　　　　　　　　　物）　　　　　殖，并有知觉，能行动，
　　　　　　　　　　　　　　　　　　　　　　　31ᵃ30，36ᵇ1，41ᵃ10等；动

物各以繁殖其品种为宗旨，17ᵃ20；各类属的慈性等差，
53ᵇ8—17。有血动物皆有精液，成年后行交配，33ᵇ20等，
无血动物或经交配而为卵生，或为蛆生，或"出芽"，或"自
发生成"。参看"生殖"及《分类名词》。地理区域与物类演
变 61ᵇ5，15。动物得其原热于日月，16ᵇ18，37ᵃ3，61ᵇ5，
73ᵃ2，77ᵇ25，78ᵃ5；繁盛于食料丰富的地区，61ᵇ10。论一切
动物导源于卵或蛆，62ᵇ28—63ᵃ18。可试于月中寻取火性
动物，61ᵇ25。

Ἡδονή　　　　pleasure　　　　快乐，快感　　27ᵇ35，39ᵃ20。

Θερμός,　　　heat, hotness　　热，热性　　　热与热性，29ᵇ25，30ᵃ15，
θερμότης　　　　　　　　　　　　　　　　　　32ᵃ20，37ᵃ1，44ᵃ30等。

"生命原热"（θερμότης ψυχικῆς, vital heat）或"灵魂原热"
32ᵃ15，36ᵇ35，39ᵃ10，51ᵇ5，52ᵃ1，55ᵃ20，62ᵃ20，66ᵇ30，
83ᵇ30，84ᵃ35，86ᵃ10；胚胎的生成与发育有赖于精液的与子
宫的热性，43ᵃ30等；卵凭热度孵化，52ᵇ30，53ᵃ20。热为动
力，32ᵃ20。

θερμότητος τῆς φυσικῆς，自然热（生理热性）含于心脏或与

心脏相似的部分,66ᵃ36,作为内热与"外热"ἡ ἀλλωτρία 对举,86ᵃ15;病人缺乏自然热,84ᵇ30;纵欲丧失自然热,83ᵇ30。太阳热,37ᵃ2。

θερμότης καὶ ψυχρότης 热与冷(温度):子宫的热或冷决定胎体性别,64ᵃ5;对于胚胎发育的效应,43ᵇ1;为皮毛性状的本原,86ᵃ20;为生灭过程的根据,77ᵇ30;为生殖与营养灵魂所运用的工具,40ᵇ30,43ᵃ5。

θ. καὶ ὑγρός,热与湿,28ᵇ15,42ᵃ15。

ἡ θερμτης καὶ ἡ ψυχρότης τὴν ὠφάν καὶ τοῦ τόπου	climate	气候	"各地在季节中的寒暖变化", 52ᵇ30, 53ᵃ5, 15, 60ᵇ1,62ᵇ10,63ᵇ10,67ᵃ25, 77ᵃ5,81ᵃ30,83ᵃ10,88ᵃ15。
θηλάζειν	sucking	哺乳	33ᵇ30,88ᵇ15,89ᵃ5。
θορή	milt	〈鱼类〉精液	18ᵃ5, 30ᵃ20, 55ᵇ15, 56ᵃ25,57ᵇ25;洒精器官, 17ᵃ20,55ᵇ15 等。头足类之洒精,58ᵇ20。
καταμενίον	catamenia	月经,经血	"经血排泄"(κάθαρσις), 27ᵇ15;相当于雄性的精液,为妇女(并及某些雌兽)受孕所必须有的生殖分泌,21ᵇ5,27ᵇ31—ᵇ33,38ᵇ1—5,39ᵃ30;性状,26ᵃ28—29ᵃ33,类于乳汁,27ᵃ5,39ᵇ25;为调炼未熟的精液,27ᵃ35,37ᵃ30,38ᵃ15;为生殖的物因,29ᵃ2—33,37ᵃ20—34。鸟类不行经,50ᵇ5。
κηριάζειν	honey-combing	"做蜂窠"	(分泌生殖物质)为螺族的一个生殖方式,61ᵇ30,62ᵃ5。
κοτυληδόν	cotyledon	"杯状窝"	胎生动物的胎盘,45ᵇ30—46ᵃ29,71ᵇ30。
κράσις	blend, tempering	和合,适应,淬炼	44ᵃ30,55ᵇ20,67ᵃ31,77ᵇ7,81ᵃ35 等。

54^{a}15；鸟类菢卵，爬行类不菢卵，52^{b}29—53^{a}6；爬行类卵凭
季节热度孵化，54^{a}20。孵雏诸膜，53^{b}35—54^{a}9。

| νόσος | disease | 疾病 | 45^{a}10,46^{b}30。 |

Όμοιογενή,	resemblance,	〈亲子〉相肖，	15^{a}10,23^{b}30；祖孙相肖
ὁμοιότητος	heredity,	遗传	（隔代遗传）22^{a}5,68^{a}15,
προσέοιχα	similarity		25,69^{a}25；异质构造，如面

貌，手足等相肖与同质部
分如肌肤等相肖，22^{a}20；相肖或不相肖，及其缘由，40^{b}15,
41^{b}15,69^{a}15,^{b}20。

遗传之"递衍"（λύεσθαι，relapsing）或违离（ἐξιστάσθαι，
departing），卷四章三：个体表征与种族表征，67^{b}35；雄性精
液中的现实因素（个体）与雌性分泌中的潜在（物质）因素
（普遍），得正当配合者成男胚，有所不胜者，递衍（一）为女
胚。个体因素逐级减弱，普遍因素逐级加重，则挨次为
（二）相肖于祖父母的孙；（三）为相肖于远祖父母的裔孙；
（四）只能辨识其为人种，全不相肖于本族；（五）不类人样
而为类似其他动物的产物；（六）违离最甚者则为一怪胎，
67^{a}36—69^{b}30。

鸟类的多雄交配与个性遗传，57^{b}1—30。

| ὁμογενῶν, | hybrid | 交杂品种 | 雄雌品种不同，而妊期相 |
| τῶν μή | | | 同,发情季节相近,体型 |

相近者可能杂交，38^{b}30,46^{a}30；杂交所生动物是否不
任生育，47^{a}30,48^{a}10。杂交诸动物：骡，47^{a}24—
48^{a}32；其他，狐，狗，狼，印度狗，鸡，鹧鸪，角鲛魟，
38^{b}35,46^{a}33—^{b}16。

| ὀμφαλός | umbelicus, navel 脐带 | | 52^{b}15,53^{b}20,54^{a}35,77^{a}25； |
| | | | 胎体自脐带吸收母体养料， |

40^{a}30,46^{a}20；脐带的血液循环，45^{b}25；产前脐带萎缩，
54^{a}15。

| ὀχεία, | copulation,　coi- 交配 | | 凡有性别的动物均在成 |

(συνουγία, σ- υνδυάσμος)	tion, pairing		年时行交配，15ª19，17ᵇ30，19ᵇ15，33ᵇ20；鱼类交配，18ª5，56ª7—ᵇ13；头足类，31ª20，55ᵇ35，58ª5；甲壳类，55ᵇ35，58ª5；昆虫，23ᵇ25，31ª15；否定鹳，鸽与鸦的喙交配传说，56ᵇ14—30。刺猬交配，17ᵇ30。多雄鸡交配，30ª4—14，57ᵇ1—28。蛸鳟的腕交接，20ᵇ30—37。各类属动物交配时间，31ª15。
παθημάτα (παρεκβάβηκε)	characteristics, symptoms	表征，特性	个体表征与品种表征，67ᵇ25—68ª15，以眼，声调，皮毛，羽毛为例，78ª16—ᵇ20。先天诸征与后天诸征，21ᵇ30。
παῖδες	children	子女，儿童	相肖于父母或祖辈，21ᵇ30，22ª5，68ª15，69ª25。设想儿童在形式上类于妇女，28ª17。
πανσπέρμια	"panspermia", seed-aggregate	综合种子	综合种子为多性能混成体，以解释遗传问题，69ª27—ᵇ3。[Pangenesis，泛生论]精液"由全身各部分生成"（ἀπὸ παντὸς ἀπέρπται τοῦ σώματος），21ᵇ7—35，64ª10，66ᵇ10，69ª10；泛生论不能通解遗传诸问题，69ª7—25；反对全身生成论，64ᵇ15，诸论证，22ª1—24ª13，29ª10。精液实由流行于全身的血液调煮与净化而成的，26ᵇ10，29ᵇ35，30ª25。
παραβλάστησις	budding	出芽	介壳类生殖方式之一，62ᵇ5，10。
πατήρ	father	父	参看"生殖"题。"子体肖父"，ὅμοιος υἱὸς τῷ πατρί，23ᵇ33，67ᵇ1，68ª5，25。太阳称父，16ª15。
περιττώματα	secretions, supsfluitis residues	分泌，剩余，残余	雄生生殖分泌，27ª30等；合乎自然的诸分泌 39ª1；伴随于精液的分泌，

25^b14；窒道口分泌（ὑγρὰν ἀπόκρισις），27^b23—28^a9，39^b1。动物性分泌中含有生机，37^a1。剩余营养，40^b8，44^b30，72^b30 等。干残余与湿残余（π. ἡ ξηρὰ καὶ ἡ ὑγρά）粪尿，37^b35 等。

πτερορροεῖν moulting 氄霉，换毛 （鸟类），83^b15。

Σηψίς putrefaction 腐化，朽坏 53^a35，84^b25，85^a5。腐化与
调炼（消化）对举，77^a10；
腐坏由于外热，不由内热，53^a25，84^b10；自发生成非腐化，
而腐化物则是自发生成过程中的废剩，62^a15。自发生成
物由"腐土"（γῆς σηπομένης）发生，15^a25 等。

Σατυρισμός Satyrism 萨底耳症 （山羊神病），68^b35（Ele-
phantiasis，象皮病）。

σκώληξ scolex, grub, 幼虫，蛆，蛴螬 虫豸（节体动物）产蛆，
maggot, larva 21^a5，32^a30，33^a25，52^a30，
53^a15，蛆与卵的别异，
33^a30，58^b10，63^a5；蛆的发育（昆虫变态），58^b6—59^a7，上
身先行生长，63^a15；蛆与鱼卵相似，33^a5，55^a15。诸动物原
始或作卵式，或蛆式，62^b29—63^a23。
蜜蜂幼虫，58^b20，63^a20；蚕蠖幼虫，58^b20，胡蜂幼虫，
58^b20，35；蜘蛛幼虫，58^b10。

σπέρμα semen 精液，种子 由精液发生的动物成年
时也有精液，16^a5—21^b6，
24^a35；精液定义，21^b6，24^a17，25^a13；性质，21^a30—
26^a28，^b2—24，72^b5；相似于脑，47^a15；为水与炁的白色泡
沫，36^a1—22，^b35，为终极营养，25^a15，26^a25，36^b30，66^a20。
精液由流行于各部分的血液调炼而成 22^a1—24^a13，26^b10
（参看"泛生论"题）。为胚胎的式因与动因，15^a5，16^a5，
24^a5，27^b15，29^a2—34，30^a25，为生命之源，57^b10，25，内含
生理原热，83^b30，凭其赋形与致动功能以行生殖，29^b1—
30^a33，70^b30，71^b20，72^a10；性能检验，47^a5，65^b5。
肥动物少精液，26^a5。埃济俄伯人的精液，36^a15；象，
36^a5；软骨鱼，57^a20；头足类，20^b25；参看"分类名词"有血
诸类属。

στραγγουρία straugury 尿滴沥病 83^a20。

σύμφυτα　congenital characteristics　先天诸表征　与后生（习得）诸表征对举，21ᵇ30。先天性诸残疾，73ᵃ14—29。

σύντηγμα　waste product, colliquescence　废物，废液　24ᵇ20，25ᵃ20，26ᵃ10，ᵇ25。自然不为废物作安排，25ᵃ35。

Τέρας (πήρωμα)　teratoid, monster　怪胎，畸形动物　67ᵇ10，69ᵇ15；骈枝性怪胎（πλεονάσμον τῶν μορίων redundancy）或超逾性怪胎（παραφύσις，monster per excessum），69ᵇ32—70ᵃ29；72ᵇ14—73ᵃ13；残阙性怪胎（ἐνδεία τῶν μορίων，deficiency），70ᵃ30—ᵇ28。产子数与怪胎形成的关系，70ᵇ28—72ᵇ13。"畸零猪"（μετάχοιρον，metachora）或其他短小的乳兽，49ᵃ5，70ᵇ10；"雌雄羊"（τραγαίνα，tragaina），70ᵃ35；两头蛇，70ᵃ25；多肢鸟，70ᵃ20；"合生怪胎"（συνφύσις，synphysis），73ᵃ5，10；内脏骈枝，73ᵃ5；性器官骈生，73ᵃ25；肛门闭锁（atresia ani），73ᵃ30；尿道错乱（hypospatia）等，73ᵃ14—29；内脏残阙与错乱，71ᵃ5。

τεράτη　monstrosity, teratogeny　畸性，畸形理论　德谟克里图的畸形论，69ᵇ32—70ᵃ4；列举诸例，解释畸形问题在于雄性式因与动因未能操持雌性物因，70ᵇ3—24。骈枝构造由于发生过程中遇有扰乱之故，72ᵇ13—25。蛇族与蜂属少见畸形，70ᵃ30；家禽多畸雏，70ᵃ10。（参看"相肖"67ᵃ36—69ᵇ30。）

τόκος　partuition, (child or cubbirth)　生产，分娩（产儿或兽婴）　分娩时幼体头部先出，77ᵃ30，生产前已备好乳汁，77ᵃ25；肉食兽产不完全乳兽，草食兽产完全幼体，74ᵇ5—26。否定伶鼬由口腔分娩的俗传，56ᵇ30。兽类产子数与体型大小及趾数有关，71ᵃ17—ᵇ13，

72ᵃ30,74ᵇ5。人类每产一或两或多子,72ᵇ1;猪的蹄数少而
产仔多为诸兽生产一异例,74ᵇ25。

单产诸动物(μονοτόκα, monotoka),象,驼,马及其他
奇蹄类,70ᵇ30,71ᵃ20,74ᵃ10;少产诸动物,(ὀλιγατόκα,oli-
gatoka),偶蹄类诸兽,71ᵃ25,74ᵃ10;多产诸动物(πολυτόκα,
polytoka),狗,狼等肉食兽及鼠族(多趾类),70ᵇ30,
71ᵃ25,ᵇ15,72ᵃ25,74ᵇ10。

人类婴儿早产,75ᵇ1(参看"妊期");"分娩阵痛"
(ἐπιπονός),75ᵃ35。

τραγίζειν	bleating	牡山羊咩叫	男童破声(发情期开始),88ᵃ1。
τροφή	food, nutriment	食物,营养	干食物与湿食物,25ᵃ1;直肠动物(如鱼)较曲肠

动物(如鸟兽)为急于求食,17ᵃ25;食料与毛色有关,86ᵇ5;
动物盛于食料丰富地区,61ᵇ10。

生殖营养与增长营养相同,24ᵇ30,35ᵃ17,48ᵇ30,
66ᵃ10,相异 44ᵃ35;营养与分泌说明,24ᵇ24—25ᵃ22;植物营
养,先成叶,后成果,65ᵇ30;动物营养先调成有用分泌物,
25ᵃ15;最终阶段为血液与精液,25ᵃ15,26ᵇ1,37ᵃ20,50ᵃ25,
65ᵇ35,66ᵃ35,ᵇ10。营养的调煮,参看"调煮"。

Ὑγρόν, τὸ	liquid, the moist	液体,湿物	"实质液体"(σωματικῶν ὑγρῶν)如海水,黏液等遇

热而起泡沫,为生命发生现象,61ᵃ22—32,ᵇ32,62ᵃ20—28;
液状物经调炼或愈稠,65ᵇ3,或愈稀 83ᵇ1。胚体膜囊内储
液,58ᵇ5;毛发中液体,84ᵇ10;眼液,80ᵇ15;脑中液体,
43ᵇ30,44ᵃ30。

ὕπνος	sleep.	睡	睡 与 醒,78ᵇ20—79ᵃ27。眠态为生命与无生命的间态,78ᵇ30。
Φαλακρός	baldness	秃发	为人类特为显著的现象,

82^{b}9,83^{b}9—84^{a}11。

| φύσις | nature | 自然 | 合乎自然与不合于自然，24^{b}30,70^{b}10,72^{a}10, |

77^{a}22 等。自然为万物立其秩序,60^{a}35;万物有时违离自然,71^{a}10,78^{a}5;自然时常往复,41^{a}22;守恒,所施皆属必须(顺应事势),15^{b}15,17^{a}15,70^{b}10,并求其美善,17^{a}16,38^{b}1,为动物配备各个器官,各尽其功能,66^{a}10。自然为哲匠,31^{a}20,81^{a}25,为一画家,43^{b}20,为一良好管家,44^{b}15,为一厨师,67^{a}21。自然永无错误,88^{a}27;不做虚废或赘余的事物,39^{b}20,41^{a}5,44^{a}35,84^{b}25;造物兼用寒热,43^{a}35,转用物质,50^{a}5,通于形数,截长补短,60^{a}25,71^{a}30。自然赋予诸动物以深浅不同的慈心使各抚育其子女,53^{a}1—17,59^{a}37。自然造物,类于艺术,以删削为功,62^{a}20,佳作晚成,健者晚成,75^{a}25,自然制品皆匀称,67^{a}15。

| φωλεία, | hibernation | 隐蛰,冬蛰 | 83^{b}15,25。 |
| φώλευσις φωνή | voice | 声音,声调 | "声音"与"声响"(ψόφος, sound)之别,86^{b}25;声音 |

变化本于发声者操持空气的容量与迟速,86^{b}25—87^{a}23;这种操持能力诸动物互异,雌雄相异,老幼相异,86^{a}7—22,87^{a}23—^{b}19;气管的构造与肌腱的弛张引致声调变化,87^{b}15,30,88^{a}23—33。声音为言语的素材,86^{b}20。

| Ψυχή | psyche, soul, spirit | 灵魂,生命,精神 | 灵魂三级;营养,感觉与理知, 26^{b}25, 36^{a}25—37^{a}18,79^{a}25。灵魂为生 |

命之源,为形式,为生殖的第一动因,寓于雄性精液之中,30^{b}20,34^{a}3—15,38^{b}30,62^{a}25,65^{b}15;胚体须先有灵魂(生命),36^{b}5;动物胜于灵魂在有知觉而能运动,人类胜于其他动物在有理知,31^{a}25—^{b}8,32^{a}15,36^{b}1。

营养灵魂(ψ. θρεπτική),即生殖与生长灵魂,36^{a}25,35,40^{b}35,41^{a}10,35,45^{b}25,57^{b}20 等。感觉灵魂(ψ. αἰ-

σθητικη),亦为运动灵魂,36ᵇ5,41ᵃ10,57ᵃ20 等。理知灵魂
(φ. νοητικη)31ᵇ1,36ᵇ15,37ᵃ10 等。

| Χορίον | chorion | 胞衣 | 胞衣,45ᵃ1,5;胞衣与诸膜,39ᵇ32,46ᵃ5,53ᵇ20—54ᵃ10。 |

| χροιά | colour | 颜色 | 诸动物的毛色(体表颜色)区别: |

(一)全品种通体一色,例如狮之褐色,(二)全品种多色,各个体通身一色,例如牛有白与黑色,(三)花斑,例如豹与孔雀等,78ᵃ20,80ᵇ5,84ᵃ25,85ᵇ17—86ᵃ20。

眼有蓝(γλαυκός)灰(χαροπάς)水黄(ὑδαρής)黑色,(μέλας)(深棕色)等变异,79ᵃ25—81ᵃ14。

　皮肤的色异,78ᵃ20,84ᵃ23—85ᵇ16。体色(皮毛色)与食料的关系,86ᵃ34—ᵇ4。有些鸟兽随季节变色,86ᵃ30。

| Ὠιόν(τὸ ὡόη) | egg (ovum) | 卵,蛋 | 卵与蛆之别,32ᵃ30;两者发育方式的比较,62ᵇ30— |

63ᵃ23。有壳卵与无壳卵,18ᵇ5—25,32ᵇ1—7;完全卵与不完全卵(τέλειον τω῀ φον καὶ ατελεη),32ᵇ5,49ᵃ25,54ᵃ20。鸟卵完全,鱼卵不完全,51ᵃ25,55ᵇ29;卵胎生鱼卵为一完全卵,55ᵇ32。头足类卵内胚体发育,20ᵇ25,58ᵃ20;鱼卵发育,55ᵇ8—38,鲨卵在体内发育,18ᵇ34—19ᵃ12,54ᵇ20—33。鸟类成卵过程,52ᵃ10—ᵇ12;胚体在卵内发育过程,见于“鸟雏”题。爬行类产卵地上,凭季节自然热孵化,52ᵇ29—35。

　鸟卵二色,鱼卵一色,51ᵃ31—52ᵃ9。蛋白与蛋黄(λευκὸν καὶ ωχρόν),51ᵇ24—52ᵃ8,ᵇ17—28;蛋黄也称“内卵”(λέκιθος),51ᵇ15。系带,52ᵇ5;蛋壳(硬皮),18ᵇ19,43ᵃ15,53ᵇ25,54ᵃ20;膜,53ᵇ20。

　风蛋(ὠία ὑπηνέμια, wind-eggs),30ᵃ10,37ᵃ30,49ᵃ35;未受精卵具有植物性(营养)灵魂,故非死蛋,尚缺动物性(感觉)灵魂,亦非活蛋,41ᵃ16—32,57ᵇ20;别称“尿蛋”(οὔ-

ρια），53^a20，或熏风蛋（ζεφύρια），49^b1。家鸡多产风蛋，善
飞鸟不产风蛋，30^a10，50^b20，57^b15。

| φοτοκία | oviposition, lay-ing of eggs | 产卵 | 虫类产卵，33^a30，58^b25；鸟类产卵，52^a10—^b16。 |

四、解剖学名词

| Αἰδοῖον | penis | 雄性外交接器官 | 19^b29—20^a36，25^b5。参看"περίνεος"题。 |
| αἷμα | blood | 血液 | 作为各部分的营养44^b15；血液热性，为食料经调炼 |

（消化）而成的末一阶段的营养分泌，65^b17—35。胚胎心
脏与血液，40^b5。参看"血脉"。

| αἰσθητήρια | sense organs | 感觉器官 | 43^b30—44^b25，81^a20，^b20；感觉器官原始于与呼吸有 |

关的部分而汇通于心脏，81^a16—^b4。参看"肌肉"题。

ὄφθαλμος，eye，眼睛：水成，79^b20；诸动物胚胎中眼睛
的发展，43^b32—44^b10；胚体初期头大，眼尤大，42^a15，眼最
先发生，最后完成44^b5。眼为种族表征，其颜色则为个体
表征，78^b18；人与马的眼睛色泽，79^a27—80^a25，^b4—12。
"双睛异色"（ἑτερόγλαυκα）79^b5，80^b10；初生婴儿眼色浅蓝，
79^b30，蓝眼为柔弱之征，79^b15。

颜色（光）引起眼（视觉）的活动，80^a25；眼的构造与视
觉，79^b4—15，眼眶深者视远，睛液纯者辨微，80^b14—
81^a15。

眼病：79^b15；"白内障"（γλαύκωμα，cataract），80^a15；昼
明夜盲症（νυκτάλωψ，nyctalopia），80^a15。

瞳子（κόρη，pupil），80^a30，瞳孔"透明膜皮"（角膜）

($\delta\acute{\epsilon}\rho\mu\alpha\tau\sigma\varsigma$ $\delta\iota\alpha\phi\alpha\nu\acute{\epsilon}\varsigma$)80^{a}25—^{b}12。眼睑($\beta\lambda\acute{\epsilon}\phi\alpha\rho\alpha$,eyelids),
44^{a}35,44^{b}1—11。

$\tilde{\omega}\varsigma$,ear,耳:司听器官,81^{a}15—^{b}29;耳膜81^{a}20,^{b}5;长
螺旋管道($\tau\grave{\eta}\nu$ $\acute{\epsilon}\lambda\acute{\iota}\kappa\eta\nu$ $\mu\alpha\kappa\rho\acute{\alpha}\nu$),81^{b}15;耳内充氤,81^{b}5。听
孔(无外耳诸动物的司听器官)($\sigma\acute{\iota}$ $\pi\acute{\sigma}\rho\sigma\iota$ $\tau\tilde{\eta}\varsigma$ $\alpha\kappa\sigma\tilde{\eta}\varsigma$),44^{a}5,
81^{a}25。

$\acute{\rho}\acute{\iota}\varsigma$,nose,鼻:81^{b}15,长鼻管动物善嗅,81^{b}10。无鼻管
动物的嗅孔,44^{a}5。鼻衄($\acute{\rho}\iota\nu\tilde{\omega}\nu\rho$ $\acute{\upsilon}\sigma\iota\varsigma$),27^{a}10。

$\gamma\lambda\acute{\omega}\tau\tau\alpha\nu$,tongue,舌:全身(肌肉)皆有触觉,一个部分
(舌)有味觉,44^{a}1。毛皮色与舌色,86^{a}21—29。

$\acute{\alpha}\kappa\alpha\nu\theta\alpha\iota,\alpha\iota$	spines	棘刺	猬,81^{b}35;海胆,83^{a}20。
$\acute{\alpha}\rho\theta\rho\sigma\nu$	pudendum genital	阴私处(男女)	16^{b}35,18^{b}1,25^{b}5,47^{a}25,
($\alpha\grave{\iota}\delta\sigma\iota\sigma\upsilon$		男生殖器)	49^{a}30,64^{b}25。
$\acute{\alpha}\rho\tau\eta\rho\acute{\iota}\alpha$	wind-pipe,trachea,气管		气管"粗糙"($\tau\rho\alpha\chi\acute{\upsilon}\tau\eta\varsigma$)
			(伤风),88^{a}25。
$\alpha\grave{\upsilon}\lambda\acute{\sigma}\varsigma$	funnel	漏斗孔	鳍,20^{b}33。
$B\rho\acute{\epsilon}\gamma\mu\alpha$	lnegma	前额	(颅骨合缝处)44^{a}25。
$\Gamma\acute{\alpha}\lambda\alpha$	milk	乳	见于《胚胎学名词》。
$\Delta\acute{\epsilon}\rho\mu\alpha$	skin	皮,肤	由肌肉形成,43^{b}6—18;
			有凝胶性,37^{b}5;毛,发,
		角,趾甲,皆由皮肤形成,45^{a}20;皮色78^{a}20,85^{b}17—86^{a}30;	
		毛发性状随皮肤性状而异,82^{a}24—^{b}12,83^{b}15,84^{a}25,85^{b}20。	
$\acute{E}\gamma\kappa\acute{\epsilon}\phi\alpha\lambda\sigma\varsigma$	brain	脑	脑属凉性,其形成次于热
			性的心脏,互为体温的平
		衡,43^{b}30,83^{b}30;人脑较诸动物为湿,为大,故有理性,	
		44^{a}22—33。脑膜,44^{a}10。	
$\acute{\epsilon}\nu\tau\epsilon\rho\sigma\nu$	intestine	肠	17^{a}20,20^{b}15,25^{b}1,56^{b}10,
			66^{a}10。$\acute{\alpha}\nu\alpha\lambda\acute{\upsilon}\sigma\nu\tau\alpha\iota$ $\alpha\iota$ $^{?}\kappa\alpha\lambda\acute{\iota}\alpha\iota$
		"肠下垂",28^{a}15;"肠出血"或"泻痢"($\delta\iota\acute{\alpha}\rho\rho\rho\sigma\iota\alpha$,)diarrhoe-	
		a,28^{a}20。	

睾丸与子体性别，63^b35。割除睾丸所引起的雄动物性征诸变化，87^b20—88^a15。"经线石"（αἱ λάιαι）喻睾丸的生理作用，17^a35,57^b25,88^a10。

ὀστρακόν	shell	介壳	形成，43^b15，相当于体表骨骼，62^a30。"螺旋"（ἑλίξ），63^a20。
ὀσχέα（ὀσχή）	scrotum	阴囊	19^b5。
Περίνεος, ὁ	"the male organ"	雄性外交接器官	16^a30,66^a5（原以称"会阴部分"）。
περιττωμα	excretment	残余	干残余（粪）与湿残余（尿），19^b30,25^a5,26^a20,37^b35。排泄管道，19^b30—20^a5。
πιμηλή	fat	脂肪	25^b30,26^a5,27^a30,63^b5。λιπάρον，油脂，43^b15,82^b15。
πλάξ	flap	桡片	虾族护卵构造,58^b15。
πλεκτάνος	tentacle	触手	头足类，20^b10,35。
πλεύμον	lung	肺	33^a5,34^a20；诸动物肺的差异 32^b35。
πλῆκτρον	spur	距	雄鸡,45^a1。
πόροι, οἱ	ducts, passages	管道	卵生动物诸管道,20^a5，胎生动物诸管道,19^b30。输精管道（πόροι σπερματικόι),16^b15,17^a30,18^a10,25^b5；动物的输精与生产管道是本生的，溺尿借用了这些管道,20^a10。卵生动物的输精与输卵管道为粪便排泄所通用，20^a1。甲壳类精管,20^b14。
πούς	foot	足，脚	22^a20,34^b31 等；"要行走就不能没有脚",36^b20。
προσώπων	face	脸面	22^a20。
πτερά	feathers	羽毛	拟于毛发,82^a20，颜色，

78ᵃ20。猛禽丰于羽毛，
49ᵇ5。鸟类在蜕毛时隐蛰，83ᵇ15。

	wings	翼翮	猛禽翼翮强健，49ᵇ5。
πτύελος	saliva	口涎	47ᵃ10。
Ῥάχις	spine, chine	脊椎,脊骨	20ᵃ30。
ῥεῦμα	humour, rheum	体液,黏液	26ᵃ15,68ᵇ35。
ῥύγχος	beak	喙	(鸟)43ᵃ15,56ᵇ10。
Σάρξ	flesh	肌肉	23ᵃ20,24ᵃ30,34ᵇ35;肌肉

柔软,适于动物诸部分的
需要与目的,43ᵃ5,44ᵇ20。

σιαγών	jaw	颌,下床	45ᵇ30,74ᵇ1,89ᵃ1。
σκέλη	legs	下肢	49ᵇ30,50ᵃ5 等。
σπλήν	spleen	脾	71ᵃ5。
σῶμα	body	身体	整个身体与其各部分,65ᵇ

10;后侧较左侧为热
65ᵇ5;上身与下身,41ᵇ35,
42ᵇ15 等。

| Τρίχος, θρίξ | hair | 毛发 | 形成,44ᵇ25,45ᵃ10;性状 |

诸差异 81ᵇ30—83ᵇ8;或
卷或直,或硬或软由于冷暖(气候)而异,82ᵇ19—83ᵇ8,或长
或短从体质的燥湿与油性而异,82ᵇ13—18,83ᵇ5,或粗或细
从皮肤的厚薄松紧而异,82ᵇ24—ᵇ12,83ᵇ5。诸动物毛色从
皮色,45ᵃ20,78ᵃ20,85ᵇ1—15;兽类的毛色分类,85ᵇ17—
86ᵇ5。人发不从皮色,45ᵃ20;红色毛发85ᵃ20。多毛为富于
营养与生殖物质的征象,74ᵇ5,野兔多毛,74ᵃ35。死后毛发
还能继续生长,45ᵃ20。
后生毛:阴毛,84ᵃ10,胡须,84ᵃ5。衰白(πολίοτης, grey-
ness),84ᵃ30—85ᵃ37;人发因疾病与年老而衰变 84ᵃ30—
85ᵃ7;马宗也老而衰白,85ᵃ11—21;其他动物的白毛从于皮
色之为白,非由衰变 88ᵇ1—16。

$25^a15,35^b35$。

χείρ	hand	手	$26^b25,34^b30$ 等。
χολήν	gall-bladder	胆囊	71^a10。

五、人名、地名、神名

'Αἴγυπτος	Egypt	埃及	70^a36。
Αἰθιοπια	Aethiopia	埃塞俄比亚	（今亚比西尼亚）埃塞俄比亚人（Αἰθίοψ），36^a15。
'Αλκμαίων ὁ Κροτωνιάτης	Alcmaeon of Crotonta	亚尔克梅翁，克罗顿人	$52^b26,69^a20$。
'Αναξαγόρας	Anaxagoras	阿那克萨哥拉	23^a7 注，$56^b17,63^b32$。
'Αναξνμάνδηρ	Anaximander	阿那克雪曼德	761^b5
Αφρωδιτη	Áphrodite	亚芙洛第忒	36^a20,主婚配之神。
Δημόκριτος, ὁ 'Αβδηρίτης	Democritus of Abdera	德谟克里图，亚伯德拉人	胚胎理论，$40^a14,42^b21,64^a7,25,^b14,65^b6,69^a18$；论杂交；$47^a27$；论骈性，$69^b31$；论易齿 $88^b10,89^b3$。
'Ελίς	Elis	埃里斯	22^a10。
'Εμπεδοκλῆς	Empedocles	恩培多克勒	胚胎理论，$22^b10,23^a25,31^a5,64^a2,^b14,65^b6,69^a17$；论杂交，$47^a27$；论乳，$77^a8$；论睛色，$79^b17$。
'Επίχαρμος	Epicharmus	爱比卡尔谟	22^a29。
'Ηροδότος	Herodotus	希罗多德	$36^a10,56^b7$。
Ηροδορος, ὁ 'Ηρακλεότης	Herodorus, the Heracleat	希洛杜罗，赫拉克里亚人	57^a2。
Θράκη	Thrace	色雷基	色雷基人直发，$63^b35,82^b34$。
'Ιβηρία	Iberia	伊培里亚	48^a26。

附　　录

一、本书抄本、印本与译本简目

（《动物之构造，运动，行进与生殖》译文注释内引及）

（一）抄本

S	Laurentianus medicus	劳伦斯收藏医学抄本	编号　81,1
		（12 世纪间抄录。）	
P	Vaticanus graecus	梵蒂冈希腊抄本	1339
		（12 世纪或 15 世纪间抄录。）	
Y	Vaticanus graecus	梵蒂冈希腊抄本	261
		（14 世纪抄本。）	
U	Vaticanus graecus	梵蒂冈希腊抄本	260
E	Parisienus regius	巴黎皇室藏本	1853

（10 至 15 世纪间不同抄手
先后抄录。《构造》卷四章
五 681^a 页以下残缺。）

Z	Oxoniensis Collegii Corporis Christi W. A.	牛津藏本	2.7(Coxe 108)

（12 世纪后期抄录，内有《构造》、
《行进》、《生殖》三篇。《生殖》篇
稍有残缺。有些章节曾经另一抄
手添补。）

O^b	Richardinus	里嘉特藏本（《构造》与《生殖》）	13 世纪

b	Parisiensis	巴黎图书馆藏本（《构造》与《生殖》） 1859
m	Parisiensis	巴黎图书馆藏本（《构造》与《生殖》） 1921

（14 世纪抄本。《生殖》篇附有以

弗所人密嘉尔诠疏 Michael,

Ephesus，Comm.）

（二）　古译本

阿拉伯文本　　巴格达医师，伊本·阿尔·巴脱里葛（Ibn Al-Batriq）在 813—833 年间（阿巴斯朝，阿尔·马蒙哈里发 Caliphate Al-Manun 执政时）译成亚里士多德《动物志》、《构造》、《生殖》三书为阿拉伯文，今英国不列颠博物院藏有这译文的 13—14 世纪间抄本（该院东方抄本目录，B. M. Catalogues. codicum Manuscriptorum Orientalium，219 页，编号 B. M. Add. ，7511＝Stein-Schneider B. M. 437）。

Σ 拉丁文　斯各脱本　　密嘉尔·斯各脱（Michael Scotus）在 1217 年前，于西班牙托来杜（Toledo），依据伊本·阿尔·巴脱里葛，阿拉伯文译本，完成了上述三书的拉丁译本。译文前附有各书的纲目（章节分析）也出于巴脱里葛。现世所存这三书的希腊文抄本及其他拉丁译本皆后于这一译本，故近代校勘者与翻译者常引以校订各本的疑文与阙漏。现存斯各脱译本有 13—14 世纪间若干抄本（如不列颠博物院，皇家藏书，编号 12，cxv；哈罗藏书，Harl. 编号 4970；牛津，慕尔顿学院藏本，Merton 编号，278；巴里奥学院藏本，Balliol 编号 252；剑桥藏本 Cam. 编号 Ii3·16；又编号 Dd 4.30）。

Γ 威廉本　　希腊哥林多天主教区主教迷尔培克（Moerbeke）人威廉（Guilielmus）在忒拜（Thebes）依希腊文翻译亚里士多德全集，于 1260 年完成。威廉当时，希腊文抄本当较现世为多而易于收集。各篇翻译非出一手。狄脱梅伊（L. Dittmeyer）校订威廉译本《生殖》卷一卷二，并为之诠疏（1914—15），曾列叙威廉译本的现存诸抄本。

迦石 Gaza 本　　拜占庭，迦石，色奥多尔（Theodore）1430 年因事避居意大利，于 1450 年开始亚里士多德著作的翻译。《动物志》、《构造》与《生殖》三书经罗马教廷（色克斯都第四，Sixtus IV）核定为拉丁译文正本行世。威廉本与迦石本均编录于柏林研究院，《亚里士多德全集》(1831—1870 年)中印行。

（三）近代校印本与译本

1. 自十五世纪以来，校印的《亚里士多德全集》(Aristotelis opera) 内都有动
物学这四篇。

最初印本(Editio princeps)意大利，威尼斯(Venice)，亚尔杜(Aldus)于 1497
年印行的希腊文《亚里士多德全集》为近世最初印本。

通俗本(Vulgata)　　加撒庞(Cassaubon)与薛尔堡(Sylburg)于 17 世纪间在
巴黎与日内瓦陆续校订印行。

合订本(One-Volume edition)　　梵埃斯(C. H. Weise)于莱比锡(Leipzig)，
1843 年印行(四篇合订一册)。

柏林本(Berlin text)　　德国柏林研究院，贝刻尔(Immanuel Bekker)编集并
校勘，亚里士多德全书的希腊文本，拉丁译本与希腊及拉丁诠疏，共成五
册，于 1831—1870 年间在柏林陆续印行。《构造》、《运动》、《行进》、《生
殖》这四篇，希腊文本见于第一册，639—789 页。各国近代翻译多据此
印本进行。贝刻尔校勘动物学这四篇应用的旧抄本为 SPYUEZ. 牛津
复印柏林研究院《全集》第一册，分订十一册(1837 年)，这四篇在第五
册。

巴黎本(Didot text)　　第白纳尔，俾色麦克尔，海茨(Dübner, Büssemaker,
Heitz)三人在巴黎共同编校，全集五册，1848—1874 年间由第杜(Didot)
陆续印行。动物著作的校订出于俾色麦克尔(见于第三册，1854 年印
行)。俾色麦克尔的校勘多据取巴黎所藏 E 与 M 抄本，于拉丁本置重于
威廉译本。

2. 全集译本。

牛津英译本　　牛津大学自十九世纪下叶，依柏林贝刻尔校印本复校后进行
《亚里士多德全集》(The Works of Aristotle) 的翻译，由司密斯(J. A.
Smith)与罗司(W. O. Ross)主编，至 1931 年共完成十一册，于牛津
1908—1931 年印行。《构造》篇，经修正威廉·渥格尔(William Ogle)

1882 年单行的译本,并删省注释后编入。《运动》与《行进》的译文出于
法规哈逊(A. S. L. Farquharson)。《生殖》出于柏拉脱(Arthur Platt)。
各家于贝刻尔的校订都有所补益。于旧有诸译本的迷惑处多经辨正。
这四篇合在第五册,1912 年印行。(19 世纪初,英国先有泰劳(Thomas
Taylor)英译亚里士多德集十卷,其中,卷四,293 页以下为《动物之生
殖》,伦敦,1808 年印行)

3. 原文对照译本。

希德文对照本　　在亚里士多德全集的柏林本印行之后,莱比锡,戴白纳尔
(Teubner)开始印行希腊－德文对照的亚里士多德著作。生物著作都由
文默尔修士(Fr. Wimmer)校订,于贝刻尔校订工作之后,文默尔据密嘉
尔诠疏与迦石拉丁译本等续有所订正。《构造》的德文翻译(Ueber die
Theile der Thiere)出于弗朗济斯(A. von Franzius),1853 年印行。《生
殖》译文(Der Zeuzung und Entwickellung der Thiere)出于奥培尔脱
(Aubert),1860 年印行。

希英文对照本　　二十世纪间《路白丛书》(The Loeb Classical Lib.)编译希
腊拉丁的古籍原文与英文对照本,在纽约与伦敦印行。《生殖》由贝克
(A. L. Peck)校译,1943 年印行;《构造》由贝克校译;《运动》与《行进》,
由福斯德(E. S. Forster)校译,1946 年印行。贝克的校订多取资于斯各
脱拉丁译本以为旧校的补益。

4. 单行的重要译本

　　《运动》与《行进》有 1593 年的柳昂尼可(Nicolaus Leonicus Thomaeus)拉
丁译本。这时已有希腊文印本。柳昂尼可的译文仍依旧抄本进行,所以这一
译本可应用于古抄本的校勘。较早的还有 1566 年的克里伯(Bernadino Crip-
pa)拉丁译本。

　　《生殖》有圣提莱尔(J. Bartholemy St. Hilaire)法文译本,绪言与注释,皆
著称当时,1887 年印行。又,《动物之生殖》,苏联有格里契克(С. Греческ)俄
文译本("О Возникновении Животних") 1940 印行。《构造》("О Частях
Животниих")有俄文译本 1937 年印行。

二、本书注释中引及亚里士多德其他
著作的篇名

		简缩名称	
Analytica Priora	解析前编	Anal. Pr.	解前
Analytica Posteriora	解析后编	Anal. Post.	解后
de Anima	灵魂论	de Anim.	灵魂
de Caelo	说天	de Cael.	说天
Categoriae	范畴	Cat.	范畴
de Coloribus(Pseudo A.)	颜色论（伪书）	de Color.	颜色
de Divinatione per somnum	占梦	de Div.	占梦
Elenchis,de Sophisticies	诡辩纠谬	de Soph. E	纠谬
Ethica Eudemia	欧台谟伦理学	E. E.	欧伦
Ethica Nicomachea	尼哥马可伦理学	E. N.	尼伦
Fragmenta Aristot.	亚里士多德残篇汇编	Frag. Arist.	残篇
de Generatione et Corrup-tione	成坏（生灭）论	G. et C.	成坏
Histonum Animalium	动物研究（动物志）	H. A.	动物志
de Iuventute et Senectute	说青春与老年	Iuv. et Senec.	青与老
Magna Moralia	道德广论	M. M.	道德
Metaphysica	形而上学	Met.	形上
Meteorologica	气象学（天象）	Meteor.	气象
de Memoria	论记忆	de Mem.	记忆
de Mirabilibus ausculta-tionibus(Pseud.)	异闻志（伪）	Mirab.	异闻
de Mundo	宇宙论	de Mund.	宇宙
Physica	物理学	Phys.	物理
de Plantis(＝Phytologie	植物论（植物学残篇）	de Pl.	植物

Frag.）

Poetica	诗学	Poet	诗学
Politica	政治学	Pol.	政治
Problemata	集题	Prob.	集题
Physiognomonia	相术（伪）	Physiogn.	相术
Respiratione	呼吸	Resp.	呼吸
Rhetorica	修辞学	Rhet.	修辞
de Sensu et Sensibilibus	感觉与可感觉物	de Sensu	感觉
de Somno et Vigilia	说睡与醒	Som. et Vig	睡与醒
de Vita et morte	说生与死	Vit. et Mor.	生死

三、若干名词释义

1. Aἰτία，Cause，（埃希亚）因。

于《构造》与《生殖》的开章，亚里士多德都揭橥了他素所执持的四因之说。他认为治学就在求因（《解析后编》，71ᵇ10，94ᵃ20；《物理》，184ᵃ10）；你若能识得一事物的缘由，这就可说已明了了那一事物。事物所由存在的原因综有四项（《物理》，卷二章三）：

（一）"物因"或物质（ΰλη，matter—the material cause）为事物所由成的材料，也称"底层"（ὑποκειμένων，substratum）。

（二）"本因"或通式（εἶδος，form—the formal cause），一事物所由立其本体（οὐσία），或得其定义（λόγος），或一事物之所以成其为一事物（τὸ τι ἦν εἶναι），皆凭此形式，故称本因或式因。

（三）"动因"或致动者（κινοῦν，mover—the motive cause），引发一物质的活动以成就其所取的形式；这里，事物之"所由"，也称效因（ὑφ' οὗ，the efficient cause）。

（四）"极因"或目的（τέλος，end—the final cause），事物的动变必有其目的，也必底其所止，完成其"功用"（τὸ οὗ ἕνεκα，purpose）而后已。自然于万事万物皆求进其善业(τό βελτιον),其所止必致于至善,故极因也称"善因"(τὰγαθόν)。

以生物为喻,一雄性亲动物,例如一狗或一猫为"动因",凭其生殖机能致动于与之相应的一雌动物所供应的"物质",而"形"成其胚胎之为一狗"式"或猫"式";母体的物质继续供应至诞后的稚狗或小猫足以独立生活的时期。这独立生活的子体"终"于达到为一成年的狗或猫而"止"(参看《生殖》,740ᵇ30,艺术喻,743ᵃ25 木匠制箱喻)。于是成狗或成猫又以其生殖机能(动因)递传其物质与形式(品种)。在一代一代的生灭中,这动物因这样的不息递传,其品种遂得与宇宙间诸不灭坏事物同其"永恒"(τὸ αἴδιος,eternality)这就是狗或猫之为一生物族类的极因(《生殖》,卷二,章一,731ᵇ18—732ᵃ12)。

《构造》,卷一章一,641ᵃ25 说式因包括动因与极因,以与物因相对举;《生殖》,卷二章一,715ᵃ5,并合式因与极因而与物因相对举;另些章节在以"必需"与"功用"(目的)对举时,也曾以动因与物因归作必需,式因与极因归在功用。这样简化四因为通式(唯心)与物质(唯物)两项的文句,在亚里士多德各篇中都是可得见到的。在这四篇动物学著作中,他常由"主动与被动"(ποιτικόν καὶ παθητικόν)两方面说明动物的构造与生殖诸问题:凡被动的为事出必需;凡主动的,旨在成就善业。当他作这样的说明时,动因与物因就列在被动,即"境遇"范畴;而式因先潜存于物质,后显现于终极,故极因恰正是自然所赋予的美善目的。

在近代语文中,原因(the cause)相联于"效应"(效果,the effect)。这样,埃希亚这字就得限于"动因"这一命意。这一书中也有些章节专说动因,例如《生殖》,734ᵇ3—19。

2.'Αρχή,principle,origin,(亚尔契)原。

亚尔契的各义见于《形而上学》,卷五章一。"原"本于"理"的初义,我们通常译这字作"原理",在亚里士多德文集的西方译本中也时常被译作"第一原理"(the first principle)。(一)(甲)《生殖》,716ᵃ5,778ᵃ7,称四因为诸原理,这样"亚尔契"实际同于"埃希亚"(原因)。(乙)相近于以"所因"为原理,也可以"所依"(原本)为原理,例如雄雌之别也称为一种原理;倘一雄动物由阉割而失却精液,则这动物依存于这性原的某些机能、姿态和习性,就相应而失却或改变(《生殖》,716ᵇ10)。(二)《运动》与《行进》常说到心脏为行动的亚尔契，《构造》常说到心脏为血脉的亚尔契，《生殖》则说到心脏为胚胎发育的亚尔契，在这些文句中，亚尔契是"原始"（起点，starting point）。

由于书中常用"原"的双关命意，各家译本于上述数义中取用不同的译文，不作严格的区别。

3. τέλος，end. 目的，终极。

亚里士多德在希腊古哲中以所持"目的论"见称。在《构造》中，他于每一内脏或外表器官各研求其物质所需与目的何在，所说目的则等同于"功用"（τό οὖ ἕνεκα）或"善业与善因"（τό βέλτιον καὶ τἀγαθόν）。构成一动物以及它的每一部分，各有其目的，每一部分也各有其功用。"自然无妄作，也无虚废"（οὐτ᾽ ἀτελές ἡ φύσις οὐδὲν ποιεῖ περίεργον）。《生殖》，763ᵇ26，在构造问题上说，要行走，就不能没有脚。顺应物质的趋势（必需）而构成之为四脚，这就使那动物得有行走的功能。行走就是它固有应有的目的或善业。贯彻于生殖问题的也是与动因和物因相对的极因，任何胚胎的每一发育程序无不趋向于那所以成物的目的。生物界一切事情总是先有目的，才起动变；自然之成物或制之以应物需或全其功用而达之至善（《生殖》717ᵃ15 以下），都是有宗旨的活动。亚里士多德信自然一体，每一动物和它每一部分的机能，必皆符合于整个宇宙的底蕴。他于未能得其究竟的事情，往往武断地归之于极因，极因成了他的遁词。他过多地应用目的论是不切实际的。但在学术发轫的当初，总不能不先树立些着想的规范。没有这些先设的规范，固然可免于许多武断，但许多可以资益的事理也无从寻绎了。亚里士多德凭目的论，于人手的功用说得很详明，却也凭目的论错把心脏当作感觉机能的中心。可是，在后，威廉·哈维相信心脏中一些活瓣必各有其作成如此构制的目的，为追索这种目的（功用）他发现了动物血液循环的实况。

扩充到全生物界而应用其目的论时，他说到每一生物各成就其独立的存在，更凭生殖机能使其个体存在作为一品种而延续于永恒，这样，每一生物自己的目的也综合于自然的目的。越乎生物学而转到伦理学与政治学时，他说到赋有理知的人类，异乎一般动物，不仅以生存为目的，还该谋取优良的生活，而"为了"谋取优良的生活，人类就必须共同结成社会与城邦而实行共同生活。这些说得颇为庄严。但《政治学》（1256ᵇ15 以下）说到自然间植物的生存是"为了"动物,动物的生存则"为了"人类。"为了"(for the sake of)与功用和目的取义相同。这样的"为了"只取便于人类,就不是庄严的了。

4. 'Ανα γκάιον, necessity, 必需。

"必需"的诸义见于《形上》,卷五章五。"必需"两类(《构造》,卷一章一,639^{b}23—640^{a}12 等;《物理》,199^{b}33 以下):(一)"假设必须"(α. ἐξ ὑποθέσεως):为了达成某些目的,这需要某些工具或物料或条件,例如为制椅劈木则须斧,斧必须硬于木材,即须由铜铁制成。动物的每一部分也必需各有与之相符的材料,和为之制作的适当过程(物因与动因)(《构造》642^{a}31,663^{b}20 以下;《生殖》,738^{a}33,743^{a}36 以下)。经适当的动变作用于适当的物质而获致正常的功能,这就"合乎自然"。或用材失宜或用力过当,便形成为残畸的怪物,这就"不合自然"。(二)"全称"或"绝对必需"(ἁ. ἁπλῶς):苟物因预存着必然的后果,或主动者在其动因中预存了必然的后果,这样不是凭目的而取动因与物因,反由动因和物因两必需来兼作极因,这样的产物就可能成为不合自然的畸零动物(《物理》,202^{a}32,《生殖》,766^{a}18 以下,770^{b}17 等;参看《气象》(天象),341^{a}1 以下)。

用近代语来说,"必需"就是"物质条件",假设必需限物质的性能于被动范畴,绝对必需则是物质进入了主动范畴。

顺便说起,在本义上相对反的必需和功用(善业)却常相连属而合说,在《构造》,672^{a}1—22 说肾脏与肾脂就兼举两者。在政治经济学中,希腊古代就称人生食用的"必需品",或商货为"善物";这种习用语在西方一直流传到如今(例如 ἀγαθός, good, 善;τὰ ἀγαθά, the goods, 货物)。

5. ἡ φύσις, Nature, 自然;nature, 本性。

(一)《构造》,639^{b}20,比之人为的作品,凡自然产物皆具更高的功用(目的)而更为美善。这里的自然在西方译文中就用第一字母大写的 Nature,中国译文也可用"大自然"这样的名称。神学家们每取亚里士多德的自然等同之于造物之主;但在亚里士多德的全书中,那样的宗教情绪是没有的,他喻自然为一巧匠,为一雕塑家,为一画家,为一木匠,或为一厨师(参看《索引》中"自然"题);以自然比照于艺术,她只是一个多能而且高明的作者或工匠

(δημιουργός)。

(二)《说天》(301ᵇ17以下)释自然是事物内在活动的原理。于草木鸟兽虫鱼而论,自然就是其中的"生机"。《构造》(641ᵇ9)与《生殖》(741ᵃ1)以营养和生殖灵魂(机能)为动物的"自然"(本性)。若说供应子嗣以物质的母体也具有营养灵魂,那么"自然"可以是诸动物的"物质本性",也可是与之对称的"形式本性",即由雄性灵魂供应的感觉与行动(品种)机能。(参看《物理》,199ᵃ31。)

(三)《生殖》,770ᵇ24说,虽是"超越自然的事物"(τὸ παρὰ φύσιν)也是合乎自然的,例如"形式本性"(ἡ κατὰ τό εἶδος φύσις)未能操持"物质本性"ἡ κατὰ τὴν ὕλην φύσις 时,便产生怪胎,这样的怪异,广义地看来,其间也存在有自然规律(参看《构造》,663ᵇ22)。这里,亚里士多德把世间的"常例"与"非常例"统都归入了"自然"。

从这些章节推求自然的真谛,可知这只是一个假设的名称,代表生物界某些现象或作用,也可以作生物界或生物与无生物界的总名。它没有严格的定义与可以实指的定物,所以随处可应用之作一事情的主词。

6. Στοιχεῖον,element,元素。

古希腊人分析宇宙间万物皆由土、水、气、火(γῆ,ὕδωρ,ἀήρ,πῦρ)四者组成。恩培多克勒称四者为"物根"ῥιζώιατα。四元素在希朴克拉底、柏拉图、亚里士多德等的著作中是常见的。中国旧译印度婆罗门与佛教经典中,"地、水、风、火"为"四大",与古希腊四元素相同。现在已不能考定这种古理化体系是谁先想定的。γῆ原有"大地"与"土"的双关义。ἀήρ"气",在希腊古书中也常换作πνεῦμα"风";古人不能眼见气,只能从风飓中感知有气存在于空中。

在纷纭的万物中认取其中的基本组成,像在千言万语中析出基本声韵一样,确是人类知识发展的一个有益步骤。诸元素类于言语中的 α、β(alphabeta),故通称之为 στοιχεῖα(柏拉图,《色埃忒托》,Theatetus. 201 E)。这里火被举为一元素是很古怪的。《生殖》,261ᵇ20,提起在烧燃中只是烟(气)与灰(土)两物(参看《气象》,卷四章九)。在燃烧现象中,怎样捉摸"火"这基本物质?中古炼金术士一直想分离出所谓"火根"(τὸ φλογιστόυ),即真正的燃烧元素。意大利达芬奇(Leonardo da Vinci)疑想大气中有一个部分当是火根。

马育夫(Mayow)与海勒士(Halez)已联想到呼吸时所实际消受的气与引发燃烧的气都混在大气中。到这时期人们还跟着传统观念论事，认为火必有别于气，不信这些新思想。1774 年，英国柏里斯脱里（Priestley）与德国希勒（Scheele），约略同时，从空气中分离了氧，并认明这能助燃，而且有益于呼吸。1783 年，法国拉伏埃西埃(Lavoisier)论定了氧的性状，解除了历史上"火根"（或"烟原"）的迷惑。土、气、水这时候已各析离为多种更基本的事物，"四大"就不再称为元素。"元素"这名称归之于另些事物，而拉伏埃西埃所命名为"酸性素"(oxygen)的氧则成为现代化学诸元素之一。

在现代人看来，四大之为元素序列完全是混乱的。古希腊人所谓土、水、气实际是万物的"三态"；火则是某些物质间离合的现象。但这样朴质的理化知识实际应用了三千年之久。我们也不须讪笑古人的愚骏。十八九世纪的诸元素，作为基本物质的许多叙述，到二十世纪的这年代也不适用了。可是它们在十八九世纪确也是应用得够有成效的。我们现在重读古人的遗编当须注意到这些古今异义的名词，各回复它们当初的观念，俾能真实了解书中一一文句。

7. Δυνάμις，Capacity，property，性能。

不问 δυνάμις 在希腊文史哲学中的诸命意，在现在亚氏著作中，所涉及的物理和生物学方面，这就有好些译名：faculty，capacity，power，potency，ability，quality，property，机能，性能，功能，潜能，才能，素质，性状。这种种命意在不同章节中大都可以辨识。我们在这里须作一番说明的是所谓"热冷干湿"四性能。

古希腊人于四项基本物质（四元素）也常称为"四性能"（柏拉图，《蒂迈欧》，Timaeus）。其始，人们只见到热物、冷物、干物、湿物（θερμόν，ψυχρόν，ξηρόν，ύγρόν）；在后才从实物上分离出形容字而铸成这些名词，并把"热、冷、干、湿"（θερμότης，ψυχρότης，ξηρότης，ύγρότης）权订为事物的"性能"。亚里士多德于热与冷曾作详细的辨析，知道事物中热量或多或少，热度或高或低，以及传热受热的或敏或滞，或强或弱（《构造》，648ᵇ1—35），但于热冷的各方面都还未能作成明确的界说。于"干"与"湿"，他照习用的字义兼取"固体的"与"液体的"命意。凭色声香味触五感觉，人们辨识了众物千变万化的表现，而推究众物的内蕴,认为"热、冷、干、湿"是基本性状。这两对成作错互配搭可得六个组合:热干、热湿、热冷、冷湿,冷干,湿干。但热冷与干湿将两相中和而互消,这就只剩有四个"配搭"($\sigma\upsilon\xi\epsilon\acute{\upsilon}\xi\epsilon\iota\varsigma$)。循此再行推想,四元素当是这两对成基本性能的"组合物"($\sigma\upsilon\nu\theta\acute{\epsilon}\tau o\iota$),每一元素各具一个主性能和一个辅性能(《生灭论》卷二章三):

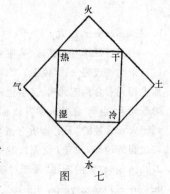

元素	主性能	配搭
火	热	热干
气	湿(液)	热湿
水	冷	冷湿
土	干(固)	冷干

图　七

这样,土元素实际不专指土而并及一切干固事物;水、气、火也是这样各兼及一切冷物、液湿物、热物。在我们这里几篇著作中,说骨角之类为土质物所成,眼睛为水质物所成,就是这样的命意。《构造》,卷二,章一至二,646^{a}7—647^{b}9,《生殖》卷五,章三,781^{b}30—784^{a}22 等全用这"理化八字"作生理说明,以四元素和四性能为基本,经由同质部分与异质部分的三级组成而制为世间亿万生物,日夜演示着色声香味的无数次级性状。

　　生物外围,大气,地上,或水中,都随季节与区域而异其凉温(冷热)干湿,这就是"气候"。动物自身内在的凉温干湿与外围气候相感应,倘能成其和合($\kappa\rho\acute{a}\sigma\iota\varsigma$,blend,或 tempering"淬炼"),这就可得有正常的发育与健康的生活。

　　《成坏(生灭)论》,卷一章十,说混合诸元素而组成的事物,消失了原来的性状,而显现许多新性状,但物质原来的微粒与其固有性状实际当保持在这混合或组合物之内。我们若具备凌基俄(Lynceus)的眼睛,当能看到这些不同微粒在诸事物中挨次的排列。这一节像是亚里士多德于化学合成与物理性状已有深入的思考。但我们在他这些著作中,于每一实际问题上,所能见到的还只是这模糊的"八字"体系。例如《构造》,651^{a}24,说生物体中的油脂性状是出于气与火的组合。油脂有光彩,火能发光;油多少能透视,而能完全透视的是气;又油经点燃,会得生火。这就论定了火与气组成油脂。尽可已具备了化学分析的思想,但没有化学分析的方法与仪器,凭官感来运用这些思想,当时所能分析的不是化学定量与物理指数,而只是这些理化的形容字。有时也讲到一些"适当比例"($\sigma\upsilon\mu\mu\varepsilon\tau\rho\iota\alpha$),他们的物质分别、性状分别既都是混淆的,所有量性叙述也是混淆的。可是这样的理化体系,相仿于中国的"五行"(金、木、水、火、土)与五色、五味、五音等连缀着的理化体系一样,恰是应用了二三千年的。

9. $\text{Aì}\theta\acute{\varepsilon}\rho$,aether,以太。

中国音译作"以太"这字,在希腊古籍中有二义,(一)为"在上",即青天,(二)指纯气或超气。《说天》,268—269,289ª15 等说到有天上元素,以太,和地上四元素合称五元素。《生殖》,737ª1,这元素序于土、水、气、火之上而为第五元素,也称"星体元素"($\tau\grave{o}$ $\tau\omega\nu$ $\mathring{\alpha}\sigma\tau\rho\omega\nu$ $\sigma\tau\omega\iota\chi\varepsilon\hat{\iota}o\nu$)。《运动》,章四,699ᵇ25,列于火元素外的"天上物质"($\tau\grave{o}$ $\mathring{\alpha}\nu\omega$ $\sigma\omega\mu\alpha$)也实指以太。以太必须存在于宇宙之间的论辩,见于《说天》,卷一,269ª31 以下,270ª12 以下,270ᵇ10 以下。270ᵇ16 说,以太的质性"通于神明,与宇宙而同在,永斯世而不坏"($\mathring{\alpha}\pi\grave{o}$ $\tau o\hat{\upsilon}$ $\theta\varepsilon\hat{\iota}\nu$ $\mathring{\alpha}\varepsilon\grave{\iota}$ $\tau\grave{o}\nu$ $\alpha\mathring{\iota}\delta\iota o\nu$ $\chi\rho\acute{o}\nu o\nu$ $\theta\acute{\varepsilon}\mu\varepsilon\nu o\iota$ $\tau\grave{\eta}\nu$ $\mathring{\varepsilon}\pi\omega\nu\upsilon\mu\acute{\iota}\alpha\nu$ $\alpha\mathring{\upsilon}\tau\hat{\omega}$)。

近代物理学于这一月轮天上,不可捉摸的事物,尝设想之为光波与电波的介质,直到二十世纪,还有些物理或电学家想研明这种以太介质而终不得究竟。看来当初这虚拟的事物,在实物世间是不会有着落的。

10. $\mu\acute{o}\rho\iota\alpha$,parts,诸部分。

$\mu\acute{\varepsilon}\rho o\varsigma$ 的本义是一个部分,应用于社会、政治经济上,各随所涉而作不同的命意。在生理学上,这遍指一切动物身上的器官、肢节、脏腑或组织,所以说 $\tau\omega\nu$ $\zeta\acute{\omega}\iota\omega\nu$ $\mu o\rho\acute{\iota}\omega\nu$"动物的诸部分"就相当于说整个动物的构造,或动物的比较解剖学。在亚里士多德的生理化学体系中,每一动物皆自简入繁,循四个层次为之制作:(一)四元素;(二)由四元素构为同质诸部分,即血、肉、脂肪、髓、胆汁等软湿组织,和骨、壳、肌腱等硬固组织;(三)由同质诸部分构为异质诸部分,如头、肺、手足等。这样,诸部分的组成历经三个层次。(四)由异质诸部分与同质诸部分构成为一动物(《动物志》,卷一章一;《构造》,卷二至卷四),每一部分皆因动物所具有的相应灵魂而得其生机,动物为一活体,其肺或手,也各是一活肺或活手。

《生殖》篇涉及动物构造时也依从于上述组成,只在724^b23—28一节另将生体诸部分分作两类区别:(壹)天然诸部分,①包括同质与异质部分;(贰)非天然诸部分,②例如一个瘤,为病理组织,③溢液,即内分泌与外分泌,④废物,如粪尿,与⑤营养物。

试引印度古代的生理化学观念为比:释藏,《璎珞经》云,"四大有二种,一有识,二无识"。《楞严经》云,无识为"身外四大"(诸元素所成无机体),有识为"身内四大"(诸元素所成有机体)。《圆觉经》云,"我今此身外四大和合,所谓发、毛、爪、齿、皮、肉、筋、骨、髓、脑、垢诸色,皆归于地;唾涕、脓血、津液、涎沫、痰、泪、精液、大小便利,皆归于水;暖气归火;动转归风。"这里讲到了上述希腊生理学组成的一二两级,与《构造》等书是符合的,与先苏克拉底诸哲或医学家生理物理学观念也是符合的。古印度人和古希腊人的理化知识当同出一源。但希腊人爱怜四元素所衍变而蕴积起来的形形色色的世界,重于有生之乐,处处作生命的颂赞,像亚里士多德的著作于一虫一鸟的构造就津津乐道,不厌周详。古印度人发展了无生思想,议论的重点转到了有生的烦恼,解析物质世界的形形色色而还之于无可喜悦的简陋的"四大",因此也不再操心于——动物的——构造,于生理与解剖之学也就那样的浅尝而止了。

11. Περιττώματα τῆς γενέσεως,generative secretions,生殖分泌。

《生殖》篇遍究当日所可罗致的诸动物的器官以及交配、妊娠、生产与幼体发育的情况,认明生殖原理在于性别,其重要事物为籽液,γόνη,即雄性"精液"σπέρμα与雌性"经血"καταμενία,或与此相应的不外泄的生殖分泌。至精液中的精子与和经血排泄相关的卵子,在他那时是不能凭目力认见的。诸动物从食物得来的营养,由心脏的生理原热调炼成血液,或可与心脏相拟的构制调制成可与血液相拟的事物。在供应生长有所超余时,营养物料就被调炼为其他诸分泌。这些剩余分泌经最完备的调炼,则成"生殖分泌"。雌动物因生命原热不足,其调炼过程至经血而止(《生殖》,738^a36),雄动物富于生命原热,故能进一步调成精液(《生殖》,726^a26)。体热的强弱则溯源于心脏,雄雌之别也溯源于心脏。亚里士多德不从生殖器官之别上研考生殖分泌的相异,他认为生殖器官雄雌不同是为要分别实施不同的生殖分泌的不同功能,才构制为异状的。经血只内涵营养灵魂(机能),为胚体的物质材料,精液兼备感觉与行动灵魂(机能)。雄性分泌的致动(实现)功能结合于雌性分泌的潜在功能,便能凝定雌性的生殖物质而形成为赋有本动物科属与品种形式的胚胎(κύησμα)或子体(ἔμβρυο),性别与个体的诸表征也各凭籽液内涵的某些遗传因素而嬗授之于它们的胚胎(《生殖》,766ᵃ13 以下)。

12. ψυχή,soul,灵魂;life,生命;psyche 柏须歇。

"柏须歇"有 spirit,faculty,life,soul 精神,机能,生命,灵魂,这些译名,后两译名应用得较多。生物界的灵魂有三级(参看《灵魂》篇)。

(一)营养灵魂(ψ. θρεπτική)合于生殖灵魂(ψ. γενήτικη),总称欲望灵魂 ψ. ὁρεπτική,兼有营养与生殖两项机能,这些机能为一切生物所通备,故习称"植物灵魂"(anima vegetativa)。

(二)感觉灵魂(ψ. αἰσθητική)兼有感觉与行动两项机能。除少数水族如海绵等外,凡属动物必能行动;感觉则为一切动物,包括动植间体在内,所通备,故"感觉灵魂"(anima sensitiva)尽可称为"动物灵魂"。

(三)理知灵魂(ψ. νοητική)为人类所独有,后世别称之为"精神灵魂"(anima spiritula)。

"含存有灵魂的身体"(ἔμψυχα)才能是一活体;动物的实是在于灵魂(生命)(《生殖》,738ᵇ27,741ᵃ17),故灵魂较身体为贵(《生殖》,卷二章一),但若无身体,灵魂便无以显其机能(《灵魂》,414ᵃ19)。用近代语来说,这种灵魂体系就是相应那四级组成的生理体系的心理体系。

亚里士多德以事物有无灵魂(机能)以及灵魂(机能)的丰啬,论万物的优劣和它在自然体系中的序次。全无生命的矿物位于末次。存在优于不存在,有生胜于无生,高于矿物的是植物。于植物以上的三级,各有与之相应的灵魂(《灵魂》,卷二章十;《生殖》,卷二章一章三等)。动物愈进化而机能和构造愈复杂,与之相应的灵魂也愈完备(《构造》,卷二,章三,章十)。诸动物体型的大小,寿命的长短(《生殖》卷四章十),可凭以判断诸动物营养与生殖灵魂的差别(《长寿论》,章四)。诸动物行动能力显有差别;感觉虽说是各类属所统有,但有些就不全备五感,其灵敏度也显有差别,这些都显证各类属感觉与行动灵魂的高下。

德谟克里图认为灵魂属于火质。亚里士多德认为生命既有赖于热性,灵魂当含存于热性事物(《构造》,652ᵇ8,《生殖》,736ᵇ30—38),如动物的血液与精液,以及海内及陆地上的"泡沫样事物"ἀφρώδες。在这些热物中,为灵魂用作工具而传递其机能的是"精㲹"(ΣΠ),灵魂假精㲹以施其机能,使一动物的身体得以生长,并维持其生命而行活动;动物传递其灵魂(品种,形式)于胚胎时也有赖于"精㲹"。

《运动》,703ᵃ37说到灵魂不遍布于全身,只寄托于身体的生命中心,全体的每一部分联结于这中枢构造,就一一成为赋有生机的部分,例如活肺或活手了。但这些只能限于营养、生殖、感觉、行动而言。《生殖》,736ᵇ28说到理知灵魂时,没有能为它找到所依附的生理部分。理知灵魂似乎可以分离存在,独立于身体之外(参看《灵魂》,415ᵇ7—28,430ᵃ17)。第一二级灵魂绝异于印度与中国旧传的,可行轮回或可出作祟的鬼魂;灵魂的这些部分实际上都可用"机能"或"生命"字样来置换或翻译。但亚里士多德既为人类安排了"理知灵魂"这词,又未经说明它由何而成,何时进入一胚胎,后人于此做了不少补充的文章,而且经院学者就把宗教家的灵魂臆想,抵进了这罅隙。

13. Θερμότης τῆς ψυχικῆς,vital heat,灵魂热,生命原热。

德谟克里图认为灵魂就是生命,也就是热。亚里士多德认为两者相别而同在。有时,他也称灵魂(生命)热为"自然热"(生理热,θ. τῆς φυσικῆς)(《生殖》,766ᵃ36),与"外热"相对举而指为动物的体内热性。热是灵魂所用的长物,凡有灵魂就必有热,灵魂的高下可以动物的"热度"(热与冷 θερμότης καὶ ψυχρότης)与热量为之测计(《构造》,卷二章七)。愈高贵的动物所内蕴的热愈大(《呼吸》,章十三)。但古希腊既无热工仪器,只能用手按或触觉所受的感觉说物体的冷热。于所谓"生命热"亚里士多德又脱离了触觉的感受,凭动物构造和生理现象来加以推论。他认为血液有无和血液多少,与体型相较,是热度高下和热量多少的一个比照(《构造》,卷三章六);肺的有无与其发育程度则可供相反的比照(《构造》,卷二章一),与心脏为平衡的脑,有与肺相同的冷却体温作用,其有无与大小,以体型相较,也可作为另一个相反比照(《构造》,卷二章七)。第四个比照是胚胎的方式;他认为胚胎发育都需热量,如孵卵就要太阳热或腐物的发酵热或母鸟的体热。他由此推想胎生的兽,全卵生的鸵鸟,非全卵生的鱼,蛆生的虫,这样的热性递减次序只适合于热量而言,于热度而言当不是准确的,例如鸟的体温,在我们现代用体温表测计起来,高于兽的体温。但亚里士多德的生命原热本不同于体温;《生殖》,784^b6,说病人缺乏"自然热",病人大多体温升高该是亚里士多德手按而熟知的,显然,他所谓"自然热"(生理热)异乎常俗所说的物理热。第五个比照尤为别致,他拟想热者上升,凡爬在地下的有类植根向土地的草木,例如匍匐着蠕行的虫豸,该是热量微弱的,爬行的蜥蜴也好不了多少(《构造》,卷三章六,卷四章十,686^b22—687^a2),鸟兽就站得较高些;唯有人能直立,把身体笔挺地升起,那么人必是最热的,最富于生命的动物(《构造》,卷二章七,653^a30),这与他富于血液、肺大、脑大、胎生而且妊期长等情况都是符合的。

14. Σύμφυτον πνεῦμα, vital air, connate spirit, innate breathe, symphyton pneuma,生炁,精炁。

《运动》,章六,700^b4—701^a3,《灵魂》,卷三,433^b11 以下等,在心理学上说明动物种种行为的因缘,简括他所说激发诸动物活动的是理知 νοῦς 与欲望ὄρεξις,两者都自身不动而能致动于它物。理知的致动功能,在动物学方面不见有更详的说明。心理学上的欲望在涉及生理学时,这就被称为欲望灵魂,这是引致诸动物(甲)取得营养而凭以生长,与(乙)从事生殖行为的机能。为那备有整套"物质"结构的诸动物,他既制订了相应的整套灵魂(生命)"形式",如何使那被动的物质(生理)结构受动于非物质(心理)的主动机能以行动物内外诸动变,他又假设了"ΣΠ"这样的一个事物。于亚里士多德有关生命机制的"心理-生理"一系列技术名词中,这可算是最后的一个名词。

《生殖》,761^b5,说生命盛于向阳的暖处,这篇中另有六个章节,提到太阳热为生命热,《动物志》、《形而上学》(1032^a27,1034^a9—21)等篇中也曾说到太阳为地上有机体的远因。动物学诸篇有关泡沫及自发生成题的诸章节说明生命热所熏蒸的水分随处发生泡沫,泡沫类似有性生殖的雄性分泌,为时季的温蒸所郁热着的地土和海水则类似雌性材料,这两相遇合时,地面和海中就随处有自发生成的动植物。地上所有的气中,都弥漫着灵魂(生命)热(《生殖》,762^a20),在这样一个命意上说来,地上充塞有生机。《构造》与《生殖》,743^a5,762^a31,也屡说到生体的同质部分如骨肉等成于温热,另些则成于寒冷(由于热量不足)(参看《气象》,卷四章七至十):(甲)营养机能在动物体内,以寒温为工具,而成就一生体的消长(《生殖》,740^{b}30)。肇致体内质变的就是寒温所起的物理胀缩,加于干湿(固体与液体)事物的反应。(乙)热内涵有生命之源($ζωτικὴ ἀρχή$)。有性生殖也本于生命热,凡较强大的动物,较富于生命热,就具有较旺盛的生殖能力。《生殖》,743^{a}28,也说到精液中的热性与其中所含的动因,其为质与量,都是与胚胎各部分发育的需要相适当的。

依《运动》,章十,《生殖》卷二章六等,心脏为灵魂所在的中枢,ΣΠ 就与之同在;血脉由心脏延展于全身,为血液流行的沟渠,也当是 ΣΠ 流行的沟渠。生命原热时时在心脏中更新这炁。借助于呼吸之作用于心脏肌壁所起的搏动,这炁传递生命热的效应于全身。《生殖》,789^{b}5,说这炁为自然制作动物及动物各个部分时,所应用的多方面的工具。比照上述诸章节,ΣΠ 作为自然的工具应与生命原热相符应或实际相同。《生殖》,736^{a}1,说精液为 $κοινόν πνεύματος καὶ ὕδατος, τὸ δὲ πνεῦμα ἐστι θερμὸς ἀήρ$ "炁与水的组合物,但这炁是热气"。《说天》,卷四,301^{b}20,说四大之中,土无轻性,火无重性,气则"自然而备有重轻两性"。气因此可用作施力的工具,凭其轻性使物上升,凭其重性使物下沉。亚里士多德在风吹时看到飞沙拔木,行云驶舟的现象,推想气是传递力能的工具。照上述精液以"热气"为组合两成分之一的语句,ΣΠ 应可列在四元素之一的物质之"气"中。

但《生殖》,卷二,741^{b}37—742^{a}16 讲到胚胎各个部分的分化并逐渐发育成形,都出于"炁"$πνεῦμα$ 的作用,却说这炁既不是母体呼吸之气,也不是胚胎自己的气,并引鱼鸟的例为之说明。卵内鸟雏或鱼鲕的各个部分之分化是在卵既产出到体外后进行的;"蛆生"的虫类,在它们的"蛆"期和蛹期全不呼吸。在母体子宫内发育的兽胚而论,在它能呼吸之前,肺及其他若干部分先已分化了。凭这些实例,他说诞前使一胚胎各部分分化而长成的,不是呼吸的气而是另所谓"炁"(741^{a}38)。《生殖》,736^{b}30—37,说致使动物精液具有生殖能力的是〈生命〉热;这与其他一些章节相符。但这里接着又说这热不是火,也不是任何火样的性能,这是包含在精液中的"炁",这炁可相拟于星体元素(以太)。(后世,威廉·哈维在《生殖》论文中因而也袭用了 respondens elemento stellarum"拟星体元素"这样的名称。)这样的炁就不属于四元素而异乎"热气"了。如上曾言及,以太迄今还没有找到着落,这种似以太事物自然也难辨识其实旨。从《运动》,703^{a}12,与《生殖》,729^{b}20 的一些不明确的句读看来，似乎以血液为"物质"，而 ΣΠ 则为与之相应的"形式"，两者合起来流行于动物全身及动物胚体。若然如此，ΣΠ 当是非物质的。

相仿于（一，甲）营养与（乙）生殖机能，于（二，丙）感觉与（丁）行动机能，亚里士多德也时时假借 ΣΠ 分别为之工具。（丁）《运动》，703ᵃ20，《行进》，704ᵇ23，《灵魂》，卷三，433ᵇ18 等，把种种复杂的运动简化为推挽两项。力学上的"推、挽"可相应于理化上物质的热胀冷缩性能。《运动》，703ᵃ16—28，说明动物具备主动与被动机构。一生体于外围事物或感愉快或感苦恼，便相随而于体内起寒温的变化。《运动》，701ᵇ28，说人有某一欲望而起某些想念，可引起心区的寒温变化而体内体表各部分便与之相应，或是颤栗，或作脸红，或转苍白。欲望与感觉交相影响于寒温，运用 ΣΠ 为工具，引起生体内部的胀缩而施行"推、挽"的活动，也可促使全身的被动机构实行运动以趋避某一苦恼或可致损伤的事物，或趋向某一可喜的，例如有关食色（营养与生殖）的事物。

（丙）《灵魂》，卷二，420ᵃ12，卷三，425ᵃ4，《生殖》，781ᵃ23 等都说到耳内蕴有一"生理炁"（συμφυής），即 ΣΠ，隔绝于，并相异于，外界的气。《生殖》，744ᵃ2，说到听觉与嗅觉器官内皆充塞有 ΣΠ。《感觉》，439ᵃ1，《构造》，656ᵃ29，说触觉与味觉显然联系于心脏。《构造》，647ᵃ25，656ᵇ24 等以及它篇有关章节，都说到感觉诸器官皆有与心脏相通的血管。这样，凡有血液处 ΣΠ 就可在感觉中枢和感觉器官间发生其介体作用。这样，他以心脏为生命第一原理，为血脉中心，也为感觉灵魂所在并为 ΣΠ 所寄托，似乎已说明了感觉的心理-生理体系。他终不信阿尔克梅翁、希朴克拉底、柏拉图三家以脑为感觉中心之说，而与恩培多克勒一样偏执着心脏中心的传统观念。在后世检明了神经系统的机能以后，亚里士多德的 ΣΠ，在感觉诸器官上是全不切实际的了。

《运动》，703ᵃ11，说到亚里士多德有讲述"精炁"的一个专篇，现在流传的《精炁》（de spiritu）这一短篇，一向被公认是伪书，其中所说不足为据。从涉及这名词的《生殖》、《构造》等篇，以及密嘉尔诠疏引及而现在失传了的《营养》篇内，有关 ΣΠ 的诸章节看来，ΣΠ 的性质总是模糊的，而且有时是分歧的。"精炁"的设想在亚里士多德之后流行了好多世纪。到近代还有人作专题研究。亚里士多德动物著作的译者们也往往提示读者应精求 ΣΠ 的深义。

汉文译者汇校了各篇有关章句以后，觉得这样的功夫也许是徒劳的。这些文句在各该章节是可通解的，相互间对勘起来，并与其他相涉的"生命热"等对勘起来，就不免于刺谬。亚里士多德在心理－生理学上分建了一个物质体系与一个非物质体系，而后求其综合时就得在两系不相通的事物中再立一个为之沟通的事物；这样，由原来的疑难引生了一个新的疑难。在科学语言尚未完善的古代，这一名词类于中国道家的"精、炁、神"这样的名词，都是没有着落的事物。

四、生殖与动物分类

（一）亚里士多德于同门类（或同纲目）动物，以各部分的"或多或少"（$\tau\varphi$ $\mu\alpha\lambda\lambda o\nu$ $\kappa\alpha\grave{\iota}$ $\dot{\eta}\tau\tau o\nu$，by the more and less），即长短、大小、强弱、刚柔等差别，为品种（或科属）区分（《构造》，$644^{a}19$，$692^{b}24$ 等）。例如鸟类（鸟纲）而言，有"长"脚的涉禽，有"重"身的鸡型鸟，"阔"喙的筐鹭等。又如兽类（哺乳纲）而言，以脚趾的"多少"为区分时，就有奇蹄、偶蹄、多趾之别。或多或少的极端就成为或有或无；某些部分的或有或无，也有时取作分类名词，例如蛇族称无脚动物，反刍类称"上颌齿列不全"动物。这些相当于今日本于形态学的分类。

（二）诸动物在构造上若不仅是大小强弱的等差而是形态绝异的，他于其所可相拟者（$\iota\varphi$ $\dot{\alpha}\nu\dot{\alpha}\lambda o\gamma o\nu$，by analogy）求其纲目的区分（《构造》$644^{a}21$）；"羽族"（$\tau\dot{\alpha}$ $\pi\tau\eta\delta\dot{\alpha}$）为鸟，"鳞族"（$\tau\dot{\alpha}$ $\lambda\epsilon\pi\iota\delta\dot{\alpha}$）为鱼，"棱甲之族"（$\tau\dot{\alpha}$ $\varphi o\lambda\iota\delta\omega\tau\dot{\alpha}$）为爬行类；羽、鳞、棱甲皆与兽毛、人发可相拟而为一动物外表的被覆（《生殖》，$761^{a}27$，$734^{b}4$ 等）；这样兽类与人当然就该称为"毛族"（$\tau\dot{\alpha}$ $\tau\rho\iota\chi\dot{\alpha}$）了。在一纲目之内，除了形态或解剖分类，他另有多种辅助的分类准则，例如鸟纲以生活所在为别，长脚鸟可称沼禽，以别于山林郊野诸鸟；以习性为别，蹼足鸟可称游禽，以别于善飞诸鸟；钩爪鸟可称为食肉鸟，以别于谷食鸟；鹧鸪可称为色情鸟，以别于乌鸦之为非色情鸟。

（三）他又以"有血"与"无血"为动物纲目以上更大范围的区分，亚里士多德所谓血液，在我们现代动物学中专指红血；有红血与无红血动物之分，相当于今"脊椎"与"无脊椎"动物之分。于无〈红〉血动物，亚里士多德说它们也都有可与血液相拟的体液,并与心脏可相拟的构造。于这些体液,现代动物学一例称之为血。大多数昆虫血内无色素,我们就称之为白血,甲壳纲与大多数软体动物有蓝血。可是,即便"ἔναιμα"(有血)译作"红血动物"以当于脊椎动物,这还得注明所谓"ἄναιμα"(无血)"无红血动物"是有例外的:腹足纲,扁卷螺(Planorbus),瓣鳃纲、圆蚶 Pectinculus、魁蛤(Arca)荚蛏(Solen legumens),节肢,昆虫纲,摇蚊(Chironomus)的孑孓,蠕虫门,沙蜀 Arenicola 都有红血。

(四)形态和解剖分类,他都引用于纲目以下的区别,这些在《构造》中讲得较多,纲目以上的大类,他以生殖方式之异,制成了全动物界的胚胎学分类:I 胎生,II 卵生而产完全卵,III 产不完全卵,IV 内卵生外胎生,V 蛆,VI 出芽生殖,VII 自发生成。

(五)亚里士多德于昆虫的一些微小科属如虮虱、穀蛾、蚊蚋和一些贝介没有足够的观察记录,就照俗传,说它们没有性别,自污泥或毛絮或泡沫中苗生,因此而有"自发生成"这一发生类别。他见到某些函皮动物(今棘皮动物及软体腹足纲与瓣鳃纲)常营固定生活,例如刀蛏就像一植物从泥涂中苗长起来,他把它们称为"动植间体"。这些固着动物周围常有同形式的小动物丛生,当时既未能辨认那么微细的籽卵,就说它们像葱蒜那样行"出芽生殖"。亚里士多德列于自发与出芽生殖的动物,实际上都由有性生殖或孤雌生殖为繁衍的实况,到十八世纪已一一阐明,这两个类名现在是已完全取消了。

(六)他所拟其他的分类,至今还有实用价值,大多数分类名词,虽内容已变改了,还是沿用着的。他所作卵与蛆的分别(《生殖》,732ᵃ29,758ᵇ10—15)符合于今全裂卵与不全裂卵的分别,完全卵与不完全卵(718ᵇ7)符合于今有壳卵与无壳卵的分别。他所说的蛆,在它已能活动的阶段来说,现在看作昆虫的"幼虫",昆虫所产子,即不能活动阶段的蛆,则也称为卵。我们如今于初孵化的小鲔,却看作是鱼卵胚体进入了"蛆期"。到十九世纪初,拜尔找到了雌兽的卵子以后,哈维所作"一切动物皆由卵生"之说,可得成立了,我们的动物学书中虽还保留着胎生、卵生与卵胎生这些名词,其实义也不尽同于亚里士多德的陈语了。

(七)1828 年,拜尔(von Baer)在《动物学发展史》(上册,第二部分,"推论"四)中,提出应以胚胎学为动物界分类准则,跟着,郭里可尔(Kohliker)、赫胥黎(Huxley)等都从事于这一分类体系的实际功夫。现世的动物分类正是以胚胎学为基础的。亚里士多德当时为五百余种动物进行分类,比之于今日大家为数以百万计的动物作区别,繁简精粗,相去甚远。但,当众人只在形态上来区别动物的时代,亚里士多德先拜尔等两千余年而施行胚胎分类,确是有识见的。

综合亚里士多德动物学各篇,可编成下列的分类体系,这就是他所说全世界诸动物间"相通而延续的总序"(συνεχεῖα)(《动物志》588ᵇ4—589ᵃ3):

一、有血动物(ἔναιμα, sanguineous animals)=脊椎动物。

(甲)I.　　[内]胎生动物([ἐν αὐτοῖς] ζῳοτόκα, vivipara)

1. 人(ἄνθρωπος, man)

2. 鲸(兽纲鲸目)(κήτη Cetacea)

3. 胎生四脚动物(哺乳纲,即兽纲,除鲸目)(Zῷα τετράποδα ζῳοτόκα, viviparous quadrupeds)

　　(子)奇蹄目(μώνυχα, solid-hoofed animals),

　　　　(i)丛尾动物 λόφουρα=马属(Equidae),

　　　　(ii)其他奇蹄动物

　　(丑)偶蹄目 διχαλά=有角动物 κερατοφόρα

　　　　或反刍类 μηρυκάζα

　　(寅)多趾目 πολυσχιδη, fissipeds(食肉目与啮齿目=Canivora and Rodenta)

　　(卯)其他诸兽

(乙)II. III. 卵生动物(ᾠοτόκα ovipara)与 IV. 内卵生外胎生动物

　　(ἐν αὐτοῖς ᾠοτόκα καὶ ζῳοτόκα ἐκτός, ovo-vivipara)

II. 产完全卵的(τέλειον τῷ ᾠόν, with perfect ovum)

4. 鸟(=鸟纲)(ὄρνιθες, birds)

　　(子)钩爪鸟(=猛禽)γαμψώνυχα,(丑)蹼足鸟(=游禽), στεγανόποδες,(寅)长脚鸟(=涉禽) μακρόσκελη

　　(卯)弱足鸟(=燕科,雨燕科)ἄποδες,(辰)重身鸟(=鸡目)βαεῖς,(巳)其他诸鸟, ὄρνιθες ἕτεροι

　　　　5. 卵生四脚动物（＝两栖纲与大多数爬行纲）（ζῷα τετράποδα ᾠοτόκα, oviparous quadrapeds）

　　　　6. 蛇族（＝蛇目）（ὀφυώδη, serpents）

　　III. 产不完全卵的（ἀτελῆ）与 IV. 内卵生外胎生动物

　　　　7. 鱼（鱼纲）（ἰχθύες, fishes）

　　　　（IV）（子）鲨类（＝软骨鱼）（σελάκη, selachians）

　　　　（III）（丑）其他诸鱼（＝硬骨鱼）（ἰχθυες ἕτεροι）

二、无血动物（ἄναιμα, non-sanguineous animals）＝无脊椎动物

　　II. 产完全卵的

　　　　8. 软体动物（＝软体动物门，头足纲，μαλάκια＝Cephalopeds.）

　　　　9. 软壳动物（＝软体动物门，甲壳纲，μαλάκοστρακα＝Crustaceans）

　　V. 蛆生动物（σκωληκο-τοκοῦντα, vermipara）

　　　　10. 节体动物（＝节肢动物门，多足纲，蛛形纲，昆虫纲）

　　　　　　（ἔντομα, insected animals＝millipeds, spiders, insects）

　　VI. 出芽生殖（παραβλαστάνες, budding）与 VII. 自发生成（αὐτόματα, spontaneously generated animals）

　　　　11. 函皮（介壳）动物（ὀστρακόδερμα, testaceans＝软体动物门，除外头足纲，以及棘皮动物门）

　　　　12. 动植间体（海绵，海鞘等）（ζῴοφυτα, zoophytes）

这系列中的"人"应该是从属于哺乳纲的，《构造》，卷一，639ᵃ15，就与狮、牛并举而各作一个"品种"（εἶδος），但 645ᵇ25 却与鸟类并列而作为一个"类属"（γένος）。亚里士多德以人能直立为一特别的禀赋，所以在各篇中，常离于哺乳诸兽而别叙。

图书在版编目(CIP)数据

动物四篇/(古希腊)亚里士多德著;吴寿彭译. —北京：
商务印书馆,2010(2023.2重印)
(汉译世界学术名著丛书)
ISBN 978-7-100-06894-9

Ⅰ. ①动… Ⅱ. ①亚… ②吴… Ⅲ. ①动物学 Ⅳ. ①Q95

中国版本图书馆 CIP 数据核字(2009)第 228972 号

汉译世界学术名著丛书
动 物 四 篇
〔古希腊〕亚里士多德 著 吴寿彭 译

————————————————
商 务 印 书 馆 出 版
(北京王府井大街36号 邮政编码100710)
商 务 印 书 馆 发 行
北京虎彩文化传播有限公司印刷
ISBN 978-7-100-06894-9
————————————————

2010 年 11 月第 1 版　　　　开本 850×1168 1/32
2023 年 2 月北京第 2 次印刷　　印张 22¾
定价：115.00 元